I0051059

XSLT
fondamental

CHEZ LE MÊME ÉDITEUR ─────────────────────────

S. Holzner. – **XSLT par la pratique.**
N°11040, mai 2002, 550 pages.

J.-M. Chauvet. – **Services Web avec SOAP, WSDL, UDDI, ebXML…**
N°11047, 2002, 450 pages.

D. Carlson. – **Modélisation d'applications XML avec UML.**
N°9297, 2002, 324 pages.

A. Michard. – **XML : langage et applications**.
N°9206, 2e édition 2000, 400 pages.

D. Hunter, et coll. – **Initiation à XML.**
N°9248, 2000, 850 pages.

K. Williams *et al*. – **XML et les bases de données**.
N°9282, 2001, 1 100 pages.

I. Graham. – **XHTML : guide de référence du langage**.
N°9239, 2001, 640 pages.

F. Berqué, S. Frezefond, L. Sorriaux. – **Java-XML et Oracle**.
E-Commerce – EAI – Portails d'entreprise – Applications mobiles.
N°9149, 2001, 650 pages + 2 CD-Rom.

S. Allamaraju *et al*. – **Programmation J2EE**. *Conteneurs J2EE, servlets, JSP et EJB.*
N°9260, 2001, 1 260 pages.

K. Avedal, et coll. – **JSP professionnel**.
Avec sept études de cas combinant JavaServer Pages, JDBC, JNDI, EJB, XML, XSLT et WML.
N°9247, 2001, 950 pages.

G. Leblanc. – **C# et .NET**.
N°11066, mai 2002, 800 pages.

D. Appleman. – **De VB6 à VB.NET**.
N°11037, 2002, 500 pages.

A. Troelsen. – **VB.NET et la plate-forme .NET**.
N°11076, mai 2002, 1100 pages.

M. Rizcallah. – **Annuaires LDAP**.
N°11033, 2002, 480 pages.

L. Avignon, D. Joguet, L. Pezziardi. – **Intégration d'applications**. *L'EAI au cœur du e-business.*
N°9198, 2000, 250 pages.

P.-A. Muller, N. Gaertner. – **Modélisation objet avec UML**.
N°9122, 2e édition, 2000, 520 pages + CD-Rom PC.

P.Roques, F. Vallée. – **UML en action**. *De l'analyse des besoins à la conception détaillée en Java.*
N°9127, 2000, 380 pages + CD-Rom PC + poster.

XSLT
fondamental

Philippe Drix

EYROLLES

ÉDITIONS EYROLLES
61, Bld Saint-Germain
75240 Paris Cedex 05
www.editions-eyrolles.com

DANGER

LE PHOTOCOPILLAGE TUE LE LIVRE

Le code de la propriété intellectuelle du 1er juillet 1992 interdit en effet expressément la photo-copie à usage collectif sans autorisation des ayants droit. Or, cette pratique s'est généralisée notamment dans les établissements d'enseignement, provoquant une baisse brutale des achats de livres, au point que la possibilité même pour les auteurs de créer des œuvres nouvelles et de les faire éditer correctement est aujourd'hui menacée.

En application de la loi du 11 mars 1957, il est interdit de reproduire intégralement ou partiel-lement le présent ouvrage, sur quelque support que ce soit, sans autorisation de l'Éditeur ou du Centre Français d'Exploitation du Droit de Copie, 20, rue des Grands-Augustins, 75006 Paris.

© Editions Eyrolles, 2002, ISBN : 2-212-11082-0

Remerciements

Ce livre n'aurait pu être écrit sans le soutien actif d'Objectiva (*www.objectiva.fr*), ma société, qui a beaucoup investi pour me permettre de dégager du temps et des moyens. Grâce à la confiance qui m'a été accordée, j'ai pu bénéficier de conditions de travail exceptionnelles, puisque la quasi-totalité de ce livre a été pensé et écrit chez moi, à domicile.

Mes remerciements vont ensuite à Cyril Rognon, l'un des fondateurs d'Objectiva, qui m'a fourni beaucoup de pistes et d'idées tout au long de ce travail.

Ensuite, ils iront à Paul Terray, de la société 4DConcept, qui bien voulu tenir le rôle du relecteur, et m'a fait parvenir de nombreuses remarques qui ont eu un impact important sur la présentation générale de ce livre.

Enfin, je dois remercier ma femme et mes enfants d'avoir tenu bon pendant la centaine de jours où je n'étais plus là pour personne...

Table des matières

TROISIÈME PARTIE

Annexes 577

Introduction

Traitement de documents XML

XSLT est un langage né de la nécessité de traiter des documents XML.

Traiter des documents XML est de fait une nécessité, étant donné son utilisation massive dans un grand nombre de secteurs de l'informatique, mais traiter un document XML par XSLT n'en n'est pas une : ce n'est qu'une possibilité parmi d'autres. Actuellement, il y a trois voies différentes pour le traitement d'un document XML :

- On peut utiliser une feuille de style CSS, si le but est uniquement un habillage HTML du document XML : les possibilités se réduisent en gros à des choix de rendu d'aspect du document, comme la taille d'une fonte, l'épaisseur d'un cadre, etc. Il est impossible de modifier la structure du document, mais dans des cas très simples, et à condition que le traitement puisse être confié à un navigateur, cela peut suffire.

- On peut développer un programme de traitement, par exemple en Java, ou en d'autres langages permettant d'accéder facilement à la représentation arborescente d'un document XML (avec Java, par exemple, on dispose d'API comme DOM, JDOM ou SAX pour ce faire). Dans ce cas, il n'y a aucune limitation, on fait ce qu'on veut, et où on veut (aussi bien sur un serveur que sur un poste client).

- Enfin, on peut utiliser XSL (eXtensible Stylesheet Language), qui regroupe des langages spécifiques pour la description de transformations et de rendu de document XML, dont XSLT fait partie. Il n'y a en principe pas de limitation théorique à la nature des traitements réalisables par XSL, du moment qu'on s'en tient à vouloir traiter des documents XML ; XSL est utilisable aussi bien sur le poste client que sur un serveur.

Comme XSL est spécialement adapté au traitement de documents XML, on peut penser qu'il est plus simple de réaliser le traitement désiré en XSL, plutôt que d'utiliser un langage généraliste comme Java ou C++. C'est vrai, mais cette affirmation doit être largement nuancée dans la pratique. En effet, un des problèmes de XSL en général et de XSLT en particulier, est que ce sont des langages assez déstabilisants, dans la mesure où ils demandent aux programmeurs des compétences dans des domaines qui sont générale-ment assez peu fréquentes. Un expert XSLT mettra très certainement beaucoup moins de temps à réaliser le traitement demandé que l'expert Java utilisant les API SAX (Simple API for XML) ou DOM (Document Object Model) pour faire le même travail ; le seul problème, à vrai dire, est d'être expert XSLT.

A titre de comparaison, lorsque le langage Java a été rendu public et disponible, un expert C++ ou Smalltalk (ou langage à objets, d'une façon plus générale) à qui l'on présentait ce langage, en faisait le tour en une semaine, le temps de s'habituer aux caractéristiques spé-cifiques ; mais son mode de pensée restait fondamentalement intact.

A l'inverse, prenez un expert SQL, ou Java, ou C, ou Visual Basic, et présentez-lui XSLT : il n'aura pratiquement rien à quoi se raccrocher ; tout pour lui sera nouveau ou presque, sauf s'il a une bonne culture dans le domaine des langages fonctionnels ou déclaratifs (Prolog, Lisp, Caml, etc.).

Pourtant, il ne faut pas croire que XSLT soit un langage spécialement difficile ou com-plexe ; il est même beaucoup moins complexe que C++. Mais il est déroutant, parce qu'il nous fait pénétrer dans un monde auquel nous ne sommes en général pas habitués.

En résumé, si vous avez à faire un traitement non trivial sur un document XML, et que vous êtes novice en XSLT, prévoyez une phase importante d'investissement personnel initial dans le calcul de votre délai, ou réalisez votre traitement en programmation tradi-tionnelle, avec des API comme SAX ou DOM. Mais ce n'est pas une solution rentable à moyen terme, car il est certain qu'une fois la compétence acquise, on est beaucoup plus efficace en XSLT qu'on peut l'être en Java ou C++ pour réaliser une transformation donnée.

Le langage XSL

Statut actuel

Le W3C n'est pas un organisme de normalisation officiel ; il ne peut donc prétendre édi-ter des normes ou des standards. C'est pourquoi un document final du W3C est appelé *Recommendation*, terme qui peut sembler un peu bizarre au premier abord. Mais une *Recommendation* du W3C n'a rien à voir avec un recueil de conseils, et c'est un docu-ment qui équivaut de fait à un standard, rédigé dans le style classique des spécifications. Dans toute la suite, nous parlerons néanmoins de standards XSL ou XSLT, même si ce ne sont pas des standards au sens officiel du terme.

Le langage XSL (eXtensible Stylesheet Language) est un langage dont la spécification est divisée en deux parties :

• XSLT (XSL Transformation) est un langage de type XML qui sert à décrire les trans-formations d'un arbre XML en un autre arbre XML. Le standard XSLT 1.0 est une

W3C Recommendation du 16 novembre 1999 (voir *www.w3.org/TR/xslt*). A noter que les attributs de certains éléments XML de ce langage contiennent des chaînes de caractères dont la syntaxe et la sémantique obéissent à un autre langage, nommé XPath (XML Path Language), qui n'a rien à voir avec XML, et dont le but est de décrire des ensembles de nœuds de l'arbre XML du document source à traiter. Le langage XPath 1.0 a fait l'objet d'une *W3C Recommendation* du 16 novembre 1999 (voir *http://www.w3c.org/TR/xpath*).

- XSLFO (XSL Formating Objects) est un langage de type XML utilisé pour la description de pages imprimables en haute qualité typographique. Le standard XSLFO 1.0 est une *W3C Recommendation* du 15 octobre 2001 (voir *http://www.w3c.org/TR/XSL*).

Ces deux parties s'intègrent dans une chaîne de production résumée à la figure 1-1.

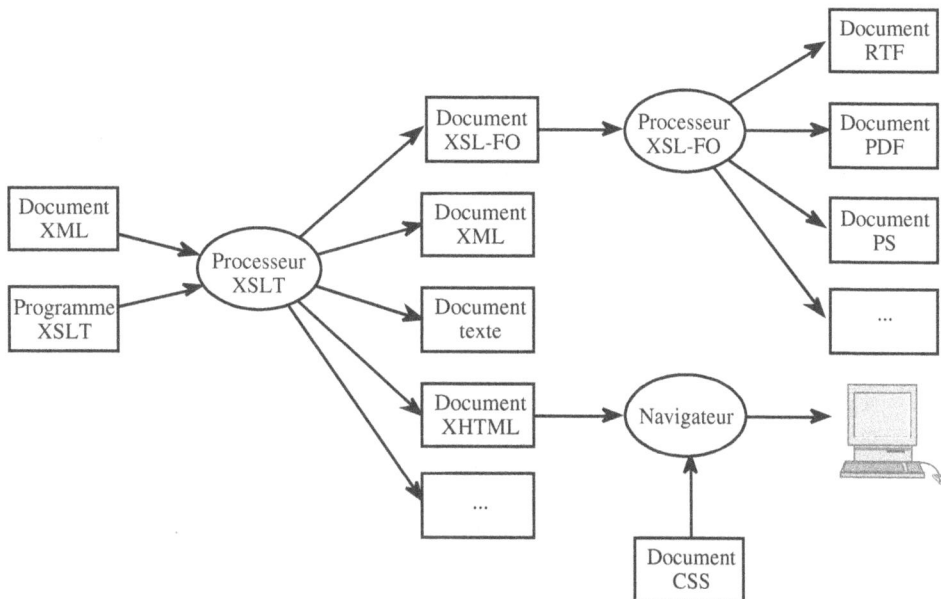

Figure 1-1
Les deux composantes de XSL.

XSLT peut être utilisé seul, et d'ailleurs, pendant les deux ans qui ont séparés la publication des standards respectifs de XSLT et XSLFO, on ne pouvait guère faire autrement que d'utiliser XSLT seul.

Inversement, il ne semble pas très pertinent et encore moins facile d'utiliser XSLFO seul : la description de pages imprimables réclame des compétences qui relèvent plus de celles d'un typographe. A défaut de les posséder, il semble plus prudent de laisser la génération de documents XSLFO à un processeur XSLT équipé de règles de traduction adéquates et toutes faites, ou tout au moins d'une bibliothèque de règles de plus haut niveau que celles qu'on pourrait écrire en partant de zéro sur la compréhension des objets manipulés par XSLFO. Une autre possibilité pourrait être d'employer un logiciel de transformation, qui génère du FO à partir de documents RTF ou Latex, par exemple, mais on entre ici dans un domaine qui n'a plus rien à voir avec l'objet de ce livre.

Comme on peut le voir sur la figure 1-1, il est possible, sous certaines conditions, d'obtenir du texte, du HTML ou du XML en sortie de XSLT. En effet, bien que XSLT soit toujours présenté comme un langage de transformation d'arbres XML (l'arbre XML du document source est transformé en un autre arbre XML résultat), un processeur XSLT est équipé d'un sérialisateur qui permet d'obtenir une représentation de l'arbre résultat sous la forme d'une suite de caractères. Le processus de sérialisation est paramétrable pour obtenir facilement du texte brut, du HTML ou du XML. Comme on peut obtenir du texte brut non balisé au format XML, on peut donc envisager de programmer des transformations qui aboutissent à des documents RTF ou Latex, voire directement au format Postscript ou PDF. Mais comme les processeurs XSLFO commencent à offrir un fonctionnement stable et utilisable, ce genre de prouesse sera probablement de moins en moins envisagée à l'avenir.

Une des transformations les plus courantes reste bien sûr la transformation XML vers XHTML ou HTML, mais il ne faut pas imaginer que le langage XSLT a été fait pour ça, même si l'allusion aux feuilles de style (stylesheet) dans le nom même d'XSL encourage à cette assimilation beaucoup trop réductrice : la production d'HTML n'est qu'une possibilité parmi d'autres.

Evolutions

XSL est un langage qui évolue sous la pression des utilisateurs, des implémenteurs de processeurs XSLT ou XSL-FO, et des grands éditeurs de logiciels. Le rôle du W3C est entre autres de canaliser ces évolutions, afin de prendre en compte les demandes les plus intéressantes, et de les élever au rang de standard (ou *W3C Recommendation*). Le 20 décembre 2001, le W3C a publié des *Working Drafts* annonçant des évolutions majeures de XSLT et de XPath : *W3C Working Draft XSLT 2.0* et *W3C Working Draft XPath 2.0*. Ces documents déboucheront à terme sur un standard XSLT 2.0 et un standard XPath 2.0. Pour l'instant beaucoup de choses restent en discussion, et d'ailleurs l'un des buts de ces publications est précisément de déclencher les débats et les réactions, dont les retombées peuvent éventuellement être extrêmement importantes dans les choix finalement retenus.

Avant le *W3C Working Draft XSLT 2.0*, il y a eu un *W3C Working Draft XSLT 1.1*, qui est resté et restera à jamais à l'état de Working Draft, car le groupe de travail chargé de la rédaction de la *Final Recommendation* s'est rendu compte que les évolutions proposées étaient vraiment majeures, et s'accordaient donc mal avec un simple passage de 1.0 à 1.1. Les travaux de la lignée 1.xx ont donc été abandonnés, et réintégrés à ceux de la lignée 2.xx.

Divers modes d'utilisation de XSLT

XSLT est un langage interprété ; à ce titre il réclame un interpréteur (souvent appelé processeur XSLT) qui peut être lancé de diverses façons, suivant l'objectif à atteindre.

Mode Commande

Le mode Commande est le mode qui consiste à lancer (à la main ou en tant que commande faisant partie d'un fichier de commandes) le processeur XSLT en lui passant les arguments qu'il attend (le fichier contenant la feuille de style XSLT à exécuter, le fichier XML à traiter, et le nom du fichier résultat, plus divers paramètres ou options).

Ce mode convient pour les traitements non interactifs, et c'est d'ailleurs celui qui offre le plus de souplesse en ce sens qu'il ne requiert aucune liaison particulière entre le fichier XML et la feuille de style de traitement : la même feuille de style peut traiter plusieurs fichiers XML différents, et un même fichier XML peut être traité par plusieurs feuilles de style XSLT différentes.

C'est aussi un mode qui n'impose aucun format de sortie particulier : on peut générer aussi bien du HTML que du XML, du Latex, etc.

Processeurs courants

En mode Commande, les processeurs les plus courants sont Xt, Xalan, et Saxon.

Xt est le premier processeur XSLT à être apparu ; il a été écrit par un grand maître de SGML et de DSSSL (l'équivalent de XSLT pour SGML), James Clark, qui est aussi l'éditeur de la norme XSLT 1.0 du W3C. Xt n'est pas tout à fait complet, et ne le sera jamais, car il n'y a plus aucun développement sur ce produit. Cependant, *Xt* reste aujourd'hui le plus rapide de tous les processeurs XSLT. C'est un produit « open source » gratuit (écrit en Java), que l'on peut obtenir sur *www.jclark.com/xml/xt.html*.

Saxon est le processeur XSLT écrit par Michael Kay, également auteur du premier manuel de référence sur le langage XSLT. C'est un produit libre et gratuit, dont les sources sont disponibles (en Java) sur *http://saxon.sourceforge.net/*.

Pour l'avoir utilisé, mon avis est qu'il est très rapide, bien documenté et très stable. De plus, il est complet, et même plus que complet, puisqu'il implémente les nouvelles fonctionnalités annoncées dans le W3C Working Draft XSLT 1.1, et même, à titre expérimental, celles annoncées dans le W3C Working Draft XSLT 2.0.

Une version empaquetée sous forme d'un exécutable Windows existe aussi (Instant Saxon), mais n'est pas aussi rapide à l'exécution que la version ordinaire. Elle est à conseiller uniquement à ceux qui veulent tester Saxon sur une plate-forme Windows sans avoir à installer une machine virtuelle Java.

Xalan est un processeur « open source » produit par Apache. C'est un produit libre et gratuit, dont les sources sont disponibles, que l'on peut l'obtenir sur *http://xml.apache.org/xalan-j/*.

Comme Saxon, c'est un produit très largement utilisé par la communauté d'utilisateurs, donc très fiable. Il est complet par rapport au standard XSLT 1.0.

Signalons pour finir que MSXSL, le processeur XSLT de Microsoft (fourni avec MSXML3 ou 4), est fait pour être lancé en mode Commande, bien que les transformations XSLT au travers du navigateur Internet Explorer soient plus populaires. Sur les plates-formes Windows, il est plus rapide que Saxon.

Il y a évidemment beaucoup d'autres processeurs XSLT : on pourra, si l'on veut, faire son marché sur certains sites qui les recensent, comme par exemple : *www.w3c.org/Style/ XSL*, *www.xmlsoftware.com/xslt*, et *www.xml.com/*.

Mode Navigateur

Le mode navigateur est un mode qui ne fonctionne qu'avec un navigateur équipé d'un processeur XSLT (par exemple Internet Explorer 5 avec MSXML3 (ou 4), IE6 ou Netscape 6). A priori, ce mode de fonctionnement est typiquement fait pour que la transformation XSL aboutisse à du HTML : le serveur HTTP, en réponse à une requête, envoie un document XML et la feuille de style qui génère le code HTML adéquat. Le gain attendu est double (voire triple) :

- Les documents XML qui transitent sur le réseau sont généralement moins bavards que leur équivalent HTML : on gagne de la bande passante.

- Il arrive assez souvent que ce soit la même feuille de style qui puisse traiter plusieurs documents XML différents (en provenance du même serveur) ; dans ce cas les techniques de mémoire cache sur le navigateur économisent à nouveau de la bande passante.

- A plus long terme, si le contenu du Web s'enrichit progressivement de documents de plus en plus souvent XML et de moins en moins souvent HTML, les moteurs de recherche auront moins de mal à sélectionner de l'information plus pertinente, parce que XML est beaucoup plus tourné vers l'expression de la sémantique du contenu que ne l'est HTML.

N'oublions pas non plus que la transformation XSLT sur le poste client décroît de façon notable la charge du serveur en termes de CPU et de mémoire consommée : moins de bande passante réseau utilisée et moins de ressources consommées sur le serveur sont les gains théoriques que l'on peut attendre de ce mode de fonctionnement. Mais bien sûr, il faudra du temps pour que tout cela devienne courant : pour l'instant l'évolution vers le traitement local de pages XML ne fait que commencer.

Processeurs courants

En mode Navigateur, il n'y a guère que IE5 ou IE6 de Microsoft qui soient vraiment aboutis pour les transformations XSLT (bien que Netscape 6 soit depuis peu un concurrent dans ce domaine). A noter que IE5 nécessite une installation auxiliaire, celle de MSXML3 (ou 4), qui offre une bonne implémentation de XSLT 1.0. On peut obtenir MSXML3 ou MSXML4 sur *http://msdn.microsoft.com/xml*.

Netscape 6 est une alternative intéressante pour XSLT. Il peut y avoir encore quelques problèmes d'application de feuilles CSS au résultat obtenu, mais les évolutions sont rapides en ce moment : il faut consulter le site *www.mozilla.org/projects/xslt* pour avoir l'information la plus à jour.

Mode Serveur

Dans le mode serveur, le processeur XSLT est chargé en tant que thread (processus léger), et il peut être invoqué par une API Java adéquate (généralement l'API TrAX) pour générer des pages HTML (ou PDF) à la volée. Typiquement, le serveur HTTP reçoit une requête, et une servlet ou une page ASP va chercher une page XML (qui contient une référence à la feuille de style XSLT à charger). Cette page XML est transmise au thread XSLT qui va la transformer en HTML, en utilisant au passage des données annexes (par exemple le résultat d'une requête SQL). Une autre possibilité est que le résultat du traitement de la requête soit un ensemble d'objets (Java, par exemple) qui résument la réponse à envoyer au client. Cet ensemble d'objets Java peut alors servir de base à la construction d'un arbre DOM représentant un document XML virtuel qui sera lui même transmis au thread XSLT pour être transformé en HTML et renvoyé vers le client.

Ce genre de solution fonctionne très bien, mais a tendance à consommer des ressources sur le serveur. Il est certain que dans l'idéal, il vaudrait mieux demander au client de faire lui-même la transformation XSLT, mais ce n'est pas possible actuellement, à cause de la grande disparité des navigateurs vis-à-vis du support de XSLT 1.0

Même avec IE5, il faut installer le module MSXML3 pour que cela fonctionne, sinon le dialecte XSL intégré par défaut à IE5 est tellement éloigné de XSLT 1.0, qu'on peut dire que ce n'est pas le même langage.

Actuellement la seule solution viable est donc la transformation sur le serveur, parce que c'est la seule qui permet de s'affranchir de la diversité des navigateurs ; il n'y a que si l'on travaille dans un environnement intranet, où les postes clients sont configurés de façon centralisée, que l'on peut envisager de diffuser sur le réseau du XML à transformer à l'arrivée.

Processeurs courants

L'API TrAX (Transformation API for XML) est une API qui permet de lancer des transformations XSLT au travers d'appels de méthodes Java standard. JAXP (Java API for XML Processing), de Sun Microsystems, est une API complète pour tout ce qui est traitement XML, et comporte une partie « transformation » conforme aux spécifications de TrAX. Les processeurs dont il est question ci-dessous implémentent l'API TrAX.

En mode Serveur, on retrouve les deux processeurs Saxon et Xalan, qui peuvent tous les deux être appelés depuis une application Java, via des appels TrAX, et notamment depuis une servlet. Cocoon, produit par Apache, est un framework intégrant, grosso modo, un serveur HTTP, un moteur de servlets, et un processeur XSLT (Xalan).

Typologie des utilisations d'XSL

Il y a au moins trois grands domaines où le langage XSL peut intervenir :

- dans les applications Internet ;
- dans les applications documentaires ;
- dans les applications d'échanges d'informations entre systèmes hétérogènes et répartis.

La figure 1-2 montre une possible architecture d'application Internet, avec les divers endroits où XSL peut (éventuellement) intervenir. Actuellement, la tendance est plutôt d'utiliser XSL pour générer des pages HTML dynamiques, mais ce n'est qu'une tendance, et de nombreuses applications ont été construites sur des architectures utilisant XSLT de façon plus importante : il serait tout à fait possible d'imaginer une architecture dans laquelle les objets métier de l'application Internet sont connectés à des gisements de données répartis (par exemple via JDBC), cette connexion se faisant par l'intermédiaire d'objets DOM (Document Object Model) qui sont adaptés et transformés par un ou plusieurs processus XSLT.

Note

La connexion via JDBC à une base de données est une possibilité, mais ce n'est pas la seule, car il y a des extensions, notamment avec Xalan et Saxon, qui permettent à une feuille de style de se connecter directement à une base de données relationnelle.

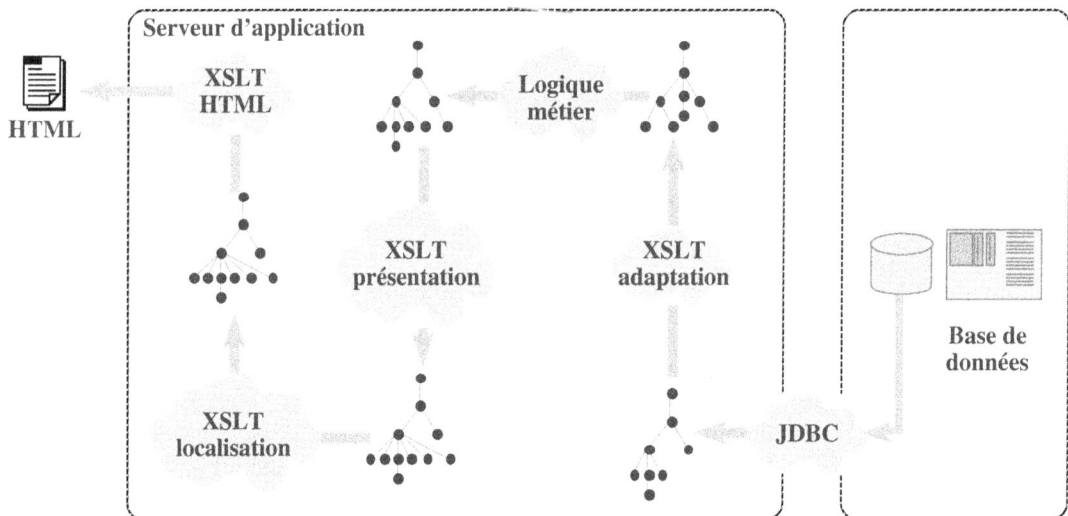

Figure 1-2

Divers emplois d'XSLT dans une application Internet.

Les applications documentaires recouvrent un vaste champ d'applications qui ne font pas forcément partie du domaine strictement informatique ; citons par exemple le domaine de la littérature et les sciences humaines, avec des projets comme la TEI (Text Encoding Initiative, *www.tei-c.org*) ou celui de la composition électronique (PDF, Postscript) de textes anciens ou modernes dans des langues peu communes (grec ancien, arabe ancien, sanscrit, copte, écriture hiéroglyphique, etc.) : voir par exemple *www.fluxus-virus.com/fr/what-critical.html* .

Dans un domaine plus familier aux informaticiens, XSL intervient dans les chaînes de production plus ou moins automatisée de documentations techniques ou commerciales et marketing ; un exemple simple étant la production d'un document de synthèse à partir de données au format XML extraites d'une base de données, qui sont ensuite mises en forme par XSLT et XSL-FO, et donnent au final un document PDF ou Postscript (voir la figure 1-1 , à la section *Le langage XSL*, page 2).

Il faut citer aussi DocBook (*http://docbook.sourceforge.net*), dont on reparlera d'ailleurs dans la suite de ce livre, qui est un système complet et gratuit pour rédiger de la documentation (rapports, articles, livres, documents structurés, etc.) au format XML. DocBook délivre des sorties en HTML (prévisualisation) ou en FO, que l'on transforme ensuite en PDF, par exemple (cette dernière transformation se faisant grâce à un processeur FO comme FOP, XEP ou RenderX).

Enfin, le domaine de l'échange de données entre systèmes hétérogènes et répartis concerne plusieurs courants d'activité, notamment celui de l'EDI (Electronic Data Interchange, ou échange de données informatisées), de l'EAI (Enterprise Application Integration), et des Web Services (*www.w3.org/TR/wsdl*, *www.w3.org/TR/soap12-part1*, *www.xmlbus.com*).

Dans tous les cas, de l'information est échangée au format XML, et des transformations XSLT permettent d'adapter les données propres à un système pour les conformer à une syntaxe (DTD, XML schemas, etc.) à laquelle adhère une certaine communauté d'utilisateurs.

Un avant-goût d'XSLT

Donner un aperçu du langage XSLT n'est pas du tout évident. Pour un langage comme C ou Java, c'est assez facile de donner quelques exemples donnant une première impression, parce que ce sont des langages qui ressemblent à d'autres : on peut donc procéder par comparaison en montrant par exemple un programme Visual Basic et son équivalent en Java, ou un programme Pascal et son équivalent en C. Pour XSLT, il n'y a aucun langage un tant soit peu équivalent et à peu près bien connu qui permette d'établir une comparaison. Seuls des langages fonctionnels ou déclaratifs comme Prolog, Caml ou Lisp donnent une bonne base de départ qui permet de s'y retrouver, mais encore faut-il en avoir l'expérience...

Si on ne l'a pas, il n'est guère possible de se fier à son intuition pour deviner l'effet d'un programme, notamment au tout début de la prise de contact avec ce langage. Il y a néanmoins un angle d'attaque, qui ne donne pas un panorama complet du langage, loin s'en faut, mais qui permet au moins de voir certains aspects, et de comprendre dans quelles directions il faut partir pour comprendre ce qu'il y a à comprendre dans ce langage.

Nous allons donc commencer par voir ce qu'on appelle une feuille de style simplifiée (Simplified Stylesheet) ou Litteral Result Element As Stylesheet, comme l'appelle fort doctement la spécification XSLT 1.0.

L'avantage est qu'une feuille de style simplifiée utilise une version tellement bridée du langage XSLT que l'on peut assez facilement deviner ce que fait une telle feuille de style sans que des explications très détaillées soient forcément nécessaires.

Mais l'inconvénient est que l'on ne peut pas faire grand chose de plus que ce qu'on va montrer dans cet aperçu.

> **Remarque**
>
> Une feuille de style simplifiée n'est jamais nécessaire : il n'y a jamais rien ici que l'on ne puisse faire avec une vraie feuille de style.

Une feuille de style simplifiée peut rendre service aux auteurs de pages HTML possédant peu de compétences en programmation, dans la mesure où cela leur permet d'écrire assez facilement des pages dynamiques. La seule contrainte à respecter absolument, qui contredit peut être la pratique courante, est que le document HTML à écrire doit respecter la syntaxe XML, c'est-à-dire qu'il faut employer du XHTML : toute balise ouverte doit être refermée, et les valeurs d'attributs doivent être enfermées dans des apostrophes ou des guillemets.

Avant de passer à l'exemple proprement dit, insistons encore une fois sur le fait que cette notion de feuille de style simplifiée n'est présentée ici que pour vous donner une première idée du langage XSLT. Il n'y a aucune autre justification à son usage, et plus jamais nous n'en reparlerons dans la suite de ce livre. Autant dire qu'une feuille de style simplifiée n'a pas grand intérêt dans la pratique...

Exemple

Pour montrer comment générer une page dynamique avec une feuille de style simplifiée, nous allons prendre un exemple, et supposer que nous voulons obtenir une page telle que celle qui est montrée à la figure 1-3.

Cette page est produite à partir d'un fond qui comporte essentiellement de l'HTML XMLisé :

AnnonceConcert.xsl

```
<?xml version="1.0"?>
<html xmlns:xsl="http://www.w3.org/1999/XSL/Transform" xsl:version="1.0">

    <head>
        <title>Les "Concerts Anacréon"</title>
```

Figure 1-3

*Une page HTML
à générer
dynamiquement.*

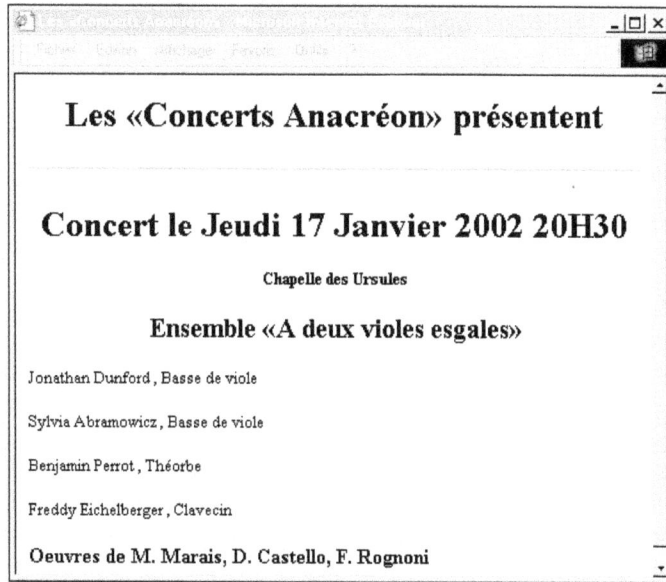

Figure 1-3

*Une page HTML
à générer
dynamiquement.*

```
</head>

<body>

    <H1 align="center">Les "Concerts Anacréon" présentent</H1>

    <hr/>

    <br/>

    <H1 align="center">
        Concert le <xsl:value-of select="/Annonce/Date"/>
    </H1>

    <H4 align="center">
        <xsl:value-of select="/Annonce/Lieu"/>
    </H4>

    <H2 align="center">
        Ensemble "<xsl:value-of select="/Annonce/Ensemble"/>"
    </H2>

    <xsl:for-each select="/Annonce/Interprète">
        <p>
```

```
                    <xsl:value-of select="./Nom"/>,
                    <xsl:value-of select="./Instrument"/>
            </p>
        </xsl:for-each>

        <H3>
            Oeuvres de <xsl:value-of select="/Annonce/Compositeurs"/>
        </H3>

    </body>
</html>
```

Ce fichier HTML est en réalité un fichier XML, comme le montre la première ligne, dont l'élément racine est l'élément `<html>`, qui introduit donc un document HTML. Les deux attributs accompagnant cet élément sont obligatoires : si vous voulez écrire votre propre exemple, vous pouvez recopier les deux premières lignes telles quelles, sans vous poser de question. Le premier attribut est en fait une définition de domaine nominal, c'est-à-dire la définition d'un jeu de vocabulaire identifié par une URL ad hoc, et abrégée sous la forme d'un préfixe qui est ici `xsl`. Cette URL n'est pas du tout utilisée en tant qu'URL, c'est juste une chaîne de caractères convenue qui représente symboliquement le jeu de vocabulaire XSLT ; cette chaîne de caractères en forme d'URL a été déterminée par le W3C, et le processeur XSLT qui va lire ce fichier ne prend en compte en tant qu'instruction XSLT que les éléments XML dont le préfixe référence cette URL. Il est donc absolument impossible de changer quoi que ce soit à cette déclaration de domaine nominal. Il en est de même pour l'attribut `xsl:version`, du moins tant que la spécification XSLT 2.0 ne sera pas parvenue au stade de *Recommendation* : pour l'instant, donc, la seule valeur possible est 1.0.

Le reste du fichier est essentiellement du XHTML, avec çà et là des instructions XSLT : l'instruction `<xsl:for-each>`, et l'instruction `<xsl:value-of>` dans le cas présent.

Ces instructions ont pour but d'alimenter le texte HTML en données provenant d'un fichier XML auxiliaire. Ces données ne sont pas directement présentes dans le texte XHTML, afin de pouvoir générer autant de pages différentes que nécessaire, ayant toutes le même aspect : il suffit pour cela d'avoir plusieurs fichiers XML différents.

Dans notre exemple, le fichier XML auxiliaire est celui-ci :

Annonce.xml

```
<?xml version="1.0" ?>

<Annonce>

    <Date>Jeudi 17 janvier 2002 20H30
    </Date>
    <Lieu>Chapelle des Ursules</Lieu>

    <Ensemble>A deux violes esgales</Ensemble>
```

```
<Interprète>
    <Nom> Jonathan Dunford </Nom>
    <Instrument>Basse de viole</Instrument>
</Interprète>

<Interprète>
    <Nom> Sylvia Abramowicz </Nom>
    <Instrument>Basse de viole</Instrument>
</Interprète>

<Interprète>
    <Nom> Benjamin Perrot </Nom>
    <Instrument>Théorbe</Instrument>
</Interprète>

<Interprète>
    <Nom> Freddy Eichelberger </Nom>
    <Instrument>Clavecin</Instrument>
</Interprète>

<Compositeurs>
    M. Marais, D. Castello, F. Rognoni
</Compositeurs>
```

```
</Annonce>
```

La génération de la page HTML dynamique consiste à lancer un processeur XSLT en lui fournissant deux fichiers : d'une part le fichier de données XML Annonce.xml, et d'autre part le fichier programme AnnonceConcert.xsl.

Nous supposons que nous sommes en mode Commande (voir *Mode Commande*, page 5), et que le processeur choisi est Saxon. La ligne de commande pour obtenir la page HTML annonce.html serait alors celle-ci :

Ligne de commande (d'un seul tenant)

```
java -classpath saxon.jar com.icl.saxon.StyleSheet
                         -o annonce.html Annonce.xml AnnonceConcert.xsl
```

Note

Ceux qui ne voudraient pas installer une machine virtuelle Java pourraient utiliser ici Instant Saxon.

Et le fichier obtenu serait celui-ci (voir aussi la figure 1-3) :

Annonce.html

```
<html>
  <head>
    <meta http-equiv="Content-Type" content="text/html; charset=utf-8">
```

```
              <title>Les &laquo;Concerts Anacr&eacute;on&raquo;</title>
          </head>
          <body>
            <H1 align="center">Les &laquo;Concerts Anacr&eacute;on&raquo;
             pr&eacute;sentent</H1>
            <hr><br><H1 align="center">
                        Concert le Jeudi 17 janvier 2002 20H30

            </H1>
            <H4 align="center">Chapelle des Ursules</H4>
            <H2 align="center">
                        Ensemble &laquo;A deux violes esgales&raquo;

            </H2>
            <p> Jonathan Dunford ,
                            Basse de viole
            </p>
            <p> Sylvia Abramowicz ,
                            Basse de viole
            </p>
            <p> Benjamin Perrot ,
                            Th&eacute;orbe
            </p>
            <p> Freddy Eichelberger ,
                            Clavecin
            </p>
            <H3>
                      Oeuvres de
                  M. Marais, D. Castello, F. Rognoni

            </H3>
          </body>
        </html>
```

Avant de continuer, il faut ici faire une remarque importante : le document source, malgré les apparences, est le fichier XML `Annonce.xml` ; le processeur XSLT transforme ce document XML en un document HTML `annonce.html`, par l'intermédiaire d'un programme XSLT contenu dans le fichier `AnnonceConcert.xsl` : le fichier auxiliaire de données est en fait, du point de vue XSLT, le document principal, et ce qui semblait n'être que le modèle de fichier HTML à produire est en réalité le programme XSLT à exécuter.

Extraction individuelle (pull processing)

Regardons maintenant de plus près le fonctionnement du programme XSLT : il est essentiellement basé sur le principe de l'extraction individuelle (connu en anglais sous le nom de *pull processing*). Typiquement, le début du programme est entièrement basé sur ce principe :

```
<head>
    <title>Les "Concerts Anacréon"</title>
</head>
<body>

    <H1 align="center">Les "Concerts Anacréon" présentent</H1>

    <hr/>

    <br/>

    <H1 align="center">
        Concert le <xsl:value-of select="/Annonce/Date"/>
    </H1>

    <H4 align="center">
        <xsl:value-of select="/Annonce/Lieu"/>
    </H4>

    <H2 align="center">
        Ensemble "<xsl:value-of select="/Annonce/Ensemble"/>"
    </H2>
    . . .
```

Tout ce texte est recopié tel quel par le processeur XSLT dans le document HTML résultat, à l'exception des instructions `<xsl:value-of>` qui sont des instructions d'extraction individuelle : elles sont donc remplacées par leur valeur, valeur qui est prélevée (ou *extraite*, d'où cette notion d'extraction individuelle) dans le fichier de données XML.

Le langage XPath

Le problème est naturellement de définir à quel endroit du document XML se trouve la donnée à extraire. C'est là qu'intervient le langage XPath, qui permet de référencer des ensembles d'éléments, d'attributs et de textes figurant dans un document XML.

Par exemple, l'expression XPath `/Annonce/Date` sélectionne tous les éléments `<Date>` qui se trouvent directement rattachés à un élément `<Annonce>` racine du document. Si vous regardez le document XML, vous verrez qu'il n'y en a qu'un qui réponde à la description. L'instruction :

```
<xsl:value-of select="/Annonce/Date"/>
```

sera donc remplacée par sa valeur, c'est-à-dire par le texte trouvé dans l'élément `<Date>` sélectionné, à savoir :

```
Jeudi 17 janvier 2002 20H30
```

Remarque

L'analogie entre une expression XPath telle que /Annonce/Date et un chemin Unix d'accès à un fichier a souvent été soulignée. Dans notre exemple, l'expression XPath lue comme un chemin Unix voudrait dire « le fichier (ou répertoire) Date se trouvant dans le répertoire Annonce situé à la racine du système de fichiers ». Cette analogie est à mon avis plus dangereuse qu'utile. En effet il y a une énorme différence entre une arborescence de fichiers et une arborescence d'éléments XML : il ne peut jamais y avoir deux fichiers ayant le même nom dans un même répertoire, alors qu'il peut fort bien y avoir plusieurs éléments de mêmes noms rattachés au même élément. Dans notre fichier XML d'exemple, voyez comment interpréter l'expression /Annonce/Interprète : il s'agit de l'ensemble de tous les éléments <Interprète> directement rattachés à la racine <Annonce>. Cette possible multiplicité d'éléments intervient à tous les niveaux : dans une expression comme /Annonce/Interprète/Instrument, rien n'interdit qu'il y ait plusieurs <Interprète> par <Annonce> (déjà vu), et plusieurs <Instrument> par <Interprète> (il n'y a pas d'exemple dans notre fichier XML, mais cela pourrait arriver : voir plus bas).

La conséquence, et c'est là ce qu'on voulait montrer, est qu'il est dès lors impossible de lire une expression XPath comme on lirait un chemin Unix : c'est en cela que l'analogie est mauvaise et nocive. Un chemin Unix se lit normalement, de gauche à droite. Mais le même chemin, considéré comme une expression XPath, doit se lire à l'envers, car c'est le seul moyen de préserver la multiplicité des éléments sélectionnés : /Annonce/Interprète/Instrument doit se lire « les instruments qui sont rattachés à des interprètes qui sont rattachés à la racine Annonce ».

En appliquant cette instruction xsl:value-of aux divers chemins XPath concernés, on voit donc facilement que le fragment de programme ci-dessus va produire le résultat suivant :

```
<head>
    <title>Les "Concerts Anacréon"</title>
</head>

<body>

    <H1 align="center">Les "Concerts Anacréon" présentent</H1>

    <hr/>

    <br/>

    <H1 align="center">
        Concert le Jeudi 17 janvier 2002 20H30
    </H1>

    <H4 align="center">
        Chapelle des Ursules
    </H4>

    <H2 align="center">
        Ensemble "A deux violes esgales"
    </H2>
...
```

La suite du programme comporte une répétition `<xsl:for-each>` :

```
<xsl:for-each select="/Annonce/Interprète">
    <p>
        <xsl:value-of select="./Nom"/>,
        <xsl:value-of select="./Instrument"/>
    </p>
</xsl:for-each>
```

Ici, l'instruction `<xsl:for-each>` sélectionne un ensemble d'éléments XML contenant tous les `<Interprète>` directement rattachés à la racine `<Annonce>` ; et dans le corps de cette répétition, on dispose d'un élément courant, qui est bien sûr un `<Interprète>`, que l'on peut référencer dans une expression XPath par la notation `"."`. Ainsi, l'expression Xpath `"./Nom"` veut dire : « tous les `<Nom>` rattachés directement à l'élément `<Interprète>` courant ». Comme un tel `<Nom>` est unique, l'instruction :

```
<xsl:value-of select="./Nom"/>
```

est donc remplacée par la valeur du nom de l'interprète courant, et il en est de même pour l'instruction :

```
<xsl:value-of select="./Instrument"/>
```

Au total, cette répétition produit la séquence suivante dans le document résultat :

```
<p> Jonathan Dunford ,
                Basse de viole
</p>
<p> Sylvia Abramowicz ,
                Basse de viole
</p>
<p> Benjamin Perrot ,
                Th&eacute;orbe
</p>
<p> Freddy Eichelberger ,
                Clavecin
</p>
```

Finalement, on obtient donc le fichier HTML déjà montré plus haut.

Autre exemple

Les feuilles de style simplifiées se résument en gros à ce qu'on vient de voir ; il n'est guère possible de faire plus, à part utiliser quelques instructions XSLT complémentaires, par exemple un `<xsl:if>`. Pour illustrer ceci, supposons maintenant que le fichier XML à traiter soit constitué ainsi :

Annonce.xml

```
<?xml version="1.0" ?>

<Annonce>
```

```
<Date>Jeudi 17 janvier 2002 20H30
</Date>
<Lieu>Chapelle des Ursules</Lieu>

<Ensemble>A deux violes esgales</Ensemble>

<Interprète>
    <Nom> Jonathan Dunford </Nom>
    <Instrument>Basse de viole</Instrument>
</Interprète>

<Interprète>
    <Nom> Sylvia Abramowicz </Nom>
    <Instrument>Basse de viole</Instrument>
</Interprète>

<Interprète>
    <Nom> Benjamin Perrot </Nom>
    <Instrument>Théorbe</Instrument>
    <Instrument>Luth</Instrument>
    <Instrument>Chitarrone</Instrument>
    <Instrument>Vihuela</Instrument>
    <Instrument>Angelique</Instrument>
</Interprète>

<Interprète>
    <Nom> Freddy Eichelberger </Nom>
    <Instrument>Clavecin</Instrument>
</Interprète>

<Compositeurs>
    M. Marais, D. Castello, F. Rognoni
</Compositeurs>

</Annonce>
```

Le problème à traiter, ici, est qu'il peut y avoir une liste d'instruments pour chaque interprète. On veut que le résultat soit celui montré à la figure 1-4.

Fondamentalement, il n'y a rien de changé au programme. Simplement, il va falloir placer une deuxième instruction de répétition, pour donner la liste des instruments par interprète, ce qui complique un peu les choses, car une liste implique la présence de séparateurs d'éléments (ici, c'est une virgule).

Cette virgule doit apparaître après chaque nom d'instrument, sauf le dernier : d'où la nécessité d'utiliser une instruction `<xsl:if>` qui va nous dire si l'`<Instrument>` courant est le dernier ou non.

Figure 1-4

*Une page HTML un
peu plus compliquée
à générer
dynamiquement.*

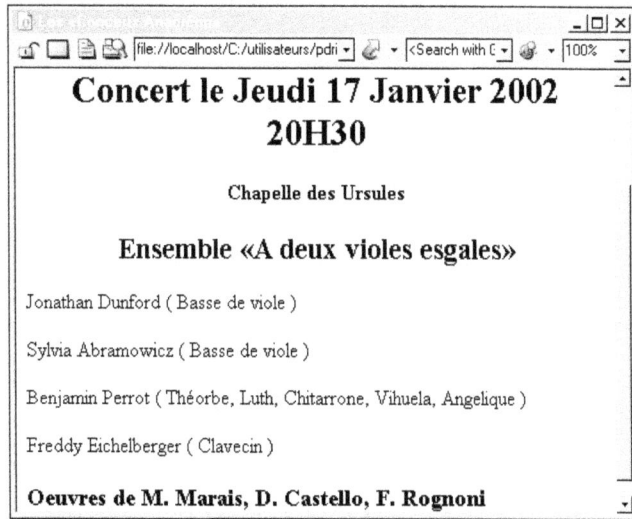

AnnonceConcert.xsl

```xml
<?xml version="1.0" ?>
<html xmlns:xsl="http://www.w3.org/1999/XSL/Transform"
      xsl:version="1.0">

    <head>
        <title>Les "Concerts Anacréon"</title>
    </head>

    <body>

        <H1 align="center">Les "Concerts Anacréon" présentent</H1>

        <hr/>

        <br/>

        <H1 align="center">
            Concert le <xsl:value-of select="/Annonce/Date"/>
        </H1>

        <H4 align="center">
            <xsl:value-of select="/Annonce/Lieu"/>
        </H4>

        <H2 align="center">
```

```
              Ensemble "<xsl:value-of select="/Annonce/Ensemble"/>"
       </H2>

       <xsl:for-each select="/Annonce/Interprète">
            <p>
                <xsl:value-of select="./Nom"/>
                <xsl:text> ( </xsl:text>
                <xsl:for-each select="./Instrument">
                     <xsl:value-of select="."/>
                     <xsl:if test="position() != last()">
                          <xsl:text>, </xsl:text>
                     </xsl:if>
                </xsl:for-each>
                <xsl:text> ) </xsl:text>
            </p>
       </xsl:for-each>

       <H3>
            Oeuvres de <xsl:value-of select="/Annonce/Compositeurs"/>
       </H3>

   </body>
</html>
```

Ici la première instruction de répétition `<xsl:for-each select="/Annonce/Inter-prète">` sélectionne un ensemble d'éléments `<Interprète>`, et chacun d'eux devient tour à tour l'`<Interprète>` courant, noté `"."` dans les deux premiers attributs `select` qui viennent ensuite :

- `select="./Nom"` : sélectionne tous les `<Nom>` qui sont directement rattachés à l'`<Interprète>` courant (il n'y en a qu'un) ;

- `select="./Instrument"` : sélectionne tous les `<Instrument>` qui sont directement rattachés à l'`<Interprète>` courant (il peut y en avoir plusieurs).

La deuxième instruction de répétition `<xsl:for-each>` produit donc une liste d'instruments, en copiant dans le document résultat le texte associé à l'`<Instrument>` courant, et en le faisant suivre d'une virgule, sauf si l'`<Instrument>` courant est le dernier de la liste.

Par ailleurs on remarque l'utilisation de l'instruction `<xsl:text>`. Cette instruction est très utile, mais son rôle reste très modeste, en tout cas ici. Elle sert à délimiter exactement un texte littéral à produire dans le document résultat, sans que des espaces, tabulations, et autres sauts de ligne ne viennent s'ajouter de façon intempestive au résultat.

La différence entre :

```
            <xsl:value-of select="./Nom"/>
                <xsl:text> ( </xsl:text>
```

et :

```
            <xsl:value-of select="./Nom"/>
                (
```

est que dans le premier cas, on voit qu'il y a exactement un espace avant la parenthèse, alors que dans le deuxième, on voit qu'il y en a plusieurs (combien ? difficile à dire) et qu'il y a aussi un saut de ligne. On pourrait se passer de l'instruction `<xsl:text>` en écrivant :

```
<xsl:value-of select="./Nom"/> ( <xsl:for-each select="./Instrument">
```

mais ce n'est pas très agréable, car cela impose la présentation du programme en empêchant de placer des sauts de lignes où on veut afin d'aérer la disposition.

Voici pour finir le fichier HTML obtenu (on pourra comparer avec la figure 1-4), en deux versions : la première obtenue avec le programme XSLT tel qu'il apparaît avant (fichier `AnnonceConcert.xsl`) :

annonce.html

```
<html>
   <head>
      <meta http-equiv="Content-Type" content="text/html; charset=utf-8">

      <title>Les &laquo;Concerts Anacr&eacute;on&raquo;</title>
   </head>
   <body>
      <H1 align="center">Les &laquo;Concerts Anacr&eacute;on&raquo;
         pr&eacute;sentent</H1>
      <hr><br><H1 align="center">
                  Concert le Jeudi 17 janvier 2002 20H30

      </H1>
      <H4 align="center">Chapelle des Ursules</H4>
      <H2 align="center">
                  Ensemble &laquo;A deux violes esgales&raquo;

      </H2>
      <p> Jonathan Dunford  ( Basse de viole ) </p>
      <p> Sylvia Abramowicz  ( Basse de viole ) </p>
      <p> Benjamin Perrot  ( Th&eacute;orbe, Luth, Chitarrone, Vihuela, Angelique )
         </p>
      <p> Freddy Eichelberger  ( Clavecin ) </p>
      <H3>
                  Oeuvres de
            M. Marais, D. Castello, F. Rognoni

      </H3>
   </body>
</html>
```

Et la deuxième version :

annonce.html

```html
<html>
    <head>
        <meta http-equiv="Content-Type" content="text/html; charset=utf-8">

        <title>Les &laquo;Concerts Anacr&eacute;on&raquo;</title>
    </head>
    <body>
        <H1 align="center">Les &laquo;Concerts Anacr&eacute;on&raquo;
          pr&eacute;sentent</H1>
        <hr><br><H1 align="center">
                    Concert le Jeudi 17 janvier 2002 20H30

        </H1>
        <H4 align="center">Chapelle des Ursules</H4>
        <H2 align="center">
                    Ensemble &laquo;A deux violes esgales&raquo;

        </H2>
        <p> Jonathan Dunford
                        (
                        Basse de viole
                        )

        </p>
        <p> Sylvia Abramowicz
                        (
                        Basse de viole
                        )

        </p>
        <p> Benjamin Perrot
                        (
                        Th&eacute;orbe
                            ,
                            Luth
                            ,
                            Chitarrone
                            ,
                            Vihuela
                            ,
                            Angelique
                        )

        </p>
        <p> Freddy Eichelberger
                        (
                        Clavecin
                        )
```

```
        </p>
        <H3>

                    Oeuvres de
            M. Marais, D. Castello, F. Rognoni

        </H3>
    </body>
</html>
```

Cette deuxième version est obtenue en supprimant les instructions `<xsl:text>` du programme précédent, comme ceci :

```
        <xsl:for-each select="/Annonce/Interprète">
            <p>
                <xsl:value-of select="./Nom"/>
                (
                <xsl:for-each select="./Instrument">
                    <xsl:value-of select="."/>
                    <xsl:if test="position() != last()">
                        ,
                    </xsl:if>
                </xsl:for-each>
                )
            </p>
        </xsl:for-each>
```

Conclusion

Nous venons de voir ce qu'on peut faire avec la notion de feuille de style simplifiée. Cela se résume à de l'extraction individuelle (pull processing), agrémentée de la possibilité d'utiliser quelques instructions d'XSLT, permettant de faire des répétitions, des tests, des choix multiples, et quelques autres traitements complémentaires.

Mais il manque essentiellement le pendant de l'extraction individuelle, qui est la *distribution sélective* (ou *push processing*), qui donne toute sa puissance à XSLT (mais qui en fait aussi la difficulté). Il manque également des instructions qui sont interdites (ou plutôt impossibles) avec les feuilles de style simplifiées, notamment toutes les instructions dites de premier niveau : cela inclut la déclaration de variables globales, de clés associatives (`<xsl:key>`), d'instructions d'importation d'autres feuilles de style, et la définition de modèles nommés (qui sont des structures jouant à peu près le même rôle que les fonctions ou les sous programmes dans les autres langages). Avouez que cela finit par faire vraiment beaucoup, et que dans ces conditions, les feuilles de style simplifiées n'ont pas beaucoup d'intérêt, à part d'être très simples et faciles à comprendre intuitivement. Mais pour quelqu'un qui connaît bien XSLT, on peut aller jusqu'à dire qu'elles n'ont strictement aucun intérêt par rapport aux vraies feuilles de style XSLT.

Nous avons vu au passage que le langage XSLT possède son propre jeu d'instructions, au format XML, mais identifié par le domaine nominal *http://www.w3.org/1999/XSL/Transform* ; et qu'on y utilise un autre langage, le langage XPath, qui n'a rien à voir avec XML.

Ce langage, qui permet de sélectionner divers ensembles de fragments d'un document XML, est en fait nettement plus compliqué que ce qu'on a pu montrer dans les exemples précédents, et il faudra un gros chapitre pour en venir à bout.

Parcours de lecture

Nous venons de voir l'intérêt du langage XSLT, à quoi il sert et où il se situe. Bien que partie intégrante de XSL, XSLT est un langage qui peut être considéré comme indépendant. De plus il est extrêmement différent, dans sa philosophie et dans les compétences qu'il met en jeu, du langage XSL-FO, l'autre versant de XSL.

C'est pourquoi dans la suite de ce livre, on se consacrera exclusivement à XSLT lui-même, et à son compère XPath.

Nous verrons donc d'abord XPath, puis les principes du langage XSLT. Le style adopté est un style à l'opposé d'un manuel de référence, en ce sens qu'on cherche plus à favoriser la compréhension du sujet que l'exhaustivité du propos. Mais ceci doit être tempéré par le fait que plus on avance dans la lecture, et plus on en sait : on est donc plus à même d'accepter des détails ou des subtilités vers la fin de la présentation que vers le début.

Si vous êtes pressé et voulez lire l'essentiel pour comprendre XSLT, sans entrer dans les détails, et pour comprendre le mode de pensée à adopter pour être en phase avec ce langage, il n'y a qu'un chapitre à lire : le chapitre *Au cœur du langage XSLT*, page 75.

Après avoir fait le tour de la plus grande partie du langage en quelques chapitres, on s'intéressera à la notion de « pattern » de conception XSLT, en mettant en évidence des grands thèmes qui reviennent fréquemment, aussi bien dans le domaine microscopique de la programmation par des techniques particulières, que dans celui plus macroscopique de la transformation d'arbres.

Enfin, dans les annexes, on trouvera des éléments complémentaires, notamment la description sommaire de quelques instructions dont la compréhension ne pose pas de difficulté particulière, ou dont la compréhension est plus du ressort de tests effectifs avec un processeur XSLT que de celui d'une lecture argumentée. On y trouvera aussi des éléments syntaxiques, et une description des fonctions prédéfinies XPath et XSLT.

A noter que dans ce livre, les exemples fournis ont tous été testés avec les processeurs Xalan et Saxon, et que le mode de fonctionnement sous-jacent des exemples proposés est le mode Commande ; cela n'a aucune influence sur la sémantique du langage XSLT, mais cela permet de fixer les idées.

Première Partie

Les langages XPath et XSLT

Guide de lecture

Chapitre XPath

Le chapitre sur XPath est globalement très important pour la compréhension du reste. Notamment, il est absolument indispensable d'avoir toujours présent à l'esprit le modèle arborescent d'un document XML vu par XPath (*Modèle arborescent d'un document XML vu par XPath*, page 30), car ce modèle est à la base de tous les raisonnements divers et variés en XSLT.

La section suivante, *XPath, un langage d'expressions*, page 40, peut être ignorée en première lecture. Certains passages, dans la suite du livre, y font référence, et on pourra éventuellement attendre d'y être invité ou d'avoir un problème lié à l'écriture ou la lecture d'une expression pour aller voir cette section. Dans beaucoup de cas simples, l'intuition peut suffire, au moins pour lire une expression.

Les trois sections suivantes (*Principes de la construction d'un chemin de localisation*, page 47, *Etape de localisation*, page 48, *Chemins de localisation*, page 62) représentent le cœur d'XPath : elle sont essentielles pour la compréhension d'XPath et d'XSLT. Notamment la section *Lecture d'un chemin de localisation sans prédicat*, page 64, indique un algorithme pour lire les chemins XPath ; cela aide beaucoup au début, quand on n'a pas encore l'habitude de manipuler les étapes de localisation.

La section suivante, *Formes courtes des chemins de localisation*, page 68, indique les abréviations standards utilisées en XPath. Cette section est également incontournable, car ces abréviations sont presque toujours utilisées dans la pratique.

La dernière section, *Variantes syntaxiques*, page 70, pourra être sautée en première lecture, car elle donne des éléments assez subtils, indispensables à mettre en œuvre dans certains cas, mais heureusement assez rares.

Chapitre *Au cœur d'XSLT*

Ce chapitre est *le* chapitre essentiel pour la compréhension générale du langage XSLT. Il s'oppose fortement à l'introduction vue à la section *Un avant-goût d'XSLT*, page 9, en ce sens que l'on ne fait pas appel ici à l'intuition, mais qu'au contraire, on démonte le mécanisme de traitement spécifié par XSLT. Ce chapitre, une fois lu, permet la compréhension globale de tout XSLT : le reste est constitué d'ajouts, de facilités, de détails, etc., mais il n'y a aucun mécanisme fondamentalement nouveau. Seules trois instructions y seront vues : `xsl:template`, `xsl:value-of`, et `xsl:apply-templates`, parce qu'elles sont au cœur du modèle de traitement, de même que la notion de motif et de *concordance de motif* (*pattern matching*), qui sera vue de façon très détaillée à cette occasion.

Chapitres sur les instructions XSLT (transformation, programmation,création)

Le modèle de traitement du langage XSLT étant vu, le reste du langage consiste en divers ajouts (des instructions) permettant d'exploiter pleinement la puissance de ce modèle de traitement. Il est alors possible de grappiller en fonction des besoins, bien que les trois chapitres soient organisés de telle sorte qu'il n'y ait pas de références avant. Une lecture linéaire est donc recommandée, mais elle n'est pas obligatoire.

Ces instructions sont classées en trois catégories : transformation, programmation et création. Chaque catégorie correspond à un chapitre. Ces trois chapitres sont présentés suivant un plan assez régulier, dans lequel chaque instruction (mis à part quelques instructions comme xsl:template, xsl:value-of, et xsl:apply-templates, qui ne sont pas concernées parce qu'elles ont été déjà vues au chapitre *Au cœur du langage XSLT*, page 75, ou quelques autres qui sont extrêmement simples) sera présentée comme ceci :

- bande-annonce ;

- syntaxe ;

- règle XSLT typique ;

- sémantique ;

- exemples divers ;

- éventuellement variantes syntaxiques et exemples.

La section *bande-annonce* donne un aperçu de l'instruction sur un exemple simple, le plus souvent (mais pas toujours) repris plus loin dans la suite des explications. Cette bande-annonce permet de se faire rapidement une idée intuitive de l'instruction.

La section *syntaxe* donne la forme de l'instruction avec les éventuelles contraintes à respecter.

La section *règle XSLT typique* donne une forme de règle XSLT (xsl:template) dont le modèle de transformation emploie typiquement l'instruction décrite.

La section *sémantique* indique l'effet de l'instruction, c'est-à-dire la façon dont elle est instanciée.

Les exemples viennent ensuite : certains sont directs, d'autres sont l'occasion de quelques digressions induites par des difficultés inattendues.

Les variantes syntaxiques introduisent généralement des possibilités nouvelles offertes par des attributs facultatifs de l'instruction décrite.

Si l'on est pressé et que l'on souhaite se contenter d'une lecture de premier niveau, on pourra se contenter de lire la bande-annonce, la syntaxe, la règle XSLT typique, et de jeter un coup d'œil à la sémantique ; si l'on n'est pas pressé ou que l'on revient sur cette instruction après avoir buté sur une difficulté, on pourra lire la sémantique plus en détail, et analyser les exemples qui viennent ensuite.

Chapitre *Découpage d'une application XSLT*

Ce chapitre est un peu à part, dans la mesure où il n'apporte aucune fonctionnalité nouvelle au langage XSLT, si ce n'est la façon de découper une application XSLT, soit pour la rendre plus facilement maintenable, soit pour rendre réutilisables certains de ses constituants. C'est donc plutôt un chapitre donnant quelques éléments de Génie Logiciel en XSLT, qui peut évidemment être ignoré en première lecture si votre but est uniquement, dans un premier temps, la réalisation de transformations XSLT.

2

Le langage XPath

Le langage XPath est standardisé sous la forme d'une « W3C Recommendation » du 16 novembre 1999.

Ce n'est pas un langage de la famille XML : c'est un langage d'expression permettant de constituer des ensembles de nœuds provenant de l'arbre XML d'un document. XPath intervient dans XSLT d'une façon tellement intriquée, qu'on pourrait croire qu'il ne fait qu'un avec XSLT. Mais en fait, c'est un langage à part, parce que le W3C en a fait une brique intervenant dans d'autres langages, comme par exemple XPointer (pour XSLT 1.0) ou XQuery (pour XSLT 2.0).

C'est un langage assez simple dans sa structure, puisqu'il se limite à des expressions, mais l'interprétation de certaines expressions (complexes ou non) peut parfois être assez subtile. Heureusement, dans la pratique, les expressions XPath que l'on doit manipuler sont généralement assez simples, et en tout cas, deviennent assez vite familières.

Pour voir comment fonctionne XPath, il faut d'abord comprendre *sur quoi* repose son fonctionnement. Xpath étant fait pour traiter des documents XML, il utilise un modèle de représentation arborescente d'un document XML, qui conditionne tout le reste ; nous commencerons donc par voir ce modèle d'arbre. Ensuite, nous verrons comment cheminer dans un tel arbre, avec la notion de *chemin de localisation*, notion centrale de XPath, impliquant elle-même d'autres notions plus élémentaires, telles que les *axes de localisation*, les *déterminants*, et les *prédicats*. Ces éléments sont les ingrédients de base pour écrire des *étapes de localisation*, dont l'enchaînement donne des chemins de localisation qui peuvent s'interpréter en termes d'ensemble de nœuds de l'arbre traversé : XPath spécifie comment écrire des chemins de localisation, et comment les interpréter pour obtenir des ensembles de nœuds.

Modèle arborescent d'un document XML vu par XPath

Nous allons expliquer ici comment XPath « voit » un document XML, c'est-à-dire étudier la structure arborescente utilisée par XPath pour modéliser un document XML. Le modèle arborescent utilisé par XPath n'est pas nécessairement celui qui est réellement implémenté en mémoire lors de l'exécution d'un processeur XSLT ; c'est un modèle conceptuel qui permet de fixer les idées et d'exprimer commodément les propriétés de ce langage.

L'arbre manipulé par XPath n'est pas différent de l'arbre XML du document ; simplement, des précisions sont apportées sur la nature de certains liens parent-enfant, ainsi que sur la nature des nœuds de l'arbre.

Il y a sept types de nœuds possibles dans un arbre :

- `root` : le type du nœud racine de l'arbre XML du document, à ne pas confondre avec l'élément racine du document, qui est un élément comme un autre, à part qu'il n'a pas d'élément parent. L'élément racine fait partie du document XML, alors que la racine `root` de l'arbre n'a pas de contrepartie visible dans le document XML.

- `element` : le type d'un nœud élément XML.

  `<xxx>...</xxx>`

- `text` : le type d'un nœud texte faisant partie d'un élément.

  `... blabla ...`

- `attribute` : le type d'un nœud attribut d'élément XML.

  `surface='12m2'`

- `namespace` : le type d'un nœud domaine nominal permettant de qualifier les noms d'attributs ou d'éléments intervenant dans certaines parties d'un document XML.

  `xmlns:txt="http://www.w3c.org/xml/schemas/Basic-text.dtd"`

- `processing-instruction` : le type d'un nœud processing-instruction (directive de traitement), en principe adressée à un programme autre que le processeur XSLT lui-même.

  `<?cible arg1 arg2 ... ?>`

- `comment` : le type d'un nœud commentaire XML.

  `<!-- ... -->`

Il est possible d'obtenir la valeur textuelle de n'importe quel nœud ; cela semble évident pour un nœud de type `text` ou `attribute`, mais c'est aussi possible pour tous les autres types. Parfois la valeur textuelle d'un nœud ne dépend que du nœud en question, mais parfois elle dépend aussi de ses descendants (cas d'un nœud de type `element`) ; cela dépend en fait du type de nœud : un algorithme sera donc donné pour chaque type, permettant de calculer cette valeur textuelle.

Nœud de type root

Bien sûr, un seul nœud peut être de type `root`. A la racine sont attachés, dans un lien parent-enfant : l'élément racine du document XML proprement dit (que l'on trouve après le prologue), les instructions de traitement et les commentaires qui interviennent dans le prologue et après la fin de l'élément racine du document XML (voir la figure 2-1).

Exemple

```
<?xml version='1.0' encoding='ISO-8859-1' standalone='no' ?>
<!DOCTYPE passacaille SYSTEM "Danse.dtd" >
<?play audio armide.avi?>
<passacaille>
...
</passacaille>
<!-- fin du document -->
```

Figure 2-1

Un nœud de type root.

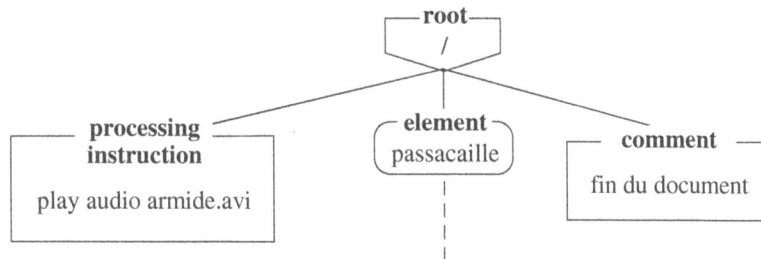

La valeur textuelle du nœud de type `root` est la concaténation des valeurs textuelles de tous ses nœuds descendants pris dans l'ordre de lecture du document.

Nœud de type element

Il y a un nœud de type `element` pour chaque élément `<xxx>` du document XML. A un nœud de type `element` sont attachés, dans un lien parent-enfant : les nœuds de type `element`, enfants directs de l'élément considéré, les nœuds de type `processing instruction`, `comment`, et `text` qui font partie du contenu de l'élément considéré (voir la figure 2-2).

Exemple

```
<RDC>
    <?play "QuicktimeVR" "rdc.mov" ?>
    Rez de chaussée au même niveau que la rue, vaste et bien éclairé.
    <cuisine>
        Evier inox. Mobilier encastré.
    </cuisine>
    <WC>
        Lavabo. Cumulus 200L.
    </WC>
```

```
      <séjour>
          Cheminée en pierre. Poutres au plafond.
          Carrelage terre cuite. Grande baie vitrée.
      </séjour>
      <bureau>
          Bibliothèque encastrée.
      </bureau>
      <garage/>
      <!-- pas de données disponibles sur le garage -->
      Dans la cour : palmier en zinc, figurant le désert
      (démontable).
  </RDC>
```

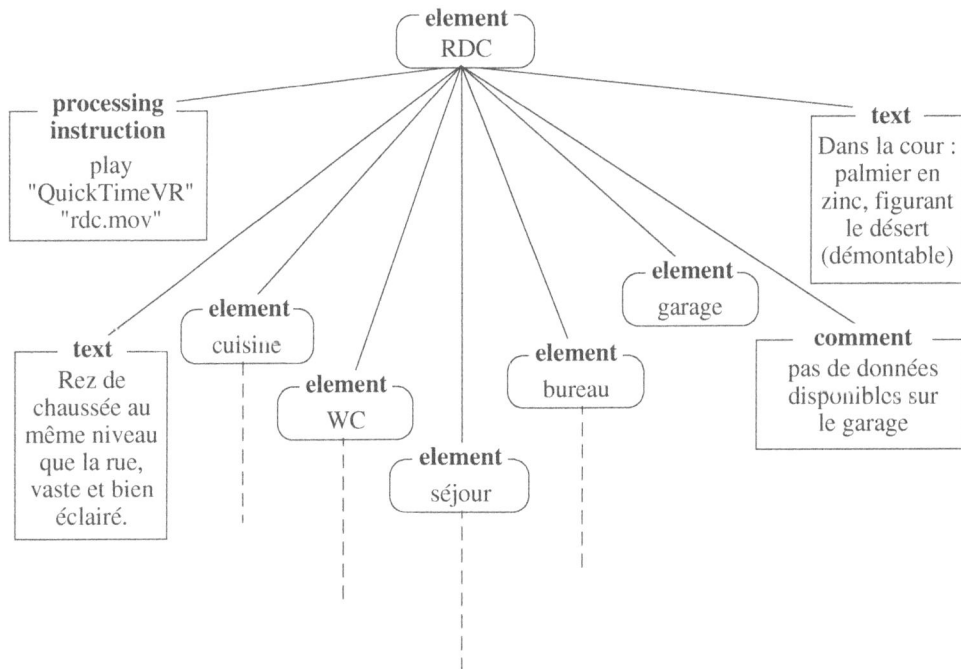

Figure 2-2

Un nœud de type element.

La valeur textuelle d'un nœud de type element est la concaténation des valeurs textuelles de tous ses descendants de type text (pas uniquement les enfants directs, mais seulement les nœuds text) pris dans l'ordre de lecture du document. L'exemple qui suit concerne le document montré ci-dessus :

`valeur textuelle de <RDC>`

```
        Rez de chaussée au même niveau que la rue, vaste et bien éclairé.

            Evier inox. Mobilier encastré.


            Lavabo. Cumulus 200L.


            Cheminée en pierre. Poutres au plafond.
            Carrelage terre cuite. Grande baie vitrée.


            Bibliothèque encastrée.



        Dans la cour : palmier en zinc, figurant le désert
        (démontable).
```

Cette valeur textuelle comporte beaucoup de lignes blanches, et nous verrons pourquoi un peu plus loin.

Nœud de type attribute

Chaque nœud de type `element` possède un ensemble associé de nœuds de type `attribute`. Ces nœuds de type `attribute` sont attachés au nœud élément considéré par un lien spécial : l'élément est parent des nœuds attributs, mais les nœuds attributs ne sont pas enfants de leur parent. En d'autres termes, l'ensemble des enfants d'un élément ne contient pas ses attributs, mais pourtant, chaque attribut a un parent, qui est l'élément pour lequel l'attribut est défini. Un nœud attribut n'a pas d'enfant. Si l'attribut sert à déclarer un domaine nominal, ce n'est pas un nœud de type `attribute` qui est créé, mais un nœud de type `namespace`. La figure 2-3 montre un exemple de nœud `attribute`.

Figure 2-3

Un nœud de type attribute.

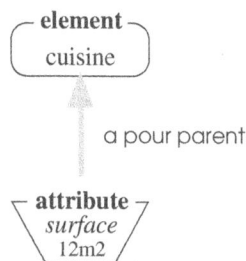

Exemple

```
<cuisine surface='12m2'>
   ...
</cuisine>
```

La valeur textuelle d'un nœud de type `attribute` est tout simplement la valeur de cet attribut.

Nœud de type namespace

Chaque élément possède un ensemble de domaines nominaux utilisables (mais pas forcément utilisés) : ce sont les domaines nominaux déclarés par cet élément ou l'un de ses ancêtres, et non redéfinis entre-temps le long de la hiérarchie. Un nœud de type `namespace` est créé, pour chaque élément, et pour chaque domaine nominal visible. Comme pour un nœud de type `attribute`, l'élément est le parent du nœud de type `namespace` ainsi créé, mais pourtant ne le possède pas en tant qu'enfant : voir la figure 2-4.

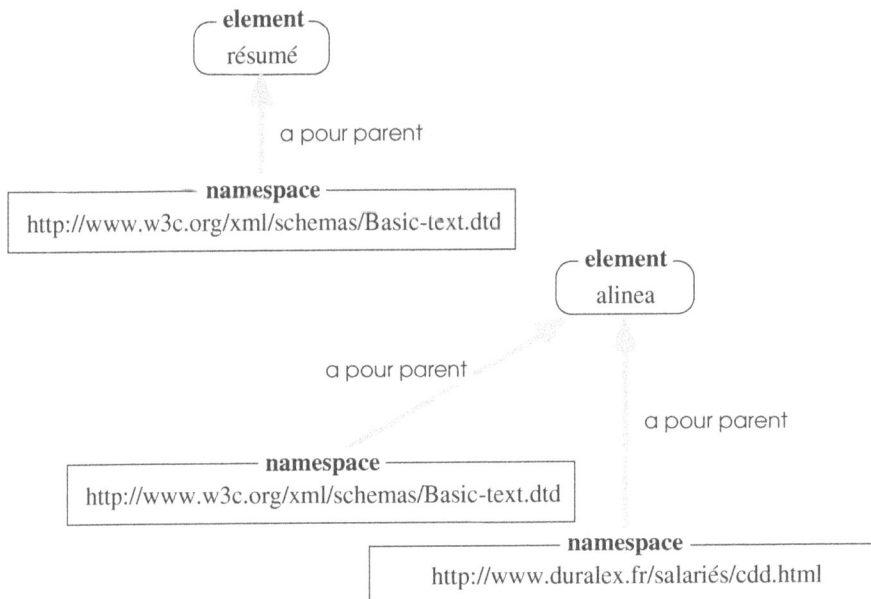

Figure 2-4

Des nœuds de type namespace.

Exemple

```
<résumé xmlns="http://www.w3c.org/xml/schemas/Basic-text.dtd" >

   ...
   <jur:alinea numero="12.2.3.5"
```

```
                    xmlns:jur="http://www.duralex.fr/salariés/cdd.html">
          <texte>
              <alinea>
                  ...
              <alinea>
          <texte>
      </jur:alinea>
      ...
  </résumé>
```

La valeur textuelle d'un nœud de type `namespace` est tout simplement la valeur de ce domaine nominal.

Nœud de type processing-instruction

Un nœud de type `processing-instruction` est créé pour chaque instruction de traitement, sauf si elle intervient à l'intérieur de la partie DTD du document. Un nœud de type `processing-instruction` n'a pas d'enfant : voir la figure 2-5.

Exemple

```
<passacaille>
    <?play audio armide.avi?>
    ...
</passacaille>
```

Figure 2-5

Un nœud de type processing instruction.

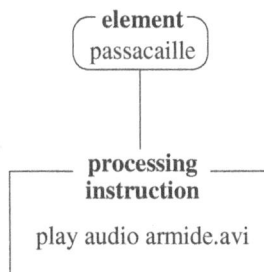

element
passacaille

processing instruction

play audio armide.avi

La valeur textuelle d'un nœud de type `processing-instruction` est la chaîne de caractères comprise entre le nom de l'instruction (exclu) et le `?>` final (exclu). Dans notre exemple, ce serait donc `audio armide.avi`.

Nœud de type comment

Un nœud de type `comment` est créé pour chaque commentaire, sauf s'il intervient à l'intérieur de la partie DTD du document. Un nœud de type `comment` n'a pas d'enfant : voir la figure 2-6.

<u>Exemple</u>

```
<passacaille>
    <!-- début de la passacaille -->
    ...
</passacaille>
```

Figure 2-6

Un nœud de type comment.

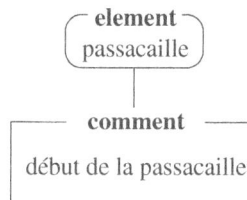

La valeur textuelle d'un nœud de type `comment` est la chaîne de caractères comprise entre le début et la fin du commentaire (`<!--` et `-->`exclus) . Dans notre exemple, ce serait donc `début de la passacaille`.

Nœud de type text

Chaque nœud de type `element` peut avoir des nœuds enfants de type `text`. Il n'y a jamais deux nœuds de type `text` côte à côte parmi les enfants du nœud `element` parent, car un nœud `text` est toujours créé d'un seul tenant, de telle sorte que le nombre total de nœuds `text` enfants du nœud `element` considéré soit minimal, et que la taille de chacun d'eux soit maximal. Un nœud de type `text` n'a pas d'enfant : voir la figure 2-7.

<u>Exemple</u>

```
<xxx>
    blabla
    <yyy> ... </yyy>
    suite du blabla
</xxx>
```

Figure 2-7

Deux nœuds de type text.

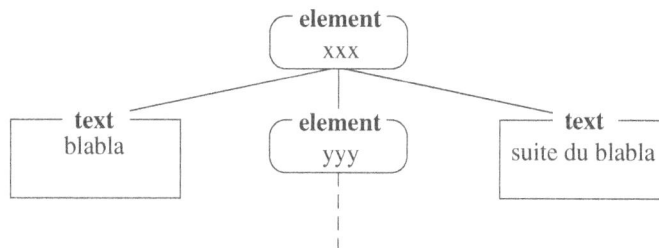

En général, la représentation arborescente d'un document XML ne contenant pas de texte apparent comporte tout de même des nœuds `text` (il suffit pour cela que le document XML soit indenté pour en améliorer la lisibilité) :

```
<xxx>
    <yyy>
        <zzz a="12"/>
    </yyy>
</xxx>
```

Dans ce document XML, il y a des sauts de lignes (puisqu'il y a manifestement plusieurs lignes) et des tabulations ou des espaces (puisque les lignes sont manifestement indentées). Ces caractères (saut de ligne, espace, tabulation) sont connus sous l'appellation générique d'*espaces blancs* (*white space* en anglais) ; ces espaces blancs étant des caractères, ils donnent, comme les autres, naissance à des nœuds `text` (voir figure 2-8).

Figure 2-8

Des nœuds de type text qu'on n'attendait pas.

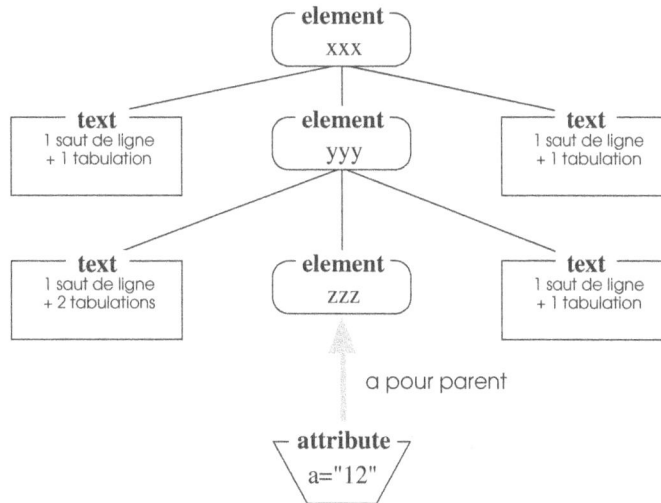

Dans la figure 2-7, le premier nœud `text` contient donc plus que caractères qu'il n'y paraît : saut de ligne, tabulation, blabla, saut de ligne, tabulation. C'est pour la même raison que la valeur textuelle de l'élément `<RDC>` montré à la section *Nœud de type element*, page 31 est parsemé de lignes blanches.

La valeur textuelle d'un nœud de type `text` est tout simplement la valeur de ce texte.

Exemple d'arbre XML d'un document

On prend ici comme exemple un document XML de description d'une maison (dans le style agence immobilière), et on montre l'arbre XML correspondant, tel qu'il sera manipulé par XPath (voir figure 2-9) :

Maison.xml

```
<maison>
    <RDC>
        <cuisine surface='12m2'>
            Evier inox. Mobilier encastré.
        </cuisine>
        <WC>
            Lavabo. Cumulus 200L.
        </WC>
        <séjour surface='40m2'>
            Cheminée en pierre. Poutres au plafond.
            Carrelage terre cuite. Grande baie vitrée.
        </séjour>
        <bureau surface='15m2'>
            Bibliothèque encastrée.
        </bureau>
        <garage/>
    </RDC>
    <étage>
        <terrasse>
            Palmier en zinc figurant le désert
        </terrasse>
        <chambre surface='28m2' fenêtre='3'>
            Carrelage terre cuite poncée.
            <alcôve surface='8m2' fenêtre='1'>
                Lambris.
            </alcôve>
        </chambre>
        <chambre surface='18m2'>
            Lambris.
        </chambre>
        <salleDeBains surface='15m2'>
            Douche, baignoire, lavabo.
        </salleDeBains>
    </étage>
</maison>
```

Note

Sur la figure 2-9, les espaces blancs ne sont pas mis en évidence, et les nœuds texte ne contenant que des espaces blancs ne sont pas montrés, afin de ne pas trop compliquer la figure. Ces nœuds « à blanc » sont en général inutilisés et souvent inoffensifs ; en deuxième lecture, on pourra se reporter à l'instruction `<xsl:strip-space>` pour une analyse de ce problème.

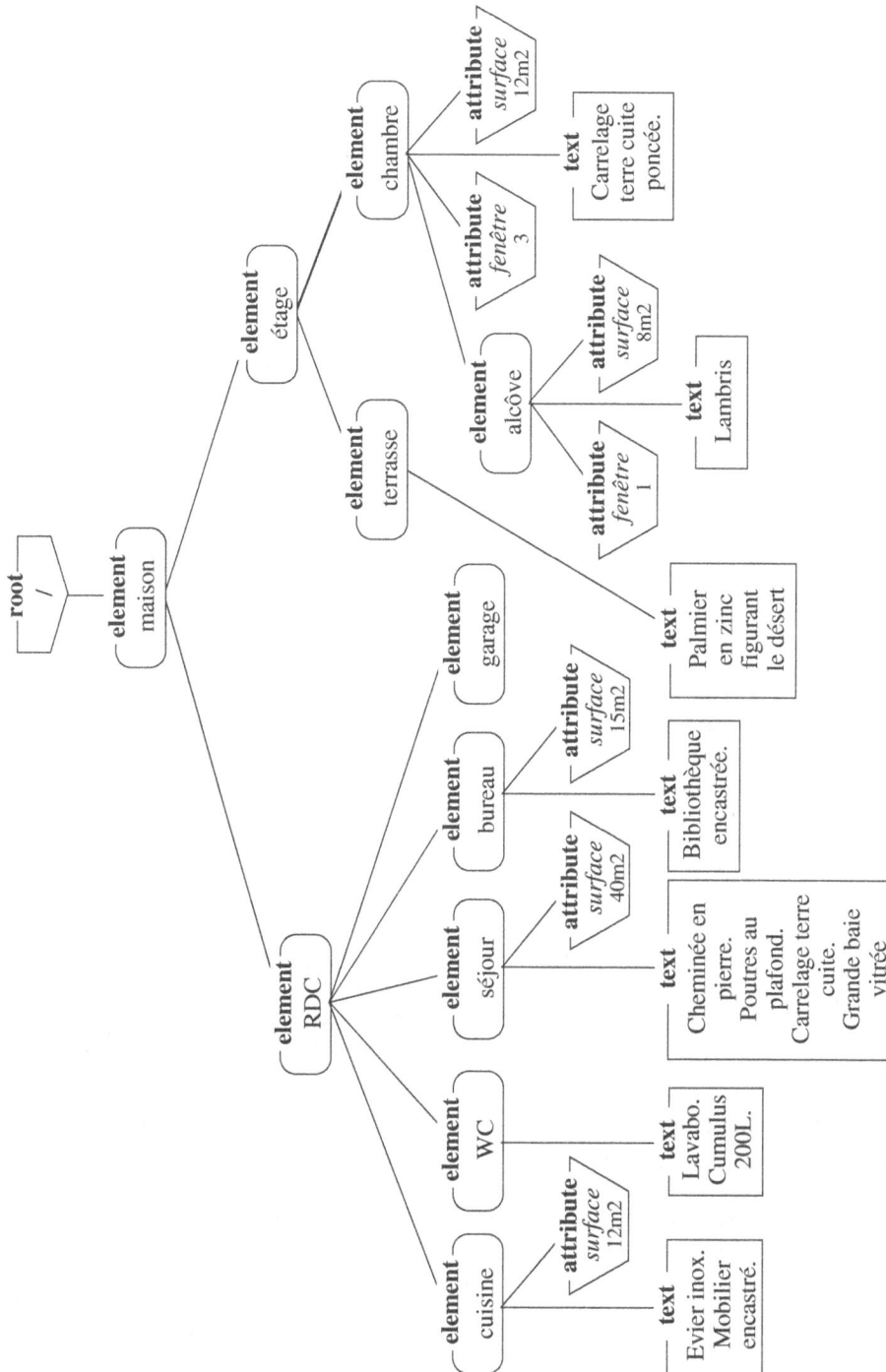

Figure 2-9

L'arbre XML du document 'Maison.xml'.

XPath, un langage d'expressions

Note

Cette section peut être ignorée en première lecture

Xpath est un langage d'expressions. Cela signifie que dans ce langage, à part l'*expression*, il n'existe aucune autre construction syntaxique. Sans être compliqué, le langage n'est pourtant pas d'une simplicité extrême, et il peut arriver, de temps à autre, que l'on soit dérouté par une subtilité inattendue.

En XPath, on peut manipuler quatre types d'objets : les ensembles de nœuds (type node-set, c'est-à-dire une collection non ordonnée sans répétition de nœuds d'arbre XML), les booléens (type boolean), les nombres réels (type number), les chaînes de caractères (type string). Les types boolean, number et string sont ce qu'on appelle des types simples.

Par ailleurs, on dispose d'opérateurs, mais il n'y a pas pléthore : dans le genre minimaliste, c'est assez réussi.

Enfin, on dispose de fonctions prédéfinies, qui renvoient des valeurs de l'un des quatre types possibles, de variables, qui apparaissent sous la forme d'un nom précédé d'un dollar (ex : $prixAuKilo), et de valeurs littérales (ex : true, 12, 12.5, 'Bonjour Madame, ôta-t-il son chapeau.'). Il n'y a pas de valeurs littérales de type node-set.

Avec tout cela, on peut former des expressions. Mais il n'est pas très simple d'étudier comment, parce qu'il n'est pas évident de trouver par quel bout prendre la chose ; une lecture fidèle du standard XPath aurait vite fait de nous entraîner dans des contrées étranges où l'on définit des choses aussi incroyables qu'un test d'infériorité entre un node-set et un booléen.

Note

Il ne faudrait pas croire pour autant que le standard XPath est un document loufoque : si ces comparaisons extraordinaires sont possibles, c'est parce qu'il existe des fonctions de conversions et des algorithmes d'interprétation des expressions mixtes, et que ces fonctions et algorithmes couvrent tous les cas utiles ; et de fait, dans la pratique, il peut être indispensable de pouvoir convertir un node-set en booléen. A partir de là, plus rien ne peut l'empêcher de le comparer à un autre booléen, même si ce n'est pas forcément très utile.

Pour éviter de tomber dans ce genre de trou noir, nous allons faire un peu de slalom dans la grammaire XPath : nous verrons d'abord des expressions ne comportant aucun argument de type node-set, puis des expressions ne comportant que des arguments de type node-set, puis nous évoquerons les expressions mixtes, en évitant de nous perdre dans les détails. En annexe, on trouvera la description des fonctions de conversions à utiliser.

Enfin, et c'est là qu'on voulait en venir, nous arriverons au type principal d'expression XPath, le chemin de localisation, qui nous occupera jusqu'à la fin de ce chapitre.

> **Note**
>
> En première lecture, il n'est pas utile de suivre linéairement les prochaines sections. Vous pouvez sauter directement à la section _Expressions mixtes_, page 45, dans lequel vous pourrez vous contenter de lire ce qui concerne la comparaison d'un node-set et d'un booléen, ainsi que celle d'un node-set et d'une string. Ensuite, vous pourrez reprendre une lecture normale à partir de la section _Principes de la construction d'un chemin de localisation_, page 47.
>
> Les sections sautées pourront être consultées ultérieurement, en cas de besoin, ou à titre de curiosité, pour compléter vos idées et vos connaissances sur les expressions XPath.

Expressions sans argument de type node-set

Expressions numériques

Ce sont des expressions qui manipulent des nombres, c'est-à-dire des objets de type number. Ces nombres sont des nombres fractionnaires en double précision, conformes à la norme IEEE 754. Cette norme définit entre autres une valeur NaN (Not a Number) que l'on obtient par exemple dans la division de 0 par 0, mais aussi un infini positif (Infinity) et un infini négatif (-Infinity).

Les nombres peuvent être comparés par les opérateurs = <= >= != qui ont leur signification habituelle.

Pour les calculs, on dispose de l'opérateur « moins » unaire (-5.8, par exemple) et des cinq opérateurs binaires classiques : + - * div mod (addition, soustraction, multiplication, division, reste de la division entière). Ajoutons à cela trois (excusez du peu) fonctions mathématiques prédéfinies : floor (plus grand entier inférieur), ceiling (plus petit entier supérieur) et round (plus proche entier).

Il n'y a rien d'autre, même pas de fonction puissance ou racine carrée.

Exemple d'expressions numériques

```
$b * 100 + $d - 4800 + floor($m div 10)
$J + 31741 - ($J mod 7)) mod 146097 mod 36524 mod 1461
(($d4 - $L) mod 365) + $L
```

Expressions à base de chaînes de caractères

Les valeurs littérales de chaînes de caractères sont des séquences de caractères entre apostrophes doubles (") ou entre apostrophes simples ('), comme on veut.

On peut tester l'égalité de deux chaînes (opérateurs = ou !=) mais on ne peut pas les classer : les opérateurs < ou > provoquent une conversion de leurs arguments en nombres. La seule manière, à la rigueur envisageable, de classer deux chaînes dans l'ordre alphanumérique, serait d'utiliser l'instruction de tri propre à XSLT.

On dispose de quelques fonctions prédéfinies de traitement de chaînes :

- string-length, pour renvoyer le nombre de caractères de la chaîne ;

- concat, pour concaténer deux chaînes en une seule (c'est-à-dire les mettre bout à bout) ;

- `normalize-space`, pour supprimer tous les espaces blancs en tête, tous les espaces blancs en fin, et remplacer toute autre séquence interne d'espaces blancs par un seul espace ;

- `translate`, pour remplacer certains caractères par d'autres ;

- `substring`, pour extraire une sous-chaîne ;

- `contains`, pour tester la présence d'une sous-chaîne dans une chaîne ;

- `starts-with`, pour tester la présence d'une sous-chaîne au début d'une chaîne ;

- `substring-after`, pour rechercher une sous-chaîne et extraire la sous-chaîne située après ;

- `substring-before`, pour rechercher une sous-chaîne et extraire la sous-chaîne située avant.

La fonction `ends-with` n'existe pas.

Expressions booléennes

Il n'y a pas de valeurs littérales comme *true* ou *false* pour représenter les deux booléens possibles. Ces deux valeurs sont données par deux fonctions sans argument : `true()` et `false()`.

Pour opérer des calculs booléens, on ne dispose que de deux opérateurs, `or` et `and`, et d'une fonction prédéfinie, `not()`, qui renvoie la négation de son argument.

Exemple d'expression booléenne

```
($somme < 3000) and ($devise = 'Franc') and ($fini or not( $trouvé))
```

Les opérateurs de comparaison < > <= >= = != sont utilisables avec les booléens. Les opérateurs = et != ont le sens habituel ; les opérateurs d'inégalité provoquent une conversion préalable des booléens en nombres, avec la convention *true* donne 1 et *false* donne 0 ; ensuite on compare les nombres. Notez que si `$a` et `$b` sont deux booléens, `$a <= $b` signifie "`$a implique $b`" (en effet, "`$a implique $b`" n'est faux que si `$a` est vrai et `$b` est faux, ce qui est compatible avec une comparaison des nombres 0 et 1, d'après la convention indiquée).

Expressions avec arguments de type node-set

Un node-set, nous l'avons déjà dit, est un ensemble de nœuds provenant d'une source XML, et plus précisément de la représentation sous forme d'arbre XML de cette source. Qu'un élément appartienne à un node-set n'implique pas que sa descendance en fasse nécessairement partie : par exemple, on peut très bien avoir un node-set ne contenant qu'un seul élément, à savoir l'élément racine du document, sans que pour autant, tout le document se retrouve dans le node-set.

Un node-set est un ensemble au sens mathématique du terme : une collection non ordonnée de nœuds d'arbre XML, sans doublon.

Il n'y a qu'un seul opérateur ensembliste : l'opérateur " | " (la barre verticale), qui représente l'union ensembliste. Il est toutefois possible d'écrire une expression, pas très compliquée en termes de nombre de caractères, mais très difficile à imaginer quand on ne connaît pas la solution, qui donne l'intersection de deux node-sets.

> **Note**
>
> C'est d'ailleurs si peu évident à trouver que les concepteurs du standard XPath étaient loin d'imaginer que c'était faisable lorsque le standard est paru dans sa version définitive, en 1999. En fait, il a fallu attendre l'année 2000 pour que quelqu'un (Michael Kay, en l'occurrence) découvre cette fameuse expression, que voici : `$p[count (.|$q) = count($q)]`, qui donne l'intersection des deux node-sets `$p` et `$q`. Il n'est pas possible d'expliquer dès maintenant pourquoi le résultat obtenu est le bon, car il faut attendre d'avoir vu la notion de prédicat, qui est ici utilisée, ainsi que celle de nœud contexte (le point, juste avant la barre verticale).

Il n'y a pas non plus d'opérateur ou de fonction prédéfinie permettant de tester l'appartenance d'un nœud à un node-set (sinon il aurait été trivial de construire une expression donnant l'intersection), ou l'inclusion d'un node-set dans un autre. Par contre, on a une fonction prédéfinie, `count()`, qui renvoie le nombre d'éléments du node-set donné, ce qui permet (entre autres) de tester si un node-set est vide.

Les choses amusantes arrivent maintenant. Il est possible, grâce aux opérateurs = et !=, de comparer des node-sets. Les règles de comparaison sont à première vue assez curieuses, et en tout cas, ont des conséquences assez étonnantes, comme par exemple celleci : si `$p` est un node-set, alors `$p` = `$p` n'est pas une expression toujours vraie.

> **Remarque**
>
> Avant de voir ceci plus en détail, demandons-nous pourquoi aller chercher des règles diaboliques qui parsèment la route de chausse-trappes, au lieu de mettre en place de règles classiques qui seraient intuitivement évidentes ? A nouveau, il ne faut pas imaginer que le standard XPath est un document loufoque, pratiquant l'humour par l'absurde. En fait ces règles sont bizarres quand on les examine en dehors de leur contexte, et qu'on les replace dans le contexte général (mathématique) de manipulation d'ensembles. Mais ce n'est pas dans ce contexte-là que ces expressions sont employées ; ces règles sont faites pour écrire des prédicats de façon concise. Il est encore trop tôt pour expliquer exactement ce qu'est un prédicat, mais disons en gros qu'un prédicat est une expression booléenne qui permet de filtrer un node-set pour éliminer les indésirables, à savoir les nœuds qui ne vérifient pas le prédicat. C'est donc à la lumière de la facilité d'écriture de prédicats qu'il faut éclairer les règles de comparaison de node-set, et non à la lumière des mathématiques standard. En cherchant à optimiser au mieux l'écriture de certains types de prédicats qui reviennent souvent dans la pratique, on arrive à des choses qui peuvent donner froid dans le dos au premier abord, mais qui finalement se révèlent très efficaces à l'usage, quand on écrit des prédicats. Le seul problème est que les comparaisons de node-sets peuvent intervenir ailleurs que dans des prédicats, par exemple dans des tests, avec l'instruction XSLT `<xsl:if ...>`. C'est là qu'on peut déraper, parce qu'on n'est plus dans le domaine privilégié des prédicats, et que l'on doit être conscient des pièges que constituent ces règles vis-à-vis de la logique habituelle.

Comparaison de deux node-sets avec l'opérateur =

Si `$p` et `$q` sont deux node-sets, alors `$p` = `$q` est une expression booléenne vraie si et seulement si on peut trouver dans `$p` un nœud `N1` et dans `$q` un nœud `N2` qui ont même valeur textuelle.

Cette définition repose sur la valeur textuelle d'un nœud, qui a été définie à la section *Modèle arborescent d'un document XML vu par XPath*, page 30.

On voit tout de suite qu'il faut pouvoir trouver au moins un nœud dans chacun des node-sets pour que l'égalité ait une chance d'être vraie ; il en résulte immédiatement que deux node-sets vides ne sont pas égaux, et même pire, que `$p = $p` est faux si `$p` est vide.

Un autre point à prendre en compte, est que la valeur textuelle d'un nœud ne reflète peut-être pas totalement toutes les propriétés visibles de ce nœud.

Par exemple, supposons que `$p` contienne l'élément `<animal hauteur="3m">girafe</animal>`, et `$q` l'élément `<animal hauteur="5m">girafe</animal>` ; alors l'égalité `$p = $q` est vraie. En effet, les attributs ne font pas partie de la valeur textuelle d'un élément : les deux éléments ci-dessus ont donc même valeur textuelle, ce qui suffit à donner l'égalité.

Comparaison de deux node-sets avec l'opérateur !=

Si `$p` et `$q` sont deux node-sets, alors `$p != $q` est une expression booléenne vraie si et seulement si on peut trouver dans `$p` un nœud `N1` et dans `$q` un nœud `N2` qui ont des valeurs textuelles différentes.

D'après les deux définitions que l'on vient de voir, il est immédiat que : `not( $p = $q )` et `( $p != $q )` sont deux expressions différentes, qui ne donnent pas en général le même résultat. Il en est de même avec `not( $p != $q )` et `( $p = $q )`.

L'expression `not( $p = $q )` est vraie quand les deux node-sets ont des valeurs textuelles toutes différentes deux à deux. De même, l'expression `not( $p != $q )` est vraie quand les deux node-sets ont des valeurs textuelles toutes identiques deux à deux.

Notez bien encore une fois que les comparaisons reposent sur des comparaisons de valeurs textuelles ; il n'est pas question ici d'identité : revoyez ci-dessus l'exemple de la girafe, qui montre bien les limites de ces comparaisons.

Appartenance et test d'inclusion

Tester si deux node-sets sont constitués des *mêmes* nœuds est beaucoup plus subtil ; c'est le même problème, en gros, que de tester si un nœud donné appartient ou non à un node-set. Pour cela l'idée de base est d'ajouter au node-set le nœud en question ; si cela ne change pas le cardinal du node-set, c'est que le nœud s'y trouvait déjà (puisqu'un node-set est un ensemble, et qu'à ce titre, il ne saurait y avoir des doublons). Il faut donc se débrouiller pour former un node-set (disons `$p`) ne contenant que le nœud à tester ; pour savoir si ce nœud appartient à un autre node-set `$q`, il suffit de tester l'expression `count( $p | $q ) = count( $q )`.

Note

C'est cette idée qui a mis du temps à voir le jour.

Détail amusant, on peut voir à l'adresse *http://dpawson.co.uk/xsl/sect2/muench.html*, que Michael Kay en a eu la révélation dans son bain.

Plus généralement, l'expression `count( $p | $q ) = count( $q )` est vraie si et seulement si le node-set `$p` est inclus dans `$q`.

Dans la même veine, on voit immédiatement que les deux node-sets `$p` et `$q` sont identiques (égaux au sens mathématique du terme) si et seulement si :

```
(count( $p | $q ) = count( $q )) and (count( $p | $q ) = count( $p ))
```

Expressions mixtes

Les expressions mixtes sont celles où un argument est un node-set, et l'autre un type simple (Boolean, String, Number).

- **node-set = Boolean** ou **node-set != Boolean**

  Le node-set est converti en booléen comme par appel de la fonction prédéfinie `boolean()`, qui renvoie *vrai* si et seulement si le node-set donné n'est pas vide. On n'a alors plus qu'à comparer deux booléens.

- **node-set = String** ou **node-set != String**

  L'égalité (respect. inégalité) est *vraie* si et seulement si le node-set contient au moins un nœud dont la valeur textuelle est égale à (respect. différente de) la *String* donnée.

- **node-set = Number** ou **node-set != Number**

  L'égalité (respect. inégalité) est *vraie* si et seulement si le node-set contient au moins un nœud dont la valeur textuelle, convertie en nombre, est égale au (respect. différente du) *Number* donné.

- **node-set < > <= >= Boolean**

  Le node-set est converti en booléen comme par appel de la fonction prédéfinie `boolean()`, qui renvoie *vrai* si et seulement si le node-set donné n'est pas vide. On n'a alors plus qu'à comparer deux booléens.

- **node-set < > <= >= Number**

  La comparaison est *vraie* si et seulement si le node-set contient au moins un nœud dont la valeur textuelle peut être convertie en un nombre pour lequel la comparaison avec le *Number* donné est vraie.

- **node-set < > <= >= String**

  La comparaison est *vraie* si et seulement si le node-set contient au moins un nœud dont la valeur textuelle peut être convertie en un nombre pour lequel la comparaison avec la *String* donnée, convertie elle aussi avec succès en nombre, est vraie. Dans tous les cas, si jamais la String donnée ne peut pas être correctement convertie en nombre, la comparaison est *fausse*.

C'est ici que nous trouvons ces fameuses expressions bizarres, qui consistent (par exemple) à tester la relation d'infériorité ou de supériorité entre un node-set et un booléen. Comme nous l'avons dit, la motivation essentielle de ce genre de conversion est de pouvoir écrire de façon concise certains prédicats fréquents dans la pratique.

Il n'est pas possible de montrer cela dans le détail dès maintenant, mais on peut tout de même donner une idée de la chose. Imaginons par exemple un document XML formant un recueil de descriptions de maisons comme celle que nous avons vue à la section *Exemple d'arbre XML d'un document*, page 38. Supposons de plus que nous ayons formé un node-set `$les-rdc` qui contient tous les `<RDC>` de toutes les `<maison>`.

On peut alors filtrer le node-set `$les-rdc` par le prédicat `[ garage ]`, comme ceci :

```
$les-rdc[ garage ]
```

Cela donne un nouveau node-set qui ne comporte que des rez-de-chaussée avec au moins un garage. Mais si cela donne cela, c'est parce qu'arrivé à une certaine étape de l'interprétation de cette expression, l'interpréteur XPath réclame une expression booléenne applicable à chaque élément `<RDC>` candidat à faire partie du nouveau node-set ; si cette expression booléenne est vraie, le candidat est accepté, sinon il est rejeté. Or, à ce stade, il se trouve que l'expression `garage` est interprétée comme une valeur de type node-set : c'est là qu'intervient cette fameuse conversion de node-set en booléen, grâce à laquelle l'interpréteur XPath va obtenir l'expression booléenne qu'il attend.

Mais voici quelqu'un qui voudrait voir toutes les maisons qui ont une terrasse en étage avec un palmier en zinc figurant le désert. Rien de plus facile :

```
$les-étages[ terrasse = "Palmier en zinc figurant le désert" ]
```

Là encore, si cela fonctionne, c'est parce qu'au moment où l'interpréteur XPath réclame son expression booléenne, on lui fournit `terrasse = "Palmier en zinc figurant le désert"`. D'après ce que nous avons vu, cette expression est vraie s'il l'on peut trouver au moins une `<terrasse>` dont la valeur textuelle est égale à `"Palmier en zinc figurant le désert"`.

C'est donc pour optimiser la facilité d'écriture de tels prédicats que ces règles bizarres de conversion et de comparaison ont été mises en place. C'est vrai que l'on obtient alors des prédicats assez concis, et qui se lisent assez bien ; mais dès que l'on quitte le domaine des prédicats, le côté bizarre de ces comparaisons reprend alors le dessus.

Il faut assumer.

Conclusion

Nous arrivons maintenant aux portes du temple XPath. Comme nous l'avons déjà dit, XPath est essentiellement un langage d'expressions pour construire des node-sets contenant des nœuds prélevés dans l'arbre XML document source : de telles expressions s'appellent des *chemins de localisation* (location path), et ce sont elles que nous allons maintenant étudier.

Principes de la construction d'un chemin de localisation

> **Note**
> A lire dès la première lecture.

Nœud contexte

Etant donné un certain nœud (appelé *nœud contexte*) de l'arbre XML d'un document source, un *location path* (ou chemin de localisation) permet de désigner ses voisins plus ou moins proches ou lointains, dans toutes les directions (ascendants, descendants, frères, cousins, etc.).

Le nœud contexte, en tant que point de départ de la navigation dans l'arbre XML d'un document, est une des notions fondamentales du langage XPath, que l'on retrouvera sans cesse dans la suite.

Chemin de localisation

Un chemin de localisation a la forme suivante (exprimée en utilisant la notation des DTD) :

LocationPath

```
LocationPath = "/"?, LocationStep, ( "/", LocationStep )*
```

Un chemin de localisation est donc une suite d'*étapes de localisation* (location step) séparées par des "/". Le "/" initial indique un *chemin absolu* ; en son absence, on a un *chemin relatif.*

Le nœud contexte est indispensable pour l'évaluation d'un chemin de localisation relatif ; pour un chemin absolu, le point de départ est la racine de l'arbre XML du document (en ce sens, on peut dire qu'un « chemin absolu » est relatif à la racine, alors qu'un « chemin relatif » est relatif au nœud contexte).

Evaluation d'un chemin de localisation

Lorsqu'on évalue un chemin de localisation, on obtient un node-set, c'est-à-dire une collection de nœuds non ordonnée et sans répétition. On dit que le chemin de localisation *sélectionne* un ensemble de nœuds. Ce processus de production d'un ensemble de nœuds repose sur la répétition d'*étapes de localisation*, chacune de ces étapes consistant essentiellement en un processus d'**élimination** : on part d'un ensemble initial de nœuds, que l'on passe au crible une ou plusieurs fois (souvent une seule fois), avec des cribles différents.

Ce qui reste après application de cette succession d'étapes, est l'ensemble de nœuds sélectionné par le chemin de localisation.

Il faut maintenant voir chacun des constituants d'une étape de localisation.

Etape de localisation

Note

A lire dès la première lecture.

Une étape de localisation a la forme suivante (notation DTD) :

LocationStep
```
LocationStep = Axis, "::", NodeTest, Predicate*
```

Chaque étape de localisation se compose donc :

- D'un axe de localisation, qui produit l'ensemble initial de nœuds (à condition de connaître le nœud contexte). Le mot *axe* vient de ce que cet ensemble initial est constitué à partir de nœuds choisis selon un critère évoquant une direction ou un axe de déplacement dans l'arbre (parents, enfants, frères, etc.).

- D'un premier crible (Node Test, ou *déterminant*) permettant d'éliminer de l'ensemble initial de nœuds tous ceux qui ne répondent pas au critère indiqué par le Node Test (qui porte sur la nature des nœuds à conserver). Ce premier crible permet par exemple de dire qu'on ne veut garder que les <piedDePage>, ou que les <figure>, etc.

- Eventuellement de cribles supplémentaires, appelés prédicats, permettant de dire par exemple qu'on ne veut pas garder toutes les <figure>, mais seulement celles qui ont un attribut 'type' égal à 'gif'.

Exemple :

LocationStep
```
child::figure[attribute::type='gif']
```

Cette étape de localisation se décompose ainsi :

- child est l'axe de localisation ; il fournit l'ensemble de départ, constitué ici de tous les nœuds enfants directs du nœud contexte.

- figure est le déterminant (Node Test) ; il permet d'éliminer de cet ensemble de départ tous les nœuds qui ne sont pas des <figure> .

- [attribute::type='gif'] est le premier (et l'unique) prédicat, qui joue le rôle de deuxième crible, éliminant tous les nœuds <figure> n'ayant pas un attribut type égal à gif.

Le principe de construction d'un node-set par une étape de localisation est donc assez simple : on part d'un node-set initial fourni par un axe de localisation, qui est d'abord filtré par un déterminant, puis par des prédicats.

Nous allons donc voir maintenant plus en détail chacun de ces constituants.

Axes de localisation

Mentionner un axe de localisation dans une étape de localisation permet d'obtenir un node-set initial, qui sera ensuite progressivement élagué sous l'action du déterminant (Node Test) puis des prédicats.

L'idée est donc qu'un axe de localisation représente une première approximation de ce que l'on veut, en se basant sur la notion de voisinage du nœud contexte : les enfants, les frères, les ascendants, etc. : on choisit ce qui se rapproche le plus du node-set souhaité, quitte ensuite à filtrer les nœuds en trop. L'approximation doit toujours se faire par excès, puisqu'il est possible de filtrer, mais pas d'ajouter.

Etant donné un nœud-contexte, un axe est donc un ensemble de nœuds, partageant une propriété commune vis-à-vis du nœud contexte.

Les treize axes de localisation

Le standard XPath définit treize axes de localisation. Les onze premiers sont construits à partir du nœud contexte sur la base de la relation parent-enfant, ce qui donne un arbre généalogique presque identique à l'arbre XML du document source : il ne manque que les nœuds de type `attribute` et `namespace`. Précisément, les deux derniers axes correspondent aux attributs et domaines nominaux du nœud contexte, mais ils sont un peu à part, puisqu'il n'y a pas de relation parent-enfant complète entre un nœud et ses attributs ou domaines nominaux (revoir à ce sujet les sections *Nœud de type attribute*, page 33 et *Nœud de type namespace*, page 34).

Voici la liste de ces 13 axes :

- **child**

  contient les nœuds enfants (directs) du nœud contexte. Ne contient jamais de nœud de type attribut ou domaine nominal.

- **descendant**

  contient toute la descendance (enfants, petits-enfants, ...) du nœud contexte. Ne contient jamais de nœud de type attribut ou domaine nominal.

- **parent**

  contient le parent du nœud contexte. Existe pour tout nœud contexte (même de type `attribute` ou `namespace`), sauf pour la racine (`root`).

- **ancestor**

  contient les ascendants (parent, grand-parent, ...) du nœud contexte. Contient toujours la racine (même si le nœud contexte est de type `attribute` ou `namespace`), sauf si le nœud contexte est la racine.

- **self**

  contient le nœud contexte et seulement le nœud contexte.

- **following-sibling**

  contient les frères suivants (dans l'ordre de lecture du document) du nœud contexte.

Si le nœud contexte est un nœud de type attribut ou domaine nominal, l'axe `following-sibling` est vide.

- **preceding-sibling**

  contient les frères précédents (dans l'ordre de lecture du document) du nœud contexte. Si le nœud contexte est un nœud de type attribut ou domaine nominal, l'axe `preceding-sibling` est vide.

- **following**

  contient tous les nœuds qui suivent le nœud contexte dans l'ordre de lecture du document, en excluant d'une part la propre descendance du nœud contexte, et d'autre part les nœuds de type attribut ou domaine nominal.

- **preceding**

  contient tous les nœuds qui précèdent le nœud contexte dans l'ordre du document, en excluant d'une part la propre ascendance du nœud contexte, et d'autre part les nœuds de type attribut ou domaine nominal.

- **descendant-or-self**

  contient le nœud contexte et tous ses descendants (comme son nom l'indique).

- **ancestor-or-self**

  contient le nœud contexte et tous ses ascendants (comme son nom l'indique). En conséquence, contient toujours la racine.

- **attribute**

  contient les attributs du nœud contexte si le nœud contexte est un élément ; est vide dans le cas contraire.

- **namespace**

  contient les domaines nominaux du nœud contexte si le nœud contexte est un élément ; est vide dans le cas contraire.

Représentation graphique

On peut représenter graphiquement (voir figure 2-10) les ensembles de nœuds que forment les axes (les axes `attribute` et `namespace` ne sont pas montrés, et l'un des nœuds `element` est pris arbitrairement comme nœud contexte).

Note

La figure 2-10 est très largement inspirée d'un schéma extrait de « Practical Transformation Using XSLT and XPath », un support de cours et un livre sans nom d'auteur (copyright 1998-2001 Crane Softwrights Ltd.) dont un extrait est disponible sur *www.cranesoftwrights.com/training/*.

On voit sur la figure 2-10 que l'axe `child` d'un élément peut contenir des nœuds de type `element`, mais aussi de type `processing instruction`, `text`, ou `comment`. Afin de pouvoir trier, on dispose de possibilités de tests adéquats (voir *Déterminant (Node Test)*, page 54).

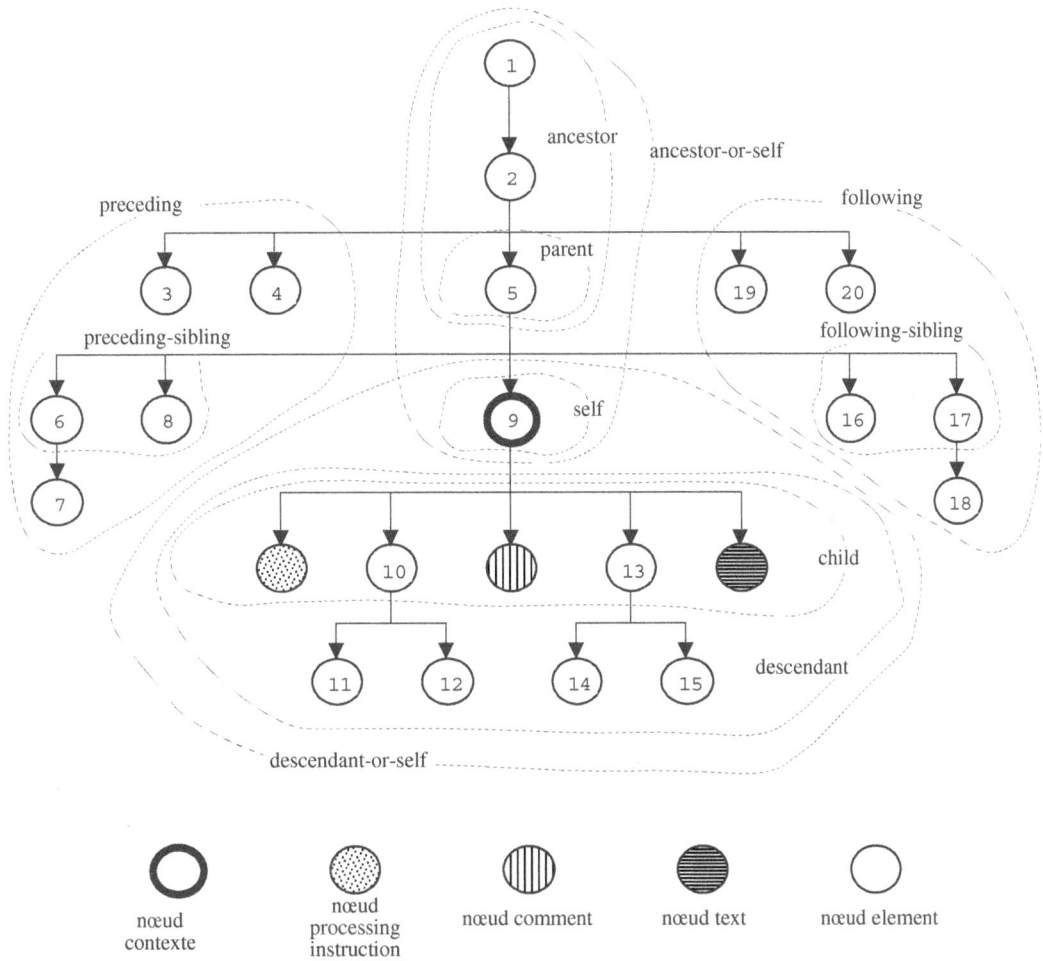

Figure 2-10

Représentation des axes de localisation en tant qu'ensembles.

D'autre part, les numéros des nœuds sur cette figure correspondent à l'ordre d'apparition de leur balise ouvrante, lors de la lecture séquentielle du document XML correspondant, qui ressemble donc à ceci (le nœud 9 est le nœud contexte) :

```
<1>
    <2>
        <3/>
        <4/>
        <5>
            <6>
                <7/>
            </6>
```

```
            <8/>
            <9>
                <? processing-instruction ?>
                <10>
                    <11/>
                    <12/>
                </10>
                <!-- commentaire -->
                <13>
                    <14/>
                    <15/>
                <13/>
                un texte
            </9>
            <16/>
            <17>
                <18/>
            </17>
        </5>
        <19/>
        <20/>
    </2>
</1>
```

Remarque

Sur la figure 2-10, on voit le node-set `self`, qui ne comporte qu'un seul élément. Pourtant, cet élément possède une descendance assez nombreuse : il est important de réaliser qu'un node-set peut très bien contenir un élément sans pour autant contenir les enfants ou la descendance de cet élément. Mais ce n'est pas interdit non plus : voir par exemple le node-set `descendant-or-self`.

Les axes `parent`, `ancestor`, `ancestor-or-self`, `preceding`, et `preceding-sibling` ne contiennent que des nœuds situés *avant* (par rapport au nœud contexte) dans l'ordre de lecture du document : on les nomme *axes rétrogrades*.

Tous les autres axes (y compris les axes `attribute` et `namespace`) ne contiennent que des nœuds situés après (par rapport au nœud contexte) dans l'ordre de lecture du document : on les nomme *axes directs*.

L'ordre de lecture du document, pour les attributs et les domaines nominaux, est un peu arbitraire par certains côtés. La règle est celle-ci : les attributs et domaines nominaux viennent après leur élément parent, et avant les enfants de ce parent (ce qui est somme toute parfaitement logique, et correspond effectivement à l'ordre de lecture du document). Ce qui est arbitraire, c'est que les domaines nominaux viennent avant les attributs (c'est une simple convention). Mais aucun ordre de lecture de document n'est défini pour classer les attributs entre eux, ni les domaines nominaux entre eux, car l'ordre dans lequel ils apparaissent n'est pas censé être signifiant (cette propriété est imposée par XML).

Indices de proximité

On définit aussi une numérotation des nœuds relative à un axe, dont les numéros, appelés *indices de proximité*, commencent toujours à 1.

Pour un axe direct (par. ex. `child`), les indices de proximité augmentent quand on s'éloigne du nœud contexte en suivant l'ordre de lecture du document, alors que pour un axe rétrograde (par. ex. `preceding-sibling`), les indices de proximité augmentent quand on s'éloigne du nœud contexte dans l'ordre inverse de lecture du document.

A titre d'exemple, reprenons la figure 2-10 , et montrons les indices de proximités pour deux axes rétrogrades (`preceding`, `ancestor-or-self`), et pour 2 axes directs (`descendant`, `following`). Ces indices de proximité sont montrés sur la figure 2-11 (les anciens numéros sont rappelés en plus petit, à l'extérieur de chaque cercle).

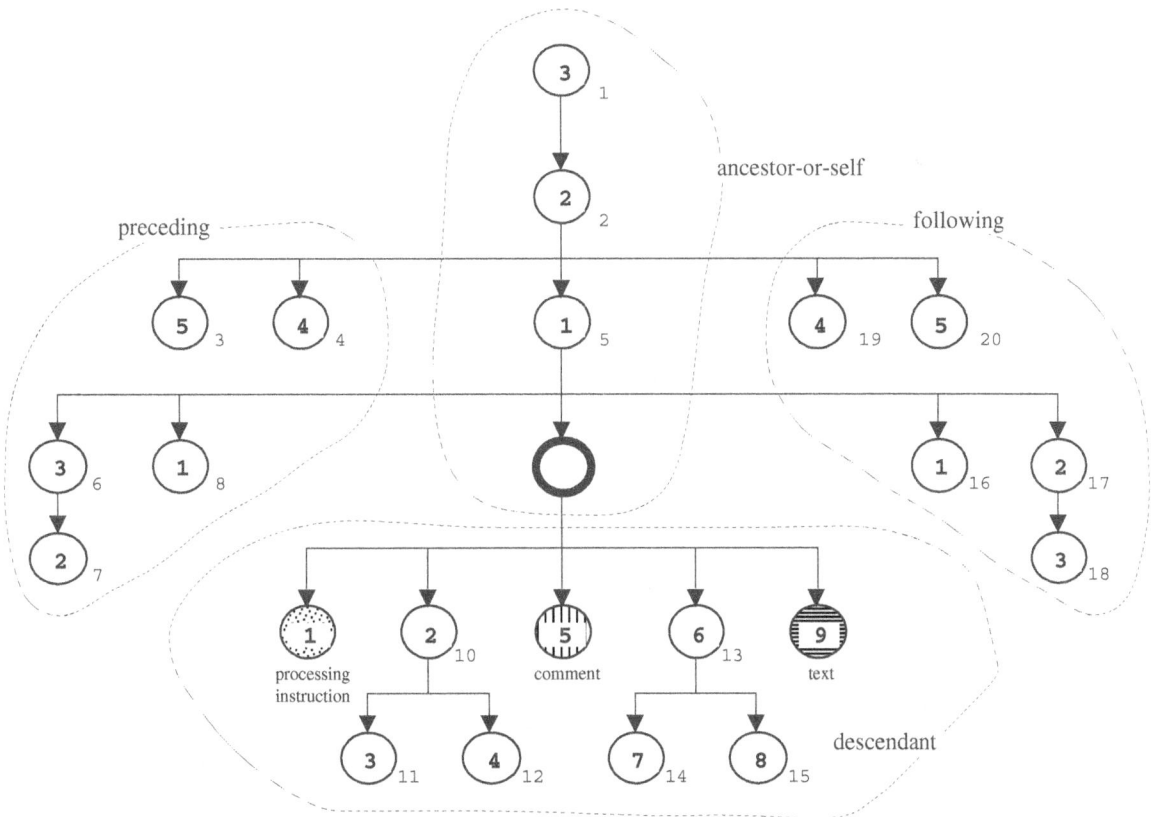

Figure 2-11
Indices de proximité.

La règle, pour un node-set intervenant dans une étape de localisation, est que les indices de proximité donnent l'ordre d'énumération.

Remarque

Ces indices de proximité servent (entre autres) à fournir, quand besoin est, un ordre d'énumération. Un node-set, rappelons-le, est un ensemble, et à ce titre, n'est pas ordonné. Pas ordonné, cela signifie que l'ordre d'énumération des éléments n'est pas une propriété discriminante lorsqu'on cherche à distinguer deux ensembles : les ensembles {x,y} et {y,x} sont indiscernables.

Ceci étant, lorsqu'on énumère un node-set, par exemple pour traiter chacun de ses éléments un par un, il faut bien choisir un premier, un deuxième, etc. jusqu'à un dernier. Donc même si un node-set n'est pas ordonné, il est certainement utile, dans la pratique, d'avoir à sa disposition un algorithme d'énumération.

Déterminant (Node Test)

Etant donné un ensemble de nœuds fourni par un axe de localisation, le déterminant est une fonction booléenne, qui, appliquée à un nœud de cet ensemble, dit si ce nœud doit ou non rester dans l'ensemble.

L'écriture :

```
Axis::NodeTest
```

dénote l'ensemble obtenu en appliquant le déterminant *NodeTest* à chaque élément de l'axe *Axis*.

Il y a plusieurs possibilités pour un Node Test : pour chacune d'elle, on doit spécifier la fonction booléenne, c'est-à-dire expliquer le critère mis en œuvre pour accepter ou rejeter un nœud. Pour cela, il est nécessaire d'introduire une nouvelle notion, celle de *type principal de nœud*.

Le type principal de nœud d'un axe de localisation, c'est le type de nœuds les plus fréquemment contenus dans cet axe.

- L'axe `attribute` ne contient que des nœuds de type `attribute`, son type principal de nœud est donc `attribute`.

- L'axe `namespace` ne contient que des nœuds de type `namespace`, son type principal de nœud est donc `namespace`.

- Les onze autres axes peuvent contenir aussi bien des nœuds de type `element`, que de type `comment`, ou `processing-instruction`, ou `root`, ou `text`. Néanmoins, le plus fréquent, et de loin, est qu'ils contiennent des éléments. Le type principal de nœud est donc `element`.

Ceci étant, nous allons pouvoir maintenant passer en revue les différentes formes possibles pour un déterminant (Node Test).

Le déterminant est un nom

Node Test = nom

```
Axis::nom
```

Le déterminant est ici un nom (d'élément, d'attribut, ...). Appliqué à un nœud de l'axe de localisation indiqué, le déterminant accepte ce nœud si le type du nœud est égal au type principal de nœud de l'axe choisi, et si le nom du nœud coïncide avec le nom constituant le déterminant ; dans les autres cas, le nœud est rejeté, et donc ne fait pas partie du node-set résultant.

Exemple :

```
child::figure
```

Etant donné un certain nœud contexte, cette étape de localisation sélectionne un node-set contenant tous les éléments de l'arbre XML considéré, qui sont des enfants du nœud contexte, et dont le nom est `figure`. Tous les autres nœuds sont rejetés :

- soit à cause de leur type qui n'est pas égal au type principal de nœud (`element` pour l'axe `child`) ;
- soit à cause de leur nom qui n'est pas égal à `figure`.

La première cause de rejet (portant sur le type) permet d'éliminer par exemple une `processing-instruction` qui par malchance se dénommerait elle aussi *figure*.

Le déterminant est une *

Node Test = *

```
Axis::*
```

Une * est un déterminant qui ne filtre que le type de nœud : sont rejetés tous les nœuds dont le type ne correspond pas au type de nœud principal associé à l'axe indiqué.

Exemple :

```
child::*
```

Etant donné un certain nœud contexte, cette étape de localisation sélectionne un node-set contenant tous les nœuds de type `element`, enfants du nœud contexte.

Autre exemple :

```
attribute::*
```

Etant donné un certain nœud contexte, cette étape de localisation sélectionne un node-set contenant tous les nœuds de type `attribute`, qui ont pour parent le nœud contexte, c'est-à-dire, pour parler plus simplement, tous les attributs du nœud contexte.

Le déterminant est un descripteur de type

Ce genre de déterminant teste le type de nœud à sélectionner. En ce sens, la sélection est plus fine que dans le cas précédent, avec l'étoile. Une étoile teste aussi le type de nœud à sélectionner, mais le type est imposé par l'axe mentionné (c'est le type principal de nœud). Ici, le type est à choisir parmi quatre valeurs possibles, et le type principal de nœud associé à l'axe de localisation mentionné n'intervient pas.

Node Test = type

```
Axis::type
```

Les quatre valeurs de types possibles (avec une variante) sont les suivantes :

- **text()**

  text() est un déterminant qui sélectionne tout nœud de type text, et rejette tous les autres.

- **comment()**

  comment() est un déterminant qui sélectionne tout nœud de type comment, et rejette tous les autres.

- **processing-instruction()**

  processing-instruction() est un déterminant qui sélectionne tout nœud de type processing-instruction, et rejette tous les autres.

- **processing-instruction(« xxx »)**

  processing-instruction("xxx") est un déterminant qui sélectionne tout nœud de type processing-instruction dont le nom est xxx, et rejette tous les autres.

- **node()**

  node() est un déterminant qui ne rejette aucun nœud. Et comme le type principal de nœud n'intervient pas, (ni dans ce cas, ni dans les quatre autres ci-dessus), on a donc le contenu de l'axe de localisation au grand complet.

Exemples :

```
child::text()
```

sélectionne les nœuds de type text, enfants du nœud contexte.

```
child::comment()
```

sélectionne les nœuds de type comment, enfants du nœud contexte.

```
child::processing-instruction()
```

sélectionne les nœuds de type processing-instruction, enfants du nœud contexte.

```
child::processing-instruction( "play" )
```

sélectionne les nœuds de type processing-instruction, enfants du nœud contexte, et dont le nom est « play ».

```
child::node()
```

sélectionne tous les nœuds enfants du nœud contexte. On obtient donc un node-set identique à l'axe de localisation. C'est utile si on veut filtrer par d'autres critères que ceux prédéfinis par les déterminants possibles ; dans ce cas, on ne filtre rien au niveau du déterminant, mais on exprime le filtre dans le ou les prédicats.

Prédicats

Un prédicat permet d'affiner le filtrage déjà effectué par le déterminant sur l'axe de localisation choisi, en éliminant de l'ensemble résultat les nœuds qui ne répondent pas à un certain critère, dont l'expression constitue précisément le prédicat.

Il a la forme suivante :

Prédicat

```
[ Boolean-Expression ]
```

Un prédicat s'applique à un ensemble de nœuds (node-set) et produit un nouveau node-set.

Le node-set de départ peut avoir diverses origines : il peut être le résultat du filtrage d'un axe de localisation par un déterminant, ou encore le node-set produit par un autre prédicat. Il peut même être n'importe quel node-set référencé par une variable, comme dans l'exemple :

```
$les-étages[ terrasse = "Palmier en zinc figurant le désert" ]
```

qui nous a servi à expliquer les raisons de certaines bizarreries (voir la fin de la section *Expressions mixtes*, page 45).

> **Note**
>
> Nous parlons ici à nouveau de variable ; il est vrai que nous n'avons pas encore vu la façon de déclarer et d'initialiser une variable ; cela viendra bien plus tard, à la section *Instruction xsl:variable*, page 179. En effet, XPath ne définit pas la notion de variable, mais uniquement celle de référence à une variable, avec la notation $xxx. La notion de déclaration et d'initialisation de variable est une notion propre à XSLT. Il est donc impossible, à ce niveau, de montrer un exemple où une telle variable serait initialisée.

Comme le résultat du filtrage d'un node-set est à son tour un node-set, on peut (éventuellement) lui appliquer de nouveau un prédicat, et ainsi de suite :

Prédicats en cascade

```
Axis::NodeTest[Boolean-Expression][Boolean-Expression] ... [Boolean-Expression]
```

Contexte d'évaluation d'un prédicat

Le résultat de l'évaluation d'un prédicat est un nouveau node-set, initialement vide, puis progressivement constitué en examinant un par un chaque nœud de l'ensemble de départ, et en testant s'il doit ou non faire partie du node-set résultat.

Ce node-set de départ (appelons-le *NSD*) est nécessairement un sous-ensemble d'un axe de localisation, qui lui-même n'existe que par rapport à un nœud contexte. On est donc ici dans une situation où un nœud contexte *NC* est défini, et où un axe de localisation a été choisi, donnant le node-set *NSD* (après un éventuel filtrage par un déterminant).

L'expression booléenne entre crochets, qui constitue le prédicat, est évaluée pour chaque élément du node-set *NSD* ; cette évaluation se fait relativement à un contexte, appelé *contexte d'évaluation*, comportant trois informations, et construit dynamiquement pour chaque élément du node-set *NSD* :

- le nœud en cours d'examen, considéré d'office comme nœud contexte temporaire, si jamais l'expression booléenne à évaluer en a besoin d'un ;
- le nombre total de nœuds de l'ensemble *NSD* (accessible par appel à la fonction prédéfinie `last()`) ;
- et l'indice de proximité qui a été affecté au nœud en cours d'examen, lors de la construction du node-set *NSD* (accessible par appel à la fonction prédéfinie `position()`).

Grâce à ce contexte d'évaluation, tout prédicat, aussi complexe soit-il, peut être évalué. En voici quelques exemples :

Prédicat utilisant l'indice de proximité conservé dans le contexte d'évaluation

```
child::figure[ position() = 3 ]
```

Etant donné un certain nœud contexte *NC*, `child::figure` sélectionne un node-set *NSD* contenant tous les éléments de l'arbre XML considéré, enfants de ce nœud contexte *NC*, et dont le nom est `figure`. A partir de là, le prédicat est évalué : pour chaque élément du node-set *NSD*, l'expression booléenne `position() = 3` est évaluée. La fonction prédéfinie `position()` renvoie la valeur de l'indice de proximité du nœud en cours d'examen : si cette valeur est 3, le nœud est conservé dans le node-set résultat, sinon il est rejeté. Au final, on obtient donc un node-set d'au plus un élément, qui est la troisième `<figure>`, enfant du nœud contexte *NC*.

Prédicat utilisant le nombre total de nœuds conservé dans le contexte d'évaluation

```
child::figure[ position() = last() ]
```

Ici, le node-set *NSD* est constitué de la même façon, mais le prédicat est légèrement différent : la fonction prédéfinie `last()` renvoie le nombre total d'éléments de *NSD* ; donc le seul élément qui ne sera pas rejeté par le prédicat sera le dernier, puisque les indices de proximité commencent à la valeur 1. Au final, on obtient donc un node-set d'au plus un élément, qui est la dernière `<figure>`, enfant du nœud contexte *NC*.

Prédicat utilisant le nœud contexte temporaire conservé dans le contexte d'évaluation

```
child::figure[ attribute::type = 'gif' ]
```

Ici, le node-set *NSD* est à nouveau constitué de la même façon, mais le prédicat est complètement différent. Il sera analysé plus en détail un peu plus loin ; nous nous contenterons pour l'instant de voir comment intervient le nœud contexte temporaire.

Pour chaque élément du node-set *NSD*, il s'agit de comparer un node-set (le node-set `attribute::type`) à une chaîne de caractères. La première chose à faire est donc d'évaluer le node-set `attribute::type`, fourni ici sous la forme d'une étape de localisation, basée sur l'axe de localisation `attribute`. Mais l'évaluation d'un axe de localisation réclame un nœud contexte : le contexte d'évaluation en fournit un, c'est le nœud en cours d'examen.

Chaque nœud examiné devient donc tour à tour « nœud contexte temporaire » dans l'évaluation de l'étape de localisation `attribute::type`, qui sélectionne tous les attributs du nœud contexte temporaire dont le nom est `"type"`. On obtient alors un node-set d'au plus un nœud (qu'il s'agit ensuite de comparer à une String : voir *Prédicat sous la forme [node-set]*, page 59). Au final, on obtient un node-set constitué de toutes les `<figure>` qui sont des enfants du nœud contexte *NC*, et qui ont un attribut `"type"` égal à `"gif"`.

Conversion booléenne de node-set

Nous avons déjà assez longuement évoqué dans la section *Expressions avec arguments de type node-set*, page 42 les expressions mettant en jeu des node-sets pour obtenir un booléen. Mais il n'est peut-être pas inutile d'y revenir, en se plaçant ici dans le contexte précis de l'évaluation d'un prédicat.

Il peut arriver que, dans un prédicat, l'expression entre crochets `[...]` ne soit pas une expression booléenne. Dans ce cas, elle est convertie en expression booléenne, suivant un algorithme qui dépend de la nature de l'expression, et qui peut paraître, on l'a vu, un peu surprenant. Dans la pratique, deux cas se produisent assez souvent : l'expression entre crochets est un node-set, ou bien est la comparaison d'un node-set et d'une chaîne de caractères.

Prédicat sous la forme [node-set]

Exemple

```
child::figure[ attribute::scale ]
```

D'une manière générale, un node-set, quelqu'il soit, peut être converti en une expression booléenne : la conversion donne la valeur « vrai » si et seulement si le node-set n'est pas vide.

Mais pour évaluer un node-set tel que `attribute::scale` (ne serait-ce que pour savoir s'il est vide ou non), il faut un nœud contexte : ce nœud contexte est celui qui est fourni par le contexte d'évaluation (voir ci-dessus).

Il en résulte qu'une étape de localisation telle que :

```
child::figure[ attribute::scale ]
```

sélectionne les `<figure>`, enfants du nœud contexte courant, ayant un ensemble d'attributs `scale` non vide, c'est-à-dire (plus simplement) les `<figure>`, enfants du nœud contexte courant, ayant un attribut `scale`.

Autres exemples

```
child::figure[ parent::paragraphe ]
child::*[ self::figure or self::image ]
```

Le premier sélectionne les `<figure>` enfants du nœud contexte dont le nœud parent est un `<paragraphe>` ; le deuxième sélectionne toutes les `<figure>` ou `<image>` enfants du nœud contexte.

Ce deuxième exemple est assez typique de la façon dont on peut tester le nom d'un élément : `self::image` est une étape de localisation à évaluer ; pour cela, il faut un nœud contexte. Or, on est dans un prédicat, donc le contexte d'évaluation fournit le nœud en cours d'examen comme nœud contexte temporaire. L'axe `self` sélectionne donc un node-set ne contenant que le nœud en cours d'examen ; on filtre ce node-set en ne conservant le nœud qu'il contient, que si son nom est `image` et son type est `element`, puisque c'est le type principal de nœud pour l'axe `self`. En fin de compte, du node-set de départ `child::*`, qui contient tous les éléments enfants du nœud contexte, sont rejetés tous les éléments qui ne sont pas des `<figure>` ou des `<image>`.

Prédicat sous la forme [node-set = String]

Exemple

```
child::figure[ attribute::scale = "0.5" ]
```

Ce genre d'expression est convertie en valeur booléenne d'une façon déjà évoquée à la section *Expressions mixtes*, page 45. On peut faire ici une évaluation pas à pas, ne serait-ce que pour se persuader que ce n'est pas si trivial que cela, même si au final l'expression se lit plutôt bien.

L'expression :

```
child::figure
```

produit un node-set contenant toutes les `<figure>` appartenant au node-set `child`, lui-même calculé par rapport à un certain nœud contexte. Soit { f1, f2, f3, f4 } cet ensemble de `<figure>`.

Le prédicat [`attribute::scale = "0.5"`] s'applique à cet ensemble ; c'est-à-dire que pour chaque élément f1, f2, f3, f4 de cet ensemble, on évalue le prédicat [`attribute::scale = "0.5"`] pour savoir s'il est vrai ou faux.

Pour ce faire, on prend un élément, par exemple f1, et on construit le contexte d'évaluation :

* le nœud en cours d'examen est f1, et servira éventuellement de nœud contexte temporaire ;
* le nombre d'éléments de l'ensemble de départ est 4 ;
* l'indice de proximité de f1 est 1 (en tout cas, on fait cette hypothèse, qui n'est pas plus mauvaise qu'une autre).

Muni du contexte d'évaluation, on peut commencer le calcul du prédicat :

* L'expression `attribute::scale` dénote un ensemble de nœuds sélectionné par l'axe de localisation `attribute` et filtré par un déterminant `scale`. Le contenu de cet axe de localisation se détermine par rapport à un nœud contexte ; le nœud contexte est ici fourni par le contexte d'évaluation, qui donne f1. L'axe de localisation correspond donc à l'ensemble des nœuds de type `attribute` attachés à f1. Cet axe est filtré par le déterminant `scale` ; on obtient donc l'ensemble *A* des attributs de f1 ayant pour nom `scale` (dans ce cas particulier cet ensemble a au plus un élément).

- Le prédicat à évaluer est donc [A = "0.5"], où *A* est l'ensemble précédemment déterminé.

- Nous avons vu comment évaluer une telle expression : elle est vraie si et seulement si l'un des éléments de *A* a une valeur textuelle égale à « 0.5 ».

- Donc, finalement, pour chaque élément f1, f2, f3, f4, on peut savoir si le prédicat [attribute::scale = "0.5"] est vrai ou faux.

Ainsi l'ensemble de départ child::figure peut être filtré par le prédicat, et le résultat correspond donc bien à l'ensemble de toutes les <figure> de l'axe child (relatif au nœud contexte courant), ayant un attribut scale égal à « 0.5 ».

Exemples de prédicats dans une étape de localisation

```
child::paragraphe[ child::figure ]
```

sélectionne les <paragraphe>, enfants du nœud contexte, qui possèdent un (au moins un) enfant <figure>.

```
child::chapitre[ descendant::figure ]
```

sélectionne les <chapitre>, enfants du nœud contexte, qui possèdent un (au moins un) descendant <figure>.

```
child::paragraphe[ child::* ]
```

sélectionne les <paragraphe>, enfants du nœud contexte, qui possèdent un (au moins un) enfant.

```
child::*[ child::figure ]
```

sélectionne les éléments enfants du nœud contexte, qui eux-mêmes possèdent un (au moins un) enfant <figure>.

```
child::*[ self::chapitre or self::annexe ]
```

sélectionne les éléments enfants du nœud contexte qui sont des <chapitre> ou des <annexe>.

```
child::paragraphe[ child::figure[position() = 2] ]
```

sélectionne les <paragraphe>, enfants du nœud contexte, qui possèdent au moins deux <figure>. En effet, on filtre un node-set constitué de <paragraphe>, en se basant sur le fait que le node-set de ses enfants de type element et de nom figure contient un deuxième élément ; s'il y a un deuxième, c'est qu'il y a un premier, donc qu'il y a au moins deux enfants.

```
child::paragraphe[ child::*[position() = 2][self::figure] ]
```

sélectionne les <paragraphe>, enfants du nœud contexte, dont le deuxième enfant de type element est une <figure>. Voyez la différence avec l'exemple précédent : ici le prédicat [position() = 2] porte sur un node-set qui contient tous les enfants de type element (à cause de l'étoile qui teste uniquement le type principal de nœud), alors que dans l'exemple précédent, le même prédicat filtrait un node-set ne comportant que des <figure> : mais la deuxième figure n'est pas forcément le deuxième élément.

```
child::paragraphe[ child::node()[position() = 2][self::figure] ]
```

sélectionne les <paragraphe>, enfants du nœud contexte, dont le deuxième enfant est une <figure>. Voyez la différence avec l'exemple précédent : ici le prédicat [position() = 2] porte sur un node-set qui contient tous les enfants : mais le deuxième élément n'est pas forcément le deuxième enfant (en plus des éléments, il peut y avoir des textes, des commentaires, des processing-instructions).

```
child::paragraphe[ child::node()[self::figure][position() = 2] ]
```

sélectionne les <paragraphe>, enfants du nœud contexte, qui possède au moins deux <figure>. Voyez la différence avec l'exemple précédent : ici le prédicat [position() = 2] porte sur un node-set qui ne contient que des <figure>. Cet exemple est donc équivalent à :

```
child::paragraphe[ child::figure[position() = 2] ]
child::*[ self::chapitre or self::annexe ][position() = last()]
```

constitue le node-set des éléments enfants du nœud contexte qui sont des <chapitre> ou des <annexe> ; dans ce node-set, sélectionne le dernier élément. Ici, l'on peut imaginer qu'on a un livre avec des chapitres et éventuellement des annexes, et que les annexes, s'il y en a, sont placées après les chapitres. Cette étape de localisation sélectionne le dernier chapitre s'il n'y a pas d'annexe, ou la dernière annexe, s'il y en a au moins une.

```
/descendant::text()[ start-with( self::node(), "Horaires" ) ]
```

sélectionne tous les nœuds text du document qui commencent par "Horaires". start-with() est un fonction booléenne prédéfinie.

```
child::mohican[ position() = last() ]
```

sélectionne le dernier des Mohicans.

Chemins de localisation

Note

A lire dès la première lecture.

Un chemin de localisation a la forme suivante :

Chemin de localisation

```
LocationPath = "/"?, LocationStep, ( "/", LocationStep )*
```

Exemple de chemin de localisation relatif

```
child::chapitre/child::section
```

<u>Exemple de chemin de localisation absolu</u>

```
/child::chapitre/child::section
```

Il y a donc deux formes de chemins de localisation : les chemins de localisation absolus, et les chemins de localisation relatifs, suivant qu'il y a ou non un « / » initial dans l'expression.

Mais, dans tous les cas, un chemin de localisation n'est composé que d'étapes de localisation. Or une étape de localisation produit un node-set ; le problème de l'évaluation d'un chemin de localisation se ramifie donc en deux sous problèmes : d'une part savoir que faire de tous ces node-sets, et d'autre part, savoir comment interpréter sémantiquement cette cascade d'étapes de localisation.

Evaluation d'un chemin de localisation

Evaluation d'une étape de localisation par rapport à un node-set

Nous avons vu précédemment comment évaluer une étape de localisation par rapport à un nœud contexte. Nous avons vu que ce nœud contexte est indispensable pour former, d'après l'axe de localisation choisi, le node-set originel qui sera ensuite filtré.

Nous visons maintenant un peu plus haut : évaluer une étape de localisation par rapport à un node-set A non vide. Si ce node-set ne contient qu'un seul élément, cela ne change il est vrai pas grand-chose. Mais s'il en contient plusieurs ?

Soit A un tel node-set, contenant n nœuds. Pour évaluer le résultat d'une étape de localisation par rapport au node-set A, on évalue n fois cette étape de localisation en prenant à chaque fois un nœud différent du node-set A comme nœud-contexte. Ces n évaluations sont indépendantes les unes des autres, et produisent donc n différents node-sets en résultat.

Le résultat de cette évaluation est tout simplement un nouveau node-set, résultant de la fusion de ces n node-sets (union ensembliste de ces n node-sets).

Une propriété agréable de cette opération est qu'elle prend en entrée un node-set, et qu'elle fournit en sortie un nouveau node-set : il est donc possible d'avoir des évaluations d'étapes de localisation enchaînées en cascade.

Evaluation d'un chemin relatif

Un chemin de localisation relatif donne un node-set qui se calcule par rapport à un nœud contexte donné.

Le node-set résultat est obtenu en enchaînant, dans l'ordre où elles apparaissent (de gauche à droite), les étapes de localisation qui composent le chemin, la première étape étant calculée par rapport au nœud contexte.

Evaluation d'un chemin absolu

Un chemin de localisation absolu se calcule comme un chemin relatif, à ceci près que le nœud contexte de départ est imposé : c'est la racine de l'arbre XML du document source.

Clé pour la lecture d'un chemin de localisation

Un chemin de localisation détermine un ensemble de nœuds dont le calcul se fait comme indiqué ci-dessus, et en principe, d'un strict point de vue du langage, il n'y a pas besoin d'en dire plus. Néanmoins, il est bien évident que c'est particulièrement frustrant de ne pouvoir lire un chemin de localisation « à la volée », pour en appréhender la sémantique. Prenez par exemple le chemin de localisation suivant (qui n'a pourtant rien d'extraordinaire) :

```
parent::chapitre/child::section[position() = 3]/attribute::niveau
```

A moins d'être entraîné, il n'est pas évident de déchiffrer à vue une telle expression et de savoir la nature exacte des nœuds sélectionnés au premier coup d'œil. Il est pourtant possible de lire « à la volée » un tel chemin de localisation, à condition de connaître la clé de lecture.

La clé de lecture est celle-ci : quand on lit un chemin de localisation pour calculer l'ensemble des éléments, il faut lire l'expression de gauche à droite ; mais quand on le lit pour en appréhender qualitativement la signification, il faut le lire de droite à gauche (à l'envers).

Il est tout à fait possible de décrire un algorithme de lecture capable de faciliter grandement les débuts dans ce domaine. Nous allons le présenter en deux étapes, en traitant à part le cas des prédicats.

Lecture d'un chemin de localisation sans prédicat

Le chemin de localisation est écrit sous le forme d'une succession d'étapes de localisation, comme ceci :

```
etape1/etape2/etape3/.../etapeN
```

Dans cette écriture, chaque étape est de la forme a::b, où a est un nom d'axe de localisation, et b un déterminant.

- (S) : chaque « / », dans cette écriture, se prononce « des ».
- (E) : chaque étape se prononce « *b* qui sont les *a* ».
- (I) : on commence par prononcer « Les ».
- (F) : on termine en prononçant « du nœud contexte » ou « de la racine » suivant que le chemin est un chemin relatif ou absolu.

Globalement, la phrase à prononcer pour comprendre ce que veut dire

```
étape1/étape2/étape3/.../étapeN
```

est obtenue en partant de l'étapeN, en remontant vers l'étape1, et en appliquant les règles (I) au début, (F) à la fin, et (E) (S) à chaque étape, sauf la dernière :

```
(I) (E)(S) ... (E)(S)  (E)(S)  (E)       (F)
    étapeN     étape3  étape2  étape1
```

Ainsi par exemple, le chemin :

```
child::chapitre/child::section/attribute::niveau
```

est lu en appliquant les règles :

- `(I)` : Les
- `(E)` : niveaux qui sont les attributs
- `(S)` : des
- `(E)` : sections qui sont les enfants
- `(S)` : des
- `(E)` : chapitres qui sont les enfants
- `(F)` : du nœud contexte

Ce qui donne : *Les niveaux qui sont attributs de sections qui sont les enfants des chapitres qui sont les enfants du nœud contexte* .

Il peut parfois arriver qu'un nom d'axe soit assez peu compatible avec le pluriel (par exemple `parent` ou `self`, encore que self intervienne plus souvent dans un prédicat) ; dans ce cas on rectifie, pour rendre la phrase plus conforme à l'intuition.

```
parent::chapitre/child::section/attribute::niveau
```

Ce qui donne : les niveaux qui sont les attributs des sections qui sont les enfants *du* chapitre qui *est le* parent du nœud contexte.

Lecture d'un chemin de localisation avec prédicats

La présence de prédicats perturbe incontestablement la fluidité de lecture d'un chemin de localisation, parce qu'elle contrarie le sens rétrograde de lecture du chemin :

```
.../a::b[c]/etapeN
```

Lorsqu'on commence la phrase de description, en partant de la fin, et qu'on arrive à `a::b`, on doit à ce moment tenir compte d'un prédicat censé restreindre un node-set construit en partant du début, et non en partant de la fin. Or à ce point, on ne connaît pas encore le node-set qu'il s'agit de filtrer. Ce problème n'est pas toujours bloquant, car certains prédicats, notamment ceux qui ne font pas appel à la fonction prédéfinie `position()`, s'accommodent assez bien de la souplesse de la langue naturelle.

```
child::chapitre/child::section[child::figure]/attribute::niveau
```

Lecture :

- `(I)` : Les
- `(E)` : niveaux qui sont les attributs
- `(S)` : des
- `(E)` : sections (ayant des enfants *figure*) qui sont les enfants

- (S) : des

- (E) : chapitres qui sont les enfants

- (F) : du nœud contexte

Ici, parler de <section> sans restriction, ou d'éléments <section> ayant des enfants <figure> ne change pas grand chose à la structure de la phrase qui reste compréhensible, même si l'origine de ces <section> est mise en attente et reportée à la fin de la phrase.

Cependant, lorsqu'un prédicat fait usage de la fonction position(), il est plus difficile de formuler une phrase compréhensible, parce que cette position est relative à un node-set énumérable que l'on ne connaît pas encore.

Une solution, qui marche à tous les coups, consiste à mettre en attente le prédicat, au moyen d'une note avec renvoi.

```
child::chapitre/child::section[position()=2]/attribute::niveau
```

- (I) : Les

- (E) : niveaux qui sont les attributs

- (S) : de(s)

- (E) : certaines (1) sections qui sont les enfants

- (S) : des

- (E) : chapitres qui sont les enfants

- (F) : du nœud contexte

- (note 1) uniquement celle qui a la position 3 dans l'ensemble de sections dont il est question.

Lecture d'un chemin de localisation dans un prédicat

Il peut arriver de rencontrer un prédicat qui contienne lui-même un chemin de localisation :

```
child::paragraphe[ child::figure/attribute::scale ]
```

Il y a alors une différence essentielle entre la lecture d'un chemin de localisation en tant que tel, et la lecture d'un chemin de localisation faisant partie d'un prédicat, comme ci-dessus. En effet, dans le premier cas, il s'agit de construire un node-set dont la complétude est primordiale ; dans le deuxième cas, il s'agit seulement d'évaluer ce node-set comme expression booléenne : il peut bien y avoir 3000 éléments dans le node-set, peu importe : un seul suffit pour savoir qu'il est non vide et donner la réponse booléenne.

Il en serait de même, si l'on avait :

```
child::paragraphe[ child::figure/attribute::scale = "0.5" ]
```

On n'aurait que faire de connaître *in-extenso* le node-set child::figure/attribute::scale, il nous suffirait de savoir si au moins un élément du node-set est égal à "0.5".

Dans ces conditions, il devient possible de lire le chemin de localisation du prédicat dans le sens normal, car on n'a plus besoin de formuler une phrase qui exprime la totalité du contenu des étapes de localisation traversées.

Ainsi, les étapes de localisation ci-dessus peuvent se lire respectivement :

- les `<paragraphe>` (ayant un enfant `<figure>` ayant un attribut `scale`) qui sont les enfants du nœud contexte ;

- les `<paragraphe>` (ayant un enfant `<figure>` ayant un attribut `scale` égal à `"0.5"`) qui sont les enfants du nœud contexte.

Naturellement, lès expressions « ayant un enfant » ou « ayant un attribut » signifient en fait « ayant *au moins* un enfant » ou « ayant *au moins* un attribut ».

Remarque

Il ne faut pas considérer que lorsque l'évaluation de deux prédicats exprimés sous la forme de chemins de localisation donne le même résultat, les chemins de localisation associés sont équivalents.

Par exemple, les deux prédicats ci-dessous donnent le même résultat :

```
child::paragraphe[ child::figure/attribute::scale ]
child::paragraphe[ child::figure[ attribute::scale ] ]
```

Pourtant, les chemins de localisation associés, à savoir `child::figure/attribute::scale` et `child::figure[ attribute::scale ]` sont différents, puisque le premier sélectionne des attributs `scale`, alors que le deuxième sélectionne des éléments `<figure>`. Il se trouve simplement que ces deux chemins de localisation sélectionnent des node-sets toujours simultanément vides ou toujours simultanément non vides, ce qui les rend équivalents du point de vue de la conversion en booléen.

Exemples de chemins de localisation

```
child::bloc/descendant::figure
```

sélectionne les `<figure>` qui sont des descendants des `<bloc>` enfants du nœud contexte.

```
child::bloc[position()=3]/child::figure[position()=1][attribute::type='gif']
```

sélectionne les `<figure>` ayant un attribut `"type"` égal à `"gif"` qui sont le premier enfant direct du troisième `<bloc>` enfant du nœud contexte.

```
parent::node()/child::figure
```

sélectionne les `<figure>` enfants d'un nœud quelconque parent du nœud contexte.

```
/descendant::figure[position() = 42]
```

sélectionne la figure qui a la position 42 parmi les descendants de la racine du document. Il s'agit donc de la quarante-deuxième `<figure>` dans l'ordre de lecture du document.

```
/child::doc/child::chapitre[position()=5]/child::section[position()=2]
```

sélectionne la deuxième `<section>` enfant du cinquième `<chapitre>` enfant de l'élément `<doc>` enfant de la racine de l'arbre XML.

```
child::chapitre[ descendant::note/child::paragraphe/
                 attribute::alignement = "centré"  ]
```

sélectionne les `<chapitre>` enfants du nœud contexte, qui ont pour descendants des `<note>` ayant pour enfants des `<paragraphe>` ayant un attribut `alignement` égal à `"centré"`.

```
/descendant::*[ not( child::* ) ]
```

sélectionne les feuilles de l'arbre XML du document source, c'est-à-dire les éléments qui n'ont pas d'enfant. Sans le prédicat, on sélectionne tous les éléments qui figurent parmi les descendants de la racine ; le prédicat [`child::*`] filtre ce node-set en ne retenant que les éléments qui ont au moins un enfant, quel qu'il soit ; le prédicat [`not( child::* )`] agit de façon inverse, en ne retenant que les éléments qui n'ont aucun enfant.

Formes courtes des chemins de localisation

Principe

Vous l'aurez remarqué, XPath est un langage assez verbeux ; c'est pourquoi il existe des abréviations standard pour certaines constructions fréquemment utilisées. Ces abréviations simplifient les écritures, mais pas la compréhension des expressions un peu compliquées, car elles ont tendance à masquer le détail des relations qui existent entre les différents constituants d'une expression, alors que ces détails sont indispensables pour appliquer l'algorithme de lecture (voir *Clé pour la lecture d'un chemin de localisation*, page 64). Lorsqu'on bute sur une expression difficilement compréhensible, la première chose à faire est donc d'éliminer toutes les abréviations pour revenir aux formes complètes.

Ceci étant, il est vrai que dans les expressions usuelles qui ne posent aucun problème de compréhension, ces abréviations sont les bienvenues. On notera que l'emploi de la forme courte de `child::nom` revient à sous-entendre la relation de parenté *enfant de* dans les phrases de description d'un chemin de localisation.

Tableau 2-1 – Abréviations standard

Forme longue	Abréviation
`child::nom`	`nom`
`child::*`	`*`
`attribute::nom`	`@nom`
`attribute::*`	`@*`
`[position() = x]`	`[x]`
`self::node()`	`.`
`parent::node()`	`..`
`/descendant-or-self::node()/`	`//`

Exemples de chemins de localisation en formes courtes

Voici quelques exemples d'utilisation de ces formes courtes ; pour chacune, on donne la forme longue équivalente.

```
figure

Forme longue :
child::figure
```

sélectionne les <figure> qui sont des enfants directs du nœud contexte.

```
text()

Forme longue :
child::text()
```

sélectionne les enfants directs du nœud contexte qui sont des nœuds de type text.

```
//figure

Forme longue :
/descendant-or-self::node()/child::figure
```

sélectionne les <figure> qui sont des enfants directs de n'importe quel nœud descendant de la racine de l'arbre XML (donc sélectionne toutes les figures, où qu'elles se trouvent dans le document). Si <figure> est la racine du document, elle est aussi sélectionnée, car la racine du document est enfant direct de la racine de l'arbre XML (voir *Nœud de type root*, page 31).

```
bloc//figure

Forme longue :
child::bloc/descendant-or-self::node()/child::figure
```

sélectionne les <figure> qui sont des enfants directs ou indirects des <bloc> enfants du nœud contexte.

```
bloc[3]/figure[@type = 'gif'][1]

Forme longue :
child::bloc[position()=3]/child::figure[position()=1]
                                       [attribute::type='gif']
```

sélectionne les <figure> ayant un attribut "type" égal à "gif" qui sont le premier enfant direct du troisième <bloc> du nœud contexte.

```
../figure

Forme longue :
parent::node()/child::figure
```

sélectionne les <figure> du parent du nœud contexte.

```
.//paragraphe
```

```
Forme longue :
self::node()/descendant-or-self::node()/child::paragraphe
```

sélectionne les <paragraphe> qui sont des enfants directs ou indirects du nœud contexte.

```
//*[not(*)]
```

```
Forme longue :
/descendant-or-self::node()/child::*[not(child::*)]
```

sélectionne les feuilles de l'arbre XML. Ici la forme longue est plus facile à comprendre : les éléments (n'ayant pas d'enfant) enfant de n'importe quel nœud de l'arbre (y compris la racine).

Variantes syntaxiques

Expressions diverses

Il n'y a que très peu de possibilités pour former des expressions renvoyant des node-sets : on dispose de chemins de localisation, qui sont en eux-mêmes des expressions renvoyant un node-set, de références à des variables contenant un node-set (mais les affectations de ces variables ne sont pas du ressort du langage XPath), de parenthèses, de l'opérateur | (réunion ensembliste), et d'appels à des fonctions prédéfinies renvoyant un node-set (à savoir une fonction proprement XPath, id(), et deux fonctions XSLT utilisables dans une expression XPath, key() et document()).

Voici quelques exemples d'expressions manipulant ces divers ingrédients :

```
(/descendant::figure[position() = 42])
```

renvoie un node-set contenant la quarante-deuxième <figure> dans l'ordre de lecture du document. Cet exemple a déjà été vu, mais sans les parenthèses, qui dans ce cas ne servent à rien, mais ne font pas non plus de mal. Quoique... Ces parenthèses ne font-elles *vraiment* pas de mal ? Voyez la section *Enumération d'un node-set renvoyé par une expression*, page 71.

```
/descendant::figure | /descendant::image
```

renvoie un node-set contenant réunion de toutes les figures et de toutes les images du document.

```
/ | document( 'charteGraphique.xml' )
```

renvoie un node-set contenant réunion de la racine de l'arbre du document source et de la racine de l'arbre d'un document auxiliaire, contenu dans le fichier 'charteGraphique.xml'.

```
/descendant::figure[ @type = 'gif' ] | $mesImages
```

renvoie un node-set contenant réunion de tous les éléments `<figure>` ayant un attribut `type` égal à `"gif"` et des éléments du node-set `$mesImages`.

Evaluation d'une étape de localisation par rapport à un node-set renvoyé par une expression

Nous avons vu à la section *Evaluation d'une étape de localisation par rapport à un node-set*, page 63, comment faire pour évaluer une étape de localisation par rapport à un node-set. Mais rien n'empêche que le node-set soit renvoyé par une expression ; en voici quelques exemples :

```
document( 'charteGraphique.xml')/descendant::figure[ @type = 'gif' ]
```

sélectionne le node-set des éléments `<figure>` (ayant un attribut `type` égal à `"gif"`) qui sont les descendants de la racine de l'arbre XML du document auxiliaire contenu dans le fichier `"charteGraphique.xml"`.

```
(/descendant::figure | /descendant::image)/attribute::scale
```

sélectionne les `scale` qui sont les attributs des nœuds appartenant à la réunion des node-sets `/descendant::figure` et `/descendant::image`. A noter qu'on aurait pu aussi écrire l'expression :

```
/descendant::*[ self::figure or self::image ]/attribute::scale
```

qui aurait sélectionné le même node-set.

```
$monDocument/child::chapitre/section
```

sélectionne les `<section>` enfants des `<chapitre>` enfants des éléments contenus dans le node-set `$monDocument`.

Notez qu'une expression formée d'un chemin de localisation suivi d'une expression renvoyant un node-set n'a aucun sens :

```
child::chapitre/section/$monDocument <!-- aucun sens !! -->
child::chapitre/(child::section)     <!-- aucun sens !! -->
```

Enumération d'un node-set renvoyé par une expression

Lorsqu'un node-set est constitué par une étape de localisation, il est associé à un axe de localisation qui est soit direct, soit rétrograde. Cela permet de définir dans tous les cas des indices de proximité (voir *Indices de proximité*, page 53), et donc de donner un sens à la notion d'énumération d'un node-set : un node-set est énuméré (quand besoin est) en suivant l'ordre des indices de proximité.

Mais si le node-set est renvoyé par une expression quelconque, on perd la notion d'axe de localisation, donc d'indices de proximité, donc d'énumération. Dans ce cas, la règle est de choisir arbitrairement l'ordre de lecture du document pour énumérer les éléments.

Règle pour définir l'énumération d'un node-set

Deux cas sont à envisager :

- soit le node-set fait partie d'une étape de localisation ; dans ce cas, un axe de localisation est défini, donc les indices de proximité sont définis, et toute énumération se fera suivant l'ordre des indices de proximité ;

- soit le node-set provient d'une expression XPath qui n'est pas une étape de localisation : dans ce cas les énumérations se feront dans l'ordre de lecture du document.

Exemple

Le basculement entre ces deux cas peut être assez subtil : le standard XPath donne un exemple limite qui est assez parlant de ce point de vue :

Enumération imposée par indices de proximité

```
preceding-sibling::figure
```

Enumération par défaut, suivant l'ordre de lecture du document

```
(preceding-sibling::figure)
```

Dans le premier cas, on a une étape de localisation, donc l'axe de localisation est déterminé, et les indices de proximité interviennent pour donner l'ordre d'énumération.

Dans le deuxième, l'expression précédente est mise entre parenthèses. Cela produit l'effet de calculer un nouveau node-set, qui est évidemment identique au précédent, mais qui n'a pas le statut de node-set faisant partie d'une étape de localisation. Il en résulte que toute énumération de ce deuxième node-set se fera dans l'ordre de lecture du document, exactement à l'inverse du premier cas, puisque l'axe choisi est un axe rétrograde.

Comme nous l'avons dit, cet exemple est un exemple limite : il ne faut pas croire que dans la pratique, on est sans cesse confronté à ce genre de subtilité. Mais il n'est pas mauvais de l'avoir vu, et de se souvenir que l'énumération d'un node-set dépend de façon cruciale de la prise en compte ou non d'un axe de localisation.

Application d'un prédicat à une expression renvoyant un node-set

Il est possible d'appliquer un prédicat à une expression renvoyant un node-set. Ce qu'on a vu à la section *Prédicats*, page 57, c'est l'application d'un prédicat à un node-set formé lors d'une étape de localisation. La différence, ici, est que le node-set n'est plus nécessairement lié à une étape de localisation, donc, si besoin est (notamment si la fonction prédéfinie position() est employée dans le prédicat), la règle indiquée à la section précédente s'applique.

En reprenant l'exemple limite de la section précédente, on aura :

```
preceding-sibling::figure[ position() = 1 ]
```

constitue le node-set *NS* des <figure> qui sont des preceding-sibling du nœud contexte ; dans ce node-set, sélectionne la première <figure>. Comme l'axe preceding-sibling est un axe rétrograde, la figure sélectionnée est donc la dernière dans l'ordre de lecture du document.

```
(preceding-sibling::figure)[ position() = 1 ]
```

constitue le node-set *NS* des `<figure>` qui sont des `preceding-sibling` du nœud contexte ; dans ce node-set, sélectionne la première `<figure>`. Comme ce node-set n'est lié à aucun axe de localisation, c'est l'ordre de lecture du document qui intervient, et la figure sélectionnée est donc la première dans l'ordre de lecture du document.

Voici maintenant d'autres exemples :

```
(//paragraphe | //noteBasDePage)[ child::text()
                                [ contains( self::node(), "prédicat" ) ]
                              ]
```

sélectionne tous les paragraphes ou notes de bas de page du document, pourvu qu'ils aient au moins un enfant de type `text` qui contienne « prédicat » dans un nœud qui soit `self`. Ou encore, en simplifiant les redondances, pourvu qu'ils aient au moins un enfant de type `text` qui contienne « prédicat ». Autrement dit : sélectionne tous les paragraphes ou notes de bas de page qui parlent de prédicat.

```
$mesImages[@type = 'gif']
```

sélectionne les éléments du node-set référencé par la variable `$mesImages`, ayant un attribut `type` égal à 'gif'.

```
$p[ count( self::node() | $q ) = count( $q ) ]
```

sélectionne les éléments du node-set référencé par la variable `$p`, qui appartiennent aussi au node-set référencé par la variable `$q`. C'est la fameuse expression qui permet de calculer l'intersection de deux node-sets : voir *Appartenance et test d'inclusion*, page 44.

3

Au cœur du langage XSLT

Ce chapitre a pour but de rendre intelligible le fonctionnement de ce langage, non pas en le montrant en action, car le voir fonctionner n'explique rien, mais en allant au cœur des mécanismes qui régissent son comportement dynamique.

Pour cela, nous présenterons la structure générale d'un programme XSLT, qui met clairement en évidence les deux piliers du langage, que sont le motif et le modèle de transformation ; puis nous démonterons le moteur de transformation, en faisant ressortir les étapes du processus général de traitement. Ensuite nous revisiterons en détail, d'abord les motifs et la concordance de motifs, puis les deux modèles de transformation fondamentaux, représentés par les instructions xsl:value-of et xsl:apply-templates, dont la compréhension aboutit *de facto* à celle des autres instructions de transformation, qui ne sont rien d'autre que des variantes polymorphes et contingentes de ces deux-là, sans rien de nouveau dans l'essence même des mécanismes.

Structure d'un programme XSLT

Un document (ou programme) XSLT est un document XML, dont la racine est l'élément stylesheet, et dont le domaine nominal est "http://www.w3.org/1999/XSL/Transform", généralement abrégé en "xsl:".

Un programme XSLT a donc l'allure suivante :

```
<?xml version="1.0" ?>
<xsl:stylesheet xmlns:xsl="http://www.w3.org/1999/XSL/Transform">
...
</xsl:stylesheet>
```

L'abréviation de domaine nominal "xsl:" est celle qui est traditionnellement utilisée.

Mais bien sûr, comme toute abréviation de domaine nominal, elle n'est qu'une abréviation possible, et l'on est libre d'en choisir une autre (par exemple `xslt:`), du moment que le domaine nominal reste le même :

```
<?xml version="1.0" ?>
<xslt:stylesheet xmlns:xslt="http://www.w3.org/1999/XSL/Transform">
...
</xslt:stylesheet>
```

Remarque

La déclaration de ce domaine nominal étant obligatoire, tous les éléments propres à XSLT seront donc nécessairement préfixés par l'abréviation de domaine nominal choisie ; autrement dit, toute balise dont le nom ne serait pas préfixé par `"xsl:"` (en supposant que c'est celle-là que l'on a choisie) serait considérée par le processeur XSLT comme du XML ordinaire n'ayant rien à voir avec XSLT.

Comme un programme XSLT est un document XML, tous les aspects lexicaux sont du ressort d'XML et non d'XSLT : la syntaxe pour les noms d'éléments, d'attributs, les caractères interdits dans les valeurs d'attributs, etc., tout ceci est déterminé par le langage XML et non par XSLT proprement dit.

Eléments XSLT, instructions, et instructions de premier niveau

Un élément XSLT est un élément XML dans le domaine nominal de XSLT, donc de la forme `<xsl:xxx>`, si toutefois l'abréviation choisie est bien `xsl:` (ce que nous supposons être vrai partout dans la suite).

Une *instruction* est un élément XSLT.

Certaines instructions sont des *instructions de premier niveau* : ce sont des éléments XSLT enfants directs de la racine `<xsl:stylesheet>`.

Remarque

Le standard XSLT 1.0 parle de « top-level element » (que nous avons traduit par « instruction de premier niveau », puisque pour nous, « élément XSLT » et « instruction » sont synonymes), et emploie le mot « instruction » dans la grammaire XSLT, mais sans vraiment le définir.

L'allure générale d'un programme XLST est donc celle-ci :

```
<?xml version="1.0" ?>
<xsl:stylesheet xmlns:xsl="http://www.w3.org/1999/XSL/Transform">
    <!-- instructions de premier niveau -->
    ...
    <!-- fin des instructions de premier niveau -->
</xsl:stylesheet>
```

Les différentes instructions sont assez peu nombreuses, et nous les verrons au fur et à mesure que nous en aurons besoin dans la suite de ce livre ; la plus importante d'entre

elles, <xsl:template match="...">est celle qui permet de définir une règle de transformation, et c'est bien sûr par elle qu'il faudra commencer.

Le standard XSLT 1.0 donne au tout début un exemple de programme XSLT très varié en
instructions :

```
<xsl:stylesheet
    version="1.0"
    xmlns:xsl="http://www.w3.org/1999/XSL/Transform">

    <xsl:import href="..."/>
    <xsl:include href="..."/>
    <xsl:strip-space elements="..."/>
    <xsl:preserve-space elements="..."/>
    <xsl:output method="..."/>
    <xsl:key name="..." match="..." use="..."/>
    <xsl:decimal-format name="..."/>

    <xsl:namespace-alias
        stylesheet-prefix="..."
        result-prefix="..."/>

    <xsl:attribute-set name="...">
        ...
    </xsl:attribute-set>

    <xsl:variable name="...">...</xsl:variable>
    <xsl:param name="...">...</xsl:param>

    <xsl:template match="...">
        ...
    </xsl:template>

    <xsl:template name="...">
        ...
    </xsl:template>

</xsl:stylesheet>
```

Il ne s'agit pas ici d'expliquer à quoi correspondent ces instructions, mais simplement de
prendre contact avec l'allure d'un programme XSLT.

Voici un autre exemple, moins riche en variété d'instructions, mais complet, sans points
de suspension :

```
<?xml version="1.0" encoding="UCS-2"?>
<xsl:stylesheet xmlns:xsl="http://www.w3.org/1999/XSL/Transform" version="1.0">
    <xsl:output  method='html' encoding='ISO-8859-1' />

    <xsl:template match="/">
        <html>
            <head>
```

```
                <title><xsl:value-of select="/Concert/Entête"/></title>
            </head>
            <body bgcolor="white" text="black">
                <xsl:apply-templates/>
            </body>
        </html>
    </xsl:template>

    <xsl:template match="Entête">
        <p> <xsl:value-of select="."/> présentent </p>
    </xsl:template>

    <xsl:template match="Date">
        <H1 align="center"> Concert du <xsl:value-of select="."/> </H1>
    </xsl:template>

    <xsl:template match="Lieu">
        <H4 align="center"> <xsl:value-of select="."/> </H4>
    </xsl:template>

    <xsl:template match="Ensemble">
        <H2 align="center"> Ensemble <xsl:value-of select="."/></H2>
    </xsl:template>

    <xsl:template match="Compositeurs">
        <H3 align="center"> Oeuvres de <br/> <xsl:value-of select="."/> </H3>
    </xsl:template>

</xsl:stylesheet>
```

De toutes les instructions, la plus importante, celle qui caractérise le plus le langage XSLT, c'est l'instruction `<xsl:template match="...">`, qui définit ce qu'on appelle une règle de transformation : XSLT est un langage de transformation basé sur des règles de transformation.

Règles de transformation

XSLT est un langage déclaratif, à la manière de Prolog. On ne décrit pas des actions à enchaîner en séquence, mais des règles de transformation à appliquer suivant les cas qui se présentent ; de sorte qu'en général, l'ordre dans lequel ces règles sont énoncées n'a aucune influence sur le fichier résultat.

Un processeur XSLT traite un document XML en parcourant les éléments de l'arbre XML correspondant, et en appliquant à certains d'entre eux une règle de transformation choisie parmi l'ensemble des règles constituant le programme XSLT.

Un programme XSLT se compose donc essentiellement d'une série de règles, chaque règle étant constituée de deux parties :

• **Un motif** (pattern). Exprimé en XPath, il dit si l'élément courant est ou non à traiter.

- **Un modèle de transformation** (template), qui dit par quoi remplacer l'élément courant, dans le cas où il correspond au motif.

Remarque

Pour être complet, ajoutons qu'un programme XSLT peut aussi intégrer, en tant qu'instruction, des éléments plus proches de la programmation classique, qui s'apparentent aux variables et aux fonctions, et permettent de réaliser des algorithmes. De ce point de vue, XSLT est un langage fonctionnel pur. Pour les connaisseurs, disons qu'il ressemble à un Caml hyper-light (ce qui fait de XSLT un langage tenant à la fois de Caml et de Prolog). Pour les autres, disons en un mot qu'un langage fonctionnel est un langage de programmation dont l'une des caractéristiques (en fait la seule qui nous intéresse pour comparer à XSLT) est que la notion de variable dont la valeur peut évoluer au cours du temps n'a aucun sens. On est donc dans un monde extrêmement différent de celui de C ou de Java : il ne faut surtout pas projeter sur XSLT les connaissances qu'on peut avoir de la notion de variable ou de fonction tirées de la pratique de C ou Java.

Mais XSLT n'est pas encore un langage de plus pour l'algorithmique : il y en a déjà suffisamment comme ça sur le marché ; c'est un langage de manipulation d'arbres, et en tant que tel, ce sont les règles XSLT (avec leur motif et leur modèle de transformation) qui sont essentielles, et non pas les possibilités offertes dans le domaine de la programmation algorithmique. Cela ne veut d'ailleurs pas dire qu'elles sont inutiles ; elles sont même parfois indispensables, mais n'ont de sens que comme complément à l'essentiel (la manipulation d'arbre).

Forme d'une règle XSLT

Une règle XSLT (ou règle de transformation), constituée d'un motif et d'un modèle de transformation, se présente sous la forme d'une instruction `<xsl:template>` dont l'attribut `match` fournit le motif, et dont les nœuds enfants constituent le modèle de transformation :

```
<xsl:template match="...pattern...">
    <!-- modèle de transformation -->
    ...
    <!-- fin du modèle de transformation -->
</xsl:template>
```

Le motif, ou *pattern*, fourni en tant que valeur de l'attribut `match`, s'exprime sous la forme d'une expression XPath vérifiant des contraintes particulières.

Note

L'existence de ces contraintes ne doit pas suggérer que XPath est un langage mal conçu car trop puissant pour l'usage qu'on en a ; en effet, XPath, en tant que langage général d'expressions désignant des sous-arbres dans un arbre XML, est utilisé aussi bien pour XSL que pour XPointer (et bientôt XQuery). La puissance expressive de ce langage n'est donc pas forcément utilisable en totalité dans tous les contextes.

Modèle de transformation

Le modèle de transformation décrit ce par quoi il faut remplacer le sous-arbre que le motif désigne (ou les sous-arbres si le motif en désigne plusieurs). Ce peut être du texte simple :

```
<!-- modèle de transformation -->
bla bla ...
```

```
bla bla ...
<!-- fin du modèle de transformation -->
```

Ce peut être aussi du texte agrémenté de valeurs tirées de sous-arbre(s) désigné(s) par une expression XPath quelconque (ici, pas de restriction sur l'emploi de XPath) :

```
<!-- modèle de transformation -->
bla bla ...
ici, une instruction XSLT qui va provoquer l'insertion,
à cet endroit, de la valeur de l'attribut "nom" de l'élément <personne>
qui se trouve à tel endroit dans l'arbre XML du document
bla bla ...
<!-- fin du modèle de transformation -->
```

Bien sûr, on peut déjà se douter que la valeur de l'attribut nom de l'élément <personne> se trouvant à tel endroit dans le document XML sera exprimée sous la forme d'une expression XPath de la forme :

```
.../.../personne/attribute::nom
```

Comme toute la puissance de XPath est ici utilisable, on imagine facilement qu'il y a beaucoup d'autres possibilités : récupération du contenu d'un élément, évaluation d'une fonction sur un ensemble d'éléments, et tout autre calcul du même genre, pourvu qu'il soit exprimable en XPath :

```
<!-- modèle de transformation -->
bla bla ...
insérer ici le contenu de l'élément <description> qui se trouve à
tel endroit dans l'arbre XML du document
bla bla ...
<!-- fin du modèle de transformation -->
```

Ou encore :

```
<!-- modèle de transformation -->
bla bla ...
insérer ici la somme des valeurs des attributs "prix"
des éléments <produit> qui se trouvent à
tels et tels endroits dans l'arbre XML du document
bla bla ...
<!-- fin du modèle de transformation -->
```

Par ailleurs, le texte peut lui-même être balisé en XML (par exemple en XHTML ou HTML4) :

```
<!-- modèle de transformation -->
<BR/> bla bla ...
<p>
insérer ici la somme des valeurs des attributs "prix"
des éléments <produit> qui se trouvent à
tels et tels endroits dans l'arbre XML du document
</p>
<H1>bla bla ...</H1>
<!-- fin du modèle de transformation -->
```

Il faut rappeler ici que le balisage éventuel en XML (ou variante d'XML) du texte constituant le modèle de transformation doit respecter la structure de document bien formé imposée par le standard XML. Il est donc impossible de baliser le texte en HTML ordinaire, à cause des balises comme <br>, <p>, <hr>, etc. qui n'ont pas nécessairement de balise de fermeture associée.

La raison de cette restriction est fort simple : un programme XSL est avant tout un document XML bien formé ; lorsqu'on lance le processeur XSLT, le document XSL est d'abord lu de façon standard par un parseur XML, qui ne fait aucune différence de traitement entre les balises préfixées par "xsl:" et les éventuelles autres. Une fois construit l'arbre XML du document XSL, le processeur XSLT entre en action ; il parcourt l'arbre XML obtenu, en interprétant les balises préfixées par "xsl:" comme autant d'instructions, et en considérant les autres comme des bribes de données.

Modèle de transformation littéral

Un modèle de transformation littéral est un modèle de transformation qui ne contient que du texte et des éléments XML en dehors du domaine nominal de XSLT. C'est donc un modèle de transformation qui ne contient pas d'instruction XSLT. Un élément XML non XSLT qui figure dans un modèle de transformation s'appelle un élément source littéral.

Exemple

```
<xsl:template match="...pattern...">
    <!-- modèle de transformation littéral-->
    Détail du rez-de-chaussée :
    <RDC>
        <cuisine surface='12m2'>
            Evier inox. Mobilier encastré.
        </cuisine>
        <WC>
            Lavabo. Cumulus 200L.
        </WC>
        <séjour surface='40m2'>
            Cheminée en pierre. Poutres au plafond.
            Carrelage terre cuite. Grande baie vitrée.
        </séjour>
    </RDC>
    <!-- fin du modèle de transformation littéral-->
</xsl:template>
```

Ce modèle de transformation est littéral, parce qu'il ne contient que du texte et un élément XML non XSLT (<RDC>, et toute sa descendance), qui est donc un élément source littéral.

Un premier exemple de programme XSLT

Après ce survol très rapide de la forme générale d'une règle XSLT, nous allons maintenant revenir sur l'exemple vu un peu plus haut, afin de ne pas le quitter sans savoir ce qu'il peut produire comme résultat.

Cet exemple, visible à la figure 3-1, n'est pas destiné à expliciter le principe de fonctionnement du langage XSLT, car malgré son apparente simplicité, il est trop compliqué pour un début ; il ne faut donc s'attacher qu'à appréhender la structure générale, sans s'arrêter sur le détail des divers constituants.

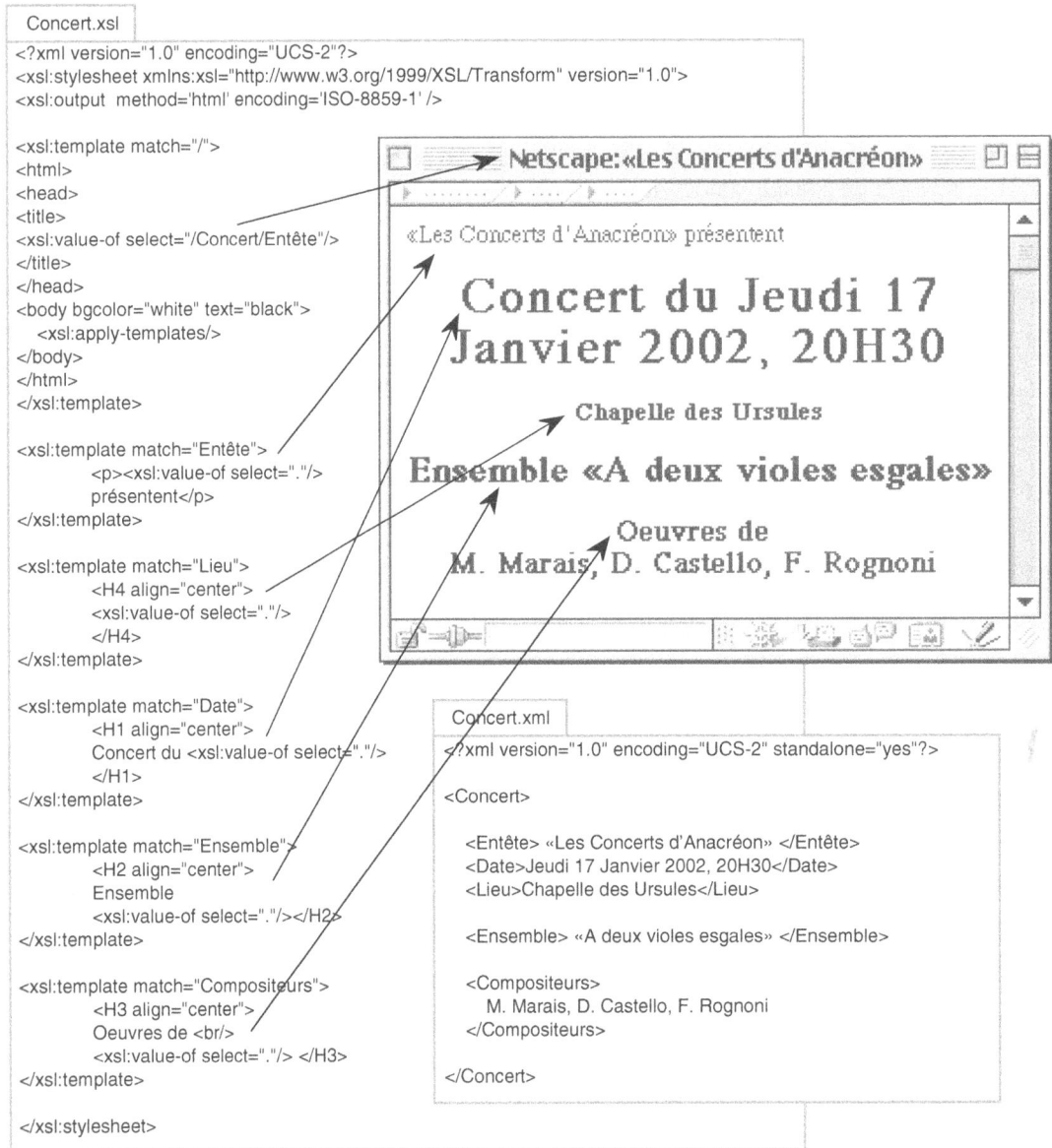

Concert.xsl

```xml
<?xml version="1.0" encoding="UCS-2"?>
<xsl:stylesheet xmlns:xsl="http://www.w3.org/1999/XSL/Transform" version="1.0">
<xsl:output  method='html' encoding='ISO-8859-1' />

<xsl:template match="/">
<html>
<head>
<title>
<xsl:value-of select="/Concert/Entête"/>
</title>
</head>
<body bgcolor="white" text="black">
   <xsl:apply-templates/>
</body>
</html>
</xsl:template>

<xsl:template match="Entête">
        <p><xsl:value-of select="."/>
        présent</p>
</xsl:template>

<xsl:template match="Lieu">
        <H4 align="center">
        <xsl:value-of select="."/>
        </H4>
</xsl:template>

<xsl:template match="Date">
        <H1 align="center">
        Concert du <xsl:value-of select="."/>
        </H1>
</xsl:template>

<xsl:template match="Ensemble">
        <H2 align="center">
        Ensemble
        <xsl:value-of select="."/></H2>
</xsl:template>

<xsl:template match="Compositeurs">
        <H3 align="center">
        Oeuvres de <br/>
        <xsl:value-of select="."/> </H3>
</xsl:template>

</xsl:stylesheet>
```

Netscape:«Les Concerts d'Anacréon»

«Les Concerts d'Anacréon» présentent

Concert du Jeudi 17 Janvier 2002, 20H30

Chapelle des Ursules

Ensemble «A deux violes esgales»

Oeuvres de
M. Marais, D. Castello, F. Rognoni

Concert.xml

```xml
<?xml version="1.0" encoding="UCS-2" standalone="yes"?>

<Concert>

   <Entête> «Les Concerts d'Anacréon» </Entête>
   <Date>Jeudi 17 Janvier 2002, 20H30</Date>
   <Lieu>Chapelle des Ursules</Lieu>

   <Ensemble> «A deux violes esgales» </Ensemble>

   <Compositeurs>
      M. Marais, D. Castello, F. Rognoni
   </Compositeurs>

</Concert>
```

Figure 3-1

Un exemple de transformation XML vers HTML.

Malgré tout, il reste suffisamment simple pour qu'on puisse intuitivement entrevoir de quelle manière il transforme en HTML le fichier XML proposé en entrée.

C'est ainsi qu'en observant le fichier XML donné et le résultat obtenu, on imagine bien que la transformation XSL consiste tout simplement à déshabiller le texte de ses diverses balises XML pour le rhabiller de balises HTML (XHTML plus exactement, pour conserver la structure de document bien formé), en respectant l'ordre dans lequel les éléments XML apparaissent dans le fichier donné. Notez bien qu'il ne s'agit pas de l'ordre dans lequel les règles sont données : voyez en particulier le croisement entre la règle pour le lieu et la règle pour la date.

Rien de bien extraordinaire dans tout cela, une simple feuille de style CSS pourrait en faire autant. Quoique ... Aviez-vous remarqué que le contenu de l'élément `<Entête>` intervient deux fois dans le résultat, une fois comme titre de la fenêtre du navigateur, et une fois dans le texte proprement dit ?

Lancement du processeur XSLT

A titre indicatif, et pour fixer les idées, voici la commande (avec Saxon) qui a permis d'obtenir le résultat ci-dessus :

Ligne de commande (d'un seul tenant)

```
java -classpath "C:\Program Files\JavaSoft\SAXON\saxon.jar;"
          com.icl.saxon.StyleSheet  -o Concert.html Concert.xml Concert.xsl
```

Principe de fonctionnement d'un processeur XSLT

Le principe de fonctionnement d'un moteur XSLT est important à comprendre, car il est normalisé, donc parfaitement prévisible ; écrire (ou concevoir) une feuille de style XSLT, c'est donc prévoir le comportement du processeur XSLT face à la feuille de style qu'on se prépare à lui proposer.

> **Note**
>
> Cela ne veut pas dire que le résultat produit par un programme XSLT soit toujours facile à prévoir dans ses moindres détails. Mais en fait, une divergence entre le résultat obtenu et ce que l'on imaginait obtenir peut passer plus ou moins inaperçue : par exemple, une mauvaise gestion des espaces blancs (espaces, tabulations, sauts de lignes) est sans importance pour la génération d'un fichier HTML, mais plus problématique pour celle d'un fichier RTF. Néanmoins, comme le comportement du processeur XSLT est bien sûr déterministe, tout finit par s'expliquer, même si c'est parfois un peu ardu.

L'écriture de feuilles de style par analogie et recopie de feuilles de style existantes, sans compréhension réelle du fonctionnement sous-jacent, est naturellement possible, mais cela reste limité à des feuilles de style simples, basées sur des structures simples et en nombre limité, qui finissent par devenir familières.

Le but de cette section est de fournir une représentation conceptuelle du modèle de traitement d'un moteur XSLT. Bien que conceptuelle, cette représentation est conforme au standard W3C, mais ce n'est qu'une représentation : rien n'oblige (mais rien n'interdit non plus) les auteurs de processeurs XSLT à respecter à la lettre cette description dans leur implémentation ; il suffit qu'ils la respectent dans le principe, du moment que globalement, leur processeur fonctionne comme nous allons l'expliquer maintenant.

Construction - sérialisation

Le processeur XSLT opère sur un arbre XML, construit au lancement du processeur par un parseur XML, à partir d'un fichier XML. Ce processus s'appelle la *construction* de l'arbre ; le processus inverse, qui permet l'obtention d'un fichier XML à partir d'un arbre XML, s'appelle la *sérialisation* (voir figure 3-2).

Figure 3-2

Construction - Sérialisation.

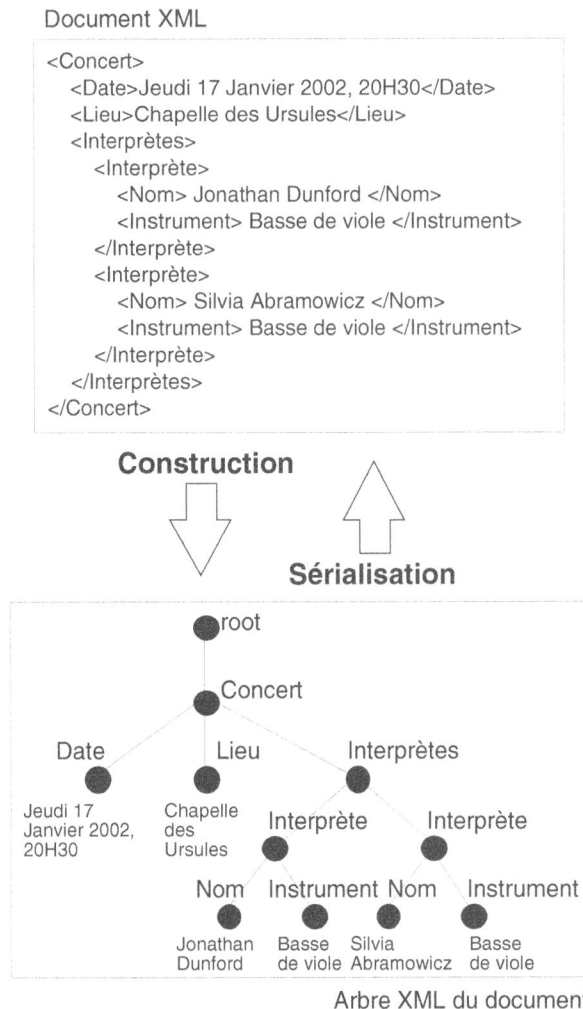

Document XML

```
<Concert>
    <Date>Jeudi 17 Janvier 2002, 20H30</Date>
    <Lieu>Chapelle des Ursules</Lieu>
    <Interprètes>
        <Interprète>
            <Nom> Jonathan Dunford </Nom>
            <Instrument> Basse de viole </Instrument>
        </Interprète>
        <Interprète>
            <Nom> Silvia Abramowicz </Nom>
            <Instrument> Basse de viole </Instrument>
        </Interprète>
    </Interprètes>
</Concert>
```

Construction

Sérialisation

Arbre XML du document

Ces deux représentations document/arbre sont équivalentes, de sorte que toute opération sur l'arbre XML peut se transposer en une opération équivalente sur le document, et réciproquement.

Les trois phases du processus complet

Le processeur XSLT opère sur l'arbre XML du document, appelé *arbre source*, dont les éléments sont des *nœuds source*. La transformation consiste à produire un nouvel arbre XML, appelé *arbre résultat*.

La sérialisation de cet arbre résultat produit un document résultat qui peut être un document XML, un document HTML4 ou XHTML, voire un simple texte non balisé.

Le processus complet est donc un enchaînement de trois opérations : construction, transformation, sérialisation (voir figure 3-3).

Spécification d'une transformation

Une transformation XSLT est une suite d'opérations élémentaires sur un arbre XML, produisant un nouvel arbre XML. Une transformation XSLT peut donc être spécifiée d'une façon très naturelle et directe en termes d'opérations sur un arbre. Mais étant donné l'équivalence des représentations arbre/document, il est également tout à fait possible de la spécifier en termes d'opérations sur un document.

Par ailleurs, le processeur XSLT n'effectue jamais de modification sur l'arbre source original : il se contente de construire un nouvel arbre, de sorte que les seules opérations élémentaires utiles sont celles qui consistent à greffer un nouveau morceau d'arbre à l'arbre en cours de construction. Transposées à la représentation par document, ces opérations de greffes se réduisent à des concaténations de fragments de documents ou d'inclusions d'un fragment de document dans un autre.

> **Note**
>
> La concaténation de deux documents donnés est un nouveau document, obtenu en les mettant bout à bout dans l'ordre où ils sont donnés.

Or il se trouve que d'un strict point de vue rédactionnel, il est beaucoup plus simple de s'exprimer en termes de manipulation de document qu'en terme de construction d'arbre (c'est l'inverse en programmation, où il est beaucoup plus facile d'exprimer une transformation d'arbre qu'une manipulation de document). *C'est pourquoi dans toute la suite, nous avons délibérément fait le choix d'exprimer les effets des transformations et des instructions XSLT en termes de construction de documents à partir de fragments de documents, et non en termes de construction d'arbres à partir de sous-arbres.*

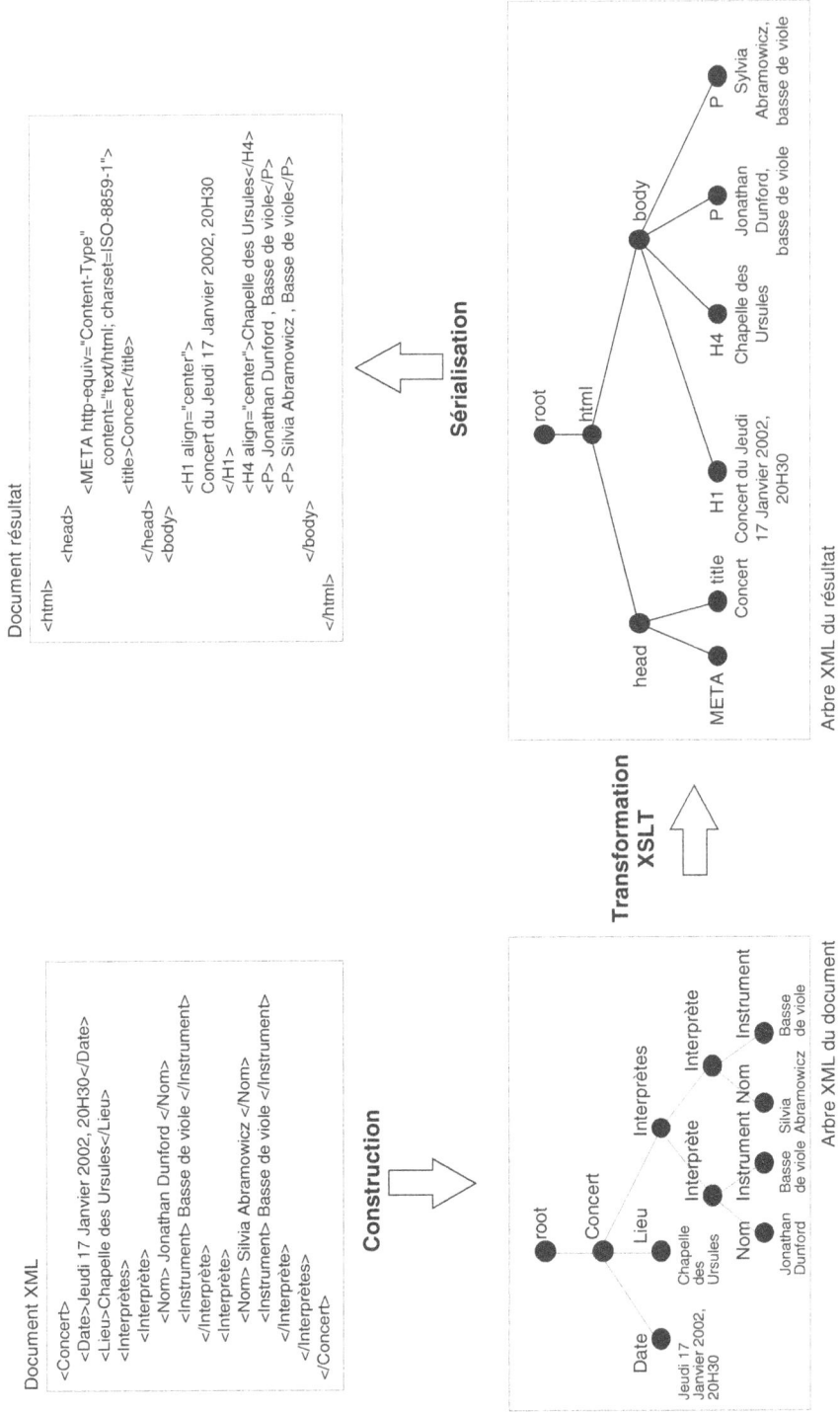

Document résultat

```
<html>
    <head>
        <META http-equiv="Content-Type"
            content="text/html; charset=ISO-8859-1">
        <title>Concert</title>
    </head>
    <body>
        <H1 align="center">
        Concert du Jeudi 17 Janvier 2002, 20H30
        </H1>
        <H4 align="center">Chapelle des Ursules</H4>
        <P> Jonathan Dunford , Basse de viole</P>
        <P> Silvia Abramowicz , Basse de viole</P>
    </body>
</html>
```

Sérialisation

Arbre XML du résultat

**Transformation
XSLT**

Document XML

```
<Concert>
    <Date>Jeudi 17 Janvier 2002, 20H30</Date>
    <Lieu>Chapelle des Ursules</Lieu>
    <Interprètes>
        <Interprète>
            <Nom> Jonathan Dunford </Nom>
            <Instrument> Basse de viole </Instrument>
        </Interprète>
        <Interprète>
            <Nom> Silvia Abramowicz </Nom>
            <Instrument> Basse de viole </Instrument>
        </Interprète>
    </Interprètes>
</Concert>
```

Construction

Arbre XML du document

Figure 3-3

Les trois phases du processus complet.

Modèle de traitement

Nous allons maintenant voir un résumé synoptique du modèle de traitement d'un processeur XSLT, qui sera décliné en plusieurs étapes. Chaque étape fait référence à la suivante, sauf la dernière qui peut éventuellement revenir récursivement en arrière.

Ce résumé synoptique est assez général, car il ne rentre pas dans le détail de l'effet de chaque instruction XSLT. Il se contente de décrire le mécanisme ; mais plus loin (*Les instructions de transformation*, page 127), nous verrons dans le détail chaque instruction importante de XSLT, et nous aurons l'occasion de préciser finement le déroulement de ce modèle de traitement pour chacune de ces instructions.

Traitement du document XML source

Au départ du traitement, une liste de nœuds source initiale est constituée, ne contenant que la racine de l'arbre XML du document à traiter (figure 3-4). Le traitement du document consiste à traiter la liste de nœuds source initiale.

Figure 3-4

Traitement du document XML source.

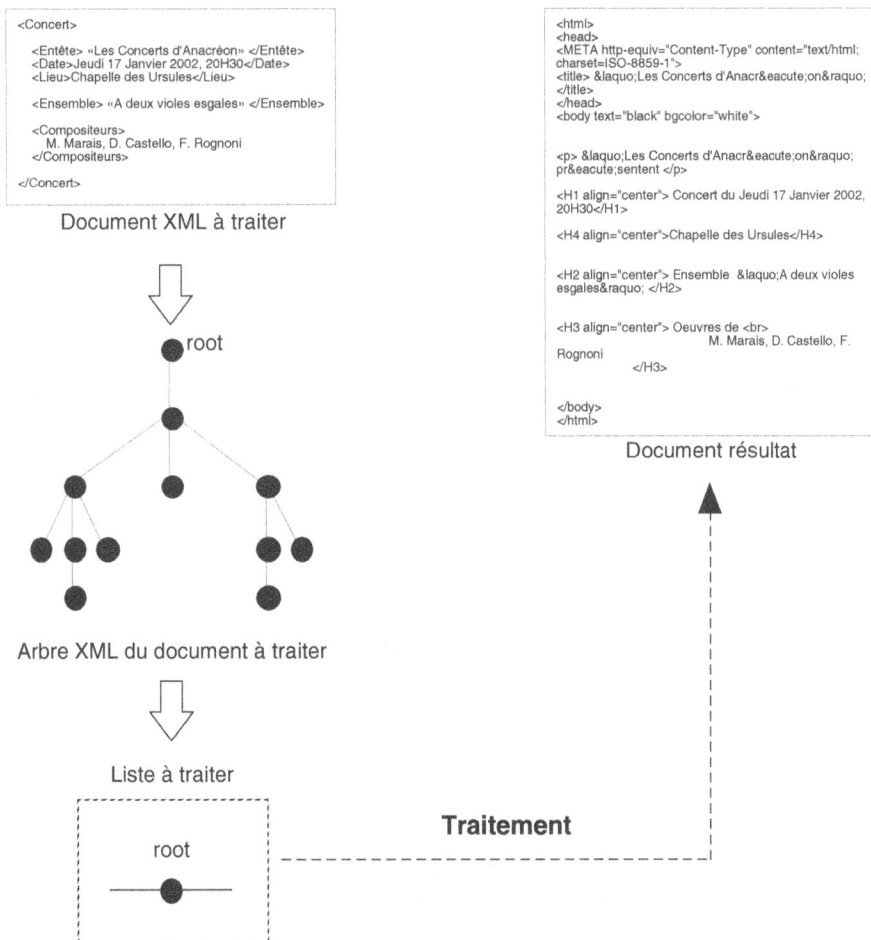

Document XML à traiter

root

Arbre XML du document à traiter

Liste à traiter

root

Traitement

Document résultat

Le document final obtenu lors de ce traitement est le document résultant du traitement de cette liste.

Traitement d'une liste de nœuds source

Le traitement d'une liste de nœuds source consiste à traiter séparément chaque nœud source dans l'ordre où il apparaît dans la liste (figure 3-5), ce qui produit en résultat autant de fragments de documents qu'il y a de nœuds source à traiter.

Le document résultat du traitement de la liste est la concaténation des fragments de documents obtenus séparément.

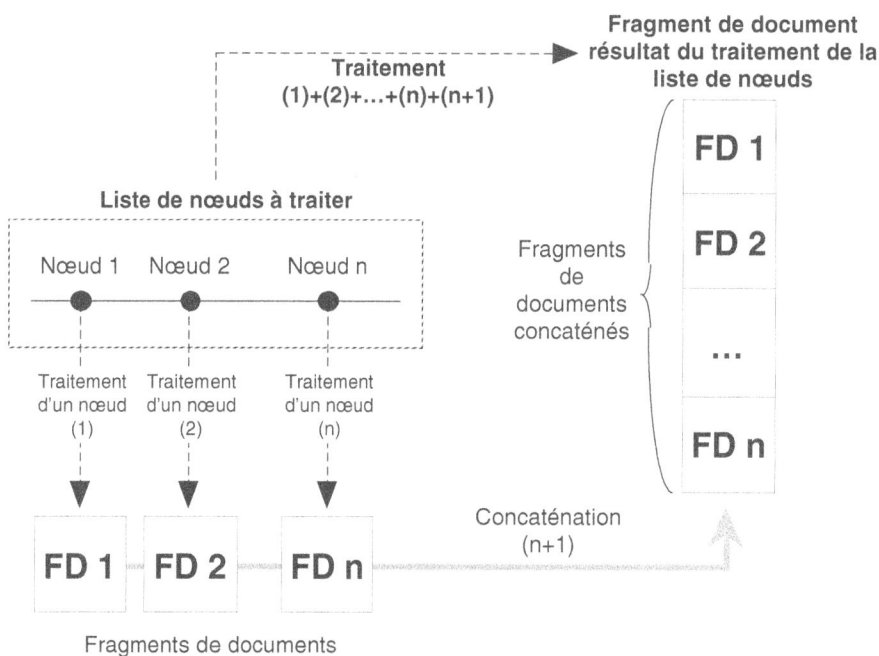

Figure 3-5

Traitement d'une liste de nœuds source

Traitement d'un nœud source membre d'une liste de nœuds source

Le traitement d'un nœud source consiste à rechercher, parmi l'ensemble des règles XSLT définies dans le programme XSLT, celle dont le motif correspond au nœud traité, puis à appliquer cette règle, relativement à un nœud courant qui est le nœud traité, et à une liste courante qui est la liste de nœuds source.

• Si aucune règle n'est trouvée, une règle par défaut, possédant un modèle par défaut, est appliquée.

• Si plusieurs règles sont trouvées, un algorithme de calcul de priorité permet normalement d'en sélectionner une et une seule (sinon le programme XSLT est incorrect).

L'application de cette règle (relativement à son nœud courant et à sa liste courante), consiste à instancier le modèle de transformation associé (relativement au même nœud courant et à la même liste courante), ce qui produit un fragment de document qui est le résultat du traitement du nœud source (figure 3-6).

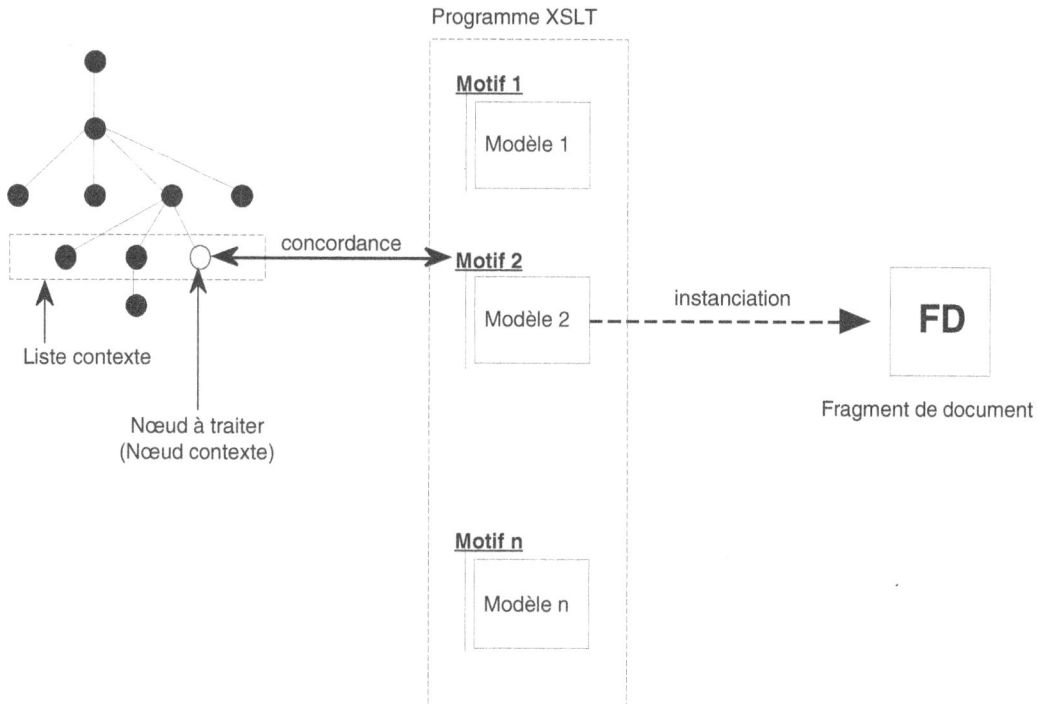

Figure 3-6
Traitement d'un nœud source

Remarque

L'expérience montre que la liste courante intervient assez rarement dans l'application de cette règle : on pourra donc, en première lecture, ignorer son existence, et faire comme s'il n'en n'était pas question.

Nœud courant - Nœud contexte

Il est souvent question, en XSLT, de nœud courant et de nœud contexte. Il peut être tentant de confondre ces deux notions, d'autant plus que la plupart du temps, nœud courant et nœud contexte désignent le même nœud. Néanmoins ce sont deux notions différentes.

La notion de nœud contexte intervient dans l'évaluation d'une expression XPath : une expression est évaluée relativement à un nœud contexte.

La notion de nœud courant intervient dans l'instanciation d'un modèle de transformation : un modèle est instancié relativement à un nœud courant.

Or, dans ce processus d'instanciation, il est fréquent qu'une expression XPath soit à évaluer : son évaluation se fait alors relativement à un nœud contexte qui est le nœud courant (ce qui explique pourquoi il peut être tentant de confondre nœud contexte et nœud courant) ; mais si cette expression contient un prédicat filtrant un node-set à plusieurs éléments, le prédicat sera évalué pour chacun de ses éléments, qui seront temporairement et à tour de rôle le nœud contexte de l'évaluation, alors que le nœud courant, lui ne change pas (ce qui explique pourquoi il ne faut pas confondre nœud contexte et nœud courant).

En résumé, pour ne pas se tromper, mieux vaut toujours parler de nœud courant pour un modèle de transformation et de nœud contexte pour une expression XPath.

En deuxième lecture, on pourra se reporter à la *Remarque*, page 191, qui détaille un peu plus précisément le processus d'évaluation d'un prédicat.

Instanciation d'un modèle de transformation relativement à un nœud courant et une liste courante

L'instanciation d'un modèle de transformation consiste à obtenir un fragment de document à partir du modèle. Pour ce faire, tout ce qui est texte brut ou texte XML en dehors du domaine nominal de XSLT (généralement désigné par le préfixe `"xsl:"`) est conservé tel quel lors de l'instanciation. Tout le reste consiste en des éléments XSLT (`<xsl:xxx>` `...</xsl:xxx>`) qui sont remplacés par leur valeur, qui peut dépendre du nœud courant, et même parfois de la liste courante (par exemple lorsque l'une de ces valeurs est la valeur numérique du numéro d'ordre du nœud dans sa liste) ; s'ils n'ont pas de valeur, ils sont remplacés par rien (c'est-à-dire sont supprimés : *rien* est la valeur de remplacement).

Instruction - Exécution d'une instruction

Dans un modèle de transformation, un élément XSLT de la forme `<xsl:xxx>` ... `</xsl:xxx>` s'appelle une *instruction*. Lors de l'instanciation d'un modèle de transformation, ses instructions sont *exécutées*. L'exécution d'une instruction consiste à la remplacer par sa valeur, dans le fragment de document résultat produit par l'instanciation du modèle de transformation. On peut donc parler aussi d'instanciation d'une instruction.

L'ordre temporel d'instanciation des instructions n'est pas forcément l'ordre séquentiel de leur apparition dans le modèle ; d'ailleurs on pourrait très bien imaginer qu'elles soient exécutées dans un ordre aléatoire (ou bien toutes en même temps, sur un ordinateur multi-processeurs). Si à ce stade, cela vous parait incroyable, reportez vous à la figure 3-7, où l'on voit clairement que chaque instruction est responsable de la création d'un bout de texte qui vient se mettre à sa place dans le fragment de document résultat : peu importe dans quel ordre temporel les petits bouts de texte sont insérés dans le fragment de document résultat, du moment que l'ordre spatial dans lequel ils apparaissent respecte l'ordre spatial des instructions dans le modèle.

L'évaluation de l'une des deux instructions XSLT `<xsl:apply-templates>` ou `<xsl:for-each>` (et ce sont les deux seules) produit une nouvelle liste de nœuds source ; cette liste est alors récursivement traitée : comme toute autre liste de nœuds source, elle subit le traitement standard d'une liste (voir *Traitement d'une liste de nœuds source*, page 88), et la valeur de l'instruction `<xsl:apply-templates>` ou `<xsl:for-each>` est alors égale au fragment de document obtenu en tant que résultat du traitement de cette liste (figure 3-7).

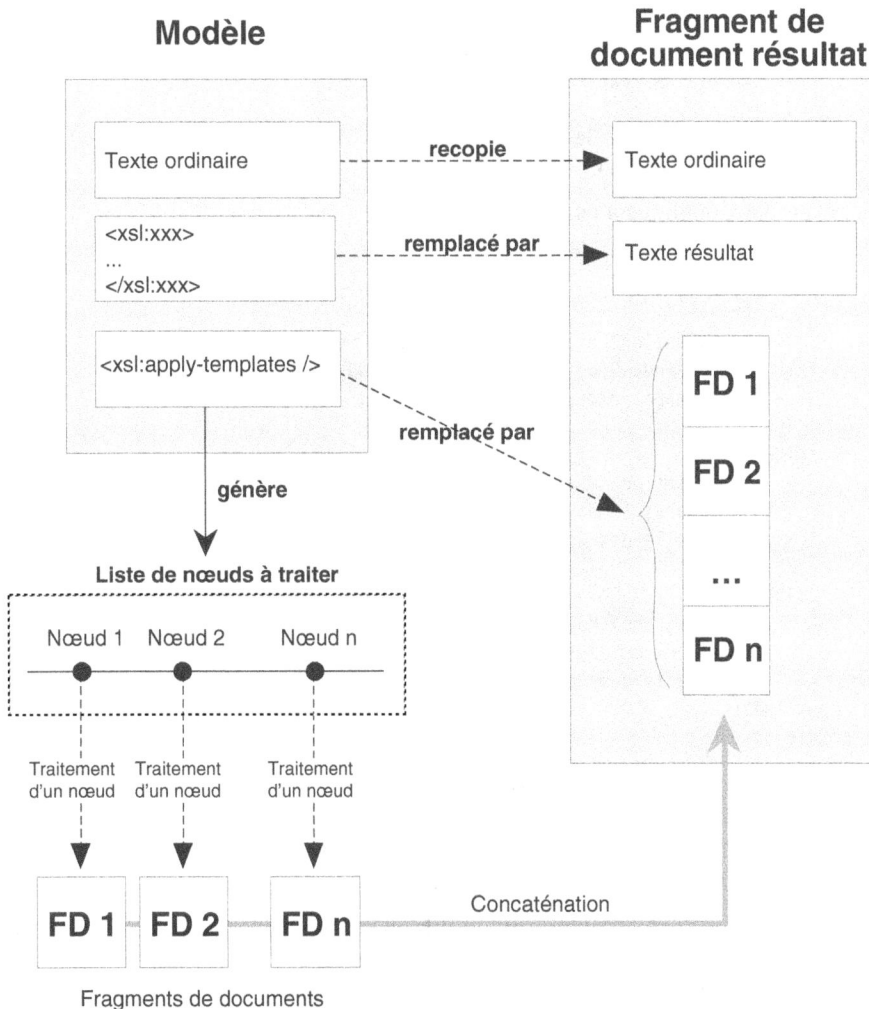

Figure 3-7

Instanciation d'un modèle de transformation

Motifs (patterns)

Un motif est une expression qui, évaluée par rapport à un certain nœud contexte, désigne un certain ensemble de nœuds de l'arbre XML d'un document.

Rappelons que le motif est la valeur de l'attribut match dans la définition d'une règle XSLT, et que cet attribut doit représenter une expression XPath (vérifiant une contrainte particulière qui sera explicitée un peu plus loin).

Donnons tout de suite un exemple :

```
<xsl:template match="child::Théâtre/child::*">
    <!-- modèle de transformation -->
    ...
    <!-- fin du modèle de transformation -->
</xsl:template>
```

Cet exemple s'applique à ce fichier XML :

```
<?xml version="1.0" encoding="UTF-8"?>
<Saison>
    <Concert>
        <Organisation> Anacréon </Organisation>
        <Date>Samedi 9 octobre 1999 <Heure> 20H30 </Heure> </Date>
        <Lieu>Chapelle des Ursules</Lieu>
    </Concert>
    <Théâtre>
        <Organisation> Masques et Lyres </Organisation>
        <Date>Mardi 19 novembre 1999 <Heure> 21H </Heure> </Date>
        <Lieu>Salle des Cordeliers</Lieu>
    </Théâtre>
    <Théâtre>
        <Organisation> Masques et Lyres </Organisation>
        <Date>Mercredi 20 novembre 1999 <Heure> 21H30 </Heure> </Date>
        <Lieu>Salle des Cordeliers</Lieu>
    </Théâtre>
</Saison>
```

L'expression `child::Théâtre/child::*` veut dire « tous les éléments XML, qui sont des fils de l'élément Théâtre, qui est un fils de ». Ce qui ne veut pas dire grand-chose, la phrase s'interrompant brutalement sans qu'on sache la fin de l'histoire. En fait, le motif ne peut rien dire de plus, et le renseignement qui nous manque, c'est le nœud contexte.

Il ne faut donc jamais oublier qu'un motif à base de chemin de localisation relatif, c'est-à-dire ne commençant pas par un « / » (voir *Chemins de localisation*, page 62), ne peut être évalué que par rapport à un nœud contexte donné. Dans notre cas, si l'on prend le nœud `<Saison>` comme nœud contexte, on peut alors évaluer complètement le motif, qui désigne l'ensemble des éléments qui sont des fils d'un élément `<Théâtre>`, qui est un fils d'un élément `<Saison>` (voir figure 3-8).

Le même motif peut très bien donner un ensemble vide, si on l'évalue avec un autre nœud contexte. Ce sera le cas, par exemple, si l'on prend l'un des deux nœuds `<Théâtre>` comme nœud contexte, car il n'existe aucun élément qui soit fils d'un élément `<Théâtre>` lui-même fils d'un élément `<Théâtre>` (voir figure 3-9).

Concordance de motifs

Un nœud N de l'arbre XML étant donné, et un certain nœud contexte C étant ensuite choisi, si l'évaluation du motif par rapport au nœud contexte C donne un ensemble qui contient N, alors on dit qu'il y a concordance du motif avec le nœud N (voir figure 3-10).

Figure 3-8

Evaluation d'un motif par rapport à un nœud context.

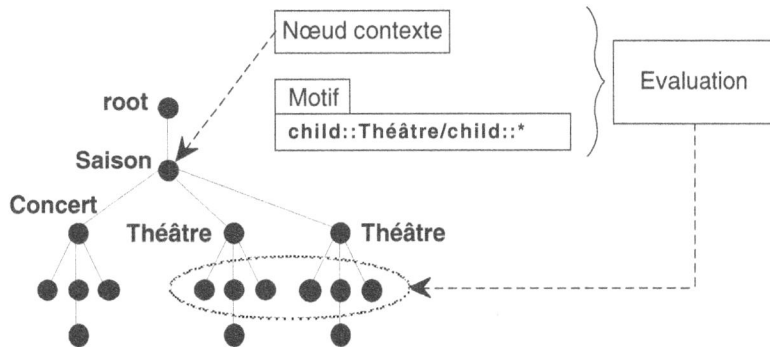

Figure 3-9

Evaluation du même motif par rapport à un autre nœud contexte.

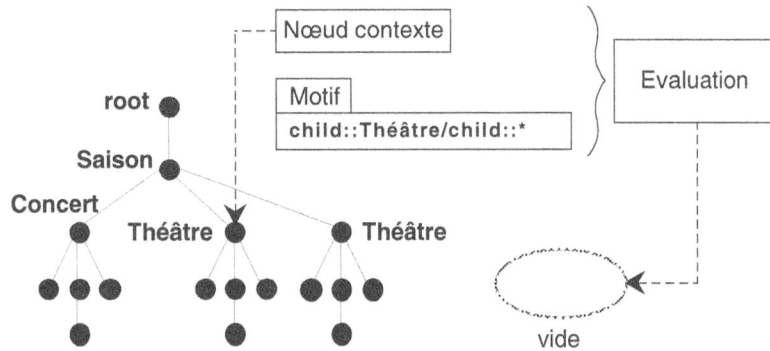

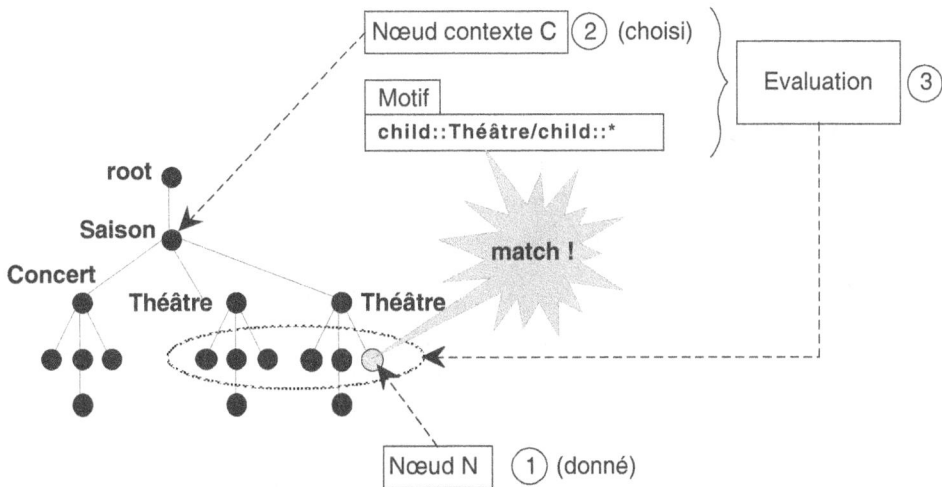

Figure 3-10

Concordance de motif.

La chose à remarquer ici, est que contrairement à ce que l'on pourrait imaginer, la concordance entre un nœud *N* et un motif est obtenue dès lors que l'ensemble de nœuds déterminé par l'évaluation du motif contient *N* : il n'est pas nécessaire que cet ensemble se réduise au seul élément *N*.

Recherche de la concordance de motifs (pattern matching)

Nous venons de voir à quelle condition il y a concordance entre un nœud *N* et un motif, un nœud contexte *C* étant donné.

Nous allons maintenant voir comment le moteur XSLT effectue la recherche de concordance de motif, ou *pattern matching*.

Le problème est que dans ce processus, le nœud contexte *C* n'est plus donné : le but est alors précisément d'en trouver un.

Ce qui est donné, maintenant, c'est le motif et le nœud *N* ; charge au moteur XSLT de déterminer si le motif concorde avec ce nœud *N*.

Il peut prendre un nœud *C* au hasard dans l'arbre XML, et l'utiliser comme nœud contexte dans l'évaluation du motif ; si cela donne la concordance du motif avec le nœud *N* en cours d'examen, c'est gagné, il a la réponse. Mais sinon, c'est toujours l'incertitude : peut-être qu'en choisissant un autre nœud *C* on aurait la concordance, mais peut-être qu'il n'existe aucun nœud dans l'arbre XML, qui pris comme nœud contexte, donne la concordance...

Comment savoir ?

Une première idée, évidente, consisterait à effectuer le test de concordance en explorant l'un après l'autre tous les nœuds de l'arbre, et en prenant à chaque fois le nœud courant comme nœud contexte pour évaluer le motif : dès que l'on a trouvé un nœud qui donne la concordance, on peut arrêter.

Le problème est que s'il n'y pas concordance, on ne le sait qu'après avoir testé infructueusement chaque nœud de l'arbre ! Et même s'il y a concordance du motif avec le nœud *N*, on aura probablement commencé la série de tests avec des nœuds contexte très éloignés du nœud *N*, avec une faible probabilité d'obtenir la concordance, à moins que le motif soit vraiment très bizarre et compliqué, mettant en jeu des relations de parenté très éloignées entre le nœud *N* et le nœud contexte qu'il fallait trouver...

En fait, tout le problème est là : pourquoi écrire des motifs très bizarres et compliqués ? Il ne faut pas oublier que le but, dans l'écriture d'un motif, est simplement de désigner un certain nœud, ou une famille de nœuds, sur lesquels on veut qu'une certaine règle s'applique.

Dans ces conditions, entre deux motifs qui pourraient également convenir, un simple et direct et un qui passe par le cousin de l'oncle du fils du frère, autant prendre le simple et direct.

D'où l'idée de restreindre *a priori* la région de l'arbre dans laquelle la recherche sera effectuée, ce qui bien sûr limitera le motif à des relations de parenté compatibles avec cette région.

Or, clairement, la région la plus favorable pour lancer une recherche à partir d'un nœud donné est celle qui est constituée des ancêtres de ce nœud. En effet, la remontée vers un parent ne laisse jamais aucun choix, alors que la descente vers un enfant donne autant de choix possibles qu'il y a d'enfants : la remontée vers les ancêtres s'apparente au simple parcours d'une liste linéaire, alors que la descente vers les enfants reste un processus éminemment arborescent et récursif.

Si maintenant on veut que la recherche de concordance entre un motif et un nœud *N* donné ait une chance d'aboutir, alors qu'on limite *a priori* la recherche d'un nœud contexte convenable aux ancêtres de *N*, il est impératif que le motif ne fasse pas intervenir d'autre axe de localisation que `child::`.

D'où la règle :

Contrainte des ancêtres

Un motif ne peut mentionner aucun axe de localisation, sauf `child::`. On verra (*Syntaxe et contrainte pour un motif XSLT*, page 98) que l'on peut quand même relaxer un peu cette contrainte, car il y a des axes (comme `attribute::` ou `namespace::`) qui ne font pas de mal.

Examinons cela sur un exemple (figure 3-11) :

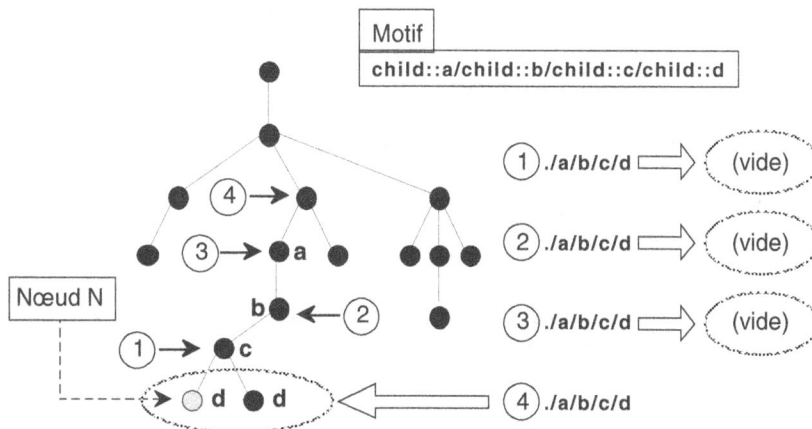

Figure 3-11
Recherche de concordance.

Cet exemple montre un arbre XML avec deux nœuds <d> et leurs ancêtres communs <b>, <c>, <a>. On suppose que l'un des deux nœuds <d> (en grisé sur la figure) est le nœud que l'on veut tester par rapport au motif suivant (exprimé en syntaxe longue) :

```
child::a/child::b/child::c/child::d
```

Puisque dans le processus de recherche de concordance de motif, on décide de se limiter aux nœuds ancêtres du nœud test, seuls les nœuds notés (1), (2), (3), (4), ..., etc. (jusqu'à la racine de l'arbre) vont être successivement choisis comme nœud contexte. En (1), l'évaluation du motif va renvoyer un ensemble de nœuds (*node-set*) vide, car le nœud <c> n'a aucun enfant <a>. On refait évidemment le même constat aux étapes (2) et (3). En (4), l'évaluation du motif renvoie un ensemble de nœuds constitué des deux éléments <d> ; cet ensemble contient le nœud test : la concordance est donc établie, et la recherche s'arrête.

Mais maintenant imaginons qu'un motif puisse mentionner des axes de localisation quelconques, et pas seulement `child::`, et que l'on puisse écrire par exemple :

```
child::a/following::b/child::c/child::d
```

Arrivés à l'étape (2), nous ne pourrions plus nous permettre de remonter « bêtement » vers l'ancêtre suivant, puisqu'à coup sûr, nous irions à l'échec ; il nous faudrait aller explorer certains des frères, oncles et neveux de <b> (voir figure 2-10 à la section *Représentation graphique*, page 50), et pour chacun d'eux remonter sa lignée d'ancêtres.

Ayant vu l'intérêt qu'il peut y avoir (en terme d'efficacité) à limiter *a priori* la recherche de concordance de motifs à la seule lignée d'ancêtres du nœud test, il faut maintenant en examiner les conséquences sur le pouvoir expressif des motifs.

Mais qu'est-ce que le pouvoir expressif d'un motif ? Est-ce sa capacité à ratisser large, ou au contraire à discriminer finement ?

Il n'y a aucun doute que c'est sa capacité à discriminer finement ; un exemple de motif ne discriminant pas grand-chose serait `child::node()` : un tel motif concorde avec n'importe quel nœud de type `element node`, `comment node`, `processing instruction node`, ou `text node` (voir *Modèle arborescent d'un document XML vu par XPath*, page 30).

Autant dire que si on équipe une règle d'un tel motif, la règle s'appliquera partout ou presque dans le document XML ; il n'y a guère que la racine (qui est fille de rien[1]), les attributs et les domaines nominaux qui ne seront pas concernés par cette règle.

On voit donc que le motif le plus « ramasse-tout » que l'on puisse écrire est compatible avec la contrainte des ancêtres.

Donc, si on avait du souci a se faire sur une diminution du pouvoir expressif d'un motif, à cause de l'introduction de la contrainte des ancêtres, ce serait plutôt du côté d'une diminution de pouvoir discriminant qu'il faudrait regarder.

---

1. et comme telle, ne répond jamais quand on la traite de « child : : »

Mais en fait, il n'y a pas de problème : même s'il vérifie la contrainte des ancêtres, un motif peut rester très discriminant.

Reprenons l'exemple déjà vu pour illustrer le propos :

```
<?xml version="1.0" encoding="UTF-8"?>
<Saison>
    <Concert>
        <Organisation> Anacréon </Organisation>
        <Date>Samedi 9 octobre 1999 <Heure> 20H30 </Heure> </Date>
        <Lieu>Chapelle des Ursules</Lieu>
    </Concert>
    <Théâtre>
        <Organisation> Masques et Lyres </Organisation>
        <Date>Mardi 19 novembre 1999 <Heure> 21H </Heure> </Date>
        <Lieu>Salle des Cordeliers</Lieu>
    </Théâtre>
    <Théâtre>
        <Organisation> Masques et Lyres </Organisation>
        <Date>Mercredi 20 novembre 1999 <Heure> 21H30 </Heure> </Date>
        <Lieu>Salle des Cordeliers</Lieu>
    </Théâtre>
</Saison>
```

Prenons le motif Heure : il n'est pas très discriminant, car trois éléments différents concordent avec ce motif. Mais le motif Concert/Date/Heure l'est beaucoup plus : un seul élément du document XML concorde avec ce motif. Il est vrai que c'est parce qu'il n'y a qu'un seul concert dans le fichier, et que le motif Théâtre/Date/Heure pourtant construit de la même façon, est un peu moins discriminant, avec deux éléments concordants.

Mais rien n'empêche, s'il le faut, de renforcer la discrimination en faisant intervenir un prédicat. Un prédicat, présent dans l'expression d'un motif, peut être aussi complexe qu'on le veut, car sa complexité n'a aucune influence sur la localisation d'un nœud contexte adéquat pour la recherche de concordance, localisation qui sera toujours limitée aux ancêtres du nœud test.

Le motif Théâtre/Date/Heure évalué sur le nœud contexte <Saison> donne en résultat un ensemble de deux nœuds : le nœud <Heure> 21H </Heure> et le nœud <Heure>21H30 </Heure>. Supposons que l'on veuille trouver un motif qui désigne uniquement l'une de ces deux heures ; supposons de plus que l'heure qui nous intéresse soit celle du mercredi ; on peut alors exprimer que c'est une <Heure> enfant d'une <Date> dont le texte (i.e. child::text()) est une chaîne qui contient « Mercredi », cette <Date> étant elle-même enfant de <Théâtre>.

Ce qui donne le motif :

```
Théâtre/Date[contains(child::text(), "Mercredi")]/Heure
```

On voit donc qu'il n'y a pas de souci à se faire sur les capacités discriminantes des motifs, même s'ils respectent la contrainte des ancêtres.

Syntaxe et contrainte pour un motif XSLT

Le motif, ou *pattern*, fourni en tant que valeur de l'attribut `match`, s'exprime sous la forme d'une expression XPath de type *Pattern LocationPath*.

```
<xsl:template match="...Pattern LocationPath...">
    <!-- modèle de transformation -->
    ...
    <!-- fin du modèle de transformation -->
</xsl:template>
```

Un *Pattern LocationPath* est un ensemble de chemins de localisation séparés par des `"|"` (qui veulent dire « *ou* ») ; les différentes étapes de chacun de ces chemins de localisation doivent être construites uniquement sur les axes `child::` ou `attribute::`, à l'exclusion de tous les autres axes.

En conséquence, les abréviations `"."` et `".."` sont interdites dans un *Pattern LocationPath* : `"./Truc"` n'est pas autorisé, puisque c'est équivalent à `"self::node()/child::Truc"`, et que `"self::"` est interdit ; de même, `"../Truc"` est interdit à cause de l'équivalence avec `"parent::node()/child::Truc"`.

Bien que l'axe `"descendant-or-self::"` soit donc à ce titre interdit de séjour dans l'expression d'un motif, la version abrégée de `"/descendant-or-self::node()/"` sous la forme `"//"` est tout de même autorisée en tant que séparateur d'étapes, à la place du `"/"`. On remarquera que cette tolérance est compatible avec la contrainte des ancêtres.

Par contre, dans un prédicat, aucun type d'axe de localisation n'est interdit.

Notons pour finir que l'emploi de parenthèses (autres que celles qui servent à certains déterminants, comme `text()`, par exemple) est interdit dans un *Pattern LocationPath*, sauf bien sûr dans les éventuels prédicats.

Exemples de motifs

Nous allons maintenant voir quelques exemples de motifs (*Pattern LocationPath*), avec ou sans prédicats.

> **Remarque**
>
> Donner des exemples de motifs n'aurait pas beaucoup de sens si on ne pouvait rien faire d'autre d'un motif que de l'évaluer : il faudrait alors donner à chaque fois un document XML, un nœud contexte, et un nœud test.
>
> Mais au lieu de chercher à évaluer un motif, on peut se contenter de chercher à évaluer son pouvoir discriminant, et de voir ce qu'il discrimine, dans l'absolu, en dehors de toute donnée XML.

```
child::chapitre/child::section/child::paragraphe

Forme courte :
chapitre/section/paragraphe
```

concorde avec tous les nœuds de l'arbre XML qui sont des `<paragraphe>` enfants de `<section>` elles-mêmes enfants de `<chapitre>` enfant du nœud contexte (quel qu'il soit).

```
child::chapitre/descendant-or-self::node()/child::paragraphe
```

```
Forme courte :
chapitre//paragraphe
```

concorde avec tous les nœuds d'un arbre XML qui sont des ⟨paragraphe⟩ enfants de nœuds qui sont des descendants (au sens large) de ⟨chapitre⟩ enfant du nœud contexte (quel qu'il soit).

```
chapitre/section | annexe
```

concorde avec tous les nœuds d'un arbre XML qui sont soit des ⟨annexe⟩, soit des ⟨section⟩ elles-mêmes enfants de ⟨chapitre⟩.

```
child::paragraphe/attribute::alignement
```

```
Forme courte :
paragraphe/@alignement
```

concorde avec tous les nœuds alignement d'un arbre XML qui sont des attributs de ⟨paragraphe⟩ enfant du nœud contexte (quel qu'il soit).

```
paragraphe/processing-instruction()
```

concorde avec tous les nœuds de type processing-instruction d'un arbre XML qui sont des enfants de ⟨paragraphe⟩.

```
chapitre/section/paragraphe[@alignement = "centré"]
```

concorde avec tous les nœuds d'un arbre XML qui sont des ⟨paragraphe⟩ enfants de ⟨section⟩ elles-mêmes enfants de ⟨chapitre⟩, à condition que les ⟨paragraphe⟩ possèdent un attribut alignement égal à "centré".

```
child::chapitre[following-sibling::annexe]/descendant-or-self::node()/
  child::paragraphe
```

```
Forme courte :
chapitre[following-sibling::annexe]//paragraphe
```

concorde avec tous les nœuds d'un arbre XML qui sont des ⟨paragraphe⟩ descendants de ⟨chapitre⟩, à condition que ces chapitres soient suivis par une ⟨annexe⟩ au même niveau hiérarchique. Cette traduction est un peu libre, mais elle reflète bien la sémantique de ce qu'on veut exprimer : on imagine un livre constitué de parties, elles-mêmes constituées de chapitres qui se suivent, sur le même plan hiérarchique, le dernier chapitre d'une partie pouvant être en fait une annexe (facultative). Pour un chapitre donné, les chapitres qui suivent (dans la même partie) sont situés sur l'axe de localisation following-sibling, de sorte que l'expression child::chapitre[following-sibling::annexe] dénote un ensemble de chapitres qui tous font partie d'une série terminée par une annexe (au sein de la même partie). Une règle possédant ce motif s'appliquera en définitive à tous les paragraphes d'une série de chapitres d'une même partie terminée par une annexe. Notons pour finir que rien, dans cette expression XPath, n'impose qu'une éventuelle annexe soit le dernier élément d'une série de chapitres ; on pourrait très bien avoir une annexe en plein milieu d'une partie, avec des chapitres avant, et des chapitres après.

Si c'était le cas, seuls les chapitres situés avant pourraient concorder avec ce motif ; mais en pratique, il n'est pas courant de voir une annexe trôner au milieu de chapitres.

```
child::chapitre[position() = last()] | child::annexe

Forme courte :
chapitre[last()] | annexe
```

concorde avec tous les nœuds de l'arbre XML qui sont des `<annexe>` ou bien des `<chapitre>`, à condition que ces chapitres soient en dernière position sur l'axe de localisation `child::`. En somme, si l'on reprend les explications du précédent exemple, on voit que ce motif va concorder avec le dernier chapitre de chaque partie, que ce chapitre soit un vrai chapitre ou qu'il soit en fait une annexe.

Pour la fonction `last()`, revoir la section *Contexte d'évaluation d'un prédicat*, page 57.

Les motifs sont sensibles aux restrictions lexicales imposées par la notion d'attribut en XML. Par exemple, le chemin XPath `chapitre/section[ position() < 3 ]` est correct.

Pourtant il n'est pas possible d'en faire un motif à cause du caractère « < » qui est interdit dans la chaîne de caractères formant la valeur d'un attribut. Il n'y a malheureusement pas d'autre solution que d'écrire quelque chose du genre :

```
<xsl:template select="chapitre/section[ position() &lt; 3 ]">
```

ce qui n'arrange guère la lisibilité de la chose.

Priorités entre règles

Algorithme de calcul des priorités par défaut

Il peut arriver, au cours du processus de traitement (voir *Principe de fonctionnement d'un processeur XSLT*, page 83), que plusieurs règles soient éligibles : pour chacune d'entre elles, le motif concorde avec le nœud en cours de traitement. Un algorithme de calcul de priorité par défaut est alors mis en œuvre pour en sélectionner une ; cet algorithme est assez complexe dans le détail, mais grosso-modo, on peut dire qu'entre deux règles dont l'une est plus spécifique que l'autre, c'est à la plus spécifique que la priorité la plus forte est affectée.

Un cas très courant où cette notion de « plus spécifique » s'applique de façon évidente, est celui d'une concurrence entre deux règles dont l'une utilise un joker (`"*"`) :

```
<xsl:template match="Heure">
    ...
</xsl:template>
<xsl:template match="*">
    ...
</xsl:template>>
```

En reprenant le fichier XML déjà vu en *Motifs (patterns)*, page 91 :

```
<?xml version="1.0" encoding="UTF-8"?>
<Saison>
```

```
    <Concert> <Organisation> Anacréon </Organisation>
             <Date>Samedi 9 octobre 1999 <Heure> 20H30 </Heure> </Date>
             <Lieu>Chapelle des Ursules</Lieu>
             </Concert>
    <Théâtre> <Organisation> Masques et Lyres </Organisation>
             <Date>Mardi 19 novembre 1999 <Heure> 21H </Heure> </Date>
             <Lieu>Salle des Cordeliers</Lieu>
             </Théâtre>
    <Théâtre> <Organisation> Masques et Lyres </Organisation>
             <Date>Mercredi 20 novembre 1999 <Heure> 21H30 </Heure> </Date>
             <Lieu>Salle des Cordeliers</Lieu>
             </Théâtre>
</Saison>
```

on voit que sur n'importe quel nœud <Heure> de ce fichier, les deux règles ci-dessus sont également applicables. Néanmoins, "*" étant moins spécifique que "Heure", c'est la première règle qui va l'emporter.

Forçage de la priorité

L'algorithme de calcul des priorités par défaut étant assez fastidieux à suivre, il est préférable de ne pas s'y confronter, d'autant que c'est toujours possible. En effet, il existe un attribut priority qui permet d'affecter une priorité à une règle, ce qui permet de forcer la décision dans les cas où l'on sent que l'on ne maîtrise plus très bien ce qui va se passer :

```
<xsl:template match='Théâtre//Heure' priority="2">
    ...
</xsl:template>
<xsl:template match='Heure' priority="1">
    ...
</xsl:template>
```

L'heure d'un concert sera prise en compte par la deuxième règle, car pour un concert, le motif de la première ne concorde pas : pas d'ambiguïté. Par contre l'heure d'une pièce de théâtre peut être prise en compte par les deux règles ; la priorité de 2 sur la première lui permet de l'emporter.

A chaque fois qu'un programme XSLT contient des règles simultanément éligibles, il est de très loin préférable d'imposer les priorités que l'on souhaite, plutôt que de se hasarder à finasser sur les priorités par défaut ou de tester ce que cela donne avec tel ou tel processeur particulier, et d'en tirer des conclusions qui ne seront peut-être pas... concluantes.

Résumé

Nous avons vu la forme générale d'une règle XSLT (voir *Forme d'une règle XSLT*, page 79) :

```
<xsl:template match="... motif (pattern) ...">
    <!-- modèle de transformation -->
    ...
    mélange de texte et d'instructions XSLT du genre
```

```
        <xsl:xxx ...> ... </xsl:xxx>
    ...
    <!-- fin du modèle de transformation -->
  </xsl:template>
```

Puis nous avons vu le modèle de traitement, qui explique ce que fait le processeur XSLT, et comment les règles XSLT interviennent dans ce processus.

Enfin nous avons vu la notion de motif, et de concordance de motif.

Il reste donc encore à voir les différentes instructions XSLT, intervenant dans le corps des modèles de transformation.

Mais avant cela, nous allons maintenant détailler les deux instructions fondamentales de XSLT, à savoir `xsl:value-of` et `xsl:apply-templates`. Ces deux instructions sont importantes à comprendre en profondeur, parce qu'elles se complètent tellement qu'on peut dire qu'à elles deux, elles forment le noyau dur des possibilités de transformations réalisables en XSLT.

> **Note**
>
> Certains auteurs parlent d'extraction individuelle (*pull processing*) pour <xsl:value-of> et de distribution sélective (*push processing*) pour <xsl:apply-templates>, par référence à certains langages spécialisés dans le traitement et la manipulation de chaînes de caractères, comme *awk* sous Unix. Même si l'on peut trouver que cette terminologie ne facilite pas vraiment la compréhension de la chose, il est tout de même remarquable de voir que ce sont ces deux mots si complémentaires (push et pull) qui ont précisément été choisis pour caractériser la nature de ces deux instructions.

Instruction xsl:value-of

Une règle XSLT utilisant l'instruction `xsl:value-of` a d'ordinaire l'allure suivante :

```
<xsl:template match="... motif (pattern) ...">
    <!-- modèle de transformation -->
    ...
    mélange de texte et
    d'instructions XSLT de la forme :

        <xsl:value-of select="... chemin de localisation ..." />

    ...
    <!-- fin du modèle de transformation -->
</xsl:template>
```

Comme son nom l'indique, l'instruction `<xsl:value-of select="..." />` est remplacée lors de l'instanciation du modèle par la valeur textuelle de ce qui est désigné par l'attribut `select`. Il s'agit donc de la valeur textuelle (i.e. sous forme de chaîne de caractères) d'un node-set.

Un node-set comportant en général plusieurs nœuds source, sa valeur textuelle est définie comme étant celle du nœud source qui arrive en premier dans l'ordre de lecture du document. L'instruction est donc finalement remplacée par la valeur textuelle d'un nœud, notion qui a été définie à la section *Modèle arborescent d'un document XML vu par XPath*, page 30 et suivantes. Quant au node-set en question, il résulte de l'évaluation du chemin de localisation fourni comme valeur de l'attribut `select`. Ce chemin de localisation est calculé en prenant le nœud courant comme nœud contexte.

Exemple

Saison.xml

```
<?xml version="1.0" encoding="UTF-8"?>
<Saison>
    <Concert>
        <Organisation> Anacréon </Organisation>
        <Date>Samedi 9 octobre 1999 <Heure> 20H30 </Heure> </Date>
        <Lieu>Chapelle des Ursules</Lieu>
    </Concert>
    <Théâtre>
        <Organisation> Masques et Lyres </Organisation>
        <Date>Mardi 19 novembre 1999 <Heure> 21H </Heure> </Date>
        <Lieu>Salle des Cordeliers</Lieu>
    </Théâtre>
    <Théâtre>
        <Organisation> Masques et Lyres </Organisation>
        <Date>Mercredi 20 novembre 1999 <Heure> 21H30 </Heure> </Date>
        <Lieu>Salle des Cordeliers</Lieu>
    </Théâtre>
</Saison>
```

Saison.xsl

```
<?xml version="1.0" encoding="UTF-8"?>
<xsl:stylesheet
    xmlns:xsl = "http://www.w3.org/1999/XSL/Transform" version = "1.0">

    <xsl:output method='text' encoding='UTF-8'/>

    <xsl:template match='/'>
        Date Concert : <xsl:value-of select="Saison/Concert/Date"/>
        Date Théâtre : <xsl:value-of select="Saison/Théâtre[1]/Date"/>
        Date Théâtre : <xsl:value-of select="Saison/Théâtre[2]/Date"/>
    </xsl:template>

</xsl:stylesheet>
```

Cet exemple est d'un style assez contestable, car la règle XSLT indiquée présuppose qu'il y ait 1 élément `<Concert>` et 2 éléments `<Théâtre>` dans le fichier XML traité. Néanmoins, il est intéressant parce qu'il ne requiert que des connaissances XSLT déjà vues, pour être analysé et compris.

Appliquée au fichier `Saison.xml`, cette feuille de style produit le résultat suivant :

```
Date Concert : Samedi 9 octobre 1999  20H30
Date Théâtre : Mardi 19 novembre 1999  21H
Date Théâtre : Mercredi 20 novembre 1999  21H30
```

La déclaration `<xsl:output method='text' encoding='UTF-8'/>` permet de spécifier que l'on veut générer un résultat qui sera un simple document texte (encodé en UTF-8), et non pas un document XML balisé comme il se doit. Si l'on supprimait cette déclaration, voici le résultat que l'on obtiendrait :

```
<?xml version="1.0" encoding="UTF-8"?>

Date Concert : Samedi 9 octobre 1999  20H30
Date Théâtre : Mardi 19 novembre 1999  21H
Date Théâtre : Mercredi 20 novembre 1999  21H30
```

soit à peu près la même chose, sauf le préambule de fichier XML généré automatiquement, en contradiction avec la suite du fichier qui n'a pas du tout l'air d'un fichier XML.

Déroulement du processus de traitement sur cet exemple

Cette section est à suivre en parallèle avec la section *Modèle de traitement*, page 87.

Constitution d'une liste ne contenant que la racine

C'est l'initialisation du traitement ; une liste est constituée, ne contenant que la racine, puis le traitement général de traitement des listes est lancé (voir figure 3-12).

Figure 3-12

Constitution d'une liste ne contenant que la racine.

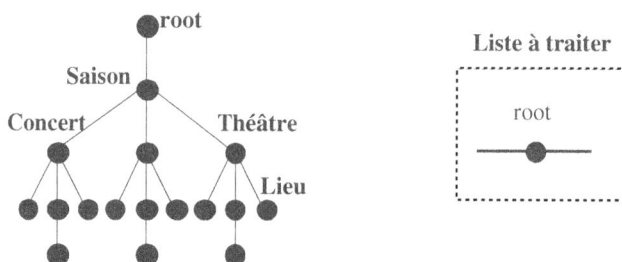

Traitement de cette liste

Le traitement de cette liste se décompose en deux étapes : traitement de chaque nœud de la liste, puis concaténation des fragments de documents obtenus (voir figure 3-13). Dans notre cas, un seul fragment de document est produit, la concaténation se réduit donc à une action nulle.

Traitement du nœud

Dans notre exemple, il n'y a qu'une seule règle, et son motif concorde avec le nœud courant (c'est-à-dire la racine). La règle va donc s'appliquer, ce qui veut dire que le modèle de transformation associé va être instancié (voir figure 3-14).

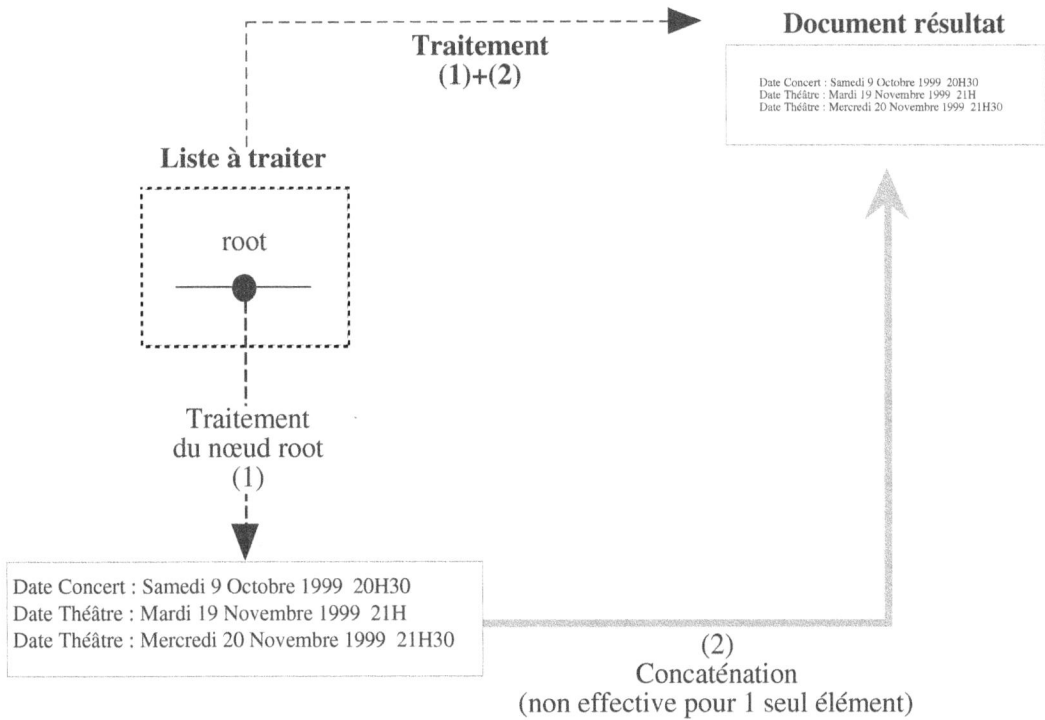

Figure 3-13

Traitement de cette liste.

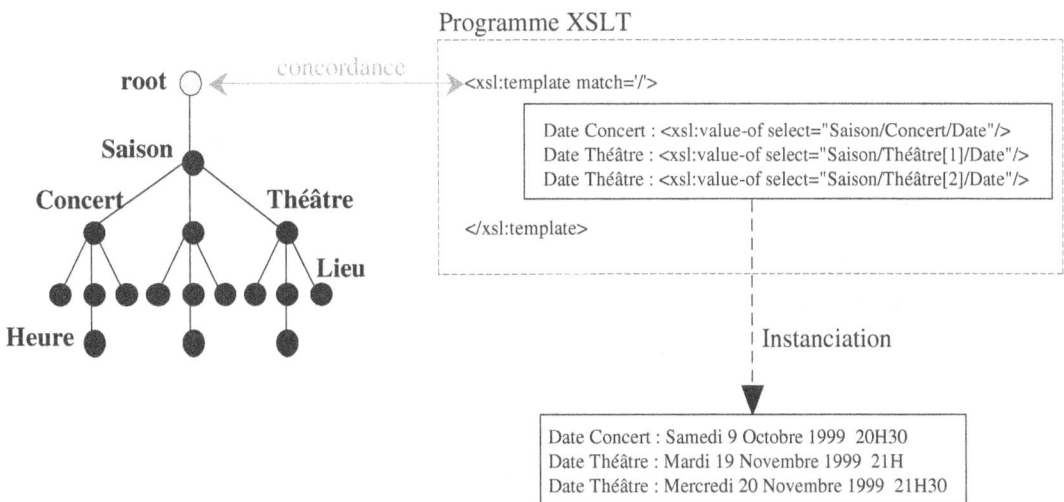

Figure 3-14

Traitement du nœud.

Instanciation du modèle

Le modèle de transformation est ici constitué d'un mélange de textes ordinaires (comme par exemple « Date Concert : ») qui seront donc recopiés tels quels dans le fragment de document résultat, et d'instructions `<xsl:value-of>`, qui seront donc remplacées par leur valeur dans le fragment de document résultat (voir figure 3-15).

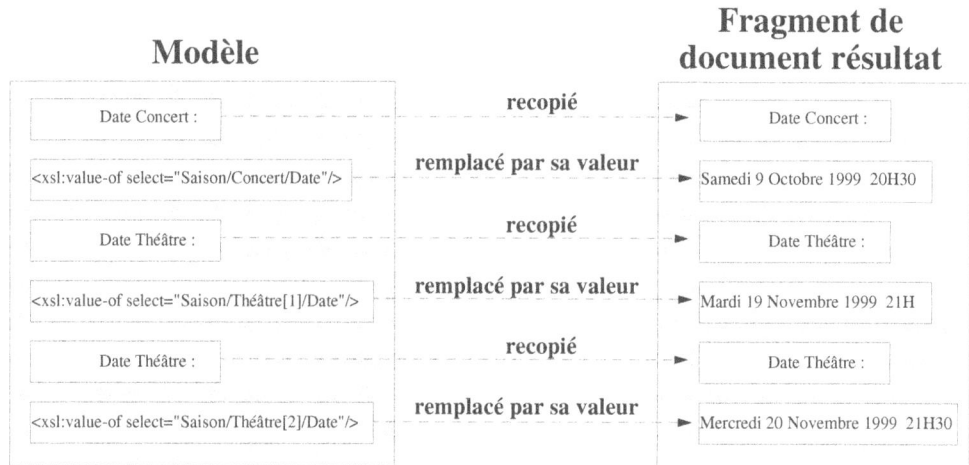

Figure 3-15
Instanciation du modèle.

Valeur des différents node-sets

Node-set "Saison/Concert/Date"

Pour l'évaluation de cette expression XPath, le nœud contexte est root . La valeur d'un node-set est celle de son premier élément dans l'ordre de lecture du document (voir *Instruction xsl:value-of*, page 102) ; ici, le node-set, calculé à partir du nœud contexte root , possède un seul élément : `<Date>Samedi 9 octobre 1999 <Heure> 20H30 </Heure></Date>`. La valeur de cet élément est égale au texte « Samedi 9 octobre 1999 » concaténé à la valeur de l'élément `<Heure> 20H30 </Heure>` (voir *Nœud de type element*, page 31) qui elle-même est égale au texte « 20H30 ». Ce qui donne finalement « Samedi 9 octobre 1999 20H30 ».

Node-set "Saison/Théâtre[1]/Date

Pour l'évaluation de cette expression XPath, le nœud contexte est root . La valeur d'un node-set est celle de son premier élément dans l'ordre de lecture du document (voir *Instruction xsl:value-of*, page 102) ; ici, le node-set, calculé à partir du nœud contexte root , possède un seul élément : `<Date>Mardi 19 novembre 1999 <Heure> 21H </Heure></Date>`. La valeur de cet élément est égale au texte « Mardi 19 novembre 1999 » concaténé à la valeur de l'élément `<Heure>` 21H `</Heure>` `</Date>` (voir *Nœud de type element*, page 31) qui elle-même est égale au texte « 21H ». Ce qui donne finalement « Mardi 19 novembre 1999 21H ».

Node-set "Saison/Théâtre[2]/Date

En suivant exactement le même raisonnement, on obtient « Mercredi 20 novembre 1999 21H30 ».

Instruction xsl:apply-templates

Une règle XSLT utilisant l'instruction `xsl:apply-templates` a généralement la forme suivante :

```
<xsl:template match="... motif (pattern) ...">
    <!-- modèle de transformation -->
    ... texte ...
    <xsl:apply-templates />
    ... texte ...
    <!-- fin du modèle de transformation -->
</xsl:template>
```

L'instruction `<xsl:apply-templates/>` est remplacée par le fragment de document qui résulte du traitement de la liste des enfants du nœud courant. Le détail important, ici, est que cette liste, que nous avions déjà évoquée (voir *Instanciation d'un modèle de transformation relativement à un nœud courant et une liste courante*, page 90) est constituée des éléments enfants du nœud courant, pris dans l'ordre de lecture du document source.

Exemple

Saison.xsl

```
<?xml version="1.0" encoding="UTF-8"?>
<xsl:stylesheet
    xmlns:xsl = "http://www.w3.org/1999/XSL/Transform"
    version   = "1.0">

    <xsl:output method='text' encoding='UTF-8'/>

    <xsl:template match='/'>
        <xsl:apply-templates/>
    </xsl:template>

    <xsl:template match='Saison'>
        Manifestations au programme
        <xsl:apply-templates/>
        Réservations 10 jours avant la date.
    </xsl:template>
```

```
            <xsl:template match='Concert'>
                Concert : <xsl:value-of select="."/>
            </xsl:template>

            <xsl:template match='Théâtre'>
                Théâtre : <xsl:value-of select="."/>
            </xsl:template>

        </xsl:stylesheet>
```

Appliquée au même fichier `Saison.xml` que celui vu précédemment (voir *Exemple*, page 103), cette feuille de style produit le résultat suivant :

```
        Manifestations au programme


        Concert :
             Pygmalion
             Samedi 9 octobre 1999  20H30
             Chapelle des Ursules


        Théâtre :
             Masques et Lyres
             Mardi 19 novembre 1999  21H
             Salle des Cordeliers


        Théâtre :
             Aristophane
             Mercredi 20 novembre 1999  21H30
             Salle des Cordeliers


        Réservations 10 jours avant la date.
```

Déroulement du processus de traitement sur cet exemple

Cette section est à suivre en parallèle avec la section *Modèle de traitement*, page 87.

Constitution d'une liste ne contenant que la racine

C'est l'initialisation du traitement ; une liste est constituée, ne contenant que la racine, puis le traitement général de traitement des listes est lancé (voir figure 3-16).

Traitement de cette liste

Le traitement de cette liste se décompose en deux étapes : traitement de chaque nœud de la liste, puis concaténation des fragments de documents obtenus (voir figure 3-17). Dans notre cas, un seul fragment de document est produit, la concaténation se réduit donc à une action nulle.

Figure 3-16

*Constitution d'une
liste ne contenant
que la racine.*

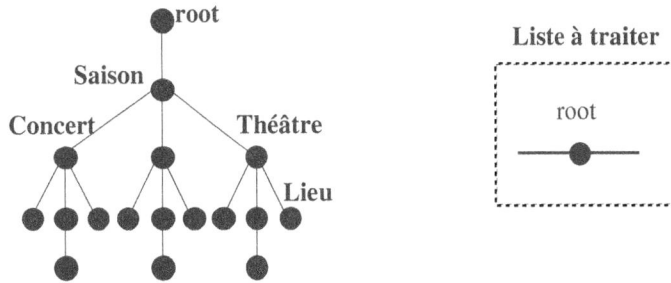

Liste à traiter

root

Figure 3-17

*Traitement
de cette liste.*

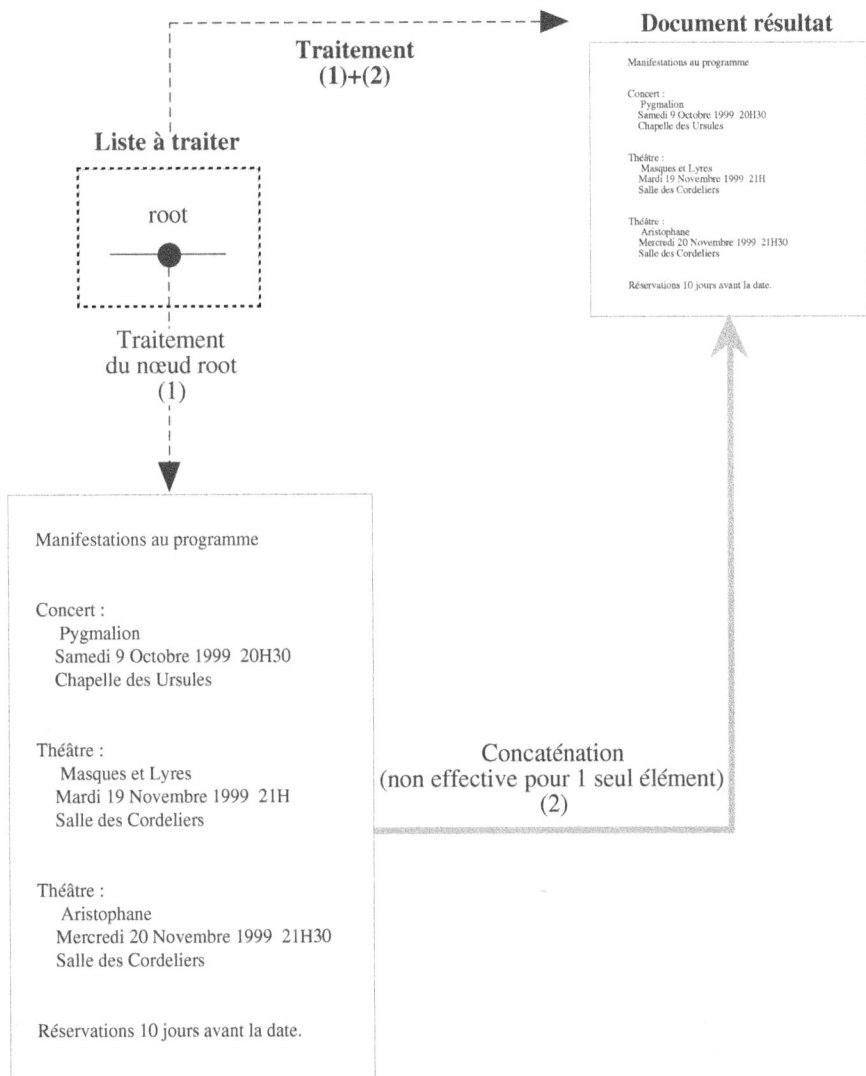

Document résultat

Manifestations au programme

Concert :
   Pygmalion
   Samedi 9 Octobre 1999 20H30
   Chapelle des Ursules

Théâtre :
   Masques et Lyres
   Mardi 19 Novembre 1999 21H
   Salle des Cordeliers

Théâtre :
   Aristophane
   Mercredi 20 Novembre 1999 21H30
   Salle des Cordeliers

Réservations 10 jours avant la date.

**Traitement
(1)+(2)**

Liste à traiter

root

Traitement
du nœud root
(1)

Manifestations au programme

Concert :
   Pygmalion
   Samedi 9 Octobre 1999 20H30
   Chapelle des Ursules

Théâtre :
   Masques et Lyres
   Mardi 19 Novembre 1999 21H
   Salle des Cordeliers

Théâtre :
   Aristophane
   Mercredi 20 Novembre 1999 21H30
   Salle des Cordeliers

Réservations 10 jours avant la date.

Concaténation
(non effective pour 1 seul élément)
(2)

Traitement du nœud

Dans notre exemple, il n'y a qu'une seule règle, et son motif concorde avec le nœud courant (c'est-à-dire la racine). La règle va donc s'appliquer, ce qui veut dire que le modèle de transformation associé va être instancié (voir figure 3-18).

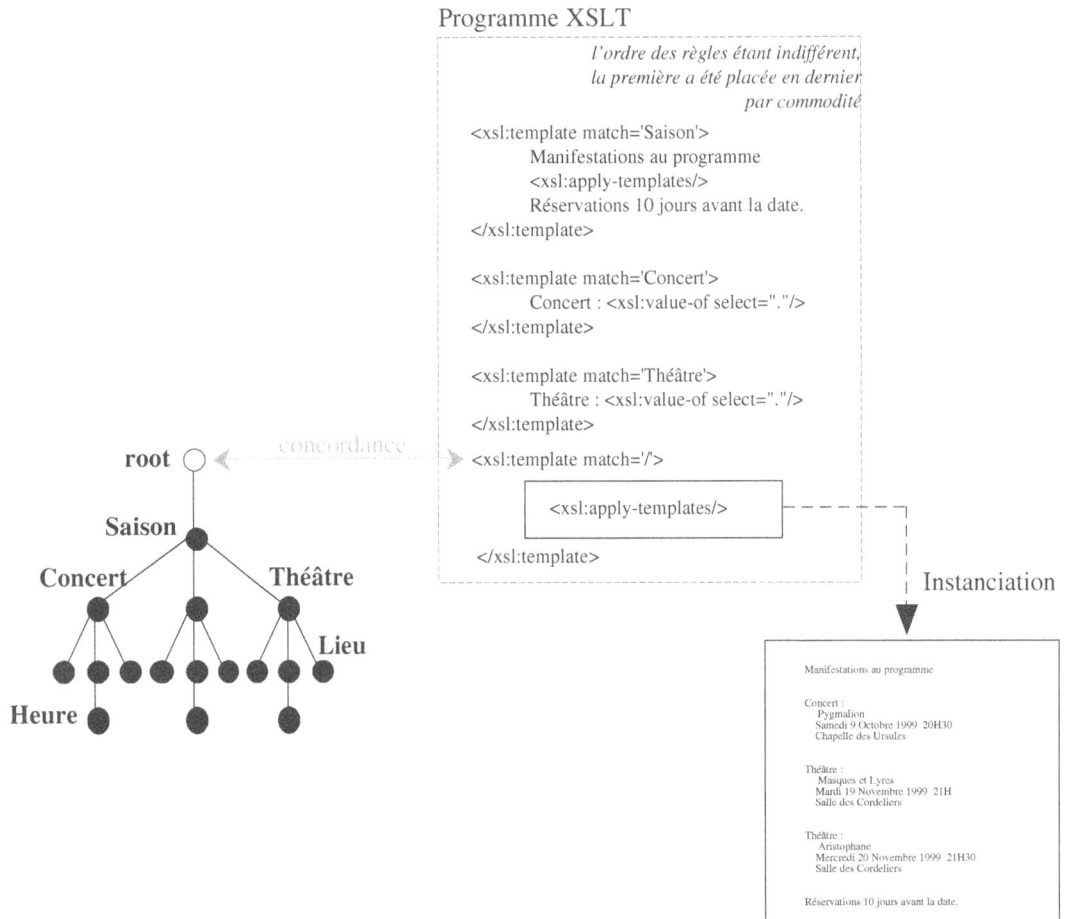

Figure 3-18

Traitement du nœud.

Instanciation du modèle de transformation

Le modèle à instancier comportant une instruction `<xsl:apply-templates>`, celle-ci est remplacée par sa valeur, résultant du traitement d'une nouvelle liste de nœuds. Cette nouvelle liste est constituée en rassemblant tous les nœuds enfants du nœud courant. Ici, comme le nœud courant est `root`, il n'y a qu'un seul enfant, qui est le nœud `<Saison>` (voir figure 3-19).

Modèle

Fragment de document résultat

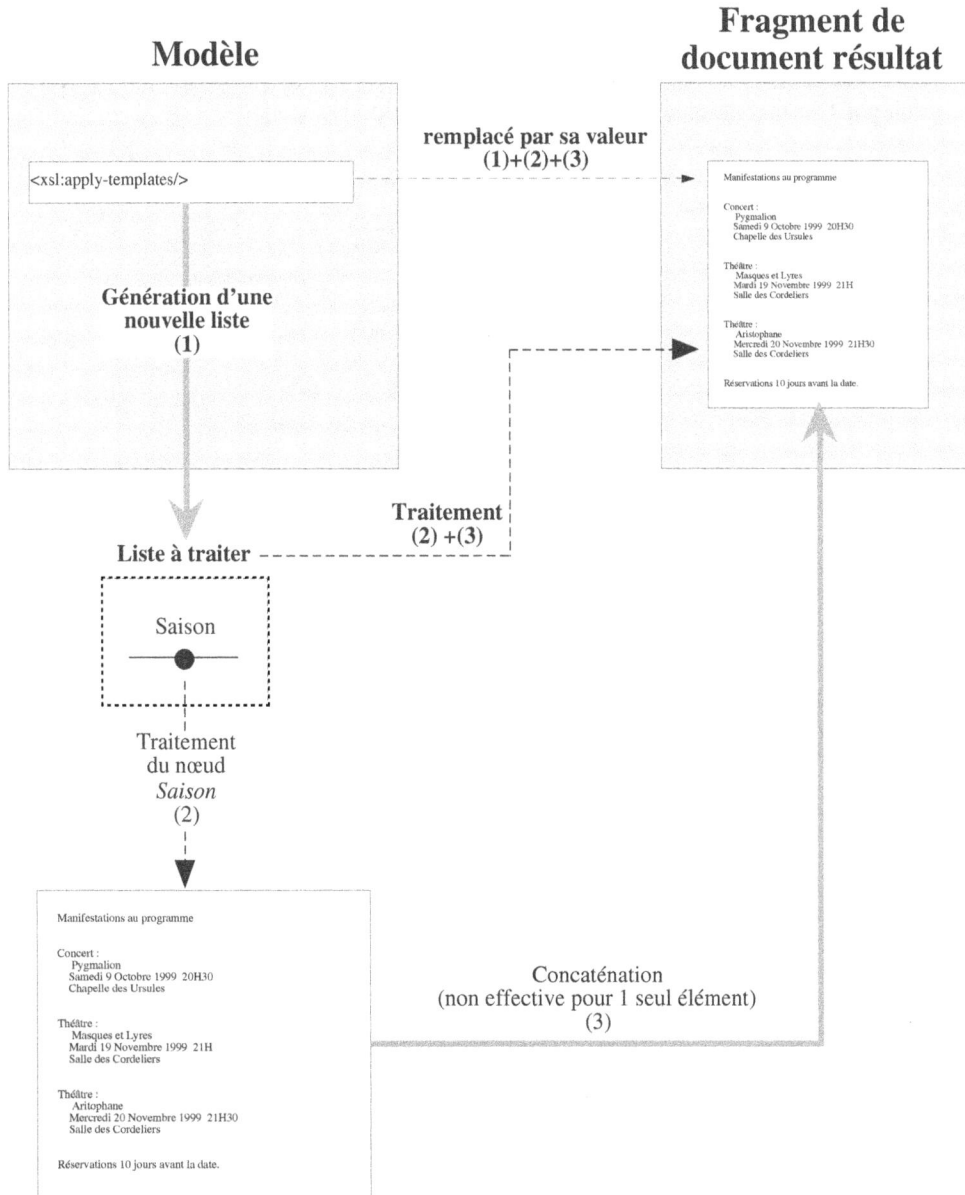

<xsl:apply-templates/>

remplacé par sa valeur
(1)+(2)+(3)

Manifestations au programme

Concert :
Pygmalion
Samedi 9 Octobre 1999 20H30
Chapelle des Ursules

Théâtre :
Masques et Lyres
Mardi 19 Novembre 1999 21H
Salle des Cordeliers

Théâtre :
Aristophane
Mercredi 20 Novembre 1999 21H30
Salle des Cordeliers

Réservations 10 jours avant la date.

Génération d'une nouvelle liste (1)

Traitement (2) +(3)

Liste à traiter

Saison

Traitement
du nœud
Saison
(2)

Manifestations au programme

Concert :
Pygmalion
Samedi 9 Octobre 1999 20H30
Chapelle des Ursules

Théâtre :
Masques et Lyres
Mardi 19 Novembre 1999 21H
Salle des Cordeliers

Théâtre :
Aritophane
Mercredi 20 Novembre 1999 21H30
Salle des Cordeliers

Réservations 10 jours avant la date.

Concaténation
(non effective pour 1 seul élément)
(3)

Figure 3-19

Instanciation du modèle de transformation.

Traitement du nœud <Saison>

Le nœud `<Saison>` est le nœud courant ; la règle `<xsl:template match='Saison'>` concorde avec ce nœud, elle est donc appliquée (voir figure 3-20). Son application se traduit par l'instanciation du modèle de transformation associé.

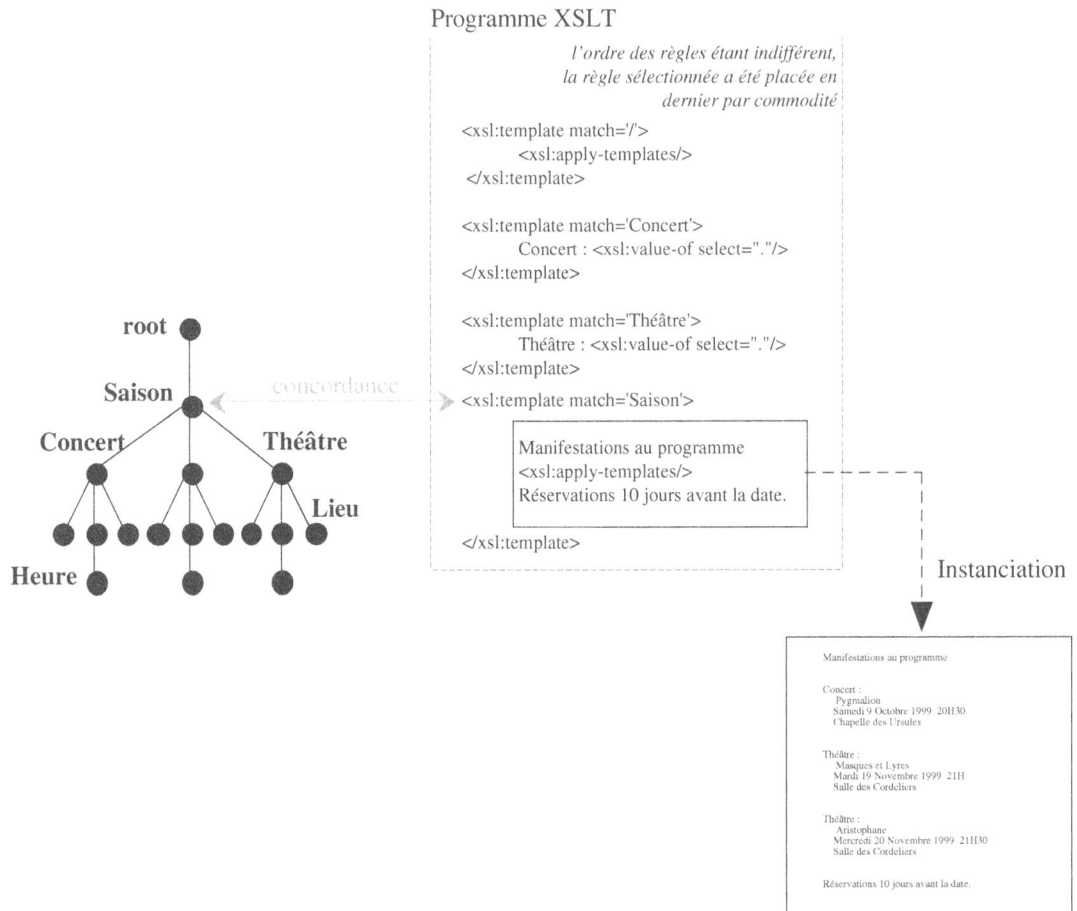

Figure 3-20

Traitement du nœud <Saison>.

Instanciation du modèle de transformation

Le modèle à instancier comporte d'une part du texte ordinaire qui est donc recopié dans le fragment de document résultat, et d'autre part une instruction `<xsl:apply-templates>`. Elle est remplacée par sa valeur, qui résulte du traitement d'une nouvelle liste de nœuds comportant l'ensemble des nœuds enfants du nœud courant, c'est-à-dire l'élément `<Saison>` (voir figure 3-21).

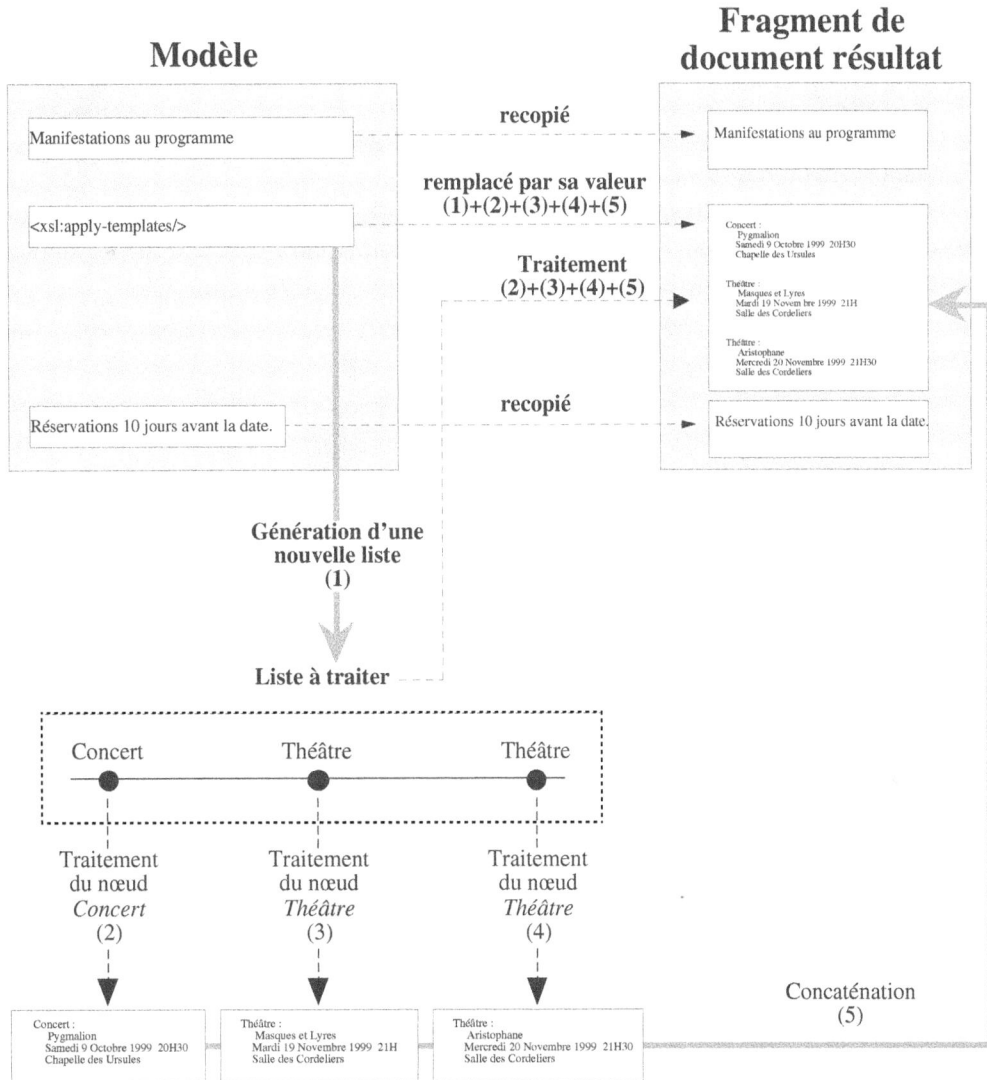

Modèle

Manifestations au programme

<xsl:apply-templates/>

Réservations 10 jours avant la date.

Fragment de document résultat

Manifestations au programme

recopié

remplacé par sa valeur
(1)+(2)+(3)+(4)+(5)

Concert :
Pygmalion
Samedi 9 Octobre 1999 20H30
Chapelle des Ursules

Théâtre :
Masques et Lyres
Mardi 19 Novem bre 1999 21H
Salle des Cordeliers

Théâtre :
Aristophane
Mercredi 20 Novembre 1999 21H30
Salle des Cordeliers

**Traitement
(2)+(3)+(4)+(5)**

recopié

Réservations 10 jours avant la date.

**Génération d'une
nouvelle liste
(1)**

Liste à traiter

Concert   Théâtre   Théâtre

Traitement   Traitement   Traitement
du nœud   du nœud   du nœud
Concert   *Théâtre*   *Théâtre*
(2)   (3)   (4)

Concert :
Pygmalion
Samedi 9 Octobre 1999 20H30
Chapelle des Ursules

Théâtre :
Masques et Lyres
Mardi 19 Novembre 1999 21H
Salle des Cordeliers

Théâtre :
Aristophane
Mercredi 20 Novembre 1999 21H30
Salle des Cordeliers

Concaténation
(5)

Figure 3-21

Instanciation du modèle de transformation.

Il y a donc désormais trois traitements séparés à effectuer (qui pourraient, dans l'idéal, être réalisés simultanément sur trois processeurs matériels différents), un pour le nœud `<Concert>`, un pour le premier nœud `<Théâtre>`, et un pour le deuxième nœud `<Théâtre>`.

Première branche du traitement (nœud <Concert>)

Traitement du nœud <Concert>

Le nœud `<Concert>` est le nœud courant ; la règle `<xsl:template match='Concert'>` concorde avec ce nœud, elle est donc appliquée (voir figure 3-22). Son application se traduit par l'instanciation du modèle de transformation associé.

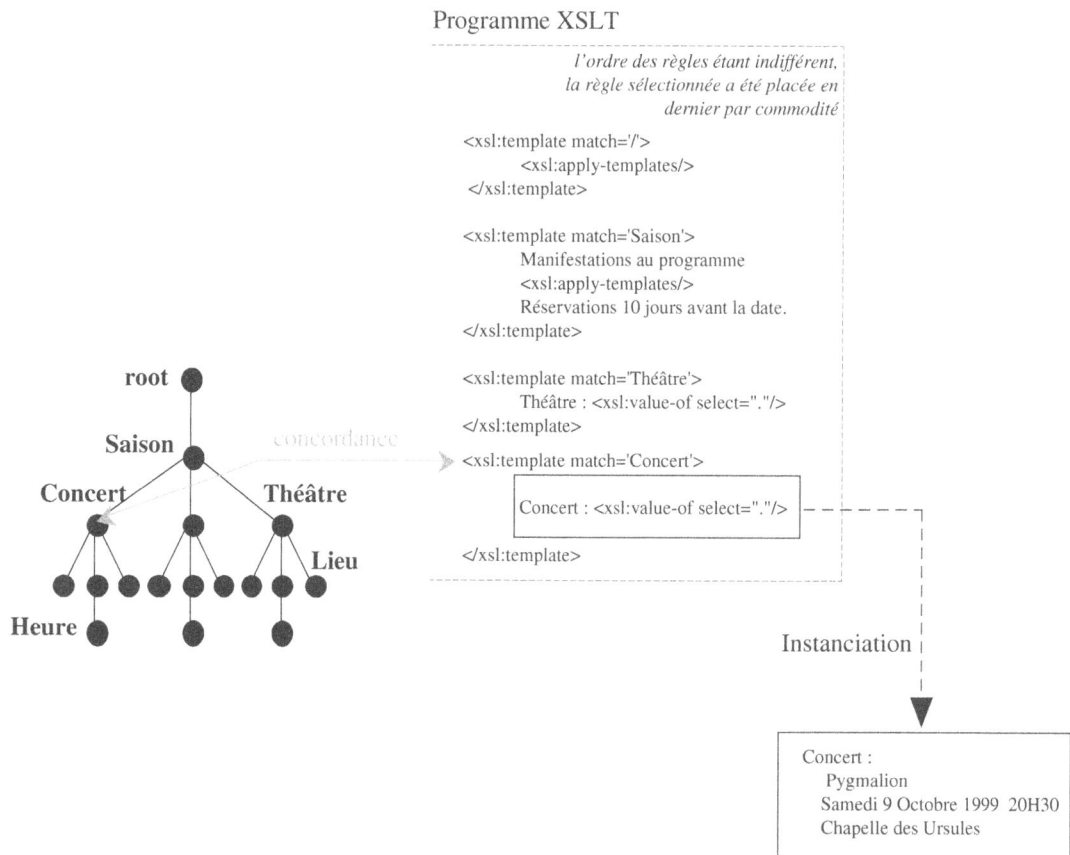

Figure 3-22

Traitement du nœud <Concert>.

Instanciation du modèle de transformation

Le modèle de transformation contient du texte neutre (recopié dans le fragment de document résultat), et une instruction `<xsl:value-of select="."/>` . Cette instruction est remplacée par sa valeur, sur le principe déjà vu dans la section *Valeur des différents node-sets*, page 106. La figure 3-23 montre d'une part l'instanciation du modèle, et d'autre part les étapes du calcul de la valeur du node-set réduit au seul élément `<Concert>`.

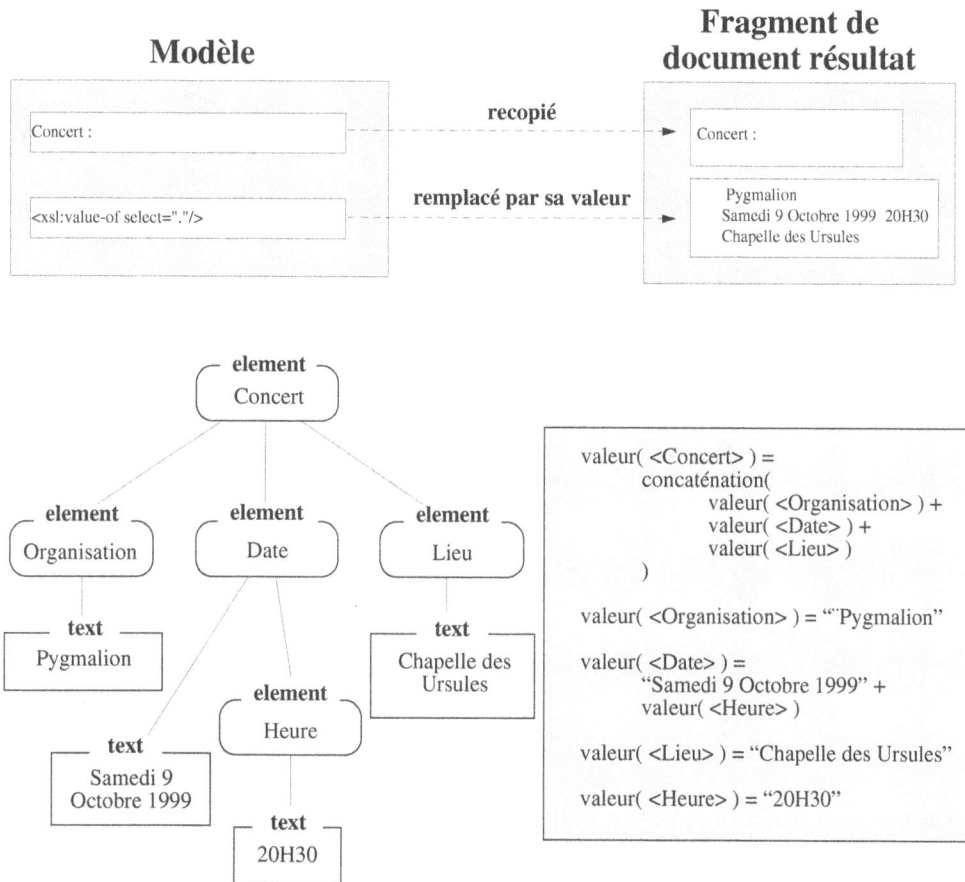

Figure 3-23

Instanciation du modèle de transformation.

Deuxième branche du traitement (nœud <Théâtre>)

Traitement du premier nœud <Théâtre>

Le premier nœud <Théâtre> est le nœud courant ; la règle <xsl:template match='Théâtre'> concorde avec ce nœud, elle est donc appliquée (voir figure 3-24). Son application se traduit par l'instanciation du modèle de transformation associé.

Programme XSLT

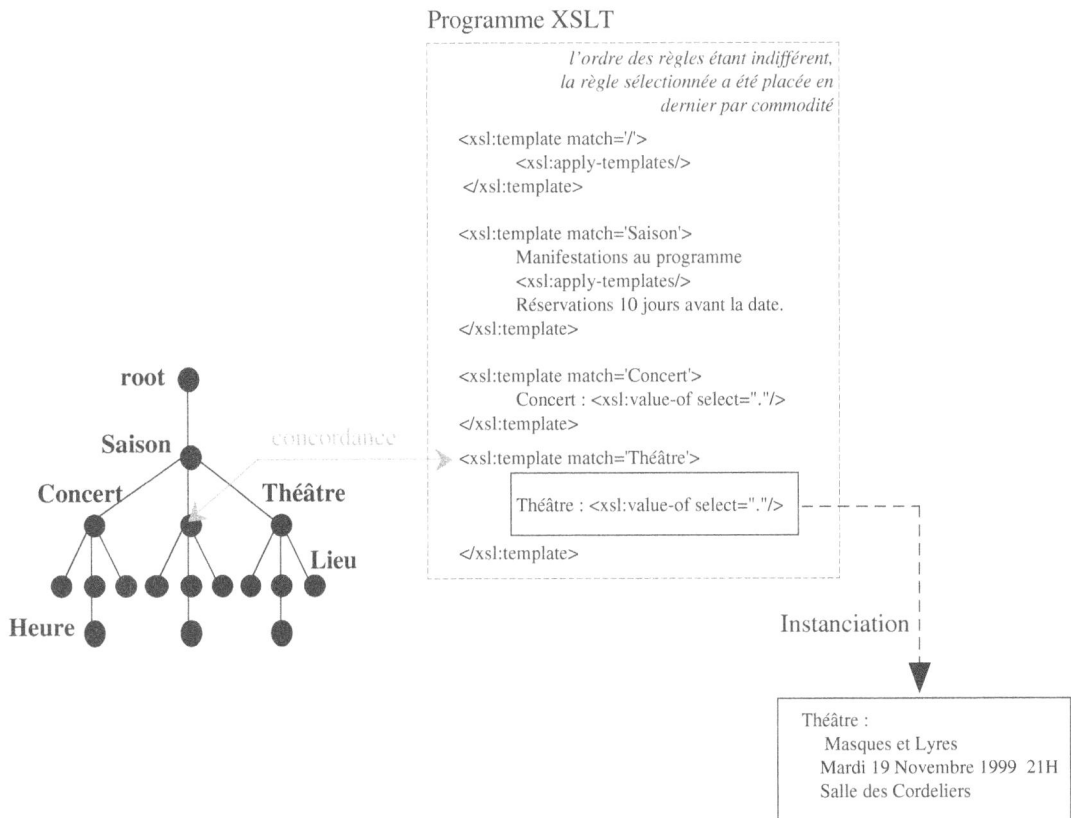

*l'ordre des règles étant indifférent,
la règle sélectionnée a été placée en
dernier par commodité*

```
<xsl:template match='/'>
        <xsl:apply-templates/>
 </xsl:template>

<xsl:template match='Saison'>
        Manifestations au programme
        <xsl:apply-templates/>
        Réservations 10 jours avant la date.
</xsl:template>

<xsl:template match='Concert'>
        Concert : <xsl:value-of select="."/>
</xsl:template>

<xsl:template match='Théâtre'>

        Théâtre : <xsl:value-of select="."/>

</xsl:template>
```

Instanciation

```
Théâtre :
    Masques et Lyres
    Mardi 19 Novembre 1999  21H
    Salle des Cordeliers
```

Figure 3-24

Traitement du premier nœud <Théâtre>.

Instanciation du modèle de transformation

Le modèle de transformation contient du texte neutre (recopié dans le fragment de document résultat), et une instruction <xsl:value-of select="."/> . Cette instruction est remplacée par sa valeur, sur le principe déjà vu dans la section *Valeur des différents node-sets*, page 106. La figure 3-25 montre d'une part l'instanciation du modèle, et d'autre part les étapes du calcul de la valeur du node-set réduit au seul élément <Théâtre> (le premier des deux).

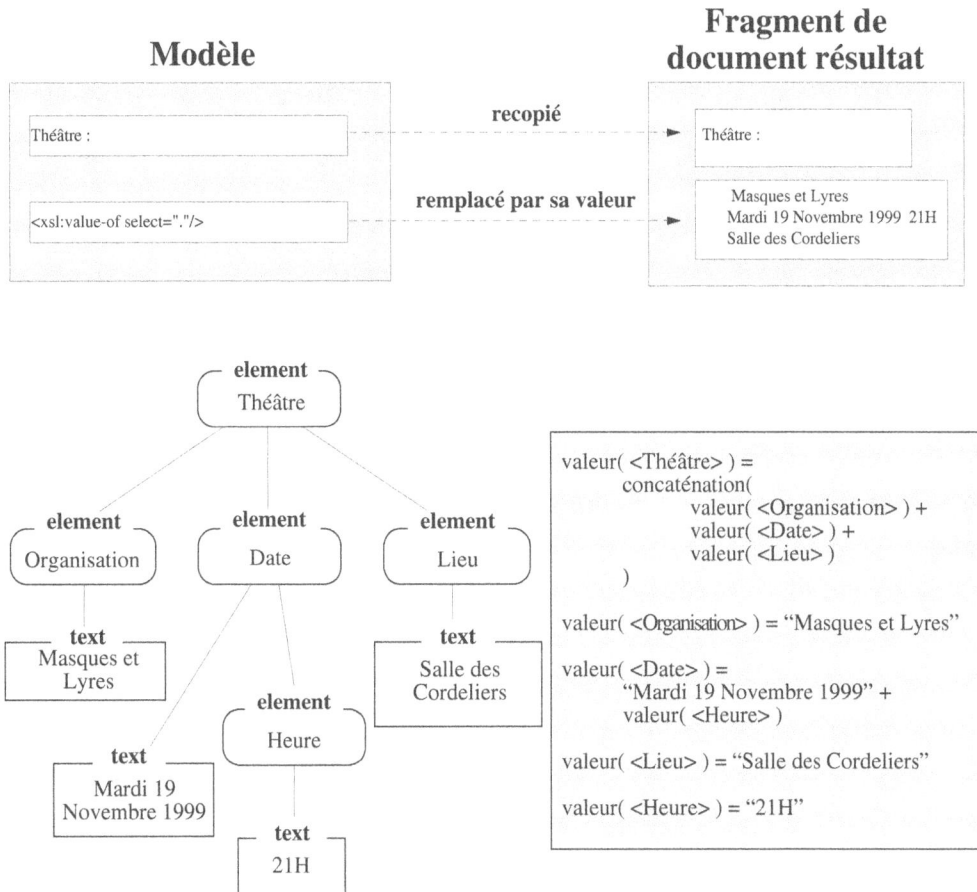

Modèle

Fragment de document résultat

recopié

Théâtre :

Théâtre :

remplacé par sa valeur

<xsl:value-of select="."/>

Masques et Lyres
Mardi 19 Novembre 1999 21H
Salle des Cordeliers

element
Théâtre

element
Organisation

element
Date

element
Lieu

text
Masques et Lyres

text
Salle des Cordeliers

element
Heure

text
Mardi 19 Novembre 1999

text
21H

valeur(<Théâtre>) =
concaténation(
valeur(<Organisation>) +
valeur(<Date>) +
valeur(<Lieu>)
)

valeur(<Organisation>) = "Masques et Lyres"

valeur(<Date>) =
"Mardi 19 Novembre 1999" +
valeur(<Heure>)

valeur(<Lieu>) = "Salle des Cordeliers"

valeur(<Heure>) = "21H"

Figure 3-25

Instanciation du modèle de transformation.

Troisième branche du traitement (nœud <Théâtre>)

Traitement du deuxième nœud <Théâtre>

Le deuxième nœud <Théâtre> est le nœud courant ; la même règle <xsl:template match='Théâtre'> concorde avec ce nœud, elle est donc à nouveau appliquée (voir figure 3-26). Son application se traduit par l'instanciation du modèle de transformation associé.

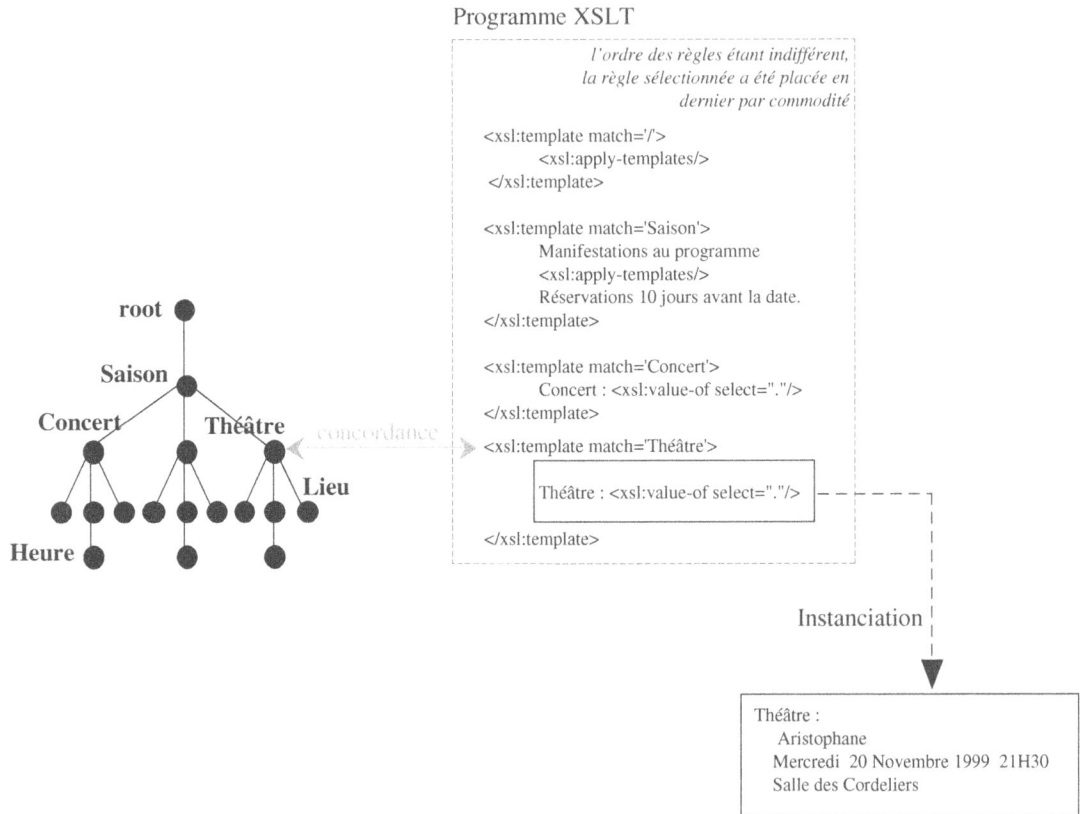

Programme XSLT

l'ordre des règles étant indifférent,
la règle sélectionnée a été placée en
dernier par commodité

```
<xsl:template match='/'>
        <xsl:apply-templates/>
 </xsl:template>

<xsl:template match='Saison'>
        Manifestations au programme
        <xsl:apply-templates/>
        Réservations 10 jours avant la date.
</xsl:template>

<xsl:template match='Concert'>
        Concert : <xsl:value-of select="."/>
</xsl:template>

<xsl:template match='Théâtre'>

    Théâtre : <xsl:value-of select="."/>

</xsl:template>
```

root

Saison

Concert   Théâtre

Lieu

Heure

concordance

Instanciation

Théâtre :
   Aristophane
   Mercredi 20 Novembre 1999 21H30
   Salle des Cordeliers

Figure 3-26

Traitement du deuxième nœud <Théâtre>.

Instanciation du modèle de transformation

Le modèle de transformation contient du texte neutre (recopié dans le fragment de document résultat), et une instruction `<xsl:value-of select="."/>` . Cette instruction est
remplacée par sa valeur, sur le principe déjà vu dans la section *Valeur des différents node-
sets*, page 106. La figure 3-27 montre d'une part l'instanciation du modèle, et d'autre part
les étapes du calcul de la valeur du node-set réduit au seul élément `<Théâtre>` (le
deuxième).

Synthèse de ces trois traitements indépendants

Les fragments de documents obtenus lors des instanciations de modèles (figures 3-27,
3-25, 3-23) sont concaténés (voir étape (5) de la figure 3-21), ce qui donne la forme
définitive du document résultat, que l'on retrouve ensuite inchangé lorsqu'on remonte
depuis la figure 3-21 jusqu'à la figure 3-17 .

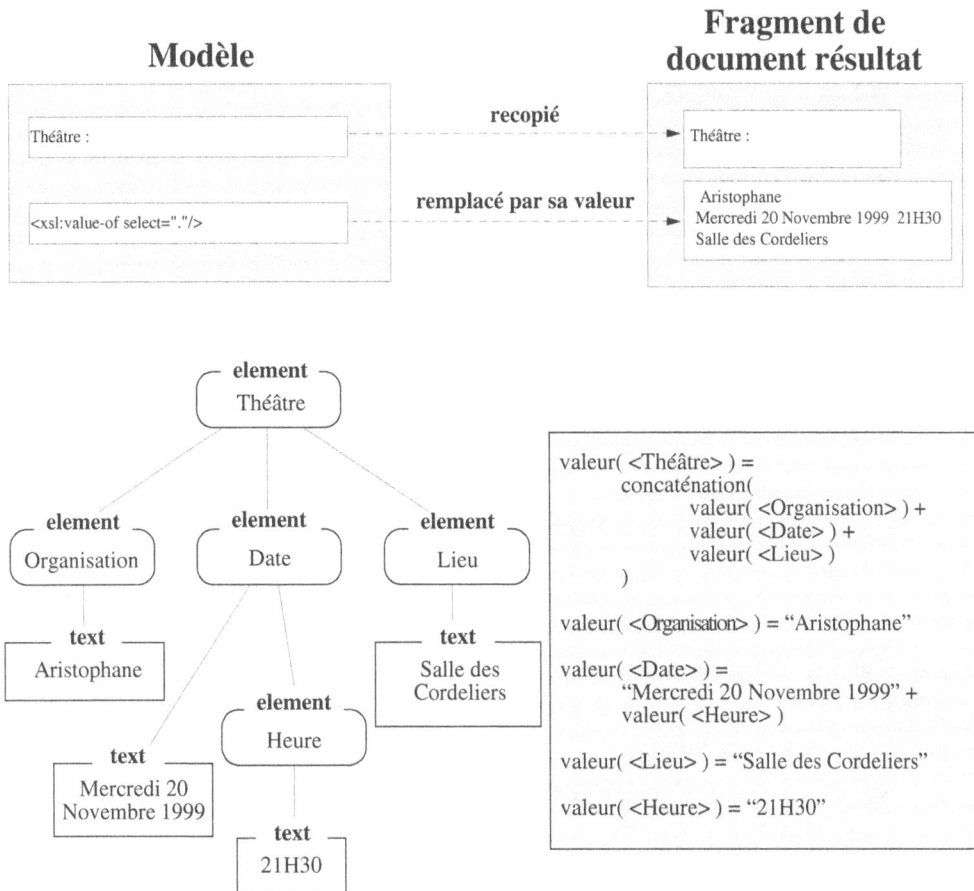

Modèle

Fragment de document résultat

| Théâtre : | | **recopié** | | Théâtre : |

| <xsl:value-of select="."/> | | **remplacé par sa valeur** | | Aristophane
Mercredi 20 Novembre 1999 21H30
Salle des Cordeliers |

element
Théâtre

element
Organisation

element
Date

element
Lieu

text
Aristophane

text
Salle des
Cordeliers

element
Heure

text
Mercredi 20
Novembre 1999

text
21H30

valeur(<Théâtre>) =
     concaténation(
          valeur(<Organisation>) +
          valeur(<Date>) +
          valeur(<Lieu>)
)

valeur(<Organisation>) = "Aristophane"

valeur(<Date>) =
     "Mercredi 20 Novembre 1999" +
     valeur(<Heure>)

valeur(<Lieu>) = "Salle des Cordeliers"

valeur(<Heure>) = "21H30"

Figure 3-27

Instanciation du modèle de transformation.

Règles par défaut

Il peut arriver que lors du traitement d'un nœud, aucune règle fournie dans le programme XSLT ne soit applicable, car aucun motif ne concorde avec le nœud courant. Dans ce cas, une règle par défaut est appliquée, qui dépend de la nature du nœud à traiter.

Et comme par hasard, les règles par défaut, que nous allons maintenant voir, n'utilisent que les deux instructions `xsl:value-of` et `xsl:apply-templates`.

Règles par défaut pour la racine d'un arbre XML ou un élément

La règle par défaut instancie un fragment de document en reportant le traitement sur les enfants du nœud courant.

Elle s'exprime donc ainsi :

```
<xsl:template match='/|*'>
    <xsl:apply-templates/>
</xsl:template>
```

> **Remarque**
>
> Une règle par défaut n'est jamais en conflit avec une règle explicite. Il ne faut pas imaginer qu'une règle par défaut comme celle montrée ci-dessus se comporte comme si elle était automatiquement incorporée à la feuille de style par le processeur XSLT. Une règle par défaut reste interne au processeur ; elle n'est activée que si aucune règle, dans la feuille de style, n'est applicable. Si dans votre feuille de style, vous avez une règle `<xsl:template match='*'>` ... `</xsl:template>`, elle n'entrera jamais en conflit avec la règle par défaut, car la règle par défaut sera ignorée.
>
> Ce qui est dit ici est bien sûr valable pour les autres règles par défaut décrites ci-dessous.

Règles par défaut pour un nœud de type text ou attribute

La règle par défaut instancie un fragment de document en prélevant la valeur du nœud courant.

Elle s'exprime donc ainsi :

```
<xsl:template match='text()|attribute::*'>
    <xsl:value-of select = "." />
</xsl:template>
```

Règles par défaut pour un nœud de type comment ou processing-instruction

La règle par défaut instancie un fragment de document vide.

Elle s'exprime donc ainsi :

```
<xsl:template match='comment() | processing-instruction()'>
</xsl:template>
```

Exemples

Nous conservons toujours le même exemple de fichier XML à traiter ; aucune règle explicite n'est cette fois fournie dans le programme XSLT :

```
<?xml version="1.0" encoding="UTF-8"?>
<xsl:stylesheet
    xmlns:xsl = "http://www.w3.org/1999/XSL/Transform"
    version   = "1.0">
```

```
    <xsl:output method='text' encoding='UTF-8'/>

</xsl:stylesheet>
```

Le résultat obtenu est alors le suivant :

```
        Anacréon
        Samedi 9 octobre 1999   20H30

        Chapelle des Ursules


        Masques et Lyres
        Mardi 19 novembre 1999   21H

        Salle des Cordeliers


        Masques et Lyres
        Mercredi 20 novembre 1999   21H30

        Salle des Cordeliers
```

Ce résultat s'interprète ainsi : la racine de l'arbre XML du document est traitée ; aucune règle ne s'applique (et pour cause), la règle par défaut

```
<xsl:template match='/|*'>
    <xsl:apply-templates/>
</xsl:template>
```

est donc appliquée, ce qui entraîne le traitement du nœud racine du document (<Saison>).

Aucune règle ne s'applique à ce nœud, la règle par défaut

```
<xsl:template match='/|*'>
    <xsl:apply-templates/>
</xsl:template>
```

s'applique donc à nouveau, ce qui entraîne le traitement des nœuds <Concert>, <Théâtre>, <Théâtre>. Aucune règle ne s'applique au nœud <Concert>, la règle par défaut

```
<xsl:template match='/|*'>
    <xsl:apply-templates/>
</xsl:template>
```

s'applique donc à nouveau, ce qui entraîne le traitement des nœuds <Organisation>, <Date>, <Lieu>.

Aucune règle ne s'applique au nœud <Organisation>, la règle par défaut

```
<xsl:template match='/|*'>
    <xsl:apply-templates/>
</xsl:template>
```

s'applique donc à nouveau, ce qui entraîne le traitement du nœud text enfant de <Organisation>.

Aucune règle ne s'applique à ce nœud texte, la règle par défaut

```
<xsl:template match='text()|attribute::*'>
    <xsl:value-of select = "." />
</xsl:template>
```

s'applique donc, ce qui entraîne l'instanciation du fragment de document Anacréon.

Il en va de même pour les autres éléments du document XML : tous les éléments sont traités par la règle

```
<xsl:template match='/|*'>
    <xsl:apply-templates/>
</xsl:template>
```

et tous les nœuds text sont traités par la règle

```
<xsl:template match='text()|attribute::*'>
    <xsl:value-of select = "." />
</xsl:template>
```

ce qui finit par produire un document identique au document XML original, privé de toutes ses balises.

Le premier exemple que nous avons vu (voir *Exemple*, page 103)

Saison.xsl

```
<?xml version="1.0" encoding="UTF-8"?>
<xsl:stylesheet
    xmlns:xsl = "http://www.w3.org/1999/XSL/Transform" version = "1.0">

    <xsl:output method='text' encoding='UTF-8'/>

    <xsl:template match='/'>
        Date Concert : <xsl:value-of select="Saison/Concert/Date"/>
        Date Théâtre : <xsl:value-of select="Saison/Théâtre[1]/Date"/>
        Date Théâtre : <xsl:value-of select="Saison/Théâtre[2]/Date"/>
    </xsl:template>

</xsl:stylesheet>
```

pourrait être réécrit dans un style beaucoup plus correct, en utilisant les règles par défaut :

Saison.xsl

```
<?xml version="1.0" encoding="UTF-8"?>
<xsl:stylesheet
    xmlns:xsl = "http://www.w3.org/1999/XSL/Transform"
    version   = "1.0">
```

```
<xsl:output method='text' encoding='ISO-8859-1'/>

<xsl:template match='Concert'>
    Date Concert : <xsl:value-of select="Date"/>
</xsl:template>

<xsl:template match='Théâtre'>
    Date Théâtre : <xsl:value-of select="Date"/>
</xsl:template>

</xsl:stylesheet>
```

et on obtiendrait à nouveau :

```
Date Concert : Samedi 9 octobre 1999  20H30


Date Théâtre : Mardi 19 novembre 1999  21H


Date Théâtre : Mercredi 20 novembre 1999  21H30
```

Comportement inattendu d'un programme XSLT

La présence de ces règles implicites induisent parfois des comportements apparemment bizarres de la part du processeur XSLT, lorsque le source XSLT comporte une erreur. Par exemple, introduisons une faute de frappe dans la balise `<Théâtre>` , en oubliant l'accent circonflexe sur le « a », comme ceci :

Saison.xsl
```
<?xml version="1.0" encoding="UTF-8"?>
<xsl:stylesheet
    xmlns:xsl = "http://www.w3.org/1999/XSL/Transform"
    version   = "1.0">

    <xsl:output method='text' encoding='ISO-8859-1'/>

    <xsl:template match='Concert'>
        Date Concert : <xsl:value-of select="Date"/>
    </xsl:template>

    <xsl:template match='Théatre'>
        Date Théâtre : <xsl:value-of select="Date"/>
    </xsl:template>

</xsl:stylesheet>
```

Le résultat n'a alors plus rien à voir avec ce qu'on souhaite :

```
Date Concert : Samedi 9 octobre 1999  20H30
```

```
        Masques et Lyres
        Mardi 19 novembre 1999   21H

        Salle des Cordeliers


        Masques et Lyres
        Mercredi 20 novembre 1999   21H30

        Salle des Cordeliers
```

Le résultat obtenu étant plus volumineux que ce qu'on attendait, c'est donc que des règles par défaut ont été mises en œuvre.

Pour savoir exactement ce qui se passe, on peut incorporer au programme XSLT une règle « attrape-tout » :

```
<xsl:template match='*'>
    erreur : élément non prévu : tag{ <xsl:value-of select="local-name(.)" /> }
      <xsl:apply-templates/>
</xsl:template>
```

local-name() est une fonction qui renvoie le nom de l'élément fourni en argument (ici « . », c'est-à-dire l'élément courant).

Le processeur XSLT applique cette règle de préférence à la règle par défaut,

```
<xsl:template match='/|*'>
    <xsl:apply-templates/>
</xsl:template>
```

parce qu'une règle par défaut est par définition choisie quand aucune autre, fournie explicitement, ne convient. Voici alors le résultat obtenu :

```
        erreur : élément non prévu : tag{ Saison }
        Date Concert : Samedi 9 octobre 1999   20H30

        erreur : élément non prévu : tag{ Théâtre }

        erreur : élément non prévu : tag{ Organisation }
         Masques et Lyres

        erreur : élément non prévu : tag{ Date }
        Mardi 19 novembre 1999
        erreur : élément non prévu : tag{ Heure }
         21H

        erreur : élément non prévu : tag{ Lieu }
        Salle des Cordeliers

        erreur : élément non prévu : tag{ Théâtre }
```

```
erreur : élément non prévu : tag{ Organisation }
 Masques et Lyres

erreur : élément non prévu : tag{ Date }
Mercredi 20 novembre 1999
erreur : élément non prévu : tag{ Heure }
 21H30

erreur : élément non prévu : tag{ Lieu }
 Salle des Cordeliers
```

Tous ces messages d'erreur sont cohérents avec ce qu'on attend du programme XSLT, sauf celui concernant le tag Théâtre puisque précisément notre programme est censé traiter cet élément en lui appliquant une règle explicite. L'élément <Théâtre> n'étant pas reconnu par le motif de cette règle, la cause de l'erreur est donc maintenant facile à trouver.

Conclusion

Nous venons de voir la structure générale d'un programme XSLT, constitué de règles, avec leur motifs et leurs modèles de transformation. Une règle s'applique à un nœud si son motif concorde avec le nœud ; dans ce cas le modèle de transformation est instancié, et nous avons vu les deux instructions les plus représentatives qui entrent en jeu lors de ces instanciations, xsl:value-of, et xsl:apply-templates.

Nous allons maintenant voir plus en détail les instructions disponibles en XSLT, en les classant par grandes catégories : les instructions de transformation (comme xsl:value-of et xsl:apply-templates), les instructions de programmation, comme xsl:if, ou xsl:variable, et des instructions de création, comme xsl:element, ou xsl:attribute.

Comme toute classification, celle-ci est bien sûr contestable, car il suffit de prendre un autre point de vue pour en obtenir une autre complètement différente , ou pour se rendre compte que finalement, telle instruction classée dans les instructions de programmation aurait aussi bien pu être classée dans les instructions de transformation. Il ne faut donc pas y voir autre chose qu'un moyen commode pour amener les notions progressivement.

4

Les instructions
de transformation

Ce chapitre a pour but de faire découvrir les instructions de transformation du langage XSLT, et d'en montrer le fonctionnement. L'exhaustivité propre à un manuel de référence n'est pas recherchée ici, et tout ce qui aurait pu être de nature à perturber la compréhension au point où l'on en est dans la lecture de l'ouvrage a été éliminé.

Une annexe (voir *Référence des instructions XSLT*, page 623) reprendra la liste générale de toutes les instructions, avec cette fois l'intégralité des attributs, de leurs propriétés, et de leurs valeurs possibles.

A tout seigneur, tout honneur : nous commencerons donc par l'instruction `xsl:template` qui définit une transformation. Ensuite, nous verrons les deux instructions de base, `xsl:value-of`, et `xsl:apply-templates`. Nous poursuivrons avec `xsl:for-each`, la cousine de `xsl:apply-templates`. Puis viendra leur associée, `xsl:sort`. Enfin, nous terminerons par l'instruction `xsl:copy-of`, cousine de `xsl:value-of`.

Peut-être n'est-il pas inutile d'expliquer pourquoi classer ces instructions dans la catégorie des instructions de transformation. Après tout, XSLT veut dire *XSL Transformations*, donc toute instruction de ce langage pourrait valablement être qualifiée d'instruction de transformation.

Cependant, ce qui fait réellement l'originalité et la puissance de XSLT, c'est son modèle de traitement (voir *Modèle de traitement*, page 87). Et ce modèle de traitement est conçu pour fonctionner en faisant appel aux instructions `xsl:value-of` et `xsl:apply-templates`, sans lesquelles il n'est plus rien ; et réciproquement, ces instructions sont inutiles et inopérantes sans le modèle de traitement. Les autres instructions listées ci-dessus sont de la même veine, et participent aussi à la mise en œuvre du modèle de traitement, tout en étant déjà moins indispensables.

Ce qu'il faut donc retenir, c'est que ce que nous appelons instruction de transformation, ce n'est pas une instruction effectuant en elle-même une transformation quelconque, mais une instruction intégrée au cœur du modèle de transformation.

Les autres instructions, que nous avons classées dans les catégories d'instructions de programmation ou de création, pourraient très bien être supprimées du langage XSLT sans que cela casse le modèle de traitement, qui conserverait toute la puissance de son principe. Ces instructions apportent des facilités complémentaires, et augmentent chacune à leur manière le champ d'application du langage, mais sans rien apporter de fondamentalement nouveau au modèle de traitement, qui à la limite, peut se contenter de l'instruction `xsl:template`, et des deux instructions `xsl:value-of` et `xsl:apply-templates` pour fonctionner.

Instruction xsl:template

Cette instruction a déjà été largement détaillée à l'occasion de la description de l'instruction `xsl:value-of` (voir *Instruction xsl:value-of*, page 102) : nous nous contenterons de rappeler les éléments essentiels et les variantes syntaxiques.

Syntaxe

xsl:template

```
<xsl:template match="... motif ..." />
    <!-- modèle de transformation -->
    ...
    <!-- fin du modèle de transformation -->
</xsl:template>
```

L'instruction `xsl:template` doit apparaître uniquement comme instruction de premier niveau.

Sémantique

Cette instruction, qui définit une règle, est au cœur du fonctionnement du langage XSLT ; on se reportera aux sections *Modèle de traitement*, page 87, *Motifs (patterns)*, page 91 et *Priorités entre règles*, page 100.

Instruction xsl:value-of

Cette instruction a déjà été largement détaillée (voir *Instruction xsl:value-of*, page 102) : nous nous contenterons d'en indiquer les éléments essentiels et les variantes syntaxiques.

Syntaxe

xsl:value-of

```
<xsl:value-of select="... chemin de localisation ..." />
```

L'instruction `xsl:value-of` ne doit pas apparaître en tant qu'instruction de premier niveau.

Le chemin de localisation fourni comme valeur de l'attribut `select` n'est pas limité à certaines formes comme c'est le cas pour le motif (voir *Syntaxe et contrainte pour un motif XSLT*, page 98) ; toute la puissance expressive du langage XPath est ici utilisable.

Règle XSLT typique

Une règle XSLT utilisant l'instruction `xsl:value-of` va typiquement avoir la forme :

```
<xsl:template match="... motif (pattern) ...">
    <!-- modèle de transformation -->
    ...
    mélange de texte et
    d'instructions XSLT de la forme :

        <xsl:value-of select="... chemin de localisation ..." />

    ...
    <!-- fin du modèle de transformation -->
</xsl:template>
```

Sémantique

Lors de l'instanciation du modèle, le motif de la règle est en concordance avec le nœud courant (le nœud en cours de traitement). C'est ce nœud qui fait office de nœud contexte dans l'évaluation du chemin de localisation fourni comme valeur de l'attribut `select`.

Comme son nom l'indique, l'instruction `<xsl:value-of select="..." />` est remplacée lors de l'instanciation du modèle par la valeur textuelle de ce qui est désigné par l'attribut `select`. Il s'agit donc de la valeur textuelle (i.e. sous forme de chaîne de caractères) d'un node-set, ou d'un booléen, ou d'un nombre, ou d'une chaîne de caractères, suivant la valeur renvoyée lors de l'évaluation du chemin de localisation.

Un booléen ou un nombre est converti en chaîne de caractères par appel de la fonction `string()`.

Un node-set comportant en général plusieurs nœuds source, sa valeur textuelle est définie comme étant celle du nœud source qui arrive en premier dans l'ordre de lecture du document. L'instruction est donc finalement remplacée par la valeur textuelle d'un nœud (un seul), notion qui a été définie à la section *Modèle arborescent d'un document XML vu par XPath*, page 30 et suivantes.

Exemple

Saison.xml

```
<?xml version="1.0" encoding="UTF-8"?>
<Saison>
    <Concert>
        <Organisation> Anacréon </Organisation>
        <Date>Samedi 9 octobre 1999 <Heure> 20H30 </Heure> </Date>
        <Lieu>Chapelle des Ursules</Lieu>
    </Concert>
    <Théâtre>
        <Organisation> Masques et Lyres </Organisation>
        <Date>Mardi 19 novembre 1999 <Heure> 21H </Heure> </Date>
        <Lieu>Salle des Cordeliers</Lieu>
    </Théâtre>
    <Théâtre>
        <Organisation> Masques et Lyres </Organisation>
        <Date>Mercredi 20 novembre 1999 <Heure> 21H30 </Heure> </Date>
        <Lieu>Salle des Cordeliers</Lieu>
    </Théâtre>
</Saison>
```

Saison.xsl

```
<?xml version="1.0" encoding="UTF-8"?>
<xsl:stylesheet
    xmlns:xsl = "http://www.w3.org/1999/XSL/Transform" version = "1.0">

    <xsl:output method='text' encoding='UTF-8'/>

    <xsl:template match='/'>
        Date Concert : <xsl:value-of select="Saison/Concert/Date"/>
        Date Théâtre : <xsl:value-of select="Saison/Théâtre[1]/Date"/>
        Date Théâtre : <xsl:value-of select="Saison/Théâtre[2]/Date"/>
    </xsl:template>

</xsl:stylesheet>
```

Appliquée au fichier `Saison.xml` , cette feuille de style produit le résultat suivant :

```
        Date Concert : Samedi 9 octobre 1999  20H30
        Date Théâtre : Mardi 19 novembre 1999  21H
        Date Théâtre : Mercredi 20 novembre 1999  21H30
```

La déclaration `<xsl:output method='text' encoding='UTF-8'/>` permet de spécifier que l'on veut générer un résultat qui sera un simple document texte (encodé en UTF-8), et non pas un document XML balisé comme il se doit. Si l'on supprimait cette déclaration, voici le résultat que l'on obtiendrait :

```
<?xml version="1.0" encoding="UTF-8"?>

        Date Concert : Samedi 9 octobre 1999  20H30
```

```
Date Théâtre : Mardi 19 novembre 1999  21H
Date Théâtre : Mercredi 20 novembre 1999  21H30
```

soit à peu près la même chose, sauf le préambule de fichier XML généré automatiquement, en contradiction avec la suite du fichier qui n'a pas du tout l'air d'un fichier XML.

Variante syntaxique

On peut si l'on veut ajouter un attribut `disable-output-escaping` à l'élément `xsl:value-of`, comme ceci :

```
<xsl:value-of select="..." disable-output-escaping="yes|no" />
```

Cet attribut vaut `no` par défaut, ce qui veut dire que les caractères spéciaux pour XML (comme < ou >) sont sortis sous forme d'entités caractères (< ou >).

Instruction xsl:apply-templates

Cette instruction a déjà été largement détaillée (voir *Instruction xsl:apply-templates*, page 107) : nous nous contenterons d'en indiquer les éléments essentiels et les variantes syntaxiques.

Syntaxe

```
<xsl:apply-templates />
```

L'instruction `xsl:apply-templates` ne doit pas apparaître en tant qu'instruction de premier niveau.

Règle XSLT typique

Une règle XSLT utilisant l'instruction `xsl:apply-templates` aura souvent la forme :

```
<xsl:template match="... motif (pattern) ...">
    <!-- modèle de transformation -->
    ... texte ...
    <xsl:apply-templates />
    ... texte ...
    <!-- fin du modèle de transformation -->
</xsl:template>
```

Sémantique

Lors de l'instanciation du modèle, le motif de la règle est en concordance avec le nœud courant (le nœud en cours de traitement) ; l'instruction `<xsl:apply-templates/>` est remplacée par le fragment de document qui résulte du traitement de la liste des enfants du nœud courant. Le détail important, ici, est que cette liste, que nous avions déjà évoquée (voir *Instanciation d'un modèle de transformation relativement à un nœud courant et une liste courante*, page 90) est constituée avec les éléments enfants du nœud courant, pris dans l'ordre de lecture du document source.

Exemple

Saison.xsl

```
<?xml version="1.0" encoding="UTF-8"?>
<xsl:stylesheet
    xmlns:xsl = "http://www.w3.org/1999/XSL/Transform"
    version   = "1.0">

    <xsl:output method='text' encoding='UTF-8'/>

    <xsl:template match='/'>
        <xsl:apply-templates/>
    </xsl:template>

    <xsl:template match='Saison'>
        Manifestations au programme
        <xsl:apply-templates/>
        Réservations 10 jours avant la date.
    </xsl:template>

    <xsl:template match='Concert'>
        Concert : <xsl:value-of select="."/>
    </xsl:template>

    <xsl:template match='Théâtre'>
        Théâtre : <xsl:value-of select="."/>
    </xsl:template>

</xsl:stylesheet>
```

Appliquée au même fichier Saison.xml que celui vu précédemment (voir *Exemple*, page 130), cette feuille de style produit le résultat suivant :

```
Manifestations au programme


Concert :
     Pygmalion
     Samedi 9 octobre 1999  20H30
     Chapelle des Ursules


Théâtre :
     Masques et Lyres
     Mardi 19 novembre 1999  21H
     Salle des Cordeliers
```

```
Théâtre :
     Aristophane
     Mercredi 20 novembre 1999   21H30
     Salle des Cordeliers


Réservations 10 jours avant la date.
```

Variante syntaxique select="..."

On peut si l'on veut ajouter un attribut `select` à l'élément `apply-templates` , comme ceci :

```
<xsl:apply-templates select="... chemin de localisation ..." />
```

L'effet de l'attribut `select` est de modifier la constitution de la nouvelle liste de nœuds à traiter : en l'absence de `select="..."`, cette liste contient tous les enfants directs du nœud courant ; mais si l'attribut `select` est fourni, sa valeur (un chemin de localisation) est calculée, ce qui donne un node-set, et les éléments de ce node-set, pris dans l'ordre de lecture du document XML, vont alors constituer la nouvelle liste de nœuds à traiter.

En principe, le chemin de localisation que l'on fournit pour l'attribut `select` fait partie des descendants du nœud courant, même si la spécification du langage XSLT n'impose pas cette contrainte. En tous cas, c'est une bonne pratique que de se limiter à ce genre de node-set. Si l'on transgresse cette règle de bon sens, on risque d'introduire une récursion infinie dans le fonctionnement du processeur XSLT :

```
<xsl:template match='truc'>
    <xsl:apply-templates select="."/>
</xsl:template>
```

Ici, on impose au processeur XSLT une récursion infinie, puisque l'attribut `select` sélectionne le nœud courant lui-même, qui va donc indéfiniment concorder avec le motif de cette règle, indéfiniment réactivée.

Dans l'exemple que nous venons de voir (voir *Exemple*, page 132), on pourrait vouloir faire apparaître les pièces de théâtre avant les concerts ; cela pourrait se faire ainsi :

```
<?xml version="1.0" encoding="UTF-8"?>
<xsl:stylesheet
    xmlns:xsl = "http://www.w3.org/1999/XSL/Transform"
    version   = "1.0">

    <xsl:output method='text' encoding='UTF-8'/>

    <xsl:template match='/'>
        <xsl:apply-templates/>
    </xsl:template>

    <xsl:template match='Saison'>
```

```
        Manifestations au programme
        <xsl:apply-templates select="Théâtre"/>
        <xsl:apply-templates select="Concert"/>
        Réservations 10 jours avant la date.
    </xsl:template>

    <xsl:template match='Concert'>
        Concert : <xsl:value-of select="."/>
    </xsl:template>

    <xsl:template match='Théâtre'>
        Théâtre : <xsl:value-of select="."/>
    </xsl:template>

</xsl:stylesheet>
```

Le résultat obtenu serait alors le suivant :

```
        Manifestations au programme

        Théâtre :
         Masques et Lyres
        Mardi 19 novembre 1999  21H
        Salle des Cordeliers

        Théâtre :
         Aristophane
        Mercredi 20 novembre 1999  21H30
        Salle des Cordeliers

        Concert :
         Pygmalion
        Samedi 9 octobre 1999  20H30
        Chapelle des Ursules

        Réservations 10 jours avant la date.
```

Variante syntaxique mode="..."

On peut si l'on veut ajouter un attribut mode à l'élément apply-templates , comme ceci :

```
<xsl:apply-templates mode="nom-de-mode" />
```

L'emploi de cet attribut va de pair avec la définition de règles XSLT différentes applicables au même élément source, ces règles étant étiquetées par un nom de mode pour les différencier :

```
<xsl:template match='...' mode="mode1">
    ...
</xsl:template>

<xsl:template match='... la même chose ...' mode="mode2">
```

```
    ...
</xsl:template>
```

Lors de la définition d'un modèle de transformation, on peut utiliser l'instruction xsl:apply-templates en précisant le mode choisi, ce qui aura pour effet de sélectionner, parmi les différentes règles également applicables, celle dont le mode est égal au mode choisi :

```
<xsl:apply-templates mode="mode1" />
```

La conséquence est qu'un même élément peut être traité plusieurs fois, par des règles différentes, une par mode.

C'est ce qui distingue la notion de mode de celle de priorité :

- Avec la notion de mode, on introduit volontairement des ambiguïtés potentielles en écrivant plusieurs règles simultanément éligibles (le plus souvent, elles ont le même motif, mais ce n'est pas obligatoire). Ces règles simultanément éligibles sont associées chacune à des modes différents afin de pouvoir choisir la bonne par l'intermédiaire d'une instruction <xsl:apply-templates mode="..."/>, qui spécifie le mode adéquat en fonction de l'instruction en cours.

- Avec la notion de priorité, on cherche au contraire à éliminer toute ambiguïté, en affectant une fois pour toutes des priorités différentes aux règles qui pourraient éventuellement être simultanément éligibles : à l'exécution, si l'ambiguïté se présente, c'est toujours la même règle qui est choisie (celle de plus haute priorité), et toujours les mêmes qui sont écartées.

En résumé, avec la notion de mode, les différents choix possibles restent ouverts jusqu'au dernier moment, alors qu'avec celle de priorité, on ferme tout dès le départ.

Exemple

Nous conservons le même exemple de fichier XML à traiter ; mais cette fois, imaginons que le texte à produire soit destiné à un service municipal qui a notamment en charge de prévoir le chauffage des salles utilisées. On veut un texte qui puisse être intégré dans une note de service qui annonce les manifestations à venir, et qui récapitule à la fin les directives de chauffage.

Le problème ici est qu'un même élément (par exemple <Lieu>) devra être traité deux fois : une fois en tant que donnée d'une manifestation, et une fois en tant que donnée d'une directive de chauffage.

La solution est de définir deux modes de traitement : un mode « annonce » et un mode « logistique ». Le programme XSLT prend la forme suivante :

```
<?xml version="1.0" encoding="UTF-8"?>
<xsl:stylesheet
    xmlns:xsl = "http://www.w3.org/1999/XSL/Transform"
    version   = "1.0">

    <xsl:output method='text' encoding='UTF-8'/>
```

```
        <xsl:template match='/'>
            <xsl:apply-templates/>
        </xsl:template>

        <xsl:template match='Saison'>
            Manifestations à venir
            <xsl:apply-templates select="Théâtre" mode="annonce"/>
            <xsl:apply-templates select="Concert" mode="annonce"/>
            Chauffage
            <xsl:apply-templates select="Théâtre" mode="logistique"/>
            <xsl:apply-templates select="Concert" mode="logistique"/>
        </xsl:template>

        <xsl:template match='Concert' mode="annonce">
            Concert : <xsl:value-of select="."/>
        </xsl:template>

        <xsl:template match='Théâtre'  mode="annonce">
            Théâtre : <xsl:value-of select="."/>
        </xsl:template>

        <xsl:template match='Concert' mode="logistique">
            le <xsl:value-of select="Date"/>, <xsl:value-of select="Lieu"/>
        </xsl:template>

        <xsl:template match='Théâtre'  mode="logistique">
            le <xsl:value-of select="Date"/>, <xsl:value-of select="Lieu"/>
        </xsl:template>

        <xsl:template match='Organisation'  mode="logistique">
        </xsl:template>

</xsl:stylesheet>
```

Le résultat obtenu est alors le suivant :

```
        Manifestations à venir

        Théâtre :
         Masques et Lyres
        Mardi 19 novembre 1999   21H
        Salle des Cordeliers

        Théâtre :
         Aristophane
        Mercredi 20 novembre 1999   21H30
        Salle des Cordeliers

        Concert :
         Pygmalion
```

```
Samedi 9 octobre 1999   20H30
Chapelle des Ursules

Chauffage

le Mardi 19 novembre 1999   21H   , Salle des Cordeliers
le Mercredi 20 novembre 1999   21H30   , Salle des Cordeliers
le Samedi 9 octobre 1999   20H30   , Chapelle des Ursules
```

Instruction xsl:for-each

Cette instruction est la cousine de xsl:apply-templates, en ce sens que xsl:apply-templates et xsl:for-each sont les deux seules instructions du langage qui, lors de l'instanciation du modèle qui les héberge, provoquent la création d'une nouvelle liste de nœuds, traitée récursivement (voir *Instanciation d'un modèle de transformation relativement à un nœud courant et une liste courante*, page 90). Bien sûr, les effets de ces deux instructions sont différents, mais néanmoins, elles déclenchent des mécanismes assez semblables.

Bande-annonce

Saison.xml

```xml
<?xml version="1.0" encoding="UTF-8"?>
<Saison>
    <Concert>
        <Organisation> Anacréon </Organisation>
        <Date>Samedi 9 octobre 1999 <Heure> 20H30 </Heure> </Date>
        <Lieu>Chapelle des Ursules</Lieu>
    </Concert>
    <Théâtre>
        <Organisation> Masques et Lyres </Organisation>
        <Date>Mardi 19 novembre 1999 <Heure> 21H </Heure> </Date>
        <Lieu>Salle des Cordeliers</Lieu>
    </Théâtre>
    <Théâtre>
        <Organisation> Masques et Lyres </Organisation>
        <Date>Mercredi 20 novembre 1999 <Heure> 21H30 </Heure> </Date>
        <Lieu>Salle des Cordeliers</Lieu>
    </Théâtre>
</Saison>
```

Saison.xsl

```xml
<?xml version="1.0" encoding="UTF-8"?>
<xsl:stylesheet
    xmlns:xsl = "http://www.w3.org/1999/XSL/Transform"
    version   = "1.0">
    <xsl:output method='text' encoding='ISO-8859-1'/>
```

```
<xsl:template match='Saison'>
    <xsl:for-each select="Théâtre">
        Date Théâtre : <xsl:value-of select="Date"/>
    </xsl:for-each>
</xsl:template>

</xsl:stylesheet>
```

Résultat

```
            Date Théâtre : Mardi 19 novembre 1999   21H
            Date Théâtre : Mercredi 20 novembre 1999   21H30
```

Syntaxe

```
<xsl:for-each select="... chemin de localisation ...">
   ...
</xsl:for-each>
```

L'instruction xsl:for-each ne doit pas apparaître en tant qu'instruction de premier niveau.

Règle XSLT typique

Une règle XSLT utilisant l'instruction xsl:for-each sera souvent employée comme ceci :

```
<xsl:template match="... motif (pattern) ...">
    <!-- modèle de transformation englobant -->
    ... texte ou instructions XSLT ...
    <xsl:for-each select="...">
        <!-- modèle de transformation propre au for-each -->
        ... texte ou instructions XSLT ...
        <!-- fin du modèle de transformation -->
    </xsl:for-each>
    ... texte ou instructions XSLT ...
    <!-- fin du modèle de transformation englobant -->
</xsl:template>
```

Sémantique

Remarque

Il n'est peut-être pas inutile de préciser tout d'abord que l'instruction <xsl:for-each> **n'est pas** une instruction pour effectuer une boucle, et n'a donc rien à voir avec la boucle for(..;..;..) que l'on trouve en C ou en Java. En particulier, la notion de compteur qui s'incrémente est une notion très étrangère à XSLT : XSLT est un langage qui ne permet pas de faire évoluer la valeur d'une variable ; rappelons que XSLT s'apparente aux langages fonctionnels (comme ML ou Caml) lorsqu'il s'agit de faire de l'algorithmique.

Lors de l'instanciation du modèle englobant, le motif de la règle est en concordance avec le nœud courant (le nœud en cours de traitement) ; l'instruction `<xsl:for-each>`, faisant partie de ce modèle de transformation englobant, est remplacée par le fragment de document qui résulte du traitement de la liste des nœuds sélectionnés par son attribut `select="..."`. L'instruction `<xsl:for-each>` est la seule, avec `<xsl:apply-templates>`, à induire la construction d'une nouvelle liste de nœuds, et à lancer un traitement sur cette liste. Comme dans la variante syntaxique `<xsl:apply-templates select="...">`, la liste des nœuds à traiter est établie d'après la valeur du chemin de localisation fourni dans l'attribut `select="..."`. En fait, la seule différence appréciable entre `<xsl:for-each select="...">` et `<xsl:apply-templates select="...">` est que pour `xsl:for-each`, la règle à appliquer à chaque nœud de la liste n'est pas recherchée parmi l'ensemble des règles du programme XSLT, comme dans le cas de `<xsl:apply-templates select="...">`, mais au contraire, le même modèle de transformation est appliqué uniformément à chacun d'entre eux.

Le corps de l'instruction `<xsl:for-each>` (i.e. l'ensemble des éléments fils de l'élément `<xsl:for-each>`) constitue le modèle de transformation uniformément appliqué à chacun des nœuds sélectionnés.

Le fragment de document qui résulte du traitement de cette liste est tel que cela été défini dans le modèle de traitement : voir *Modèle de traitement*, page 87.

Exemple

Saison.xsl

```
<?xml version="1.0" encoding="UTF-8"?>
<xsl:stylesheet
    xmlns:xsl = "http://www.w3.org/1999/XSL/Transform"
    version   = "1.0">
    <xsl:output method='text' encoding='ISO-8859-1'/>

    <xsl:template match='Saison'>
        <xsl:for-each select="Théâtre">
            Date Théâtre : <xsl:value-of select="Date"/>
        </xsl:for-each>
    </xsl:template>

</xsl:stylesheet>
```

Saison.xml

```
<?xml version="1.0" encoding="UTF-8"?>
<Saison>
    <Concert>
        <Organisation> Anacréon </Organisation>
        <Date>Samedi 9 octobre 1999 <Heure> 20H30 </Heure> </Date>
        <Lieu>Chapelle des Ursules</Lieu>
    </Concert>
```

```
        <Théâtre>
            <Organisation> Masques et Lyres </Organisation>
            <Date>Mardi 19 novembre 1999 <Heure> 21H </Heure> </Date>
            <Lieu>Salle des Cordeliers</Lieu>
        </Théâtre>
        <Théâtre>
            <Organisation> Masques et Lyres </Organisation>
            <Date>Mercredi 20 novembre 1999 <Heure> 21H30 </Heure> </Date>
            <Lieu>Salle des Cordeliers</Lieu>
        </Théâtre>
    </Saison>
```

Résultat

```
            Date Théâtre : Mardi 19 novembre 1999   21H
            Date Théâtre : Mercredi 20 novembre 1999   21H30
```

Autre sémantique

L'interprétation naturelle de `<xsl:for-each>` est celle d'une instruction permettant la répétition d'une même transformation sur plusieurs éléments. Bien sûr, pour que ceci ait un sens, il faut qu'il y ait effectivement une structure régulière, répétitive d'éléments à traiter, et que ce fait soit connu au moment où l'on écrit le programme XSLT.

L'explication de la sémantique de cette instruction fait intervenir deux modèles de transformation, l'un englobant, l'autre étant le modèle de transformation propre au `<xsl:for-each>` :

```
<xsl:template match="... motif (pattern) ...">
    <!-- modèle de transformation englobant -->
    ... texte ou instructions XSLT ...
    <xsl:for-each select="...">
        <!-- modèle de transformation propre au for-each -->
        ... texte ou instructions XSLT ...
        <!-- fin du modèle de transformation -->
    </xsl:for-each>
    ... texte ou instructions XSLT ...
    <!-- fin du modèle de transformation englobant -->
  </xsl:template>
```

Mais on peut aussi considérer un seul modèle de transformation (ce n'est qu'une question de point de vue) :

```
<xsl:template match="... motif (pattern) ...">
    <!-- modèle de transformation -->
    ... texte ou instructions XSLT ...
    <xsl:for-each select="...">
        ... texte ou instructions XSLT ...
    </xsl:for-each>
    ... texte ou instructions XSLT ...
    <!-- fin du modèle de transformation -->
  </xsl:template>
```

La seule modification concerne les commentaires : rien n'est donc changé pour le processeur XSLT. Pourtant cette présentation éclaire différemment la sémantique du `<xsl:for-each>`.

Le modèle de transformation est ici vu comme un modèle unique, composé de trois parties :

```
<xsl:template match="... motif (pattern) ...">
    <!-- modèle de transformation -->
    <!-- première partie -->
    ... texte ou instructions XSLT ...
    <!-- fin première partie -->
    <xsl:for-each select="...">
        <!-- deuxième partie -->
        ... texte ou instructions XSLT ...
        <!-- fin deuxième partie -->
    </xsl:for-each>
    <!-- troisième partie -->
    ... texte ou instructions XSLT ...
    <!-- fin troisième partie -->
    <!-- fin du modèle de transformation -->
</xsl:template>
```

Dès lors, le `<xsl:for-each>` apparaît comme une instruction qui change temporairement le nœud courant pendant l'instanciation du modèle de transformation, et ce point de vue peut être encore renforcé si l'on imagine que le `select="..."` du `<xsl:for-each>` ne sélectionne qu'un seul élément.

L'instruction `<xsl:for-each>` aurait aussi bien pu s'appeler `<xsl:change-current-node>`.

En effet, lors de l'instanciation des première et troisième parties du modèle de transformation, le motif de la règle est en concordance avec le nœud courant (le nœud en cours de traitement). L'instanciation de la deuxième partie se fait avec un autre nœud courant, celui sélectionné par l'attribut `select="..."` de l'instruction `<xsl:for-each>`.

Exemple

On met ici en œuvre un exemple qui reprend l'idée du modèle de transformation en trois partie, la deuxième donnant lieu à une instanciation relativement à un (ou plusieurs) nœud(s) courant(s) différent(s) du nœud courant en concordance avec le motif ; le fichier XML est le même : `Saison.xml` (voir *Exemple*, page 139)

Saison.xsl

```
<?xml version="1.0" encoding="UTF-8"?>
<xsl:stylesheet
    xmlns:xsl = "http://www.w3.org/1999/XSL/Transform"
    version   = "1.0">

    <xsl:output method='text' encoding='ISO-8859-1'/>
```

```
<xsl:template match='Concert'>
    Après le concert
    <xsl:value-of select="Organisation"/> du <xsl:value-of select="Date"/>,
    il y aura encore les spectacles suivants :
    <xsl:for-each select="/Saison/Théâtre">
        Théâtre (<xsl:value-of select="Organisation"/>),
        le <xsl:value-of select="Date"/>
    </xsl:for-each>
    Rappel des salles :
    <xsl:value-of select="Lieu"/>
</xsl:template>

<xsl:template match='Organisation'>
</xsl:template>

<xsl:template match='Date'>
</xsl:template>

<xsl:template match='Heure'>
</xsl:template>

<xsl:template match='Lieu'>
    <xsl:value-of select="."/>
</xsl:template>

</xsl:stylesheet>
```

La première règle, dont le motif concorde avec le nœud <Concert>, déclare un modèle de transformation en trois parties.

Première partie

```
Après le concert
<xsl:value-of select="Organisation"/> du <xsl:value-of select="Date"/>,
il y aura encore les spectacles suivants :
```

Deuxième partie

```
Théâtre (<xsl:value-of select="Organisation"/>),
le <xsl:value-of select="Date"/>
```

Troisième partie

```
Rappel des salles :
<xsl:value-of select="Lieu"/>
```

La première et la troisième seront instanciées relativement au nœud courant <Concert>, alors que la deuxième sera instanciée plusieurs fois, relativement à différents nœuds courants (successivement tous les éléments <Théâtre> enfants de la racine <Saison>).

Le résultat est qu'à chaque fois, les instructions

```
<xsl:value-of select="Organisation"/>
```

et

```
<xsl:value-of select="Date"/>
```

de cette deuxième partie sont instanciées différemment en fonction du nœud courant actif. La troisième partie est instanciée sous la forme :

```
Rappel des salles :
Chapelle des Ursules
```

et c'est la règle

```
<xsl:template match='Lieu'>
        <xsl:value-of select="."/>
</xsl:template>
```

qui complète la liste des salles. Appliquée au fichier Saison.xml, cette feuille de style produit le résultat suivant :

```
        Après le concert  Anacréon  du Samedi 9 octobre 1999  20H30

        ,

        il y aura encore les spectacles suivants :

            Théâtre ( Masques et Lyres ), le Mardi 19 novembre 1999  21H

            Théâtre ( Masques et Lyres ), le Mercredi 20 novembre 1999  21H30

        Rappel des salles :
        Chapelle des Ursules



        Salle des Cordeliers



        Salle des Cordeliers
```

La mise en page, et notamment la répartition des sauts de ligne n'est pas extraordinaire, mais nous verrons plus loin comment régler ce genre de problème.

Cet exemple met en jeu les règles par défaut, puisque aucune règle n'est fournie pour les éléments <Saison> et <Théâtre>.

Pour l'élément <Saison> la règle

```
<xsl:template match='/|*'>
    <xsl:apply-templates/>
</xsl:template>
```

s'applique, et relance le traitement sur les nœuds enfants <Concert>, <Théâtre>, et <Théâtre>. Pour l'élément <Concert> une règle explicite est fournie. Pour les éléments <Théâtre> la règle par défaut

```
<xsl:template match='/|*'>
    <xsl:apply-templates/>
</xsl:template>
```

s'applique, et relance le traitement sur les nœuds enfants <Organisation>, <Date>, et <Lieu>, ces éléments étant pris en charge par des règles explicites.

Instruction xsl:sort

Bande-annonce

L'instruction xsl:sort est une instruction de tri qui ne s'emploie que comme complément à xsl:apply-templates ou xsl:for-each : elle sert à trier le node-set sélectionné par l'une de ces deux instructions. L'exemple ci-dessous montre un xsl:sort accompagnant un xsl:for-each.

CDtheque.xml

```
<?xml version="1.0" encoding="UCS-2" standalone="yes"?>

<CDthèque>

    <Compositeurs>

        <Compositeur>
            <nom> Couperin </nom>
            <prénom> Louis </prénom>
            <actifVers> 1670 </actifVers>
        </Compositeur>

        <Compositeur>
            <nom> Simpson </nom>
            <prénom> Thomas </prénom>
            <actifVers> 1610 </actifVers>
        </Compositeur>

        <Compositeur>
            <nom> Faugues </nom>
            <prénom> Guillaume </prénom>
            <actifVers> 1460 </actifVers>
        </Compositeur>

        <Compositeur>
            <nom> Aristophane </nom>
            <prénom> fils de Philippos d'Athènes </prénom>
            <actifVers> -410 </actifVers>
        </Compositeur>

        <Compositeur>
            <nom> Simpson </nom>
            <prénom> Christopher </prénom>
```

```
            <actifVers> 1640 </actifVers>
        </Compositeur>

    </Compositeurs>

</CDthèque>
```

CDtheque.xsl

```
<?xml version="1.0" encoding="UCS-2"?>
<xsl:stylesheet xmlns:xsl="http://www.w3.org/1999/XSL/Transform" version="1.0">

    <xsl:output  method='text' encoding='ISO-8859-1' />

    <xsl:template match="Compositeurs">
        <xsl:for-each select="Compositeur">
            <xsl:sort select="nom"/>
            <xsl:value-of select="nom"/>
        </xsl:for-each>
    </xsl:template>
</xsl:stylesheet>
```

Résultat

```
    Aristophane  Couperin  Faugues  Simpson  Simpson
```

Variante de tri :

CDtheque.xsl

```
<?xml version="1.0" encoding="UCS-2"?>
<xsl:stylesheet xmlns:xsl="http://www.w3.org/1999/XSL/Transform" version="1.0">

    <xsl:output  method='text' encoding='ISO-8859-1' />

    <xsl:template match="Compositeurs">
        <xsl:for-each select="Compositeur">
            <xsl:sort select="actifVers" data-type="number"/>
            <xsl:value-of select="nom"/>
        </xsl:for-each>
    </xsl:template>
</xsl:stylesheet>
```

Résultat

```
    Aristophane  Faugues  Simpson  Simpson  Couperin
```

Syntaxe

```
<xsl:sort/>
```

L'instruction xsl:sort ne doit pas apparaître en tant qu'instruction de premier niveau, et doit apparaître dans le modèle de transformation d'un xsl:for-each ou d'un xsl:apply-templates.

Règle XSLT typique

Une règle XSLT utilisant l'instruction xsl:sort sera souvent employée comme ceci :

```
<xsl:template match="... motif (pattern) ...">
    ...
    <xsl:for-each select="...">
        <xsl:sort/>
        <!-- modèle de transformation propre au for-each -->
        ... texte ou instructions XSLT ...
        <!-- fin du modèle de transformation -->
    </xsl:for-each>
    ...
</xsl:template>
```

ou encore comme ceci :

```
<xsl:template match="... motif (pattern) ...">
    ...
    <xsl:apply-templates>
        <xsl:sort/>
    </xsl:apply-templates>
    ...
</xsl:template>
```

Sémantique

L'instruction <xsl:sort/> ne s'emploie pas seule ; elle est en fait liée aux deux instructions <xsl:for-each> et <xsl:apply-templates>, et ne peut s'employer autrement que comme associée à l'une de ces deux instructions.

En l'absence d'une instruction <xsl:sort/>, les deux instructions <xsl:for-each> et <xsl:apply-templates> constituent une liste des éléments à traiter, basée sur l'ordre naturel de lecture du document XML.

L'instruction <xsl:sort/> intervient donc pour modifier l'ordre des éléments de cette liste : par défaut (c'est-à-dire en l'absence d'attributs propres à <xsl:sort/> permettant de spécifier les paramètres du tri à effectuer), les éléments de cette liste sont ordonnés suivant l'ordre lexicographique de la valeur textuelle de chaque élément.

L'instruction <xsl:sort/> est toujours vide ; elle peut juste être complétée par différents attributs que nous verrons plus loin.

Utilisée en association avec <xsl:for-each>, elle doit nécessairement se trouver placée avant le début du modèle de transformation inclus dans ce <xsl:for-each>, comme on le voit dans l'exemple ci-dessus.

Note

Employée dans un xsl:for-each la fonction position() renvoie le numéro d'ordre du nœud courant au sein du node-set sélectionné par l'attribut select du xsl:for-each. Si cette instruction xsl:for-each comporte une instruction xsl:sort, la numérotation considérée est celle du node-set réordonné par le tri.

Exemple

Nous reprenons l'exemple relatif à l'instruction `<xsl:apply-templates>` , tel qu'il est traité à la section *Instruction xsl:apply-templates*, page 131. Le fichiers XML est le même que celui déjà utilisé comme exemple (voir *Exemple*, page 132) :

Saison.xml

```
<?xml version="1.0" encoding="UTF-8"?>
<Saison>
    <Concert>
        <Organisation> Pygmalion </Organisation>
        <Date>Samedi 9 octobre 1999 <Heure> 20H30 </Heure> </Date>
        <Lieu>Chapelle des Ursules</Lieu>
    </Concert>
    <Théâtre>
        <Organisation> Masques et Lyres </Organisation>
        <Date>Mardi 19 novembre 1999 <Heure> 21H </Heure> </Date>
        <Lieu>Salle des Cordeliers</Lieu>
    </Théâtre>
    <Théâtre>
        <Organisation> Aristophane </Organisation>
        <Date>Mercredi 20 novembre 1999 <Heure> 21H30 </Heure> </Date>
        <Lieu>Salle des Cordeliers</Lieu>
    </Théâtre>
</Saison>
```

Le fichier XSLT est lui aussi le même, à ceci près que l'on ajoute une instruction `<xsl:sort/>` à l'instruction `<xsl:apply-templates>` :

Saison.xsl

```
<?xml version="1.0" encoding="UTF-8"?>
<xsl:stylesheet xmlns:xsl="http://www.w3.org/1999/XSL/Transform" version="1.0">
    <xsl:output method='text' encoding='UTF-8'/>

    <xsl:template match='/'>
        <xsl:apply-templates/>
    </xsl:template>

    <xsl:template match='Saison'>
        Manifestations au programme
        <xsl:apply-templates> <xsl:sort/> </xsl:apply-templates>
        Réservations 10 jours avant la date.
    </xsl:template>

    <xsl:template match='Concert'>
        Concert : <xsl:value-of select="."/>
    </xsl:template>

    <xsl:template match='Théâtre'>
        Théâtre : <xsl:value-of select="."/>
```

```
      </xsl:template>

  </xsl:stylesheet>
```

Résultat

```
          Manifestations au programme




          Théâtre :
           Aristophane
          Mercredi 20 novembre 1999  21H30
          Salle des Cordeliers

          Théâtre :
           Masques et Lyres
          Mardi 19 novembre 1999  21H
          Salle des Cordeliers

          Concert :
           Pygmalion
          Samedi 9 octobre 1999  20H30
          Chapelle des Ursules

          Réservations 10 jours avant la date.
```

Nous reprenons le déroulement du processus de traitement sur cet exemple (voir *Constitution d'une liste ne contenant que la racine*, page 108), qui ne change en rien, sauf une fois arrivé à l'étape représentée par la figure 3-21, que l'on rappelle ici (voir figure 4-1).

Sans l'instruction <xsl:sort/>, la constitution, par <xsl:apply-templates>, de la liste des éléments à traiter, se fait dans l'ordre de lecture du document.

Avec l'instruction <xsl:sort/>, la constitution, par <xsl:apply-templates>, de la liste des éléments à traiter, se fait dans l'ordre lexicographique de la valeur textuelle des éléments (voir figure 4-2).

La valeur textuelle des trois éléments <Théâtre/>, <Théâtre/>, <Concert/> est obtenue comme expliqué à la section *Nœud de type element*, page 31, et aux figures 3-23, 3-25, 3-27 de la section *Instanciation du modèle de transformation*, page 118. Ici, les mots *Pygmalion*, *Masques et Lyres*, *Aristophane* imposent leur ordre lexicographique à leurs trois éléments respectifs.

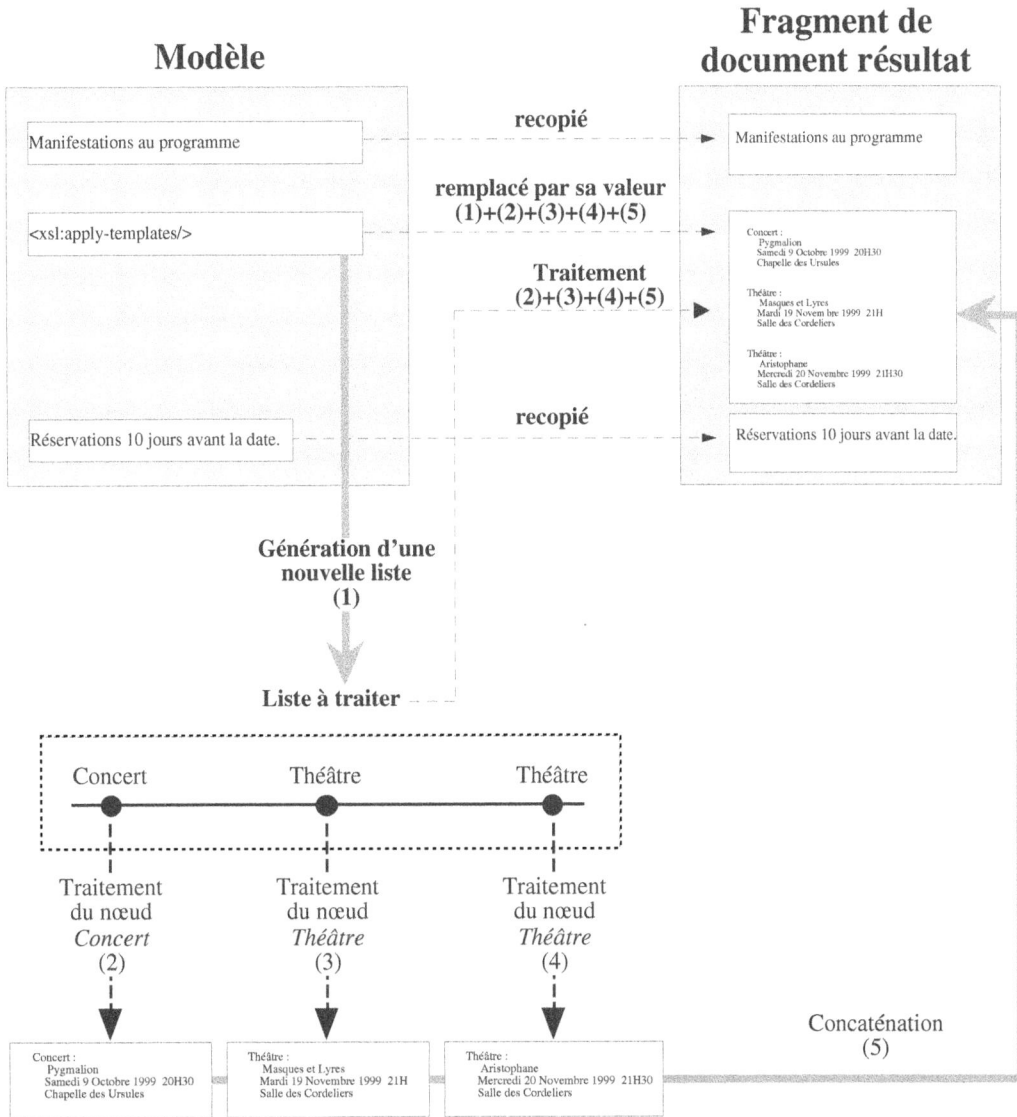

Modèle

Fragment de document résultat

Manifestations au programme

recopié

Manifestations au programme

<xsl:apply-templates/>

remplacé par sa valeur
(1)+(2)+(3)+(4)+(5)

Concert :
  Pygmalion
  Samedi 9 Octobre 1999 20H30
  Chapelle des Ursules

Traitement
(2)+(3)+(4)+(5)

Théâtre :
  Masques et Lyres
  Mardi 19 Novem bre 1999 21H
  Salle des Cordeliers

Théâtre :
  Aristophane
  Mercredi 20 Novembre 1999 21H30
  Salle des Cordeliers

Réservations 10 jours avant la date.

recopié

Réservations 10 jours avant la date.

Génération d'une
nouvelle liste
(1)

Liste à traiter

Concert   Théâtre   Théâtre

Traitement   Traitement   Traitement
du nœud   du nœud   du nœud
Concert   *Théâtre*   *Théâtre*
(2)   (3)   (4)

Concaténation
(5)

Concert :
  Pygmalion
  Samedi 9 Octobre 1999 20H30
  Chapelle des Ursules

Théâtre :
  Masques et Lyres
  Mardi 19 Novembre 1999 21H
  Salle des Cordeliers

Théâtre :
  Aristophane
  Mercredi 20 Novembre 1999 21H30
  Salle des Cordeliers

Figure 4-1

Instanciation du modèle de transformation (sans <xsl:sort/>).

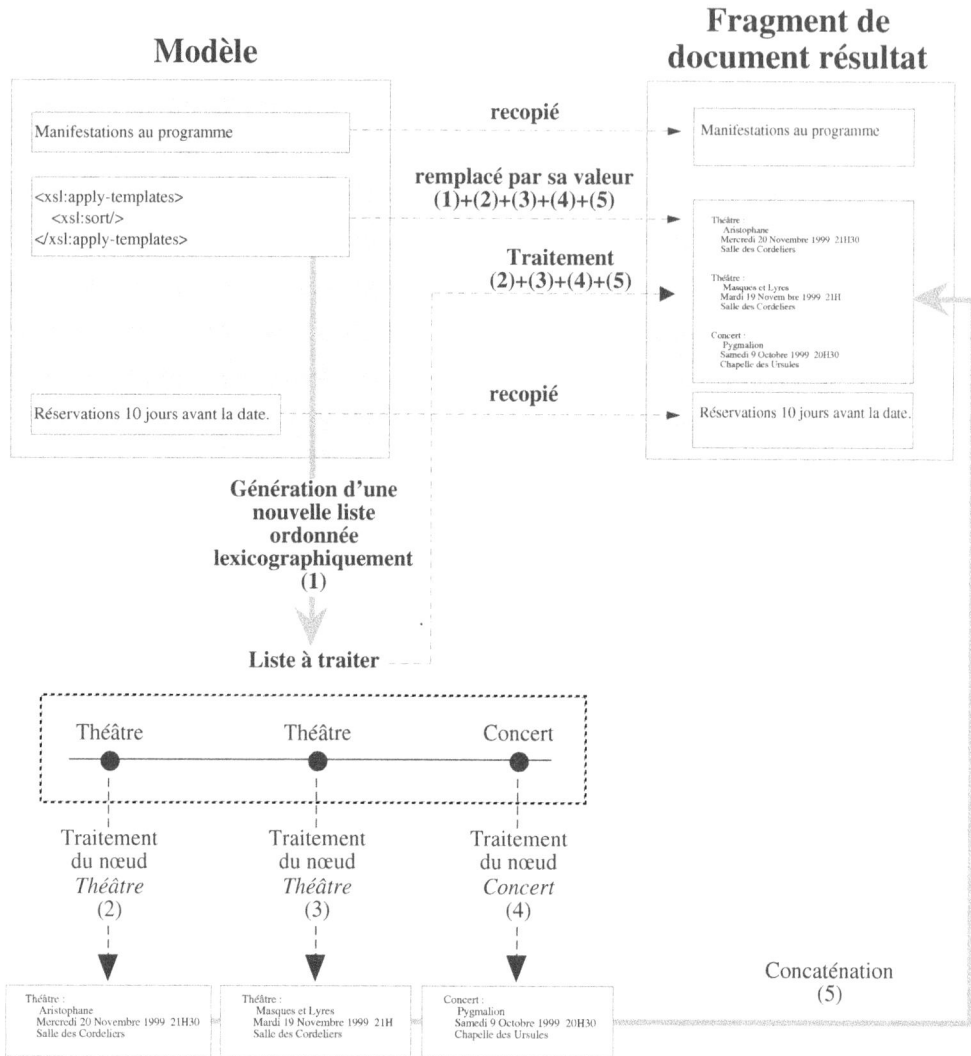

Modèle

Fragment de document résultat

Manifestations au programme

recopié

Manifestations au programme

```
<xsl:apply-templates>
  <xsl:sort/>
</xsl:apply-templates>
```

remplacé par sa valeur
(1)+(2)+(3)+(4)+(5)

Théâtre :
Aristophane
Mercredi 20 Novembre 1999 21H30
Salle des Cordeliers

**Traitement
(2)+(3)+(4)+(5)**

Théâtre :
Masques et Lyres
Mardi 19 Novembre 1999 21H
Salle des Cordeliers

Concert :
Pygmalion
Samedi 9 Octobre 1999 20H30
Chapelle des Ursules

Réservations 10 jours avant la date.

recopié

Réservations 10 jours avant la date.

**Génération d'une
nouvelle liste
ordonnée
lexicographiquement
(1)**

Liste à traiter

Théâtre   Théâtre   Concert

Traitement
du nœud
Théâtre
(2)

Traitement
du nœud
Théâtre
(3)

Traitement
du nœud
Concert
(4)

Théâtre :
Aristophane
Mercredi 20 Novembre 1999 21H30
Salle des Cordeliers

Théâtre :
Masques et Lyres
Mardi 19 Novembre 1999 21H
Salle des Cordeliers

Concert :
Pygmalion
Samedi 9 Octobre 1999 20H30
Chapelle des Ursules

Concaténation
(5)

Figure 4-2

Instanciation du modèle de transformation (avec <xsl:sort/>).

Variantes syntaxiques

On peut, si l'on veut, ajouter à l'instruction `<xsl:sort/>` les attributs suivants :

```
<xsl:sort select="..."    order="..."
          case-order="..." lang="..."  data-type="..."/>
```

Ces attributs permettent de préciser les différents paramètres du tri, que nous allons maintenant passer en revue.

Attribut *select*

Signification

L'attribut `select` est essentiel, car il définit la clé de tri, c'est-à-dire la chaîne de caractères à extraire de l'élément en cours de placement, sur laquelle portera le tri.

Valeur possible

On peut fournir une expression XPath quelconque, qui est évaluée, comme il se doit, relativement à un nœud contexte et à une liste contexte.

Le nœud contexte est le nœud en cours de placement, et la liste contexte est la liste de nœuds (conservée dans son état originel), produite par l'instruction directement englobante, c'est-à-dire, suivant les cas, soit par l'instruction `<xsl:apply-templates/>`, soit par l'instruction `<xsl:for-each/>`.

Cette expression ne donne pas forcément une chaîne de caractères comme résultat (on obtient même un node-set dans le cas le plus général), mais s'il le faut, la fonction `string()` lui est appliquée, et la chaîne de caractères qui en résulte constitue alors la clé de tri.

> **Note**
>
> Il y a en fait deux listes en jeu : celle avant et celle après le tri. Le fait que la liste contexte soit celle conservée dans son état originel, donc avant le tri, rend possible l'utilisation de la fonction *position()* au sein de l'expression XPath.

Valeur par défaut

La valeur par défaut est égale à `string(.)`, qui n'est rien d'autre que la valeur textuelle du nœud courant.

Autres attributs

Les autres attributs sont des paramètres qui permettent de régler la façon dont le tri est effectué.

- `order`

  L'attribut `order` définit l'ordre du tri (ascendant ou descendant) ; il peut prendre l'une des deux valeurs `ascending` ou `descending`, et sa valeur par défaut est `ascending`.

Note

Techniquement, sont acceptées ici des valeurs d'attribut ordinaires (des chaînes de caractères, comme on en a à l'habitude), mais aussi, et de façon assez exceptionnelle en XSLT, des *Attribute Value Template*, notion qui sera introduite beaucoup plus loin (voir *Descripteur de valeur différée d'attribut (Attribute Value Template)*, page 269). Mais on pourra ignorer cette remarque en première lecture, puisque les valeurs d'attributs ordinaires sont acceptées.

- `case-order`

  L'attribut `case-order` définit la relation d'ordre entre les lettres minuscules et majuscules ; il peut prendre l'une des deux valeurs `upper-first` ou `lower-first`, et sa valeur par défaut dépend de la langue utilisée.

- `lang`

  L'attribut `lang` définit la langue utilisée, et par là même, les conventions de tri propres à cette langue ; sa valeur est un des codes de langue défini par XML, et sa valeur par défaut dépend de l'environnement de traitement.

- `data-type`

  L'attribut `data-type` définit la nature de la clé, afin de savoir comment comparer deux clés. Essentiellement, cette nature peut être de type texte (comparaison de chaînes de caractères) ou numérique (comparaison de nombres) ; sa valeur est donc soit `text`, soit `number`. Une autre valeur possible est un code spécial propre à une implémentation particulière de XSLT, qui offre cette valeur en extension, et indique naturellement ce qu'elle signifie. On peut penser qu'un code `date` serait très utile, car rien n'a été prévu en standard pour comparer des dates lors d'un tri, alors que ni `text` ni `number` ne conviennent.

  La valeur par défaut est `"text"`.

Exemple

On dispose d'une base de données de CDthèque, constituée d'informations sur les compositeurs, les œuvres, les enregistrements, etc.

Un extrait de cette base pourrait ressembler à ceci :

CDtheque.xml

```xml
<?xml version="1.0" encoding="UCS-2" standalone="yes"?>

<CDthèque>

    <Compositeurs>

        <Compositeur>
            <nom> Couperin </nom>
            <prénom> Louis </prénom>
            <actifVers> 1670 </actifVers>
```

```
            </Compositeur>

            <Compositeur>
                <nom> Simpson </nom>
                <prénòm> Thomas </prénom>
                <actifVers> 1610 </actifVers>
            </Compositeur>

            <Compositeur>
                <nom> Faugues </nom>
                <prénom> Guillaume </prénom>
                <actifVers> 1460 </actifVers>
            </Compositeur>

            <Compositeur>
                <nom> Aristophane </nom>
                <prénom> fils de Philippos d'Athènes </prénom>
                <actifVers> -410 </actifVers>
            </Compositeur>

            <Compositeur>
                <nom> Simpson </nom>
                <prénom> Christopher </prénom>
                <actifVers> 1640 </actifVers>
            </Compositeur>

        </Compositeurs>

</CDthèque>
```

Pour éditer les compositeurs par ordre alphabétique de leur nom, on peut écrire la feuille de style suivante :

CDtheque.xsl

```
<?xml version="1.0" encoding="UCS-2"?>
<xsl:stylesheet xmlns:xsl="http://www.w3.org/1999/XSL/Transform" version="1.0">

    <xsl:output  method='text' encoding='ISO-8859-1' />

    <xsl:template match="Compositeurs">
        <xsl:for-each select="Compositeur">
            <xsl:sort select="nom"/>
            <xsl:value-of select="nom"/>
        </xsl:for-each>
    </xsl:template>
</xsl:stylesheet>
```

Le résultat obtenu est le suivant :

```
        Aristophane  Couperin  Faugues  Simpson  Simpson
```

Le tri se fait ici avec toutes les valeurs par défaut des attributs order, case-order, lang, et data-type.

Supposons maintenant que nous voulions faire un tri par les dates, nous pouvons alors extraire le contenu de l'élément <actifVers> pour en faire une clé de tri. Afin de montrer la différence entre tri numérique et tri alphanumérique, nous avons ajouté une entrée « Aristophane » dans le fichier XML donné.

> **Note**
>
> Aristophane était un Grec, actif vers le IVe siècle avant JC, qui nous a laissé un peu de musique, gravée sur des dalles de marbre conservées à Delphes. Cette musique a réellement été enregistrée sur CD (plus récemment).

CDtheque.xsl

```
<?xml version="1.0" encoding="UCS-2"?>
<xsl:stylesheet xmlns:xsl="http://www.w3.org/1999/XSL/Transform" version="1.0">

    <xsl:output  method='text' encoding='ISO-8859-1' />

    <xsl:template match="Compositeurs">
        <xsl:for-each select="Compositeur">
            <xsl:sort select="actifVers" data-type="number"/>
            <xsl:value-of select="nom"/>
        </xsl:for-each>
    </xsl:template>
</xsl:stylesheet>
```

Le résultat obtenu est le suivant :

```
    Aristophane  Faugues  Simpson  Simpson  Couperin
```

On remarquera que ce qui est appelé ici tri sur les dates est en fait un tri sur des entiers, car il n'y a pas encore, en XSLT, de type de donnée normalisé correspondant à une date.

Si on avait omis de préciser l'attribut data-type, sa valeur par défaut (text) aurait été utilisée, ce qui aurait donné le résultat suivant :

```
    Faugues  Simpson  Simpson  Couperin  Aristophane
```

Tri à clés multiples

Il est possible de préciser plusieurs clés de tri : quand deux éléments ont même valeur par la première clé de tri, on les départage avec la deuxième clé, et ainsi de suite. Dans notre exemple, on peut utiliser une deuxième clé de tri sur le prénom, pour affiner le tri sur le nom qui donne un doublon (*Simpson*).

Voyons ce que donne l'édition du nom + prénom sans clé de tri secondaire (remarquer la présence d'un « » ; « » *xsl:value-of*) :

CDtheque.xsl

```
<?xml version="1.0" encoding="UCS-2"?>
<xsl:stylesheet xmlns:xsl="http://www.w3.org/1999/XSL/Transform" version="1.0">

    <xsl:output  method='text' encoding='ISO-8859-1' />

    <xsl:template match="Compositeurs">
        <xsl:for-each select="Compositeur">
            <xsl:sort select="nom"/>
            <xsl:value-of select="nom"/>
            <xsl:value-of select="prénom"/>;
        </xsl:for-each>
    </xsl:template>
</xsl:stylesheet>
```

Le résultat obtenu est le suivant :

```
Aristophane  fils de Philippos d'Athènes ;
     Couperin  Louis ;
     Faugues  Guillaume ;
     Simpson  Thomas ;
     Simpson  Christopher ;
```

Nous ne cherchons pas pour l'instant à expliquer la présentation obtenue, notamment la présence des sauts de ligne, qui ne se manifestaient pas dans les exemples précédents.

On observe que les deux *Simpson* ne sont pas classés dans l'ordre de leur prénom. On ajoute alors une deuxième clé de tri :

CDtheque.xsl

```
<?xml version="1.0" encoding="UCS-2"?>
<xsl:stylesheet xmlns:xsl="http://www.w3.org/1999/XSL/Transform" version="1.0">

    <xsl:output  method='text' encoding='ISO-8859-1' />

    <xsl:template match="Compositeurs">
        <xsl:for-each select="Compositeur">
            <xsl:sort select="nom"/>
            <xsl:sort select="prénom"/>
            <xsl:value-of select="nom"/>
            <xsl:value-of select="prénom"/>;
        </xsl:for-each>
    </xsl:template>
</xsl:stylesheet>
```

Le résultat obtenu est le suivant :

```
Aristophane  fils de Philippos d'Athènes ;
     Couperin  Louis ;
     Faugues  Guillaume ;
     Simpson  Christopher ;
     Simpson  Thomas ;
```

Instruction xsl:copy-of

Cette instruction est la cousine de `<xsl:value-of/>` ; mieux : partout où `<xsl:value-of/>` est utilisée, on pourrait la remplacer par `<xsl:copy-of/>` sans que cela change le résultat obtenu. Bien sûr, la réciproque est fausse, et remplacer une occurrence quelconque de `<xsl:copy-of/>` par `<xsl:value-of/>` peut changer le résultat.

Bande-annonce

L'instruction `<xsl:copy-of select="..."/>` est instanciée sous la forme d'une copie conforme des éléments sélectionnés.

Concert.xml

```
<?xml version="1.0" encoding="UTF-16" standalone="yes"?>
<Concert>

    <Date>Jeudi 17 janvier 2002, 20H30</Date>
    <Lieu>Chapelle des Ursules</Lieu>

    <Interprètes>
        <Interprète>
            <Nom> Jonathan Dunford </Nom>
            <Instrument>Basse de viole</Instrument>
        </Interprète>

        <Interprète>
            <Nom> Silvia Abramowicz </Nom>
            <Instrument>Basse de viole</Instrument>
        </Interprète>
    </Interprètes>

</Concert>
```

Concert.xsl

```
<?xml version="1.0" encoding="UTF-16"?>
<xsl:stylesheet xmlns:xsl="http://www.w3.org/1999/XSL/Transform" version="1.0">

    <xsl:output  method='xml' encoding='ISO-8859-1' indent='yes' />

    <xsl:template match="Interprètes">
        <Musiciens>
        <xsl:copy-of select="Interprète"/>
        </Musiciens>
    </xsl:template>

    <xsl:template match="text()"></xsl:template>

</xsl:stylesheet>
```

<u>**Résultat**</u>

```
<?xml version="1.0" encoding="ISO-8859-1"?>
<Musiciens>
   <Interprète>

      <Nom> Jonathan Dunford </Nom>

      <Instrument>Basse de viole</Instrument>

   </Interprète>
   <Interprète>

      <Nom> Silvia Abramowicz </Nom>

      <Instrument>Basse de viole</Instrument>

   </Interprète>
</Musiciens>
```

Syntaxe

```
<xsl:copy-of select="... chemin de localisation ..."/>
```

L'instruction `xsl:copy-of` ne doit pas apparaître en tant qu'instruction de premier niveau.

Règle XSLT typique

Une règle XSLT utilisant l'instruction `xsl:copy-of` sera souvent employée comme ceci :

```
<xsl:template match="... motif (pattern) ...">
    ...
    <xsl:copy-of select="..."/>
    ...
</xsl:template>
```

Sémantique

Lors de l'instanciation du modèle, le motif de la règle est en concordance avec le nœud courant (le nœud en cours de traitement). C'est ce nœud qui fait office de nœud contexte dans l'évaluation du chemin de localisation fourni comme valeur de l'attribut `select`.

L'instruction `<xsl:copy-of>`, comme son nom l'indique, effectue une copie du résultat de l'évaluation du chemin de localisation.

Si ce résultat est une chaîne de caractères, un booléen, ou un nombre, `xsl:copy-of` et `xsl:value-of` ont exactement le même effet (voir *Sémantique*, page 129).

Si le résultat est un node-set, l'effet est très différent : le node-set est sérialisé.

La sérialisation d'un node-set est une opération très simple (malgré son nom un peu impressionnant), qui a pour résultat un fragment de document constitué de la juxtaposition (ou concaténation) des fragments de documents obtenus en *sérialisant* successivement chacun des nœuds du node-set, pris dans l'ordre de lecture du document source (voir figure 4-3).

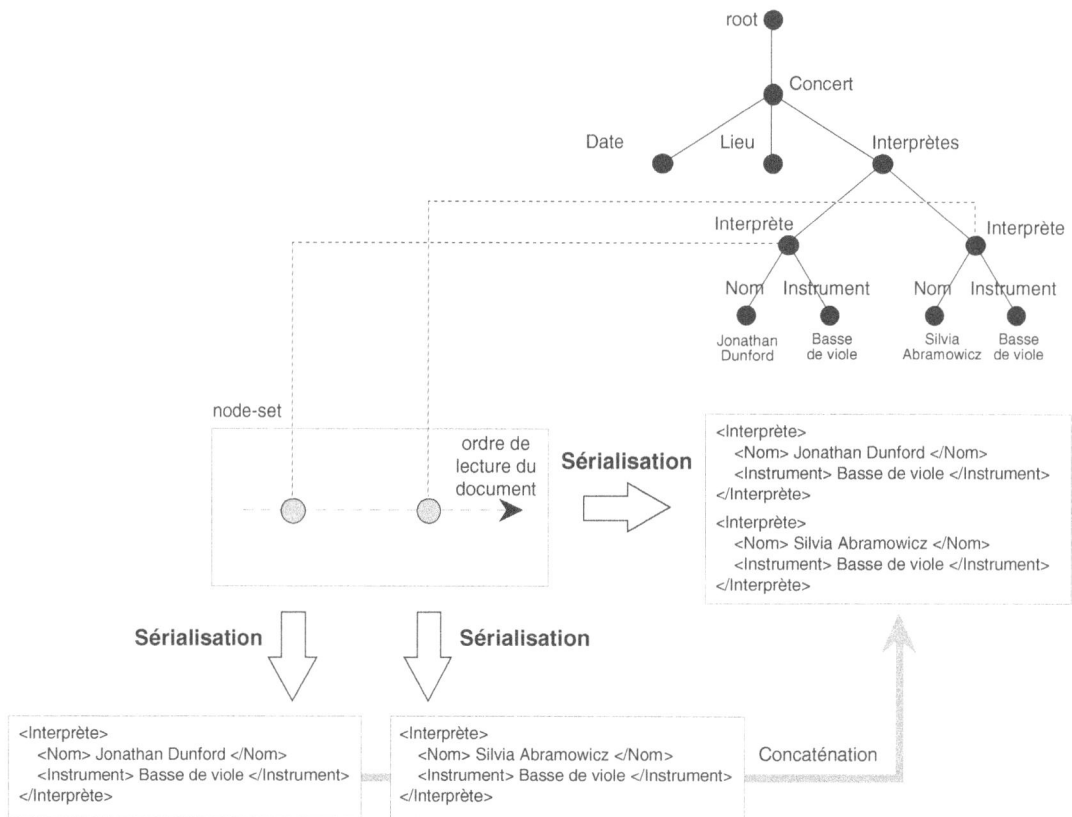

Figure 4-3

Sérialisation d'un node-set.

La sérialisation d'un nœud, quant à elle, est une opération encore plus simple qui consiste à voir ce nœud en tant que racine d'un sous arbre, et à sérialiser ce sous-arbre.

Nous avons déjà vu cela, (voir *Construction - sérialisation*, page 84) mais rappelons que la sérialisation d'un arbre (ou d'un sous-arbre), est l'opération inverse de sa construction à partir d'un document (ou d'un fragment de document) : la construction prend un (fragment de) document et créé le (sous) arbre équivalent ; la sérialisation redonne le (fragment de) document d'origine (voir figure 4-4).

Figure 4-4

Sérialisation d'un arbre.

Document XML

```
<Concert>
    <Date>Jeudi 17 Janvier 2002, 20H30</Date>
    <Lieu>Chapelle des Ursules</Lieu>
    <Interprètes>
      <Interprète>
        <Nom> Jonathan Dunford </Nom>
        <Instrument> Basse de viole </Instrument>
      </Interprète>
      <Interprète>
        <Nom> Silvia Abramowicz </Nom>
        <Instrument> Basse de viole </Instrument>
      </Interprète>
    </Interprètes>
</Concert>
```

Construction

Sérialisation

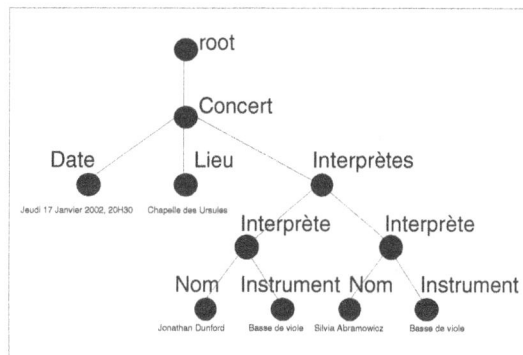

Arbre XML du document

Remarque

Si l'on raisonne en terme d'arbre XML et non pas en terme de document, il est équivalent de dire que l'instruction `<xsl:copy-of>` provoque un duplicata récursif d'un ensemble de sous-arbres : chaque nœud du node-set est dupliqué de telle sorte qu'il soit récursivement identique au nœud original ; on obtient alors un duplicata certifié conforme de chacun des sous arbres ayant pour racines les nœuds originaux du node-set de départ.

Note

Deux nœuds récursivement identiques sont deux nœuds que rien ne permet de distinguer :ils ont les même attributs, les mêmes namespaces, et les mêmes nœuds enfants, qui sont eux-mêmes récursivement identiques deux à deux.

Exemple trivial

Cet exemple explicite la programmation de la sérialisation (montrée à la figure 4-3). Il est trivial en ce sens qu'il ne fait rien de très intéressant.

Concert.xml

```xml
<?xml version="1.0" encoding="UTF-16" standalone="yes"?>
<Concert>

    <Date>Jeudi 17 janvier 2002, 20H30</Date>
    <Lieu>Chapelle des Ursules</Lieu>

    <Interprètes>
        <Interprète>
            <Nom> Jonathan Dunford </Nom>
            <Instrument>Basse de viole</Instrument>
        </Interprète>

        <Interprète>
            <Nom> Silvia Abramowicz </Nom>
            <Instrument>Basse de viole</Instrument>
        </Interprète>
    </Interprètes>

</Concert>
```

Concert.xsl

```xml
<?xml version="1.0" encoding="UTF-16"?>
<xsl:stylesheet xmlns:xsl="http://www.w3.org/1999/XSL/Transform" version="1.0">

    <xsl:output  method='xml' encoding='ISO-8859-1' indent='yes' />

    <xsl:template match="Interprètes">
        <Musiciens>
        <xsl:copy-of select="Interprète"/>
        </Musiciens>
    </xsl:template>

    <xsl:template match="text()"></xsl:template>

</xsl:stylesheet>
```

<u>Résultat</u>

```
<?xml version="1.0" encoding="ISO-8859-1"?>
<Musiciens>
   <Interprète>

      <Nom> Jonathan Dunford </Nom>

      <Instrument>Basse de viole</Instrument>

   </Interprète>
   <Interprète>

      <Nom> Silvia Abramowicz </Nom>

      <Instrument>Basse de viole</Instrument>

   </Interprète>
</Musiciens>
```

Autre exemple

Etant donné que l'instruction `<xsl:copy-of>` sert à dupliquer un (ou des) sous arbre(s) XML, il semble assez évident qu'elle sera surtout utile lors de transformations XML vers XML. Il y a néanmoins un autre cas d'utilisation assez fréquent, dès lors que l'on manipule des variables. On en verra des exemples à la section *Pattern n° 2 – Fonction*, page 396.

Dans l'exemple qui suit, il s'agit d'expurger un document XML, pour en retirer de l'information :

<u>BaseProduits.xml</u>

```
<?xml version="1.0" encoding="UCS-2" standalone="yes"?>
<BaseProduits>

   <LesProduits>

      <Livre ref="vernes1" NoISBN="193335" gamme="roman" media="papier">
         <refOeuvres>
            <Ref valeur="200001slm"/>
         </refOeuvres>
         <Prix valeur="40.5" monnaie="FF"></Prix>
         <Prix valeur="5" monnaie="£"/>
      </Livre>

      <Livre
         ref="boileaunarcejac1" NoISBN="533791" gamme="roman" media="papier">
         <refOeuvres>
            <Ref valeur="liatlc.bn"/>
         </refOeuvres>
```

```
                  <Prix valeur="30" monnaie="FF"/>
                  <Prix valeur="3" monnaie="£"/>
           </Livre>

           <Enregistrement
               ref="marais1" RefEditeur="LC000280" gamme="violedegambe" media="CD">
               <refOeuvres>
                  <Ref valeur="marais.folies"/>
                  <Ref valeur="marais.pieces1685"/>
               </refOeuvres>
               <Interprètes>
                  <Interprète nom="Jonathan Dunford">
                     <Role xml:lang="fr"> Basse de viole </Role>
                     <Role xml:lang="en"> Bass Viol </Role>
                  </Interprète>
                  <Interprète nom="Sylvia Abramowicz">
                     <Role xml:lang="fr"> Basse de viole </Role>
                     <Role xml:lang="en"> Bass Viol </Role>
                  </Interprète>
                  <Interprète nom="Benjamin Perrot">
                     <Role xml:lang="fr"> Théorbe et guitare baroque </Role>
                     <Role xml:lang="en"> Theorbo and baroque guitar </Role>
                  </Interprète>
                  <Interprète nom="Freddy Eichelberger">
                     <Role xml:lang="fr"> Clavecin </Role>
                     <Role xml:lang="en"> Harpsichord </Role>
                  </Interprète>
               </Interprètes>
               <Titre xml:lang="fr"> Les Folies d'Espagne et pièces inédites </Titre>
               <Titre xml:lang="en"> Spanish Folias and unedited music </Titre>
               <Prix valeur="140" monnaie="FF"/>
               <Prix valeur="13" monnaie="£"/>
           </Enregistrement>

           <Matériel
               ref="HarKar1" refConstructeur="XL-FZ158BK"
               gamme="lecteurCD" marque="HarKar">
               <refCaractéristiques>
                  <Ref valeur="caracHarKar1"/>
               </refCaractéristiques>
               <Prix valeur="4500" monnaie="FF"/>
               <Prix valeur="400" monnaie="£"/>
           </Matériel>

       </LesProduits>

       <!-- ... etc : le fichier continue avec d'autres éléments -->

   </BaseProduits>
```

Ce fichier XML rassemble des éléments d'une base de données de produits, et l'on veut écrire un programme XSLT permettant de créer un fichier des livres uniquement.

Rien de plus simple :

BaseProduits.xsl

```
<?xml version="1.0" encoding="UCS-2"?>
<xsl:stylesheet xmlns:xsl="http://www.w3.org/1999/XSL/Transform" version="1.0">

    <xsl:output  method='xml' encoding='ISO-8859-1' indent='yes' />

    <xsl:template match="/">
       <Livres>
       <xsl:apply-templates/>
       </Livres>
    </xsl:template>

    <xsl:template match="Livre">
       <xsl:copy-of select="."/>
    </xsl:template>

    <xsl:template match="text()"></xsl:template>

</xsl:stylesheet>
```

Et voici ce qu'on obtient :

livres.xml

```
<?xml version="1.0" encoding="ISO-8859-1"?>
<Livres>
<Livre ref="vernes1" NoISBN="193335" gamme="roman" media="papier">
        <refOeuvres>
           <Ref valeur="200001slm"/>
        </refOeuvres>
        <Prix valeur="40.5" monnaie="FF"/>
        <Prix valeur="5" monnaie="£"/>
     </Livre>
<Livre ref="boileaunarcejac1" NoISBN="533791" gamme="roman" media="papier">
        <refOeuvres>
           <Ref valeur="liatlc.bn"/>
        </refOeuvres>
        <Prix valeur="30" monnaie="FF"/>
        <Prix valeur="3" monnaie="£"/>
     </Livre>
</Livres>
```

Dans l'instruction :

```
<xsl:output  method='xml' encoding='ISO-8859-1' indent='yes' />
```

l'attribut `indent` permet d'obtenir une indentation (pas très convaincante, il est vrai) ; si on l'avait omis, voici ce qu'on aurait obtenu :

livres.xml

```
<?xml version="1.0" encoding="ISO-8859-1"?>
<Livres><Livre ref="vernes1" NoISBN="193335" gamme="roman" media="papier">
        <refOeuvres>
            <Ref valeur="200001slm"/>
        </refOeuvres>
        <Prix valeur="40.5" monnaie="FF"/>
        <Prix valeur="5" monnaie="£"/>
    </Livre><Livre ref="boileaunarcejac1" NoISBN="533791" gamme="roman"
                    media="papier">
        <refOeuvres>
            <Ref valeur="liatlc.bn"/>
        </refOeuvres>
        <Prix valeur="30" monnaie="FF"/>
        <Prix valeur="3" monnaie="£"/>
    </Livre></Livres>
```

Au fait, pourquoi avoir intégré à ce programme XSLT la règle montrée ci-dessous ?

```
<xsl:template match="text()"></xsl:template>
```

Pour voir son utilité, commençons par voir ce que l'on obtiendrait si on la supprimait :

BaseProduits.xsl

```
<?xml version="1.0" encoding="UCS-2"?>
<xsl:stylesheet xmlns:xsl="http://www.w3.org/1999/XSL/Transform" version="1.0">

    <xsl:output  method='xml' encoding='ISO-8859-1' indent='yes' />

    <xsl:template match="/">
       <Livres>
       <xsl:apply-templates/>
       </Livres>
    </xsl:template>

    <xsl:template match="Livre">
       <xsl:copy-of select="."/>
    </xsl:template>

</xsl:stylesheet>
```

livres.xml

```
<?xml version="1.0" encoding="ISO-8859-1"?>
<Livres>
```

```
<Livre ref="vernes1" NoISBN="193335" gamme="roman" media="papier">
    <refOeuvres>
        <Ref valeur="200001slm"/>
    </refOeuvres>
    <Prix valeur="40.5" monnaie="FF"/>
    <Prix valeur="5" monnaie="£"/>
</Livre>

<Livre ref="boileaunarcejac1" NoISBN="533791" gamme="roman" media="papier">
    <refOeuvres>
        <Ref valeur="liatlc.bn"/>
    </refOeuvres>
    <Prix valeur="30" monnaie="FF"/>
    <Prix valeur="3" monnaie="£"/>
</Livre>
```

Basse de viole
Bass Viol

Basse de viole
Bass Viol

Théorbe et guitare baroque
Theorbo and baroque guitar

Clavecin
Harpsichord

Les Folies d'Espagne et pièces inédites
Spanish Folias and unedited music

```
</Livres>
```

Ce fatras de textes (après la dernière balise fermante `</livre>`) et de lignes blanches intempestives fait réellement partie du résultat obtenu ; c'est la règle par défaut

```
<xsl:template match="text()"><xsl:value-of select="."/></xsl:template>
```

qui en est responsable.

5

Les instructions de programmation

Les instructions de programmation sont des instructions qui permettent, soit de conditionner l'instanciation d'un modèle de transformation à la valeur d'une expression booléenne, soit de manipuler des variables, des paramètres, et des modèles nommés (*named templates*) qui font office de ce qu'on appellerait *fonction* dans des langages comme C ou Java. C'est maigre, à première vue. Pas de boucles de répétition d'aucune sorte (on rappelle que l'instruction *xsl:for-each* n'est pas une boucle au sens algorithmique du terme, voir *Instruction xsl:for-each*, page 137), aucune possibilité de faire évoluer la valeur d'une variable (adieu compteurs, incrémentations, effets de bord, et toutes ces sortes de choses qui font partie des canons de la programmation en C) ; pas de boucle, donc encore moins de break, et pas plus de return pour sortir prématurément d'une fonction, pardon, d'un modèle nommé. Côté structures de données, c'est encore pire : pas de tableaux, pas de struct comme en C ou de class comme en Java, pas de listes, pas de hash-tables, ni quoi que ce soit d'autre. Ah, si ! Il y en a une : la structure d'arbre de type RTF (Result Tree Fragment) ; mais pas de chance, c'est une WOM (Write Only Memory) : on peut y ranger des éléments, mais on ne peut les y retrouver individuellement...

Dans ces conditions, comment peut-on encore vouloir programmer quoi que ce soit avec un tel langage ? Autant vouloir percer un mur avec un tire-bouchon.

Et pourtant ... Le croirez-vous ? XSLT est un langage *Turing-complet*, comme disent les savants.

Alan Turing était un mathématicien anglais, qui dans les années 1936-1937, a fondé la théorie de la calculabilité (qui a pour objet de savoir si toute fonction est calculable, ce qu'est une fonction calculable, etc.). Il a défini ce qu'on appelle aujourd'hui une *machine de Turing*, qui, par définition de la calculabilité, peut calculer tout ce qui est calculable en un nombre fini d'opérations. Un langage Turing-complet est un langage avec lequel on peut programmer tout ce qu'une machine de Turing peut calculer, c'est-à-dire tout... ce qui est calculable.

On a du mal à le croire, après le résumé des prouesses de XSLT en la matière. Mais c'est pourtant vrai.

En effet, les modèles nommés (ou fonctions) peuvent être appelés récursivement ; il y a la possibilité de tester une condition avec l'instruction `xsl:if` ; enfin on peut se débrouiller pour bricoler une structure de tableau, en la construisant comme un arbre, que l'on convertit ensuite en chaîne de caractères, l'accès aux éléments se faisant en l'explorant grâce aux fonctions XPath prédéfinies (notamment `substring`, `substring-after`, `substring-before`). Or, il est connu qu'on peut tout programmer en disposant seulement de tableaux, de la récursion, et de tests. C'est donc vrai qu'on peut tout programmer en XSLT. Mais il est évidemment hors de question de programmer quoi que soit dans ces conditions : c'est totalement inutilisable en pratique, sauf éventuellement pour des traitements extrêmement simples.

Heureusement, dans la réalité, la situation est un peu meilleure : en effet, la plupart des processeurs XSLT disponibles offrent une extension sous forme d'une fonction de conversion, qui permet de convertir le type RTF en vrai node-set ; du coup, on peut lui appliquer n'importe quelle expression XPath, et donc extraire nominativement et commodément toute information individuelle qui s'y trouve.

Cela change énormément la puissance du langage en terme de programmation, car on peut dès lors construire des structures de données aussi complexes que l'on veut (et pour cela, un arbre n'est pas un mauvais choix), et récupérer les informations stockées sans difficulté particulière.

De plus, ce qui pour l'instant (par rapport à XSLT 1.0) est une extension indispensable, devrait bientôt devenir une extension inutile : en effet, la prochaine version de XSLT (XSLT 2.0) prévoit d'unifier les notions de RTF et de node-set, rendant ainsi caduque la fonction de conversion RTF vers node-set.

Note

Il existe une version intermédiaire, XSLT 1.1, mais qui est et restera sous forme de *Working Draft* : il n'y aura jamais de *Recommendation XSLT 1.1*, parce les évolutions prévues par le *Working Draft 1.1* ne sont pas mineures, et risquent de restreindre le champ d'investigation des travaux sur la 2.0, tant que ces derniers ne seront pas suffisamment avancés pour qu'il soit possible de comprendre finement les implications de l'héritage imposé par un *Working Draft 1.1* promu au rang de *Recommendation*. Les travaux sur le *Working Draft 1.1* ont donc été interrompus, et les propositions d'évolution qu'il prévoyait ont été incorporées aux propositions d'évolution pour la 2.0.

Ceci dit, il reste vrai que la programmation en XSLT n'est pas une chose très aisée, d'abord parce que c'est une programmation fonctionnelle pure, donc assez étrangère, en général, à ce qui nous est familier ; ensuite parce que le langage est extrêmement spartiate (on peut difficilement imaginer un langage plus minimaliste) ; enfin parce que la bibliothèque de fonctions prédéfinies n'est pas très développée (encore que cela puisse évoluer dans les prochaines versions).

Au demeurant, il faut rester conscient que XSLT n'est pas un langage conçu pour faire de l'algorithmique, mais pour faire des transformations d'arbres XML, chose qu'il fait extrêmement bien, reconnaissons-le (à tel point que lorsqu'on a un stock de données informelles à traiter, quelles qu'elles soient, se pose désormais la question de savoir s'il ne vaudrait pas mieux commencer par structurer ses données en XML, puis de les soumettre à une transformation XSLT, plutôt que d'écrire un programme ad-hoc en C ou Java). Il faut donc plutôt voir les possibilités de programmation comme des compléments à la manipulation et la transformation d'arbres XML, et sous cet angle, il est incontestable que ces compléments décuplent la puissance du langage de transformation.

Instruction xsl:if

Bande-annonce

```
<xsl:template match="Compositeurs">
    <H3 align="center"> Oeuvres de <br/> <xsl:apply-templates/> </H3>
</xsl:template>

<xsl:template match="Compositeur">
    <xsl:value-of select="."/>
    <xsl:if test="not(position() = last())">, </xsl:if>
</xsl:template>
```

Cet exemple montre une instanciation conditionnelle d'une partie d'un modèle de transformation : une virgule est ajoutée à la valeur textuelle du nœud courant, sauf si c'est le dernier de la liste constituée par `<xsl:apply-templates/>`. On obtient ainsi une liste d'items séparés par des virgules.

Syntaxe

xsl:if

```
<xsl:if test=" ... expression XPath ... ">
    <!-- modèle de transformation -->
    ... texte ou instructions XSLT ...
    <!-- fin du modèle de transformation -->
</xsl:if>
```

L'instruction `xsl:if` ne doit pas apparaître en tant qu'instruction de premier niveau.

Règle XSLT typique

Une règle XSLT utilisant l'instruction `xsl:if` sera souvent employée comme ceci :

```
<xsl:template match="... motif (pattern) ...">
    <xsl:if test=" ... expression XPath ... ">
```

```
        <!-- modèle de transformation -->
        ... texte ou instructions XSLT ...
        <!-- fin du modèle de transformation -->
    </xsl:if>
</xsl:template>
```

Sémantique

L'expression XPath fournie en tant que valeur de l'attribut `test` est évaluée, et sa valeur est éventuellement convertie en booléen s'il le faut, en lui appliquant la fonction `boolean()`. Rappelons (voir section *boolean true()*, page 636) que cette fonction renvoie true si et seulement si son argument est un nombre non nul, ou une *String* de longueur non nulle, ou un node-set non vide.

Si la valeur de l'attribut `test` est égale à `true`, le modèle de transformation associé est instancié ; sinon, il ne l'est pas.

Il n'y a pas de *else* possible, allant de pair avec le `xsl:if` ; si l'on veut une alternative à deux branches, il faut utiliser l'instruction `xsl:choose`.

Exemple

Nous reprenons notre fichier XML d'annonce de concert :

Concert.xml

```xml
<?xml version="1.0" encoding="UTF-16" standalone="yes"?>

<Concert>

    <Entête> "Les Concerts d'Anacréon" </Entête>
    <Date>Jeudi 17 janvier 2002, 20H30</Date>
    <Lieu>Chapelle des Ursules</Lieu>

    <Ensemble> "A deux violes esgales" </Ensemble>

    <Interprète>
        <Nom> Jonathan Dunford </Nom>
        <Instrument>Basse de viole</Instrument>
    </Interprète>

    <Interprète>
        <Nom> Sylvia Abramowicz </Nom>
        <Instrument>Basse de viole</Instrument>
    </Interprète>

    <Interprète>
        <Nom> Benjamin Perrot </Nom>
        <Instrument>Théorbe et Guitare baroque</Instrument>
    </Interprète>
```

```
<TitreConcert>
    Folies d'Espagne et diminutions d'Italie
</TitreConcert>

<Compositeurs>
    <Compositeur>M. Marais</Compositeur>
    <Compositeur>D. Castello</Compositeur>
    <Compositeur>F. Rognoni</Compositeur>
</Compositeurs>

</Concert>
```

Comme dans le tout premier exemple vu, (voir figure 3-1), nous cherchons à en faire une page HTML, avec les compositeurs présentés sous la forme d'une liste de noms séparés par une virgule.

Mais la difficulté est ici que les virgules ne sont pas fournies dans le texte du fichier XML. C'est donc la feuille de style XSL qui va devoir en insérer une après chaque nom, sauf après le dernier (d'où l'intervention d'une instruction xsl:if pour tester cette condition).

Comment exprimer la condition ? Il faut constituer un node-set contenant les <Compositeur>, sachant que le dernier répondra au test position() = last().

Voyons ce que cela donne si nous écrivons une règle dont le motif concorde avec <Compositeur> :

```
<xsl:template match="Compositeur">
    ...
</xsl:template>
```

Supposons que le nœud courant soit par exemple le <Compositeur> D. Castello, et que l'algorithme de recherche de concordance se lance ; il va déterminer que le motif de cette règle concorde avec le nœud courant, parce qu'en prenant le nœud parent <Compositeurs> comme nœud contexte, et en évaluant l'expression XPath "child::Compositeur", on obtient un node-set de trois éléments <Compositeur>, qui contient le nœud courant. Dans ce node-set, le nœud courant a la position 2, le test position() = last() devrait donc répondre false.

Il semble donc que cela devrait pouvoir marcher ; néanmoins si on essaye, on constate que ce n'est pas le cas. En cherchant un peu, on finit par déterminer que les trois éléments <Compositeur> n'ont pas comme position (dans le node-set dont il est question ci-dessus) 1, 2, et 3, mais 2, 4, 6. C'est dû à ce que l'élément <Compositeurs> n'a pas trois enfants directs, mais sept :

- un premier enfant de type text ne contenant que des espaces, tabulations ou fins de ligne ;

- un deuxième enfant de type element, <Compositeur>M. Marais</Compositeur> ;

- un troisième enfant de type text ne contenant que des espaces, tabulations ou fins de ligne ;

- un quatrième enfant de type element, <Compositeur>D. Castello</Compositeur> ;

- un cinquième enfant de type text ne contenant que des espaces, tabulations ou fins de ligne ;

- un sixième enfant de type element, <Compositeur>F. Rognoni</Compositeur> ;

- un septième enfant de type text ne contenant que des espaces, tabulations ou fins de ligne.

Note

Revoir à ce sujet la section *Exemple d'arbre XML d'un document*, page 38.

La solution, pour rétablir une numérotation plus conforme à l'intuition, est bien sûr d'éliminer ces nœuds « parasites » de type text(), ce que l'on fait grâce à l'instruction <xsl:strip-space element="Compositeurs">.

On aboutit alors à la feuille de style suivante :

Concert.xsl

```
<?xml version="1.0" encoding="UTF-16"?>
<xsl:stylesheet xmlns:xsl="http://www.w3.org/1999/XSL/Transform" version="1.0">
    <xsl:output   method='html' encoding='ISO-8859-1' />

    <xsl:strip-space elements='Compositeurs'/>

    <xsl:template match="/">
        <html>
            <head>
                <title><xsl:value-of select="/Concert/Entête"/></title>
            </head>
            <body bgcolor="white" text="black">
                <xsl:apply-templates/>
            </body>
        </html>
    </xsl:template>

    <xsl:template match="Entête">
        <p> <xsl:value-of select="."/> présentent </p>
    </xsl:template>

    <xsl:template match="Date">
        <H1 align="center"> Concert du <xsl:value-of select="."/> </H1>
    </xsl:template>

    <xsl:template match="Lieu">
```

```
            <H4 align="center"> <xsl:value-of select="."/> </H4>
        </xsl:template>

        <xsl:template match="Ensemble">
            <H2 align="center"> Ensemble <xsl:value-of select="."/></H2>
        </xsl:template>

        <xsl:template match="Compositeurs">
            <H3 align="center"> Oeuvres de <br/> <xsl:apply-templates/> </H3>
        </xsl:template>

        <xsl:template match="Compositeur">
            <xsl:value-of select="."/>
            <xsl:if test="not(position() = last())">, </xsl:if>
        </xsl:template>

        <xsl:template match="text()"/>

</xsl:stylesheet>
```

Le modèle de transformation associé à l'instruction xsl:if n'est instancié que pour les éléments dont la position (dans le node-set calculé lors de la recherche de concordance) n'est pas la dernière.

Remarquons aussi la dernière règle, vide, qui remplace la règle par défaut s'appliquant aux textes, ceci afin d'éviter la présence dans le résultat des nœuds ignorés par cette feuille de style, notamment <Nom> et <Instrument>.

Le résultat obtenu est le suivant (voir aussi la figure 5-1) :

Concert.html

```
<html>
    <head>
        <meta http-equiv="Content-Type" content="text/html; charset=ISO-8859-1">

        <title> Les Concerts d&#8217;Anacr&eacute;on </title>
    </head>
    <body bgcolor="white" text="black">
        <p> Les Concerts d&#8217;Anacr&eacute;on pr&eacute;sentent </p>
        <H1 align="center"> Concert du Jeudi 17 janvier 2002, 20H30</H1>
        <H4 align="center">Chapelle des Ursules</H4>
        <H2 align="center"> Ensemble  &laquo;A deux violes esgales&raquo; </H2>
        <H3 align="center"> Oeuvres de <br>M. Marais, D. Castello, F. Rognoni
        </H3>
    </body>
</html>
```

Terminons en indiquant qu'il n'était peut-être pas nécessaire de trier les éléments pour lesquels on élimine les enfants de type text() ne contenant que des espaces blancs (i.e. un espace, une tabulation, un retour ligne ou un saut de ligne). Si l'on veut élaguer partout, on écrira plutôt : <xsl:strip-space element="*">.

Figure 5-1

Liste de noms séparés par des virgules.

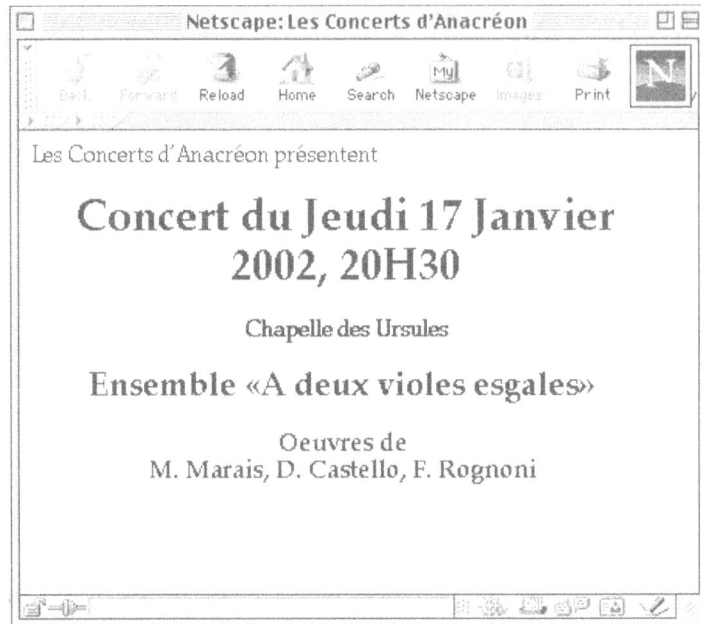

Instruction xsl:choose

Bande-annonce

```
<xsl:choose>

    <xsl:when test="count(./Interprète) = 1 ">
        <xsl:value-of select="Interprète"/>
    </xsl:when>

    <xsl:when test="count(./Interprète) = 2 ">
        <xsl:value-of select="Interprète[1]"/> et <xsl:value-of
                    select="Interprète[2]"/>
    </xsl:when>

    <xsl:otherwise>
        <xsl:for-each select="Interprète">
            <xsl:value-of select="."/><xsl:if test="not(position() =
                    last())">, </xsl:if>
        </xsl:for-each>
    </xsl:otherwise>

</xsl:choose>
```

Cet exemple montre une instanciation conditionnelle de plusieurs fragments de modèles de transformation. Le but est d'obtenir trois formes possibles d'énumération, suivant le nombre d'éléments à énumérer :

- xxx : dans le cas où il n'y a qu'un seul élément ;

- xxx et xxx : dans le cas où il y a deux éléments ;

- xxx, xxx, xxx : dans le cas où il n'y a plus de deux éléments.

Syntaxe

xsl:choose

```
<xsl:choose>

    <!-- autant de xsl:when que l'on veut, mais au moins 1 en tout -->

    <xsl:when test=" ... expression XPath ... ">
    <!-- modèle de transformation -->
    ... texte ou instructions XSLT ...
    <!-- fin du modèle de transformation -->
    </xsl:when>

    <xsl:when test=" ... expression XPath ... ">
    <!-- modèle de transformation -->
    ... texte ou instructions XSLT ...
    <!-- fin du modèle de transformation -->
    </xsl:when>

    ...

    <!-- l'élément xsl:otherwise est facultatif -->

    <xsl:otherwise>
    <!-- modèle de transformation -->
    ... texte ou instructions XSLT ...
    <!-- fin du modèle de transformation -->
    </xsl:otherwise>

</xsl:choose>
```

L'instruction xsl:choose ne doit pas apparaître en tant qu'instruction de premier niveau.

Règle XSLT typique

Une règle XSLT utilisant l'instruction xsl:choose sera souvent employée comme ceci :

```
<xsl:template match="... motif (pattern) ...">
    <xsl:choose>
```

```
            <xsl:when test=" ... expression XPath ... ">
            <!-- modèle de transformation -->
            ... texte ou instructions XSLT ...
            <!-- fin du modèle de transformation -->
            </xsl:when>

            <xsl:otherwise>
            <!-- modèle de transformation -->
            ... texte ou instructions XSLT ...
            <!-- fin du modèle de transformation -->
            </xsl:otherwise>

        </xsl:choose>
    </xsl:template>
```

C'est l'équivalent du *if* avec ses deux branches *then* et *else*.

Sémantique

C'est une instruction qui instancie au plus un modèle de transformation. Les expressions XPath des différents éléments xsl:when sont évaluées en séquence ; dès que l'une est vraie, le modèle de transformation associé est instancié ; si aucune n'est vraie, et si un élément xsl:otherwise est présent, son modèle de transformation associé est instancié. Si aucune n'est vraie, et s'il n'y a pas d'élément xsl:otherwise, aucun modèle de transformation n'est instancié.

Il n'est donc pas nécessaire que les conditions exprimées soient mutuellement exclusives : même si plusieurs sont vraies, seule la première d'entre elles entraînera l'instanciation du modèle associé.

Exemple

ProgrammeConcert.xml

```
<?xml version="1.0" encoding="UTF-8" standalone="yes"?>

<ProgrammeConcert>

    <PageTitre>

        <Entête>
            "Les Concerts d'Anacréon"
            <Date>Samedi 9 octobre 1999, 20H30</Date>
            <Lieu>Chapelle des Ursules</Lieu>
        </Entête>

        <Ensemble>
            <Nom>
                La Cetra d'Orfeo
```

```
            </Nom>
            <Direction>
                Michel Keustermans
            </Direction>
        </Ensemble>

        <Interprètes>
            <Role>
                ténor
                <Interprète> Yvan Goossens </Interprète>
            </Role>
            <Role>
                basse
                <Interprète> Conor Biggs </Interprète>
            </Role>
            <Role>
                flûte à bec
                <Interprète> Michel Keustermans </Interprète>
                <Interprète> Laura Pok </Interprète>
            </Role>
            <Role>
                viole d'amour
                <Interprète> Vinciane Baudhuin </Interprète>
            </Role>
            <Role>
                oboe da caccia
                <Interprète> Blai Justo </Interprète>
            </Role>
            <Role>
                viole de gambe
                <Interprète> Rika Murata </Interprète>
                <Interprète> Martin Bauer </Interprète>
                <Interprète> Sophie Watillon </Interprète>
            </Role>
            <Role>
                violone
                <Interprète> Benoit vanden Bemden </Interprète>
            </Role>
            <Role>
                orgue positif et clavecin
                <Interprète> Jacques Willemijns </Interprète>
            </Role>
        </Interprètes>

        <TitreConcert>
            Cantates allemandes
        </TitreConcert>

        <Compositeurs>
            <Compositeur> Bach </Compositeur>
            <Compositeur> Telemann </Compositeur>
```

```
            </Compositeurs>

        </PageTitre>

    </ProgrammeConcert>
```

Nous supposons ici que nous voulons sortir uniquement les noms des musiciens, classés par instruments ; de plus, s'il y a deux musiciens pour un instrument donné, les noms seront séparés par « et », mais s'il y en a trois ou plus, ils sortiront séparés par des virgules.

Il est donc nécessaire, ici, de compter le nombre d'éléments d'un node-set : cela se fait très bien grâce à la fonction XPath count().

Voici une première version de la feuille de style :

ProgrammeConcert.xsl

```xml
<?xml version="1.0" encoding="UCS-2"?>
<xsl:stylesheet xmlns:xsl="http://www.w3.org/1999/XSL/Transform" version="1.0">

    <xsl:output  method='text' encoding='ISO-8859-1' />

    <xsl:template match="Role">

        <xsl:value-of select="./child::text()"/> :
        <xsl:choose>

            <xsl:when test="count(./Interprète) = 1 ">
                <xsl:value-of select="Interprète"/>
            </xsl:when>

            <xsl:when test="count(./Interprète) = 2 ">
                <xsl:value-of select="Interprète[1]"/> et <xsl:value-of
                            select="Interprète[2]"/>
            </xsl:when>

            <xsl:otherwise>
                <xsl:for-each select="Interprète">
                    <xsl:value-of select="."/><xsl:if test="not(position() =
                            last())">, </xsl:if>
                </xsl:for-each>
            </xsl:otherwise>

        </xsl:choose>

    </xsl:template>

    <xsl:template match="text()"/>

</xsl:stylesheet>
```

Pour un élément <Role> donné, on commence par écrire le nom de l'instrument, récupéré en tant que valeur du nœud de type text, enfant direct du <Role> courant. Ensuite, le <xsl:choose> permet de discriminer trois cas possibles : un seul interprète, ou deux, ou plus (xsl:otherwise correspond à trois ou plus, parce qu'il n'y a jamais aucun interprète).

On remarquera l'utilisation de l'expression XPath Interprète[1] , qui est la forme courte de child::Interprète[position()=1] .

Voici ce qu'on obtient :

Résultat

```
        flûte à bec
            :
Michel Keustermans  et  Laura Pok
        viole d'amour
            :
Vinciane Baudhuin
        oboe da caccia
            :
Blai Justo
        viole de gambe
            :
Rika Murata ,  Martin Bauer ,  Sophie Watillon
        violone
            :
Benoit vanden Bemden
        orgue positif et clavecin
            :
Jacques Willemijns
```

Il y a clairement un problème de répartition des espaces blancs, mais ce type de problème survient nécessairement dès que l'on déclare une sortie en mode text, comme dans le cas présent.

Le moment n'est pas encore venu d'étudier d'une façon générale les problèmes d'espaces blancs en XSLT, nous verrons cela dans le chapitre consacré à l'instruction xsl:text (voir *Instruction xsl:text*, page 250), où nous continuerons l'étude de cet exemple afin de rendre le résultat présentable.

Instruction xsl:variable

Une variable, en XSLT comme dans tout autre langage, est l'association d'un nom et d'une valeur. Néanmoins, en XSLT, cette association est indestructible : il est impossible de changer la valeur d'une variable, une fois qu'on l'a déterminée. Nous l'avons déjà signalé plusieurs fois, mais il est important de rappeler ici que le langage XSLT est un langage fonctionnel pur (mais pas *complet*, dans la mesure où il ne permet pas de manipuler les fonctions comme des données), donc sans affectation ni effet de bord. En particulier, les fonctions (qu'elles soient prédéfinies ou définies explicitement sous forme de modèles nommés) sont des fonctions qui ne modifient en aucune façon l'état du processus XSLT.

En XSLT, il est interdit de déclarer plusieurs fois la même variable (il en est de même dans la plupart des langages), et la seule instruction permettant d'affecter une valeur à une variable n'est autre que sa déclaration ; la conclusion tombe d'elle-même : les variables ne peuvent pas changer de valeur.

L'instruction xsl:variable décrite dans cette section est précisément celle qui combine déclaration et initialisation.

Bande-annonce

```
<xsl:variable name="nombreInterprètes" select="count(./Interprète)" />
<xsl:choose>

    <xsl:when test="$nombreInterprètes = 1 ">
        <xsl:value-of select="Interprète"/>
    </xsl:when>

    <xsl:when test="$nombreInterprètes = 2 ">
        <xsl:value-of select="Interprète[1]"/> et <xsl:value-of
                    select="Interprète[2]"/>
    </xsl:when>

    <xsl:otherwise>
        <xsl:for-each select="Interprète">
            <xsl:value-of select="."/><xsl:if test="not(position() =
                    last())">, </xsl:if>
        </xsl:for-each>
    </xsl:otherwise>

</xsl:choose>
```

Cet exemple montre l'initialisation d'une variable (nombreInterprètes), et son utilisation par appel de sa valeur ($nombreInterprètes).

Une variable peut aussi être initialisée par instanciation d'un modèle de transformation littéral, comme ceci :

```
<xsl:variable name="maison">
    <RDC>
        <cuisine surface='12m2'>
            Evier inox. Mobilier encastré.
        </cuisine>
        <WC>
            Lavabo. Cumulus 200L.
        </WC>
        <séjour surface='40m2'>
            Cheminée en pierre. Poutres au plafond.
            Carrelage terre cuite. Grande baie vitrée.
```

```
            </séjour>
            <bureau surface='15m2'>
                Bibliothèque encastrée.
            </bureau>
            <jardin surface='150m2'>
                Palmier en zinc figurant le désert.
            </jardin>
            <garage/>
        </RDC>
    </xsl:variable>
```

Le modèle de transformation peut très bien être calculé (et donc ne pas être entièrement littéral) :

```
<xsl:variable name="mouvement">
    <insert>
        <Ensemble>
            <Nom><xsl:value-of select="NomEnsemble"/></Nom>
            <Direction><xsl:value-of select="Chef"/></Direction>
        </Ensemble>
        <Concert>
            <Date><xsl:value-of select="Date"/></Date>
            <Ville><xsl:value-of select="Ville"/></Ville>
            <Lieu><xsl:value-of select="Salle"/></Lieu>
            <Titre><xsl:value-of select="TitreConcert"/></Titre>
        </Concert>
    </insert>
</xsl:variable>
```

Syntaxe

xsl:variable

```
<xsl:variable name="..." select=" ... expression XPath ... "/>
```

Autre possibilité :

xsl:variable

```
<xsl:variable name="...">
    <!-- modèle de transformation -->
    ... texte ou instructions XSLT ...
    <!-- fin du modèle de transformation -->
</xsl:variable>
```

L'instruction xsl:variable peut aussi apparaître comme instruction de premier niveau.

Règle XSLT typique

Typiquement, les instructions xsl:variable seront réparties à volonté dans le programme XSLT comme ceci :

```xml
<?xml version="1.0" encoding="UCS-2"?>
<xsl:stylesheet xmlns:xsl="http://www.w3.org/1999/XSL/Transform" version="1.0">

    <xsl:output    method='...' encoding='ISO-8859-1' />

    <xsl:variable    name='...' select='...' />

    <xsl:template match="...">
        <xsl:variable    name='...'>
            ...
        </xsl:variable>
        ...
    </xsl:template>

    <xsl:variable    name='...'>
        ...
    </xsl:variable>

    <xsl:template match="...">
        <xsl:variable    name='...' select='...' />
        ...
    </xsl:template>
    ...
</xsl:stylesheet>
```

En effet, une instruction `xsl:variable` peut apparaître à peu près n'importe où dans un programme XSLT ; on peut même la trouver comme enfant direct de l'élément racine `<xsl:stylesheet>` (dans ce cas, c'est une instruction de premier niveau). Cela ne veut pas dire qu'une variable est nécessairement visible (ou utilisable) partout ; il y a des règles de visibilité, comme en C ou Java (voir *Règles de visibilité*, page 212).

Sémantique

En tant qu'instruction XSLT, l'instruction `xsl:variable` peut apparaître dans un modèle de transformation associé à une règle (voir ci-dessus, *Règle XSLT typique*, page 181), ce qui fait qu'il y a en général deux modèles de transformation à distinguer : un propre à la variable elle-même, et un propre à la règle XSLT considérée :

```xml
<?xml version="1.0" encoding="UCS-2"?>
<xsl:stylesheet xmlns:xsl="http://www.w3.org/1999/XSL/Transform" version="1.0">

    <xsl:template match="...">
        <!-- modèle de transformation propre à la règle -->
        ...
        <xsl:variable    name='...'>
            <!-- modèle de transformation propre à la variable -->
            ...
            <!-- fin du modèle de transformation propre à la variable -->
        </xsl:variable>
        ...
```

```
        <!-- fin du modèle de transformation propre à la règle -->
    </xsl:template>
    ...
</xsl:stylesheet>
```

Lorsque le modèle de transformation de la règle est instancié, l'instruction `<xsl:variable>`...`</xsl:variable>` ou `<xsl:variable ...>/>` est remplacée par rien (c'est-à-dire est supprimée : *rien* est la valeur de remplacement). Cela ne veut pas dire qu'elle est ignorée ; cela veut seulement dire que sa contribution au texte produit dans le fragment de résultat, lors de cette instanciation, est nulle : le vrai travail se fait en coulisse.

En effet, la sémantique de l'évaluation de l'instruction `xsl:variable` est celle de l'attachement d'une valeur à un nom. La valeur est elle-même l'association d'une donnée et d'un type qui permet d'interpréter la donnée. Par exemple la donnée *387* sera interprétée comme la valeur *true* si le type est booléen, comme la valeur numérique *387* si le type est Number, et comme la suite de caractères *3,8,7* si le type est String. La variable prend dynamiquement son type d'après celui de la valeur reçue : il n'y a pas de typage statique comme en C ou Java.

La valeur peut être obtenue de deux manières :

- soit c'est le résultat de l'évaluation d'une expression XPath fournie en tant qu'attribut `select`. Rappelons (voir *XPath, un langage d'expressions*, page 40) qu'il y a quatre types de valeurs possibles pour une telle expression : String, Number, Boolean, et Node-set.

  Dans ce cas, l'élément `<xsl:variable name="..." select="..."/>` doit être vide (si la balise de fermeture `<xsl:variable ...>` est présente, il ne doit rien y avoir d'autre que d'éventuels espaces blancs entre `<xsl:variable ...>` et `</xsl:variable>`).

- soit c'est un arbre XML, résultat de l'instanciation du modèle de transformation propre à l'instruction `<xsl:variable name="...">`.

  Dans ce cas, l'attribut `select="..."` ne doit pas être fourni.

  Un tel arbre XML s'appelle un TST (Temporary Source Tree), et le type de la variable est alors soit node-set en XSLT 1.1 ou plus, soit RTF (Result Tree Fragment) en XSLT 1.0.

  Rappelons que cette instanciation se produit lors de l'instanciation du modèle de transformation dans lequel la variable est immergée, si c'est une variable locale ; si c'est une variable globale, l'instanciation se produit juste avant la première étape (voir *Traitement du document XML source*, page 87) du modèle de traitement.

La première possibilité ne pose pas de problème particulier : avec les expressions XPath, on est en terrain connu. Par contre, avec la deuxième, nous voici confrontés à une notion nouvelle : qu'est-ce qu'un *Temporary Source Tree*, et que peut-on en faire ?

Avant de répondre à ces questions, nous allons d'abord voir quelques exemples d'utilisation d'une variable dont la valeur provient d'une expression XPath.

Variables globales et locales

Comme beaucoup d'autres langages de programmation, XSLT fait la différence entre variable globale et variable locale. Une variable locale est une variable définie à l'intérieur d'un modèle de transformation, alors qu'une variable globale est une variable définie à l'extérieur d'une règle XSLT, en tant qu'élément XML enfant direct de l'élément `<xsl:stylesheet>`.

En règle générale, dans les langages traditionnels, les variables globales n'ont pas bonne réputation ; on recommande toujours d'en éviter l'usage, car elle rendent plus difficiles la maintenance et la compréhension des programmes. C'est dû à une raison très simple : une variable globale peut être affectée depuis n'importe quel endroit du programme, rendant ainsi très complexes les relations et les rôles qui s'établissent entre les différentes parties du programme qui mettent à jour cette variable.

En XSLT, plus rien de tout ça, puisque les variables ne sont pas modifiables : il n'y a pas d'inconvénient particulier à déclarer des variables globales.

Utilisation d'une variable

Référencer une variable de nom x, c'est obtenir la valeur attachée au nom x ; cela se fait en écrivant `$x`.

> **Note**
>
> L'expression `$x` peut être vue comme l'application de l'opérateur `$` au nom x, renvoyant la valeur de x. Toutefois, cette interprétation s'éloigne de la grammaire XSLT, car `$` n'est pas un opérateur, et dans l'écriture `$x`, un espace n'est pas autorisé entre le `$` et le x.

Dans une expression XPath

Une référence de variable peut apparaître dans une expression XPath, partout où apparaît une sous-expression renvoyant l'un des types de base en XPath, c'est-à-dire Number, String, Boolean, et Node-set.

Le seul problème que l'on puisse rencontrer pour mettre en pratique cette affirmation, est celui du découpage d'une expression en sous-expressions.

Plus précisément, si l'on construit une expression qui ne manipule que des Number, String ou Boolean, il n'y a aucun problème : on est dans une situation familière, identique à celle des autres langages courants. On peut utiliser une variable là où intuitivement, on en utiliserait une dans un langage comme C ou Java :

```
... select="string-length( concat( $before, $after ) ) - $nbSepar" ...
```

Les difficultés surviennent avec les expressions renvoyant un node-set : ces expressions sont construites à base de chemins de localisation, et la question qui se pose est de savoir si un chemin de localisation est une expression qui peut se décomposer en sous-expressions. Si oui, chaque sous-expression peut alors être remplacée par une référence de variable renvoyant la même valeur.

Il y a déjà un premier élément de réponse assez évident : chaque prédicat est une expression booléenne, elle-même décomposable en sous-expressions : toutes ces expressions sont remplaçables par une référence de variable.

En dehors des prédicats, il n'y a qu'un seul élément, dans un chemin de localisation, qui peut être remplacé par une valeur, c'est l'amorce, qui fournit le node-set des nœuds-contexte (voir *Chemins de localisation*, page 62). L'expression ci-dessous est donc syntaxiquement correcte :

```
$amorce/child::Interprète/child::Nom
```

et pour qu'elle soit sémantiquement correcte, il suffit que la variable amorce soit du type node-set, autrement dit que la référence à cette variable renvoie un node-set.

Ailleurs (en dehors des prédicats), il est impossible de faire figurer une référence de variable, car une étape de localisation n'est pas une expression, un axe de localisation n'est pas une expression, un déterminant n'est pas une expression.

Tout processeur XSLT doit donc refuser (dès la découverte du caractère '$') les expressions suivantes :

```
/$nomAxe::Interprète/child::Nom <!-- faux ! -->
```

```
/child::$nomElement/child::Nom <!-- faux ! -->
```

Dans un motif

Une référence de variable ne peut jamais intervenir dans un motif, c'est-à-dire dans l'expression XPath fournie en tant que valeur de l'attribut match de l'instruction xsl:template (l'instruction xsl:key utilise aussi un motif, de même que l'instruction xsl:number ; ce sont les trois seuls endroits d'un programme XSLT où un motif peut intervenir, et dans ces trois cas, une référence de variable est interdite).

La raison est que cela pourrait introduire une circularité entre la définition de variable et l'évaluation du motif ; on verra cela plus en détail à la section *Règles de visibilité pour les variables globales*, page 212.

Exemple d'utilisation d'une variable

Reprenons le programme XSLT vu pour l'instruction xsl:choose (voir *Exemple*, page 176).

ProgrammeConcert.xsl

```
<?xml version="1.0" encoding="UCS-2"?>
<xsl:stylesheet xmlns:xsl="http://www.w3.org/1999/XSL/Transform" version="1.0">

    <xsl:output  method='text' encoding='ISO-8859-1' />

    <xsl:template match="Role">

        *<xsl:value-of select="normalize-space(./child::text())"/> :
        <xsl:choose>
```

```
                    <xsl:when test="count(./Interprète) = 1 ">
                        <xsl:value-of select="Interprète"/>
                    </xsl:when>

                    <xsl:when test="count(./Interprète) = 2 ">
                        <xsl:value-of select="Interprète[1]"/> et <xsl:value-of
                                    select="Interprète[2]"/>
                    </xsl:when>

                    <xsl:otherwise>
                        <xsl:for-each select="Interprète">
                            <xsl:value-of select="."/><xsl:if test="not(position() =
                                    last())">, </xsl:if>
                        </xsl:for-each>
                    </xsl:otherwise>

                </xsl:choose>

        </xsl:template>

        <xsl:template match="text()"/>

    </xsl:stylesheet>
```

Nous pourrions réécrire ce programme comme ceci :

ProgrammeConcert.xsl

```
<?xml version="1.0" encoding="UCS-2"?>
<xsl:stylesheet xmlns:xsl="http://www.w3.org/1999/XSL/Transform" version="1.0">

    <xsl:output  method='text' encoding='ISO-8859-1' />

    <xsl:template match="Role">

        *<xsl:value-of select="normalize-space(./child::text())"/> :
        <xsl:variable name="nombreInterprètes" select="count(./Interprète)" />
        <xsl:choose>

            <xsl:when test="$nombreInterprètes = 1 ">
                <xsl:value-of select="Interprète"/>
            </xsl:when>

            <xsl:when test="$nombreInterprètes = 2 ">
                <xsl:value-of select="Interprète[1]"/> et <xsl:value-of
                            select="Interprète[2]"/>
            </xsl:when>

            <xsl:otherwise>
                <xsl:for-each select="Interprète">
                    <xsl:value-of select="."/><xsl:if test="not(position() =
```

```
                          last())")>, </xsl:if>
              </xsl:for-each>
          </xsl:otherwise>

       </xsl:choose>

    </xsl:template>

    <xsl:template match="text()"/>

</xsl:stylesheet>
```

La variable *nombreInterprètes* est une variable locale, qui n'apporte pas grand-chose au programme, il est vrai, étant donné sa simplicité. Mais on entrevoit tout de même l'intérêt qu'il peut y avoir à utiliser une variable au lieu d'une valeur dans une expression : c'est d'apporter un confort de lecture appréciable, notamment quand l'expression qui lui a donné sa valeur est compliquée, et que le nom de la variable est suffisamment sémantique pour éclairer la signification de l'expression en question (il faut ici se rappeler que ce qui coûte cher, ce n'est pas d'écrire un programme, mais de le maintenir ; or le maintenir, c'est constamment le relire ; c'est pourquoi il est préférable d'optimiser la facilité de lecture d'un programme, que d'en optimiser la facilité d'écriture).

Il y a par contre un cas où une variable est nécessaire, c'est celui où on veut manipuler un TST, puisque par définition, l'existence d'un TST implique celle d'un modèle de transformation associé à une variable.

Evaluation d'une variable globale

La déclaration d'une variable nécessite en général l'évaluation d'au moins une expression XPath, contenue dans l'attribut `select` de la déclaration, ou contenue dans le modèle de transformation associé à la variable si sa valeur est un TST. Or, on sait qu'une expression XPath ne peut généralement pas être évaluée dans l'absolu : il faut un nœud contexte et une liste contexte (pour une variable locale, il n'y a pas de problème, puisqu'elle est déclarée dans un modèle de transformation, qui est toujours instancié relativement à un nœud contexte et une liste contexte).

La règle est donc qu'une variable globale est évaluée relativement à un nœud contexte qui est le nœud racine de l'arbre XML du document, et avec une liste contexte qui est la liste ne contenant que ce nœud.

Exemple

Dans cet exemple, on dispose d'un extrait XMLisé d'une base de données produits (catalogue) :

BaseProduits.xml

```
<?xml version="1.0" encoding="UCS-2" standalone="yes"?>
```

```
<BaseProduits>

    <LesProduits>

        <Livre ref="vernes1" NoISBN="193335" gamme="roman" media="papier">
            <refOeuvre>
                <Ref valeur="200001slm"/>
            </refOeuvre>
            <Prix valeur="40.5" monnaie="FF"/>
            <Prix valeur="5" monnaie="£"/>
        </Livre>

        <Livre ref="boileaunarcejac1" NoISBN="533791" gamme="roman" media="papier">
            <refOeuvre>
                <Ref valeur="liatlc.bn"/>
            </refOeuvre>
            <Prix valeur="30" monnaie="FF"/>
            <Prix valeur="3" monnaie="£"/>
        </Livre>

        <Enregistrement ref="marais1" RefEditeur="LC000280"
                                        gamme="violedegambe" media="CD">
            ... sans intérêt pour l'exemple
        </Enregistrement>

        <Matériel ref="HarKar1" refConstructeur="XL-FZ158BK" gamme="lecteurCD"
                                                    marque="HarKar">
            ... sans intérêt pour l'exemple
        </Matériel>

        <Livre ref="phbeaussant1" NoISBN="138301" gamme="essai" media="papier">
            <refOeuvre>
                <Ref valeur="vadb.phb"/>
            </refOeuvre>
            <Prix valeur="60" monnaie="FF"/>
            <Prix valeur="8" monnaie="£"/>
        </Livre>

    </LesProduits>

    <LesOeuvres>
        <Oeuvre ref="200001slm">
            <Titre> Vingt mille lieues sous les mers </Titre>
            <refAuteurs>
                <Ref valeur="JVernes"/>
            </refAuteurs>
        </Oeuvre>
        <Oeuvre ref="marais.folies">
            <Titre> Les Folies d'Espagne </Titre>
            <refAuteurs>
                <Ref valeur="MMarais"/>
```

```
                    </refAuteurs>
                </Oeuvre>
                <Oeuvre ref="vadb.phb">
                    <Titre> Vous avez dit baroque ? </Titre>
                    <refAuteurs>
                        <Ref valeur="PhBeaussant"/>
                    </refAuteurs>
                </Oeuvre>
                <Oeuvre ref="marais.pieces1685">
                    <Titre> Pièces de viole en manuscrit </Titre>
                    <refAuteurs>
                        <Ref valeur="MMarais"/>
                    </refAuteurs>
                </Oeuvre>
                <Oeuvre ref="liatlc.bn">
                    <Titre> L'ingénieur aimait trop les chiffres </Titre>
                    <refAuteurs>
                        <Ref valeur="PBoileau"/>
                        <Ref valeur="ThNarcejac"/>
                    </refAuteurs>
                </Oeuvre>
            </LesOeuvres>

            <!-- ... suite du fichier sans intérêt pour l'exemple ... -->

        </BaseProduits>
```

En supposant que l'état du catalogue est fourni par les éléments contenus dans l'élément <LesProduits>, on veut obtenir la liste des titres d'œuvres correspondant à un livre au catalogue.

Pour chaque <Oeuvre>, on va donc rechercher si celle-ci correspond à un livre ; si oui, on sort le titre de l'œuvre.

BaseProduits.xsl

```
<?xml version="1.0" encoding="UCS-2"?>
<xsl:stylesheet xmlns:xsl="http://www.w3.org/1999/XSL/Transform" version="1.0">

    <xsl:output  method='text' encoding='ISO-8859-1' />

    <xsl:variable name="livresAuCatalogue"
                  select="/BaseProduits/LesProduits/Livre"/>

    <xsl:template match="Oeuvre">

        <xsl:variable name="oeuvreCourante" select="."/>

        <xsl:for-each select="$livresAuCatalogue">
            <xsl:if test="$oeuvreCourante/@ref = ./refOeuvre/Ref/@valeur">
                - <xsl:value-of select="$oeuvreCourante/Titre"/>
            </xsl:if>
```

```
            </xsl:for-each>
        </xsl:template>


        <xsl:template match="text()"/>

    </xsl:stylesheet>
```

Pour ce faire, on déclare une variable globale `livresAuCatalogue` dont la valeur est un node-set contenant tous les éléments `<Livre>` de l'élément `<LesProduits>`. Cette variable n'est pas absolument indispensable, car il aurait été possible d'écrire l'expression XPath `/BaseProduits/LesProduits/Livre` directement comme valeur d'attribut `select` de l'instruction `xsl:for-each`. Néanmoins, c'est plus clair, car plus proche de la sémantique métier, de parler de *livre au catalogue*, que de `/BaseProduits/LesProduits/Livre`.

La variable `livresAuCatalogue` est une variable globale, donc le calcul de sa valeur se fait en prenant la racine de l'arbre XML du document comme nœud contexte. Mais ici, l'expression XPath à calculer est un chemin absolu, ce qui rend inutile la connaissance du nœud contexte. Il aurait toutefois été possible et équivalent d'écrire :

```
<xsl:variable name="livresAuCatalogue" select="BaseProduits/LesProduits/Livre"/>
```

Cela aurait donné le même résultat, étant donné le nœud contexte utilisé.

Ceci étant, la suite du programme montre un exemple d'emploi de variable (locale, cette fois-ci), dont il serait plus difficile de se passer. En effet, la variable `oeuvreCourante` permet de garder au chaud le nœud courant, sachant qu'on va bientôt le perdre, à cause de l'instruction `xsl:for-each`. Dans le modèle d'instanciation du `xsl:for-each`, le nœud courant parcourt l'ensemble des livres au catalogue ; on n'a donc plus la possibilité de connaître l'œuvre en cours, à moins de l'avoir sauvegardée dans une variable. C'est ce qui est fait ici.

Le critère de sortie d'un titre est que l'attribut `ref` de l'œuvre courante soit égal à l'attribut `valeur` de la `Ref` de la `refOeuvre` du *livre au catalogue* courant.

Et voici le résultat obtenu :

Résultat

```
            - Vingt mille lieues sous les mers
            - Vous avez dit baroque ?
            - L'ingénieur aimait trop les chiffres
```

Il aurait été possible de prendre le problème à l'envers : c'est-à-dire d'écrire une règle pour les `<Livre>`, et d'aller chercher l'œuvre correspondante :

BaseProduits.xsl

```
<?xml version="1.0" encoding="UTF-16"?>
<xsl:stylesheet xmlns:xsl="http://www.w3.org/1999/XSL/Transform" version="1.0">

    <xsl:output  method='text' encoding='ISO-8859-1' />
```

```
        <xsl:variable name="lesOeuvres" select="BaseProduits/LesOeuvres/Oeuvre"/>

        <xsl:template match="Livre">
            <xsl:variable name="reference" select="./refOeuvre/Ref/@valeur"/>
            - <xsl:value-of
                select="$lesOeuvres/Titre[
                    parent::Oeuvre[
                        @ref = $reference
                    ]
                ]"/>
        </xsl:template>

        <xsl:template match="text()"/>

</xsl:stylesheet>
```

> **Remarque**
>
> La section qui suit est à rapprocher de la remarque *Nœud courant - Nœud contexte*, page 89, qui anticipait sur ce qui est expliqué maintenant, en montrant qu'il y a lieu de distinguer nœud courant et nœud contexte, même s'ils sont souvent confondus.

Le programme est un peu plus simple (pas de xsl:for-each, ni de xsl:if), par contre l'une des expressions XPath utilisées est nettement plus compliquée.

Là encore, deux variables sont utilisées, mais aucune n'est réellement nécessaire. La variable globale pourrait être facilement supprimée ; la variable locale un peu moins facilement. Pourquoi ? Remarquons d'abord que des <Oeuvre> qui sont des parents de <Titre>, il n'y en a pas qu'une ; donc le processeur XSLT est bien obligé de faire une boucle en interne pour rechercher celle qui correspond au critère sur les références. Cette boucle fait évoluer le nœud contexte, qui va tour à tour désigner chacune des œuvres possibles ; et pour chacune d'elles, le prédicat [@ref = $reference] sera évalué, avec une valeur de @ref différente à chaque fois.

Si l'on veut se passer de la variable locale reference, il faut donc écrire quelque chose du genre :

```
parent::Oeuvre[ @ref = ./refOeuvre/Ref/@valeur ] <!-- faux !! -->
```

L'intention est correcte, mais cela ne marche pas, parce que le « . » dans ./refOeuvre/Ref/@valeur désigne le nœud contexte (c'est-à-dire self::node(), en notation longue). Or, précisément, comme on vient de le voir, le nœud contexte n'est pas stable dans l'évaluation du prédicat. Il faut réellement pouvoir récupérer ici le nœud courant, et pour cela, il n'y a que deux solutions : soit utiliser une variable (déjà vu), soit utiliser la fonction prédéfinie current(), qui, comme son nom l'indique, renvoie le nœud courant.

On pourrait donc se passer de variable en écrivant la règle ainsi :

```
<xsl:template match="Livre">
    - <xsl:value-of
```

```
        select="/BaseProduits/LesOeuvres/Oeuvre/Titre[
            parent::Oeuvre[
                @ref = current()/refOeuvre/Ref/@valeur
            ]
        ]"/>
</xsl:template>
```

Personnellement, je préfère la version avec variable, parce qu'elle me semble plus claire et plus lisible.

Temporary Source Tree

Un Temporary Source Tree (ou TST) est l'arbre XML qui résulte de l'instanciation d'un modèle de transformation.

Lorsque ce modèle de transformation est associé à une instruction `<xsl:variable>`, le TST représente alors la valeur de cette variable, et c'est donc la valeur renvoyée comme résultat lorsqu'on référence la variable.

Remarque

C'est ici qu'il y a une divergence assez profonde entre XSLT 1.0 et XSLT 1.1

Plus précisément, ce qui est renvoyé comme résultat, en XSLT 1.1 ou plus, c'est un node-set ne contenant qu'un seul élément, à savoir la racine de l'arbre ainsi construit.

Donc, lorsqu'une telle variable est instanciée (en XSLT 1.1 ou plus), il y a alors au moins deux sources XML pour le programme XSLT : la première, qui existe de toute façon toujours, est l'arbre XML construit d'après le document source à traiter ; la deuxième est l'arbre XML qui résulte de l'instanciation de la variable en question.

Note

Par contre, en XSLT 1.0, la valeur d'une variable contenant un TST n'est pas de type node-set, mais d'un type spécial, *Result Tree Fragment* (RTF), propre à XSLT 1.0, et qui a disparu en XSLT 1.1 (voir *Result Tree Fragment (XSLT 1.0)*, page 208). Le fait que ce ne soit pas un node-set interdit l'application d'expressions XPath au TST obtenu en référençant la variable. Le TST, en XSLT 1.0, n'est donc pas une source XML à part entière.

En XSLT 1.1 ou plus, au contraire, l'arbre XML construit d'après le document source à traiter, et le TST qui résulte de l'instanciation d'une variable contenant un modèle de transformation sont traités à égalité de nature, notamment en ce qui concerne la possibilité de leur appliquer des expressions XPath. TST est bien sûr une dénomination qui convient pour le futur de XSLT tel qu'on peut le comprendre au travers du *Working Draft XSLT 1.1* ou du *Working Draft XSLT 2.0*, mais il faut savoir que ce n'est pas du tout une dénomination officielle du W3C.

Temporary Tree est une nouvelle dénomination, initialement proposée par Michael Kay dans la deuxième édition de son ouvrage de référence sur XSLT (parue après la publication du *Working Draft XSLT 1.1*), que j'ai légèrement modifiée en *Temporary Source Tree*, pour mettre en évidence la notion de *source*, qui me semble ici très importante. Le qualificatif de « temporaire » associé à un TST vient de ce qu'un TST n'a d'existence que durant l'exécution, et que cette existence est limitée à celle de la variable à laquelle il est accroché.

> Si Michael Kay a été obligé d'inventer un nouveau terme, c'est parce que le *Working Draft XSLT 1.1* n'en propo-
> sait tout simplement pas. Pour les besoins des explications, Michael Kay a dû trouver un nom pour désigner un
> arbre constituant la valeur d'une variable, et il a choisi *Temporary Tree*. Plus tard, Michael Kay est devenu rédac-
> teur de publication de la recommandation W3C pour XSLT 2.0, et le premier Working Draft (20 décembre 2001)
> a introduit la notion de *Temporary Tree*.
>
> Personnellement, j'aurais préféré parler de *Primary Source Tree*, pour désigner l'arbre source provenant du docu-
> ment source à traiter, et de *Secondary Source Trees*, pour parler des arbres liés aux variables du programme.
> Néanmoins, comme l'ouvrage de Michael Kay est une référence, et que le Working Group XSL du W3C semble
> lui emboîter le pas, il me semble préférable de ne pas trop m'écarter de sa proposition, afin de ne pas dérouter
> les lecteurs avec une dénomination exotique.

Il y a plusieurs variantes de TST, qui sollicitent plus ou moins le moteur XSLT, mais ces
variantes ne dépendent pas de la version (1.0 ou 1.1 et plus) de XSLT considérée. En
effet, tant qu'on ne cherche pas à utiliser un TST, mais seulement à le construire, il n'y a
aucune différence entre XSLT 1.0 et XSLT 1.1. C'est ce qui était rageant en XSLT 1.0 :
on pouvait construire des TST tant qu'on voulait, mais il n'y avait pratiquement rien
d'intéressant pour les manipuler une fois construits. Les variantes que nous allons maintenant voir sont des variantes de construction, et non des variantes d'utilisation.

TST obtenu littéralement

La variante la plus simple, et qui sollicite le moins le moteur XSLT, est celle qui ne
contient aucun élément du domaine nominal "xsl: ; le TST est obtenu à partir d'un
modèle de transformation littéral, qui ne contient donc aucun élément calculé.

Exemple :

```
<xsl:variable name="maison">
    <RDC>
        <cuisine surface='12m2'>
            Evier inox. Mobilier encastré.
        </cuisine>
        <WC>
            Lavabo. Cumulus 200L.
        </WC>
        <séjour surface='40m2'>
            Cheminée en pierre. Poutres au plafond.
            Carrelage terre cuite. Grande baie vitrée.
        </séjour>
        <bureau surface='15m2'>
            Bibliothèque encastrée.
        </bureau>
        <jardin surface='150m2'>
            Palmier en zinc figurant le désert.
        </jardin>
        <garage/>
    </RDC>
</xsl:variable>
```

Cette variable est donc liée à un TST construit à partir d'un fragment de document XML parfaitement correct, c'est-à-dire bien formé : un seul élément racine, et structure d'arbre respectée.

Le TST en question est tout simplement l'arbre XML résultant (voir figure 5-2).

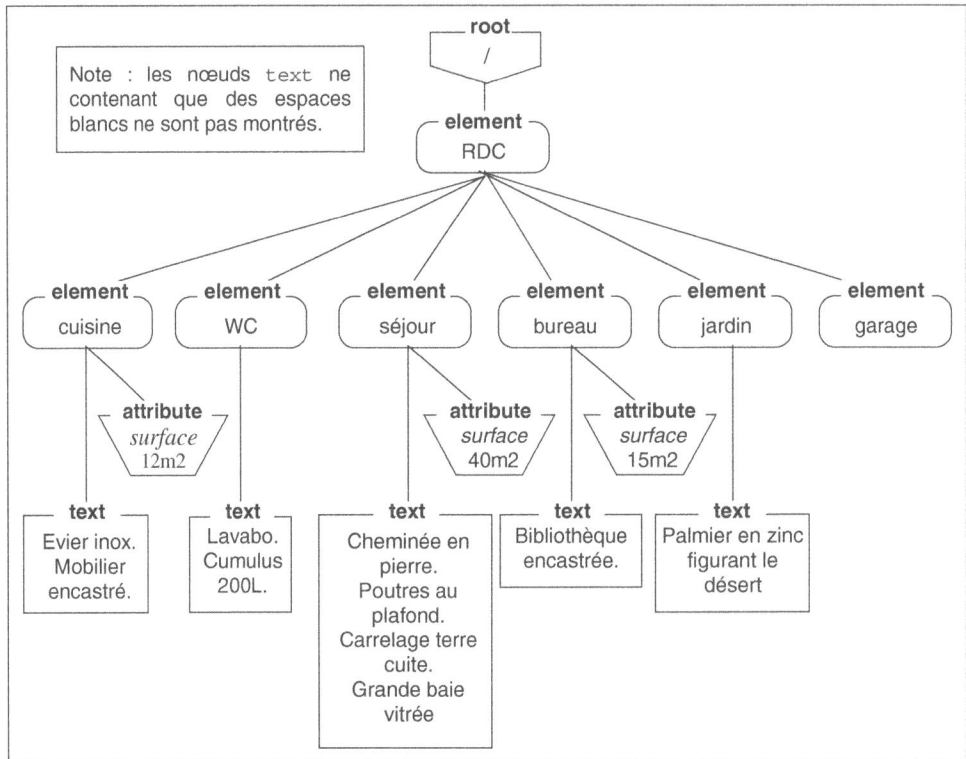

Figure 5-2

Temporary Source Tree attaché à la variable « maison ».

Note

Les nœuds de type *text* ne contenant que des espaces blancs ne sont pas montrés, afin de ne pas surcharger la figure ; pour voir ce que cela donne quand on en tient compte, voir figure 5-3.

Mais la structure d'arbre que doit vérifier un TST pour être correct est moins contraignante que celle imposée par le standard XML pour un document XML. En effet, XML impose qu'un document commence par un seul élément, appelé élément racine du document (la racine de l'arbre XML n'a donc qu'un seul enfant, qui est l'élément racine du document) ; un TST est dispensé de cette contrainte : non seulement il peut y avoir plusieurs éléments au premier niveau de l'arbre, mais de plus, il peut y avoir du texte non balisé. La forme la plus générale d'un TST obtenu littéralement est donc tout simplement celle qui résulte de l'instanciation d'un modèle de transformation littéral (voir *Modèle de transformation littéral*, page 81), comme ceci :

```
<xsl:variable name="instrument">
    viole de gambe
    <Interprète> Rika Murata </Interprète>
    <Interprète> Martin Bauer </Interprète>
    <Interprète> Sophie Watillon </Interprète>
</xsl:variable>
```

Ici, la racine du TST résultat de l'évaluation de la variable instrument n'a pas un enfant unique, comme ce devrait être le cas pour un document XML ; il y a en fait sept enfants accrochés à la racine du TST (« \n » désigne une fin de ligne, et « \t » une tabulation) :

- un premier enfant de type text : **\n\t**viole de gambe**\n\t** ;

- un deuxième enfant de type element : `<Interprète> Rika Murata </Interprète>` ;

- un troisième enfant de type text : **\n\t** ;

- un quatrième enfant de type element : `<Interprète> Martin Bauer </Interprète>` ;

- un cinquième enfant de type text : **\n\t** ;

- un sixième enfant de type element : `<Interprète> Sophie Watillon </Interprète>` ;

- un septième enfant de type text : **\n\t**.

La figure 5-3 donne une représentation graphique de cette structure d'arbre ; on pourra comparer avec la figure 6-2 qui montre une structure d'arbre XML correct.

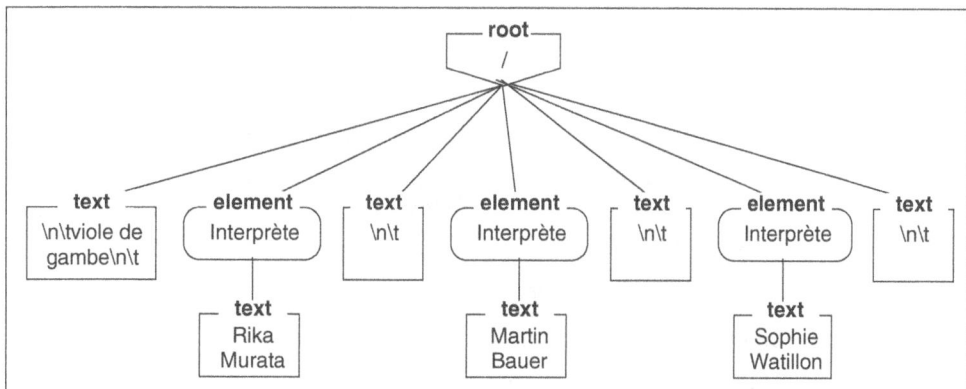

Figure 5-3

Un TST sans élément racine unique.

TST calculé

Lorsque le modèle de transformation associé à une instruction `xsl:variable` contient des instructions XSLT (c'est-à-dire des éléments XML préfixés par "`xsl:`"), le TST n'est plus obtenu littéralement, il est calculé. Exemple :

```
<xsl:variable name="mouvement">
    <insert>
        <Ensemble>
            <Nom><xsl:value-of select="NomEnsemble"/></Nom>
            <Direction><xsl:value-of select="Chef"/></Direction>
        </Ensemble>
        <Concert>
            <Date><xsl:value-of select="Date"/></Date>
            <Ville><xsl:value-of select="Ville"/></Ville>
            <Lieu><xsl:value-of select="Salle"/></Lieu>
            <Titre><xsl:value-of select="TitreConcert"/></Titre>
        </Concert>
    </insert>
</xsl:variable>
```

Le TST obtenu en évaluant la variable `mouvement` est un arbre XML d'élément racine `<insert>`, dont la descendance est constituée d'éléments fixes (`Ensemble`, `Nom`, `Date`, etc.) : le squelette est immuable, mais les contenus des nœuds `text` qui lui sont rattachés sont calculés, donc sont variables en fonction du document XML qui subit la transformation XSLT.

Note

Il y aurait une autre façon d'envisager un TST calculé, où le nom des éléments seraient eux-mêmes calculés, au lieu d'être fixes comme ici. C'est possible à réaliser, il faut pour cela utiliser l'instruction *xsl:element*. Nous verrons cela dans le chapitre sur les instructions de création (voir *Instruction xsl:element*, page 272).

TST-texte

Il y a un cas particulier très fréquent de TST : c'est celui où le TST ne contient que du texte. On peut dire que c'est une forme dégénérée, en ce sens qu'il n'y a plus vraiment de structure d'arbre, mais un simple nœud texte rattaché à la racine. Le TST est alors à peu près équivalent à une String. Exemple :

```
<xsl:variable name="instrument">saqueboute</xsl:variable>
```

On peut comparer cette déclaration de variable à celle-ci :

```
<xsl:variable name="instrument" select="'saqueboute'"/>
```

Concrètement, ces deux déclarations sont interchangeables, du moins si le but est d'avoir une variable qui contienne une chaîne de caractères. En effet nous verrons (voir *Opérations sur un TST (XSLT 1.1 ou plus)*, page 198) qu'un TST peut toujours être converti en String ; dans le cas ci-dessus, il est clair que la conversion est triviale.

On remarquera au passage que la déclaration avec un modèle de transformation est plus simple que celle avec l'attribut `select`, dans le cas où la valeur à attribuer est une String littérale. En effet, pour indiquer une String littérale en tant que valeur d'attribut, il faut deux niveaux de guillemets ou apostrophes :

```
<xsl:variable name="instrument" select="saqueboute"/> <!-- faux ! -->
```

Dans la déclaration ci-dessus, ce n'est pas la String littérale `"saqueboute"` qui est fournie comme valeur d'attribut, c'est une expression Xpath qui est la forme courte de `child::saqueboute`. L'expression va donc sélectionner un node-set constitué de tous les éléments fils du nœud contexte qui sont des `<saqueboute>` ; il y a donc toutes les chances que le résultat soit un node-set vide. Ensuite, si l'on référence la variable en question en écrivant `$instrument` là ou une String est attendue, le node-set (vide) sera converti en String, ce qui donnera une String vide, et donc un résultat inattendu. Ce genre d'erreur n'est pas forcément évident à détecter.

Un TST réduit à un nœud texte n'est pas nécessairement obtenu littéralement ; il est même fréquent qu'un TST-texte soit calculé. Exemple :

```
<xsl:variable name="result">
    <xsl:value-of select='concat( $replacement, .)'/>
</xsl:variable>
```

Dans cet exemple, la variable `result` est associée à un modèle de transformation, dont l'instanciation donne donc un TST. Ce TST contient une String dont la valeur est fournie par une instruction `xsl:value-of` (dont l'attribut *select* contient une expression sans importance pour les explications) au lieu d'être littérale comme dans l'exemple précédent.

On peut aller plus loin dans la complexité du modèle de transformation, sans que cela change la structure de TST-texte que l'on obtient lors de l'instanciation, même si cela semble moins évident à la lecture :

```
<xsl:variable name="result">
    <xsl:variable name="begin" select="$fragments[position() = 1]"/>

    <xsl:choose>
        <xsl:when test="starts-with( $unTexte, $givenChar )">
            <xsl:value-of select="$replacement"/>
            <xsl:value-of select="$begin"/>
        </xsl:when>
        <xsl:otherwise>
            <xsl:value-of select="$begin"/>
        </xsl:otherwise>
    </xsl:choose>

    <xsl:for-each select="$fragments[position() &gt; 1]">
        <xsl:value-of select='concat( $replacement, .)'/>
    </xsl:for-each>

</xsl:variable>
```

Cette fois, le modèle de transformation à instancier est nettement plus compliqué ; mais la variable `result` est toujours associée à un TST composé d'une racine à laquelle est rattaché un seul nœud `text`, contenant une chaîne de caractères qui est ici constituée petit à petit par tout un algorithme (sans intérêt pour les explications qui suivent).

Il faut remarquer que pour faciliter l'écriture de cet algorithme, une variable auxiliaire `begin` a été utilisée : et de fait, une instruction `xsl:variable` pouvant apparaître dans tout modèle de transformation, rien n'interdit qu'elle apparaisse dans un modèle de transformation lui-même associé à une déclaration de variable. Dans cet algorithme, seules les instructions `xsl:value-of` vont en fin de compte contribuer à constituer la chaîne de caractères finale, que l'on retrouvera comme valeur du nœud texte du TST instancié.

En effet, lors de l'instanciation de ce modèle de transformation, seules les instructions `xsl:value-of` seront remplacées par quelque chose ; toutes les autres (`xsl:variable`, `xsl:choose`, `xsl:when`, `xsl:otherwise`, `xsl:for-each`) sont remplacées par rien (c'est-à-dire sont supprimés : *rien* est la valeur de remplacement).

Opérations sur un TST (XSLT 1.1 ou plus)

Attention

Ce qui est dit dans cette section ne s'applique pas à XSLT 1.0, mais aux versions ultérieures.

Un TST est instancié lors du calcul de la valeur d'initialisation d'une variable possédant un modèle de transformation ; quand on référence cette variable, on reçoit en retour un node-set ne contenant qu'un seul nœud, la racine du TST.

Ce node-set est alors utilisable partout où un node-set est attendu, et on peut appliquer à ce node-set toutes les fonctions XSLT ou expressions XPath standard.

En particulier, il est assez fréquent qu'un TST soit converti en String, car il est assez fréquent qu'un TST soit utilisé dans sa forme dégénérée, réduite à un simple texte. Dans ce cas, si on fournit un TST alors qu'une String est attendue, il y a conversion implicite du TST en String. Cette conversion peut intervenir aussi bien dans le cas où le TST est un arbre à part entière (c'est-à-dire un arbre qui n'est pas réduit à un nœud texte : la conversion d'un node-set en String s'applique alors), mais c'est moins intéressant, donc plus rarement utilisé.

Dans toute cette section, concernant l'utilisation d'un TST en XSLT1.1 ou plus, nous fournirons des exemples avec la convention utilisée par Saxon 6.5, le processeur XSLT de Michael Kay. Avec Saxon 6.5, la manipulation de TST au sein d'expressions XPath peut se faire sans conversion explicite en node-set, à condition de préciser une valeur supérieure à '1.0' (par exemple '1.1') pour l'attribut version de l'élément `<xsl:stylesheet>`, comme ceci :

Utilisation transparente d'un TST avec Saxon 6.5

```
<xsl:stylesheet
   xmlns:xsl="http://www.w3.org/1999/XSL/Transform"
   version="1.1">
```

Exemples d'utilisation d'un TST (XSLT 1.1 ou plus)

Utilisation d'un TST obtenu littéralement (XSLT 1.1 ou plus)

Un TST obtenu littéralement sert en général à définir des constantes symboliques structurées. Ce sont des constantes parce que rien n'est calculé, et elles sont symboliques parce que le nom des balises employées va pouvoir servir à les référencer, grâce à une expression XPath adéquate.

Imaginons par exemple que l'on veuille obtenir une série de pages HTML ayant toutes le même en-tête ; on pourrait bien sûr déclarer plusieurs variables entêteGauche, entête-Centre, et entêteDroite, et les référencer là où on a besoin. Mais les avantages d'utiliser des variables structurées (comme celles de type struct en C) sont connus ; ici on peut structurer ces trois informations en les regroupant de façon hiérarchique :

> **Note**
>
> Obtenir une série de pages HTML implique bien sûr que l'on sache créer plusieurs fichiers de sortie, dont le nom est fourni par une expression adéquate (de façon à obtenir par exemple *page1.html*, *page2.html*, etc.). Là encore, il faudra patienter jusqu'à la version 2.0 du standard XSLT ; en attendant, on continuera à utiliser une fonction d'extension disponible (malheureusement sous des formes très diverses) avec les principaux processeurs XSLT du marché. Un exemple est disponible à la section *Pattern n° 20 – Génération de documents multiples*, page 563.

```
<xsl:variable name="entête">
    <hautDePage>
        <gauche>
            musique
        </gauche>
        <centre>
            Anacréon
        </centre>
        <droite>
            baroque
        </droite>
    </hautDePage>
</xsl:variable>
```

Voici le programme XSLT :

Concerts.xsl

```
<?xml version="1.0" encoding="UTF-16"?>
<xsl:stylesheet
   xmlns:xsl="http://www.w3.org/1999/XSL/Transform"
   version="1.1">

   <xsl:output  method='html' encoding='ISO-8859-1' />

   <xsl:variable name="entête">
      <hautDePage>
```

```
            <gauche>
               musique
            </gauche>
            <centre>
               Anacréon
            </centre>
            <droite>
               baroque
            </droite>
        </hautDePage>
</xsl:variable>

<xsl:template match="/">
    <html>
        <head>
            <title><xsl:value-of select="/Concert/Entête"/></title>
        </head>
        <body bgcolor="white" text="black">
        <TABLE valign="top" width="100%" height="2%" BORDER="0" >
           <TR>
           <TD align="left">
               <xsl:value-of
               select="$entête/hautDePage/gauche"/>
           </TD>
           <TD   align="center">
               <xsl:value-of
               select="$entête/hautDePage/centre"/>
           </TD>

           <TD   align="right">
               <xsl:value-of
               select="$entête/hautDePage/droite"/>
           </TD>

           </TR>
        </TABLE>
        <xsl:apply-templates/>
        </body>
    </html>
</xsl:template>

<xsl:template match="Entête">
   <p> <xsl:value-of select="."/> présentent </p>
</xsl:template>

<xsl:template match="Date">
   <H1 align="center"> Concert du <xsl:value-of select="."/> </H1>
</xsl:template>

<xsl:template match="Lieu">
   <H4 align="center"> <xsl:value-of select="."/> </H4>
```

```
    </xsl:template>

    <xsl:template match="Ensemble">
        <H2 align="center"> Ensemble <xsl:value-of select="."/></H2>
    </xsl:template>

    <xsl:template match="Compositeurs">
        <H3 align="center"> Oeuvres de <br/> <xsl:value-of select="."/> </H3>
    </xsl:template>

    <xsl:template match="text()"/>
</xsl:stylesheet>
```

On applique cette feuille de style au fichier suivant (en faisant abstraction du problème de la génération de pages HTML multiples) :

Concerts.xml

```
<?xml version="1.0" encoding="UTF-16" standalone="yes"?>

<Concert>

    <Entête> Les Concerts d'Anacréon </Entête>
    <Date>Jeudi 17 janvier 2002, 20H30</Date>
    <Lieu>Chapelle des Ursules</Lieu>

    <Ensemble> "A deux violes esgales" </Ensemble>

    <Interprète>
        <Nom> Jonathan Dunford </Nom>
        <Instrument>Basse de viole</Instrument>
    </Interprète>

    <Interprète>
        <Nom> Sylvia Abramowicz </Nom>
        <Instrument>Basse de viole</Instrument>
    </Interprète>

    <Interprète>
        <Nom> Benjamin Perrot </Nom>
        <Instrument>Théorbe et Guitare baroque</Instrument>
    </Interprète>

    <TitreConcert>
        Folies d'Espagne et diminutions d'Italie
    </TitreConcert>

    <Compositeurs>
        <Compositeur>M. Marais</Compositeur>
        <Compositeur>D. Castello</Compositeur>
        <Compositeur>F. Rognoni</Compositeur>
```

```
        </Compositeurs>
    </Concert>
```

On obtient le résultat suivant (voir aussi figure 5-4) :

<u>**Concerts.html**</u>

```
<html xmlns:xalan="http://xml.apache.org/xalan">
<head>
<META http-equiv="Content-Type" content="text/html; charset=ISO-8859-1">
<title> Les Concerts d&rsquo;Anacr&eacute;on </title>
</head>
<body text="black" bgcolor="white">
<TABLE BORDER="0" height="2%" width="100%" valign="top">
<TR>
<TD align="left">
            musique
        </TD><TD align="center">
            Anacr&eacute;on
        </TD><TD align="right">
            baroque
        </TD>
</TR>
</TABLE>
<H1 align="center"> Concert du Jeudi 17 janvier 2002, 20H30</H1>
</body>
</html>
```

Figure 5-4

*Transformation par
Concerts.xsl.*

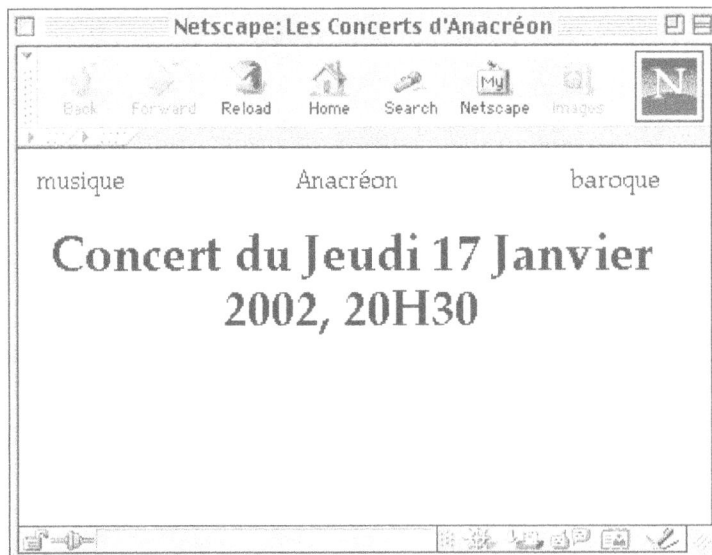

Utilisation d'un TST calculé (XSLT 1.1 ou plus)

On suppose ici que nous devons maintenir une base de données qui contient des ensembles, et des dates et lieux de concerts, en vue d'éditer un catalogue de festivals d'été, par exemple.

Cette base de données est mise à jour de différentes manières ; l'une d'entre elles consiste à exploiter trois fichiers qui arrivent périodiquement d'une source extérieure : un fichier rawInsert.xml, qui contient des insertions à effectuer ; un ficher rawUpdate.xml, qui contient des mises à jour, et rawDelete.xml, qui contient des suppressions.

Le fichier rawInsert.xml ressemble à ceci :

rawInsert.xml

```
<?xml version="1.0" encoding="UTF-16" standalone="yes"?>
<insertions>
    <Concert>
        <NomEnsemble>A deux violes esgales</NomEnsemble>
        <Chef>-</Chef>
        <Date>Jeudi 17 janvier 2002, 20H30</Date>
        <Ville>Angers</Ville>
        <Salle>Chapelle des Ursules</Salle>
        <TitreConcert>
            Folies d'Espagne et diminutions d'Italie
        </TitreConcert>
    </Concert>
    <Concert>
        <NomEnsemble>La Cetra d'Orfeo</NomEnsemble>
        <Chef>Michel Keustermans</Chef>
        <Date>Mercredi 20 Mars 2002, 20H30</Date>
        <Ville>Bordeaux</Ville>
        <Salle>Théâtre</Salle>
        <TitreConcert>
            Habendmusiken
        </TitreConcert>
    </Concert>
    <Concert>
        <NomEnsemble>Suonare e cantare</NomEnsemble>
        <Chef>Jean Gaillard</Chef>
        <Date>Vendredi 26 octobre 2001, 20H30</Date>
        <Ville>Nantes</Ville>
        <Salle>Musée des Beaux-Arts</Salle>
        <TitreConcert>
            Madrigali e altre musiche concertate
        </TitreConcert>
    </Concert>
</insertions>
```

On veut faire un fichier synthèse de tous les mouvements à réaliser, suivant un format qui n'est pas forcément celui du fichier montré ci-dessus.

Par exemple on voudrait un fichier d'insertions se présentant comme ceci :

insert.xmlr

```
<?xml version="1.0" encoding="ISO-8859-1"?>
<Mouvements>
   <insert>
      <Ensemble>
         <Nom>A deux violes esgales</Nom>
         <Direction>-</Direction>
      </Ensemble>
      <Concert>
         <Date>Jeudi 17 janvier 2002, 20H30</Date>
         <Ville>Angers</Ville>
         <Lieu>Chapelle des Ursules</Lieu>
         <Titre>
            Folies d'Espagne et diminutions d'Italie
         </Titre>
      </Concert>
   </insert>
   <insert>
      <Ensemble>
         <Nom>La Cetra d'Orfeo</Nom>
         <Direction>Michel Keustermans</Direction>
      </Ensemble>
      <Concert>
         <Date>Mercredi 20 Mars 2002, 20H30</Date>
         <Ville>Bordeaux</Ville>
         <Lieu>Théâtre</Lieu>
         <Titre>
            Habendmusiken
         </Titre>
      </Concert>
   </insert>
   <insert>
      <Ensemble>
         <Nom>Suonare e cantare</Nom>
         <Direction>Jean Gaillard</Direction>
      </Ensemble>
      <Concert>
         <Date>Vendredi 26 octobre 2001, 20H30</Date>
         <Ville>Nantes</Ville>
         <Lieu>Musée des Beaux-Arts</Lieu>
         <Titre>
            Madrigali e altre musiche concertate
         </Titre>
      </Concert>
   </insert>
</Mouvements>
```

La transformation de structure peut se faire très simplement : il suffit de « câbler » la nouvelle structure dans un modèle de transformation. L'instanciation de ce modèle de transformation pour chaque `<Concert>` rencontré dans le fichier donné `rawInsert.xml` donnera le résultat souhaité :

prepareInsert.xsl

```
<?xml version="1.0" encoding="UTF-16"?>
<xsl:stylesheet
    xmlns:xsl="http://www.w3.org/1999/XSL/Transform"
    version="1.0">

    <xsl:output  method='xml' encoding='ISO-8859-1'  />

    <xsl:template match="/">
        <Mouvements>
        <xsl:apply-templates/>
        </Mouvements>
    </xsl:template>

    <xsl:template match="Concert">
        <xsl:variable name="mouvement">
            <insert>
                <Ensemble>
                    <Nom><xsl:value-of select="NomEnsemble"/></Nom>
                    <Direction><xsl:value-of select="Chef"/></Direction>
                </Ensemble>
                <Concert>
                    <Date><xsl:value-of select="Date"/></Date>
                    <Ville><xsl:value-of select="Ville"/></Ville>
                    <Lieu><xsl:value-of select="Salle"/></Lieu>
                    <Titre><xsl:value-of select="TitreConcert"/></Titre>
                </Concert>
            </insert>
        </xsl:variable>
        <xsl:copy-of select="$mouvement"/>
    </xsl:template>

    <xsl:template match="text()"/>
</xsl:stylesheet>
```

Soyons honnêtes, si on lance la feuille de style ci-dessus sur le fichier `rawInsert.xml`, le résultat ne sera pas aussi beau que celui montré ci-dessus (fichier `insert.xml`) ; en fait, voici qu'on aura :

insert.xml

```
<?xml version="1.0" encoding="ISO-8859-1"?><Mouvements><insert><Ensemble><Nom>
A deux violes esgales</Nom><Direction>-</Direction></Ensemble><Concert><Date>
Jeudi 17 janvier 2002, 20H30</Date><Ville>Angers</Ville><Lieu>Chapelle des Ursules
</Lieu><Titre>
          Folies d'Espagne et diminutions d'Italie
      </Titre></Concert></insert><insert><Ensemble><Nom>La Cetra d'Orfeo</Nom>
<Direction>Michel Keustermans</Direction></Ensemble><Concert><Date>Mercredi 20 mars
```

```
2002, 20H30</Date><Ville>Bordeaux</Ville><Lieu>Théâtre</Lieu><Titre>
        Habendmusiken
    </Titre></Concert></insert><insert><Ensemble><Nom>Suonare e cantare</Nom>
<Direction>Jean Gaillard</Direction></Ensemble><Concert><Date>Vendredi 26 octobre
2001, 20H30</Date><Ville>Nantes</Ville><Lieu>Musée des Beaux-Arts</Lieu><Titre>
        Madrigali e altre musiche concertate
    </Titre></Concert></insert></Mouvements>
```

Pour obtenir un résultat lisible, il faut ajouter l'attribut `indent='yes'` dans l'instruction `xsl:output`, comme ceci :

```
<xsl:output  method='xml' encoding='ISO-8859-1' indent='yes' />
```

Ceci dit, l'exemple que nous venons de montrer n'est pas spécifique à la version 1.1 ou plus de XSLT ; en effet le TST est utilisé comme cible de l'instruction `xsl:copy-of`, ce qui n'est pas interdit par XSLT 1.0. Nous verrons qu'une opération sur un TST est possible en XSLT 1.0, à condition qu'elle soit applicable à une String (voir *Opérations sur un RTF (XSLT 1.0)*, page 209) ; or une String peut être copiée par un `xsl:copy-of`.

Mais il est évident qu'un programme tel que celui montré ci-dessus, est susceptible d'évoluer, et qu'il est probable qu'un jour ou l'autre, on aura besoin d'écrire :

```
<xsl:copy-of select="$mouvement/insert/Ensemble"/>
```

en plus de :

```
<xsl:copy-of select="$mouvement"/>
```

Cette fois, le programme sera incompatible avec la version 1.0 de XSLT, et il faudra alors déclarer la valeur 1.1 pour l'attribut `version` de la déclaration `<xsl:stylesheet>`, si toutefois on utilise le processeur Saxon 6.5.

Utilisation d'un TST-texte pour le calcul de la valeur par défaut d'un attribut

> **Remarque**
>
> Ce qui est dit ici est compatible avec XSLT 1.0, parce que le TST utilisé est seulement converti en String, ce qui est permis en XSLT 1.0, comme on le verra plus loin (voir *Opérations sur un RTF (XSLT 1.0)*, page 209).

En XML, il est possible, dans certaines conditions, qu'un élément ait un attribut facultatif ; s'il est omis, l'application de traitement du fichier XML est censée pouvoir affecter une valeur par défaut à cet attribut, si toutefois c'est nécessaire.

Pour faire cela en XSLT, rien de plus simple : il suffit de déclarer une variable avec modèle de transformation, contenant un calcul de valeur par défaut. Exemple :

produits.xml

```
<?xml version="1.0" encoding="UTF-16"?>
<LesProduits>
    <Livre ref="vernes1" NoISBN="193335" gamme="roman" media="papier">
        <refOeuvre>
            <Ref valeur="200001slm"/>
```

```
                    </refOeuvre>
                    <Prix valeur="40.5" monnaie="FF"/>
                    <Prix valeur="5" monnaie="£"/>
               </Livre>

               <Livre ref="boileaunarcejac1" NoISBN="533791" gamme="roman" media="papier">
                    <refOeuvre>
                         <Ref valeur="liatlc.bn"/>
                    </refOeuvre>
                    <Prix valeur="30"/>
               </Livre>
          </LesProduits>
```

Ici, on peut imaginer que l'attribut monnaie de l'élément <Prix> soit facultatif ; s'il n'est pas fourni, sa valeur sera « FF » par défaut. Voici comment procéder :

produits.xsl

```
<?xml version="1.0" encoding="UTF-16"?>
<xsl:stylesheet
    xmlns:xsl="http://www.w3.org/1999/XSL/Transform"
    version="1.0">

    <xsl:output  method='text' encoding='ISO-8859-1' />

    <xsl:template match="Livre">
        <xsl:variable name="monnaie">
            <xsl:choose>
                <xsl:when test="Prix/@monnaie">
                    <xsl:value-of select="Prix/@monnaie"/>
                </xsl:when>
                <xsl:otherwise>FF</xsl:otherwise>
            </xsl:choose>
        </xsl:variable>
        --
        ref: <xsl:value-of select="@ref"/>
        prix: <xsl:value-of
             select="Prix/@valeur"/> <xsl:value-of select="$monnaie"/>
    </xsl:template>


    <xsl:template match="text()"/>
</xsl:stylesheet>
```

Après exécution, on obtient ceci :

Résultat

```
        --
        ref: vernes1
        prix: 40.5FF
        --
        ref: boileaunarcejac1
        prix: 30FF
```

Dans le modèle de transformation de la variable monnaie , on notera l'alternative pour instancier le TST : dans une branche on instancie une chaîne de caractères provenant de l'évaluation d'une expression, dans l'autre on instancie une valeur littérale (FF). Le test effectué, qui permet de savoir si la chaîne de caractères Prix/@monnaie est vide ou non, sélectionne une des deux branches.

Result Tree Fragment (XSLT 1.0)

Attention

Ce qui est dit dans cette section s'applique à XSLT 1.0 ; on peut ignorer donc tout ce qui suit si on travaille avec un processeur XSLT conforme aux propositions du *XSLT Working Draft 1.1 ou 2.0.*

En XSLT 1.0, un modèle de transformation associé à un élément <xsl:variable> ou <xsl:param> est un arbre XML, qu'on peut continuer à appeler un TST (Temporary Source Tree) ; jusque là, aucune différence avec ce qu'on a vu. Là où tout bascule, c'est que le TST n'est pas de type node-set, mais d'un type spécial, appelé RTF (Result Tree Fragment).

Un Result Tree Fragment (ou RTF) est un cinquième type de donnée XSLT, qui vient donc s'ajouter aux quatre types XPath que sont les types String, Number, Boolean et Node-set.

En XSLT 1.0, la notion de node-set est exclusivement réservée aux ensembles constitués de nœuds issus de l'arbre XML du document source XML à traiter. Les arbres XML provenant de l'instanciation d'un modèle de transformation associé à une variable ne peuvent pas donner lieu à un node-set : ils sont comme pestiférés, et affublés d'un nom bizarre qui achève leur mise à l'écart.

Note

RTF veut dire Result Tree Fragment. Or un RTF n'est pas un fragment d'arbre, mais un arbre, et il n'a pas forcément à voir avec le document résultat de la transformation XSLT : c'est en cela que le nom RTF est un peu bizarre.

Cette mise à l'écart n'est pas seulement gênante dans le principe, elle l'est aussi concrètement car elle empêche pratiquement toute manipulation XPath sur un RTF. Or un arbre sans XPath, c'est comme un parachute sans suspentes : pas très commode à utiliser. Impossible par exemple de récupérer la surface du bureau, quand on a écrit :

```
<xsl:variable name="maison">
    <RDC>
        <cuisine surface='12m2'>
            Evier inox. Mobilier encastré.
        </cuisine>
        <WC>
            Lavabo. Cumulus 200L.
        </WC>
```

```
                <séjour surface='40m2'>
                    Cheminée en pierre. Poutres au plafond.
                    Carrelage terre cuite. Grande baie vitrée.
                </séjour>
                <bureau surface='15m2'>
                    Bibliothèque encastrée.
                </bureau>
                <jardin surface='150m2'>
                    Palmier en zinc figurant le désert.
                </jardin>
                <garage/>
        </RDC>
</xsl:variable>
```

alors qu'une expression du genre :

```
<xsl:value-of select="$maison/RDC/bureau/@surface"/>
```

semble pourtant parfaitement plausible et utile. Elle n'a que le tort d'être interdite.

On voit donc que la fonction d'extension, disponible avec la plupart des processeurs XSLT (Xalan, Saxon, Xt...), permettant la conversion entre un RTF et un node-set ne fait que réparer une injustice, et n'a pas grand travail à effectuer vu l'extrême ressemblance entre un RTF-set et un node-set.

Cela étant, la future version XSLT2.0 de XSLT va opérer sa révolution, et abolir ces arbres de seconde classe que sont les RTF ; un modèle de transformation lié à une variable sera considéré comme un nouveau et véritable document source, et une référence à cette variable renverra un node-set, auquel on pourra appliquer toutes les expressions XPath que l'on voudra.

Opérations sur un RTF (XSLT 1.0)

Que peut-on faire d'un RTF ? Le langage XSLT (1.0) n'autorise que deux opérations possibles sur un RTF :

- On peut le convertir en String, par application de la fonction standard `string()`, implicitement ou explicitement ; la conversion est implicite si le RTF figure comme valeur de l'attribut `select` de l'instruction `xsl:value-of`.

  Dans ce cas, la valeur du RTF convertie en String est égale à la concaténation de tous ses nœuds de type `text`, pris dans l'ordre de lecture du modèle de transformation duquel le RTF provient.

- On peut aussi le copier tel quel dans le document résultat de la transformation, en le donnant comme valeur de l'attribut `select` de l'instruction `xsl:copy-of`.

En résumé, une opération est possible sur un RTF à condition qu'elle soit possible sur une String.

A part ces deux opérations prévues dans le standard, les principaux processeurs XSLT du marché offrent une fonction d'extension permettant de convertir un RTF en node-set, ce qui ouvre considérablement le champ des possibilité d'utilisation, dans la mesure où une variable associée à un RTF calculé peut alors être considérée comme une structure de données exploitable à l'aide d'expressions XPath adéquates, comme l'est un TST en XSLT 1.1. Tant qu'on n'a pas cette fonction de conversion, on peut certes créer la structure de données, mais on ne peut guère l'exploiter, ce qui est tout de même assez rageant, il faut bien le reconnaître.

Pour montrer comment utiliser une telle fonction de conversion, nous allons reprendre l'exemple vu à la section *Utilisation d'un TST obtenu littéralement (XSLT 1.1 ou plus)*, page 199.

Le programme est légèrement transformé, comme ceci :

Concerts.xsl

```
<?xml version="1.0" encoding="UCS-2"?>
<xsl:stylesheet
   xmlns:xsl="http://www.w3.org/1999/XSL/Transform"
   xmlns:xalan="http://xml.apache.org/xalan"
   version="1.0">

   <xsl:output  method='html' encoding='ISO-8859-1' />

   <xsl:variable name="entête">
      <hautDePage>
        <gauche>
           musique
        </gauche>
        <centre>
           Anacréon
        </centre>
        <droite>
           baroque
        </droite>
      </hautDePage>
   </xsl:variable>

   <xsl:template match="/">
      <html>
         <head>
            <title><xsl:value-of select="/Concert/Entête"/></title>
         </head>
         <body bgcolor="white" text="black">
         <TABLE valign="top" width="100%" height="2%" BORDER="0" >
            <TR>
            <TD align="left">
               <xsl:value-of
               select="xalan:nodeset($entête)/hautDePage/gauche"/>
            </TD>
            <TD  align="center">
               <xsl:value-of
```

```
            select="xalan:nodeset($entête)/hautDePage/centre"/>
          </TD>

          <TD  align="right">
            <xsl:value-of
            select="xalan:nodeset($entête)/hautDePage/droite"/>
          </TD>

          </TR>
        </TABLE>
        <xsl:apply-templates/>
        </body>
    </html>
</xsl:template>

<xsl:template match="Entête">
    <p> <xsl:value-of select="."/> présentent </p>
</xsl:template>

<xsl:template match="Date">
    <H1 align="center"> Concert du <xsl:value-of select="."/> </H1>
</xsl:template>

<xsl:template match="Lieu">
    <H4 align="center"> <xsl:value-of select="."/> </H4>
</xsl:template>

<xsl:template match="Ensemble">
    <H2 align="center"> Ensemble <xsl:value-of select="."/></H2>
</xsl:template>

<xsl:template match="Compositeurs">
    <H3 align="center"> Oeuvres de <br/> <xsl:value-of select="."/> </H3>
</xsl:template>

<xsl:template match="text()"/>
</xsl:stylesheet>
```

On remarquera la façon dont on procède pour obtenir l'autorisation d'utiliser une fonction d'extension : il faut déclarer un nouveau domaine nominal, en plus de celui d'XSLT, abrégé en "xsl:". En l'occurrence, avec le processeur Xalan, le domaine nominal est http://xml.apache.org/xalan ; on choisit une abréviation (ici "xalan:"), et à l'appel, le nom de la fonction doit être qualifié par l'abréviation choisie :

```
<xsl:value-of select="xalan:nodeset($entête)/hautDePage/droite"/>
```

Note

Avec Saxon, on aurait à déclarer le domaine nominal *http ://icl.com/saxon.*

Règles de visibilité

Les règles de visibilités indiquent si telle référence à une variable est autorisée, en fonction de l'endroit où est déclarée la variable, et de celui où elle est référencée.

Règles de visibilité pour les variables globales

Pour les variables globales, les règles sont très simples : une variable globale peut être référencée de n'importe quel endroit du programme XSLT, à la seule condition que la déclaration ne soit pas circulaire (c'est-à-dire que la déclaration ne contienne pas, directement ou indirectement, de référence à elle-même) :

```
<?xml version="1.0" encoding="UCS-2"?>
<xsl:stylesheet xmlns:xsl="http://www.w3.org/1999/XSL/Transform" version="1.0">

    <xsl:output  method='text' encoding='ISO-8859-1' />

    <xsl:variable name="valeur">
        <xsl:value-of select="$valeur"/> <!-- interdit ! -->
    </xsl:variable>

    <xsl:template match="TitreConcert" >
        ...
    </xsl:template>

    <xsl:template match="Concert">
        ...
    </xsl:template>

</xsl:stylesheet>
```

L'instruction ci-dessus `xsl:value-of` avec son attribut `select="$valeur"` est interdite[1] (elle introduit une circularité directe) ; de même, le programme ci-dessous *pourrait* être incorrect :

```
<?xml version="1.0" encoding="UCS-2"?>
<xsl:stylesheet xmlns:xsl="http://www.w3.org/1999/XSL/Transform" version="1.0">

    <xsl:output  method='text' encoding='ISO-8859-1' />

    <xsl:variable name="truc">
        <xsl:apply-templates />
    </xsl:variable>

    <xsl:template match="TitreConcert" >
        ...
    </xsl:template>

    <xsl:template match="Concert">
```

---

1. mais de la même façon, il ne faut pas oublier que c'est interdit de fumer en jouant du hautbois.

```
        <xsl:value-of select="$valeur"/>
    </xsl:template>

</xsl:stylesheet>
```

Remarquez ici le modèle de transformation de la variable truc : il contient une instruction xsl:apply-templates. Or, une variable globale est évaluée avec la racine de l'arbre XML du document comme nœud contexte : l'instruction xsl:apply-templates va donc relancer le moteur XSLT sur l'élément fils de cette racine, puis éventuellement, sur d'autres éléments, si d'autres instructions xsl:apply-templates sont rencontrées. Rien ne dit que dans ce processus, le moteur sélectionnera la règle <xsl:template match= "Concert">. Si elle n'est pas sélectionnée, le programme ci dessus est correct, du moins quant à l'évaluation de la variable truc ; si elle est sélectionnée, une circularité indirecte apparaît, et le programme est alors incorrect.

Eviter les circularités est la seule précaution à prendre dans la déclaration et la manipulation de variables globales ; en particulier, il n'est pas interdit de référencer une variable dont la déclaration n'intervient qu'un peu plus loin dans l'ordre de lecture du document : c'est ce qu'on appelle communément une *référence avant* dans les autres langages. Les références avant sont interdites en C, autorisées en Java, et aussi en XSLT, mais uniquement pour les variables globales.

Une autre source de circularité potentielle serait la présence d'une référence de variable dans un motif. C'est pour cette raison que c'est interdit, ainsi que nous l'avons déjà signalé (voir *Dans un motif*, page 185).

Si cela était possible, on pourrait écrire quelque chose comme ceci :

```
<?xml version="1.0" encoding="UCS-2"?>
<xsl:stylesheet xmlns:xsl="http://www.w3.org/1999/XSL/Transform" version="1.0">

    <xsl:output  method='text' encoding='ISO-8859-1' />

    <xsl:variable name="amorce">
        <xsl:apply-templates />
    </xsl:variable>

    <xsl:template match="$amorce/child::Interprète/child::Nom" >
    ...
    </xsl:template>

    <xsl:template match="..." >
    ...
    </xsl:template>

</xsl:stylesheet>
```

Il serait alors impossible d'évaluer le motif sans connaître la variable ; mais l'évaluation de la variable entraîne une recherche de concordance de motif, qui ne peut s'effectuer tant que la variable n'est pas connue...

Règles de visibilité pour les variables locales

Pour les variables locales, les règles sont un peu plus contraignantes, puisque les références avant sont interdites (la circularité directe ou indirecte étant absurde, elle reste évidemment interdite). Un programme XSLT est un document XML, et en tant que tel, un arbre XML lui est associé. Ce qui veut dire que la structure d'un programme XSLT est une structure de blocs juxtaposés ou imbriqués à volonté. Les règles de visibilité, pour les variables locales, sont celles qui sont traditionnellement adoptées pour les langages à structure de blocs : une variable déclarée dans un bloc ne peut être référencée que dans le même bloc, ou dans n'importe quel bloc plus interne (cette règle est neutre vis-à-vis des références avant : l'interdiction ou l'autorisation des références avant vient en plus).

> **Remarque**
>
> L'interdiction des références avant est un peu contradictoire avec la nature déclarative et fonctionnelle du langage XSLT. En tout cas, elle n'était pas nécessaire ; on peut penser qu'elle a été décidée parce qu'elle n'a rien de très contraignant, et qu'elle facilite notablement la lecture du programme.

Les règles de visibilité des variables locales sont donc une combinaison de la règle des blocs et de celle des références avant ; cela peut se résumer graphiquement, en faisant apparaître les instructions XSLT comme des blocs numérotés, et en montrant, pour une déclaration de variable donnée, quels sont les blocs où une référence à cette variable est autorisée (voir figure 5-5).

Terminons en remarquant que l'allusion aux langages à structure de blocs n'est pas absolument nécessaire pour décrire les règles de visibilité en XSLT : XPath donne évidemment tout le vocabulaire adéquat pour décrire ces règles sans parler de bloc. Il suffit de dire que si on prend comme nœud contexte le nœud contenant la déclaration d'une variable locale, alors les nœuds où une référence à cette variable est autorisée sont tous les nœuds de l'axe `following-sibling`, ainsi que tous leurs descendants.

Conflits de noms de variables

Il y a conflit de nom, si à un endroit donné d'un programme XSLT, il y a au moins deux variables de même nom simultanément visibles.

Un conflit de nom entre deux variables globales est interdit, de même qu'entre deux variables locales.

Mais un conflit de nom est autorisé entre une variable globale et une variable locale. Dans ce cas, la variable locale masque la variable globale ; la valeur de la variable globale n'est donc pas disponible à l'endroit du conflit.

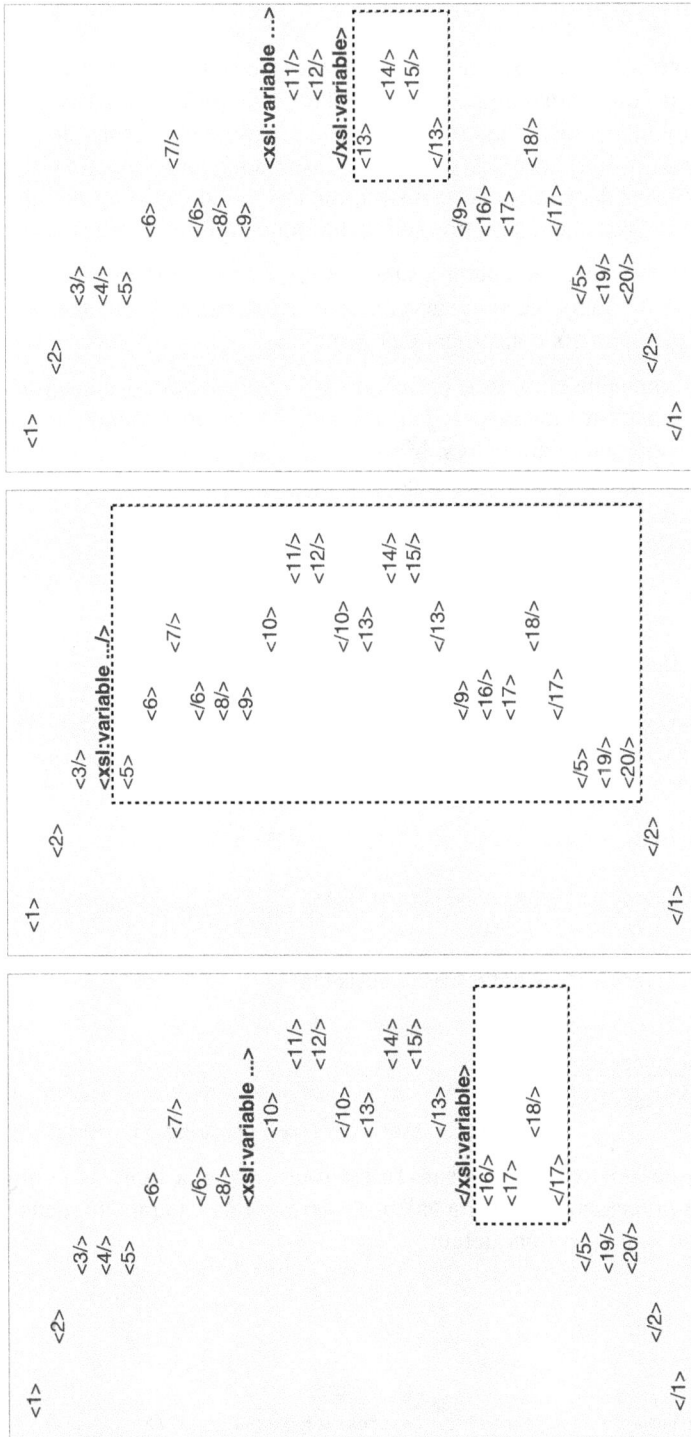

Encadrés d'un trait pointillé : les blocs (ou instructions) où une référence à la variable est autorisée; partout ailleurs, elle est interdite.

Figure 5-5
Règles de visibilité pour une variable locale.

Instruction xsl:param

Les instructions `xsl:variable` et `xsl:param` sont deux instructions voisines, tant sur le plan syntaxique que sémantique. L'une déclare une variable, et l'autre un paramètre, c'est-à-dire quelque chose d'assez semblable à un argument formel de fonction dans un langage comme C ou Java. La différence essentielle entre variable et paramètre est qu'une variable est déclarée par une instruction qui lui donne sa valeur, alors qu'un paramètre est déclaré par une instruction qui ne lui donne qu'une valeur par défaut.

Les paramètres suivent exactement les mêmes règles de visibilité que les variables, et les mêmes conflits de noms peuvent survenir, avec exactement les mêmes conséquences et conclusions que ceux qui concernent des variables.

De plus, étant donné la similitude entre variable et paramètre, des conflits de noms croisés peuvent apparaître, mettant en jeu une variable et un paramètre, et pas seulement deux variables ou deux paramètres. Mais à nouveau, la nature exacte (variable ou paramètre) des éléments mis en jeu n'intervient pas ici, et ce cas se ramène à un conflit de nom entre deux variables.

Bande-annonce

Début d'une feuille de style

```xml
<?xml version="1.0" encoding="UTF-16"?>
<xsl:stylesheet
    xmlns:xsl="http://www.w3.org/1999/XSL/Transform"
    version="1.0">

    <xsl:output  method='text' encoding='ISO-8859-1' />

    <xsl:param name="monnaieUsuelle" select="'FF'"/>


    ...
        <xsl:value-of select="$monnaieUsuelle"/>
    ...
```

Lancement du processeur XSLT

```
java com.icl.saxon.StyleSheet
                    -o produits.txt produits.xml produits.xsl monnaieUsuelle=DM
```

La valeur du paramètre `monnaieUsuelle` est fourni dans la ligne de commande lors du lancement du processeur XSLT. La valeur `FF` associée à ce paramètre dans le programme XSLT n'est qu'une valeur par défaut.

Syntaxe

xsl:param

```xml
<xsl:param name="..." select=" ... expression XPath ... "/>
```

Autre possibilité :

<u>xsl:param</u>

```
<xsl:param name="...">
    <!-- modèle de transformation -->
    ... texte ou instructions XSLT ...
    <!-- fin du modèle de transformation -->
</xsl:param>
```

L'instruction `xsl:param` peut apparaître comme instruction de premier niveau.

On voit que `xsl:variable` et `xsl:param` partagent la même syntaxe.

Sémantique

Un paramètre peut être local ou global. S'il est local, il joue le même rôle qu'un argument formel de fonction en C ou Java. S'il est global, il joue le même rôle qu'un argument formel de la fonction `main` en C ou Java, c'est-à-dire qu'il permet de récupérer les arguments qui ont pu être fournis lors du lancement du programme XSLT (mais le standard XSLT ne spécifie pas de quelle façon on peut transmettre des arguments au programme XSLT lors de son lancement).

La valeur associée à un paramètre lors de sa déclaration est une valeur par défaut, qui ne sera prise en compte que si aucune valeur n'est fournie lors de l'appel.

Utilisation d'un paramètre global

Reprenons l'exemple vu à la section *Utilisation d'un TST-texte pour le calcul de la valeur par défaut d'un attribut*, page 206, dans lequel une variable servait à faire l'expansion de la valeur par défaut d'un attribut. Nous voulons maintenant que la monnaie par défaut ne soit plus codée en dur dans le programme, mais qu'elle soit paramétrable en fonction des exécutions :

<u>produits.xsl</u>

```
<?xml version="1.0" encoding="UTF-16"?>
<xsl:stylesheet
    xmlns:xsl="http://www.w3.org/1999/XSL/Transform"
    version="1.0">

    <xsl:output  method='text' encoding='ISO-8859-1' />

    <xsl:param name="monnaieUsuelle" select="'FF'"/>

    <xsl:template match="Livre">
        <xsl:variable name="monnaie">
            <xsl:choose>
                <xsl:when test="Prix/@monnaie">
                    <xsl:value-of select="Prix/@monnaie"/>
                </xsl:when>
```

```
            <xsl:otherwise>
                <xsl:value-of select="$monnaieUsuelle"/>
            </xsl:otherwise>
        </xsl:choose>
    </xsl:variable>
    --
    ref: <xsl:value-of select="@ref"/>
    prix: <xsl:value-of
          select="Prix/@valeur"/> <xsl:value-of select="$monnaie"/>
</xsl:template>


    <xsl:template match="text()"/>
</xsl:stylesheet>
```

Si on lance l'exécution de cette feuille de style sans se préoccuper de fournir une valeur au paramètre monnaieUsuelle, on obtient le même résultat que précédemment (voir *Utilisation d'un TST-texte pour le calcul de la valeur par défaut d'un attribut*, page 206) :

Résultat

```
    --
    ref: vernes1
    prix: 40.5FF
    --
    ref: boileaunarcejac1
    prix: 30FF
```

Cela est dû à ce que le paramètre monnaieUsuelle a pris sa valeur par défaut (« FF »), étant donné qu'on ne lui a pas donné de valeur explicite au lancement du programme.

Pour fournir une valeur au paramètre monnaieUsuelle, il faut se reporter à la documentation du processeur XSLT que l'on utilise. Un cas simple d'utilisation est celui où on lance le programme via une ligne de commande sur le système hôte (commande DOS sous Windows, commande shell sous Unix, etc.) ; dans ce contexte, la documentation fournie avec Saxon nous dit ceci :

Using Saxon from the Command Line

```
java com.icl.saxon.StyleSheet [options] source-document stylesheet [params...]

The options must come first, then the two file names, then the params.

A param takes the form name=value, name being the name of the parameter, and value
the value of the parameter. These parameters are accessible within the stylesheet
as normal variables, using the $name syntax, provided they are declared using a
top-level xsl:param element. If there is no such declaration, the supplied parameter
value is silently ignored.
```

Il suffit donc de faire comme indiqué, c'est-à-dire de lancer le programme comme ceci (la ligne de commande est bien sûr d'un seul tenant, même si la mise page la coupe en deux) :

Ligne de commande

```
java com.icl.saxon.StyleSheet -o produits.txt produits.xml produits.xsl
  monnaieUsuelle=DM
```

Et voilà le travail :

Résultat

```
        --
        ref: vernes1
        prix: 40.5FF
        --
        ref: boileaunarcejac1
        prix: 30DM
```

Ce qui correspond bien à ce qu'on attendait.

Saxon n'est pas le seul processeur du marché ; mais tous fournissent un moyen de définir des valeurs de paramètres via la ligne de commande ; par exemple, avec Xalan, on aurait à lancer la commande suivante, pour obtenir le même résultat :

Ligne de commande

```
java org.apache.xalan.xslt.Process -IN produits.xml -XSL produits.xsl -OUT
  produits.txt -PARAM monnaieUsuelle DM
```

Utilisation d'un paramètre local

L'utilisation d'un paramètre local est vraiment très différente de celle d'un paramètre global. On l'a vu, les paramètres globaux servent à récupérer des arguments de la ligne de commande, fournis sous forme de paires (nom, valeur), d'une manière qui n'est d'ailleurs pas spécifiée par le standard XSLT. Si l'on n'a pas pour but une quelconque récupération d'argument, mieux vaut, dans ce cas, utiliser une variable globale qu'un paramètre global, car l'utilisation d'un paramètre global suggère l'intention de transmettre un argument.

Rien de tout cela pour un paramètre local, qui, nous l'avons dit, correspondrait plutôt à la notion d'argument formel de fonction, même si la notion de fonction n'existe pas à proprement parler en XSLT.

Il est donc impossible d'aller plus loin dans la compréhension des paramètres locaux, sans aller faire un tour du côté des *modèles nommés* (`<xsl:template name="...">`) et des appels de modèles nommés (`<xsl:call-template name="...">`), que nous allons voir maintenant.

Instruction xsl:template

XSLT est un langage de transformation d'arbre. A ce titre la structure la plus importante du langage est sans aucun doute la règle, qui, associée au moteur de transformation, permet la transformation effective d'un arbre ou d'une partie d'arbre.

Une règle est associée à un modèle de transformation, qui consiste (en général) en une séquence de plusieurs transformations élémentaires (par exemple, un *xsl:value-of*, suivi d'un autre *xsl:value-of*, suivi d'un *xsl:if*). Certaines séquences peuvent revenir à l'identique dans plusieurs règles différentes, de même que dans un programme en C, par exemple, une même séquence d'instructions peut se retrouver à différents endroits du traitement. Dans les deux cas, l'idée naturelle est alors de factoriser la séquence commune, et de lui donner un nom ; cela donne une fonction en C ou en Pascal, et un modèle nommé en XSLT.

> **Note**
>
> La factorisation de code est la motivation la plus ancienne pour justifier l'emploi de fonctions ; il est évident qu'il y en a d'autres, ne serait-ce que le découpage d'un code monolithique en petites unités sémantiques plus faciles à comprendre et à maintenir. Cela vaut bien sûr aussi pour XSLT.

Un modèle nommé et une règle s'expriment tous les deux à l'aide d'une instruction `xsl:template` ; ce qui les différencie d'un point de vue syntaxique, c'est que pour une règle, on spécifie un attribut `match="..."`, alors que pour un modèle nommé, on spécifie un attribut `name="..."`, et on ne spécifie pas d'attribut `match`. Mais rien n'interdit de spécifier les deux attributs `match` et `name` simultanément : dans ce cas, on a une règle nommée, c'est-à-dire un hybride qui peut être sélectionné comme une règle, ou appelé comme un modèle nommé.

Bande-annonce

Le modèle nommé ci-dessous instancie un texte fourni en paramètre, en l'accompagnant d'un saut de ligne et d'un tiret.

Nom.xsl

```
<?xml version="1.0" encoding="UTF-16"?>
<xsl:stylesheet xmlns:xsl="http://www.w3.org/1999/XSL/Transform" version="1.0">

    <xsl:output  method='text' encoding='ISO-8859-1' />

    <xsl:template name="instancierTexteAvecTiret">
        <xsl:param name="texte"/>
        - <xsl:value-of select="$texte" />
    </xsl:template>

    <xsl:template match="Nom">
        <xsl:call-template name="instancierTexteAvecTiret">
            <xsl:with-param name="texte" select="."/>
        </xsl:call-template>
    </xsl:template>

    <xsl:template match="text()"/>

</xsl:stylesheet>
```

Concert.xml

```
<?xml version="1.0" encoding="UTF-16" standalone="yes"?>

<Concert>

    <Entête> Les Concerts d'Anacréon </Entête>
    <Date>Jeudi 17 janvier 2002, 20H30</Date>
    <Lieu>Chapelle des Ursules</Lieu>

    <Ensemble> "A deux violes esgales" </Ensemble>

    <Interprète>
        <Nom> Jonathan Dunford </Nom>
        <Instrument>Basse de viole</Instrument>
    </Interprète>

    <Interprète>
        <Nom> Sylvia Abramowicz </Nom>
        <Instrument>Basse de viole</Instrument>
    </Interprète>

    <Interprète>
        <Nom> Benjamin Perrot </Nom>
        <Instrument>Théorbe et Guitare baroque</Instrument>
    </Interprète>

    <TitreConcert>
        Folies d'Espagne et diminutions d'Italie
    </TitreConcert>

    <Compositeurs>
        <Compositeur>M. Marais</Compositeur>
        <Compositeur>D. Castello</Compositeur>
        <Compositeur>F. Rognoni</Compositeur>
    </Compositeurs>

</Concert>
```

Le résultat obtenu est donné ici en anticipant sur la prochaine instruction qui sera vue un peu plus loin (voir la section *Instruction xsl:call-template*, page 229).

Résultat

```
        -   Jonathan Dunford
        -   Sylvia Abramowicz
        -   Benjamin Perrot
```

Syntaxe

Modèle nommé xsl:template

```
<xsl:template name="...">
    <!-- arguments formels du modèle nommé -->
    ...
    <!-- fin des arguments formels du modèle nommé -->
    <!-- corps du modèle de transformation -->
    ... instructions ...
    <!-- fin du corps du modèle de transformation -->
</xsl:template>
```

Argument formel du modèle nommé

```
<xsl:param name="..."/>
```

Argument formel du modèle nommé (avec valeur par défaut)

```
<xsl:param name="..." select="...expression XPath.../>
```

Variante d'argument formel du modèle nommé (avec valeur par défaut)

```
<xsl:param name="...">
    <!-- modèle de transformation du paramètre -->
    ...
    <!-- fin du modèle de transformation du paramètre -->
</xsl:param>
```

L'instruction xsl:template est une instruction de premier niveau ; il est donc impossible de déclarer un modèle nommé à l'intérieur d'un autre modèle nommé.

Les arguments formels sont facultatifs, mais s'ils sont présents, ils doivent être placés en premier, avant le début du corps du modèle de transformation.

Modèle nommé typique

Un modèle nommé aura souvent la forme suivante :

```
<xsl:template name="...">
    <xsl:param name="truc"/>
    <xsl:param name="machin"/>
    <!-- corps du modèle de transformation -->
    ... référence à $truc ... référence à $machin ...
    <!-- fin du corps du modèle de transformation -->
</xsl:template>
```

Sémantique

Un modèle nommé est instancié exactement comme peut l'être un modèle de transformation associé à une règle (c'est-à-dire un modèle de transformation « ordinaire », comme tous ceux que nous avons vu jusqu'à présent).

La seule chose qui différencie l'instanciation d'un modèle de transformation « ordinaire » de celle d'un modèle de transformation nommé, c'est la nature de l'événement déclencheur : dans le premier cas, c'est la sélection d'une règle choisie par le moteur XSLT (après recherche de concordance de motif) ; dans le deuxième, c'est un appel explicite, du style : *instancier le modèle « tartampion » en lui fournissant les arguments « truc » et « machin »*.

Mais une fois l'événement déclencheur passé, et l'instanciation en cours, plus rien ne distingue les deux types de modèles de transformation. Donc tout ce qui a été vu dans à la section *Instanciation d'un modèle de transformation relativement à un nœud courant et une liste courante*, page 90, reste valable pour l'instanciation d'un modèle de transformation nommé.

Exemple

Nous supposerons ici que nous voulons réaliser un site Web d'annonces de concerts, présentées en français ou en anglais. Une solution est de dupliquer le site, afin d'en avoir une version française et une version anglaise. Mais c'est évidemment la mauvaise solution (maintenance en double, et risque d'incohérence entre les deux versions). Une meilleure solution consiste à maintenir un seul site, et à mettre en place un système de traduction automatique. Ici, la traduction automatique est envisageable, car le site ne contient aucun texte rédactionnel : uniquement des noms propres (de personnes ou de villes), des dates et des noms d'instruments.

L'idée est donc de maintenir uniquement un fichier XML contenant les informations à publier, et de mettre au point un programme XSLT qui va générer le code HTML tout en assurant la traduction.

Afin de ne pas surcharger l'exemple, nous nous contenterons de montrer comment réaliser la traduction, en laissant de côté la génération de code HTML, qui n'a rien de particulièrement original ni intéressant.

Enfin, la traduction reposant sur un dictionnaire, il serait logique de penser que ce dictionnaire constitue un fichier XML séparé, maintenu indépendamment du fichier XML des annonces. Cela implique l'utilisation de la fonction prédéfinie standard `document()` pour y accéder ; nous ferons donc d'abord le choix, un peu artificiel, il est vrai, de placer ce dictionnaire dans une variable globale codée en dur dans le programme XSLT. A ce titre, cet exemple constituera un complément intéressant à celui étudié à la section *Utilisation d'un TST obtenu littéralement (XSLT 1.1 ou plus)*, page 199. Ensuite nous verrons comment utiliser cette fonction standard `document()`.

Voici le fichier XML des annonces :

annonces.xml

```
<?xml version="1.0" encoding="UTF-16" standalone="yes"?>

<Annonces>
    <Annonce>
```

```
            <Entête> "Les Concerts d'Anacréon" </Entête>
            <Date>
                <Jour id="jeu"/>
                <Quantième>17</Quantième>
                <Mois id="jnv"/>
                <Année>2002</Année>
                <Heure>20H30</Heure>
            </Date>
            <Lieu>Chapelle des Ursules</Lieu>

            <Ensemble> "A deux violes esgales" </Ensemble>

            <Interprète>
                <Nom> Jonathan Dunford </Nom>
                <Instrument id="bvl"/>
            </Interprète>

            <Interprète>
                <Nom> Sylvia Abramowicz </Nom>
                <Instrument id="bvl"/>
            </Interprète>

            <Interprète>
                <Nom> Benjamin Perrot </Nom>
                <Instrument id="thb"/>
            </Interprète>

            <Interprète>
                <Nom> Freddy Eichelberger </Nom>
                <Instrument id="clv"/>
            </Interprète>

            <Concert>
                <TitreConcert lang="fr">
                    Folies d'Espagne, Bourrasque et Tourbillon
                    Gavotte La Ferme - Chaconne de Rougeville
                </TitreConcert>
                <TitreConcert lang="en">
                    Spanish folias, Squall and Whirlwind
                    Gavotte Shut Up - Redtown's Sillycate
                </TitreConcert>
            </Concert>

            <Compositeurs>
                <Compositeur>Marin Marais</Compositeur>
                <Compositeur>Jean de Sainte Colombe</Compositeur>
            </Compositeurs>

    </Annonce>
    <!-- autres annonces ... -->
</Annonces>
```

Et voici le programme XSLT :

annonces.xsl

```xml
<?xml version="1.0" encoding="UTF-16"?>
<xsl:stylesheet xmlns:xsl="http://www.w3.org/1999/XSL/Transform"
                version="1.1"> <!-- compatibilité Saxon 6.5 -->

  <xsl:output  method='text' encoding='ISO-8859-1' />

  <xsl:param name="langueCible">fr</xsl:param>

  <xsl:variable name="Dictionnaire">

     <mot id="bvl">
        <traduction lang="fr">Basse de viole</traduction>
        <traduction lang="en">Bass viol</traduction>
     </mot>

     <mot id="vdg">
        <traduction lang="fr">Viole de gambe</traduction>
        <traduction lang="en">Viola da gamba</traduction>
     </mot>

     <mot id="lth">
        <traduction lang="fr">Luth</traduction>
        <traduction lang="en">Lute</traduction>
     </mot>

     <mot id="clv">
        <traduction lang="fr">Clavecin</traduction>
        <traduction lang="en">Harpsichord</traduction>
     </mot>

     <mot id="flt">
        <traduction lang="fr">Flûte à bec</traduction>
        <traduction lang="en">Recorder</traduction>
     </mot>

     <mot id="thb">
        <traduction lang="fr">Théorbe</traduction>
        <traduction lang="en">Theorbo</traduction>
     </mot>

     <mot id="lun">
        <traduction lang="fr">lundi</traduction>
        <traduction lang="en">monday</traduction>
     </mot>

     <!-- etc. (les autres jours de la semaine) -->
```

```
        <mot id="dim">
           <traduction lang="fr">dimanche</traduction>
           <traduction lang="en">sunday</traduction>
        </mot>

        <mot id="jnv">
           <traduction lang="fr">janvier</traduction>
           <traduction lang="en">january</traduction>
        </mot>

        <!-- etc. (les autres mois de l'année) -->

        <mot id="dcb">
           <traduction lang="fr">décembre</traduction>
           <traduction lang="en">december</traduction>
        </mot>

    </xsl:variable>

    <xsl:template name="traduction">
       <xsl:param name="motId"/>

       <xsl:variable
          name="motTrouvé"
          select="$Dictionnaire/mot[@id=$motId]" />

       <xsl:variable
          name="saTraduction"
          select="$motTrouvé/traduction[@lang=$langueCible]" />

       <xsl:value-of select="$saTraduction" />
    </xsl:template>

    <xsl:template match="Date">
       <xsl:call-template name="traduction">
          <xsl:with-param name="motId" select="./Mois/@id" />
       </xsl:call-template>
    </xsl:template>

    <xsl:template match="Interprète">

        -<xsl:value-of select="./Nom"/> :
              <xsl:call-template name="traduction">
                 <xsl:with-param name="motId" select="./Instrument/@id" />
              </xsl:call-template>
    </xsl:template>

    <xsl:template match="text()" />

</xsl:stylesheet>
```

La structure de ce programme XSLT est très simple : un paramètre global donnant la langue cible pour la traduction, une variable globale contenant la description XML du dictionnaire, un modèle nommé prenant en donnée un identifiant de mot, et instanciant sa traduction dans la langue cible, et finalement deux règles, une pour les dates, et une pour les instrumentistes, utilisant chacune le service de traduction offert par le modèle nommé.

Le modèle nommé reçoit en donnée un identifiant de mot. Son instanciation commence par la constitution d'un node-set (variable `motTrouvé`) contenant tous les éléments `<mot>` du dictionnaire qui sont tels que leur attribut `id` soit égal à l'identifiant de mot reçu en donnée ; normalement, si le dictionnaire est bien fait, le node-set obtenu ne doit pas contenir plus d'un élément ; et si le mot que l'on cherche à traduire existe effectivement dans le dictionnaire, le node-set contient au moins un élément.

Le node-set contient donc finalement un et un seul élément, un `<mot>`.

L'instanciation du modèle nommé se poursuit avec la constitution d'un node-set (variable `saTraduction`) contenant tous les éléments `<traduction>` enfants directs du nœud unique sélectionné à l'étape précédente, tels que l'attribut `lang` de chacun d'entre eux soit égal à la langue cible ; là encore, si le dictionnaire est bien construit, il n'y a qu'un seul élément répondant au critère. Le node-set obtenu contient donc un et un seul élément `<traduction>`.

L'instanciation du modèle nommé se termine avec l'instanciation de l'instruction `xsl:value-of`, qui en l'occurrence, est remplacée par la valeur textuelle du node-set ne contenant que cet unique élément `<traduction>`, c'est-à-dire la valeur textuelle de cet unique élément lui-même.

> **Note**
>
> En général, ce n'est pas très pertinent de faire calculer la valeur d'un node-set quelconque par *xsl:value-of*, car seul le premier nœud est pris en compte : les autres sont carrément ignorés. Mais ici, il n'y a pas de question à se poser, puisque le node-set possède par construction un et un seul élément : il n'y a donc pas de perte en ligne.

Reste à expliquer l'appel du modèle nommé dans les deux règles qui l'utilisent. Mais pour ça, il nous faudra regarder de plus près l'instruction `xsl:call-template`, ce que nous ferons à la section suivante. En attendant, voici comment utiliser la fonction `document()` pour externaliser le dictionnaire dans un fichier XML secondaire.

Le dictionnaire sera placé dans un fichier `"dictionnaire.xml"` ; l'instruction à changer est bien sûr l'initialisation de la variable `Dictionnaire` :

```
<xsl:variable name="Dictionnaire" select="document('dictionnaire.xml')/Dictionnaire"/>
```

La fonction `document()` peut être appelée sous diverses formes, et nous aurons l'occasion de voir d'autres exemples d'appel ; celui montré ci-dessus est un des plus simples possible : l'argument est une chaîne de caractères représentant l'URL du fichier à lire. Le fichier doit être au format XML ; il est lu, converti en arbre XML, et la fonction renvoie un node-set contenant uniquement la racine de l'arbre. Notez bien qu'il s'agit de la racine de l'arbre, et non de la racine du document. Donc si l'on veut que la variable `Dictionnaire` contienne comme dans la version précédente un node-set constitué de tous les <mot>, il faut l'initialiser avec l'expression :

```
document('dictionnaire.xml')/Dictionnaire
```

et non pas seulement :

```
document('dictionnaire.xml')
```

Une amélioration possible serait que le nom du fichier fourni comme argument de la fonction document() ne soit qu'une valeur par défaut, la vraie valeur étant fournie comme paramètre dans la ligne de commande. On aboutirait alors à la version finale suivante :

annonces.xsl

```
<?xml version="1.0" encoding="UTF-16"?>
<xsl:stylesheet xmlns:xsl="http://www.w3.org/1999/XSL/Transform"
                version="1.0">

    <xsl:output  method='text' encoding='ISO-8859-1' />

    <xsl:param name="langueCible">fr</xsl:param>
    <xsl:param name="dicoFileRef">dictionnaire.xml</xsl:param>

    <xsl:variable name="Dictionnaire"
                  select="document($dicoFileRef)/Dictionnaire"/>

    <xsl:template name="traduction">
        <xsl:param name="motId"/>

        <xsl:variable
            name="motTrouvé"
            select="$Dictionnaire/mot[@id=$motId]" />

        <xsl:variable
            name="saTraduction"
            select="$motTrouvé/traduction[@lang=$langueCible]" />

        <xsl:value-of select="$saTraduction" />
    </xsl:template>

    <xsl:template match="Date">
         <xsl:call-template name="traduction">
            <xsl:with-param name="motId" select="./Mois/@id" />
         </xsl:call-template>
    </xsl:template>

    <xsl:template match="Interprète">

            -<xsl:value-of select="./Nom"/> :
                <xsl:call-template name="traduction">
                    <xsl:with-param name="motId" select="./Instrument/@id"/>
                </xsl:call-template>
```

```
        </xsl:template>

        <xsl:template match="text()" />

    </xsl:stylesheet>
```

Le fichier dictionnaire reprend les données qui se trouvaient auparavant dans la variable `Dictionnaire` :

dictionnaire.xml

```
<?xml version="1.0" encoding="UTF-16" standalone="yes"?>

<Dictionnaire>
    <mot id="bvl">
        <traduction lang="fr">Basse de viole</traduction>
        <traduction lang="en">Bass viol</traduction>
    </mot>

    <mot id="vdg">
        <traduction lang="fr">Viole de gambe</traduction>
        <traduction lang="en">Viola da gamba</traduction>
    </mot>

    <!-- etc. ... (comme avant) -->

    <mot id="dcb">
        <traduction lang="fr">décembre</traduction>
        <traduction lang="en">december</traduction>
    </mot>
</Dictionnaire>
```

Après ce petit détour par la fonction `document()`, nous revenons maintenant au propos initial, l'appel d'un modèle nommé.

Instruction xsl:call-template

L'instruction `xsl:call-template` permet de lancer l'instanciation d'un modèle nommé.

Bande-annonce

Voir la bande-annonce de l'instruction `<xsl:template name="...">` (voir *Bande-annonce*, page 220).

Syntaxe

xsl:call-template

```
<xsl:call-template name="...">
    <!-- arguments effectifs pour l'appel -->
```

```
        ...
        <!-- fin des arguments effectifs pour l'appel -->
    </xsl:call-template>/>
```

Argument effectif

```
    <xsl:with-param name="..." select="... expression XPath ..." />
```

Variante d'argument effectif

```
    <xsl:with-param name="...">
        <!-- modèle de transformation de l'argument effectif -->
        ...
        <!-- fin du modèle de transformation de l'argument effectif -->
    </xsl:with-param>
```

L'instruction `xsl:call-template` ne doit pas apparaître en tant qu'instruction de premier niveau.

Sémantique

Lors de son instanciation, l'instruction `<xsl:call-template>...</xsl:call-template>` est remplacée par sa valeur, qui n'est autre que celle résultant de l'instanciation du modèle nommé (voir figure 5-6, qui montre sur l'exemple précédent quelle peut être la valeur d'instanciation d'un appel de modèle nommé).

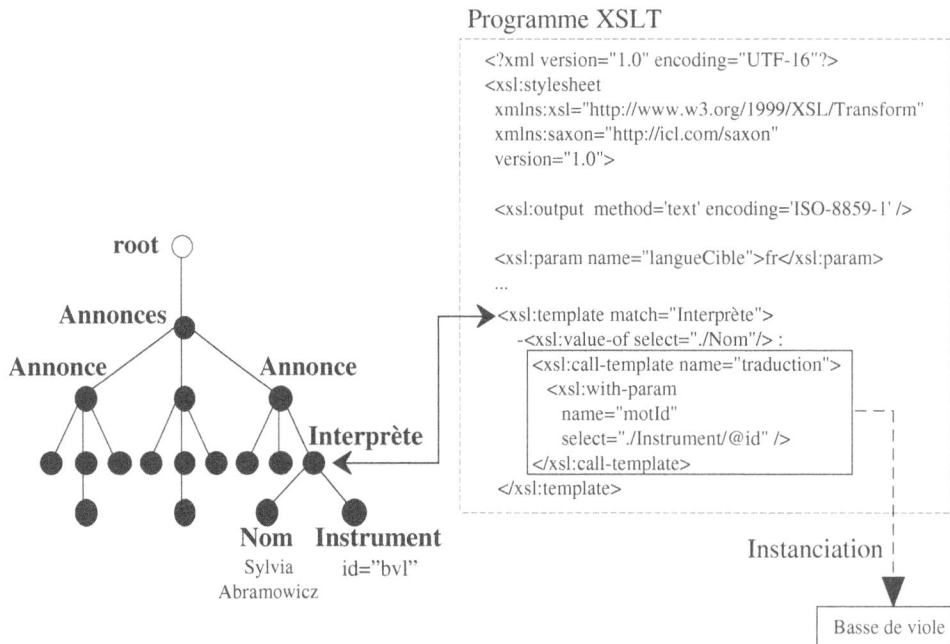

Figure 5-6

Valeur d'instanciation possible pour un appel de modèle nommé.

L'instanciation du modèle nommé se passe en deux temps :

(1) les arguments effectifs sont évalués, et donnent leur valeur aux arguments formels. S'il y a un argument effectif dont le nom ne correspond à aucun argument formel, il est tout simplement ignoré, et ce n'est pas une erreur ; s'il y a un argument formel dont le nom ne correspond à aucun argument effectif, sa valeur par défaut entre en jeu et lui donne sa valeur.

(2) la valeur de tous les arguments formels étant connue, le modèle nommé est alors instancié comme n'importe quel autre modèle de transformation : tout se passe comme si les arguments formels étaient des variables déclarées au début du modèle, avec une valeur précisément égale à celle qui vient d'être calculée (voir figure 5-7). On est donc ramené à l'instanciation d'un modèle de transformation comportant des déclarations de variables locales, que nous avons déjà vue à la section *Utilisation d'une variable*, page 184. Lors de l'instanciation, le nœud courant et la liste courante restent identiques à ce qu'ils étaient au moment du `call-template`, ce qui permet d'évaluer les expressions XPath contenues dans le modèle nommé comme si elles avaient été directement écrites dans le modèle contenant l'appel `call-template`.

Les appels récursifs ne sont pas interdits ; mais comme d'habitude en pareil cas, il faut s'assurer que l'appel récursif ne va pas engendrer de récursion infinie.

> **Note**
>
> Au cas où vous ne seriez pas à l'aise avec la récursion, reportez-vous au chapitre sur les patterns de programmation, qui donne quelques rappels sur la récursion, montre comment l'utiliser, dans quels cas l'utiliser, et situe son importance relativement aux autres notions ou techniques propres à XSLT.

Exemple

Tous les éléments sont maintenant réunis pour que l'exemple vu à la section *Exemple*, page 223, soit complètement analysable ; ils sont résumés à la figure 5-7.

On lance le programme XSLT comme ceci :

Ligne de commande

```
java com.icl.saxon.StyleSheet -o annonces.txt annonces.xml annonces.xsl
```

Et voici le résultat obtenu :

Résultat

```
janvier

        - Jonathan Dunford  :
              Basse de viole

        - Sylvia Abramowicz  :
              Basse de viole
```

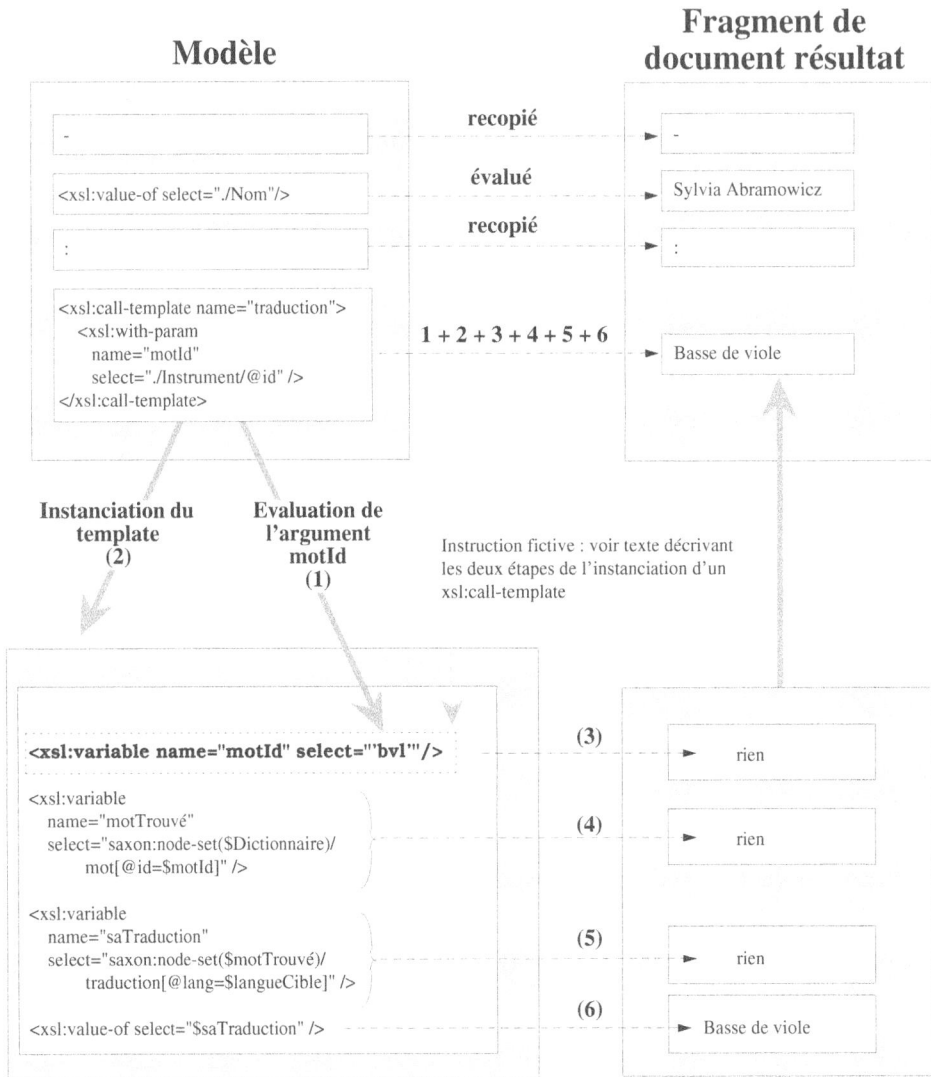

Modèle

Fragment de document résultat

Modèle		Fragment de document résultat
-	recopié	-
`<xsl:value-of select="./Nom"/>`	évalué	Sylvia Abramowicz
:	recopié	:

`<xsl:call-template name="traduction">`
`  <xsl:with-param`
`    name="motId"`
`    select="./Instrument/@id" />`
`</xsl:call-template>`
	1 + 2 + 3 + 4 + 5 + 6	Basse de viole

Instanciation du template (2)   **Evaluation de l'argument motId (1)**

Instruction fictive : voir texte décrivant les deux étapes de l'instanciation d'un xsl:call-template

`<xsl:variable name="motId" select="'bvl'"/>`	(3)	rien

`<xsl:variable`
`  name="motTrouvé"`
`  select="saxon:node-set($Dictionnaire)/`
`    mot[@id=$motId]" />`
	(4)	rien

`<xsl:variable`
`  name="saTraduction"`
`  select="saxon:node-set($motTrouvé)/`
`    traduction[@lang=$langueCible]" />`
	(5)	rien

`<xsl:value-of select="$saTraduction" />`	(6)	Basse de viole

Figure 5-7

Les étapes de l'instanciation d'un appel de modèle nommé.

```
        - Benjamin Perrot  :
                Théorbe


        - Freddy Eichelberger  :
                Clavecin
```

On lance le programme XSLT comme cela :

Ligne de commande (une seule ligne d'un seul tenant)

```
java com.icl.saxon.StyleSheet -o annonces.txt annonces.xml annonces.xsl
  langueCible=en
```

Et voila le résultat :

Résultat

```
january

        - Jonathan Dunford  :
                Bass viol


        - Sylvia Abramowicz  :
                Bass viol


        - Benjamin Perrot  :
                Theorbo


        - Freddy Eichelberger  :
                Harpsichord
```

Instruction xsl:apply-templates

L'instruction xsl:apply-templates a déjà été vue (voir section *Instruction xsl:apply-templates*, page 131) ; nous la revoyons ici à cause du fait qu'une règle et un modèle nommé peuvent donner un hybride (voir *Instruction xsl:template*, page 219). Une règle pouvant déclarer des paramètres, il est donc logique que la règle sélectionné puisse en recevoir.

Syntaxe

xsl:apply-templates

```
<xsl:apply-templates select="..." mode="...">
    <!-- arguments effectifs pour l'appel -->
    ...
    <!-- fin des arguments effectifs pour l'appel -->
</xsl:apply-templates>/>
```

Argument effectif

```
<xsl:with-param name="..." select="... expression XPath ..." />
```

Variante d'argument effectif

```
<xsl:with-param name="...">
    <!-- modèle de transformation de l'argument effectif -->
    ...
    <!-- fin du modèle de transformation de l'argument effectif -->
</xsl:with-param>
```

L'instruction `xsl:apply-templates` ne doit pas apparaître en tant qu'instruction de premier niveau. Les attributs `mode` et `select` sont facultatifs.

Sémantique

La seule chose nouvelle est la présence des arguments effectifs (`xsl:with-param`) dans le modèle de transformation de `xsl:apply-templates`. S'il y a des paramètres, ils sont évalués et transmis aux règles sélectionnées. Ce n'est pas une erreur si l'une d'elles ne prend pas d'argument en donnée, et ce n'est pas non plus une erreur si l'une d'elles prend en donnée un paramètre qui n'est pas transmis.

J'avoue m'être creusé la tête pour trouver un exemple intéressant de transmission de paramètre à une règle XSLT par l'intermédiaire d'une instruction `<xsl:apply-templates>`. Sans résultat sur le moment ; mais en faisant tout autre chose, je suis tombé sur un cas où c'est vraiment utile. Rendez-vous donc à la section *Pattern n° 18 – Localisation d'une application*, page 533 pour un exemple illustrant cette notion.

Instruction xsl:message

L'instruction `xsl:message` affiche un message et éventuellement, arrête l'exécution du processeur XSLT.

Syntaxe

xsl:message

```
<xsl:message>
    <!-- modèle de transformation -->
    ...
    <!-- fin du modèle de transformation -->
</xsl:message>/>
```

xsl:message (variante syntaxique)

```
<xsl:message terminate="yes">
    <!-- modèle de transformation -->
    ...
    <!-- fin du modèle de transformation -->
</xsl:message>/>
```

L'attribut facultatif `terminate="..."` peut recevoir deux valeurs possibles : `yes` ou `no`. La valeur `no` est la valeur par défaut.

L'instruction `xsl:message` ne doit pas apparaître en tant qu'instruction de premier niveau.

Sémantique

L'instanciation de l'instruction `<xsl:message>` se traduit par l'instanciation de son modèle de transformation, qui est ensuite sorti quelque part de telle sorte que l'utilisateur puisse le voir. Cela peut être par exemple une boîte d'alerte, la sortie standard d'erreur, ou autre (le standard XSLT ne spécifie pas la nature exacte de la sortie).

En général, le modèle de transformation contient uniquement du texte, mais le standard ne l'impose pas. Rien n'interdit que des éléments XML soient instanciés, mais que pourra bien faire une boîte d'alerte de texte balisé en XML ?

Les messages sont généralement des messages d'erreur, mais ce n'est pas une obligation. Lorsque l'attribut `terminate` est présent avec la valeur `yes`, l'exécution du processeur XSLT s'arrête après la sortie du message, et le document résultat en cours de constitution est mis à la poubelle.

Le fait que la sortie utilisée pour un message ne soit pas bien définie en réduit un peu la portée. Avec *Saxon*, par exemple, le message est affiché sur la sortie standard d'erreur ; on peut donc l'utiliser en complément de `<xsl:comment>` pour faire du dépistage d'erreurs : `<xsl:message>` pour attirer l'attention sur le fait qu'une condition anormale est survenue, et `<xsl:comment>` pour afficher la trace sans perturber la sortie quand tout va bien. Mais si les messages sortent dans des boîtes d'alerte, cela peut devenir très vite exaspérant de devoir les refermer sans arrêt.

Instruction xsl:key

L'instruction `xsl:key` établit une déclaration d'association entre des nœuds d'un arbre XML source et des valeurs.

Bande-annonce

Dictionnaire.xml

```xml
<?xml version="1.0" encoding="UTF-16" standalone="yes"?>
<Dictionnaire>
    <mot id="dim">
        <traduction lang="fr">dimanche</traduction>
        <traduction lang="en">sunday</traduction>
    </mot>
    <mot id="lun">
        <traduction lang="fr">lundi</traduction>
        <traduction lang="en">monday</traduction>
    </mot>
</Dictionnaire>
```

Déclaration de clé

```
<xsl:key name="traduction" match="mot" use="attribute::id" />
```

Après avoir déclaré la clé, on peut utiliser la structure obtenue grâce à la fonction key(), à qui l'on transmet le nom de la clé , ainsi que la valeur de clé. Elle renvoie un node-set qui contient le ou les nœuds qui ont été attachés à cette valeur par une déclaration de clé comme celle montrée ci-dessus (voir figure 5-8, page 236).

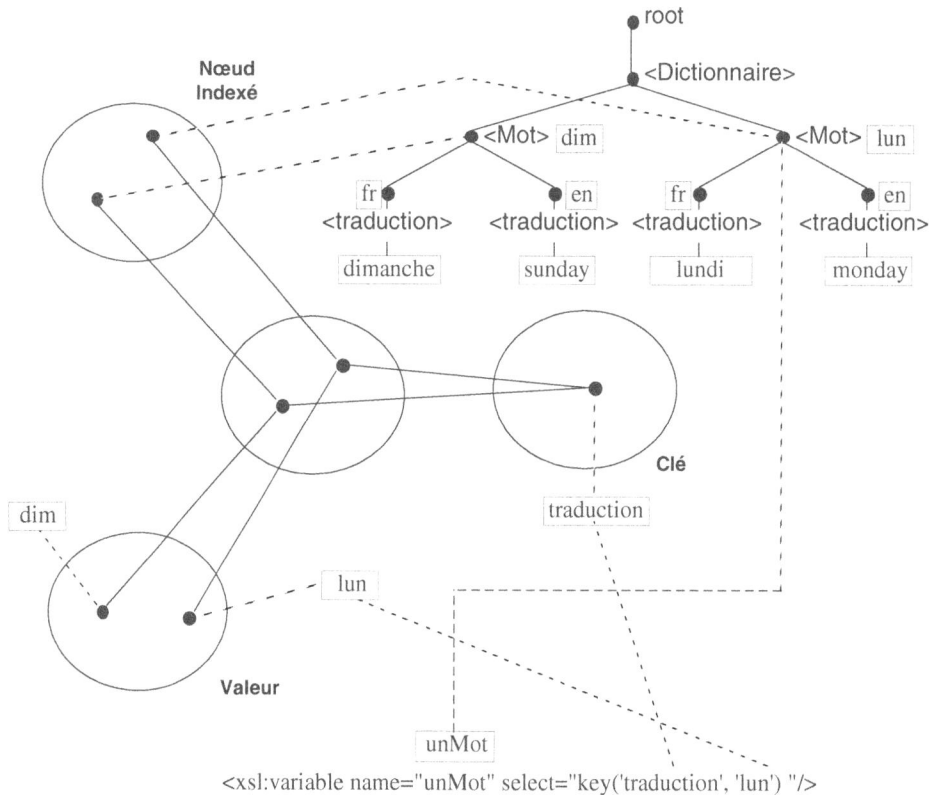

Figure 5-8

Utilisation d'une clé.

Syntaxe

xsl:key

```
<xsl:key name="..." match="...motif..." use="...expression..."/>
```

L'instruction xsl:key est une instruction de premier niveau, et de premier niveau uniquement.

Ni le motif, ni l'expression, ne peuvent contenir des références à des variables ou des appels à la fonction prédéfinie `key()`. Les instructions `xsl:key` sont évaluées avant les variables globales. Ces restrictions ont pour but d'empêcher d'éventuelles circularités.

Sémantique

L'instruction `xsl:key` déclare une clé.

Une clé possède un nom et associe des valeurs à des nœuds. Le nom est fourni par l'attribut `name`, et les nœuds concernés sont ceux (d'un certain arbre XML source) qui concordent avec le motif de l'attribut `match` ; quand un nœud concorde avec le motif, sa valeur-clé est celle qui résulte de l'évaluation de l'expression donnée par l'attribut `use`, en prenant ce nœud comme nœud contexte.

> **Remarque**
>
> Notez ce point extrêmement important : l'arbre XML source dans lequel seront cherchés les nœuds concordants n'est pas déterminé. L'instruction `xsl:key` ne fait rien, en elle-même. Son effet sur le processeur XSLT est simplement de lui demander de noter au passage les trois attributs `name`, `match`, et `use`, mais pas d'effectuer une recherche ni de construire une table d'associations.

L'instruction `xsl:key` ne s'utilise jamais seule, car son instanciation ne produit rien. De même qu'une déclaration de variable x n'a de sens que si une référence `$x` à cette variable existe quelque part, de même une instruction `xsl:key` n'a de sens que par rapport à l'utilisation de la fonction prédéfinie `key()`.

Dans le cas le plus simple, lors d'un appel à la fonction `key(N, V)`, on transmet en argument le nom *N* de la clé (qui doit se retrouver en tant qu'attribut `name` d'une instruction `xsl:key`), et une valeur *V* de type string. Un tel appel intervient nécessairement dans une expression, où un nœud contexte est défini, puisqu'un nœud contexte est toujours défini pour l'évaluation d'une expression. Ce nœud contexte fait partie d'un arbre XML source ; cet arbre XML source est celui qui sera exploré pour déterminer les associations nœuds/valeurs. L'effet est le suivant :

- la table des associations pour cette clé *N* et ce document source est construite, à moins que cela ne soit déjà fait (à cause d'un précédent appel) ;
- le node-set des nœuds associés à la valeur *V* est extrait de cette table, et renvoyé comme résultat.

Le temps perdu à construire la table peut être largement regagné ensuite car les accès aux node-sets par leur valeur-clé sont quasiment instantanés, en tout cas indépendants du nombre de nœuds de l'arbre XML source.

Ceci étant, il y a maintenant deux aspects essentiels et complémentaires à voir, c'est la manière dont cette fameuse table est construite, et celle dont elle est exploitée.

Remarque

Pour être honnête, il faut signaler ici que tout ce qui vient d'être expliqué est assez éloigné de la présentation faite par le standard XSLT, qui ne parle absolument pas de table, ni de sa construction, ni de temps gagné, ni de temps perdu ; qui ne dit pas que l'instruction xsl:key ne fait à peu près rien, ni ne dit que c'est l'appel à la fonction key() qui déclenche tous les traitements. En fait, le standard se place à un niveau plus abstrait, contrairement aux explications données ici, qui font référence à des techniques d'implémentation, notamment par table associative. Néanmoins, il est très difficile de se figurer le fonctionnement du couple instruction xsl:key /fonction key() sans avoir un modèle de traitement présent à l'esprit pour guider la pensée. Le modèle de traitement présenté ici, à base de table associative, n'est pas imposé par le standard, mais il va tellement de soi qu'il est difficile d'imaginer un processeur XSLT s'en écartant fondamentalement.

De toute façon, cette présentation des choses centrée sur l'emploi d'une table associative n'est pas fonctionnellement fausse : au pire, on peut dire qu'une implémentation pourrait légitimement reposer sur des techniques totalement différentes, à condition que l'effet obtenu soit le même, abstraction faite des questions de performance et de rapidité d'accès.

Construction et exploitation de la table associative

Une clé possède un nom et associe des valeurs à des nœuds : on a donc affaire à une relation ternaire entre clés, valeurs et nœuds, dont le but est d'indexer des nœuds par des valeurs. Le modèle présenté figure 5-9 résume cela graphiquement.

Figure 5-9

L'association clé, valeur, nom.

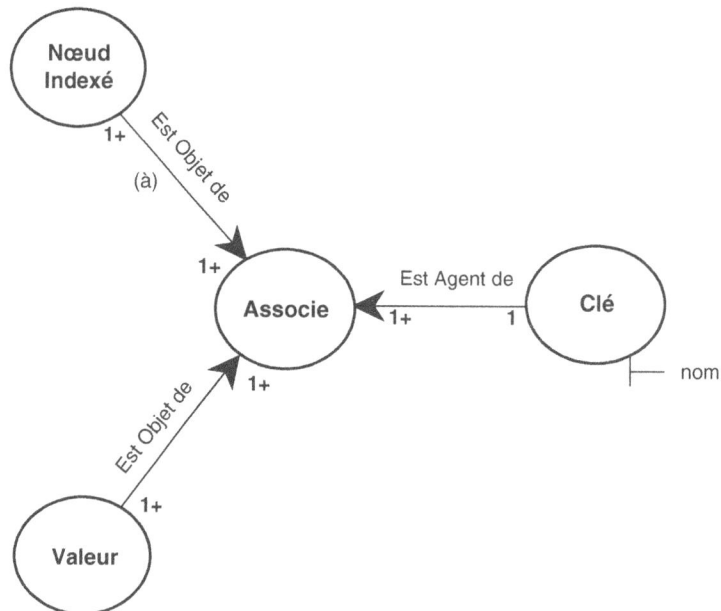

Le modèle de la figure 5-9 se lit comme ceci :

• il y a une action « Associe » (c'est une association) ;

- une clé est l'agent de cette action (c'est elle qui fait l'action) ;

- une valeur est l'objet de cette action (c'est à elle que l'action s'applique) ;

- un nœud est un autre objet de cette action (c'est aussi à lui que l'action s'applique).

Les nombres « 1 » et « 1+ » (1 ou plus) indiqués sont les cardinalités ; elles se lisent ainsi :

- une clé peut être l'agent de une ou plusieurs associations ;

- une association a pour agent une seule clé ;

- une valeur peut être l'objet de une ou plusieurs associations ;

- une association peut avoir pour objet une ou plusieurs valeurs ;

- un nœud indexé peut être l'objet de une ou plusieurs associations ;

- une association peut avoir pour objet une ou plusieurs nœuds indexés.

Dans la pratique, toutes ces combinaisons peuvent se produire, nous verrons cela sur des exemples.

Lors d'un appel à la fonction key(), le nœud contexte de l'expression englobante est fixé. Ce nœud contexte désigne implicitement l'arbre XML à explorer pour construire la table. D'autre part, le premier argument de l'appel est le nom de la clé : il faut donc trouver l'instruction xsl:key dont l'attribut name à pour valeur ce nom. L'ayant trouvée, on a alors un motif (attribut match) et une expression (attribut use). Si on n'en trouve aucune, c'est une erreur, mais si on en trouve plusieurs, on n'en rejette aucune ; nous verrons plus bas ce qu'on en fait. Pour l'instant, nous continuons en supposant que l'on a trouvé exactement une instruction xsl:key.

La construction de la table d'association implique une exploration complète de la totalité des nœuds de l'arbre source : pour chacun d'eux, on teste sa concordance avec le motif. S'il n'y a pas concordance, le nœud est ignoré ; s'il y a concordance, l'expression est évaluée en utilisant ce nœud comme nœud contexte. L'évaluation de cette expression peut donner un node-set ou non :

- Si le résultat n'est pas un node-set, il est converti en string, et cette valeur est la valeur de la clé. Le nœud concordant est donc rangé dans la table, associé à cette valeur de clé.

- Si le résultat est un node-set, la valeur textuelle de chaque nœud est calculée ; ces différentes valeurs textuelles sont autant de valeurs-clé pour le nœud concordant, qui est donc rangé dans la table, associé à chacune de ces valeurs.

Si on trouve plusieurs instructions xsl:key de même valeur d'attribut name, la table est construite en utilisant le motif et l'expression de la première instruction trouvée, puis chaque instruction xsl:key supplémentaire donne un nouveau motif et une nouvelle expression, qui donne lieu à une nouvelle exploration de l'arbre source : la table est simplement mise à jour en y ajoutant les nouvelles associations qui découlent de chaque nouvelle exploration.

Note

En deuxième lecture, il pourra être intéressant de faire le rapprochement entre les figures qui arrivent maintenant (figures 5-10, 5-11, 5-12 et 5-13) et la figure 8-1 de la section *Pattern n° 9 – Identité de nœuds et node-set de valeurs toutes différentes*, page 434.

Une association d'une valeur à un nœud

C'est la situation la plus simple ; elle est résumée dans la figure 5-10, qui montre la structure logique de la table d'association, construite à partir du fichier `Dictionnaire.xml` (voir ci-dessous) et de la déclaration :

Déclaration de clé

```
<xsl:key name="traduction" match="mot" use="attribute::id" />
```

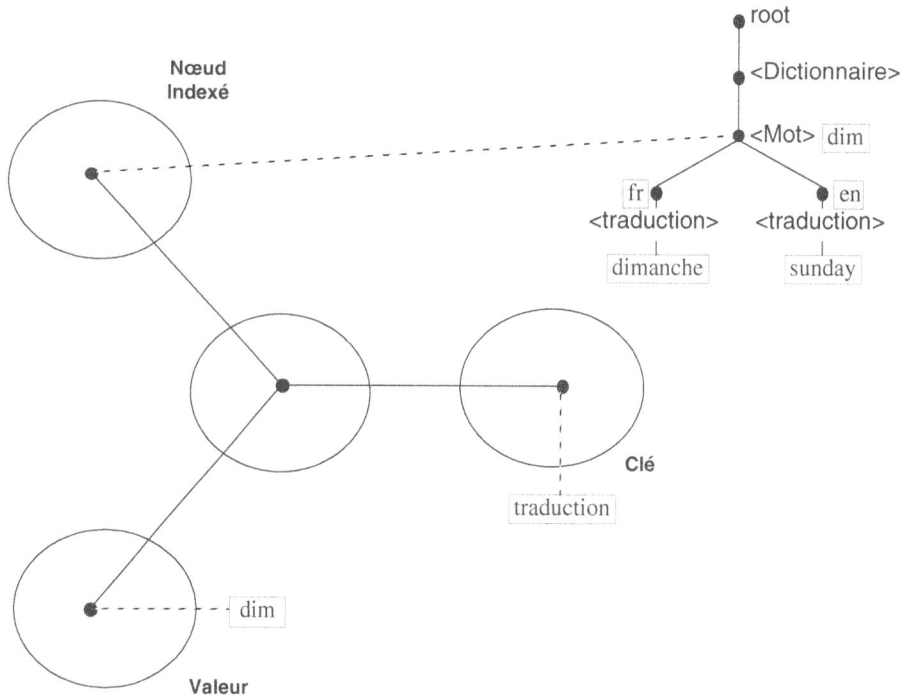

Figure 5-10

Une association d'une valeur à un nœud.

Dictionnaire.xml

```xml
<?xml version="1.0" encoding="UTF-16"?>
<Dictionnaire>
    <mot id="dim">
        <traduction lang="fr">dimanche</traduction>
        <traduction lang="en">sunday</traduction>
    </mot>
</Dictionnaire>
```

traduction.xsl

```xml
<?xml version="1.0" encoding="UTF-16"?>
<xsl:stylesheet xmlns:xsl="http://www.w3.org/1999/XSL/Transform" version="1.0">

    <xsl:output  method='text' encoding='ISO-8859-1' />

    <xsl:key name="traduction" match="mot" use="attribute::id" />

    <xsl:template name="afficher">
        <xsl:param name="code"/>
        <xsl:variable name="mot" select="key('traduction', $code)"/>

        <xsl:for-each select="$mot/traduction">
            <xsl:value-of select="$code"/><xsl:text> ( </xsl:text>
            <xsl:value-of select="@lang"/><xsl:text> ) : </xsl:text>
            <xsl:value-of select="."/>
            <xsl:text>
</xsl:text>
        </xsl:for-each>
    </xsl:template>

    <xsl:template match="/">
        <xsl:call-template name="afficher">
            <xsl:with-param name="code" select="'dim'"/>
        </xsl:call-template>
    </xsl:template>

    <xsl:template match="text()"/>

</xsl:stylesheet>
```

Résultat

```
dim ( fr ) : dimanche
dim ( en ) : sunday
```

Lors de l'appel à la fonction key(), le nœud contexte est la racine de l'arbre XML source (car l'instruction call-template ne change pas le nœud contexte courant) ; donc c'est cet arbre qui est exploré pour construire la table.

Voyons maintenant comment évolue la table si l'on rajoute une entrée dans le dictionnaire.

Deux associations, avec une valeur et un nœud par association

Nous reprenons exactement la même déclaration de clé, mais avec un dictionnaire à deux entrées :

Dictionnaire.xml

```xml
<?xml version="1.0" encoding="UTF-16" standalone="yes"?>
<Dictionnaire>
    <mot id="dim">
        <traduction lang="fr">dimanche</traduction>
        <traduction lang="en">sunday</traduction>
    </mot>
    <mot id="lun">
        <traduction lang="fr">lundi</traduction>
        <traduction lang="en">monday</traduction>
    </mot>
</Dictionnaire>
```

La figure 5-11 résume graphiquement ce que cela donne.

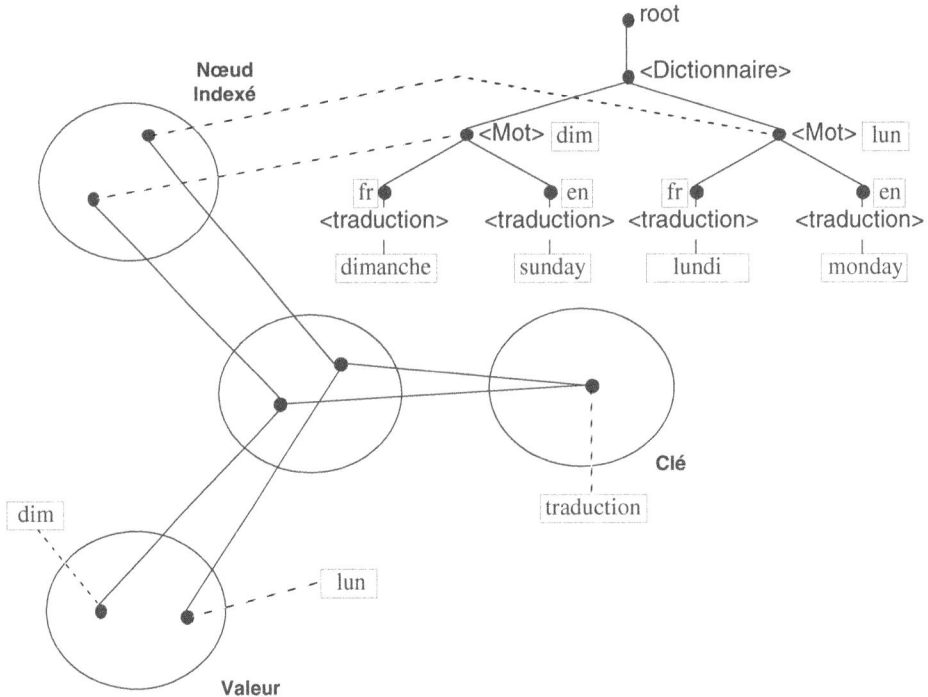

Figure 5-11

Deux associations, avec une valeur et un nœud par association.

traduction.xsl

```
... idem ...
<xsl:template match="/">
    <xsl:call-template name="afficher">
        <xsl:with-param name="code" select="'dim'"/>
    </xsl:call-template>
    <xsl:call-template name="afficher">
        <xsl:with-param name="code" select="'lun'"/>
    </xsl:call-template>
</xsl:template>
... idem ...
```

Résultat

```
dim ( fr ) : dimanche
dim ( en ) : sunday
lun ( fr ) : lundi
lun ( en ) : monday
```

Deux associations, avec deux valeurs et un nœud par association

Nous gardons ici le même dictionnaire, mais nous changeons la déclaration de clé :

Déclaration de clé

```
<xsl:key name="traduction" match="mot" use="traduction" />
```

Chaque <mot> du dictionnaire concorde avec le motif ; pour chacun d'eux, l'expression évaluée est donc :

```
./child::traduction
où "." est le <mot> courant.
```

Cette expression sélectionne pour chaque <mot> un node-set de deux éléments, puisqu'il y a deux traductions par mot. Donc ici, chaque mot va être associé à deux valeurs, qui sont les valeurs textuelles des éléments <traduction>. La figure 5-12 résume cela graphiquement.

traduction.xsl

```
<?xml version="1.0" encoding="UTF-16"?>
<xsl:stylesheet xmlns:xsl="http://www.w3.org/1999/XSL/Transform" version="1.0">

    <xsl:output  method='text' encoding='ISO-8859-1' />

    <xsl:key name="traduction" match="mot" use="traduction" />

    <xsl:template name="afficher">
        <xsl:param name="unMot"/>
        <xsl:variable name="motTrouvé" select="key('traduction', $unMot)"/>
        <xsl:variable name="sonCode" select="$motTrouvé/@id"/>

        <xsl:for-each select="$motTrouvé/traduction">
```

```
                    <xsl:value-of select="$sonCode"/><xsl:text> ( </xsl:text>
                    <xsl:value-of select="@lang"/><xsl:text> ) : </xsl:text>
                    <xsl:value-of select="."/>
                    <xsl:text>
</xsl:text>
                </xsl:for-each>
        </xsl:template>

        <xsl:template match="/">
            <xsl:call-template name="afficher">
                <xsl:with-param name="unMot" select="'dimanche'"/>
            </xsl:call-template>
            <xsl:call-template name="afficher">
                <xsl:with-param name="unMot" select="'monday'"/>
            </xsl:call-template>
        </xsl:template>

        <xsl:template match="text()"/>

</xsl:stylesheet>
```

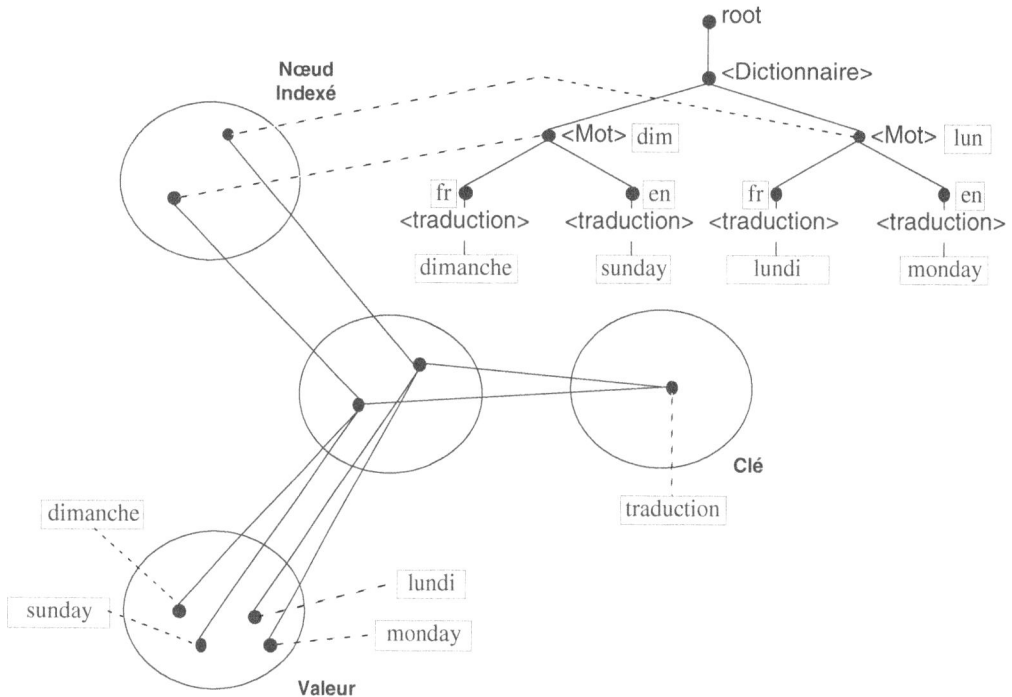

Figure 5-12

Deux associations, avec deux valeurs et un nœud par association.

Résultat

```
dim ( fr ) : dimanche
dim ( en ) : sunday
lun ( fr ) : lundi
lun ( en ) : monday
```

Remarquer ici que la détermination du mot se fait non plus par son code, mais par sa valeur française ou anglaise.

Deux associations, avec une valeur et deux nœuds par association

Nous gardons ici le même dictionnaire, mais nous changeons à nouveau la déclaration de clé :

Déclaration de clé

```
<xsl:key name="traduction" match="traduction" use="@lang" />
```

Pour chaque élément <traduction>, l'expression "@lang" ne donne qu'une seule valeur. Mais il se trouve que plusieurs éléments ont la même valeur d'attribut lang ; on va alors construire une table dont la structure logique est résumée par la figure 5-13.

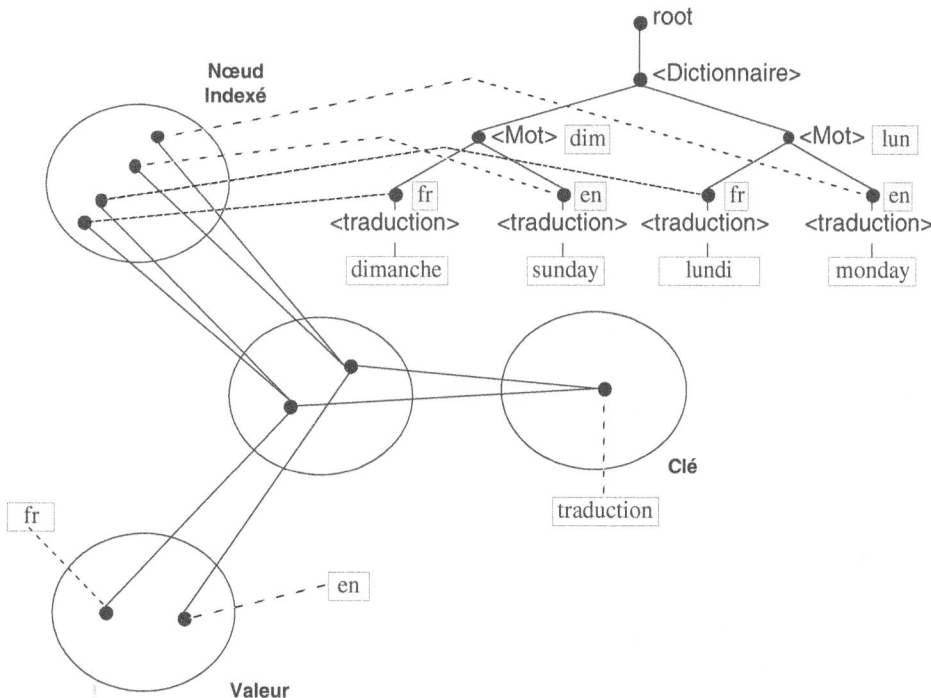

Figure 5-13

Deux associations, avec une valeur et deux nœuds par association.

traduction.xsl

```xml
<?xml version="1.0" encoding="UTF-16"?>
<xsl:stylesheet xmlns:xsl="http://www.w3.org/1999/XSL/Transform" version="1.0">

    <xsl:output  method='text' encoding='ISO-8859-1' />

    <xsl:key name="traduction" match="traduction" use="@lang" />

    <xsl:template name="afficher">
        <xsl:param name="langue"/>
        <xsl:variable name="traductionsTrouvées" select="key('traduction', $langue)"/>

        <xsl:text>
</xsl:text>
        <xsl:text>Langue = </xsl:text><xsl:value-of select="$langue"/><xsl:text> :
    </xsl:text>

        <xsl:for-each select="$traductionsTrouvées">
            <xsl:value-of select="."/>
            <xsl:text> ( code : </xsl:text>
            <xsl:value-of select="../@id"/>
            <xsl:text> ) </xsl:text>
            <xsl:text>
    </xsl:text>
        </xsl:for-each>
    </xsl:template>

    <xsl:template match="/">
        <xsl:call-template name="afficher">
            <xsl:with-param name="langue" select="'fr'"/>
        </xsl:call-template>
        <xsl:call-template name="afficher">
            <xsl:with-param name="langue" select="'en'"/>
        </xsl:call-template>
    </xsl:template>

    <xsl:template match="text()"/>

</xsl:stylesheet>
```

Résultat

```
Langue = fr :
    dimanche ( code : dim )
    lundi ( code : lun )

Langue = en :
    sunday ( code : dim )
    monday ( code : lun )
```

Construction d'une table à partir d'un document XML auxiliaire

Nous avons déjà dit que l'arbre XML exploré lors de la construction de la table est celui qui contient le nœud contexte, lors de l'évaluation de l'expression XPath donnant une valeur-clé à l'association. Si ce n'est pas l'arbre source XML principal, cela peut être un TST lié à une variable, ou un arbre fourni par la fonction document(), qui construit un arbre secondaire d'après un fichier externe XML. Dans tous les cas, il faut pouvoir changer de nœud contexte de manière à changer d'arbre exploré. Or il n'y a qu'une seule instruction capable de changer temporairement le nœud contexte, c'est l'instruction xsl:for-each. Donc si l'on veut que la table d'association soit construite à partir d'un arbre XML qui n'est pas l'arbre principal, l'appel à la fonction key() devra nécessairement faire partie du modèle de transformation d'une instruction xsl:for-each adéquate.

L'exemple vu à la section *Deux associations, avec une valeur et un nœud par association*, page 242 pourrait être repris comme ceci, en supposant que le document principal n'ait rien à voir avec Dictionnaire.xml :

traduction.xsl

```
<?xml version="1.0" encoding="UTF-16"?>
<xsl:stylesheet xmlns:xsl="http://www.w3.org/1999/XSL/Transform" version="1.0">

    <xsl:output  method='text' encoding='ISO-8859-1' />

    <xsl:key name="traduction" match="mot" use="attribute::id" />

    <xsl:template name="afficher">
        <xsl:param name="code"/>

        <xsl:for-each select="document('Dictionnaire.xml')">
            <xsl:variable name="mot" select="key('traduction', $code)"/>

            <xsl:for-each select="$mot/traduction">
                <xsl:value-of select="$code"/><xsl:text> ( </xsl:text>
                <xsl:value-of select="@lang"/><xsl:text> ) : </xsl:text>
                <xsl:value-of select="."/>
                <xsl:text>
</xsl:text>
            </xsl:for-each>
        </xsl:for-each>
    </xsl:template>

    <xsl:template match="/">
        <xsl:call-template name="afficher">
            <xsl:with-param name="code" select="'dim'"/>
        </xsl:call-template>
        <xsl:call-template name="afficher">
            <xsl:with-param name="code" select="'lun'"/>
        </xsl:call-template>
    </xsl:template>
```

```
        <xsl:template match="text()"/>

</xsl:stylesheet>
```

Résultat

```
dim ( fr ) : dimanche
dim ( en ) : sunday
lun ( fr ) : lundi
lun ( en ) : monday
```

Variante

Il y a une variante possible pour l'appel de la fonction key(). Elle consiste à transmettre comme deuxième argument un node-set *NS* au lieu d'une String. Mais ce n'est rien d'autre qu'une facilité syntaxique : cela revient à appeler *n* fois la fonction key() avec la valeur textuelle de chacun des nœuds du node-set NS en deuxième argument, et à prendre comme résultat global, l'union ensembliste de chacun des *n* node-sets renvoyés séparément.

Exemples

Les exemples classiques, en matière de manipulation de clés, concernent les références croisées (*Pattern n° 13 – Génération d'hyper liens*, page 468, *Pattern n° 12 – Références croisées inter fichiers*, page 459), les regroupements (*Pattern n° 14 – Regroupements*, page 474), les constitutions de node-sets d'éléments tous différents suivant un certain critère (*Node-set de valeurs toutes différentes*, page 438).

Mais rien n'interdit d'utiliser une clé dans des domaines pas du tout classiques : seule l'imagination, en dernier ressort, peut nous limiter.

6

Les instructions de création

Les instructions de création sont celles qui produisent du texte dans le document résultat, sans qu'il s'agisse de texte provenant de la transformation d'éléments du source XML traité par le programme XSLT.

Nous commencerons par l'instruction `<xsl:text>`, qui permet de régler l'émission d'espaces blancs dans le document résultat, et accessoirement, de contrôler l'habillage ou le déshabillage de caractères spéciaux normalement protégés dans leur carapace XML.

Ensuite, nous reviendrons sur l'utilisation d'un élément source littéral à contenu calculé pour créer du texte XML dans le document résultat. Nous avions déjà vu cela (voir *Utilisation d'un TST calculé (XSLT 1.1 ou plus)*, page 203), mais ici nous en verrons une forme plus évoluée, permettant de paramétrer les valeurs de certains attributs, grâce à la notion de *descripteur de valeur différée d'attribut* (Attribute Value Template).

Puis nous verrons les instructions XSLT permettant de produire du texte XML (éléments et attributs) ; ce sont les instructions `<xsl:element>`, `<xsl:attribute>`, et `<xsl:attribute-set>`. Ces instructions peuvent paraître un peu inutiles, étant donné les possibilités offertes par les éléments source littéraux, telles qu'on les aura vues. Néanmoins, nous verrons qu'il y a des cas où elles sont indispensables, notamment lorsque les noms des balises XML qui doivent figurer dans le document résultat ne sont pas connus au moment où on écrit le programme.

Dans le même ordre d'idée, viendront enfin les instructions permettant de sortir des commentaires XML ou des processing-instructions XML ; ce sont les instructions `<xsl:comment>`, et `<xsl:processing-instruction>`.

Instruction xsl:text

Bande-annonce

L'instruction `<xsl:text>` est souvent utilisée pour placer des espaces blancs significatifs dans le programme source XSLT. Dans l'exemple ci-dessous, c'est un saut de ligne qui est placé :

Nom.xsl

```
<?xml version="1.0" encoding="UTF-16"?>
<xsl:stylesheet xmlns:xsl="http://www.w3.org/1999/XSL/Transform" version="1.0">

    <xsl:output  method='text' encoding='ISO-8859-1' />

    <xsl:template name="insérerSautLigneAprèsTexte">
        <xsl:param name="texte"/>
        <xsl:value-of select="$texte" />
        <xsl:text>
</xsl:text>
    </xsl:template>

    <xsl:template match="Nom">
        <xsl:call-template name="insérerSautLigneAprèsTexte">
            <xsl:with-param name="texte" select="."/>
        </xsl:call-template>
    </xsl:template>

    <xsl:template match="text()"/>

</xsl:stylesheet>
```

Concert.xml

```
<?xml version="1.0" encoding="UTF-16" standalone="yes"?>

<Concert>

    <Entête> Les Concerts d'Anacréon </Entête>
    <Date>Jeudi 17 janvier 2002, 20H30</Date>
    <Lieu>Chapelle des Ursules</Lieu>

    <Ensemble> "A deux violes esgales" </Ensemble>

    <Interprète>
        <Nom> Jonathan Dunford </Nom>
        <Instrument>Basse de viole</Instrument>
    </Interprète>

    <Interprète>
        <Nom> Sylvia Abramowicz </Nom>
        <Instrument>Basse de viole</Instrument>
```

```
        </Interprète>

        <Interprète>
            <Nom> Benjamin Perrot </Nom>
            <Instrument>Théorbe et Guitare baroque</Instrument>
        </Interprète>

        <TitreConcert>
            Folies d'Espagne et diminutions d'Italie
        </TitreConcert>

        <Compositeurs>
            <Compositeur>M. Marais</Compositeur>
            <Compositeur>D. Castello</Compositeur>
            <Compositeur>F. Rognoni</Compositeur>
        </Compositeurs>

    </Concert>
```

Résultat

```
Jonathan Dunford
Sylvia Abramowicz
Benjamin Perrot
```

Syntaxe

xsl:text

```
<xsl:text>
    <!-- modèle de transformation -->
    ... texte brut (pas de texte XML et encore moins XSL) ...
    <!-- fin du modèle de transformation -->
</xsl:text>
```

L'instruction xsl:text ne doit pas apparaître en tant qu'instruction de premier niveau.

Sémantique

L'instruction xsl:text ne peut contenir que du texte non balisé (donc aucune instruction XSLT ne peut apparaître comme enfant d'un élément <xsl:text>, ni même du texte XML d'un domaine nominal différent de "xsl:").

L'instanciation de cette instruction consiste à recopier le texte de son modèle de transformation dans le document résultat. Il n'y a pas vraiment besoin d'instruction xsl:text pour faire ça, puisque c'est le fonctionnement normal de toute instanciation de tout modèle de transformation : le texte brut qui s'y trouve est recopié dans le document résultat.

Mais l'instruction xsl:text trouve sa raison d'être lorsqu'elle ne contient que des espaces blancs (dans ce cas on est sûr que ces espaces blancs seront pris en compte, et recopiés dans le document résultat), ou lorsqu'elle contient du texte sans espace blanc (dans ce cas, on est sûr qu'il n'y aura pas d'espace blanc parasite ajouté au document résultat) : s'occuper des espaces blancs, tel est le rôle (officieux) dévolu à cette instruction.

Exemple

Nous reprenons ici l'exemple vu à l'occasion de l'instruction xsl:choose (voir *Instruction xsl:choose*, page 174), dans lequel il y a un problème de répartition des espaces blancs dans le document à produire (l'exemple se trouve à la section *Exemple*, page 176).

Le fichier résultat que l'on avait obtenu était le suivant :

Résultat

```
                flûte à bec
                    :
        Michel Keustermans  et  Laura Pok
                viole d'amour
                    :
        Vinciane Baudhuin
                oboe da caccia
                    :
        Blai Justo
                viole de gambe
                    :
        Rika Murata ,  Martin Bauer ,  Sophie Watillon
                violone
                    :
        Benoit vanden Bemden
                orgue positif et clavecin
                    :
        Jacques Willemijns
```

On admettra facilement que ce n'est pas totalement satisfaisant, et qu'il serait mieux d'avoir quelque chose comme ceci :

Résultat

```
flûte à bec : Michel Keustermans et Laura Pok.
viole d'amour : Vinciane Baudhuin.
oboe da caccia : Blai Justo.
viole de gambe : Rika Murata, Martin Bauer, Sophie Watillon.
violone : Benoit vanden Bemden.
orgue positif et clavecin : Jacques Willemijns.
```

Mais avant de voir comment l'instruction xsl:text va pouvoir intervenir pour résoudre le problème, il faut comprendre ce qui se passe exactement.

D'une manière générale, dès qu'il y a des problèmes d'espaces blancs dans un document résultat, les questions à se poser sont les suivantes :

• Y a-t-il des espaces blancs en trop ? Si oui, proviennent-ils du fichier source XML ou du programme XSLT ?

- Manque-t-il des espaces blancs ? Si oui, il faut intervenir sur le programme XSLT (et non pas sur le fichier source XML), et dans ce cas, il n'y a rien de mieux que l'instruction `xsl:text`.

S'il y a des espaces blancs en trop, que faire ? Les éliminer, bien sûr.

Mais la façon d'éliminer des espaces blancs en trop n'est pas la même suivant qu'ils proviennent du fichier source XML ou du programme XSLT lui même :

- Ceux qui proviennent du fichier source XML seront broyés par la fonction standard `normalize-space()` ou par l'instruction `<xsl:strip-space>`.

- Quant à ceux qui proviennent du programme XSLT, l'instruction `xsl:text` pourra à nouveau faire quelque miracle.

> **Note**
>
> L'instruction `<xsl:strip-space>` a été vue à l'occasion de l'instruction `<xsl:if>` (voir la section *Exemple*, page 170).

Reste à savoir comment faire pour déterminer l'origine d'un espace blanc, que rien ne distingue *a priori* d'un autre.

Le principe est simple : il faut mettre des marqueurs dans le programme XSLT, et voir comment se situent les espaces blancs en trop par rapport aux marqueurs.

Prenons par exemple les espaces blancs indésirables qui se trouvent entre « flûte à bec » et le caractère « : », et ceux qui se trouvent entre « : » et « Michel », dans le document résultat montré ci-dessus, et essayons de déterminer leur origine par des marqueurs.

Le programme est celui-ci (sans changement par rapport à ce qu'on avait à la section *Instruction xsl:choose*, page 174) :

ProgrammeConcert.xsl

```
<?xml version="1.0" encoding="UCS-2"?>
<xsl:stylesheet xmlns:xsl="http://www.w3.org/1999/XSL/Transform" version="1.0">

    <xsl:output  method='text' encoding='ISO-8859-1' />

    <xsl:template match="Role">

        <xsl:value-of select="./child::text()"/> :
        <xsl:choose>

            <xsl:when test="count(./Interprète) = 1 ">
                <xsl:value-of select="Interprète"/>
            </xsl:when>

            <xsl:when test="count(./Interprète) = 2 ">
                <xsl:value-of select="Interprète[1]"/> et <xsl:value-of
                            select="Interprète[2]"/>
```

```
            </xsl:when>

            <xsl:otherwise>
                <xsl:for-each select="Interprète">
                    <xsl:value-of select="."/><xsl:if test="not(position() =
                                    last())">, </xsl:if>
                </xsl:for-each>
            </xsl:otherwise>

        </xsl:choose>

    </xsl:template>

    <xsl:template match="text()"/>

</xsl:stylesheet>
```

Le caractère « : » présent juste après l'instruction `xsl:value-of` constitue déjà en lui même un marqueur. Les espaces blancs qui se trouvent entre « flûte à bec » et « : » proviennent donc nécessairement du fichier source XML. On va les supprimer avec un appel à `normalize-space()` :

```
<xsl:value-of select="normalize-space(./child::text())"/> :
```

Cette fonction élimine tous les espaces blancs situés en début et en fin de la chaîne de caractères donnée, et remplace toute séquence interne d'espaces blancs par un seul. Dans notre cas, la donnée à traiter se présente comme ceci (où les « \n » et « \t » désignent respectivement le caractère de fin de ligne et de tabulation) :

```
        <Role>\n
\t \t \t \t viole de gambe\n
\t \t \t \t <Interprète>
                ...
```

Ici, la fonction `normalize-space()` va remplacer la chaîne `"\n\t\t\t\tviole de gambe\n\t\t\t\t"` par `"viole de gambe"`.

La règle devient celle-ci :

```
<xsl:template match="Role">

    <xsl:value-of select="normalize-space(./child::text())"/> :
    <xsl:choose>

        <xsl:when test="count(./Interprète) = 1 ">
            <xsl:value-of select="Interprète"/>
        </xsl:when>

        <xsl:when test="count(./Interprète) = 2 ">
            <xsl:value-of select="Interprète[1]"/> et <xsl:value-of
                        select="Interprète[2]"/>
        </xsl:when>
```

```
            <xsl:otherwise>
                <xsl:for-each select="Interprète">
                    <xsl:value-of select="."/><xsl:if test="not(posiotion() =
                                last())">, </xsl:if>
                </xsl:for-each>
            </xsl:otherwise>

        </xsl:choose>

    </xsl:template>
```

Et voici ce que cela donne :

Résultat

```
flûte à bec :
        Michel Keustermans  et  Laura Pok viole d'amour :
        Vinciane Baudhuin oboe da caccia :
        Blai Justo viole de gambe :
        Rika Murata,  Martin Bauer,  Sophie Watillon violone :
        Benoit vanden Bemden orgue positif et clavecin :
        Jacques Willemijns
```

Tous les espaces blancs situés avant chaque nom d'instrument ont été supprimés (ce qui entraîne la perte des sauts de ligne). Reste à voir les espaces blancs qui sont situés après les caractères « : ».

Plaçons le marqueur « ! » avant le nom de chaque premier artiste de chaque ligne :

```
    <xsl:template match="Role">

        <xsl:value-of select="normalize-space(./child::text())"/> :
        <xsl:choose>

            <xsl:when test="count(./Interprète) = 1 ">
                !<xsl:value-of select="Interprète"/>
            </xsl:when>

            <xsl:when test="count(./Interprète) = 2 ">
                !<xsl:value-of select="Interprète[1]"/> et <xsl:value-of
                            select="Interprète[2]"/>
            </xsl:when>

            <xsl:otherwise>
                !<xsl:for-each select="Interprète">
                    <xsl:value-of select="."/><xsl:if test="not(position() =
                                last())">, </xsl:if>
                </xsl:for-each>
            </xsl:otherwise>

        </xsl:choose>

    </xsl:template>
```

Résultat

```
flûte à bec :

                ! Michel Keustermans  et  Laura Pok viole d'amour :

                ! Vinciane Baudhuin oboe da caccia :

                ! Blai Justo viole de gambe :

                ! Rika Murata, Martin Bauer, Sophie Watillon violone :

                ! Benoit vanden Bemden orgue positif et clavecin :

                ! Jacques Willemijns
```

Clairement, les espaces blancs en trop sont dans le programme XSLT. C'est vrai toutefois que l'espace entre le « ! » et la première lettre de chaque ligne provient nécessairement du fichier XML. Mais le gros de la troupe provient du fichier XSLT.

Par ailleurs, on constate qu'il manque un saut de ligne avant chaque nom d'instrument, depuis que nous avons mis en service la fonction `normalize-space()`, et qu'un nouveau saut de ligne est apparu avant chaque « ! » depuis que nous avons placé ce marqueur.

La contre-expérience pourrait consister à enlever le marqueur « ! » (qui ne sert plus à rien maintenant qu'il a dit ce qu'il avait à dire), et à en mettre un (par exemple une « * ») devant chaque nom d'instrument :

```
<xsl:template match="Role">

  *<xsl:value-of select="normalize-space(./child::text())"/> :
  <xsl:choose>

       <xsl:when test="count(./Interprète) = 1 ">
          <xsl:value-of select="Interprète"/>
       </xsl:when>

       <xsl:when test="count(./Interprète) = 2 ">
          <xsl:value-of select="Interprète[1]"/> et <xsl:value-of
                       select="Interprète[2]"/>
       </xsl:when>

       <xsl:otherwise>
          <xsl:for-each select="Interprète">
             <xsl:value-of select="."/><xsl:if test="not(position() =
                       last())">, </xsl:if>
          </xsl:for-each>
       </xsl:otherwise>

  </xsl:choose>

</xsl:template>
```

Résultat

```
        *flûte à bec :
          Michel Keustermans  et  Laura Pok

        *viole d'amour :
          Vinciane Baudhuin

        *oboe da caccia :
          Blai Justo

        *viole de gambe :
          Rika Murata ,  Martin Bauer ,  Sophie Watillon

        *violone :
          Benoit vanden Bemden

        *orgue positif et clavecin :
          Jacques Willemijns
```

On constate donc que la présence du marqueur n'est pas neutre, et qu'elle induit l'apparition de sauts de lignes.

Pourquoi ? La feuille de style XSL est un document XML, ne l'oublions pas. A ce titre, elle est constituée, elle aussi, de nœuds de type text et d'éléments XML. En particulier le début de la première règle se présente ainsi :

```
      <xsl:template match="Role">\n
\n
\t \t \t *<xsl:value-of select="normalize-space(./child::text())"/> :\n
\t \t \t <xsl:choose>
          ...
```

Les « \n » et « \t » désignent à nouveau le caractère de fin de ligne et de tabulation. Donc, entre le nœud <xsl:template match="Role"> et le nœud <xsl:value-of select="normalize-space(./child::text())"/>, il y a un nœud text, dont la valeur est la chaîne de caractères "\n\n\t\t\t*". Or le processeur XSLT traite les nœuds text présents dans les modèles de remplacement de la manière suivante :

- si le nœud text ne contient que des espaces blancs, il est éliminé (et n'est donc pas recopié dans le document résultat) ;

- mais s'il contient au moins un caractère d'une nature différente (qu'il soit placé au début, au milieu ou à la fin), alors il est intégralement préservé, et recopié tel quel dans le document résultat.

La présence ou non de ce marqueur « * » change complètement l'allure du résultat final.

Si on le maintient, la chaîne de caractères "\n\n\t\t\t*" est intégralement recopiée dans le document résultat ; si on le supprime, le nœud text correspondant est éliminé, et l'aération due aux espaces blancs disparaît.

La solution n'est donc pas difficile à obtenir : puisqu'on veut un saut de ligne avant chaque nom d'instrument, il suffit de placer un saut de ligne dans une instruction `xsl:text`. En effet, et c'est le propre de cette instruction, même si le nœud texte qui lui est rattaché ne contient que des espaces blancs, il n'est pas éliminé.

```
        <xsl:template match="Role">

            <xsl:text>
</xsl:text>
            <xsl:value-of select="normalize-space(./child::text())"/> :
            <xsl:choose>
                ...
            </xsl:choose>

        </xsl:template>
```

Et puisqu'on ne veut pas changer de ligne après le caractère « : », il suffit de faire en sorte que (1°) le saut de ligne qui se trouve juste après ne fasse pas partie du même nœud texte, (2°) qu'il soit seul (avec éventuellement d'autres espaces blancs) dans son nœud texte, et (3°) que tout ce beau monde ne soit pas protégé par une instruction `xsl:text`.

Il y a deux solutions : dans la première, on inclut le caractère « : » dans une instruction `xsl:text` :

```
        <xsl:template match="Role">

            <xsl:text>
</xsl:text>
            <xsl:value-of select=
            "normalize-space(./child::text())"/> <xsl:text> : </xsl:text>
            <xsl:choose>
                ...
            </xsl:choose>

        </xsl:template>        `
```

Dans la deuxième, on exclut le saut de ligne du nœud texte contenant le caractère « »:« » `xsl:text` ?

> **Note**
>
> L'instruction `xsl:variable`, définissant une variable inutile et initialisée avec une String vide serait aussi possible, dans le sens où cela donnerait le même résultat, mais il est évident que ce genre d'astuce stupide n'est pas à recommander.

```
        <xsl:template match="Role">

            <xsl:text>
</xsl:text>
            <xsl:value-of select=
```

```
              "normalize-space(./child::text())"/> : <xsl:text/>
              <xsl:choose>
                      ...
              </xsl:choose>

      </xsl:template>
```

On arrive donc finalement à cette solution (dans laquelle on élimine les espaces blancs sur les noms d'interprètes provenant du fichier XML et on ajoute un « . » à la fin de chaque ligne, pour compléter la ponctuation) :

ProgrammeConcert.xsl

```
  <?xml version="1.0" encoding="UCS-2"?>
  <xsl:stylesheet xmlns:xsl="http://www.w3.org/1999/XSL/Transform" version="1.0">

     <xsl:output  method='text' encoding='ISO-8859-1' />

     <xsl:template match="Role">

        <xsl:text>
</xsl:text>
        <xsl:value-of select="normalize-space(./child::text())"/> : <xsl:text/>
        <xsl:choose>

           <xsl:when test="count(./Interprète) = 1 ">
              <xsl:value-of select="normalize-space(Interprète)"/>.<xsl:text/>
           </xsl:when>

           <xsl:when test="count(./Interprète) = 2 ">
              <xsl:value-of select="normalize-space(Interprète[1])"/>
              <xsl:text> et </xsl:text>
              <xsl:value-of select="normalize-space(Interprète[2])"/>.<xsl:text/>
           </xsl:when>

           <xsl:otherwise>
              <xsl:for-each select="Interprète">
                 <xsl:value-of select="normalize-space(.)"/>
                 <xsl:if test="not(position() = last())">
                     <xsl:text>, </xsl:text>
                 </xsl:if>
              </xsl:for-each>
              <xsl:text>.</xsl:text>
           </xsl:otherwise>

        </xsl:choose>

     </xsl:template>

     <xsl:template match="text()"/>

  </xsl:stylesheet>
```

Ce qui donne (enfin) le résultat attendu :

Résultat

```
flûte à bec : Michel Keustermans et Laura Pok.
viole d'amour : Vinciane Baudhuin.
oboe da caccia : Blai Justo.
viole de gambe : Rika Murata, Martin Bauer, Sophie Watillon.
violone : Benoit vanden Bemden.
orgue positif et clavecin : Jacques Willemijns.
```

Variante syntaxique

On peut si l'on veut ajouter un attribut `disable-output-escaping`, avec la valeur `"yes"` ou `"no"` (`"no"` est la valeur par défaut), comme ceci :

xsl:text

```
<xsl:text disable-output-escaping="...">
    ... texte brut (pas de texte XML et encore moins XSL) ...
</xsl:text>
```

Sémantique

Employée avec l'attribut `disable-output-escaping`, l'instruction `xsl:text` ne sert plus (ou plus seulement) à régler des problèmes d'espaces blancs, mais à influencer la façon dont certains caractères (comme `"<"`) devront apparaître dans le document résultat, lors de la sérialisation de l'arbre résultat. Par principe, ces caractères sont pudiquement masqués d'une feuille de vigne XML (à ne pas confondre avec une feuille de style XSL), et apparaissent donc sous forme de références de caractères (comme `"&#60;"`) ou de références d'entités (comme `"&lt;"`). Si l'attribut `disable-output-escaping` a pour valeur « yes », et que le mode de sortie est « html » ou « xml », ils apparaîtront alors dans leur plus simple appareil (en mode « text », les caractères sortent toujours « nature » : le problème ne se pose pas).

Exemple

Dans la version précédente, nous remplaçons la ligne :

```
<xsl:text> et </xsl:text>
```

par :

```
<xsl:text disable-output-escaping="no"> &amp; </xsl:text>
```

On obtient ceci :

Résultat

```
flûte à bec : Michel Keustermans & Laura Pok.
viole d'amour : Vinciane Baudhuin.
```

```
oboe da caccia : Blai Justo.
viole de gambe : Rika Murata, Martin Bauer, Sophie Watillon.
violone : Benoit vanden Bemden.
orgue positif et clavecin : Jacques Willemijns.
```

Comme on est ici en mode « text », les caractères spéciaux sortent tels quels, bien qu'on n'ait pas invalidé la protection. Pour voir réellement ce que ça donne, il faut passer par exemple en mode « xml » (ce qui n'a aucun sens dans cet exemple, puisqu'il n'y a aucune balise XML dans le document résultat) :

ProgrammeConcert.xsl

```
<?xml version="1.0" encoding="UCS-2"?>
<xsl:stylesheet xmlns:xsl="http://www.w3.org/1999/XSL/Transform" version="1.0">

   <xsl:output  method='xml'
                encoding='ISO-8859-1' /> <!-- mode xml activé ici !!! -->

    <xsl:template match="Role">

       <xsl:text>
</xsl:text>
       <xsl:value-of select="normalize-space(./child::text())"/> : <xsl:text/>
       <xsl:choose>

           <xsl:when test="count(./Interprète) = 1 ">
             <xsl:value-of select="normalize-space(Interprète)"/>.<xsl:text/>
           </xsl:when>

           <xsl:when test="count(./Interprète) = 2 ">
             <xsl:value-of select="normalize-space(Interprète[1])"/>
             <xsl:text disable-output-escaping="no"> &amp; </xsl:text>
             <xsl:value-of select="normalize-space(Interprète[2])"/>.<xsl:text/>
           </xsl:when>

           <xsl:otherwise>
             <xsl:for-each select="Interprète">
                <xsl:value-of select="normalize-space(.)"/>
                <xsl:if test="not(position() = last())">
                   <xsl:text>, </xsl:text>
                </xsl:if>
             </xsl:for-each>
             <xsl:text>.</xsl:text>
           </xsl:otherwise>

       </xsl:choose>

    </xsl:template>

    <xsl:template match="text()"/>

</xsl:stylesheet>
```

Résultat

```
<?xml version="1.0" encoding="ISO-8859-1"?>
flûte à bec : Michel Keustermans &amp; Laura Pok.
viole d'amour : Vinciane Baudhuin.
oboe da caccia : Blai Justo.
viole de gambe : Rika Murata, Martin Bauer, Sophie Watillon.
violone : Benoit vanden Bemden.
orgue positif et clavecin : Jacques Willemijns.
```

Maintenant, nous basculons la valeur de l'attribut `disable-output-escaping` :

```
<xsl:text disable-output-escaping="yes"> &amp; </xsl:text>
```

Résultat

```
<?xml version="1.0" encoding="ISO-8859-1"?>
flûte à bec : Michel Keustermans & Laura Pok.
viole d'amour : Vinciane Baudhuin.
oboe da caccia : Blai Justo.
viole de gambe : Rika Murata, Martin Bauer, Sophie Watillon.
violone : Benoit vanden Bemden.
orgue positif et clavecin : Jacques Willemijns.
```

Création de texte XML par un élément source littéral

Nous allons ici réutiliser une technique déjà vue (voir *Utilisation d'un TST calculé (XSLT 1.1 ou plus)*, page 203), qui consiste à câbler dans un élément source littéral à contenu calculé, la structure XML que l'on veut obtenir :

```
<xsl:template match="Concert">
    <xsl:variable name="mouvement">
        <insert>
            <Ensemble>
                <Nom><xsl:value-of select="NomEnsemble"/></Nom>
                <Direction><xsl:value-of select="Chef"/></Direction>
            </Ensemble>
            <Concert>
                <Date><xsl:value-of select="Date"/></Date>
                <Ville><xsl:value-of select="Ville"/></Ville>
                <Lieu><xsl:value-of select="Salle"/></Lieu>
                <Titre><xsl:value-of select="TitreConcert"/></Titre>
            </Concert>
        </insert>
    </xsl:variable>
    <xsl:copy-of select="$mouvement"/>
</xsl:template>
```

Une fois instancié, l'élément source littéral `<insert>` donne un TST (Temporary Source Tree) dont la sérialisation produit ceci dans le document résultat :

instanciation de ce modèle

```
<insert>
    <Ensemble>
        <Nom>...</Nom>
        <Direction>...</Direction>
    </Ensemble>
    <Concert>
        <Date>...</Date>
        <Ville>...</Ville>
        <Lieu>...</Lieu>
        <Titre>...></Titre>
    </Concert>
</insert>
```

On a donc ici non pas une simple transformation d'un arbre source existant, mais bien une création de fragment d'arbre entièrement nouveau.

Remarquez toutefois qu'on est dans un cas simple, où seuls les contenus textuels des éléments sont susceptibles de varier ; mais on peut se demander ce qui se passerait si certains éléments devaient eux-mêmes dépendre de la source XML à traiter.

Il y a plusieurs degrés de variabilité pour un élément :

- le nom d'un attribut ou d'un élément dépend de la source XML, mais les valeurs possibles sont à choisir parmi *n* valeurs connues au moment d'écrire le programme ;

- la valeur d'un attribut dépend de la source XML ;

- le nom d'un attribut ou d'un élément dépend de la source XML sans restriction.

Seuls les deux premiers cas sont à la portée de la technique de l'élément source littéral à contenu calculé ; le troisième nécessite l'emploi des instructions `<xsl:element>` ou `<xsl:atribut>`, que l'on verra plus bas.

Le premier cas ne met rien de nouveau en œuvre ; il suffit de combiner l'emploi d'éléments source littéraux et d'instructions `<xsl:choose>`.

Le deuxième est plus coriace, comme nous allons maintenant nous en rendre compte.

L'exemple choisi est assez classique, c'est la fusion de sources XML. La fusion de deux documents XML, par exemple, consiste à en produire un troisième, constituant d'une manière ou d'une autre une synthèse des deux autres.

Il s'agira ici de créer un document XML, dont la structure sera fournie par un élément source littéral à contenu calculé, exactement comme dans l'exemple ci-dessus ; le contenu des éléments sera prélevé dans l'un des deux documents XML, et la valeur des attributs de ces éléments sera prélevée dans l'autre.

Exemple

Nous allons supposer que nous devons préparer un document de travail pour un récitant qui aura à déclamer un texte pendant l'exécution d'une certaine pièce pendant un concert.

Les documents de base sont d'une part le texte de la déclamation (fichier `declamation-Taille.xml`) et d'autre part la liste des numéros de mesure où doivent se situer les interventions du récitant (fichier `synopsisRecitant.xml`) :

Note

Ce texte a été écrit par Marin Marais (probablement un douloureux souvenir personnel, l'opération de la taille étant une extraction de calculs de la vessie, avec une prière en guise d'anesthésie) pour accompagner l'une de ses pièces de viole, publiée après sa mort. Sa veuve avait censuré ce texte en le supprimant de la gravure officielle (actuellement encore disponible en fac-similé), mais des copies ont circulé, et l'une d'entre elles nous est parvenue. La graphie en est curieuse, mais elle n'avait rien d'extraordinaire à une époque où l'orthographe (notion d'ailleurs totalement anachronique, on parlait plutôt de grammaire) se réduisait en gros aux règles d'accord, et à des règles d'usage très libérales, autorisant de nombreuses variations laissées au libre arbitre du scripteur.

declamationTaille.xml

```
<?xml version="1.0" encoding="UTF-16"?>
<texte>

    <référence>
        Pièces de viole du 5° livre, 1725
        Marin Marais
    </référence>


    <titre>
    Le Tableau de l'Opération de la Taille
    </titre>

    <paroles>
        <p>L'aspect de l'apareil.</p>
        <p>Fremissement en le voyant.</p>
        <p>Resolution pour y monter.</p>
        <p>Parvenu jusqu'au hault;</p>
        <p>descente dudit apareil.</p>
        <p>Reflexions serieuses.</p>
        <p>Entrelassement des soyes
        Entre les bras et les jambes.</p>
        <p>Icy se fait l'incision.</p>
        <p>Introduction de la tenette.</p>
        <p>Ici l'on tire la piere.</p>
        <p>Icy l'on perd quasi la voix.</p>
        <p>Ecoulement du sang.</p>
        <p>Icy l'on oste les soyes.</p>
        <p>Icy l'on vous transporte dans le lit.</p>
    </paroles>

</texte>
```

<u>synopsisRecitant.xml</u>

```xml
<?xml version="1.0" encoding="UTF-16"?>
<synopsisRécitant>

    <prologue/>

    <Numeros>
        <NoMesure>1</NoMesure>
        <NoMesure>8</NoMesure>
        <NoMesure>11</NoMesure>
        <NoMesure>15</NoMesure>
        <NoMesure>20</NoMesure>
        <NoMesure>22</NoMesure>
        <NoMesure>23</NoMesure>
        <NoMesure>27</NoMesure>
        <NoMesure>31</NoMesure>
        <NoMesure>39</NoMesure>
        <NoMesure>44</NoMesure>
        <NoMesure>48</NoMesure>
        <NoMesure>50</NoMesure>
        <NoMesure>53</NoMesure>
    </Numeros>

</synopsisRécitant>
```

On veut obtenir un document XML qui donne le texte de la déclamation, avec les numéros de mesure associés, comme ceci :

<u>synopsisRecitant.xml</u>

```xml
<?xml version="1.0" encoding="ISO-8859-1"?>
<récitant>
    <prologue>
    Le Tableau de l'Opération de la Taille
    </prologue>
    <mesure No="1">L'aspect de l'apareil.</mesure>
    <mesure No="8">Fremissement en le voyant.</mesure>
    <mesure No="11">Resolution pour y monter.</mesure>
    <mesure No="15">Parvenu jusqu'au hault;</mesure>
    <mesure No="20">descente dudit apareil.</mesure>
    <mesure No="22">Reflexions serieuses.</mesure>
    <mesure No="23">Entrelassement des soyes
        Entre les bras et les jambes.</mesure>
    <mesure No="27">Icy se fait l'incision.</mesure>
    <mesure No="31">Introduction de la tenette.</mesure>
    <mesure No="39">Ici l'on tire la piere.</mesure>
    <mesure No="44">Icy l'on perd quasi la voix.</mesure>
    <mesure No="48">Ecoulement du sang.</mesure>
    <mesure No="50">Icy l'on oste les soyes.</mesure>
    <mesure No="53">Icy l'on vous transporte dans le lit.</mesure>
</récitant>
```

On va donc comme prévu utiliser la technique de l'élément source littéral à contenu calculé. Il est ici particulièrement simple, étant la structure extrêmement plate du document à produire :

Elément source littéral à contenu calculé

```
<mesure No="...">
    ...
</mesure>
```

Il n'y a que deux valeurs calculées à placer dans l'élément source littéral : le numéro de mesure, et le texte à déclamer.

La feuille de style devant manipuler deux sources XML, on va donc procéder de la même façon que dans l'exemple vu à la section *Exemple*, page 223, où il s'agissait de faire de la traduction d'après un dictionnaire :

fusion.xsl

```
<?xml version="1.0" encoding="UTF-16"?>
<xsl:stylesheet
    xmlns:xsl="http://www.w3.org/1999/XSL/Transform"
    version="1.0">

    <xsl:output  method='xml' indent="yes" encoding='ISO-8859-1' />
    <xsl:param name="declamationFileRef" select="'declamationTaille.xml'" />
    <xsl:variable name="declamation"
                  select="document( $declamationFileRef )/texte" />

    <xsl:template match="/">
        <récitant>
            <xsl:apply-templates/>
        </récitant>
    </xsl:template>

    <xsl:template match="prologue">
        <prologue>
            <xsl:value-of select="$declamation/titre"/>
        </prologue>
    </xsl:template>

    <xsl:template match="Numeros">
        ...
    </xsl:template>

    <xsl:template match="text()"/>
</xsl:stylesheet>
```

La source principale est le fichier `synopsisRecitant.xml`, et la source secondaire le ficher `declamationTaille.xml`. Ce choix est bien sûr arbitraire, mais comme la structure du document à produire est très proche de la structure du document donnant le synopsis du récitant, il est évidemment plus facile de partir du fichier `synopsisRecitant.xml` que du ficher `declamationTaille.xml`.

Le texte de la déclamation sera donc accessible au travers de la variable `declamation`, qui en l'occurrence est un node-set de trois éléments, les trois éléments rattachés à la racine `<texte>` du document XML, à savoir : `<référence>`, `<titre>`, et `<paroles>`.

Le nœud du problème, ici, est de voir comment remplir l'élément source littéral :

```
<mesure No="...">
    ...
</mesure>
```

Comme il y a plusieurs numéros de mesure à traiter, tous sur le même modèle, nous aurons donc une instruction `<xsl:for-each>` :

```
<xsl:template match="Numeros">
    <xsl:for-each select="NoMesure">
        ...
        <mesure No="...(1)...">
            ...(2)...
        </mesure>
    </xsl:for-each>
</xsl:template>
```

Le texte qui doit apparaître en (2) est à déterminer en fonction de la position du `<NoMesure>` courant à l'intérieur de l'instruction `<xsl:for-each>` : si par exemple l'élément `<NoMesure>` en cours est le quatrième fils de l'élément `<Numeros>`, dans l'ordre de lecture du document, alors il faut aller chercher le quatrième fils de l'élément `<paroles>` dans le document contenant la déclamation. Cela n'est pas du tout compliqué à faire : il suffit de sauvegarder dans une variable la position courante (c'est-à-dire la valeur 4, dans notre exemple), et d'utiliser cette valeur dans un prédicat :

```
<xsl:template match="Numeros">
    <xsl:for-each select="NoMesure">
        <xsl:variable name="i" select="position()" />
        <mesure No="...(1)...">
            <xsl:value-of select="$declamation/paroles/p[position()=$i]"/>
        </mesure>
    </xsl:for-each>
</xsl:template>
```

On sélectionne tous les éléments `<p>` enfants de `<paroles>`, et on filtre en ne retenant que celui dont la position est précisément égale à `$i`.

Il n'y a plus qu'à renseigner la valeur de l'attribut (marquée « ...(1)... » ci-dessus). Mais avant de voir comment faire cela, il n'est pas inintéressant de tenter la petite expérience suivante : on va placer en (1) une expression XPath quelconque, n'importe laquelle, juste pour voir ce que le processeur XSLT va en faire.

Message d'erreur ? Evaluation ? Superbe indifférence ? Suspens...

On choisit l'expression que l'on vient d'analyser ; c'est bien sûr complètement idiot, mais voyons tout de même :

```
<xsl:template match="Numeros">
    <xsl:for-each select="NoMesure">
        <xsl:variable name="i" select="position()" />
        <mesure No="$declamation/paroles/p[position() = $i]">
            <xsl:value-of select="$declamation/paroles/p[position() = $i]"/>
        </mesure>
    </xsl:for-each>
</xsl:template>
```

On lance le processeur XSLT, et voici ce qu'on obtient :

interventionRecitant.xml

```
<?xml version="1.0" encoding="ISO-8859-1"?>
<récitant>
   <prologue>
    Le Tableau de l'Opération de la Taille
    </prologue>
   <mesure No="$declamation/paroles/p[position() = $i]">L'aspect de l'apareil.
     </mesure>
   <mesure No="$declamation/paroles/p[position() = $i]">Fremissement en le voyant.
     </mesure>
   <mesure No="$declamation/paroles/p[position() = $i]">Resolution pour y monter.
     </mesure>
   <mesure No="$declamation/paroles/p[position() = $i]">Parvenu jusqu'au hault;
     </mesure>
   <mesure No="$declamation/paroles/p[position() = $i]">descente dudit apareil.
     </mesure>
   <mesure No="$declamation/paroles/p[position() = $i]">Reflexions serieuses.
     </mesure>
   <mesure No="$declamation/paroles/p[position() = $i]">Entrelassement des soyes
        Entre les bras et les jambes.</mesure>
   <mesure No="$declamation/paroles/p[position() = $i]">Icy se fait l'incision.
     </mesure>
   <mesure No="$declamation/paroles/p[position() = $i]">Introduction de la tenette.
     </mesure>
   <mesure No="$declamation/paroles/p[position() = $i]">Ici l'on tire la piere.
     </mesure>
   <mesure No="$declamation/paroles/p[position() = $i]">Icy l'on perd quasi la voix.
     </mesure>
   <mesure No="$declamation/paroles/p[position() = $i]">Ecoulement du sang.</mesure>
   <mesure No="$declamation/paroles/p[position() = $i]">Icy l'on oste les soyes.
     </mesure>
   <mesure No="$declamation/paroles/p[position() = $i]">Icy l'on vous transporte
     dans le lit.</mesure>
</récitant>
```

Le résultat est assez éloquent. Pas de message d'erreur, pas d'évaluation : la valeur d'attribut est prise pour du texte ordinaire, restitué tel quel dans le document résultat.

Cela ruine complètement l'espoir qu'on avait de produire les bons numéros de mesure, puisqu'apparemment, quelqu'expression que l'on puisse écrire, elle sera prise pour du texte à recopier.

Complètement ? Pas tout à fait ; le cas a été prévu.

La solution est d'utiliser ici ce qu'on appelle un *descripteur de valeur différée d'attribut*, ou Attribute Value Template (dénomination du standard XSLT). Le mot *template*, ici, n'est pas le bienvenu ; il est déjà surabondamment utilisé en XSLT, et dans le cas présent, son utilisation ne s'imposait vraiment pas, car un *attribute value template* n'a rien à voir avec une règle (*template rule*) ni un modèle de transformation (*template*, suivant la dénomination standard XSLT).

Descripteur de valeur différée d'attribut (Attribute Value Template)

Un descripteur de valeur différée d'attribut, ce n'est pas une valeur d'attribut, mais c'est quelque chose qui *décrit* une valeur d'attribut. La valeur n'est donc pas fournie directement et littéralement, elle est seulement décrite et par conséquent différée : il faut en effet attendre l'exécution du processeur XSLT, qui va interpréter cette description, pour en tirer une valeur exploitable.

Notez qu'il n'y a rien d'extraordinaire dans tout cela ; à chaque fois qu'on fournit l'attribut `select` d'une instruction `xsl:value-of`, comme par exemple :

```
select="$declamation/paroles/p[position() = $i]"
```

on est dans la même situation : la valeur de l'attribut n'est pas fournie littéralement, mais sous forme d'un descripteur, qui est ici une expression XPath. Cette expression décrit une valeur différée, puisqu'il faut attendre l'exécution du processeur XSLT pour que l'évaluation ait lieu.

Alors dans ces conditions, pourquoi inventer une dénomination spéciale si la chose est déjà connue, nommée, et courante ?

Eh bien, pour la raison qu'on vient de voir. Si l'on emploie une expression XPath comme valeur d'attribut `select`, c'est parfait, puisque justement, on est censé fournir une expression XPath pour un attribut `select`. Par contre, ce n'est pas parfait du tout pour un attribut inconnu intervenant inopinément dans un élément inconnu du processeur XSLT, comme peuvent l'être l'élément `<mesure>` et l'attribut `No`. Le processeur n'ayant aucune connaissance sur les `<mesure>`, les `No`, ni toutes ces sortes de choses, il ne peut pas savoir si la valeur d'attribut qu'on fournit est une valeur littérale, ou une valeur à interpréter.

Il faut donc le lui dire. Si on ne dit rien de spécial, la valeur fournie est littérale ; si on agite le chiffon rouge, le processeur est prévenu que la valeur fournie n'est pas littérale, mais que c'est une expression XPath à évaluer.

Le chiffon rouge en question, c'est une paire d'accolades : {abcd} est un descripteur de valeur différée d'attribut, indiquant que la chaîne de caractères « abcd » est une expression XPath à interpréter comme telle. Comme d'habitude en pareil cas, il faut trouver une astuce pour pouvoir éventuellement fournir une valeur littérale, qui malheureusement, serait de la forme {abcd} ; pour annuler l'effet « chiffon rouge » de ces accolades, on les redouble, comme ceci : {{abcd}}.

Un descripteur de valeur différée d'attribut est donc évalué en tant qu'expression XPath, et le résultat obtenu est converti en String, comme si la fonction standard string() était explicitement appelée.

> **Remarque**
>
> Il ne suffit pas de demander pour être servi : les endroits où le langage XSLT autorise l'emploi de descripteur de valeur différée d'attribut sont assez peu nombreux (et même plutôt rares) dans l'ensemble. Ils sont répertoriés en annexe (voir *Règles syntaxiques*, page 625).

Notez qu'un descripteur de valeur différée d'attribut ne constitue pas nécessairement la totalité de la valeur d'attribut : on peut très bien écrire une expression du genre "xy{abcd}zt" ; à l'exécution, la valeur d'attribut sera égale à la chaîne littérale xy, suivie d'une String résultat de l'évaluation de l'expression XPath abcd, suivie de la chaîne littérale zt.

Suite de l'exemple

Il ne nous reste plus qu'à utiliser cette notion de descripteur de valeur différée d'attribut pour terminer l'exemple que nous avions commencé ci-dessus.

Nous étions arrivés à ce point :

```
<xsl:template match="Numeros">
    <xsl:for-each select="NoMesure">
        <xsl:variable name="i" select="position()" />
        <mesure No="...(1)...">
            <xsl:value-of select="$declamation/paroles/p[position() = $i]"/>
        </mesure>
    </xsl:for-each>
</xsl:template>
```

Le problème est maintenant de renseigner la valeur de l'attribut No. Au point (1), l'élément courant est un certain <NoMesure>. La valeur à placer dans l'attribut No est donc la valeur textuelle de l'élément <NoMesure> courant. L'expression XPath qui désigne le nœud courant se réduisant simplement à « . », le descripteur de valeur différée d'attribut à utiliser sera donc simplement "{.}". On arrive donc à cette version du programme :

fusion.xsl

```
<?xml version="1.0" encoding="UTF-16"?>
<xsl:stylesheet
```

```
   xmlns:xsl="http://www.w3.org/1999/XSL/Transform"
   version="1.0">

   <xsl:output  method='xml' indent="yes" encoding='ISO-8859-1' />
   <xsl:param name="declamationFileRef" select="'declamationTaille.xml'" />
   <xsl:variable name="declamation"
                 select="document( $declamationFileRef )/texte" />

   <xsl:template match="/">
      <récitant>
         <xsl:apply-templates/>
      </récitant>
   </xsl:template>

   <xsl:template match="prologue">
      <prologue>
         <xsl:value-of select="$declamation/titre"/>
      </prologue>
   </xsl:template>

   <xsl:template match="Numeros">
      <xsl:for-each select="NoMesure">
         <xsl:variable name="i" select="position()" />
         <mesure No="{.}">
            <xsl:value-of select="$declamation/paroles/p[position() = $i]"/>
         </mesure>
      </xsl:for-each>
   </xsl:template>

   <xsl:template match="text()"/>
</xsl:stylesheet>
```

Et le résultat obtenu est bien celui qu'on attendait :

interventionRecitant.xml

```
<?xml version="1.0" encoding="ISO-8859-1"?>
<récitant>
   <prologue>
    Le Tableau de l'Opération de la Taille
    </prologue>
   <mesure No="1">L'aspect de l'apareil.</mesure>
   <mesure No="8">Fremissement en le voyant.</mesure>
   <mesure No="11">Resolution pour y monter.</mesure>
   <mesure No="15">Parvenu jusqu'au hault;</mesure>
   <mesure No="20">descente dudit apareil.</mesure>
   <mesure No="22">Reflexions serieuses.</mesure>
   <mesure No="23">Entrelassement des soyes
        Entre les bras et les jambes.</mesure>
   <mesure No="27">Icy se fait l'incision.</mesure>
   <mesure No="31">Introduction de la tenette.</mesure>
   <mesure No="39">Ici l'on tire la piere.</mesure>
```

```
        <mesure No="44">Icy l'on perd quasi la voix.</mesure>
        <mesure No="48">Ecoulement du sang.</mesure>
        <mesure No="50">Icy l'on oste les soyes.</mesure>
        <mesure No="53">Icy l'on vous transporte dans le lit.</mesure>
    </récitant>
```

Conclusion

Avec les notions d'élément source littéral à contenu calculé et de descripteur de valeur différée d'attribut, on a déjà une certaine souplesse pour créer des documents XML ; mais, ainsi que nous l'avons vu plus haut, certaines possibilités restent hors d'atteinte. Pour aller plus loin, il faut pouvoir créer de nouveaux éléments (ou de nouveaux attributs) dont le nom est obtenu comme le résultat de l'évaluation d'une expression XPath.

C'est ce que nous allons voir maintenant.

Instruction xsl:element

Bande-annonce

Cette instruction permet de créer des éléments XML dans le document résultat. Un fragment de programme comme celui-ci :

```
<Ensemble>
    <Nom>
        <xsl:value-of select="NomEnsemble"/>
    </Nom>
    <Direction>
        <xsl:value-of select="Chef"/>
    </Direction>
</Ensemble>
```

peut être remplacé par ceci :

```
<xsl:element name="Ensemble">
    <xsl:element name="Nom">
        <xsl:value-of select="NomEnsemble"/>
    </xsl:element>
    <xsl:element name="Direction">
        <xsl:value-of select="Chef"/>
    </xsl:element>
</xsl:element>
```

L'avantage est que l'attribut name accepte les descripteurs de valeurs différées d'attribut, ce qui permet de *calculer* le nom de l'élément, au lieu qu'il faille le câbler en dur dans le programme :

```
<xsl:element name="{$x}">
    ...
</xsl:element>
```

Syntaxe

xsl:element

```
<xsl:element name="...">
    <!-- modèle de transformation -->
    ...
    <!-- fin du modèle de transformation -->
</xsl:element>
```

L'instruction `xsl:element` ne doit pas apparaître en tant qu'instruction de premier niveau.

Sémantique

L'instruction `<xsl:element name="xxx">` ... `</xsl:element>` produit dans le document résultat un élément XML de la forme `<xxx>` ... `</xxx>`, dont le nom est fourni par l'attribut `name`, et dont le contenu est le résultat de l'instanciation du modèle de transformation associé.

Exemple trivial

Le premier exemple sera une simple mise en parallèle de la création d'un document XML par la technique de l'élément source littéral à contenu calculé, et par celle de l'instruction `xsl:element`.

Pour cela, nous reprenons l'exemple vu à la section *Utilisation d'un TST calculé (XSLT 1.1 ou plus)*, page 203. Nous avions mis au point ce programme XSLT (la présentation est légèrement modifiée pour faciliter la comparaison) :

prepareInsert.xsl

```
<?xml version="1.0" encoding="UTF-16"?>
<xsl:stylesheet
    xmlns:xsl="http://www.w3.org/1999/XSL/Transform"
    version="1.0">

    <xsl:output  method='xml' encoding='ISO-8859-1' indent='yes' />

    <xsl:template match="/">
        <Mouvements>
        <xsl:apply-templates/>
        </Mouvements>
    </xsl:template>

    <xsl:template match="Concert">
        <xsl:variable name="mouvement">
            <insert>
                <Ensemble>
                    <Nom>
                        <xsl:value-of select="NomEnsemble"/>
```

```
                        </Nom>
                        <Direction>
                            <xsl:value-of select="Chef"/>
                        </Direction>
                    </Ensemble>
                    <Concert>
                        <Date>
                            <xsl:value-of select="Date"/>
                        </Date>
                        <Ville>
                            <xsl:value-of select="Ville"/>
                        </Ville>
                        <Lieu>
                            <xsl:value-of select="Salle"/>
                        </Lieu>
                        <Titre>
                            <xsl:value-of select="TitreConcert"/>
                        </Titre>
                    </Concert>
                </insert>
            </xsl:variable>
            <xsl:copy-of select="$mouvement"/>
        </xsl:template>

        <xsl:template match="text()"/>
    </xsl:stylesheet>
```

On a ici la création d'un document XML câblé dans le programme XSLT sous la forme d'un élément source littéral à contenu calculé. On va donc voir comment faire la même chose avec l'instruction xsl:element.

La modification est assez triviale : dans la règle `<xsl:template match="Concert">` il suffit de remplacer chaque balise littérale (hors du domaine nominal d'XSLT) par une instruction xsl:element, comme ceci :

```
    <xsl:template match="Concert">
        <xsl:variable name="mouvement">
            <xsl:element name="insert">
                <xsl:element name="Ensemble">
                    <xsl:element name="Nom">
                        <xsl:value-of select="NomEnsemble"/>
                    </xsl:element>
                    <xsl:element name="Direction">
                        <xsl:value-of select="Chef"/>
                    </xsl:element>
                </xsl:element>
                <xsl:element name="Concert">
                    <xsl:element name="Date">
                        <xsl:value-of select="Date"/>
                    </xsl:element>
                    <xsl:element name="Ville">
```

```
                    <xsl:value-of select="Ville"/>
                </xsl:element>
                <xsl:element name="Lieu">
                    <xsl:value-of select="Salle"/>
                </xsl:element>
                <xsl:element name="Titre">
                    <xsl:value-of select="TitreConcert"/>
                </xsl:element>
            </xsl:element>
        </xsl:element>
    </xsl:variable>
    <xsl:copy-of select="$mouvement"/>
</xsl:template>
```

Cette règle est l'équivalent de celle montrée dans le programme ci-dessus, et bien sûr, à l'exécution, le résultat obtenu est strictement identique dans le deux cas.

Mais clairement, ici, l'instruction xsl:element n'apporte rien du tout, et rend même le programme plus difficile à lire, en lui donnant une apparence plus confuse.

Exemple plus évolué

Nous allons ici revoir un exemple du même genre que celui vu à la section *Exemple*, page 263 : un problème de fusion de documents XML. Mais la différence avec le cas assez simple que nous avions vu, est que cette fois, le nom des éléments à produire dans le document résultat est calculé lors du processus de fusion ; la technique de l'élément source littéral ne sera donc pas utilisable.

Le contexte est celui d'une application serveur, construite autour de technologies à objets, qui doit d'une part, présenter à un client léger (navigateur Web) émetteur de requêtes, des données prélevées dans une base relationnelle et d'autre part, assurer la mise à jour en temps réel de cette base, en fonction des requêtes émises. L'application est architecturée autour d'un référentiel métier, c'est-à-dire un ensemble de classes modélisant les entités et les relations issues d'une analyse sémantique du métier sous-jacent. L'un des problèmes classiques à résoudre est ce qu'on appelle le « mapping », dans le jargon consacré, c'est-à-dire la mise en correspondance d'une classe et d'une table, dans le cas le plus simple (les cas plus complexes sont ceux où les attributs d'un objet correspondent à des colonnes réparties dans plusieurs table). Cette mise en correspondance consiste tout simplement à récupérer les bonnes colonnes dans la bonne table pour charger un objet, ou inversement, de mettre à jour les bonnes colonnes de la bonne table à partir des attributs d'un objet.

Il y a plusieurs façons de réaliser les mappings nécessaires à l'application ; l'une d'entre elles, qui n'est pas la moins mauvaise, consiste à écrire un générateur de code capable de produire automatiquement les classes (en Java, par exemple) qui vont réaliser l'interface entre les objets métier et la base de données. Un tel générateur de code va s'appuyer sur un fichier de mapping, qui pourrait avoir l'allure suivante :

mapping.xml

```xml
<?xml version="1.0" encoding="ISO-8859-1"?>
<mapping>
    <table>ACCORD</table>
    <ACCORD>
        <DEDEC>
            <field>beginning_date</field>
            <type>BusinessDate</type>
        </DEDEC>
        <CCETF>
            <field>state</field>
            <type>String</type>
        </CCETF>
        <NOACA>
            <field>company_id</field>
            <type>String</type>
        </NOACA>
        <NOPOA>
            <field>contract_nbr</field>
            <type>String</type>
        </NOPOA>
        <CCPAA1>
            <field>country_code</field>
            <type>Integer</type>
        </CCPAA1>
    </ACCORD>
    <table>COMPANY</table>
    <COMPANY>
        <NOACA>
            <field>company_id</field>
            <type>String</type>
        </NOACA>
        <LSACA1>
            <field>company_name</field>
            <type>String</type>
        </LSACA1>
        <CCPAA1>
            <field>country_code</field>
            <type>Integer</type>
        </CCPAA1>
        <LAACA1>
            <field>address</field>
            <type>String</type>
        </LAACA1>
        <URL>
            <field>URL</field>
            <type>String</type>
        </URL>
        <STATRAT>
            <field>quality_code</field>
```

```
            <type>String</type>
        </STATRAT>
    </COMPANY>
</mapping>
```

`DEDEC`, `CCETF`, `NOACA`, etc. représentent des noms de colonnes qui sont mis en correspondance avec des noms d'attributs (`<field>`) et des types Java (`<type>`).

Ce genre de fichier, pour une petite application, pourrait être constitué à la main ; mais pour une application qui doit se connecter à une base existante comportant une centaine de tables de dix à soixante colonnes dont les noms sont pour la plupart imprononçables et difficiles à mémoriser, il est clair qu'un travail à la main n'est pas adéquat.

L'administrateur de la base de données, mis à contribution, nous a fourni un fichier par table, ayant la structure suivante :

accord.xml

```
<?xml version="1.0" encoding="UTF-16"?>
<table name="ACCORD">
DEDEC<tab/>DATE<br/>
CCETF<tab/>CHAR(1)<br/>
NOACA<tab/>CHAR(6)<br/>
NOPOA<tab/>VARCHAR2(35)<br/>
CCPAA1<tab/>NUMBER(4)<br/>
</table>
```

company.xml

```
<?xml version="1.0" encoding="UTF-16" ?>
<table name="COMPANY">
NOACA<tab/>CHAR(6)<br/>
LSACA1<tab/>VARCHAR2(35)<br/>
CCPAA1<tab/>NUMBER(4)<br/>
LAACA1<tab/>VARCHAR2(35)<br/>
URL<tab/>VARCHAR2(40)<br/>
STATRAT<tab/>VARCHAR2(1)<br/>
</table>
```

La structure de ces fichiers n'est pas extraordinaire, mais ils contiennent les informations dont on a besoin (le nom des colonnes et le type SQL utilisé) ; il faudra donc faire avec. Mais bien sûr, ce que ces fichiers ne donnent pas, c'est la correspondance des noms de colonnes et des noms d'attributs. Ce fichier de correspondance ne peut pas être généré, il faut le constituer à la main ; mais c'est moins pénible que d'établir à la main le fichier de mapping, car les mêmes noms de colonnes reviennent assez souvent dans des tables différentes.

fields.xml

```
<?xml version="1.0" encoding="UTF-16"?>
<fields>
    <field id="DEDEC"  >beginning_date</field>
    <field id="CCETF"  >state          </field>
```

```
        <field id="NOACA"  >company_id    </field>
        <field id="NOPOA"  >contract_nbr  </field>
        <field id="CCPAA1" >country_code  </field>
        <field id="LSACA1" >company_name  </field>
        <field id="LAACA1" >address       </field>
        <field id="URL"    >URL           </field>
        <field id="STATRAT">quality_code  </field>
    </fields>
```

Le problème est donc maintenant posé : en partant des fichiers accord.xml, company.xml et fields.xml, il s'agit de produire le fichier mapping.xml.

Mais, comme nous l'avons dit, il peut y avoir plusieurs dizaines de tables ; or il ne serait pas raisonnable d'avoir plusieurs dizaines de sources XML pour le programme XSLT. Nous allons donc commencer par réunir toutes les sources de description de tables en une seule, en utilisant des appels d'entités XML externes, comme ceci :

tables.xml

```
<?xml version="1.0" encoding="UTF-16" ?>
<!DOCTYPE tables [
<!ENTITY accord SYSTEM 'accord.xml'>
<!ENTITY company SYSTEM 'company.xml'>
]>
<tables>
&accord;
&company;
</tables>
```

Le fichier XML tables.xml est équivalent à un fichier unique :

```
<?xml version="1.0" encoding="UTF-16" ?>
<tables>

    <table name="ACCORD">
    DEDEC<tab/>DATE<br/>
    CCETF<tab/>CHAR(1)<br/>
    NOACA<tab/>CHAR(6)<br/>
    NOPOA<tab/>VARCHAR2(35)<br/>
    CCPAA1<tab/>NUMBER(4)<br/>
    </table>

    <table name="COMPANY">
    NOACA<tab/>CHAR(6)<br/>
    LSACA1<tab/>VARCHAR2(35)<br/>
    CCPAA1<tab/>NUMBER(4)<br/>
    LAACA1<tab/>VARCHAR2(35)<br/>
    URL<tab/>VARCHAR2(40)<br/>
    STATRAT<tab/>VARCHAR2(1)<br/>
    </table>

</tables>
```

Nous allons maintenant procéder en deux étapes.

Première étape

La première étape consiste à trouver comment récupérer les informations pertinentes dans le fichier XML `tables.xml`, dont la structure est bizarre, calquée sur une structure de fichier d'export de schéma de base, mais pas du tout dans le style XML.

Le problème est donc de savoir comment, à partir du fichier `tables.xml`, on pourrait obtenir le fichier suivant :

```
table ACCORD :
nom de colonne = DEDEC; type = DATE
nom de colonne = CCETF; type = CHAR(1)
nom de colonne = NOACA; type = CHAR(6)
nom de colonne = NOPOA; type = VARCHAR2(35)
nom de colonne = CCPAA1; type = NUMBER(4)

table COMPANY :
nom de colonne = NOACA; type = CHAR(6)
nom de colonne = LSACA1; type = VARCHAR2(35)
nom de colonne = CCPAA1; type = NUMBER(4)
nom de colonne = LAACA1; type = VARCHAR2(35)
nom de colonne = URL; type = VARCHAR2(40)
nom de colonne = STATRAT; type = VARCHAR2(1)
```

Pour chaque table, il y a une succession d'éléments `<tab/>` ; et pour chaque élément `<tab/>`, le nom de colonne est le premier nœud de type `text`, situé juste avant l'élément `<tab/>` courant (c'est le nœud en première position sur l'axe `preceding-sibling`), et le nom de type SQL est le premier nœud de type `text`, situé juste après l'élément `<tab/>` courant (c'est le nœud en première position sur l'axe `following-sibling`).

Le programme XSLT qui produit le document résultat montré ci-dessus découle directement de cette remarque :

essai.xsl

```
<?xml version="1.0" encoding="UTF-16"?>
<xsl:stylesheet
    xmlns:xsl="http://www.w3.org/1999/XSL/Transform"
    version="1.0">

    <xsl:output  method='xml' indent="yes" encoding='ISO-8859-1' />

    <xsl:template match="table">
        <xsl:text/>table <xsl:value-of select="@name"/> :<xsl:text>
</xsl:text>
        <xsl:for-each select="tab">
            <xsl:text>nom de colonne = </xsl:text>
            <xsl:value-of select="normalize-space(
                                preceding-sibling::text()[1])"/>
            <xsl:text>; type = </xsl:text>
```

```
            <xsl:value-of select="normalize-space(
                                following-sibling::text()[1])"/>
            <xsl:text>
</xsl:text>
        </xsl:for-each>

    </xsl:template>

    <xsl:template match="text()"/>
</xsl:stylesheet>
```

Deuxième étape

Il s'agit maintenant de faire la synthèse entre la première source XML, représentée par le fichier `tables.xml`, et la deuxième, qui donne la correspondance entre les noms de colonnes et les noms d'attributs. Ce problème ressemble fortement au problème de traduction que nous avions vu à la section *Exemple*, page 223. Nous pourrons donc reprendre les éléments réalisant une traduction, que nous avions mis au point à cette occasion, et les adapter à notre problème actuel.

Il y a aussi une certaine ressemblance avec ce que nous avons vu à la section précédente (voir *Exemple trivial*, page 273), puisqu'il va être question de créer des éléments dans le document résultat. Mais la ressemblance n'est pas complète, car ici nous allons devoir créer des éléments (comme `<NOACA>`) dont le nom ne peut pas être mis « en dur » dans le programme.

L'instruction qui fait cela est toujours l'instruction `<xsl:element>`, et à supposer que le nom de l'élément à générer soit contenu dans une variable `elementName`, la première idée qui pourrait venir à l'esprit serait d'écrire quelque chose comme :

```
<xsl:element name="$elementName">
```

Mais on tombe sur le problème déjà analysé à la section *Descripteur de valeur différée d'attribut (Attribute Value Template)*, page 269 : à l'exécution, soit on va obtenir ceci :

```
<$elementName>
   <field>...</field>
   <type>...</type>
</$elementName>
```

alors qu'on attend :

```
<DEDEC>
   <field>...</field>
   <type>...</type>
</DEDEC>
```

soit on va obtenir un message d'erreur du processeur XSLT, dégouté d'avoir failli mordre dans une balise XML pleine d'asticots (`<$elementName>`), à en juger par celui qui se tortille au début.

La solution est la même que précédemment, il faut utiliser un descripteur de valeur différée d'attribut.

> **Attention**
>
> Il se trouve que nous sommes dans un cas, avec l'instruction `<xsl:element>`, où un descripteur de valeur différée d'attribut est autorisé pour l'attribut `name`. Mais nous avons déjà signalé que ce n'était pas une construction toujours possible.
>
> Les descripteurs de valeur différée d'attribut sont, il est vrai, toujours autorisés et reconnus avec un élément XML faisant partie d'un élément source littéral, mais c'est tout le contraire avec les attributs des éléments XSLT (c'est-à-dire des instructions XSLT) : ils sont très rarement acceptés ou reconnus.

Mais l'instruction `<xsl:element>` fait partie des heureuses élues, et ça tombe bien, parce que sinon, il n'y avait plus qu'à mettre la clé sous la porte : ce qu'on voulait faire aurait été impossible.

> **Note**
>
> Tiens, tiens ? Le langage XSLT n'aurait donc plus été Turing-complet à cause de ce détail stupide ? Il y aurait eu des choses impossibles à programmer ? Non, rassurez vous, cela n'aurait rien changé au caractère Turing-complet du langage. En fait on peut se passer de descripteur de valeur différée d'attribut : il suffit de ne pas vouloir générer du texte XML, mais du texte ordinaire, quitte à sortir « à la main » tous les caractères spéciaux comme « < » ou « > ». Mais cela serait de beaucoup plus bas niveau, beaucoup plus compliqué à lire, et propice aux erreurs. En effet un TST ne peut pas être mal structuré ; c'est nécessairement un arbre avec une vraie forme de vrai arbre, pas un éclopé génétiquement modifié : si on bricole soi même les boutures en contournant les règles lexicales de XML, on peut faire beaucoup d'erreurs sans être jamais averti par le parseur XML associé au processeur XSLT.

Toujours est-il qu'en écrivant :

```
<xsl:element name="{$elementName}">
```

au lieu de :

```
<xsl:element name="$elementName">
```

on a la solution.

Rappelons que l'on veut obtenir quelque chose qui commence ainsi :

```
<?xml version="1.0" encoding="ISO-8859-1"?>
<mapping>
    <table>ACCORD</table>
    <ACCORD>
        <DEDEC>
            <field>beginning_date</field>
            <type>BusinessDate</type>
        </DEDEC>
        <CCETF>
            <field>state</field>
```

```
          <type>String</type>
      </CCETF>
      <NOACA>
        <field>company_id</field>
        <type>String</type>
      </NOACA>
      ...
```

Un élément comme `<DEDEC>` sera généré en allant chercher le texte situé juste avant le `<tab/>` courant dans le fichier `tables.xml` (voir *Première étape*, page 279), en récupérant ce texte dans une variable `elementName`, et en utilisant cette variable comme montré ci-dessus, dans une instruction `xsl:element`.

Un élément comme `<field>beginning_date</field>` sera généré en allant chercher la traduction du texte contenu dans `$elementName`, obtenue par un dictionnaire (le fichier `fields.xml` vu ci-dessus). Nous emploierons la même technique que celle vue à la section *Exemple*, page 223, avec le dictionnaire lu en tant que source externe par la fonction `document()`.

Enfin, un élément comme `<type>String</type>` sera généré en allant chercher le texte situé juste après l'élément `<tab/>` courant, et en testant s'il contient la chaîne `CHAR` ou `VARCHAR`.

On aboutit donc au canevas suivant :

```
<xsl:for-each select="tab">

    <!-- ici : elementName = le texte situé juste avant le <tab> courant -->

    <xsl:element name="{$elementName}">

        <field>
            <!--
                ici placer la traduction de $elementName,
                obtenue par un dictionnaire
            -->
        </field>

        <type>

            <!-- ici: typeSQL = le texte situé juste après le <tab> courant -->

            <xsl:choose>
                <xsl:when test="contains( $typeSQL, 'CHAR' )" >
                    <xsl:text>String</xsl:text>
                </xsl:when>

                <xsl:when test="contains( $typeSQL, 'DATE' )" >
                    <xsl:text>BusinessDate</xsl:text>
                </xsl:when>
```

```
                    <xsl:when test="contains( $typeSQL, 'NUMBER' )" >
                        <xsl:text>Integer</xsl:text>
                    </xsl:when>
                </xsl:choose>

            </type>

        </xsl:element>

</xsl:for-each>
```

Le programme de fusion-synthèse des documents `tables.xml` et `fields.xml` est donc celui-ci :

mapping.xsl

```
<?xml version="1.0" encoding="UTF-16"?>
<xsl:stylesheet
    xmlns:xsl="http://www.w3.org/1999/XSL/Transform"
    version="1.0">

    <xsl:output  method='xml' indent="yes" encoding='ISO-8859-1' />
    <xsl:param name="dicoFileRef">fields.xml</xsl:param>
    <xsl:variable name="Dictionnaire" select="document($dicoFileRef)/fields"/>

    <xsl:template match="/">
        <mapping>
        <xsl:apply-templates/>
        </mapping>
    </xsl:template>


    <xsl:template name="traduction">
        <xsl:param name="motId"/>

        <xsl:variable
            name="saTraduction"
            select="$Dictionnaire/field[@id=$motId]" />

        <xsl:value-of select="normalize-space($saTraduction)" />
    </xsl:template>

    <xsl:template match="table">
        <table>
        <xsl:value-of select="@name"/>
        </table>

        <xsl:element name="{@name}">

            <xsl:for-each select="tab">
```

```
            <xsl:variable name="elementName"
                       select="normalize-space(
                                preceding-sibling::text()[1]
                                )"/>
        <xsl:element name="{$elementName}">

          <field>
            <xsl:call-template name="traduction">
               <xsl:with-param name="motId" select="$elementName" />
            </xsl:call-template>
          </field>
          <type>
            <xsl:variable name="typeSQL" select="normalize-space(
                                         following-sibling::text()[1]
                                         )"/>
            <xsl:choose>
               <xsl:when test="contains( $typeSQL, 'CHAR' )" >
                  <xsl:text>String</xsl:text>
               </xsl:when>

               <xsl:when test="contains( $typeSQL, 'DATE' )" >
                  <xsl:text>BusinessDate</xsl:text>
               </xsl:when>

               <xsl:when test="contains( $typeSQL, 'NUMBER' )" >
                  <xsl:text>Integer</xsl:text>
               </xsl:when>
            </xsl:choose>
          </type>
        </xsl:element>

      </xsl:for-each>
    </xsl:element>

  </xsl:template>


  <xsl:template match="text()"/>
</xsl:stylesheet>
```

On obtient comme résultat le fichier `mapping.xml` montré au début de la section *Exemple plus évolué*, page 275.

Variante syntaxique namespace="..."

On peut si l'on veut ajouter un attribut namespace, comme ceci :

xsl:element

```
<xsl:element name="..." namespace="...">
    <!-- modèle de transformation -->
```

```
    ...
    <!-- fin du modèle de transformation -->
</xsl:element>
```

L'attribut `namespace` (une chaîne de caractères) permet d'affecter un domaine nominal à l'élément qui va être créé. Un descripteur de valeur différée d'attribut est accepté ici. La chaîne de caractères qui constitue le domaine nominal n'est pas analysée par le processeur XSLT, donc aucun contrôle de validité de cette chaîne n'est effectué.

Notons d'emblée que la manière la plus simple d'affecter un domaine nominal aux éléments XML créés par un programme XSLT n'est pas d'utiliser l'instruction `xsl:element` avec l'attribut `namespace`.

Exemple sans namespace="..."

Nous reprenons ici l'exemple vu à la section *Suite de l'exemple*, page 270, et nous supposons que le domaine nominal des éléments à générer doit être "`http://concerts.anacreon.org/viole-de-gambe`", et que ce domaine nominal est un domaine par défaut. Dans ce cas, il n'a y presque rien à faire, si ce n'est de déclarer le domaine nominal en question dans la racine du programme :

fusion.xsl

```
<?xml version="1.0" encoding="UTF-16"?>
<xsl:stylesheet
    xmlns:xsl="http://www.w3.org/1999/XSL/Transform"
    xmlns="http://concerts.anacreon.fr/viole-de-gambe"
    version="1.0">

    <xsl:output  method='xml' indent="yes" encoding='ISO-8859-1' />
    <xsl:param name="declamationFileRef" select="'declamationTaille.xml'" />
    <xsl:variable name="declamation"
                  select="document( $declamationFileRef )/texte" />

    <xsl:template match="/">
        <récitant>
            <xsl:apply-templates/>
        </récitant>
    </xsl:template>

    <xsl:template match="prologue">
        <prologue>
            <xsl:value-of select="$declamation/titre"/>
        </prologue>
    </xsl:template>

    <xsl:template match="Numeros">
        <xsl:for-each select="NoMesure">
            <xsl:variable name="i" select="position()" />
            <mesure No="{.}">
                <xsl:value-of select="$declamation/paroles/p[position()=$i]"/>
```

```
            </mesure>
        </xsl:for-each>
    </xsl:template>

    <xsl:template match="text()"/>
</xsl:stylesheet>
```

Résultat

```
<?xml version="1.0" encoding="ISO-8859-1"?>
<récitant xmlns="http://concerts.anacreon.fr/viole-de-gambe">
    <prologue>
     Le Tableau de l'Opération de la Taille
     </prologue>
    <mesure No="1">L'aspect de l'apareil.</mesure>
    <mesure No="8">Fremissement en le voyant.</mesure>
    <mesure No="11">Resolution pour y monter.</mesure>
    <mesure No="15">Parvenu jusqu'au hault;</mesure>
    <mesure No="20">descente dudit apareil.</mesure>
    <mesure No="22">Reflexions serieuses.</mesure>
    <mesure No="23">Entrelassement des soyes
        Entre les bras et les jambes.</mesure>
    <mesure No="27">Icy se fait l'incision.</mesure>
    <mesure No="31">Introduction de la tenette.</mesure>
    <mesure No="39">Ici l'on tire la piere.</mesure>
    <mesure No="44">Icy l'on perd quasi la voix.</mesure>
    <mesure No="48">Ecoulement du sang.</mesure>
    <mesure No="50">Icy l'on oste les soyes.</mesure>
    <mesure No="53">Icy l'on vous transporte dans le lit.</mesure>
</récitant>
```

L'élément <récitant> a été équipé d'un attribut xmlns qui donne le domaine nominal par défaut, et toute la descendance (enfants, petits-enfants, etc.) hérite de ce domaine nominal par défaut. Les éléments <prologue> et <mesure> sont donc eux aussi dans le domaine nominal http://concerts.anacreon.fr/viole-de-gambe.

Autre exemple sans namespace="..."

Une autre possibilité est de déclarer un domaine nominal explicite pour chaque élément créé. Cela se fait très simplement en donnant explicitement le préfixe (ou abréviation) du domaine nominal à utiliser, à condition que ce domaine ait été déclaré et soit visible à l'endroit où l'abréviation est utilisée :

fusion.xsl

```
<?xml version="1.0" encoding="UTF-16"?>
<xsl:stylesheet
    xmlns:xsl="http://www.w3.org/1999/XSL/Transform"
    xmlns:vdg="http://concerts.anacreon.fr/viole-de-gambe"
    version="1.0">

    <xsl:output  method='xml' indent="yes" encoding='ISO-8859-1' />
```

```
        <xsl:param name="declamationFileRef" select="'declamationTaille.xml'" />
        <xsl:variable name="declamation"
                      select="document( $declamationFileRef )/texte" />

        <xsl:template match="/">
            <vdg:récitant>
                <xsl:apply-templates/>
            </vdg:récitant>
        </xsl:template>

        <xsl:template match="prologue">
            <vdg:prologue>
                <xsl:value-of select="$declamation/titre"/>
            </vdg:prologue>
        </xsl:template>

        <xsl:template match="Numeros">
            <xsl:for-each select="NoMesure">
                <xsl:variable name="i" select="position()" />
                <vdg:mesure No="{.}">
                    <xsl:value-of select="$declamation/paroles/p[position()=$i]"/>
                </vdg:mesure>
            </xsl:for-each>
        </xsl:template>

        <xsl:template match="text()"/>
    </xsl:stylesheet>
```

Résultat

```
    <?xml version="1.0" encoding="ISO-8859-1"?>
    <vdg:récitant xmlns:vdg="http://concerts.anacreon.fr/viole-de-gambe">
       <vdg:prologue>
        Le Tableau de l'Opération de la Taille
        </vdg:prologue>
       <vdg:mesure No="1">L'aspect de l'apareil.</vdg:mesure>
       <vdg:mesure No="8">Fremissement en le voyant.</vdg:mesure>
       <vdg:mesure No="11">Resolution pour y monter.</vdg:mesure>
       <vdg:mesure No="15">Parvenu jusqu'au hault;</vdg:mesure>
       <vdg:mesure No="20">descente dudit apareil.</vdg:mesure>
       <vdg:mesure No="22">Reflexions serieuses.</vdg:mesure>
       <vdg:mesure No="23">Entrelassement des soyes
            Entre les bras et les jambes.</vdg:mesure>
       <vdg:mesure No="27">Icy se fait l'incision.</vdg:mesure>
       <vdg:mesure No="31">Introduction de la tenette.</vdg:mesure>
       <vdg:mesure No="39">Ici l'on tire la piere.</vdg:mesure>
       <vdg:mesure No="44">Icy l'on perd quasi la voix.</vdg:mesure>
       <vdg:mesure No="48">Ecoulement du sang.</vdg:mesure>
       <vdg:mesure No="50">Icy l'on oste les soyes.</vdg:mesure>
       <vdg:mesure No="53">Icy l'on vous transporte dans le lit.</vdg:mesure>
    </vdg:récitant>
```

Exemple avec namespace="..."

Enfin, nous en arrivons à une solution où on utilise effectivement l'attribut namespace de l'instruction xsl:element :

fusion.xsl

```
<?xml version="1.0" encoding="UTF-16"?>
<xsl:stylesheet
    xmlns:xsl="http://www.w3.org/1999/XSL/Transform"
    version="1.0">

    <xsl:output  method='xml' indent="yes" encoding='ISO-8859-1' />
    <xsl:param name="declamationFileRef" select="'declamationTaille.xml'" />
    <xsl:variable name="declamation"
                  select="document( $declamationFileRef )/texte" />

    <xsl:template match="/">
        <récitant>
            <xsl:apply-templates/>
        </récitant>
    </xsl:template>

    <xsl:template match="prologue">
        <prologue>
            <xsl:value-of select="$declamation/titre"/>
        </prologue>
    </xsl:template>

    <xsl:template match="Numeros">
        <xsl:for-each select="NoMesure">
            <xsl:variable name="i" select="position()" />
            <xsl:element name="mesure"
                    namespace="http://concerts.anacreon.fr/viole-de-gambe">
                <xsl:attribute name="No"><xsl:value-of select="."/>
                </xsl:attribute>
                <xsl:value-of select="$declamation/paroles/p[position()=$i]"/>
            </xsl:element>
        </xsl:for-each>
    </xsl:template>

    <xsl:template match="text()"/>
</xsl:stylesheet>
```

Résultat

```
<?xml version="1.0" encoding="ISO-8859-1"?>
<récitant>
    <prologue>
     Le Tableau de l'Opération de la Taille
     </prologue>
    <mesure xmlns="http://concerts.anacreon.fr/viole-de-gambe" No="1">
```

```
            L'aspect de l'apareil.</mesure>
        <mesure xmlns="http://concerts.anacreon.fr/viole-de-gambe" No="8">
          Fremissement en le voyant.</mesure>
        <mesure xmlns="http://concerts.anacreon.fr/viole-de-gambe" No="11">
          Resolution pour y monter.</mesure>
        <mesure xmlns="http://concerts.anacreon.fr/viole-de-gambe" No="15">
          Parvenu jusqu'au hault;</mesure>
        <mesure xmlns="http://concerts.anacreon.fr/viole-de-gambe" No="20">
          descente dudit apareil.</mesure>
        <mesure xmlns="http://concerts.anacreon.fr/viole-de-gambe" No="22">
          Reflexions serieuses.</mesure>
        <mesure xmlns="http://concerts.anacreon.fr/viole-de-gambe" No="23">
          Entrelassement des soyes
            Entre les bras et les jambes.</mesure>
        <mesure xmlns="http://concerts.anacreon.fr/viole-de-gambe" No="27">
          Icy se fait l'incision.</mesure>
        <mesure xmlns="http://concerts.anacreon.fr/viole-de-gambe" No="31">
          Introduction de la tenette.</mesure>
        <mesure xmlns="http://concerts.anacreon.fr/viole-de-gambe" No="39">
          Ici l'on tire la piere.</mesure>
        <mesure xmlns="http://concerts.anacreon.fr/viole-de-gambe" No="44">
          Icy l'on perd quasi la voix.</mesure>
        <mesure xmlns="http://concerts.anacreon.fr/viole-de-gambe" No="48">
          Ecoulement du sang.</mesure>
        <mesure xmlns="http://concerts.anacreon.fr/viole-de-gambe" No="50">
          Icy l'on oste les soyes.</mesure>
        <mesure xmlns="http://concerts.anacreon.fr/viole-de-gambe" No="53">
          Icy l'on vous transporte dans le lit.</mesure>
      </récitant>
```

Ici, il n'y a pas grand intérêt à procéder de la sorte, puisque l'élément <mesure> n'a pas d'élément fils. Le domaine nominal par défaut est inutilement répété pour chaque <mesure>, alors qu'il aurait été plus simple, comme on l'a vu plus haut, de déclarer ce domaine nominal par défaut directement sur l'élément racine <récitant>.

Variante syntaxique use-attribute-sets="..."

Cet attribut va de pair avec l'instruction xsl:attribute-set, qui sera étudiée plus loin (voir *Instruction xsl:attribute-set*, page 304).

Instruction xsl:attribute

Bande-annonce

Concert.xml

```
<?xml version="1.0" encoding="UTF-16" standalone="yes"?>

<Concert>
```

```
        <Entête> Les Concerts d'Anacréon </Entête>
        <Date>Jeudi 17 janvier 2002, 20H30</Date>
        <Lieu>Chapelle des Ursules</Lieu>

        <Ensemble> "A deux violes esgales" </Ensemble>

        <Interprète>
            <Nom> Jonathan Dunford </Nom>
            <Instrument>Basse de viole</Instrument>
        </Interprète>

        <Interprète>
            <Nom> Sylvia Abramowicz </Nom>
            <Instrument>Basse de viole</Instrument>
        </Interprète>

        <Interprète>
            <Nom> Benjamin Perrot </Nom>
            <Instrument>Théorbe et Guitare baroque</Instrument>
        </Interprète>

        <TitreConcert>
            Folies d'Espagne et diminutions d'Italie
        </TitreConcert>

        <Compositeurs>
            <Compositeur>M. Marais</Compositeur>
            <Compositeur>D. Castello</Compositeur>
            <Compositeur>F. Rognoni</Compositeur>
        </Compositeurs>

</Concert>
```

Concert.xsl

```
<?xml version="1.0" encoding="UTF-16"?>
<xsl:stylesheet xmlns:xsl="http://www.w3.org/1999/XSL/Transform" version="1.0">

    <xsl:output  method='xml' encoding='ISO-8859-1' indent='yes' />

    <xsl:template match="/">
        <Interprètes>
            <xsl:apply-templates/>
        </Interprètes>
    </xsl:template>

    <xsl:template match="Interprète">
        <Interprète>
            <xsl:attribute name="Nom">
                <xsl:value-of select="./Nom"/>
```

```
            </xsl:attribute>
            <xsl:attribute name="Instrument">
                <xsl:value-of select="./Instrument"/>
            </xsl:attribute>
        </Interprète>
    </xsl:template>

    <xsl:template match="text()"/>

</xsl:stylesheet>
```

Résultat

```
<?xml version="1.0" encoding="ISO-8859-1"?>
<Interprètes>
   <Interprète Nom=" Jonathan Dunford " Instrument="Basse de viole"/>
   <Interprète Nom=" Sylvia Abramowicz " Instrument="Basse de viole"/>
   <Interprète Nom=" Benjamin Perrot " Instrument="Théorbe et Guitare baroque"/>
</Interprètes>
```

Syntaxe

L'instruction <xsl:attribute> permet de créer un nouvel attribut, dont le nom est fourni par l'attribut name, et la valeur par le modèle de transformation associé. Elle prend la forme suivante :

xsl:attribute

```
<xsl:attribute name="...">
    <!-- modèle de transformation propre à xsl:attribute -->
    ...
    <!-- fin du modèle de transformation propre à xsl:attribute -->
</xsl:attribute>
```

L'instruction xsl:attribute ne doit pas apparaître en tant qu'instruction de premier niveau.

Règle XSLT typique

Comme un attribut ne peut pas apparaître isolément dans un document XML, l'instruction <xsl:attribute> est toujours associée d'une manière ou d'une autre à une instruction de création d'élément. Les deux formes syntaxiques qui suivent sont couramment employées pour réaliser cette association.

L'instruction <xsl:attribute> peut s'utiliser en tant que complément pour l'instruction <xsl:element>, qui prend alors la forme suivante :

xsl:attribute

```
<xsl:element name="...">
    <xsl:attribute name="...">
```

```
            <!-- modèle de transformation propre à xsl:attribute -->
            ...
            <!-- fin du modèle de transformation propre à xsl:attribute -->
        </xsl:attribute>
        <xsl:attribute name="...">
            <!-- modèle de transformation propre à xsl:attribute -->
            ...
            <!-- fin du modèle de transformation propre à xsl:attribute -->
        </xsl:attribute>
        ... autres instructions <xsl:attribute> ...
        <!-- modèle de transformation propre à xsl:element -->
        ...
        <!-- fin du modèle de transformation propre à xsl:element -->
    </xsl:element>
```

Les instructions `<xsl:attribute>` doivent obligatoirement être regroupées et constituer les premiers enfants directs de l'instruction `<xsl:element>` ; il est interdit de les diluer parmi l'ensemble des enfants existants.

L'instruction `<xsl:attribute>` peut aussi être utilisée pour fournir un attribut à un élément XML faisant partie d'un élément source littéral :

xsl:attribute

```
    <xxx>
        <xsl:attribute name="...">
            <!-- modèle de transformation propre à xsl:attribute -->
            ...
            <!-- fin du modèle de transformation propre à xsl:attribute -->
        </xsl:attribute>
        <xsl:attribute name="...">
            <!-- modèle de transformation propre à xsl:attribute -->
            ...
            <!-- fin du modèle de transformation propre à xsl:attribute -->
        </xsl:attribute>
        ... autres instructions <xsl:attribute> ...
        <!-- modèle de transformation propre à l'élément xxx -->
        ...
        <!-- fin du modèle de transformation propre à l'élément xxx -->
    <xxx>
```

Les instructions `<xsl:attribute>` doivent obligatoirement être regroupées et constituer les premiers enfants directs de l'élément `<xxx>` ; il est interdit de les diluer parmi l'ensemble des enfants existants.

Emploi moins typique

Les deux formes syntaxiques que nous venons de voir pour réaliser l'association entre attribut et élément ne sont pas les deux seules possibles, ce sont seulement les plus courantes.

En fait, ce qui compte, dans la réalisation de cette association, ce n'est pas la proximité topologique et statique de deux instructions placées en regard l'une de l'autre dans le fichier source XSLT, mais la proximité temporelle et dynamique : il faut que l'instruction `<xsl:attribute>` soit instanciée juste après une instruction `<xsl:element>` ou une autre instruction `<xsl:attribute>`.

Les deux formes syntaxiques vues ci-dessus permettent de façon évidente d'obtenir ce résultat, mais il y en au moins une autre, consistant à instancier l'instruction `<xsl:element>` dans un modèle nommé, et l'instruction `<xsl:attribute>` dans un autre modèle nommé. Dans ce cas de figure, les deux instructions `<xsl:attribute>` et `<xsl:element>` peuvent être très éloignées l'une de l'autre tout en étant dynamiquement associées.

Et finalement, il en reste encore une dernière : celle consistant à prendre l'une des deux formes typiques (voir *Règle XSLT typique*, page 291), et à intercaler des instructions quelconques entre la première instruction `xsl:attribute` et l'élément dont elle dépend, à condition que ces instructions ne créent rien dans le document résultat. Nous verrons cela dans un prochain exemple (voir *Exemple plus évolué*, page 295).

Sémantique

Un nouvel attribut est créé, et attaché à son élément parent ; le nom de cet attribut est fourni par la valeur de l'attribut `name`, valeur qui peut, si l'on veut, être fournie sous forme d'un descripteur de valeur différée d'attribut (AVT) : le nom de l'attribut n'est donc pas forcément une chaîne « en dur » dans le programme XSLT (c'est l'un des rares endroits, en XSLT, où un descripteur de valeur différée d'attribut est autorisé). Quant à sa valeur, c'est le fragment de document résultat de l'instanciation du modèle de transformation propre à l'instruction `xsl:attribute` en cours. Ce fragment de document résultat doit être un texte ordinaire, sans aucun élément XML (pas de balise XML).

Dans ce processus de création et d'attachement d'un attribut à son élément parent, ce n'est pas une erreur si l'élément parent possède déjà un attribut de même nom. Le dernier ajouté l'emporte. Nous reverrons cela un peu plus loin (voir *Compléments*, page 319).

Règle du papé

Premier ajouté, premier écrasé : c'est cela la règle du papé. Autrement dit, le dernier ajouté l'emporte, comme on vient de le voir. Cette règle sert à plusieurs reprises dans la suite.

Exemple trivial

Le premier exemple reprend la feuille de style qui nous avions vu à la section *Suite de l'exemple*, page 270, avec laquelle il fallait obtenir le résultat suivant :

interventionRecitant.xml

```
<?xml version="1.0" encoding="ISO-8859-1"?>
<récitant>
   <prologue>
```

```
      Le Tableau de l'Opération de la Taille
     </prologue>
   <mesure No="1">L'aspect de l'apareil.</mesure>
   <mesure No="8">Fremissement en le voyant.</mesure>
   <mesure No="11">Resolution pour y monter.</mesure>
   <mesure No="15">Parvenu jusqu'au hault;</mesure>
   <mesure No="20">descente dudit apareil.</mesure>
   <mesure No="22">Reflexions serieuses.</mesure>
   <mesure No="23">Entrelassement des soyes
        Entre les bras et les jambes.</mesure>
   <mesure No="27">Icy se fait l'incision.</mesure>
   <mesure No="31">Introduction de la tenette.</mesure>
   <mesure No="39">Ici l'on tire la piere.</mesure>
   <mesure No="44">Icy l'on perd quasi la voix.</mesure>
   <mesure No="48">Ecoulement du sang.</mesure>
   <mesure No="50">Icy l'on oste les soyes.</mesure>
   <mesure No="53">Icy l'on vous transporte dans le lit.</mesure>
</récitant>
```

Il est immédiat de transformer la feuille de style `fusion.xsl` pour utiliser l'instruction `xsl:attribute` :

fusion.xsl

```
<?xml version="1.0" encoding="UTF-16"?>
<xsl:stylesheet
   xmlns:xsl="http://www.w3.org/1999/XSL/Transform"
   version="1.0">

   <xsl:output  method='xml' indent="yes" encoding='ISO-8859-1' />
   <xsl:param name="declamationFileRef" select="'declamationTaille.xml'" />
   <xsl:variable name="declamation"
                 select="document( $declamationFileRef )/texte" />

   <xsl:template match="/">
      <récitant>
         <xsl:apply-templates/>
      </récitant>
   </xsl:template>

   <xsl:template match="prologue">
      <prologue>
         <xsl:value-of select="$declamation/titre"/>
      </prologue>
   </xsl:template>

   <xsl:template match="Numeros">
      <xsl:for-each select="NoMesure">
         <xsl:variable name="i" select="position()" />
         <!-- c'est ici que cela change -->
            <mesure>
```

```
                    <xsl:attribute name="No">
                        <xsl:value-of select="."/>
                    <xsl:attribute/>
                    <xsl:value-of select="$declamation/paroles/p[position() = $i]"/>
                </mesure>
            <!--    -->
        </xsl:for-each>
    </xsl:template>

    <xsl:template match="text()"/>
</xsl:stylesheet>
```

Cette version n'apporte rien de mieux à celle que nous avions déjà vue ; elle même un peu moins claire à la lecture. Comme nous l'avions déjà dit à propos de l'instruction xsl:element, l'instruction xsl:attributen'est vraiment intéressante que si le nom de l'attribut est calculé par le programme. Sinon, si c'est uniquement la valeur qui est calculée par le programme, autant mettre le résultat du calcul dans une variable et utiliser un descripteur de valeur différée d'attribut, comme nous l'avions fait dans la version précédente du programme ci-dessus (voir section *Suite de l'exemple*, page 270).

Exemple plus évolué

Nous allons maintenant améliorer le programme vu à la section *Exemple plus évolué*, page 275, c'est-à-dire le rendre plus conforme aux vraies attentes, qui sont en fait d'obtenir un résultat tel que celui-ci :

mapping.xml

```xml
<?xml version="1.0" encoding="ISO-8859-1"?>
<mapping>
    <table>ACCORD</table>
    <ACCORD>
        <DEDEC>
            <field>beginning_date</field>
            <type>BusinessDate</type>
        </DEDEC>
        <CCETF CHAR="1">
            <field>state</field>
            <type>String</type>
        </CCETF>
        <NOACA CHAR="6">
            <field>company_id</field>
            <type>String</type>
        </NOACA>
        <NOPOA VARCHAR2="35">
            <field>contract_nbr</field>
            <type>String</type>
        </NOPOA>
        <CCPAA1 NUMBER="4">
            <field>country_code</field>
```

```
            <type>Integer</type>
        </CCPAA1>
    </ACCORD>
    <table>COMPANY</table>
    <COMPANY>
        <NOACA CHAR="6">
            <field>company_id</field>
            <type>String</type>
        </NOACA>
        <LSACA1 VARCHAR2="35">
            <field>company_name</field>
            <type>String</type>
        </LSACA1>
        <CCPAA1 NUMBER="4">
            <field>country_code</field>
            <type>Integer</type>
        </CCPAA1>
        <LAACA1 VARCHAR2="35">
            <field>address</field>
            <type>String</type>
        </LAACA1>
        <URL VARCHAR2="40">
            <field>URL</field>
            <type>String</type>
        </URL>
        <STATRAT VARCHAR2="1">
            <field>quality_code</field>
            <type>String</type>
        </STATRAT>
    </COMPANY>
</mapping>
```

Il s'agit donc d'ajouter à chaque élément un attribut donnant son type SQL ainsi que sa longueur, sauf si la longueur n'est pas une information pertinente (cela ne concerne que les dates, dans notre exemple : l'élément <DEDEC>).

Le changement est très simple à effectuer, car la structure du programme XSLT ne change pas. Par commodité, nous allons toutefois déclarer des variables qui contiendront le nom et la valeur de ces nouveaux attributs à émettre dans le document résultat.

La règle principale du programme XSLT que nous avions mis au point était celle-ci :

```
<xsl:template match="table">
    <table>
    <xsl:value-of select="@name"/>
    </table>

    <xsl:element name="{@name}">

        <xsl:for-each select="tab">

            <xsl:variable name="elementName"
```

```
                            select="normalize-space(
                                        preceding-sibling::text()[1]
                                        )"/>
            <xsl:element name="{$elementName}">

                <field>
                    <xsl:call-template name="traduction">
                        <xsl:with-param name="motId" select="$elementName" />
                    </xsl:call-template>
                </field>
                <type>
                    <xsl:variable name="typeSQL" select="normalize-space(
                                                    following-sibling::text()[1]
                                                    )"/>
                    <xsl:choose>
                        <xsl:when test="contains( $typeSQL, 'CHAR' )" >
                            <xsl:text>String</xsl:text>
                        </xsl:when>

                        <xsl:when test="contains( $typeSQL, 'DATE' )" >
                            <xsl:text>BusinessDate</xsl:text>
                        </xsl:when>

                        <xsl:when test="contains( $typeSQL, 'NUMBER' )" >
                            <xsl:text>Integer</xsl:text>
                        </xsl:when>
                    </xsl:choose>
                </type>
            </xsl:element>

        </xsl:for-each>
    </xsl:element>

</xsl:template>
```

Etant donné la chaîne de caractères "NUMBER(4)" par exemple, valeur de la variable typeSQL, le nom du type proprement dit est donné par l'expression substring-before($typeSQL, '('), c'est-à-dire la sous-chaîne qui s'arrête juste avant la '('.

La fonction substring-before() est une fonction standard XSLT, l'une des rares qui permette de décortiquer une String. Elle a son symétrique, substring-after(), qui va lui aussi nous servir :

```
<xsl:variable name="typeSQL" select="normalize-space(
                                following-sibling::text()[1]
                                )"/>

<!-- ici, typeSQL vaut par exemple "NUMBER(4)" -->

<xsl:variable name="attributeName"
            select="substring-before( $typeSQL, '(' )"/>
```

```
<!-- dans ce cas, attributeName vaut "NUMBER" -->

<xsl:variable name="typeSQL-after"
              select="substring-after( $typeSQL, '(' )"/>

<!-- et typeSQL-after vaut "4)" -->

<xsl:variable name="attributeValue"
              select="substring-before( $typeSQL-after, ')' )"/>

<!-- et finalement attributeValue vaut "4" -->
```

A l'issue de ces instanciations de variables, on tient le nom et la valeur de l'attribut courant. Mais il faut vérifier que ce nom n'est pas une chaîne vide, car l'instanciation d'un attribut dont le nom est vide n'a clairement aucun sens, et provoque une erreur.

Or, il peut arriver que le nom soit vide, parce que la fonction substring-before() renvoie une chaîne vide si le marqueur recherché, une "(" dans notre exemple, n'existe pas dans la chaîne examinée. Et de fait, cela se produira pour le type DATE, qui ne mentionne pas de longueur.

```
<xsl:variable name="typeSQL" select="normalize-space(
                                 following-sibling::text()[1]
                                 )"/>

<xsl:variable name="attributeName"
              select="substring-before( $typeSQL, '(' )"/>

<xsl:variable name="typeSQL-after"
              select="substring-after( $typeSQL, '(' )"/>

<xsl:variable name="attributeValue"
              select="substring-before( $typeSQL-after, ')' )"/>

<xsl:if test="$attributeName">
   <xsl:attribute name="{$attributeName}" >
      <xsl:value-of select="$attributeValue"/>
   </xsl:attribute>
</xsl:if>
```

La valeur de l'attribut test est convertie en booléen ; on rappelle (voir *Fonctions Booléennes*, page 636) que la conversion d'une String en booléen donne true si et seulement si la String n'est pas de longueur nulle, d'où le test ci-dessus.

Le programme XSLT se déduit de toutes ces remarques, et donne bien le résultat montré au début de cette section.

mapping.xsl

```
<?xml version="1.0" encoding="UTF-16"?>
<xsl:stylesheet
```

```
xmlns:xsl="http://www.w3.org/1999/XSL/Transform"
version="1.0">

<xsl:output  method='xml' indent="yes" encoding='ISO-8859-1' />
<xsl:param name="dicoFileRef">fields.xml</xsl:param>
<xsl:variable name="Dictionnaire" select="document($dicoFileRef)/fields"/>

<xsl:template match="/">
   <mapping>
   <xsl:apply-templates/>
   </mapping>
</xsl:template>


<xsl:template name="traduction">
   <xsl:param name="motId"/>

   <xsl:variable
      name="saTraduction"
      select="$Dictionnaire/field[@id=$motId]" />

   <xsl:value-of select="normalize-space($saTraduction)" />
</xsl:template>

<xsl:template match="table">
   <table>
   <xsl:value-of select="@name"/>
   </table>

   <xsl:element name="{@name}">

      <xsl:for-each select="tab">

         <xsl:variable name="elementName"
                     select="normalize-space(
                            preceding-sibling::text()[1]
                            )"/>
         <xsl:element name="{$elementName}">
            <xsl:variable name="typeSQL" select="normalize-space(
                                    following-sibling::text()[1]
                                    )"/>

            <xsl:variable name="attributeName"
                        select="substring-before( $typeSQL, '( ' )"/>

            <xsl:variable name="typeSQL-after"
                        select="substring-after( $typeSQL, '( ' )"/>

            <xsl:variable name="attributeValue"
                        select="substring-before( $typeSQL-after, ')' )"/>
```

```
              <xsl:if test="$attributeName">
                 <xsl:attribute name="{$attributeName}" >
                    <xsl:value-of select="$attributeValue"/>
                 </xsl:attribute>
              </xsl:if>

              <field>
                 <xsl:call-template name="traduction">
                    <xsl:with-param name="motId" select="$elementName" />
                 </xsl:call-template>
              </field>

              <type>
                 <xsl:choose>
                    <xsl:when test="contains( $typeSQL, 'CHAR' )" >
                       <xsl:text>String</xsl:text>
                    </xsl:when>

                    <xsl:when test="contains( $typeSQL, 'DATE' )" >
                       <xsl:text>BusinessDate</xsl:text>
                    </xsl:when>

                    <xsl:when test="contains( $typeSQL, 'NUMBER' )" >
                       <xsl:text>Integer</xsl:text>
                    </xsl:when>
                 </xsl:choose>
              </type>
           </xsl:element>

        </xsl:for-each>
     </xsl:element>

   </xsl:template>


   <xsl:template match="text()"/>
</xsl:stylesheet>
```

Variante syntaxique namespace="..."

On peut si l'on veut ajouter un attribut namespace, comme ceci :

xsl:attribute

```
<xsl:attribute name="..." namespace="...">
    <!-- modèle de transformation -->
    ...
    <!-- fin du modèle de transformation -->
</xsl:element>
```

L'attribut `namespace` (une chaîne de caractères) permet d'affecter un domaine nominal à l'attribut qui va être créé. Un descripteur de valeur différée d'attribut est accepté ici. La chaîne de caractères qui constitue le domaine nominale n'est pas analysée par le processeur XSLT, donc aucun contrôle de validité de cette chaîne n'est effectué.

Exemple avec namespace="..."

Nous reprenons l'exemple vu à la section *Exemple avec namespace="..."*, page 288, dans lequel nous déclarons un domaine nominal uniquement pour l'attribut :

mapping.xsl

```
<?xml version="1.0" encoding="UTF-16"?>
<xsl:stylesheet
    xmlns:xsl="http://www.w3.org/1999/XSL/Transform"
    version="1.0">

    <xsl:output  method='xml' indent="yes" encoding='ISO-8859-1' />
    <xsl:param name="declamationFileRef" select="'declamationTaille.xml'" />
    <xsl:variable name="declamation"
                  select="document( $declamationFileRef )/texte" />

    <xsl:template match="/">
       <récitant>
          <xsl:apply-templates/>
       </récitant>
     </xsl:template>

    <xsl:template match="prologue">
       <prologue>
          <xsl:value-of select="$declamation/titre"/>
       </prologue>
     </xsl:template>

    <xsl:template match="Numeros">
       <xsl:for-each select="NoMesure">
          <xsl:variable name="i" select="position()" />
          <xsl:element name="mesure" >
             <xsl:attribute name="No"
                 namespace="http://concerts.anacreon.fr/viole-de-gambe">
                <xsl:value-of select="."/>
             </xsl:attribute>
             <xsl:value-of select="$declamation/paroles/p[position() = $i]"/>
          </xsl:element>
       </xsl:for-each>
     </xsl:template>

    <xsl:template match="text()"/>
</xsl:stylesheet>
```

Résultat

```
<?xml version="1.0" encoding="ISO-8859-1"?>
<récitant>
   <prologue>
    Le Tableau de l'Opération de la Taille
    </prologue>
   <mesure xmlns:ns0="http://concerts.anacreon.fr/viole-de-gambe" ns0:No="1">
     L'aspect de l'apareil.</mesure>
   <mesure xmlns:ns0="http://concerts.anacreon.fr/viole-de-gambe" ns0:No="8">
     Fremissement en le voyant.</mesure>
   <mesure xmlns:ns0="http://concerts.anacreon.fr/viole-de-gambe" ns0:No="11">
     Resolution pour y monter.</mesure>
   <mesure xmlns:ns0="http://concerts.anacreon.fr/viole-de-gambe" ns0:No="15">
     Parvenu jusqu'au hault;</mesure>
   <mesure xmlns:ns0="http://concerts.anacreon.fr/viole-de-gambe" ns0:No="20">
     descente dudit apareil.</mesure>
   <mesure xmlns:ns0="http://concerts.anacreon.fr/viole-de-gambe" ns0:No="22">
     Reflexions serieuses.</mesure>
   <mesure xmlns:ns0="http://concerts.anacreon.fr/viole-de-gambe" ns0:No="23">
     Entrelassement des soyes
        Entre les bras et les jambes.</mesure>
   <mesure xmlns:ns0="http://concerts.anacreon.fr/viole-de-gambe" ns0:No="27">
     Icy se fait l'incision.</mesure>
   <mesure xmlns:ns0="http://concerts.anacreon.fr/viole-de-gambe" ns0:No="31">
     Introduction de la tenette.</mesure>
   <mesure xmlns:ns0="http://concerts.anacreon.fr/viole-de-gambe" ns0:No="39">
     Ici l'on tire la piere.</mesure>
   <mesure xmlns:ns0="http://concerts.anacreon.fr/viole-de-gambe" ns0:No="44">
     Icy l'on perd quasi la voix.</mesure>
   <mesure xmlns:ns0="http://concerts.anacreon.fr/viole-de-gambe" ns0:No="48">
     Ecoulement du sang.</mesure>
   <mesure xmlns:ns0="http://concerts.anacreon.fr/viole-de-gambe" ns0:No="50">
     Icy l'on oste les soyes.</mesure>
   <mesure xmlns:ns0="http://concerts.anacreon.fr/viole-de-gambe" ns0:No="53">
     Icy l'on vous transporte dans le lit.</mesure>
</récitant>
```

On voit qu'ici, le processeur **XSLT** a été obligé d'inventer une abréviation pour le domaine nominal choisi, car la déclaration xmlns="..." prend place dans l'élément <mesure>, mais ne doit pas pour autant s'appliquer à cet élément. Si le domaine nominal avait été déclaré sans abréviation, cela aurait été un domaine nominal par défaut, qui se serait donc appliqué à l'élément <mesure> lui-même, chose que l'on veut précisément éviter.

Mais là encore, il reste plus simple de déclarer le domaine nominal souhaité (avec son abréviation) dans la racine du programme XSLT, et d'utiliser explicitement cette abréviation partout où c'est nécessaire, comme dans l'exemple de la section *Autre exemple sans namespace="..."*, page 286.

mapping.xsl

```xml
<?xml version="1.0" encoding="UTF-16"?>
<xsl:stylesheet
   xmlns:xsl="http://www.w3.org/1999/XSL/Transform"
    xmlns:vdg="http://concerts.anacreon.fr/viole-de-gambe"
   version="1.0">

   <xsl:output  method='xml' indent="yes" encoding='ISO-8859-1' />
   <xsl:param name="declamationFileRef" select="'declamationTaille.xml'" />
   <xsl:variable name="declamation"
                 select="document( $declamationFileRef )/texte" />

   <xsl:template match="/">
      <récitant>
         <xsl:apply-templates/>
      </récitant>
    </xsl:template>

   <xsl:template match="prologue">
      <prologue>
         <xsl:value-of select="$declamation/titre"/>
      </prologue>
    </xsl:template>

   <xsl:template match="Numeros">
      <xsl:for-each select="NoMesure">
         <xsl:variable name="i" select="position()" />
         <xsl:element name="mesure" >
            <xsl:attribute name="vdg:No">
               <xsl:value-of select="."/>
            </xsl:attribute>
            <xsl:value-of select="$declamation/paroles/p[position() = $i]"/>
         </xsl:element>
      </xsl:for-each>
    </xsl:template>

   <xsl:template match="text()"/>
</xsl:stylesheet>
```

Résultat

```xml
<?xml version="1.0" encoding="ISO-8859-1"?>
<récitant xmlns:vdg="http://concerts.anacreon.fr/viole-de-gambe">
   <prologue>
    Le Tableau de l'Opération de la Taille
    </prologue>
   <mesure vdg:No="1">L'aspect de l'apareil.</mesure>
   <mesure vdg:No="8">Fremissement en le voyant.</mesure>
   <mesure vdg:No="11">Resolution pour y monter.</mesure>
   <mesure vdg:No="15">Parvenu jusqu'au hault;</mesure>
   <mesure vdg:No="20">descente dudit apareil.</mesure>
```

```
            <mesure vdg:No="22">Reflexions serieuses.</mesure>
            <mesure vdg:No="23">Entrelassement des soyes
                Entre les bras et les jambes.</mesure>
            <mesure vdg:No="27">Icy se fait l'incision.</mesure>
            <mesure vdg:No="31">Introduction de la tenette.</mesure>
            <mesure vdg:No="39">Ici l'on tire la piere.</mesure>
            <mesure vdg:No="44">Icy l'on perd quasi la voix.</mesure>
            <mesure vdg:No="48">Ecoulement du sang.</mesure>
            <mesure vdg:No="50">Icy l'on oste les soyes.</mesure>
            <mesure vdg:No="53">Icy l'on vous transporte dans le lit.</mesure>
    </récitant>
```

Instruction xsl:attribute-set

Bande-annonce

Concert.xml

```
<?xml version="1.0" encoding="UTF-16" standalone="yes"?>

<Concert>

    <Entête> "Les Concerts d'Anacréon" </Entête>
    <Date>Jeudi 17 janvier 2002, 20H30</Date>
    <Lieu>Chapelle des Ursules</Lieu>

    <Ensemble> "A deux violes esgales" </Ensemble>

</Concert>
```

L'instruction <xsl:attribute-set name="..."> est utilisée pour définir des groupements d'attributs qui reviennent en plusieurs endroits d'un programme, lors de l'instanciation d'éléments (par l'instruction <xsl:element>) dans le document résultat. Le regroupement de la définition de ces attributs facilite la maintenance ou les évolutions du programme.

Concert.xsl

```
<?xml version="1.0" encoding="UTF-16"?>
<xsl:stylesheet xmlns:xsl="http://www.w3.org/1999/XSL/Transform" version="1.0">

    <xsl:output  method='html' encoding='ISO-8859-1' />


    <xsl:attribute-set name="body-attributes">
        <xsl:attribute name="leftmargin">150</xsl:attribute>
        <xsl:attribute name="bgcolor">#ddeeff</xsl:attribute>
        <xsl:attribute name="text">black</xsl:attribute>
    </xsl:attribute-set>
```

```
    <xsl:template match="/">
        <html>
            <head>
                <title><xsl:value-of select="/Concert/Entête"/></title>
            </head>
            <xsl:element name="body" use-attribute-sets="body-attributes">
                <xsl:apply-templates/>
            </xsl:element>
        </html>
    </xsl:template>

    <xsl:template match="Ensemble">
        <H2 align="center"> Ensemble <xsl:value-of select="."/></H2>
    </xsl:template>

    <xsl:template match="text()"/>


</xsl:stylesheet>
```

Résultat

```
<html>
    <head>
        <meta http-equiv="Content-Type" content="text/html; charset=ISO-8859-1">

        <title> &laquo;Les Concerts d'Anacr&eacute;on&raquo; </title>
    </head>
    <body leftmargin="150" bgcolor="#ddeeff" text="black">
        <H2 align="center"> Ensemble  &laquo;A deux violes esgales&raquo; </H2>
    </body>
</html>
```

Syntaxe

L'instruction `<xsl:attribute-set>` permet de définir un ensemble d'attributs qui pourront être attachés en une seule fois à un élément en utilisant l'instruction `<xs:element name="..." use-attribute-sets="...">`, ou bien en utilisant un élément source littéral avec un attribut `xsl:use-attribute-sets="..."` (voir *Variante de l'exemple*, page 312).

Note

Il y a aussi une autre instruction qui peut utiliser l'attribut `use-attribute-sets` dans le même but, c'est l'instruction `<xsl:copy>`, que nous verrons plus loin (voir *Instruction xsl:copy*, page 321). Attention à ne pas confondre `<xsl:copy>` et `<xsl:copy-of>`, déjà vue (voir *Instruction xsl:copy-of*, page 156).

---

xsl:attribute-set

```
<xsl:attribute-set name="...">
    <!-- modèle de transformation propre à xsl:attribute-set -->
    <xsl:attribute name="...">
```

```
        <!-- modèle de transformation propre à xsl:attribute -->
        ...
        <!-- fin du modèle de transformation propre à xsl:attribute -->
    </xsl:attribute>
    <xsl:attribute name="...">
        <!-- modèle de transformation propre à xsl:attribute -->
        ...
        <!-- fin du modèle de transformation propre à xsl:attribute -->
    </xsl:attribute>
    <!-- etc. autant d'attributs que l'on veut, mais rien que des attributs -->
    <!-- fin du modèle de transformation propre à xsl:attribute-set -->
</xsl:attribute-set>
```

L'instruction `xsl:attribute-set` doit apparaître en tant qu'instruction de premier niveau.

Sémantique

L'instanciation d'une instruction `xsl:attribute-set` consiste à instancier toutes les instructions `xsl:attribute` qu'elle contient.

Bien que l'élément `xsl:attribute-set` soit une instruction de premier niveau, comme l'est la définition d'une variable ou d'un paramètre global, elle n'est pas instanciée en même temps que les variables ou paramètres globaux.

Pour une variable globale, l'instanciation n'a lieu qu'une seule fois, avant que le moteur de transformation ne commence à traiter la racine du document ; le nœud contexte pour l'évaluation de cette variable globale est le nœud racine de l'arbre XML du document.

Pour l'instruction `xsl:attribute-set`, l'instanciation est différée jusqu'au moment où elle est effectivement nécessaire à l'instanciation d'une instruction `xsl:element` réclamant cet `attribute-set`. Bien plus, l'instanciation du modèle de transformation d'une instruction `xsl:attribute-set` est relancée à chaque fois qu'une instruction de `xsl:element` référençant cet `attribute-set` est instanciée.

Le nœud contexte utilisé pour l'instanciation d'une instruction `xsl:attribute-set` est le même que celui qui est actif lors de l'instanciation de l'instruction `xsl:element` qui fait appel à cet `attribute-set`.

Par exemple, l'instruction :

```
<xsl:attribute-set name="truc">
    <xsl:attribute name="machin">
        <xsl:value-of select="."/>
    </xsl:attribute>
    <xsl:attribute name="bidule">
        <xsl:value-of select=".."/>
    </xsl:attribute>
</xsl:attribute-set>
```

peut être réinstanciée de nombreuses fois, avec à chaque fois un nœud contexte différent (donc des valeurs différentes pour les expressions évaluées par le `select` des `xsl:value-of`).

De ce point de vue (invariance du nœud contexte entre l'appel et l'instanciation), l'instruction xsl:attribute-set se comporte comme l'instruction xsl:template name="...", mais avec la grande différence qu'il n'existe aucun moyen pour transmettre un argument ou paramètre à une instruction xsl:attribute-set (la seule chose effectivement transmise est donc le nœud contexte).

Rien n'empêche pourtant une instruction xsl:attribute-set de faire référence à des variables ou paramètres, mais étant donné les règles de visibilité (voir *Règles de visibilité*, page 212), ce ne peut être que des variables ou paramètres globaux, qui ont une valeur fixée une fois pour toutes.

Variante syntaxique use-attribute-sets="..."

On peut si l'on veut ajouter un attribut use-attribute-sets, comme ceci :

xsl:attribute-set

```
<xsl:attribute-set name="..." use-attribute-sets="...">
    <!-- modèle de transformation propre à xsl:attribute-set -->
    <xsl:attribute name="...">
        <!-- modèle de transformation propre à xsl:attribute -->
        ...
        <!-- fin du modèle de transformation propre à xsl:attribute -->
    </xsl:attribute>
    <xsl:attribute name="...">
        <!-- modèle de transformation propre à xsl:attribute -->
        ...
        <!-- fin du modèle de transformation propre à xsl:attribute -->
    </xsl:attribute>
    <!-- etc. autant d'attributs que l'on veut, mais rien que des attributs -->
    <!-- fin du modèle de transformation propre à xsl:attribute-set -->
</xsl:attribute-set>
```

L'attribut use-attribute-sets="..." (une liste de noms d'attribute-set séparés par des espaces blancs) permet de placer dans l'attribute-set en cours de construction des attributs provenant d'autres attribute-set. Bien sûr, et comme toujours dans ce genre de situation, les références circulaires sont interdites, car elles sont impossibles à traiter et dénuées de sens.

Exemple

Remarque

Cet exemple utilise l'instruction <xsl:element name="..." use-attribute-sets="...">.

On voit souvent la notion d'attribute-set illustrée par des exemples dans le domaine de l'enrichissement typographique en HTML de textes à visualiser sur un navigateur. Je n'ai jamais trouvé ce genre d'exemple très bien choisi, car CSS est justement fait pour ça, et c'est bien plus simple qu'avec XSLT : il suffit de définir un et un seul attribut `class` dans l'élément concerné, et, dans un fichier à part, de définir la classe CSS correspondante avec toutes les combinaisons d'attributs typographiques que l'on veut. Nous allons donc nous écarter délibérément du domaine des attributs typographiques pour illustrer l'utilisation d'un regroupement d'attributs par `attribute-set`.

Nous allons supposer ici que nous voulons créer un fichier XML résumant les informations de contenu des plages d'un CD, avec, pour chacune d'entre elles, les artistes qui interviennent, le titre de la pièce jouée, et éventuellement d'autres informations encore. Le but est de pouvoir ensuite utiliser ce fichier comme l'une des sources d'information pour la réalisation de la plaquette du disque, les déclarations pour la perception par les artistes des droits sur les ventes (qui peuvent être au prorata du minutage de leur participation), etc.

Voici l'allure de ce fichier (assez spartiate, n'étant pas destiné à être affiché) :

plagesCD.xml

```xml
<?xml version="1.0" encoding="ISO-8859-1"?>
<plages>

    <plage        vdg="cplu" clv="nspt" thb="eblq" vl1="fmrt"
                  vl2="oded" org="fech">
        Grave
    </plage>

    <plage        vdg="cplu" clv="nspt" thb="eblq" vl1="fmrt"
                  vl2="oded" vlc="dsmp">
        Presto / Prestissimo
    </plage>

    <plage        vdg="cplu" clv="nspt" thb="eblq" vl1="fmrt"
                  vl2="oded">
        Adagio
    </plage>

    <plage        vdg="cplu" clv="nspt" thb="eblq" vl1="fmrt"
                  vl2="oded" vlc="dsmp" org="fech">
        Presto Récit de basse
    </plage>
</plages>
```

Les codes utilisés sont répertoriés dans un autre fichier XML, constitué à part (ce fichier n'intervient pas dans la transformation XSLT à réaliser ; on le montre seulement pour fixer les idées) :

codesPlages.xml

```xml
<?xml version="1.0" encoding="ISO-8859-1"?>
<codes>
```

```
    <artistes>
        <artiste id="cplu" name="Christine Plubeau"/>
        <artiste id="nspt" name="Noëlle Spieth"/>
        <artiste id="eblq" name="Eric Bellocq"/>
        <artiste id="fmrt" name="Frédéric Martin"/>
        <artiste id="oded" name="Odile Edouard"/>
        <artiste id="fech" name="Freddy Eichelberger"/>
        <artiste id="dsmp" name="David Simpson"/>
    </artistes>

    <instruments>
        <instrument id="vdg" name="Viole de gambe"/>
        <instrument id="clv" name="Clavecin"/>
        <instrument id="thb" name="Théorbe"/>
        <instrument id="vl1" name="Violon baroque"/>
        <instrument id="vl2" name="Violon baroque"/>
        <instrument id="org" name="Orgue positif"/>
        <instrument id="vlc" name="Violoncelle baroque"/>
    </instruments>

</codes>
```

La transformation XSL que nous allons voir doit aboutir au fichier plagesCD.xml en partant du fichier sonates-jacquet-dlg.xml montré ci-dessous :

sonates-jacquet-dlg.xml

```
<?xml version="1.0" encoding="UTF-16"?>
<sonates>

    <compositeur>
        Elizabeth Jacquet de la Guerre
    </compositeur>

    <recueil>
        Manuscrit des sonates en duo et trio
        copiées par Sébastien de Brossard vers 1695
    </recueil>

    <sonate>
        <titre>
            Suonata IV en sol mineur a 2 Violini soli
            e Violoncello obligato con organo
        </titre>
        <mouvement effectif="bc-violons-orgue">
            <titre>Grave</titre>
        </mouvement>
        <mouvement effectif="tutti">
            <titre>Presto / Prestissimo</titre>
        </mouvement>
        <mouvement effectif="bc-violons">
```

```
            <titre>Adagio</titre>
        </mouvement>
        <mouvement effectif="tutti-orgue">
            <titre>Presto Récit de basse</titre>
        </mouvement>
    </sonate>

    <!-- autres sonates à suivre ici -->

</sonates>
```

Dans le fichier de départ de la transformation, nous avons donc des attributs représentant l'effectif par un code, la correspondance entre le code et ce qu'il représente étant à établir dans le programme XSLT, sur le principe suivant :

- bc (basse continue) = clavecin + viole de gambe + théorbe

- violons = les deux violons

- tutti = bc + violons + violoncelle

Nous allons donc définir un `attitute-set` pour chacune de ces combinaisons :

```
<xsl:attribute-set name="bc">
    <xsl:attribute name="vdg">cplu</xsl:attribute>
    <xsl:attribute name="clv">nspt</xsl:attribute>
    <xsl:attribute name="thb">eblq</xsl:attribute>
</xsl:attribute-set>

<xsl:attribute-set name="vls">
    <xsl:attribute name="vl1">fmrt</xsl:attribute>
    <xsl:attribute name="vl2">oded</xsl:attribute>
</xsl:attribute-set>

<xsl:attribute-set name="tt" use-attribute-sets="bc vls">
    <xsl:attribute name="vcl">dsmp</xsl:attribute>
</xsl:attribute-set>
```

On voit ici l'intérêt de l'utilisation de l'attribut `use-attribute-sets` pour la définition d'un `attribute-set` : on n'a pas à répéter les déclarations d'attributs faisant partie des groupes « bc » ou « vls », ce qui maintient une meilleure cohérence de l'ensemble en cas de modification de l'un de ces groupes.

Ayant ces groupements d'attributs, on peut alors traiter le fichier d'entrée :

```
<xsl:template match="sonate">
    <xsl:for-each select="mouvement">

        <xsl:choose>
            <xsl:when test="@effectif = 'bc-violons-orgue'">
                <xsl:element name="plage" use-attribute-sets="bc vls">
                    <xsl:attribute name="org">fech</xsl:attribute>
                    <xsl:value-of select="titre"/>
```

```
            </xsl:element>
        </xsl:when>
```

Pour la combinaison « bc-violons-orgue », il suffit de prendre les groupements d'attributs « bc » et « vls », et il ne manque plus que l'orgue, qu'on rajoute « à la main ».

Le programme de transformation est donc le suivant :

plagesCD.xsl

```
<?xml version="1.0" encoding="UTF-16"?>
<xsl:stylesheet
    xmlns:xsl="http://www.w3.org/1999/XSL/Transform"
    version="1.0">

    <xsl:output  method='xml' indent="yes" encoding='ISO-8859-1' />

    <xsl:attribute-set name="bc">
        <xsl:attribute name="vdg">cplu</xsl:attribute>
        <xsl:attribute name="clv">nspt</xsl:attribute>
        <xsl:attribute name="thb">eblq</xsl:attribute>
    </xsl:attribute-set>

    <xsl:attribute-set name="vls">
        <xsl:attribute name="vl1">fmrt</xsl:attribute>
        <xsl:attribute name="vl2">oded</xsl:attribute>
    </xsl:attribute-set>

    <xsl:attribute-set name="tt" use-attribute-sets="bc vls">
        <xsl:attribute name="vcl">dsmp</xsl:attribute>
    </xsl:attribute-set>

    <xsl:template match="/">
        <plages>
            <xsl:apply-templates/>
        </plages>
    </xsl:template>

    <xsl:template match="sonate">
        <xsl:for-each select="mouvement">

            <xsl:choose>
                <xsl:when test="@effectif = 'bc-violons-orgue'">
                    <xsl:element name="plage" use-attribute-sets="bc vls">
                        <xsl:attribute name="org">fech</xsl:attribute>
                        <xsl:value-of select="titre"/>
                    </xsl:element>
                </xsl:when>
                <xsl:when test="@effectif = 'bc-violons'">
                    <xsl:element name="plage" use-attribute-sets="bc vls">
                        <xsl:value-of select="titre"/>
                    </xsl:element>
```

```
            </xsl:when>
            <xsl:when test="@effectif = 'bc-violoncelle'">
                <xsl:element name="plage" use-attribute-sets="bc">
                    <xsl:attribute name="vlc">dsmp</xsl:attribute>
                    <xsl:value-of select="titre"/>
                </xsl:element>
            </xsl:when>
            <xsl:when test="@effectif = 'tutti-orgue'">
                <xsl:element name="plage" use-attribute-sets="tt">
                    <xsl:attribute name="org">fech</xsl:attribute>
                    <xsl:value-of select="titre"/>
                </xsl:element>
            </xsl:when>
            <xsl:when test="@effectif = 'tutti'">
                <xsl:element name="plage" use-attribute-sets="tt">
                    <xsl:value-of select="titre"/>
                </xsl:element>
            </xsl:when>
        </xsl:choose>

    </xsl:for-each>
</xsl:template>

<xsl:template match="text()"/>

</xsl:stylesheet>
```

Le résultat obtenu est bien celui annoncé plus haut (voir fichier `plagesCD.xml`). On remarquera l'inconvénient inévitable d'avoir à répéter l'instruction `<xsl:element>` pour chaque `<xsl:when>` : la factorisation serait possible, à condition de ne pas utiliser l'attribut `use-attribute-sets`, ou alors de l'utiliser avec la même valeur partout, ce qui est malheureusement contradictoire avec le but poursuivi.

Variante de l'exemple

> **Remarque**
>
> Cet exemple utilise un élément source XML littéral (hors du domaine nominal « xsl ») associé à un attribut `xsl:use-attribute-sets="..."` (qui lui, est dans le domaine nominal « xsl »).

Au lieu d'utiliser l'instruction `<xsl:element>` pour appeler le ou les `attribute-set` utiles, il est possible d'utiliser un élément source littéral, et d'employer l'attribut `xsl:use-attribute-sets="..."`, comme ceci :

plagesCD.xsl

```
<?xml version="1.0" encoding="UTF-16"?>
<xsl:stylesheet
    xmlns:xsl="http://www.w3.org/1999/XSL/Transform"
    version="1.0">
```

```
<xsl:output  method='xml' indent="yes" encoding='ISO-8859-1' />


<xsl:attribute-set name="bc">
    <xsl:attribute name="vdg">cplu</xsl:attribute>
    <xsl:attribute name="clv">nspt</xsl:attribute>
    <xsl:attribute name="thb">eblq</xsl:attribute>
</xsl:attribute-set>

<xsl:attribute-set name="vls">
    <xsl:attribute name="vl1">fmrt</xsl:attribute>
    <xsl:attribute name="vl2">oded</xsl:attribute>
</xsl:attribute-set>

<xsl:attribute-set name="tt" use-attribute-sets="bc vls">
    <xsl:attribute name="vcl">dsmp</xsl:attribute>
</xsl:attribute-set>

<xsl:template match="/">
    <plages>
        <xsl:apply-templates/>
    </plages>
</xsl:template>

<xsl:template match="sonate">
    <xsl:for-each select="mouvement">

        <xsl:choose>
            <xsl:when test="@effectif = 'bc-violons-orgue'">
                <plage xsl:use-attribute-sets="bc vls">
                    <xsl:attribute name="org">fech</xsl:attribute>
                    <xsl:value-of select="titre"/>
                </plage>
            </xsl:when>
            <xsl:when test="@effectif = 'bc-violons'">
                <plage xsl:use-attribute-sets="bc vls">
                    <xsl:value-of select="titre"/>
                </plage>
            </xsl:when>
            <xsl:when test="@effectif = 'bc-violoncelle'">
                <plage xsl:use-attribute-sets="bc">
                    <xsl:attribute name="vlc">dsmp</xsl:attribute>
                    <xsl:value-of select="titre"/>
                </plage>
            </xsl:when>
            <xsl:when test="@effectif = 'tutti-orgue'">
                <plage xsl:use-attribute-sets="tt">
                    <xsl:attribute name="org">fech</xsl:attribute>
                    <xsl:value-of select="titre"/>
                </plage>
```

```
                </xsl:when>
                <xsl:when test="@effectif = 'tutti'">
                    <plage xsl:use-attribute-sets="tt">
                        <xsl:value-of select="titre"/>
                    </plage>
                </xsl:when>
            </xsl:choose>

        </xsl:for-each>
    </xsl:template>

    <xsl:template match="text()"/>

</xsl:stylesheet>
```

L'effet de cette version est exactement le même que dans la version précédente. Comme dans ce programme, il n'y a _a priori_ pas d'évolution envisageable qui pourrait nécessiter de rendre variable le nom de l'élément `<plage>`, on peut à la rigueur penser que cette version est très légèrement meilleure, mais la différence est tout de même assez infime.

Commentaire de l'exemple

> **Remarque**
>
> Cet exemple utilise un attribute-set simulé par un modèle nommé.

Ceci dit, comme on l'a déjà remarqué un peu plus haut, la notion d' `attribute-set` souffre peut être un peu du manque de possibilité de paramétrage. Mais il faut bien voir qu'un regroupement d'attributs n'est jamais qu'un regroupement d'attributs, et qu'un regroupement d'attributs, ça ne doit pas être si terrible que ça à réaliser avec les moyens du bord, qui sont déjà assez conséquents (mine de rien) :

```
<xsl:template name="bc">
    <xsl:attribute name="vdg">cplu</xsl:attribute>
    <xsl:attribute name="clv">nspt</xsl:attribute>
    <xsl:attribute name="thb">eblq</xsl:attribute>
</xsl:template>

<xsl:template name="vls">
    <xsl:attribute name="vl1">fmrt</xsl:attribute>
    <xsl:attribute name="vl2">oded</xsl:attribute>
</xsl:template>

<xsl:template name="tt">
    <xsl:call-template name="bc"/>
    <xsl:call-template name="vls"/>
    <xsl:attribute name="vcl">dsmp</xsl:attribute>
</xsl:template>
```

On a ici des regroupements d'attributs, qui n'ont rien à envier à ceux de la section précédente, et qui en plus, ne sont pas limités en possibilités de paramétrage, puisque rien n'empêcherait de transmettre à ces modèles nommés des arguments comme on peut le faire avec n'importe quel modèle nommé.

> **Note**
>
> L'interdiction de circularité, dans ce cas, semble disparaître, puisqu'aucune interdiction de ce genre n'est associée aux modèles nommés. En fait elle ne disparaît pas vraiment : un modèle nommé A peut effectivement appeler un modèle nommé B, qui en retour, peut appeler le modèle A. On est alors dans un cas de récursion mutuelle, parfaitement autorisée. Mais évidemment, toute récursion, fût-elle croisée ou mutuelle, doit finir par s'arrêter sur une certaine condition. Sinon c'est une récursion infinie, donc une erreur, qui se manifestera à l'exécution par la consommation immédiate de toute la mémoire disponible.

Le plus fort, c'est que si l'on met en œuvre une transformation avec cette façon de réaliser les regroupements d'attributs, on aboutit à une solution globalement plus simple : transformation plus simple et fichier d'entrée plus simple. Pourquoi ?

Parce que se serait plus simple si l'on pouvait ajouter des `attribute-sets` petit à petit, au fur et mesure qu'on découvre dans la source XML des informations qui impliquent d'en ajouter. Malheureusement, ce n'est pas possible. Il faut donner en une seule fois la liste des `attribute-sets` à prendre en compte. On pourrait éventuellement penser à constituer cette liste petit à petit, sous forme d'une chaîne de caractères qui serait ensuite fournie comme valeur pour l'attribut `use-attribute-sets` (mais n'oublions pas qu'une variable n'est pas modifiable, qu'il n'y a pas d'itération possible, et que la poursuite de cette idée exigerait la mise en place d'un modèle nommé récursif) :

```
<xsl:element name="plage" use-attribute-sets="{$laListe}">
```

Pas de chance, l'attribut `use-attribute-sets` n'est pas prévu pour accepter des descripteurs de valeurs différées d'attribut ; c'est donc inutile de s'acharner à contourner cette difficulté, c'est perdu d'avance.

On est donc obligé d'ajouter les `attribute-sets` en une seule fois, et c'est ce qui oblige le source XML à fournir toute une série de codes qui donnent toute l'information nécessaire en une seule fois :

```
<mouvement effectif="bc-violons-orgue">
    <titre>Grave</titre>
</mouvement>
```

et non pas :

```
<mouvement>
    <titre>Grave</titre>
    <effectif>
        <basseContinue/>
        <violons/>
        <orgue/>
    </effectif>
</mouvement>
```

Pourtant la deuxième solution est plus intéressante, car elle est plus souple et plus simple : on ajoute ou retire ce qu'on veut, sans être obligé d'inventer un nom de combinaison pour chaque combinaison utile.

Mais précisément, cette deuxième solution, plus intéressante, est compatible avec une transformation XSLT basée sur des regroupements d'attributs par modèles nommés.

Le fichier source XML est maintenant constitué comme ceci :

sonates-jacquet-dlg.xml

```xml
<?xml version="1.0" encoding="UTF-16"?>
<sonates>

    <compositeur>
        Elizabeth Jacquet de la Guerre
    </compositeur>

    <recueil>
        Manuscrit des sonates en duo et trio
        copiées par Sébastien de Brossard vers 1695
    </recueil>

    <sonate>
        <titre>
            Suonata IV en sol mineur a 2 Violini soli
            e Violoncello obligato con organo
        </titre>
        <mouvement>
            <titre>Grave</titre>
            <effectif>
                <basseContinue/>
                <violons/>
                <orgue/>
            </effectif>
        </mouvement>
        <mouvement>
            <titre>Presto / Prestissimo</titre>
            <effectif>
                <tutti/>
            </effectif>
        </mouvement>
        <mouvement>
            <titre>Adagio</titre>
            <effectif>
                <basseContinue/>
                <violons/>
            </effectif>
        </mouvement>
        <mouvement>
            <titre>Presto Récit de basse</titre>
            <effectif>
```

```
                    <tutti/>
                    <orgue/>
                </effectif>
            </mouvement>
        </sonate>

        <!-- autres sonates à suivre ici -->

    </sonates>
```

Le principe pour réaliser la transformation est très simple : on instancie une `<plage>`, puis tout de suite après, on instancie les attributs qui sont associés à cette `<plage>`, puis enfin on instancie le titre de la plage :

```
<plage>
    <xsl:apply-templates select="effectif" />
    <xsl:value-of select="titre" />
</plage>
```

C'est l'instruction :

```
<xsl:apply-templates select="effectif" />
```

qui va instancier les attributs nécessaires au fur et à mesure que les éléments contenus dans `<effectif>` sont découverts.

Comment ?

La règle (par défaut) :

```
<xsl:template match="effectif">
    <xsl:apply-templates />
</xsl:template>
```

va relancer la recherche de motif sur les éléments enfants de `<effectif>` ; on va donc écrire une règle par enfant possible. Par exemple, pour l'élément `<basseContinue/>`, on va avoir la règle :

```
<xsl:template match="basseContinue">
    <xsl:call-template name="bc"/>
</xsl:template>
```

ce qui aura pour effet d'instancier tous les attributs regroupés dans le modèle nommé « bc ».

Il suffit donc d'écrire une règle comme celle-ci pour chaque élément possible enfant de `<effectif>`. On voit la souplesse que cela procure : si on enlève ou ajoute un élément dans la description de l'effectif, il n'y a rien à changer dans le programme XSLT. Dans la solution précédente, cela n'aurait pas été nécessairement vrai : si l'ajout ou la suppression avait fait retomber sur une combinaison déjà utilisée par ailleurs, il n'y aurait rien eu à changer ; mais sinon, il aurait fallu ajouter un `<xsl:when>` dans le `<xsl:choose>`, correspondant à la nouvelle combinaison.

Si maintenant on invente une nouvelle catégorie (par exemple <vents>, regroupant une flûte et un hautbois), il y a juste à ajouter une règle :

```
<xsl:template match="vents">
    <xsl:call-template name="flhb"/>
</xsl:template>
```

et à créer le regroupement d'attributs correspondant :

```
<xsl:template name="flhb">
    <xsl:attribute name="fl">xxx</xsl:attribute>
    <xsl:attribute name="hb">yyy</xsl:attribute>
</xsl:template>
```

Le programme est donc finalement celui-ci :

plagesCD.xsl

```
<?xml version="1.0" encoding="UTF-16"?>
<xsl:stylesheet
    xmlns:xsl="http://www.w3.org/1999/XSL/Transform"
    version="1.0">

    <xsl:output  method='xml' indent="yes" encoding='ISO-8859-1' />


    <xsl:template name="bc">
        <xsl:attribute name="vdg">cplu</xsl:attribute>
        <xsl:attribute name="clv">nspt</xsl:attribute>
        <xsl:attribute name="thb">eblq</xsl:attribute>
    </xsl:template>

    <xsl:template name="vls">
        <xsl:attribute name="vl1">fmrt</xsl:attribute>
        <xsl:attribute name="vl2">oded</xsl:attribute>
    </xsl:template>

    <xsl:template name="tt">
        <xsl:call-template name="bc"/>
        <xsl:call-template name="vls"/>
        <xsl:attribute name="vcl">dsmp</xsl:attribute>
    </xsl:template>


    <xsl:template match="/">
        <plages>
            <xsl:apply-templates/>
        </plages>
    </xsl:template>

    <xsl:template match="sonate">
        <xsl:for-each select="mouvement">
```

```
                <plage>
                    <xsl:apply-templates select="effectif" />
                    <xsl:value-of select="titre" />
                </plage>
            </xsl:for-each>
        </xsl:template>

        <xsl:template match="basseContinue">
            <xsl:call-template name="bc"/>
        </xsl:template>

        <xsl:template match="violons">
            <xsl:call-template name="vls"/>
        </xsl:template>

        <xsl:template match="tutti">
            <xsl:call-template name="tt"/>
        </xsl:template>

        <xsl:template match="orgue">
            <xsl:attribute name="org">fech</xsl:attribute>
        </xsl:template>

        <xsl:template match="text()"/>

    </xsl:stylesheet>
```

Le résultat obtenu est exactement le même qu'auparavant (voir fichier `plagesCD.xml` à la section *Exemple*, page 307).

> **Note**
>
> Ne trouvez-vous pas que ces plages de CD manquent terriblement de numéros ? Cela viendra ... (voir *Calcul d'un numéro d'ordre*, page 349).

Compléments

Il y a un certain nombre de règles associées à l'utilisation d'un groupement d'attributs par l'instruction `xsl:attribute-set`. En effet, ayant compris l'utilisation de cette instruction dans un cadre général, où tout marche comme sur des roulettes, on en vient tout naturellement à se poser des questions angoissées sur le comportement de XSLT vis à vis de tel ou tel cas limite ou pathologique qui pourrait très bien se produire.

> **Question**
>
> Soit un élément XML en cours d'instanciation dans le document résultat. On suppose que cet élément possède déjà un attribut de nom *t*, et que dans la suite de l'instanciation, on découvre à nouveau un attribut de nom *t* à ajouter à cet élément. Est-ce une erreur ?

Non, ce n'est pas une erreur. Le dernier ajouté l'emporte. Et c'est même une technique classique pour surcharger un ajout d'attribut :

```
<xsl:when test="@effectif = 'bc-violons'">
    <plage xsl:use-attribute-sets="bc vls">
        <xsl:attribute name="vl1">xxx</xsl:attribute>
        <xsl:value-of select="titre"/>
    </plage>
</xsl:when>
```

Dans cet exemple, on veut que finalement, soit ajouté à l'élément `<plage>` un attribut `vl1` qui n'ait pas sa valeur « normale », mais la valeur « xxx ». On ajoute donc tous les attributs correspondant à `'bc-violons'`, et on écrase l'attribut `vl1` avec un nouvel attribut de même nom, mais ayant une valeur différente.

Question

Soit deux `attribute-set` différents, mettons A et B, référencés dans un appel d'`attribute-set`, comme ceci : `use-attribute-sets="A B"`. Que se passe-t-il si on trouve un attribut *x* dans A et un attribut *y* dans B qui ont le même nom ?

Ici la réponse est que l'ordre d'ajout des attributs est imposé par l'énumération des noms d'`attribute-set` dans la liste : `use-attribute-sets="A B"` implique d'abord l'ajout des attributs de A, puis ceux de B. On est donc ramené au cas précédent : en cas de conflit de nom, le dernier ajouté écrase le malheureux qui était déjà au chaud.

Question

Que se passe-t-il si on trouve deux `attribute-set` de même nom ? Est-ce une erreur ?

Non, ce n'est pas une erreur en général. Les deux `attribute-set` sont tout simplement fusionnés, c'est-à-dire que les attributs de l'un sont mis dans l'autre. Du coup on peut retomber sur un problème de conflit de noms d'attribut en effectuant cette fusion. Mais cette fois le cas est plus grave, car il *peut* ne pas y avoir de critère valable pour décider lequel l'emporte sur l'autre. Si rien ne permet de trancher, c'est une erreur, mais le processeur XSLT n'est pas obligé de la signaler, et peut éventuellement se contenter de se baser sur l'ordre d'apparition des `attribute-set` dans le document pour déterminer un vainqueur.

Note

Mais il peut aussi y avoir un critère, basé par exemple sur la précédence relative d'un *attribute-set* par rapport à l'autre, dans le cas d'une importation par *<xsl:import>* que l'on verra un peu plus loin (voir *Instruction xsl:import*, page 381).

Vous voyez qu'on est en train de s'enliser dans des problèmes à n'en plus finir, qui sont dus à ce que les règles sont très souples et très « coulantes », ce qui fait que de nombreux problèmes surgissent. A chaque fois, s'il y a une solution pour s'en sortir, on l'adopte et on en fait une règle. Mais ceci intéresse les gens qui doivent écrire un processeur XSLT, et beaucoup moins ceux qui doivent s'en servir, parce qu'il est bien rare de se mettre soimême dans de pareilles situations.

De plus, tous ces problèmes disparaissent si on adopte la technique des modèles nommés pour faire des regroupements d'attributs, au lieu d'utiliser les attribute-set, comme cidessus. D'où la question :

Question

Peut-on prendre le parti d'ignorer complètement la notion d'attribute-set, et d'utiliser à la place celle de modèle nommé regroupant des attributs ?

Hélas, non. D'abord parce que vous pouvez tomber sur des feuilles de style qui utilisent les attribute-set ; il faut donc comprendre à quoi ils servent et comment ils interviennent. Ensuite, parce qu'il y a une chose qu'il est impossible de faire avec les modèles nommés, c'est d'importer (par l'instruction <xsl:import>, que nous verrons plus loin, à la section *Instruction xsl:import*, page 381) deux groupements d'attributs provenant de deux feuilles de style différentes, de telle sorte que cela se traduise par une fusion des deux groupements. (Avec deux modèles nommés importés et de même nom, au mieux l'un des deux sera ignoré, et au pire, il y aura une erreur fatale : la fusion de modèles nommés n'a aucun sens). Or la technique d'importation de feuilles de style est extrêmement importante, car elle permet de modulariser et de réutiliser.

Ceci n'empêche évidemment pas d'employer la technique des modèles nommés pour faire des regroupements d'attributs, qui reste parfaitement valide en général. Mais il y a des cas où on peut avoir réellement besoin d'utiliser de vrais attribute-set.

Instruction xsl:copy

Remarque

L'instruction xsl:copy n'est pas une instruction de création comme xsl:element ou xsl:attribute, puisque c'est une instruction qui permet de recopier un fragment du document source vers le document résultat. Logiquement, il aurait été préférable de la placer aux côtés de l'instruction xsl:copy-of, déjà vue il y a assez longtemps (voir *Instruction xsl:copy-of*, page 156). Elle se trouve placée ici pour deux raisons. La première, c'est qu'elle est équivalente dans certains cas à xsl:element, équivalence qui va jusqu'à l'utilisation de l'attribut use-attribute-sets, et à xsl:attribute dans certains autres cas (mais il y a aussi des cas où elle ne ressemble ni à l'une, ni à l'autre).

La deuxième raison est que xsl:copy est une instruction bien plus difficile à manier que xsl:copy-of, et qu'il aurait été prématuré de la présenter à la suite de xsl:copy-of : l'instruction xsl:copy est un instrument de précision chirurgicale, qui est à xsl:copy-of ce que le bistouri est au marteau-piqueur.

Bande-annonce

Concert.xml

```xml
<?xml version="1.0" encoding="UTF-16" standalone="yes"?>

<Concert>

    <Entête> "Les Concerts d'Anacréon" </Entête>
    <Date>Jeudi 17 janvier 2002, 20H30</Date>
    <Lieu>Chapelle des Ursules</Lieu>

    <Ensemble> "A deux violes esgales" </Ensemble>

    <Interprète>
        <Nom> Jonathan Dunford </Nom>
        <Instrument>Basse de viole</Instrument>
    </Interprète>

    <Interprète>
        <Nom> Silvia Abramowicz </Nom>
        <Instrument>Basse de viole</Instrument>
    </Interprète>

    <Interprète>
        <Nom> Benjamin Perrot </Nom>
        <Instrument>Théorbe et Guitare baroque</Instrument>
    </Interprète>

    <TitreConcert>
        Folies d'Espagne et diminutions d'Italie
    </TitreConcert>

    <Compositeurs>
        <Compositeur>M. Marais</Compositeur>
        <Compositeur>D. Castello</Compositeur>
        <Compositeur>F. Rognoni</Compositeur>
    </Compositeurs>

</Concert>
```

Concert.xsl

```xml
<?xml version="1.0" encoding="UTF-16"?>
<xsl:stylesheet xmlns:xsl="http://www.w3.org/1999/XSL/Transform" version="1.0">

    <xsl:output  method='xml' encoding='ISO-8859-1' indent='yes' />

    <xsl:template match="/">
        <Interprètes>
            <xsl:apply-templates/>
        </Interprètes>
```

```
        </xsl:template>

        <xsl:template match="Interprète">
            <xsl:copy>
                <xsl:apply-templates/>
            </xsl:copy>
        </xsl:template>

        <xsl:template match="Nom">
            <xsl:copy>
                <xsl:apply-templates mode="copie"/>
            </xsl:copy>
        </xsl:template>

        <xsl:template match="Instrument">
            <xsl:copy>
                <xsl:apply-templates mode="copie"/>
            </xsl:copy>
        </xsl:template>

        <xsl:template match="text()"/>

        <xsl:template match="text()" mode="copie" >
            <xsl:copy/>
        </xsl:template>

</xsl:stylesheet>
```

Résultat

```
<?xml version="1.0" encoding="ISO-8859-1"?>
<Interprètes>
   <Interprète>
      <Nom> Jonathan Dunford </Nom>
      <Instrument>Basse de viole</Instrument>
   </Interprète>
   <Interprète>
      <Nom> Silvia Abramowicz </Nom>
      <Instrument>Basse de viole</Instrument>
   </Interprète>
   <Interprète>
      <Nom> Benjamin Perrot </Nom>
      <Instrument>Théorbe et Guitare baroque</Instrument>
   </Interprète>
</Interprètes>
```

Le même résultat aurait été obtenu en modifiant légèrement le programme comme ceci :

Concert.xsl

```
<<?xml version="1.0" encoding="UTF-16"?>
<xsl:stylesheet xmlns:xsl="http://www.w3.org/1999/XSL/Transform" version="1.0">
```

```
<xsl:output  method='xml' encoding='ISO-8859-1' indent='yes' />


<xsl:template match="/">
    <Interprètes>
        <xsl:apply-templates/>
    </Interprètes>
</xsl:template>

<xsl:template match="Interprète">
    <xsl:copy>
        <xsl:apply-templates/>
    </xsl:copy>
</xsl:template>

<xsl:template match="Nom">
    <xsl:copy>
        <xsl:value-of select="."/>
    </xsl:copy>
</xsl:template>

<xsl:template match="Instrument">
    <xsl:copy>
        <xsl:value-of select="."/>
    </xsl:copy>
</xsl:template>

<xsl:template match="text()"/>


</xsl:stylesheet>
```

Syntaxe

L'instruction xsl:copy permet de créer dans le document résultat une copie du nœud courant.

xsl:copy

```
<xsl:copy>
    <!-- modèle de transformation -->
        ...
    <!-- fin du modèle de transformation -->
</xsl:copy>
```

L'instruction xsl:copy ne doit pas apparaître en tant qu'instruction de premier niveau.

Variante syntaxique

On peut, si l'on veut, ajouter un attribut use-attribute-sets, comme ceci :

xsl:copy

```
<xsl:copy use-attribute-sets="...">
    <!-- modèle de transformation -->
        ...
    <!-- fin du modèle de transformation -->
</xsl:copy>
```

Cet attribut n'est pas toujours pris en compte, cela dépend de la nature du nœud courant. Nous verrons cela au cas par cas, dans la suite.

Sémantique

Même si dans tous les cas, il s'agit d'une copie, l'effet exact de l'instruction xsl:copy dépend de la nature du nœud courant. Les cas les plus fréquents d'utilisation sont la copie d'éléments ou d'attributs, mais tous les autres types de nœuds (root, text, namespace, processing-instruction, comment) peuvent aussi être copiés.

L'instruction xsl:copy peut ou non comporter un modèle de transformation ; dans la pratique, on pourra donc trouver cette instruction sous deux formes assez typiques.

Première forme :

```
<xsl:template match="...">
    <!-- modèle de transformation -->
    ...
    <xsl:copy/>
    ...
    <!-- fin du modèle de transformation -->
</xsl:template>
```

Deuxième forme :

```
<xsl:template match="...">
    <!-- modèle de transformation -->
    ...
    <xsl:copy>
        <!-- modèle de transformation propre à xsl:copy -->
        ...
        <!-- fin du modèle de transformation propre à xsl:copy -->
    </xsl:copy>
    ...
    <!-- fin du modèle de transformation -->
</xsl:template>
```

Enfin, il est assez fréquent, dans la pratique, de trouver des emplois récursifs de l'instruction xsl:copy ; ce sont des cas où le modèle de transformation propre à xsl:copy contient au moins une instruction xsl:apply-templates, et où le motif de la règle qui comporte l'instruction xsl:copy ratisse très large : la combinaison de ces deux propriétés fait qu'il y a de bonnes chances (en fonction de largeur du râteau) pour qu'une récursion s'amorce. Nous verrons cela dans un autre chapitre (voir *Pattern n° 10 – Copie non conforme*, page 443).

Copie d'un nœud de type *element*

Sans modèle de transformation propre

L'élément courant, comme tout élément, a un nom : l'effet de l'instruction xsl:copy est alors de créer un élément de même nom, comme si on avait utilisé l'instruction xsl:element pour le créer. S'il y a des déclarations de domaines nominaux dans l'élément courant, elles sont copiées du même coup ; mais c'est tout, rien d'autre n'est copié, ni les éventuels attributs de l'élément courant, ni ses éventuels enfants.

Voyons cela sur un exemple ; nous reprenons le fichier XML obtenu comme résultat du programme XSLT montré à la section *Exemple avec namespace="..."*, page 301. Ce fichier résultat était le suivant :

interventionsRecitant.xml

```
<?xml version="1.0" encoding="ISO-8859-1"?>
<récitant>
  <prologue>
   Le Tableau de l'Opération de la Taille
   </prologue>
  <mesure xmlns:ns0="http://concerts.anacreon.fr/viole-de-gambe" ns0:No="1">
    L'aspect de l'apareil.</mesure>
  <mesure xmlns:ns0="http://concerts.anacreon.fr/viole-de-gambe" ns0:No="8">
    Fremissement en le voyant.</mesure>
  <mesure xmlns:ns0="http://concerts.anacreon.fr/viole-de-gambe" ns0:No="11">
    Resolution pour y monter.</mesure>
  <mesure xmlns:ns0="http://concerts.anacreon.fr/viole-de-gambe" ns0:No="15">
    Parvenu jusqu'au hault;</mesure>
  <mesure xmlns:ns0="http://concerts.anacreon.fr/viole-de-gambe" ns0:No="20">
    descente dudit apareil.</mesure>
  <mesure xmlns:ns0="http://concerts.anacreon.fr/viole-de-gambe" ns0:No="22">
    Reflexions serieuses.</mesure>
  <mesure xmlns:ns0="http://concerts.anacreon.fr/viole-de-gambe" ns0:No="23">
    Entrelassement des soyes
       Entre les bras et les jambes.</mesure>
  <mesure xmlns:ns0="http://concerts.anacreon.fr/viole-de-gambe" ns0:No="27">
    Icy se fait l'incision.</mesure>
  <mesure xmlns:ns0="http://concerts.anacreon.fr/viole-de-gambe" ns0:No="31">
    Introduction de la tenette.</mesure>
  <mesure xmlns:ns0="http://concerts.anacreon.fr/viole-de-gambe" ns0:No="39">
    Ici l'on tire la piere.</mesure>
  <mesure xmlns:ns0="http://concerts.anacreon.fr/viole-de-gambe" ns0:No="44">
    Icy l'on perd quasi la voix.</mesure>
  <mesure xmlns:ns0="http://concerts.anacreon.fr/viole-de-gambe" ns0:No="48">
    Ecoulement du sang.</mesure>
  <mesure xmlns:ns0="http://concerts.anacreon.fr/viole-de-gambe" ns0:No="50">
    Icy l'on oste les soyes.</mesure>
  <mesure xmlns:ns0="http://concerts.anacreon.fr/viole-de-gambe" ns0:No="53">
    Icy l'on vous transporte dans le lit.</mesure>
</récitant>
```

Le contenu de ce fichier n'a aucune importance ; la seule chose qui compte ici, est qu'il y a des éléments avec une déclaration de domaine nominal, un attribut, et un enfant direct (un nœud de type text, en l'occurrence).

On va donc les copier, et voir ce qu'il en reste après copie. Le programme XSLT est très simple :

copie.xsl

```
<?xml version="1.0" encoding="UTF-16"?>
<xsl:stylesheet
    xmlns:xsl="http://www.w3.org/1999/XSL/Transform"
    version="1.0">

    <xsl:output  method='xml' indent="yes" encoding='ISO-8859-1' />

    <xsl:template match="/">
        <mesures>
            <xsl:apply-templates/>
        </mesures>
    </xsl:template>

    <xsl:template match="mesure">
        <xsl:copy/>
    </xsl:template>

    <xsl:template match="text()"/>
</xsl:stylesheet>
```

Résultat

```
<?xml version="1.0" encoding="ISO-8859-1"?>
<mesures>
   <mesure xmlns:ns0="http://concerts.anacreon.fr/viole-de-gambe"/>
   <mesure xmlns:ns0="http://concerts.anacreon.fr/viole-de-gambe"/>
   <mesure xmlns:ns0="http://concerts.anacreon.fr/viole-de-gambe"/>
   <mesure xmlns:ns0="http://concerts.anacreon.fr/viole-de-gambe"/>
   <mesure xmlns:ns0="http://concerts.anacreon.fr/viole-de-gambe"/>
   <mesure xmlns:ns0="http://concerts.anacreon.fr/viole-de-gambe"/>
   <mesure xmlns:ns0="http://concerts.anacreon.fr/viole-de-gambe"/>
   <mesure xmlns:ns0="http://concerts.anacreon.fr/viole-de-gambe"/>
   <mesure xmlns:ns0="http://concerts.anacreon.fr/viole-de-gambe"/>
   <mesure xmlns:ns0="http://concerts.anacreon.fr/viole-de-gambe"/>
   <mesure xmlns:ns0="http://concerts.anacreon.fr/viole-de-gambe"/>
   <mesure xmlns:ns0="http://concerts.anacreon.fr/viole-de-gambe"/>
   <mesure xmlns:ns0="http://concerts.anacreon.fr/viole-de-gambe"/>
   <mesure xmlns:ns0="http://concerts.anacreon.fr/viole-de-gambe"/>
</mesures>
```

Le résultat confirme bien ce qui était annoncé plus haut : l'élément courant, lors de l'instanciation du modèle de transformation associé à la règle `<xsl:template match="mesure">`, donne son nom et ses domaines nominaux à un nouvel élément créé dans le document résultat, mais ne donne rien d'autre automatiquement : l'attribut ns0:No="..." a disparu, et le texte associé aussi, ce qui fait que l'élément ainsi créé se retrouve vide.

Avec modèle de transformation propre

Si l'instruction xsl:copy possède en propre un modèle de transformation, tout se passe d'abord comme s'il n'y en avait pas. Donc, comme expliqué ci-dessus, il y a création d'un élément de même nom, et de mêmes domaines nominaux. Une fois l'élément ainsi créé, le modèle de transformation local est instancié, ce qui a pour effet de créer des nouveaux nœuds (qui peuvent être de type text, element, attribute, comment, etc.) qui vont être rattachés à l'élément précédemment créé.

On voit donc ce qui va se passer : supposons par exemple que le modèle de transformation comporte seulement un nœud texte, ce dernier va être instancié et attaché à son parent dans un lien parent-enfant.

Exemple :

```
<xsl:template match="mesure">
    <xsl:copy>
        texte sur mesure
    </xsl:copy>
</xsl:template>
```

Résultat

```
<?xml version="1.0" encoding="ISO-8859-1"?>
<mesures>
   <mesure xmlns:ns0="http://concerts.anacreon.fr/viole-de-gambe">
      texte sur mesure
   </mesure>
   <mesure xmlns:ns0="http://concerts.anacreon.fr/viole-de-gambe">
      texte sur mesure
   </mesure>
   <!-- etc. -->
</mesures>
```

Si maintenant le modèle de transformation comporte une instruction xsl:attribute, comme ceci :

```
<xsl:template match="mesure">
    <xsl:copy>
        <xsl:attribute name="No">23</xsl:attribute>
    </xsl:copy>
</xsl:template>
```

ce sera cette fois un attribut qui sera attaché à l'élément :

Résultat

```
<?xml version="1.0" encoding="ISO-8859-1"?>
<mesures>
   <mesure xmlns:ns0="http://concerts.anacreon.fr/viole-de-gambe" No="23"/>
```

```
        <mesure xmlns:ns0="http://concerts.anacreon.fr/viole-de-gambe" No="23"/>
        <!-- etc. -->
    </mesures>
```

Au fait, on a perdu le domaine nominal de l'attribut `"No"` dans la bagarre. Comment le faire réapparaître ? En réalité, ce n'est pas un problème lié à l'instruction `xsl:copy`, mais à `xsl:attribute`. Il faut ici utiliser la variante syntaxique avec attribut `namespace="..."` (voir *Variante syntaxique namespace="..."*, page 300).

De plus, il faudra utiliser un descripteur de valeur différée d'attribut, qui est autorisée pour cet attribut, et fournir une expression XPath qui soit égale au domaine nominal `"ns0"`. Ce n'est pas le genre d'expression XPath qu'on manipule très souvent, il est donc préférable ici de rappeler qu'on la construit comme une expression donnant un attribut, mais avec l'axe de localisation `"namespace::"` au lieu de `"attribute::"`.

```
    <xsl:template match="mesure">
        <xsl:copy>
            <xsl:attribute name="No" namespace="{namespace::ns0}">23</xsl:attribute>
        </xsl:copy>
    </xsl:template>
```

Ici, on réclame pour l'attribut `No` un domaine nominal qui soit le *namespace* connu sous l'abréviation `ns0`.

Résultat

```
    <?xml version="1.0" encoding="ISO-8859-1"?>
    <mesures>
        <mesure xmlns:ns0="http://concerts.anacreon.fr/viole-de-gambe" ns0:No="23"/>
        <mesure xmlns:ns0="http://concerts.anacreon.fr/viole-de-gambe" ns0:No="23"/>
        <!-- etc. -->
    </mesures>
```

A titre de curiosité, voici les délires qu'on aurait obtenus si on avait omis la notation des descripteurs de valeurs différées d'attribut :

```
    <xsl:template match="mesure">
        <xsl:copy>
            <xsl:attribute name="No" namespace="namespace::ns0">23</xsl:attribute>
        </xsl:copy>
    </xsl:template>
```

Résultat

```
    <?xml version="1.0" encoding="ISO-8859-1"?>
    <mesures>
        <mesure xmlns:ns0="http://concerts.anacreon.fr/viole-de-gambe"
                xmlns:ns0.6="namespace::ns0" ns0.6:No="23"/>
        <mesure xmlns:ns0="http://concerts.anacreon.fr/viole-de-gambe"
                xmlns:ns0.6="namespace::ns0" ns0.6:No="23"/>
        <!-- etc. -->
    </mesures>
```

Ou bien si on s'était dit que le domaine nominal, c'était « ns0 », et qu'on pouvait donc indiquer directement cette valeur :

```
<xsl:template match="mesure">
    <xsl:copy>
        <xsl:attribute name="No" namespace="ns0">23</xsl:attribute>
    </xsl:copy>
</xsl:template>
```

Résultat

```
<?xml version="1.0" encoding="ISO-8859-1"?>
<mesures>
   <mesure xmlns:ns0="http://concerts.anacreon.fr/viole-de-gambe"
           xmlns:ns0.6="ns0" ns0.6:No="23"/>
   <mesure xmlns:ns0="http://concerts.anacreon.fr/viole-de-gambe"
           xmlns:ns0.6="ns0" ns0.6:No="23"/>
   <!-- etc. -->
</mesures>
```

Dans ces deux cas, la valeur fournie dans l'attribut `namespace="..."` est prise pour une chaîne de caractères décrivant un nouveau domaine nominal. Normalement, une telle chaîne a la forme d'une URL (`http://etc.`), mais il n'y aucune vérification. Pour que cela marche, il faut donner non pas une nouvelle valeur de domaine nominal, mais une valeur *existante*.

La valeur existante, c'est `http://concerts.anacreon.fr/viole-de-gambe`, c'est-à-dire la valeur du pseudo-attribut `xmlns:ns0`, comme on peut le voir en considérant à nouveau l'un des éléments `<mesure>` du document source :

```
<mesure xmlns:ns0="http://concerts.anacreon.fr/viole-de-gambe"
        ns0:No="1">
   L'aspect de l'apareil.
</mesure>
```

Si c'était un véritable attribut, on le référencerait en écrivant l'expression XPath `"attribute::xmlns:ns0"`, de même qu'on écrirait l'expression `"attribute::ns0:No"` pour référencer la valeur de l'attribut `ns0:No`. Mais `xmlns:ns0` n'est pas un attribut, même s'il en a la forme. C'est un domaine nominal, ou *namespace*, que l'on trouve sur l'axe de localisation `namespace::` et non pas `attribute::`.

Or cette expression XPath `"namespace::xmlns:ns0"` ne peut pas être placée telle quelle comme valeur de l'attribut `namespace` :

```
<xsl:attribute name="No" namespace="namespace::xmlns:ns0">23</xsl:attribute>
```

Si on écrit cela, ce n'est pas une expression XPath qui est fournie comme valeur, mais une simple chaîne de caractères sans signification particulière. Pour que cette chaîne soit reconnue comme une expression XPath à évaluer, il faut en faire un descripteur de valeur différée d'attribut, comme ceci :

```
<xsl:attribute name="No" namespace="{namespace::xmlns:ns0}">23</xsl:attribute>
```

Et cette fois, c'est bon !

Supposons maintenant qu'on veuille aussi copier le nœud text qui se trouve attaché à chaque élément <mesure> ; il suffit d'ajouter un nœud text de même valeur dans le modèle de transformation propre à l'instruction xsl:copy ; ce nœud text sera alors instancié, et attaché à l'élément <mesure> nouvellement créé avec un lien parent-enfant :

copie.xsl

```
<?xml version="1.0" encoding="UTF-16"?>
<xsl:stylesheet
    xmlns:xsl="http://www.w3.org/1999/XSL/Transform"
    version="1.0">

    <xsl:output  method='xml' indent="yes" encoding='ISO-8859-1' />

    <xsl:template match="/">
        <mesures>
            <xsl:apply-templates/>
        </mesures>
    </xsl:template>

    <xsl:template match="mesure">
        <xsl:copy>
            <xsl:attribute name="No" namespace="{namespace::ns0}">23</xsl:attribute>
            <xsl:value-of select="."/>
        </xsl:copy>
    </xsl:template>

    <xsl:template match="text()"/>
</xsl:stylesheet>
```

Résultat

```
<?xml version="1.0" encoding="ISO-8859-1"?>
<mesures>
   <mesure xmlns:ns0="http://concerts.anacreon.fr/viole-de-gambe" ns0:No="23">
     L'aspect de l'apareil.</mesure>
   <mesure xmlns:ns0="http://concerts.anacreon.fr/viole-de-gambe" ns0:No="23">
     Fremissement en le voyant.</mesure>
   <!-- etc. -->
</mesures>
```

Et pour finir, si l'on veut que la valeur de l'attribut ne soit pas toujours "23", mais la vraie valeur, il suffit de prélever cette vraie valeur et de la fournir à l'instruction xsl:attribute :

copie.xsl

```
<?xml version="1.0" encoding="UTF-16"?>
<xsl:stylesheet
    xmlns:xsl="http://www.w3.org/1999/XSL/Transform"
    version="1.0">
```

```
    <xsl:output  method='xml' indent="yes" encoding='ISO-8859-1' />

    <xsl:template match="/">
        <mesures>
            <xsl:apply-templates/>
        </mesures>
    </xsl:template>

    <xsl:template match="mesure">
        <xsl:copy>
            <xsl:attribute name="No" namespace="{namespace::ns0}">
                <xsl:value-of select="attribute::ns0:No"/>
            </xsl:attribute>
            <xsl:value-of select="."/>
        </xsl:copy>
    </xsl:template>

    <xsl:template match="text()"/>
</xsl:stylesheet>
```

Malheureusement, si l'on essaie cela, on n'obtient qu'un message d'erreur :

Résultat
```
Error on line 17 of copie.xsl:
  Namespace prefix ns0 has not been declared
Transformation failed: Failed to compile stylesheet. 1 error detected.
```

En effet, comme le domaine nominal « ns0 » intervenient dans cette feuille de style, il doit être déclaré. Il est impossible de contourner cette obligation ; si l'on tente de ne pas mentionner le domaine nominal, l'expression XPath ne sélectionne rien du tout :

copie.xsl
```
<?xml version="1.0" encoding="UTF-16"?>
<xsl:stylesheet
    xmlns:xsl="http://www.w3.org/1999/XSL/Transform"
    version="1.0">

    <xsl:output  method='xml' indent="yes" encoding='ISO-8859-1' />

    <xsl:template match="/">
        <mesures>
            <xsl:apply-templates/>
        </mesures>
    </xsl:template>

    <xsl:template match="mesure">
        <xsl:copy>
            <xsl:attribute name="No" namespace="{namespace::ns0}">
                <xsl:value-of select="attribute::No"/>
            </xsl:attribute>
            <xsl:value-of select="."/>
```

```
        </xsl:copy>
    </xsl:template>

    <xsl:template match="text()"/>
</xsl:stylesheet>
```

Résultat

```
<?xml version="1.0" encoding="ISO-8859-1"?>
<mesures>
    <mesure xmlns:ns0="http://concerts.anacreon.fr/viole-de-gambe" ns0:No="">
      L'aspect de l'apareil.</mesure>
    <mesure xmlns:ns0="http://concerts.anacreon.fr/viole-de-gambe" ns0:No="">
      Fremissement en le voyant.</mesure>
    <!-- etc. -->
</mesures>
```

La seule solution est donc de déclarer ce domaine nominal :

copie.xsl

```
<?xml version="1.0" encoding="UTF-16"?>
<xsl:stylesheet
    xmlns:xsl="http://www.w3.org/1999/XSL/Transform"
    xmlns:ns0="http://concerts.anacreon.fr/viole-de-gambe"
    version="1.0">

    <xsl:output  method='xml' indent="yes" encoding='ISO-8859-1' />

    <xsl:template match="/">
        <mesures>
            <xsl:apply-templates/>
        </mesures>
    </xsl:template>

    <xsl:template match="mesure">
        <xsl:copy>
            <xsl:attribute name="No" namespace="{namespace::ns0}">
                <xsl:value-of select="attribute::ns0:No"/>
            </xsl:attribute>
            <xsl:value-of select="."/>
        </xsl:copy>
    </xsl:template>

    <xsl:template match="text()"/>
</xsl:stylesheet>
```

Résultat

```
<?xml version="1.0" encoding="ISO-8859-1"?>
<mesures xmlns:ns0="http://concerts.anacreon.fr/viole-de-gambe">
    <mesure ns0:No="1">L'aspect de l'apareil.</mesure>
    <mesure ns0:No="8">Fremissement en le voyant.</mesure>
```

```
      <mesure ns0:No="11">Resolution pour y monter.</mesure>
      <mesure ns0:No="15">Parvenu jusqu'au hault;</mesure>
      <mesure ns0:No="20">descente dudit apareil.</mesure>
      <mesure ns0:No="22">Reflexions serieuses.</mesure>
      <!-- etc. -->
   </mesures>
```

L'aspect du résultat.

Frémissement en le voyant.

Résolution pour y voir plus clair.

Réflexions sérieuses : pourquoi a-t-il changé ?

Soulagement en comprenant que même si l'aspect externe a changé par rapport à l'original, la signification XML reste la même, puisqu'un domaine nominal, déclaré dans un élément, est hérité par tous ses descendants.

> **Note**
>
> Ce n'est pas le seul cas où l'aspect du résultat peut ne pas correspondre exactement à ce que l'on attend ; mais si la sémantique XML est correcte, et que la seule chose à changer est l'aspect externe du résultat, ce n'est pas certain qu'il soit possible d'y parvenir. Par exemple, si vous n'aimez pas les apostrophes doubles (") pour les attributs, et que vous préférez les simples, inutile de chercher, il n'y a aucun moyen de régler ce détail en XSLT. Avec `disable-output-escaping` (voir section *Variante syntaxique*, page 260), il est possible d'empêcher (dans certains cas) la sortie d'entités caractères, mais si une entité caractère est émise dans le document résultat, vous ne pouvez pas choisir, par exemple, entre > et > qui sont considérées comme équivalentes. Il est vrai que l'esthétique d'un fichier source peut être d'une certaine importance, au moins pour les personnes sensibles, et que des versions ultérieures de XSLT permettront peut-être de mieux prendre en compte les préférences de chacun ; mais pour l'instant, quand on n'a pas ce que l'on aime, il faut aimer ce que l'on a.

Conclusion

Lorsque le nœud courant à copier est de type `element` (et dans ce cas seulement), l'instruction `xsl:copy` se comporte donc comme l'instruction `xsl:element`. Tout ce qui a été vu à propos de xsl:element s'applique donc dans ce cas. D'ailleurs, on pourrait très bien récrire le programme `copie.xsl` dans sa version précédente, en utilisant `xsl:element` au lieu de `xsl:copy` :

copie.xsl

```
<?xml version="1.0" encoding="UTF-16"?>
<xsl:stylesheet
    xmlns:xsl="http://www.w3.org/1999/XSL/Transform"
    xmlns:ns0="http://concerts.anacreon.fr/viole-de-gambe"
    version="1.0">

    <xsl:output  method='xml' indent="yes" encoding='ISO-8859-1' />

    <xsl:template match="/">
        <mesures>
```

```
            <xsl:apply-templates/>
        </mesures>
    </xsl:template>

    <xsl:template match="mesure">
        <xsl:element name="mesure">
            <xsl:attribute name="No" namespace="{namespace::ns0}">
                <xsl:value-of select="attribute::ns0:No"/>
            </xsl:attribute>
            <xsl:value-of select="."/>
        </xsl:element>
    </xsl:template>

    <xsl:template match="text()"/>
</xsl:stylesheet>
```

Le résultat obtenu est strictement identique au précédent.

Cette équivalence entre xsl:copy et xsl:element lors de la copie d'un nœud de type element, permet donc de comprendre immédiatement comment utiliser l'attribut facultatif use-attribute-sets : de façon évidente, il s'utilise exactement comme pour l'instruction xsl:element (voir *Variante syntaxique use-attribute-sets="..."*, page 289). Mais encore une fois, ceci n'est vrai que si le nœud à copier est un nœud de type element.

Copie d'un nœud de type *attribute*

L'attribut courant, comme tout attribut, a un nom et une valeur : l'effet de l'instruction xsl:copy est alors de créer un attribut de même nom et de même valeur, comme si on avait utilisé l'instruction xsl:attribute (associée au modèle de transformation qu'il faut pour que ce soit bien la bonne valeur qui soit affectée à l'attribut). Comme la valeur de l'attribut n'est pas modifiable par xsl:copy, un modèle de transformation propre à xsl:copy ne sert ici à rien. Ce n'est pas une erreur d'en fournir un, mais il est ignoré par le processeur XSLT.

Et comme un attribut ne peut pas avoir d'attribut, l'attribut use-attribute-sets est aussi ignoré, si jamais il est fourni.

Les mêmes problèmes déjà rencontrés pour xsl:attribute surviennent ici : si on essaye de créer un attribut dans le document résultat, alors que le nœud destinataire n'est pas de type element, c'est une erreur fatale. Par contre l'ajout de plusieurs attributs de même nom n'en n'est pas une : c'est le dernier ajouté qui l'emporte (n'oublions pas la règle du papé, voir *Sémantique*, page 293).

Pour illustrer ceci, reprenons l'exemple du fichier XML décrivant des plages de CD (voir *Exemple*, page 307), et voyons le programme XSLT capable de le reproduire à l'identique.

Le fichier de départ est celui-ci :

plagesCD.xml

```
<?xml version="1.0" encoding="ISO-8859-1"?>
<plages>
```

```
        <plage       vdg="cplu" clv="nspt" thb="eblq" vll="fmrt"
                     vl2="oded" org="fech">
            Grave
        </plage>

        <plage       vdg="cplu" clv="nspt" thb="eblq" vll="fmrt"
                     vl2="oded" vlc="dsmp">
            Presto / Prestissimo
        </plage>

        <plage       vdg="cplu" clv="nspt" thb="eblq" vll="fmrt"
                     vl2="oded">
            Adagio
        </plage>

        <plage       vdg="cplu" clv="nspt" thb="eblq" vll="fmrt"
                     vl2="oded" vlc="dsmp" org="fech">
            Presto Récit de basse
        </plage>
    </plages>
```

Et voici le programme de copie :

copie.xsl

```
<?xml version="1.0" encoding="UTF-16"?>
<xsl:stylesheet
    xmlns:xsl="http://www.w3.org/1999/XSL/Transform"
    version="1.0">

    <xsl:output  method='xml' indent="yes" encoding='ISO-8859-1' />

    <xsl:template match="/">
        <plages>
            <xsl:apply-templates/>
        </plages>
    </xsl:template>

    <xsl:template match="plage">
        <xsl:copy>
            <xsl:for-each select="attribute::*">
                <xsl:copy/>
            </xsl:for-each>
            <xsl:value-of select="."/>
        </xsl:copy>
    </xsl:template>

</xsl:stylesheet>
```

Pour chaque <plage> rencontrée, on créé un élément de même nom par l'instruction <xsl:copy>, auquel on accroche autant d'attributs qu'on en trouve dans l'élément original.

Explorer l'ensemble des attributs de cet élément original peut se faire par une instruction
`xsl:for-each` qui sélectionne tout ce qui est attribut du nœud courant. Le modèle de
transformation de `xsl:for-each` ne contient qu'une seule instruction, qui va être instanciée avec un nœud courant qui est un attribut. Comme cette instruction est l'instruction
`xsl:copy`, c'est un attribut qui va être créé avec le même nom et la même valeur que
l'attribut courant. Ensuite, cet attribut sera ajouté à l'élément courant (une `<plage>`, en
l'occurrence).

Résultat

```
<?xml version="1.0" encoding="ISO-8859-1"?>
<plages>

   <plage vdg="cplu" clv="nspt" thb="eblq" vl1="fmrt" vl2="oded"
          org="fech">Grave</plage>

   <plage vdg="cplu" clv="nspt" thb="eblq" vl1="fmrt" vl2="oded"
          vcl="dsmp">Presto / Prestissimo</plage>

   <plage vdg="cplu" clv="nspt" thb="eblq" vl1="fmrt" vl2="oded">Adagio</plage>

   <plage vdg="cplu" clv="nspt" thb="eblq" vl1="fmrt" vl2="oded"
          vcl="dsmp" org="fech">Presto Récit de basse</plage>

</plages>
```

La présentation n'est pas la même que celle du fichier de départ, mais on sait qu'il n'y a
pas grand chose à faire (voir section *Avec modèle de transformation propre*, page 328).

Une autre façon de procéder, assez classique, serait celle ci :

copie.xsl

```
<?xml version="1.0" encoding="UTF-16"?>
<xsl:stylesheet
    xmlns:xsl="http://www.w3.org/1999/XSL/Transform"
    version="1.0">

    <xsl:output  method='xml' indent="yes" encoding='ISO-8859-1' />

    <xsl:template match="/">
        <plages>
            <xsl:apply-templates/>
        </plages>
    </xsl:template>

    <xsl:template match="plage">
        <xsl:copy>
            <xsl:apply-templates select="attribute::*"/>
            <xsl:value-of select="."/>
        </xsl:copy>
    </xsl:template>
```

```
    <xsl:template match="attribute::*">
        <xsl:copy/>
    </xsl:template>

</xsl:stylesheet>
```

Au lieu d'utiliser un xsl:for-each pour explorer chaque attribut, on relance le moteur de recherche de concordance de motifs en lui faisant traiter une liste de nœuds qui ne contient que les nœuds de type attribute attachés au nœud courant. On ajoute alors une règle, dont le motif concorde avec n'importe quel nœud de type attribute : cette règle sera donc sélectionnée par la recherche de concordance dont on vient de parler, et son application se traduit par une copie de l'attribut courant.

Le résultat est exactement le même que dans la version précédente.

Copie d'un nœud de type *namespace*

Les choses se passent à peu près comme dans le cas d'un attribut, car c'est vrai qu'un domaine nominal est assez semblable à un attribut. Le modèle de transformation est ignoré, s'il existe, de même que l'attribut use-attribute-sets.

Le domaine nominal courant, comme tout domaine nominal, a un nom (i.e. le préfixe, ou abréviation) et une valeur (i.e. une URL) : l'effet de l'instruction xsl:copy est alors de créer un domaine nominal de même nom et de même valeur.

Les mêmes problèmes déjà rencontrés pour xsl:attribute surviennent ici : si on essaye de créer un attribut dans le document résultat, alors que le nœud destinataire n'est pas de type element, c'est une erreur fatale.

Attention : la règle du papé ne s'applique pas, ici : c'est une erreur que de vouloir ajouter un domaine nominal à un élément qui en possède déjà un de même nom, sauf si la valeur est la même que celle du doublon, auquel cas le nouveau domaine nominal est tout simplement ignoré.

La copie de domaines nominaux doit être terminée avant tout ajout d'attribut ou d'élément fils à l'élément parent, sinon, c'est une erreur fatale.

En conséquence, il est impossible de copier un élément, puis son domaine nominal : en effet, la copie d'un élément entraîne automatiquement celle de ses domaines nominaux. Nous allons donc procéder d'une manière légèrement différente, pour illustrer la copie de domaines nominaux a travers un exemple.

Nous prendrons le fichier qui nous a déjà servi plusieurs fois :

taille.xml

```
<?xml version="1.0" encoding="ISO-8859-1"?>
<mesures xmlns:ns0="http://concerts.anacreon.fr/viole-de-gambe">
    <mesure ns0:No="1">L'aspect de l'apareil.</mesure>
    <mesure ns0:No="8">Fremissement en le voyant.</mesure>
    <!-- etc. -->
</mesures>
```

Voici un programme de copie :

copie.xsl

```
<?xml version="1.0" encoding="UTF-16"?>
<xsl:stylesheet
    xmlns:xsl="http://www.w3.org/1999/XSL/Transform"
    version="1.0">

    <xsl:output  method='xml' indent="yes" encoding='ISO-8859-1' />

    <xsl:template match="/">
        <paroles>
            <xsl:for-each select="child::mesures/namespace::*">
                <xsl:copy/>
            </xsl:for-each>
        </paroles>
    </xsl:template>
</xsl:stylesheet>
```

Résultat

```
<?xml version="1.0" encoding="ISO-8859-1"?>
<paroles xmlns:ns0="http://concerts.anacreon.fr/viole-de-gambe"/>
```

Ici la copie crée un domaine nominal de nom ns0 et de valeur :

```
http://concerts.anacreon.fr/viole-de-gambe
```

puisque le nœud courant est un domaine nominal, grâce au xsl:for-each. Ce domaine nominal est ajouté à l'élément <paroles>, c'est-à-dire celui qui est en cours de création.

Copie du nœud de type *root*

Si le nœud courant lors de l'exécution de l'instruction xsl:copy est le nœud root, le modèle de transformation associé à xsl:copy, s'il y en a un, est instancié. Mais la racine n'est pas copiée, parce que la racine de l'arbre XML du résultat est toujours créée automatiquement, au début du traitement, et qu'il ne s'agirait pas d'en créer une deuxième. Un éventuel attribut use-attribute-sets est bien sûr ignoré.

Prenons par exemple le programme XSLT suivant :

copie.xsl

```
<?xml version="1.0" encoding="UTF-16"?>
<xsl:stylesheet
    xmlns:xsl="http://www.w3.org/1999/XSL/Transform"
    version="1.0">

    <xsl:output  method='xml' indent="yes" encoding='ISO-8859-1' />

    <xsl:template match="/">

        <xsl:copy>
```

```
                <truc>
                        abcd
                </truc>
            </xsl:copy>

        </xsl:template>

    </xsl:stylesheet>
```

Quel que soit le fichier XML donné, le résultat est le suivant :

Résultat

```
<?xml version="1.0" encoding="ISO-8859-1"?>
<truc>
                    abcd
            </truc>
```

On voit bien qu'effectivement l'instruction xsl:copy en elle-même est inutile, et qu'on aurait pu ne garder que le modèle de transformation associé, ce qui aurait donné le même résultat.

Copie d'un nœud de type *text*

Le texte est copié dans le document résultat. Le modèle de transformation de xsl:copy est ignoré, ainsi que l'attribut use-attribute-sets.

Copie d'un nœud de type *comment*

Le commentaire est copié dans le document résultat. Le modèle de transformation de xsl:copy est ignoré, ainsi que l'attribut use-attribute-sets.

Copie d'un nœud de type *processing-instruction*

La processing-instruction est copiée dans le document résultat. Le modèle de transformation de xsl:copy est ignoré, ainsi que l'attribut use-attribute-sets.

Instruction xsl:comment

Syntaxe

L'instruction xsl:comment permet de créer un commentaire XML dans le document résultat.

xsl:comment

```
<xsl:comment>
    <!-- modèle de transformation -->

        ...
    <!-- fin du modèle de transformation -->
</xsl:comment>
```

L'instruction xsl:comment ne doit pas apparaître en tant qu'instruction de premier niveau.

Sémantique

L'instanciation du modèle de transformation de l'instruction `xsl:comment` ne doit pas créer autre chose que des nœuds de type `text` ; sinon c'est une erreur. C'est aussi une erreur que ces nœuds textes contiennent des séquences de caractères interdites dans un commentaire XML (comme par exemple la séquence `"--"`).

Il est bien sûr impossible de créer un commentaire dans le document résultat autrement que par l'instruction `xsl:comment` ; la présence d'un commentaire dans un élément source littéral est notamment sans effet sur le résultat, puisqu'un tel commentaire est ignoré par le processeur XSLT.

Exemple

Une utilisation intéressante des commentaires XML générés par un programme XSLT est de tracer l'activation des règles du programme lorsqu'il y a un problème, pour en comprendre l'origine. Pour voir ce que cela donne, nous reprenons le programme vu à la section *Exemple*, page 170, en plaçant une instruction `xsl:comment` dans chaque règle :

Concert.xsl

```
<?xml version="1.0" encoding="UTF-16"?>
<xsl:stylesheet xmlns:xsl="http://www.w3.org/1999/XSL/Transform" version="1.0">
    <xsl:output   method='html' encoding='ISO-8859-1' />

    <xsl:strip-space elements='Compositeurs'/>

    <xsl:template match="/">
        <html>
            <head>
                <title><xsl:value-of select="/Concert/Entête"/></title>
            </head>
            <body bgcolor="white" text="black">
                <xsl:apply-templates/>
            </body>
        </html>
    </xsl:template>

    <xsl:template match="Entête">
        <xsl:comment>
            <xsl:text>dans Entête : </xsl:text><xsl:value-of select="."/>
        </xsl:comment>
        <p> <xsl:value-of select="."/> présentent </p>
    </xsl:template>

    <xsl:template match="Date">
        <xsl:comment>
            <xsl:text>dans Date : </xsl:text><xsl:value-of select="."/>
        </xsl:comment>
        <H1 align="center"> Concert du <xsl:value-of select="."/> </H1>
```

```
        </xsl:template>

        <xsl:template match="Lieu">
            <xsl:comment>
                <xsl:text>dans Lieu : </xsl:text><xsl:value-of select="."/>
            </xsl:comment>
            <H4 align="center"> <xsl:value-of select="."/> </H4>
        </xsl:template>

        <xsl:template match="Ensemble">
            <xsl:comment>
                <xsl:text>dans Ensemble : </xsl:text><xsl:value-of select="."/>
            </xsl:comment>
            <H2 align="center"> Ensemble <xsl:value-of select="."/></H2>
        </xsl:template>

        <xsl:template match="Compositeurs">
            <xsl:comment>
                <xsl:text>dans Compositeurs : </xsl:text><xsl:value-of select="."/>
            </xsl:comment>
            <H3 align="center"> Oeuvres de <br/> <xsl:apply-templates/> </H3>
        </xsl:template>

        <xsl:template match="Compositeur">
            <xsl:comment>
                <xsl:text>dans Compositeur : </xsl:text><xsl:value-of select="."/>
            </xsl:comment>

            <xsl:value-of select="."/>
            <xsl:if test="not(position() = last())">, </xsl:if>
        </xsl:template>

        <xsl:template match="text()"/>

    </xsl:stylesheet>
```

Le résultat obtenu est celui-ci :

Concert.html

```
<html>
    <head>
        <meta http-equiv="Content-Type" content="text/html; charset=ISO-8859-1">

        <title> Les Concerts d'Anacr&eacute;on </title>
    </head>
    <body bgcolor="white" text="black">
        <!--dans Entête :  Les Concerts d'Anacréon -->
        <p> Les Concerts d'Anacr&eacute;on  pr&eacute;sentent </p>
        <!--dans Date : Jeudi 17 janvier 2002, 20H30-->
        <H1 align="center"> Concert du Jeudi 17 janvier 2002, 20H30</H1>
        <!--dans Lieu : Chapelle des Ursules-->
```

```
       <H4 align="center">Chapelle des Ursules</H4>
       <!--dans Ensemble :  "A deux violes esgales" -->
       <H2 align="center"> Ensemble  &laquo;A deux violes esgales&raquo; </H2>
       <!--dans Compositeurs : M. MaraisD. CastelloF. Rognoni-->
       <H3 align="center"> Oeuvres de <br>
          <!--dans Compositeur : M. Marais-->M. Marais,
          <!--dans Compositeur : D. Castello-->D. Castello,
          <!--dans Compositeur : F. Rognoni-->F. Rognoni
       </H3>
    </body>
</html>
```

Instruction xsl:processing-instruction

Syntaxe

L'instruction `xsl:processing-instruction` permet de créer une processing-instruction XML dans le document résultat.

`xsl:processing-instruction`

```
<xsl:processing-instruction name="...">
    <!-- modèle de transformation -->
       ...
    <!-- fin du modèle de transformation -->
</xsl:processing-instruction>
```

L'instruction `xsl:processing-instruction` ne doit pas apparaître en tant qu'instruction de premier niveau.

Sémantique

L'instanciation du modèle de transformation de l'instruction `xsl:processing-instruction` ne doit pas créer autre chose que des nœuds de type `text` ; sinon c'est une erreur. C'est aussi une erreur que ces nœuds textes contiennent des séquences de caractères interdites dans une `processing-instruction` XML (comme par exemple la séquence `"?>"`).

Les *processing-instructions* ne sont pas très utilisées en XML, aussi n'est-il pas facile de donner un exemple facilement testable. La `processing-instruction` la plus courante reste celle qui s'adresse à un navigateur pour lui indiquer la feuille de style à utiliser pour afficher le fichier XML reçu.

Une autre utilisation, plus originale, et qui peut donner des idées, est celle qui en faite dans XMetal (*www.softquad.com/*), un éditeur de fichiers sources XML. Ayant déclaré une DTD pour le fichier à éditer, XMetal propose de façon contextuelle une palette de balises possibles à insérer là où se trouve placé le curseur. Avec une DTD comme celle de *docbook*, par exemple, on peut vouloir insérer à tel endroit un nouveau `<para>`, qui est l'élément représentant un paragraphe.

Note

Docbook (*http://docbook.org/*) est une DTD associée à des feuilles de style XSLT pour rédiger des articles, des livres, et plus généralement de la documentation. Les feuilles de style XSLT produisent du HTML ou du FO (lequel donne du PS ou du PDF avec des processeurs FO adéquats).

XMetal réagit alors en créant non pas un élément <para> vide, comme ceci :

```
<para></para>
```

mais en créant un élément contenant une processing-instruction :

```
<para><?xm-replace-text {para}?></para>
```

La différence est qu'un élément vide apparaît comme tout autre élément, alors qu'un élément contenant la processing-instruction <?xm-replace-text {para}?> apparaît avec le texte {para} en blanc sur fond noir, ce qui le rend particulièrement visible.

Rien n'empêcherait donc d'imaginer la production, par une feuille de style XSLT, d'un fichier XML qui serait incomplet, mais à compléter à la main sous XMetal, les zones à remplir étant mises en évidence par des balises <?xm-replace-text {para}?>.

L'instruction XSLT pour générer une telle balise serait la suivante :

```
<xsl:processing-instruction name="xm-replace-text">
    <xsl:text> {para}</xsl:text>
</xsl:processing-instruction>
```

Instruction xsl:number

L'instruction xsl:number est une instruction dont l'instanciation produit un numéro. En ce sens, c'est une instruction de création, puisqu'on peut supposer que ce numéro n'existe pas en tant que tel dans la source XML. Mais c'est vrai aussi que s'il n'y a pas de source XML, il n'y a rien à numéroter ; et s'il n'y a rien à numéroter, il n'y a pas de numéro. On peut donc contester à juste titre que xsl:number soit une instruction de création à proprement parler.

Bande-annonce

Concert.xml

```
<?xml version="1.0" encoding="UTF-16" standalone="yes"?>
<maisons>
    <maison id="1">
        <RDC>
            <cuisine surface='12m2'>
                Evier inox. Mobilier encastré.
            </cuisine>
            <WC>
```

```
                    Lavabo. Cumulus 200L.
            </WC>
            <séjour surface='40m2'>
                Cheminée en pierre. Poutres au plafond.
                Carrelage terre cuite. Grande baie vitrée.
            </séjour>
            <bureau surface='15m2'>
                Bibliothèque encastrée.
            </bureau>
            <garage/>
        </RDC>
        <étage>
            <terrasse>Palmier en zinc figurant le désert.</terrasse>
            <chambre surface='28m2' fenêtre='3'>
                Carrelage terre cuite poncée.
                <alcôve surface='8m2' fenêtre='1'>
                    Lambris.
                </alcôve>
            </chambre>
            <chambre surface='18m2'>
                Lambris.
            </chambre>
            <salleDeBains surface='15m2'>
                Douche, baignoire, lavabo.
            </salleDeBains>
        </étage>
    </maison>
    <maison id="2">
        <RDC>
            <cuisine surface='12m2'>
                en ruine.
            </cuisine>
            <garage/>
        </RDC>
        <étage>
            <terrasse>
                vue sur la mer
            </terrasse>
            <salleDeBains surface='15m2'>
                Douche.
            </salleDeBains>
        </étage>
    </maison>
    <maison id="3">
        <RDC>
            <séjour surface='40m2'>
                paillasson à l'entrée
            </séjour>
        </RDC>
        <étage>
            <chambre surface='18m2'>
```

```
                    porte cochère.
                </chambre>
            </étage>
        </maison>
    </maisons>
```

Concert.xsl

```xml
<?xml version="1.0" encoding="UTF-16"?>
<xsl:stylesheet xmlns:xsl="http://www.w3.org/1999/XSL/Transform" version="1.0">

    <xsl:output  method='xml' encoding='ISO-8859-1' indent='yes' />

    <xsl:template match="*">
        <xsl:element name="{local-name(.)}">
            <xsl:attribute name="numéro">
                <xsl:number count="*" level="multiple"/>
            </xsl:attribute>
            <xsl:apply-templates/>
        </xsl:element>
    </xsl:template>

    <xsl:template match="text()"/>

</xsl:stylesheet>
```

Résultat

```xml
<?xml version="1.0" encoding="ISO-8859-1"?>
<maisons numéro="1">
  <maison numéro="1.1">
    <RDC numéro="1.1.1">
        <cuisine numéro="1.1.1.1"/>
        <WC numéro="1.1.1.2"/>
        <séjour numéro="1.1.1.3"/>
        <bureau numéro="1.1.1.4"/>
        <garage numéro="1.1.1.5"/>
    </RDC>
    <étage numéro="1.1.2">
        <terrasse numéro="1.1.2.1"/>
        <chambre numéro="1.1.2.2">
           <alcôve numéro="1.1.2.2.1"/>
        </chambre>
        <chambre numéro="1.1.2.3"/>
        <salleDeBains numéro="1.1.2.4"/>
    </étage>
  </maison>
  <maison numéro="1.2">
    <RDC numéro="1.2.1">
        <cuisine numéro="1.2.1.1"/>
        <garage numéro="1.2.1.2"/>
    </RDC>
```

```
        <étage numéro="1.2.2">
            <terrasse numéro="1.2.2.1"/>
            <salleDeBains numéro="1.2.2.2"/>
        </étage>
    </maison>
    <maison numéro="1.3">
        <RDC numéro="1.3.1">
            <séjour numéro="1.3.1.1"/>
        </RDC>
        <étage numéro="1.3.2">
            <chambre numéro="1.3.2.1"/>
        </étage>
    </maison>
</maisons>
```

Variante

```
<xsl:number count="*" level="any"/>
```

Résultat

```
<?xml version="1.0" encoding="ISO-8859-1"?>
<maisons numéro="1">
    <maison numéro="2">
        <RDC numéro="3">
            <cuisine numéro="4"/>
            <WC numéro="5"/>
            <séjour numéro="6"/>
            <bureau numéro="7"/>
            <garage numéro="8"/>
        </RDC>
        <étage numéro="9">
            <terrasse numéro="10"/>
            <chambre numéro="11">
                <alcôve numéro="12"/>
            </chambre>
            <chambre numéro="13"/>
            <salleDeBains numéro="14"/>
        </étage>
    </maison>
    <maison numéro="15">
        <RDC numéro="16">
            <cuisine numéro="17"/>
            <garage numéro="18"/>
        </RDC>
        <étage numéro="19">
            <terrasse numéro="20"/>
            <salleDeBains numéro="21"/>
        </étage>
    </maison>
    <maison numéro="22">
        <RDC numéro="23">
```

```
            <séjour numéro="24"/>
        </RDC>
        <étage numéro="25">
            <chambre numéro="26"/>
        </étage>
    </maison>
</maisons>
```

Variante

```
<xsl:number count="*" level="single"/>
```

Résultat

```
<?xml version="1.0" encoding="ISO-8859-1"?>
<maisons numéro="1">
    <maison numéro="1">
        <RDC numéro="1">
            <cuisine numéro="1"/>
            <WC numéro="2"/>
            <séjour numéro="3"/>
            <bureau numéro="4"/>
            <garage numéro="5"/>
        </RDC>
        <étage numéro="2">
            <terrasse numéro="1"/>
            <chambre numéro="2">
                <alcôve numéro="1"/>
            </chambre>
            <chambre numéro="3"/>
            <salleDeBains numéro="4"/>
        </étage>
    </maison>
    <maison numéro="2">
        <RDC numéro="1">
            <cuisine numéro="1"/>
            <garage numéro="2"/>
        </RDC>
        <étage numéro="2">
            <terrasse numéro="1"/>
            <salleDeBains numéro="2"/>
        </étage>
    </maison>
    <maison numéro="3">
        <RDC numéro="1">
            <séjour numéro="1"/>
        </RDC>
        <étage numéro="2">
            <chambre numéro="1"/>
        </étage>
    </maison>
</maisons>
```

Syntaxe

xsl:number

```
<xsl:number
    level="..."              <!-- 'single' (par défaut), 'any' ou 'multiple'-->
    count="..."              <!-- motif XPath -->
    from= "..."              <!-- motif XPath -->
    value="..."              <!-- expression XPath -->
    format="..."             <!-- {}une chaîne de caractères -->
    lang="..."               <!-- {}code langue (en, fr, etc.) -->
    letter-value="..."       <!-- {}'alphabetic' ou 'traditional' -->
    grouping-separator="..." <!-- {}un caractère -->
    grouping-size="..."      <!-- {}un entier -->
/>
```

Tous ces attributs sont facultatifs.

Les accolades indiquent les attributs pour lesquels un descripteur de valeur différée est autorisé.

L'instruction xsl:number est toujours vide.

L'instruction xsl:number ne doit pas apparaître en tant qu'instruction de premier niveau.

Sémantique

L'instanciation de l'instruction xsl:number a deux effets indépendants :

• Le premier est de calculer un numéro d'ordre pour le nœud courant.

  Dans ce cas, l'attribut value doit être absent .

• Le deuxième est de formater un numéro, afin de lui donner un aspect de numéro : 1, 3.5, A.1, (iii), VI, etc.

  L'attribut value peut être absent ; dans ce cas le numéro formaté est le numéro d'ordre calculé.

  L'attribut value peut être présent ; dans ce cas le numéro formaté est la valeur fournie par l'expression XPath, dont le calcul doit amener une valeur qui puisse être convertie en entier.

L'instruction xsl:number permet de compter toutes sortes de nœuds (element, comment, text, attribute...), mais dans la pratique il bien rare d'avoir à compter autre chose que des éléments.

Calcul d'un numéro d'ordre

Prenons par exemple la séquence {X a R ? p p a}. Quel est le numéro du dernier élément de cette séquence ? Tout dépend de ce que l'on compte : si l'on compte les lettres, il est égal à 6 ; si l'on compte les 'a', il vaut 2 ; si l'on compte tout, il vaut 7.

L'attribut count permet de déterminer la nature des nœuds qui seront comptés, et donc le numéro qui sera affecté au nœud courant.

En l'absence d'attribut `count`, ce sont les semblables du nœud courant qui sont comptés. Par exemple, si le nœud courant est un nœud de type `text`, on compte les `text` ; si le nœud courant est un élément `<truc>`, on compte les `<truc>`.

Si l'attribut `count` est présent, sa valeur est un motif XPath ; pour calculer le numéro du nœud courant, le processeur XSLT compte le nombre de nœuds situés avant lui, et qui concordent avec ce motif. Il est vrai que « situés avant » est une formulation assez vague ; la définition précise dépend de la valeur de l'attribut `level` (d'une manière assez complexe), et on pourra la consulter (par curiosité) dans le standard XSLT. Néanmoins, cette définition précise est plus utile à un programmeur réalisant un processeur XSLT qu'à un programmeur réalisant une feuille de style XSLT. Le programmeur XSLT peut se contenter de comprendre les trois styles de numérotation sur un exemple, sans avoir à connaître l'algorithme exact du calcul des numéros ; nous verrons un peu plus loin (voir *Différents modes de calcul d'un numéro d'ordre*, page 352) un tel exemple.

> **Attention**
>
> Un point assez important est que le décompte se fait toujours sur un document source XML, c'est-à-dire, en principe, sur *le* document source XML. Il est donc possible de lancer le décompte sur un autre document que le document source principal, à condition que ce soit un document source, c'est-à-dire un document obtenu par la fonction standard `document()`, ou par la référence à une variable contenant un TST (Temporary Source Tree).
>
> En conséquence, il est impossible de décompter directement des éléments du document résultat, mais cela reste possible indirectement. Il faut d'abord construire, dans une première passe, le résultat ou une partie du résultat en tant que TST lié à une variable. Dans une deuxième passe, on instancie des `<xsl:number>` qui vont donc porter sur les éléments de ce TST (arbre d'un document source), ce qui aura pour effet de produire des numérotations relatives à l'ordre des éléments tels qu'ils apparaîtront dans le document résultat, et non tel qu'ils apparaissent dans le document source. Nous en verrons plus loin un exemple (voir *Exemple*, page 363).

Exemple

Reprenons l'exemple vu à la section *Copie d'un nœud de type attribute*, page 335 ; il s'agissait d'illustrer la recopie d'attributs en partant de la source XML suivante :

plagesCD.xml

```
<?xml version="1.0" encoding="ISO-8859-1"?>
<plages>

    <plage      vdg="cplu" clv="nspt" thb="eblq" vl1="fmrt"
                vl2="oded" org="fech">
        Grave
    </plage>

    <plage      vdg="cplu" clv="nspt" thb="eblq" vl1="fmrt"
                vl2="oded" vlc="dsmp">
        Presto / Prestissimo
    </plage>

    <plage      vdg="cplu" clv="nspt" thb="eblq" vl1="fmrt"
```

```
                    vl2="oded">
        Adagio
    </plage>

    <plage      vdg="cplu" clv="nspt" thb="eblq" vl1="fmrt"
                vl2="oded" vlc="dsmp" org="fech">
        Presto Récit de basse
    </plage>
</plages>
```

Le programme XSLT réalisant la copie auquel nous étions arrivés est celui-ci :

copie.xsl

```xml
<?xml version="1.0" encoding="UTF-16"?>
<xsl:stylesheet
    xmlns:xsl="http://www.w3.org/1999/XSL/Transform"
    version="1.0">

    <xsl:output  method='xml' indent="yes" encoding='ISO-8859-1' />

    <xsl:template match="/">
        <plages>
            <xsl:apply-templates/>
        </plages>
    </xsl:template>

    <xsl:template match="plage">
        <xsl:copy>
            <xsl:apply-templates select="attribute::*"/>
            <xsl:value-of select="."/>
        </xsl:copy>
    </xsl:template>

    <xsl:template match="attribute::*">
        <xsl:copy/>
    </xsl:template>

</xsl:stylesheet>
```

Voyons maintenant comment modifier la copie pour ajouter un attribut indiquant le numéro de plage. C'est extrêmement simple à faire : il suffit de compter les <plage>, et pour chacune, de créer un nouvel attribut contenant la valeur du compteur :

copie.xsl

```xml
<?xml version="1.0" encoding="UTF-16"?>
<xsl:stylesheet
    xmlns:xsl="http://www.w3.org/1999/XSL/Transform"
    version="1.0">

    <xsl:output  method='xml' indent="yes" encoding='ISO-8859-1' />
```

```
    <xsl:template match="/">
        <plages>
            <xsl:apply-templates/>
        </plages>
    </xsl:template>

    <xsl:template match="plage">
        <xsl:variable name="numero"><xsl:number/></xsl:variable>
        <plage No="{$numero}">
            <xsl:apply-templates select="attribute::*"/>
            <xsl:value-of select="."/>
        </plage>
    </xsl:template>

    <xsl:template match="attribute::*">
        <xsl:copy/>
    </xsl:template>

</xsl:stylesheet>
```

Résultat

```
<?xml version="1.0" encoding="ISO-8859-1"?>
<plages>
    <plage No="1" vdg="cplu" clv="nspt" thb="eblq" vl1="fmrt"
        vl2="oded" org="fech">Grave</plage>
    <plage No="2" thb="eblq" vdg="cplu" clv="nspt" vl1="fmrt"
        vl2="oded" vcl="dsmp">Presto / Prestissimo</plage>
    <plage No="3" vdg="cplu" clv="nspt" thb="eblq" vl1="fmrt"
        vl2="oded">Adagio</plage>
    <plage No="4" thb="eblq" vdg="cplu" clv="nspt" vl1="fmrt"
        vl2="oded" vcl="dsmp" org="fech">Presto Récit de basse</plage>

</plages>
```

Ici, l'instruction xsl:number se trouve dans un modèle de transformation où le nœud courant est nécessairement une <plage>, et comme on veut justement compter les <plage>, il n'y a pas besoin de fournir l'attribut count.

Différents modes de calcul d'un numéro d'ordre

Une fois qu'on a déterminé ce qu'on voulait compter, il y a plusieurs façons de compter : on peut compter séquentiellement (comme dans le cas de plages, ci-dessus), ou on peut compter en faisant transparaître la nature arborescente du document XML. C'est l'attribut level qui intervient ici.

Le plus simple est de montrer un document arborescent, et de voir les différentes possibilités de numérotation de ses éléments.

Nous allons donc partir du document suivant, représentant un texte structuré en sections, sous-sections, paragraphes, notes de bas de page et listings de programmes :

canevasdoc.xml

```xml
<?xml version="1.0" encoding="ISO-8859-1"?>
<article lang="fr">
    <sect1>
        <titre>A</titre>
        <règle importance="1">R1R1R</règle>
        <sect2>
            <titre>B</titre>
            <para>bbb</para>
        </sect2>
        <sect2>
            <titre>C</titre>
            <sect3>
                <titre>D</titre>
                <para>ddd
                    <règle importance="3">R2R2R</règle>
                    <note>Nt</note>ddd/
                    <note>Nv</note>
                </para>
            </sect3>
            <sect3>
                <titre>E</titre>
                <para>eee
                    <note>Nah</note>eee;
                </para>
                <para>e,e,e</para>
                <règle importance="1">R3R3R</règle>
                <programlisting>ay</programlisting>
                <para>e;e;e</para>
                <programlisting>bg</programlisting>
                <para>e!e!e
                    <règle importance="2">R4R4R</règle>
                    <note>Naa</note>(eee)
                    <note>Nzz</note>[eee]
                    <note>NEE</note>(e,e,e)
                </para>
            </sect3>
            <sect3>
                <titre>F</titre>
                <programlisting>ck</programlisting>
            </sect3>
        </sect2>
    </sect1>
    <sect1>
        <titre>G</titre>
        <sect2>
            <titre>H</titre>
            <para>hhh</para>
            <para>hhh/
                <note>Nhx</note>hhh;
```

```
            </para>
        </sect2>
    </sect1>
</article>
```

Voici maintenant le programme que nous allons utiliser pour numéroter ces divers éléments ; hormis l'instruction `xsl:number` proprement dite, le reste du programme, sans être d'un grand intérêt, est un peu compliqué, à cause de la mise en page indentée que l'on veut obtenir, mais qui n'est pas du tout typique des problèmes que l'on se pose d'ordinaire en XSLT :

sequence.xsl

```
<?xml version="1.0" encoding="UTF-16"?>
<xsl:stylesheet
    xmlns:xsl="http://www.w3.org/1999/XSL/Transform"
    version="1.0">

    <xsl:output  method='text' encoding='ISO-8859-1' />



    <xsl:template match="sect1 | sect2 |sect3">
        <xsl:number count="sect1 |sect2 |sect3 |titre |para |
                        note |programlisting |règle"
                  level="any"/>.<xsl:value-of select="name()"/>
        <xsl:text> </xsl:text>
        <xsl:apply-templates/>
    </xsl:template>

    <xsl:template match="para">
        <xsl:number count="sect1 |sect2 |sect3 |titre |para |
                        note |programlisting |règle" level="any"/>
        <xsl:text>.</xsl:text>
        <xsl:apply-templates mode="inpara"/>
    </xsl:template>

    <xsl:template match="note" mode="inpara">
        <xsl:number count="sect1 |sect2 |sect3 |titre |para |
                        note |programlisting |règle" level="any"/>
        <xsl:text>.</xsl:text>
        <xsl:text>texteNote=</xsl:text>
        <xsl:value-of select="."/>
        <xsl:text> </xsl:text>
    </xsl:template>

    <xsl:template match="programlisting">
        <xsl:number count="sect1 |sect2 |sect3 |titre |para |
                        note |programlisting |règle" level="any"/>
        <xsl:text>.</xsl:text>
        <xsl:text>texteProgramlisting=</xsl:text>
```

```
                <xsl:value-of select="."/>
                <xsl:text> </xsl:text>
        </xsl:template>

        <xsl:template match="titre">
                <xsl:number count="sect1 |sect2 |sect3 |titre |para |
                                    note |programlisting |règle" level="any"/>
                <xsl:text>.</xsl:text>
                <xsl:text>texteTitre=</xsl:text>
                <xsl:value-of select="."/>
                <xsl:text> </xsl:text>
        </xsl:template>

        <xsl:template match="règle" mode="inpara">
                <xsl:apply-templates select="."/>
        </xsl:template>

        <xsl:template match="règle">
                <xsl:number count="sect1 |sect2 |sect3 |titre |para |
                                    note |programlisting |règle" level="any"/>
                <xsl:text>.</xsl:text>
                <xsl:text>texteRègle=</xsl:text>
                <xsl:value-of select="."/>
                <xsl:text> </xsl:text>
        </xsl:template>

        <xsl:template match="text()" mode="inpara">
                <xsl:if test="normalize-space(.)">
                    <xsl:text>textePara=</xsl:text>
                </xsl:if>
                <xsl:value-of select="."/>
                <xsl:text> </xsl:text>
        </xsl:template>

</xsl:stylesheet>
```

Résultat (level=« any »)

```
    1.sect1
        2.texteTitre=A
        3.texteRègle=R1R1R
        4.sect2
            5.texteTitre=B
            6.textePara=bbb

        7.sect2
            8.texteTitre=C
            9.sect3
                10.texteTitre=D
                11.textePara=ddd
```

```
                       12.texteRègle=R2R2R
                       13.texteNote=Nt textePara=ddd/
                       14.texteNote=Nv

          15.sect3
             16.texteTitre=E
             17.textePara=eee
                18.texteNote=Nah textePara=eee;

             19.textePara=e,e,e
             20.texteRègle=R3R3R
             21.texteProgramlisting=ay
             22.textePara=e;e;e
             23.texteProgramlisting=bg
             24.textePara=e!e!e
                25.texteRègle=R4R4R
                26.texteNote=Naa textePara=(eee)
                27.texteNote=Nzz textePara=[eee]
                28.texteNote=NEE textePara=(e,e,e)

          29.sect3
             30.texteTitre=F
             31.texteProgramlisting=ck

     32.sect1
        33.texteTitre=G
        34.sect2
           35.texteTitre=H
           36.textePara=hhh
           37.textePara=hhh/
                38.texteNote=Nhx textePara=hhh;
```

Résultat (level=« single »)

```
  1.sect1
     1.texteTitre=A
     2.texteRègle=R1R1R
     3.sect2
        1.texteTitre=B
        2.textePara=bbb

     4.sect2
        1.texteTitre=C
        2.sect3
           1.texteTitre=D
           2.textePara=ddd
              1.texteRègle=R2R2R
              2.texteNote=Nt textePara=ddd/
              3.texteNote=Nv
```

```
                    3.sect3
                        1.texteTitre=E
                        2.textePara=eee
                            1.texteNote=Nah textePara=eee;

                        3.textePara=e,e,e
                        4.texteRègle=R3R3R
                        5.texteProgramlisting=ay
                        6.textePara=e;e;e
                        7.texteProgramlisting=bg
                        8.textePara=e!e!e
                            1.texteRègle=R4R4R
                            2.texteNote=Naa textePara=(eee)
                            3.texteNote=Nzz textePara=[eee]
                            4.texteNote=NEE textePara=(e,e,e)

                    4.sect3
                        1.texteTitre=F
                        2.texteProgramlisting=ck

            2.sect1
                1.texteTitre=G
                2.sect2
                    1.texteTitre=H
                    2.textePara=hhh
                    3.textePara=hhh/
                        1.texteNote=Nhx textePara=hhh;
```

Résultat (level=« multiple »)

```
            1.sect1
                1.1.texteTitre=A
                1.2.texteRègle=R1R1R
                1.3.sect2
                    1.3.1.texteTitre=B
                    1.3.2.textePara=bbb

                1.4.sect2
                    1.4.1.texteTitre=C
                    1.4.2.sect3
                        1.4.2.1.texteTitre=D
                        1.4.2.2.textePara=ddd
                            1.4.2.2.1.texteRègle=R2R2R
                            1.4.2.2.2.texteNote=Nt textePara=ddd/
                            1.4.2.2.3.texteNote=Nv

                    1.4.3.sect3
                        1.4.3.1.texteTitre=E
                        1.4.3.2.textePara=eee
                            1.4.3.2.1.texteNote=Nah textePara=eee;
```

```
                      1.4.3.3.textePara=e,e,e
                      1.4.3.4.texteRègle=R3R3R
                      1.4.3.5.texteProgramlisting=ay
                      1.4.3.6.textePara=e;e;e
                      1.4.3.7.texteProgramlisting=bg
                      1.4.3.8.textePara=e!e!e
                            1.4.3.8.1.texteRègle=R4R4R
                            1.4.3.8.2.texteNote=Naa textePara=(eee)
                            1.4.3.8.3.texteNote=Nzz textePara=[eee]
                            1.4.3.8.4.texteNote=NEE textePara=(e,e,e)

                1.4.4.sect3
                      1.4.4.1.texteTitre=F
                      1.4.4.2.texteProgramlisting=ck

      2.sect1
            2.1.texteTitre=G
            2.2.sect2
                  2.2.1.texteTitre=H
                  2.2.2.textePara=hhh
                  2.2.3.textePara=hhh/
                        2.2.3.1.texteNote=Nhx textePara=hhh;
```

Exemple : numérotation classique pour un livre

Nous reprenons le même exemple, mais nous voulons avoir une numérotation classique pour un livre : numérotation hiérarchique pour les sections, le reste n'étant pas numéroté, sauf les notes de bas de pages qui ont une numérotation séquentielle non hiérarchique.

sequence.xsl

```xml
<?xml version="1.0" encoding="UTF-16"?>
<xsl:stylesheet
    xmlns:xsl="http://www.w3.org/1999/XSL/Transform"
    version="1.0">

    <xsl:output  method='text' encoding='ISO-8859-1' />

    <xsl:template match="sect1 | sect2 |sect3">
        <xsl:number count="sect1 | sect2 |sect3"
                    level="multiple"/>.<xsl:value-of select="name()"/>
        <xsl:text> </xsl:text>
        <xsl:apply-templates/>
    </xsl:template>

    <xsl:template match="para">
        <xsl:apply-templates mode="inpara"/>
    </xsl:template>

    <xsl:template match="note" mode="inpara">
```

```
            <xsl:number count="note" level="any"/>
            <xsl:text>.</xsl:text>
            <xsl:text>texteNote=</xsl:text>
            <xsl:value-of select="."/>
            <xsl:text> </xsl:text>
    </xsl:template>

    <xsl:template match="programlisting">
            <xsl:text>texteProgramlisting=</xsl:text>
            <xsl:value-of select="."/>
            <xsl:text> </xsl:text>
    </xsl:template>

    <xsl:template match="titre">
            <xsl:text>texteTitre=</xsl:text>
            <xsl:value-of select="."/>
            <xsl:text> </xsl:text>
    </xsl:template>

    <xsl:template match="règle" mode="inpara">
            <xsl:apply-templates select="."/>
    </xsl:template>

    <xsl:template match="règle">
            <xsl:text>texteRègle=</xsl:text>
            <xsl:value-of select="."/>
            <xsl:text> </xsl:text>
    </xsl:template>

    <xsl:template match="text()" mode="inpara">
            <xsl:if test="normalize-space(.)">
                <xsl:text>textePara=</xsl:text>
            </xsl:if>
            <xsl:value-of select="."/>
            <xsl:text> </xsl:text>
    </xsl:template>
</xsl:stylesheet>
```

Nous avons réduit la portée du décompte : l'attribut count ne mentionne plus que les éléments sect1, sect2et sect3 ; de plus nous avons enlevé l'instruction xsl:number des éléments que nous ne voulons plus compter. Pour les notes de bas de page, nous avons utilisé la valeur "any" de l'attribut level afin d'avoir une numérotation linéaire. Voici le résultat :

Résultat

```
    1.sect1
        texteTitre=A
        texteRègle=R1R1R
        1.1.sect2
            texteTitre=B
            textePara=bbb
```

```
            1.2.sect2
                texteTitre=C
                1.2.1.sect3
                    texteTitre=D
                    textePara=ddd
                        texteRègle=R2R2R
                        1.texteNote=Nt textePara=ddd/
                        2.texteNote=Nv

                1.2.2.sect3
                    texteTitre=E
                    textePara=eee
                        3.texteNote=Nah textePara=eee;

                    textePara=e,e,e
                    texteRègle=R3R3R
                    texteProgramlisting=ay
                    textePara=e;e;e
                    texteProgramlisting=bg
                    textePara=e!e!e
                        texteRègle=R4R4R
                        4.texteNote=Naa textePara=(eee)
                        5.texteNote=Nzz textePara=[eee]
                        6.texteNote=NEE textePara=(e,e,e)

                1.2.3.sect3
                    texteTitre=F
                    texteProgramlisting=ck

        2.sect1
            texteTitre=G
            2.1.sect2
                texteTitre=H
                textePara=hhh
                textePara=hhh/
                    7.texteNote=Nhx textePara=hhh;
```

Réinitialisation d'un numéro d'ordre

Un autre problème est la réinitialisation du numéro calculé. Par exemple, il peut arriver, pour un livre, que l'on veuille réinitialiser la numérotation des notes de bas de pages à chaque nouveau chapitre.

C'est l'attribut from qui permet cela : sa valeur est un motif XPath, et à chaque fois que le nœud courant concorde avec ce motif, la numérotation est réinitialisée.

Exemple

Nous reprenons le même exemple, mais nous supposons que la numérotation des notes doit être réinitialisée pour chaque section3 :

sequence.xsl

```xml
<?xml version="1.0" encoding="UTF-16"?>
<xsl:stylesheet
    xmlns:xsl="http://www.w3.org/1999/XSL/Transform"
    version="1.0">

    <xsl:output  method='text' encoding='ISO-8859-1' />

    <xsl:template match="sect1 | sect2 |sect3">
        <xsl:number count="sect1 | sect2 |sect3"
                    level="multiple"/>.<xsl:value-of select="name()"/>
        <xsl:text> </xsl:text>
        <xsl:apply-templates/>
    </xsl:template>

    <xsl:template match="para">
        <xsl:apply-templates mode="inpara"/>
    </xsl:template>

    <xsl:template match="note" mode="inpara">
        <xsl:number count="note" from="sect3" level="any"/>
        <xsl:text>.</xsl:text>
        <xsl:text>texteNote=</xsl:text>
        <xsl:value-of select="."/>
        <xsl:text> </xsl:text>
    </xsl:template>

    <xsl:template match="programlisting">
        <xsl:text>texteProgramlisting=</xsl:text>
        <xsl:value-of select="."/>
        <xsl:text> </xsl:text>
    </xsl:template>

    <xsl:template match="titre">
        <xsl:text>texteTitre=</xsl:text>
        <xsl:value-of select="."/>
        <xsl:text> </xsl:text>
    </xsl:template>

    <xsl:template match="règle" mode="inpara">
        <xsl:apply-templates select="."/>
    </xsl:template>

    <xsl:template match="règle">
        <xsl:text>texteRègle=</xsl:text>
        <xsl:value-of select="."/>
        <xsl:text> </xsl:text>
    </xsl:template>

    <xsl:template match="text()" mode="inpara">
```

```
            <xsl:if test="normalize-space(.)">
                <xsl:text>textePara=</xsl:text>
            </xsl:if>
            <xsl:value-of select="."/>
            <xsl:text> </xsl:text>
        </xsl:template>
</xsl:stylesheet>
```

Résultat (from=« sect3 » pour les notes)

```
    1.sect1
        texteTitre=A
        texteRègle=R1R1R
        1.1.sect2
            texteTitre=B
            textePara=bbb

        1.2.sect2
            texteTitre=C
            1.2.1.sect3
                texteTitre=D
                textePara=ddd
                    texteRègle=R2R2R
                    1.texteNote=Nt textePara=ddd/
                    2.texteNote=Nv

            1.2.2.sect3
                texteTitre=E
                textePara=eee
                    1.texteNote=Nah textePara=eee;

                textePara=e,e,e
                texteRègle=R3R3R
                texteProgramlisting=ay
                textePara=e;e;e
                texteProgramlisting=bg
                textePara=e!e!e
                    texteRègle=R4R4R
                    2.texteNote=Naa textePara=(eee)
                    3.texteNote=Nzz textePara=[eee]
                    4.texteNote=NEE textePara=(e,e,e)

            1.2.3.sect3
                texteTitre=F
                texteProgramlisting=ck

    2.sect1
        texteTitre=G
        2.1.sect2
            texteTitre=H
            textePara=hhh
```

```
            textePara=hhh/
                1.texteNote=Nhx textePara=hhh;
```

Numéro d'ordre sans décompte

L'attribut `value="..."`, lorsqu'il est présent, permet de fournir soi-même la valeur du numéro à instancier. Cela peut notamment servir lorsque l'ordre des éléments dans le document résultat n'est pas le même que dans la source XML. Dans ce cas on peut constituer un node-set, puis utiliser la fonction `position()` pour renseigner l'attribut `value`.

Exemple

Nous reprenons le même exemple, mais nous supposons maintenant que nous voulons indiquer un récapitulatif des règles importantes à la fin du document. On peut faire cela très facilement :

sequence.xsl

```
<?xml version="1.0" encoding="UTF-16"?>
<xsl:stylesheet
    xmlns:xsl="http://www.w3.org/1999/XSL/Transform"
    version="1.0">

    <xsl:output  method='text' encoding='ISO-8859-1' />


    <xsl:template match="/">
        <xsl:apply-templates/>
        <xsl:text>Règles importantes :
</xsl:text>
        <xsl:apply-templates select="//règle" mode="recap"/>
    </xsl:template>

    <!-- etc. -->

    <xsl:template match="règle" mode="inpara">
        <xsl:apply-templates select="."/>
    </xsl:template>

    <xsl:template match="règle">
        <xsl:text>texteRègle=</xsl:text>
        <xsl:value-of select="."/>
        <xsl:text> </xsl:text>
    </xsl:template>

    <xsl:template match="règle" mode="recap">
        <xsl:number value="position()"/>.  <xsl:value-of select="."/>
        <xsl:text>
</xsl:text>
    </xsl:template>
```

```
        <xsl:template match="text()" mode="inpara">
            <xsl:if test="normalize-space(.)">
                <xsl:text>textePara=</xsl:text>
            </xsl:if>
            <xsl:value-of select="."/>
            <xsl:text> </xsl:text>
        </xsl:template>

    </xsl:stylesheet>
```

Résultat

```
        <!-- etc. -->

        2.sect1
            texteTitre=G
            2.1.sect2
                texteTitre=H
                textePara=hhh
                textePara=hhh/
                        7.texteNote=Nhx textePara=hhh;

    Règles importantes :
    1.      R1R1R
    2.      R2R2R
    3.      R3R3R
    4.      R4R4R
```

Là où on voulait en venir, c'est qu'on aimerait de plus que ces règles soient classées par ordre d'importance (attribut `importance` de l'élément `<règle>`). Du coup, on est dans un cas où l'ordre de ces règles dans le résultat est différent de l'ordre de ces mêmes règles dans le document source.

On est alors obligé de procéder autrement : une solution (mais ce n'est pas la seule : voir *Numéro d'ordre dans un document source secondaire*, page 367) est de constituer un node-set contenant les règles triées dans le bon ordre, et fournir nous-mêmes la numérotation à l'instruction `xsl:number` grâce à l'attribut `value="..."` :

sequence.xsl

```
<?xml version="1.0" encoding="UTF-16"?>
<xsl:stylesheet
    xmlns:xsl="http://www.w3.org/1999/XSL/Transform"
    version="1.0">

    <xsl:output  method='text' encoding='ISO-8859-1' />

    <xsl:template match="/">
        <xsl:apply-templates/>
        <xsl:text>Règles importantes :
</xsl:text>
        <xsl:for-each select="//règle">
```

```
                    <xsl:sort select="@importance"/>
                    <xsl:number value="position()"/>.   <xsl:value-of select="."/>
                    <xsl:text>
</xsl:text>
            </xsl:for-each>
        </xsl:template>

        <xsl:template match="sect1 | sect2 |sect3">
            <xsl:number count="sect1 | sect2 |sect3"
                        level="multiple"/>.<xsl:value-of select="name()"/>
            <xsl:apply-templates/>
        </xsl:template>

        <!-- etc. -->

</xsl:stylesheet>
```

Résultat

```
    <!-- etc. -->

    2.sect1
        texteTitre=G
        2.1.sect2
            texteTitre=H
            textePara=hhh
            textePara=hhh/
                    7.texteNote=Nhx textePara=hhh;

Règles importantes :
1.      R1R1R
2.      R3R3R
3.      R4R4R
4.      R2R2R
```

Mais peut-être penserez-vous qu'il n'était pas nécessaire de passer par l'instruction xsl:number pour obtenir ce résultat. C'est vrai que la numérotation est fournie par la valeur renvoyée par la fonction position() : alors pourquoi ne pas exploiter cette valeur directement dans une instruction xsl:value-of ?

```
<?xml version="1.0" encoding="UTF-16"?>
<xsl:stylesheet
    xmlns:xsl="http://www.w3.org/1999/XSL/Transform"
    version="1.0">

    <xsl:output  method='text' encoding='ISO-8859-1' />

    <xsl:template match="/">
        <xsl:apply-templates/>
        <xsl:text>Règles importantes :
</xsl:text>
        <xsl:for-each select="//règle">
```

```
            <xsl:sort select="@importance"/>
            <xsl:value-of select="position()"/>.    <xsl:value-of select="."/>
            <xsl:text>
</xsl:text>
        </xsl:for-each>
    </xsl:template>

    <!-- etc. -->

</xsl:stylesheet>
```

De fait, ceci fonctionne aussi bien. Mais, en anticipant sur une prochaine section (voir *Rendu de la numérotation*, page 368), on peut très facilement modifier le rendu de la numérotation avec xsl:number, alors qu'avec xsl:value-of, il faut tout programmer à la main :

```
<?xml version="1.0" encoding="UTF-16"?>
<xsl:stylesheet
    xmlns:xsl="http://www.w3.org/1999/XSL/Transform"
    version="1.0">

    <xsl:output  method='text' encoding='ISO-8859-1' />

    <xsl:template match="/">
        <xsl:apply-templates/>
        <xsl:text>Règles importantes :
</xsl:text>
        <xsl:for-each select="//règle">
            <xsl:sort select="@importance"/>
            <xsl:number value="position()" format="I"/>.    <xsl:value-of
                                                     select="."/>
            <xsl:text>
</xsl:text>
        </xsl:for-each>
    </xsl:template>

    <!-- etc. -->

</xsl:stylesheet>
```

Résultat

```
    <!-- etc. -->

    2.sect1
        texteTitre=G
        2.1.sect2
            texteTitre=H
            textePara=hhh
            textePara=hhh/
                7.texteNote=Nhx textePara=hhh;
```

```
Règles importantes :
I.      R1R1R
II.     R3R3R
III.    R4R4R
IV.     R2R2R
```

Numéro d'ordre dans un document source secondaire

Une dernière solution (pour le problème de la section précédente) consisterait à utiliser un TST intermédiaire. En effet, on veut numéroter des règles dans l'ordre où elles apparaissent dans le document résultat. Mais on sait qu'il est impossible de numéroter directement des éléments qui se trouvent ailleurs que dans un document source. Il faut donc commencer, dans une première passe, par constituer un document source secondaire (un TST, voir *Temporary Source Tree*, page 192). Dans ce TST, on place les éléments à numéroter, dans le bon ordre (celui du résultat visé), en utilisant éventuellement <xsl:sort>. Dans une deuxième passe, le TST étant constitué, on s'en sert comme source XML secondaire ; dès lors une instruction <xsl:number> va porter sur cette source XML, et le décompte se fera par rapport à cette source.

Exemple

```
<?xml version="1.0" encoding="UTF-16"?>
<xsl:stylesheet
    xmlns:xsl="http://www.w3.org/1999/XSL/Transform"
    version="1.1"> <!-- compatibilité Saxon 6.5 -->

    <xsl:output  method='text' encoding='ISO-8859-1' />


    <xsl:template match="/">
        <xsl:apply-templates/>
        <xsl:text>Règles importantes :
</xsl:text>
        <xsl:variable name="lesRègles">

            <xsl:for-each select="//règle">
                <xsl:sort select="@importance"/>
                <xsl:copy-of select="."/>
            </xsl:for-each>

        </xsl:variable>

        <xsl:for-each select="$lesRègles//règle">
            <xsl:number/>. <xsl:value-of select="."/><xsl:text>
</xsl:text>
        </xsl:for-each>
    </xsl:template>

    <xsl:template match="sect1 | sect2 |sect3">
        <xsl:number count="sect1 | sect2 |sect3"
```

```
                    level="multiple"/>.<xsl:value-of select="name()"/>
        <xsl:apply-templates/>
    </xsl:template>

    <!-- etc. comme avant -->

</xsl:stylesheet>
```

Résultat

```
    <!-- etc. -->

    2.sect1
        texteTitre=G
        2.1.sect2
            texteTitre=H
            textePara=hhh
            textePara=hhh/
                7.texteNote=Nhx textePara=hhh;

Règles importantes :
1. R1R1R
2. R3R3R
3. R4R4R
4. R2R2R
```

Peut-être vous demandez vous si l'on pouvait faire l'économie de la deuxième passe, c'est-à-dire du deuxième `<xsl:for-each>`, en plaçant directement l'instruction `<xsl:number>` dans le premier `<xsl:for-each>`. La réponse est non, car le décompte se fait dans le document source courant, pas dans la liste de nœuds temporaire constituée par `<xsl:for-each>` et réordonnée par `<xsl:sort>`.

Le modèle de transformation du deuxième `<xsl:for-each>` est relatif à un document source secondaire, référencé par la variable lesRègles. Les expressions XPath ou les instructions XSLT qui s'y trouvent s'appliquent donc à ce TST, et non au document source principal. Les deux passes sont donc nécessaires.

Rendu de la numérotation

Un numéro de séquence étant calculé ou simplement fourni, on s'intéresse maintenant à l'aspect extérieur sous lequel il est instancié dans le document résultat. Par exemple un numéro dont la valeur est 4 peut apparaître sous les formes équivalentes 4, d, D, 004, IV, iv, (iv), 4°, IV-, etc. Toutes ces formes sont instanciables directement par l'instruction xsl:number, sans qu'il y ait besoin de programmer quoi que ce soit. Cela s'applique bien sûr au cas plus compliqué où le numéro est formé de plusieurs nombres, dans le cas d'une numérotation hiérarchique (level="multiple") : 1.2.1 pourrait être rendu A.2-a, par exemple.

Le principe est le suivant : on écrit une chaîne de formatage, à peu près dans le même esprit que ce qu'on pourrait faire en C++ ou en C avec l'instruction printf. Cette chaîne contient deux types d'informations qui doivent alterner dans un ordre quelconque : la ponctuation (i.e. les signes divers tels que ". , ')-(' etc.) et les caractères alphanumériques. Ces derniers sont interprétés comme des descripteurs de formats de sortie, alors que les signes de ponctuation sont pris pour ce qu'ils sont sans interprétation particulière.

L'interprétation des descripteurs de format se fait sur la base des conventions suivantes :

- 1 : pour instancier un numéro de façon banale ;

- 001 : pour instancier un numéro en imposant un nombre minimum de chiffres ;

- a : pour instancier un numéro sous forme de séquence de lettres (a b c ... z aa ab ac ... az ... ba ...) ;

- A : même chose avec des lettres majuscules ;

- i : pour instancier un numéro en chiffres romains minuscules ;

- I : pour instancier un numéro en chiffres romains majuscules.

Exemples :

Numéro hiérarchique

```
valeur: 2 4 2 5

format: A I-1.a
rendu : B IV-2.e

format: 001 a.i.1
rendu : 002 d.ii.5
```

Ici, il y a beaucoup de possibilités et de variantes, notamment en utilisant les attributs grouping-separator, grouping-size, lang, et letter-value. On pourra se reporter au standard XSLT 1.0 pour une description de leurs effets respectifs.

Exemple

Nous allons reprendre le programme XSLT précédent, et l'adapter pour sortir une numérotation classique des sections :

sequence.xsl

```
<?xml version="1.0" encoding="UTF-16"?>
<xsl:stylesheet
    xmlns:xsl="http://www.w3.org/1999/XSL/Transform"
    version="1.0">

    <xsl:output  method='text' encoding='ISO-8859-1' />


    <xsl:template match="/">
        <xsl:apply-templates/>
        <xsl:text>Règles importantes :
</xsl:text>
```

```
            <xsl:for-each select="//règle">
                <xsl:sort select="@importance"/>
                <xsl:number value="position()" format='I'/>
                <xsl:text>    </xsl:text>
                <xsl:value-of select="."/><xsl:text>
</xsl:text>
            </xsl:for-each>
        </xsl:template>

        <xsl:template match="sect1 | sect2 |sect3">
            <xsl:number count="sect1 | sect2 |sect3"
                        level="multiple" format="I-1.a "/>
            <xsl:value-of select="name()"/>
            <xsl:apply-templates/>
        </xsl:template>

        <xsl:template match="para">
            <xsl:apply-templates mode="inpara"/>
        </xsl:template>

        <xsl:template match="note" mode="inpara">
            <xsl:number count="note" level="any" format="1."/>
            <xsl:text>texteNote=</xsl:text>
            <xsl:value-of select="."/>
            <xsl:text> </xsl:text>
        </xsl:template>

        <xsl:template match="programlisting">
            <xsl:text>texteProgramlisting=</xsl:text>
            <xsl:value-of select="."/>
            <xsl:text> </xsl:text>
        </xsl:template>

        <xsl:template match="titre">
            <xsl:text>texteTitre=</xsl:text>
            <xsl:value-of select="."/>
            <xsl:text> </xsl:text>
        </xsl:template>

        <xsl:template match="règle" mode="inpara">
            <xsl:apply-templates select="."/>
        </xsl:template>

        <xsl:template match="règle">
            <xsl:text>texteRègle=</xsl:text>
            <xsl:value-of select="."/>
            <xsl:text> </xsl:text>
        </xsl:template>

        <xsl:template match="text()" mode="inpara">
            <xsl:if test="normalize-space(.)">
```

```
            <xsl:text>textePara=</xsl:text>
        </xsl:if>
        <xsl:value-of select="."/>
        <xsl:text> </xsl:text>
    </xsl:template>

</xsl:stylesheet>
```

Résultat

```
    I sect1
        texteTitre=A
        texteRègle=R1R1R
        I-1 sect2
            texteTitre=B
            textePara=bbb

        I-2 sect2
            texteTitre=C
            I-2.a sect3
                texteTitre=D
                textePara=ddd
                    texteRègle=R2R2R
                    1.texteNote=Nt textePara=ddd/
                    2.texteNote=Nv

            I-2.b sect3
                texteTitre=E
                textePara=eee
                    3.texteNote=Nah textePara=eee;

                textePara=e,e,e
                texteRègle=R3R3R
                texteProgramlisting=ay
                textePara=e;e;e
                texteProgramlisting=bg
                textePara=e!e!e
                    texteRègle=R4R4R
                    4.texteNote=Naa textePara=(eee)
                    5.texteNote=Nzz textePara=[eee]
                    6.texteNote=NEE textePara=(e,e,e)

            I-2.c sect3
                texteTitre=F
                texteProgramlisting=ck

    II sect1
        texteTitre=G
        II-1 sect2
            texteTitre=H
            textePara=hhh
```

```
                textePara=hhh/
                    7.texteNote=Nhx textePara=hhh;

Règles importantes :
I    R1R1R
II   R3R3R
III  R4R4R
IV   R2R2R
```

Il faut noter que le format étant fourni en tant qu'attribut, les règles générales lexicographiques pour un attribut XML s'appliquent : certains caractères comme "<" ou "&" sont interdits, et les espaces blancs sont normalisés. Ici, en admettant que l'on veuille une tabulation après les chiffres romains de la numérotation des règles, il ne servirait à rien de placer cette tabulation en tant que signe de ponctuation dans le format, car elle serait normalisée en espace ordinaire. Cela implique donc de placer cette tabulation à l'extérieur, dans une instruction xsl:text.

7

Découpage d'une application XSLT

Ce chapitre décrit les outils disponibles en XSLT pour découper une application en plusieurs morceaux, soit pour des raisons de maintenabilité, soit pour des raisons de réutilisabilité. A noter que le grain de sémantique XSLT est la règle ou le modèle nommé ; la réutilisation consiste donc à constituer des bibliothèques de règles ou de modèles nommés, ce qui n'est pas très différent, dans le principe, de la constitution de bibliothèques de sous-programmes dans des langages comme C, Pascal, Cobol, Fortran, etc.

Mais ça, c'est du génie logiciel qui fleure bon les années soixante (du XXe siècle), et on sait que le résultat n'a pas été à la hauteur des espérances, et que la notion de bibliothèque de fonctions réutilisables ne marche que dans des cas très précis, notamment ceux où les structures de données manipulées par ces fonctions sont régulières et triviales (par exemple, une bibliothèque de fonctions mathématiques ou graphiques, qui n'utilisent que des tableaux).

Dès que les structures manipulées sont complexes et diversifiées, la notion de bibliothèque de fonctions atteint ses limites, et c'est là que la notion d'objets et de classes prend le relais, en permettant de constituer des bibliothèques de classes, qui sont des grains sémantiques beaucoup plus gros que des fonctions, capables d'encapsuler ces fameuses structures de données.

Est-ce à dire que les bibliothèques de règles et de modèles nommés réutilisables sont voués à l'échec, tout comme les bibliothèques de fonctions ?

Non, car on observera que justement, en XSLT, il n'y a aucune diversité possible en matière de structure de données. On peut même dire qu'à part le TST attaché à une variable, il n'y a rien. XSLT est fait pour manipuler des arbres XML, pas pour modéliser le processus métier d'une fabrique de joints de caoutchouc.

Néanmoins XSLT est jeune, très jeune. On n'a pas encore le recul nécessaire pour juger du degré effectif de réutilisabilité que l'on peut atteindre avec des bibliothèques de règles : donc, en attendant que les expériences s'accumulent et qu'une synthèse puisse être faite, on peut partir avec l'idée qu'il y a de bonnes chances que cela fonctionne.

Ce chapitre présente les différentes possibilités dans ce domaine.

Instruction xsl:include

Syntaxe

xsl:include

```
<xsl:include
    href="..."
/>
```

L'attribut `href` **ne doit pas** être un descripteur de valeur différée.

L'instruction `xsl:include` doit apparaître comme instruction de premier niveau.

Sémantique

L'instruction `xsl:include` permet d'incorporer au fichier source XSLT courant les instructions XSLT d'un autre fichier source XSLT dont l'URI est fourni par l'attribut `href`.

> **Attention**
>
> Pour beaucoup, ce genre d'instruction rappelle évidemment assez fortement la directive `#include` que l'on trouve en C ou en C++. C'est vrai qu'il y a beaucoup de ressemblance entre `xsl:include` et `#include`, puisque les deux servent à réaliser l'immersion d'un fichier dans le fichier courant, mais il y a une différence essentielle : en C ou C++, la directive `#include` est prise en charge par un préprocesseur : or il n'y a pas de préprocesseur en XSLT. La conséquence, c'est qu'il est possible d'avoir en C ou C++ des inclusions conditionnelles, en combinant directives `#include` et `#ifdef`, par exemple, alors que c'est absolument impossible en XSLT, au moins directement. Remarquez bien que l'attribut `href` est un attribut ordinaire : écrire un descripteur de valeur différée au lieu d'une valeur littérale serait une faute de syntaxe. Inutile donc de tenter de fournir une valeur calculée au préalable dans une variable. Néanmoins, en cas de nécessité, on peut toujours simuler le fonctionnement d'un préprocesseur : on se reportera à la section *Pattern n° 15 – Génération d'une feuille de style par une autre feuille de style*, page 507, pour un exemple mettant en œuvre cette idée.

L'URI fourni comme valeur de l'attribut `href` peut être un nom absolu de fichier ou une URL, mais il peut être aussi un nom relatif. Dans ce cas, le fichier est cherché dans le répertoire courant, défini comme étant celui qui contient la feuille de style courante (celle qui comporte l'instruction `xsl:include`). Voir la notion d'URI de base, *URI de base (remarque en marge de ce texte)*, page 640.

Processus mis en œuvre

Si l'on voulait incorporer soi-même le contenu de la feuille de style référencée dans la feuille de style courante, voici ce qu'il faudrait faire pour réaliser le même travail que le processeur XSLT :

- examiner les domaines nominaux déclarés dans l'instruction `xsl:stylesheet` de la feuille référencée, et les reporter dans l'instruction `xsl:stylesheet` de la feuille courante ;

- prélever les instructions `xsl:import` de la feuille référencée, et les reporter dans la feuille courante, en les plaçant après toutes les autres instructions `xsl:import` qui s'y trouvent déjà, mais avant toute autre instruction de premier niveau ;

- prélever les autres instructions de la feuille référencée, et les reporter dans la feuille courante, à la place de l'instruction `xsl:include` concernée (voir figure 7-1, à la section *Processus mis en œuvre*, page 381).

Dans ce processus, on peut être amené à incorporer des instructions `xsl:include` ou `xsl:import`, qui toutes les deux, font référence à des fichiers, identifiés par des URI fournis comme valeurs de l'attribut `href`, commun à ces deux instructions. Si ces URI sont des chemins relatifs, il peut alors être nécessaire de les modifier en les incorporant, de telle sorte qu'ils continuent de référencer les mêmes fichiers (relativement au répertoire de la feuille principale), même si le répertoire contenant ces fichiers n'est pas le même que celui contenant la feuille principale.

Si l'on a incorporé des instructions `xsl:include`, il faut bien sûr réitérer entièrement ce processus.

L'instruction `xsl:import` sera vue un peu plus loin (voir *Instruction xsl:import*, page 381) ; la seule chose qui compte ici, c'est de savoir que cette instruction doit être placée avant toute autre sorte d'instruction de premier niveau ; c'est ce qui explique qu'il faille prélever à part les `xsl:import`, et les placer au bon endroit pour ne pas contrevenir à cette règle.

> **Remarque**
>
> Tout ceci montre que le travail réalisé lors d'un `xsl:include` est bien plus compliqué qu'une simple inclusion, comme celle que l'on pourrait réaliser par un appel d'entité externe, et qui se traduirait par une inclusion brutale et en l'état du fichier référencé.

Erreurs possibles

Une référence circulaire (une feuille qui s'inclut elle-même, directement ou indirectement), est interdite, comme à l'habitude.

Par contre, inclure deux fois la même feuille n'est pas une erreur en soi, mais peut éventuellement induire des erreurs (par exemple, si la feuille incluse deux fois contient une règle `xsl:template`, celle-ci sera donc placée deux fois dans la feuille principale, entraînant donc une ambiguïté, puisque rien ne les départage ; mais il est vrai que certains processeurs peuvent prendre le parti, dans ce cas, de se récupérer en choisissant la dernière).

De toute façon, inclure deux fois la même feuille n'est pas pertinent ; c'est toujours une faute d'inattention ou de conception, et cela ne devrait jamais être un but consciemment recherché.

Généralement, définir deux fois la même chose dans une feuille de style est une erreur, donc un xsl:include qui amène dans la feuille principale quelque chose qui s'y trouve déjà est un xsl:include erroné. Mais il convient de s'interroger ici sur le sens exact de cette phrase. Que veut dire en effet « qui s'y trouve déjà » ? Si la chose est une déclaration de variable ou de modèle nommé, il n'y a pas de doute possible, c'est le nom fourni en attribut qui dit si on a un doublon ou non.

Mais pour une règle de transformation, c'est beaucoup plus subtil, et le processeur XSLT ne peut pas toujours conclure au simple examen statique de la feuille de style, et doit se contenter de signaler le conflit, s'il survient à l'exécution. Prenons par exemple l'élément B de la figure 7-1, à la section *Processus mis en œuvre*, page 381 ; si cet élément représente une règle de transformation avec exactement le même motif et le même mode dans la feuille principale et dans la feuille incluse, c'est sûr qu'il y a doublon.

Le problème, c'est que même si on élimine le doublon B, on n'est pas pour autant à l'abri d'un conflit. Toujours sur la même figure (7-1), on peut voir des éléments A et D dans la feuille résultante après inclusion. Supposons que ces deux éléments soient des règles de transformation avec des motifs différents ; même différents, les deux motifs peuvent très bien concorder simultanément avec un certain nœud. Si ce nœud ne fait jamais l'objet d'une recherche de concordance de motif, on passe au travers des mailles du filet. Mais si ce nœud est traité par le processeur, alors immanquablement, celui-ci découvrira les deux règles possibles, et l'ambiguïté entre A et D sera alors prouvée.

Enfin, il faut signaler le cas où B serait une instruction xsl:attribute-set : cette fois, même si l'attribut name est identique dans les deux cas, il n'y a pas de conflit (sauf en cas d'attributs de même nom mais de valeurs différentes), car les deux attribute-sets sont fusionnés.

On voit donc qu'il n'y a pas de règle simple et générale pour déterminer si un xsl:include est correct ou non, si ce n'est de faire comme si on écrivait une seule feuille de style réunissant la feuille principale et la feuille à inclure, et de veiller en particulier (comme d'habitude) à ne pas écrire des règles dont les motifs ne seraient pas assez discriminants pour être mutuellement exclusifs sur certains nœuds.

Position des instructions xsl:include

Les instructions xsl:include peuvent être placées n'importe où dans la feuille de style, (pourvu qu'elles apparaissent comme instructions de premier niveau), mais il semble préférable, en général, de les placer en tête du fichier principal. En effet, si par malheur l'inclusion d'une feuille amène une règle ou une définition de variable qui existe déjà dans la feuille principale, soit on obtient un message d'erreur suite à l'apparition d'un ambiguïté (et dans ce cas on corrige l'erreur), soit le processeur accepte l'ambiguïté et la résout en activant la dernière règle dans l'ordre de lecture du document. Dans ce dernier cas, il vaut mieux que la dernière règle soit celle de la feuille principale, ce qui implique

que l'instruction xsl:include fautive ne soit pas placée vers la fin de la feuille principale, mais au contraire au début.

Intérêt de l'instruction xsl:include

L'intérêt de cette instruction, c'est de pouvoir récupérer (pour les réutiliser) des modèles nommés conservés dans des fichiers XSLT, et classés dans des bibliothèques, ou de pouvoir fragmenter un programme XSLT monolithique en plusieurs morceaux pour en faciliter la lecture et la maintenance.

Dans ces deux cas, le programme XSLT complet est constitué en incluant dans la feuille principale les modules désirés, et ensuite, tout se passe comme si les instructions qu'ils contiennent avaient été écrites directement dans la feuille principale.

Exemple

Nous prendrons comme exemple l'utilisation d'une bibliothèque, par exemple la « XSLT Standard Library », qui est une bibliothèque « Open Source », maintenue par Steve Balls (voir *http://xsltsl.sourceforge.net*). On y trouve des collections de modèles nommés dans différents domaines : Strings, Dates, Nodes, etc.

Pour illustrer l'utilisation d'une telle bibliothèque, nous allons reprendre l'exemple d'annonces de concerts, vu à la section *Exemple*, page 223. Il s'agit de produire un planning des concerts, comme ceci :

Planning

```
        Semaine 47 :  "Le Poème Harmonique"
        Semaine 3 :   "A deux violes esgales"
        Semaine 8 :   "Ensemble Baroque de Nice"
```

Nous partons d'un fichier XML qui contient les annonces :

annonces.xml

```
<?xml version="1.0" encoding="UTF-16" standalone="yes"?>

<Annonces>
    <Entête> "Les Concerts d'Anacréon" </Entête>
    <Annonce>
        <Date>
            <Jour id="mar"/>
            <Quantième>20</Quantième>
            <Mois id="nov"/>
            <Année>2001</Année>
            <Heure>20H30</Heure>
        </Date>
        <Lieu>Chapelle des Ursules</Lieu>
        <Ensemble> "Le Poème Harmonique" </Ensemble>
    </Annonce>
    <Annonce>
```

```
            <Date>
                <Jour id="jeu"/>
                <Quantième>17</Quantième>
                <Mois id="jnv"/>
                <Année>2002</Année>
                <Heure>20H30</Heure>
            </Date>
            <Lieu>Chapelle des Ursules</Lieu>
            <Ensemble> "A deux violes esgales" </Ensemble>
        </Annonce>
        <Annonce>
            <Date>
                <Jour id="dim"/>
                <Quantième>24</Quantième>
                <Mois id="mar"/>
                <Année>2002</Année>
                <Heure>17H</Heure>
            </Date>
            <Lieu>Chapelle des Ursules</Lieu>
            <Ensemble> "Ensemble Baroque de Nice" </Ensemble>
        </Annonce>

        <!-- etc. -->

</Annonces>
```

Le programme doit donc calculer le No de semaine, connaissant le quantième, le No de mois, et l'année. Précisément, c'est l'une des fonctions disponibles dans la xsltsl (XSLT Standard Library) ; il suffit donc d'inclure le bon module et d'appeler le bon modèle nommé :

planning.xsl

```
<?xml version="1.0" encoding="UTF-16"?>
<xsl:stylesheet
    xmlns:xsl="http://www.w3.org/1999/XSL/Transform"
    xmlns:dt="http://xsltsl.org/date-time"
    version="1.0">

    <xsl:output  method='text' encoding='ISO-8859-1' />

    <xsl:include href="../../xsltsl-1.0/date-time.xsl"/>

    <xsl:variable name="Dictionnaire"
                  select="document('dictionnaire.xml')/Dictionnaire"/>

    <xsl:template match="Annonce">

        <xsl:variable
            name="quantième"
            select="./Date/Quantième" />
```

```
            <xsl:variable
                name="NoMois"
                select="$Dictionnaire/mot[@id=current()/Date/Mois/@id]/@num" />

            <xsl:variable
                name="année"
                select="./Date/Année" />

            <xsl:variable name="NoSemaine">
                <xsl:call-template name="dt:calculate-week-number">
                    <xsl:with-param name="year" select="$année"/>
                    <xsl:with-param name="month" select="$NoMois"/>
                    <xsl:with-param name="day" select="$quantième"/>
                </xsl:call-template>
            </xsl:variable>

            <xsl:text>
            Semaine </xsl:text>
            <xsl:value-of select="$NoSemaine"/> : <xsl:value-of select="./Ensemble"/>

        </xsl:template>

        <xsl:template match="text()" />

</xsl:stylesheet>
```

Pour obtenir le bon numéro de mois, on se base comme dans l'exemple (voir *Exemple*, page 223) de la traduction par dictionnaire (bien qu'il n'y ait pas de traduction à faire cette fois-ci), légèrement modifié pour faire figurer les numéros de mois (seuls les mois utiles sont montrés, pour gagner de la place) :

Dictionnaire.xml

```
<?xml version="1.0" encoding="UTF-16" standalone="yes"?>
<Dictionnaire>

    <mot id="jnv" num="1">
        <traduction lang="fr">janvier</traduction>
        <traduction lang="en">january</traduction>
    </mot>

    <mot id="mrs" num="3">
        <traduction lang="fr">mars</traduction>
        <traduction lang="en">march</traduction>
    </mot>

    <mot id="nov" num="11">
        <traduction lang="fr">novembre</traduction>
        <traduction lang="en">november</traduction>
    </mot>

</Dictionnaire>
```

Le résultat obtenu est celui montré plus haut.

On observera le domaine nominal imposé par xsltsl (`"http://xsltsl.org/date-time"`), associé au préfixe `"dt:"` qui qualifie le nom du modèle à appeler (`dt:calculate-week-number`).

On remarquera aussi au passage l'emploi de la fonction `current()`, exactement pour la même raison que celle qui a été vue tout à la fin de la section *Exemple*, page 187.

A titre de curiosité, voici le code XSLT correspondant au modèle nommé `dt:calculate-week-number` :

date-time.xsl (extrait)

```
<?xml version="1.0" encoding="UTF-16" standalone="yes"?>
<xsl:stylesheet
  version="1.0"
  extension-element-prefixes="doc"
  xmlns:xsl="http://www.w3.org/1999/XSL/Transform"
  xmlns:doc="http://xsltsl.org/xsl/documentation/1.0"
  xmlns:dt="http://xsltsl.org/date-time"
>
...
<xsl:template name="dt:calculate-julian-day">
    <xsl:param name="year"/>
    <xsl:param name="month"/>
    <xsl:param name="day"/>

    <xsl:variable name="a" select="floor((14 - $month) div 12)"/>
    <xsl:variable name="y" select="$year + 4800 - $a"/>
    <xsl:variable name="m" select="$month + 12 * $a - 3"/>

    <xsl:value-of select="$day + floor((153 * $m + 2) div 5) +
                          $y * 365 + floor($y div 4) - floor($y div 100) +
                          floor($y div 400) - 32045"/>
</xsl:template>

<xsl:template name="dt:calculate-week-number">
    <xsl:param name="year"/>
    <xsl:param name="month"/>
    <xsl:param name="day"/>

    <xsl:variable name="J">
        <xsl:call-template name="dt:calculate-julian-day">
        <xsl:with-param name="year" select="$year"/>
        <xsl:with-param name="month" select="$month"/>
        <xsl:with-param name="day" select="$day"/>
        </xsl:call-template>
    </xsl:variable>

    <xsl:variable name="d4" select="($J + 31741 - ($J mod 7)) mod 146097
                                    mod 36524 mod 1461"/>
```

```
    <xsl:variable name="L" select="floor($d4 div 1460)"/>
    <xsl:variable name="d1" select="(($d4 - $L) mod 365) + $L"/>

    <xsl:value-of select="floor($d1 div 7) + 1"/>
</xsl:template>
...
</xsl:stylesheet>
```

Quand on voit ce à quoi on a échappé, on se dit que finalement, ce n'est pas plus mal qu'il existe une *XSLT Standard Library* , et une instruction xsl:include pour s'en servir !

Instruction xsl:import

Syntaxe

xsl:import

```
<xsl:import
    href="..."
/>
```

L'attribut href **ne doit pas** être un descripteur de valeur différée.

L'instruction xsl:import doit apparaître comme instruction de premier niveau, et de plus doit apparaître avant toute autre instruction.

Sémantique

L'instruction xsl:import permet d'incorporer au fichier source XSLT courant les instructions XSLT d'un autre fichier source XSLT dont l'URI est fourni par l'attribut href. La différence avec xsl:include tient à ce que les conflits, en cas de définitions multiples d'une même instruction XSLT, ne sont pas nécessairement des cas d'erreurs, et peuvent être résolus grâce à des règles spécifiques.

L'interprétation de la valeur de l'attribut href se fait comme pour l'instruction xsl:include (voir *Sémantique*, page 374).

Processus mis en œuvre

Le processus d'incorporation des instructions XSLT provenant d'une feuille de style importée est le même que celui d'une inclusion (voir *Processus mis en œuvre*, page 375). Ce qui change, c'est l'interprétation du résultat une fois l'incorporation terminée. On peut exprimer cela assez facilement sur un dessin (voir figure 7-1, où *A*, *B*, *C*, et *D* représentent des instructions XSLT quelconques) : dans le cas d'une inclusion, la double présence de l'instruction *B* pose (en général) problème, mais pas dans le cas d'une importation.

Figure 7-1

Comparaison inclusion-importation.

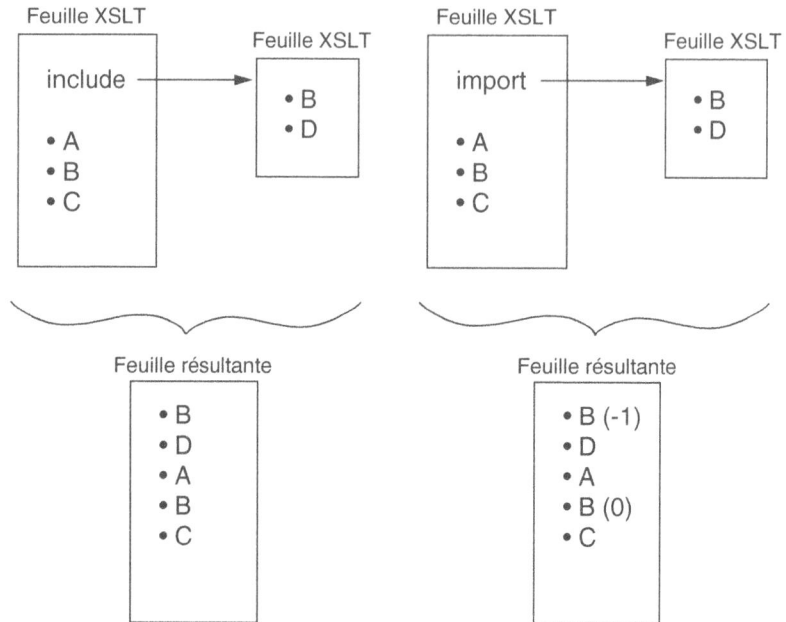

Note

La figure 7-1 suggère un conflit potentiel entre l'élément *B* de la feuille principale et l'élément *B* de la feuille importée. Néanmoins, il faut garder à l'esprit qu'une stricte identité d'élément n'est pas nécessaire à l'apparition d'un conflit : deux règles de transformation de motifs différents peuvent très bien engendrer un conflit sur un certain nœud, si les deux motifs concordent simultanément avec ce nœud. La figure est ici un support visuel qui permet de mettre en évidence les endroits où l'on discute d'un conflit, mais elle ne doit pas faire croire que les conflits ne peuvent pas surgir ailleurs.

Dans le cas d'une importation, le conflit entre les deux instructions *B*, s'il existe, est résolu par la prise en compte d'un indicateur de préséance. Cet indicateur est un entier d'autant plus négatif que la préséance est faible : dans le cas de la figure 7-1, le *B* vainqueur est celui qui provient de la feuille courante, (préséance 0), alors que l'autre *B*, provenant de la feuille importée, a la préséance -1 (les valeurs absolues de ces indicateurs sont arbitraires : ce qui compte, ce sont leurs valeurs relatives).

Le cas simple, pour le calcul de cet indicateur, est celui où chaque feuille ne contient qu'une seule instruction xsl:import ; dans ce cas la valeur absolue de l'indicateur est le nombre d'importations qui sépare l'élément importé de la feuille courante (voir figure 7-1).

Dans l'exemple de la figure 7-2, l'élément *E* a la préséance (-2) parce qu'il y a deux importations à effectuer pour l'incorporer à la feuille courante.

Le cas général est celui où il peut y avoir plusieurs instructions xsl:import dans certaines des feuilles XSLT (voir figure 7-3).

Figure 7-2

Importations en cascade, calcul de la préséance.

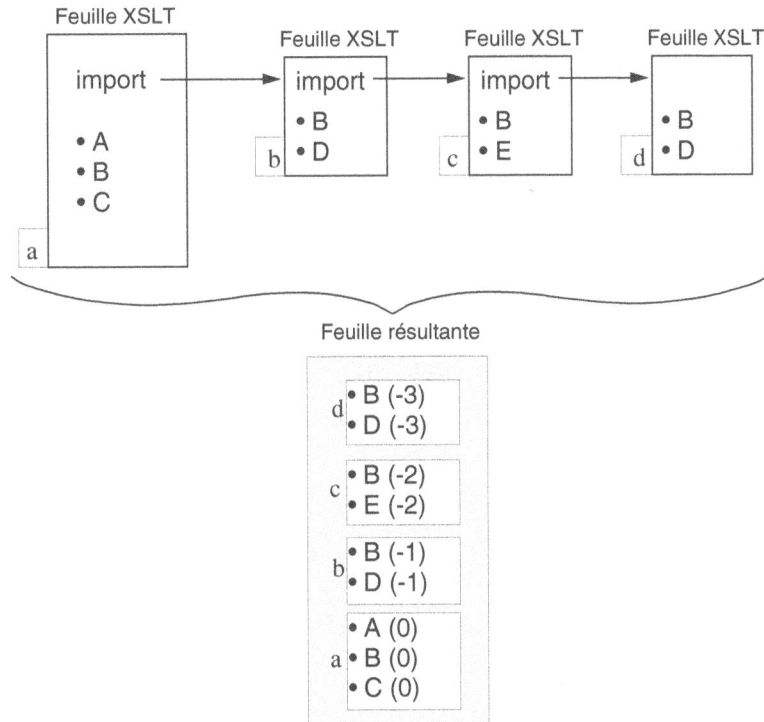

Donc le dernier sous-arbre d'importations issu du dernier xsl:import, dans l'ordre de lecture de la feuille courante, a préséance sur l'avant dernier, qui lui-même, a préséance sur celui qui le précède, etc.

Dans notre exemple, cela veut dire que les indicateurs de préséance, pour les éléments du sous-arbre issu de la feuille (c), sont tous supérieurs aux indicateurs affectés aux éléments du sous-arbre issu de la feuille (b).

Il faut donc faire le calcul en partant du dernier xsl:import, et en calculant des indicateurs de préséance toujours de plus en plus faibles : on applique la règle du pipé pour choisir une branche, et celle du nombre d'importations quand on suit une branche.

A noter que les instructions xsl:include ont bien sûr un effet nul dans ce calcul ; c'est pourquoi les éléments *B* des feuilles (f) et (b) ont même indicateur de préséance.

Une fois qu'on a les indicateurs de préséance, on s'en sert *uniquement s'il y a conflit*, pour choisir l'élément à prendre en compte. Si deux éléments de même préséance sont en conflit, c'est un cas d'erreur, le processeur XSLT pouvant éventuellement choisir de prendre le dernier élément dans l'ordre de lecture de la feuille résultante.

Comme d'habitude, lorsque la détection d'un conflit repose sur une comparaison de noms préfixés, il ne faut pas se laisser abuser par des préfixes éventuellement différents : ce qui compte, ce sont les domaines nominaux, pas les préfixes.

Figure 7-3

Arbre d'importations,
calcul de la préséance.

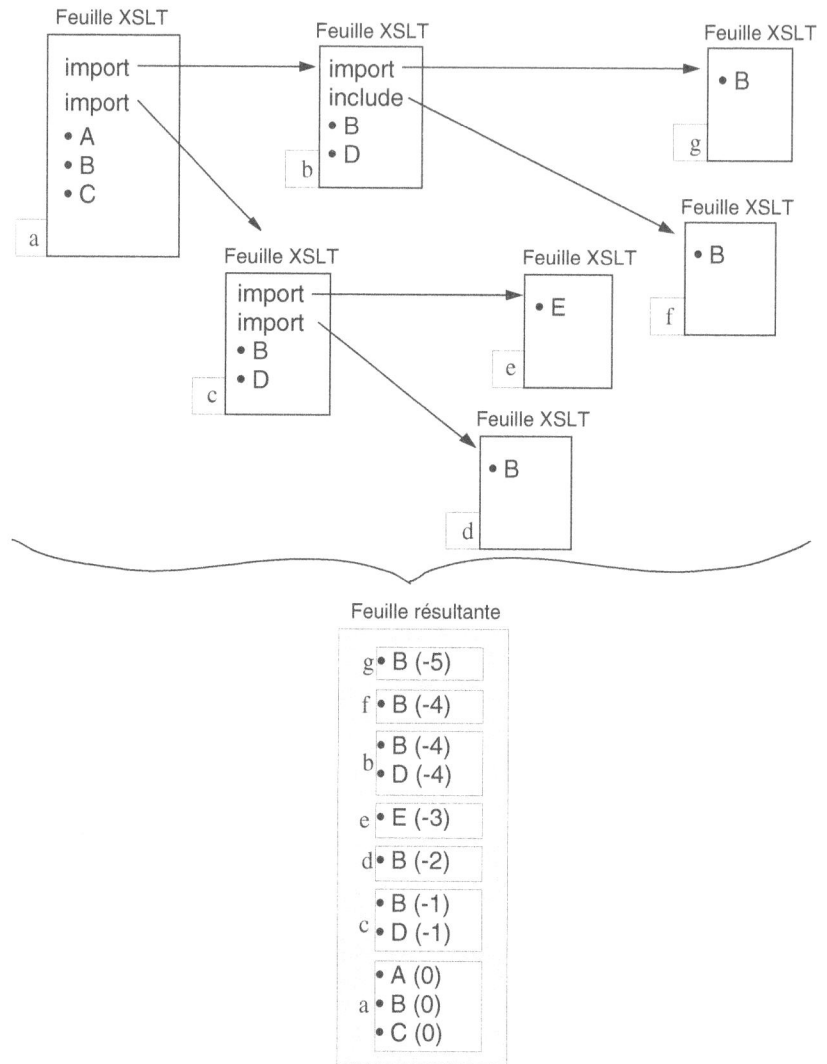

Règle du pipé

Premier importé, premier écarté : autrement dit, dans une feuille XSLT, la dernière importation, dans l'ordre de lecture du document, a la préséance la plus grande.

Intérêt de l'instruction xsl:import

L'instruction `xsl:import` a un air de famille avec l'héritage dans les langages à objets : une classe *A* peut hériter d'une classe *B*, et dans ce cas *A* « récupère » les méthodes et attributs déclarés dans *B*. S'il n'y a aucun recoupement entre les classes *A* et *B*, l'héritage revient à une simple addition des méthodes et attributs de *B* dans *A*. Mais *A* peut aussi redéfinir certaines méthodes de *B*, ce qui revient à dire que *A* n'accepte pas tout l'héritage de *B* tel quel.

Il en va de même avec `xsl:import` : si *A* importe *B*, il hérite des éléments définis dans *B*, mais il peut aussi en redéfinir certains.

En résumé, `xsl:include`, c'est de l'héritage sans redéfinition, alors que `xsl:import`, c'est de l'héritage avec redéfinition possible : on utilise `xsl:include` quand on est satisfait de ce qu'on récupère, et `xsl:import` quand on aimerait bien personnaliser certains éléments.

Exemple

L'exemple que nous allons voir va montrer comment personnaliser un élément de DocBook.

> **Note**
>
> Docbook est une DTD associée à des feuilles de style XSLT pour rédiger des articles, des livres, et plus généralement de la documentation. Les feuilles de style XSLT produisent du HTML ou du FO, lequel donne du PS ou du PDF avec des processeurs FO adéquats (voir *http://docbook.org*).

A titre de curiosité, voici un extrait de document rédigé en DocBook :

```
<?xml version="1.0" encoding="UTF-16" ?>
<!DOCTYPE article SYSTEM "customdocbook.dtd">
<article lang="fr">
    <articleinfo>
        <author>
            <firstname>Philippe</firstname>
            <surname>Drix</surname>
            <affiliation>
                <jobtitle>Consultant Architectures Objet</jobtitle>
                <orgname>Objectiva</orgname>
            </affiliation>
        </author>
        <title>SPECIFICATION XML DU REFERENTIEL METIER DE L'APPLICATION
            CANOFETE</title>
        <revhistory>
            <revision>
                <revnumber>1.0</revnumber>
                <date>7-XI-2001</date>
                <authorinitials>PhD</authorinitials>
                <revremark>Création du document.</revremark>
            </revision>
```

```
            </revhistory>
        </articleinfo>
        <abstract>
            <para>Ce document présente les composants XML de l'application
            Canofête, coté référentiel métier, et non coté présentation.
            Ces composants XML sont tous liés au générateur de code Java,
            et décrivent les transactions et les services fonctionnels.</para>
        </abstract>
        <sect1>
            <title>Introduction - Structure générale</title>
            <sect2>
                <title>Fichier <emphasis>CyclaModel.xml</emphasis></title>
                <para>
                Le générateur part du fichier
                XML <filename>CyclaModel.xml</filename>, qui
                décrit la correspondance entre les objets métiers et les
                différentes tables de la base de données LASSO.
                </para>

        <!-- etc. -->

</article>
```

DocBook est disponible gratuitement sur le site précité, et après installation, on obtient
(entre autres) des feuilles de style pour un rendu HTML ou FO.

On peut bien sûr utiliser DocBook tel quel ; mais voici le début de la feuille de style principale :

docbook.xsl

```
<?xml version='1.0'?>
<xsl:stylesheet xmlns:xsl="http://www.w3.org/1999/XSL/Transform"
                xmlns:doc="http://nwalsh.com/xsl/documentation/1.0"
                exclude-result-prefixes="doc"
                version='1.0'>

<xsl:output method="html"
            encoding="ISO-8859-1"
            indent="no"/>

<!-- ********************************************************************
     $Id: docbook.xsl,v 1.6 2001/07/04 16:17:43 uid48421 Exp $
     ********************************************************************

     This file is part of the XSL DocBook Stylesheet distribution.
     See ../README or http://nwalsh.com/docbook/xsl/ for copyright
     and other information.

     ******************************************************************** -->

<!-- ================================================================= -->
```

```
<xsl:include href="../VERSION"/>
<xsl:include href="param.xsl"/>
<xsl:include href="../lib/lib.xsl"/>
<xsl:include href="../common/l10n.xsl"/>
<xsl:include href="../common/common.xsl"/>
<xsl:include href="../common/labels.xsl"/>
<xsl:include href="../common/titles.xsl"/>
<xsl:include href="../common/subtitles.xsl"/>
<xsl:include href="../common/gentext.xsl"/>
<xsl:include href="autotoc.xsl"/>
<xsl:include href="lists.xsl"/>
<xsl:include href="callout.xsl"/>
<xsl:include href="verbatim.xsl"/>
<xsl:include href="graphics.xsl"/>
<xsl:include href="xref.xsl"/>
<xsl:include href="formal.xsl"/>
<xsl:include href="table.xsl"/>
<xsl:include href="sections.xsl"/>
<xsl:include href="inline.xsl"/>
<!-- etc. -->
```

La feuille de style commence donc par un grand nombre d'inclusions, et notamment celle du fichier `inline.xsl`.

Ce fichier `inline.xsl` contient (entre autres) les règles suivantes :

inline.xsl

```
<xsl:template name="inline.monoseq">
  <xsl:param name="content">
    <xsl:call-template name="anchor"/>
    <xsl:apply-templates/>
  </xsl:param>
  <tt><xsl:copy-of select="$content"/></tt>
</xsl:template>

<xsl:template match="filename">
  <xsl:call-template name="inline.monoseq"/>
</xsl:template>
```

On voit que le contenu de la balise `<filename>` est rendu en XHTML sous la forme `<tt>` ...`</tt>`. Supposons que cela ne nous plaise pas complètement : on voudrait qu'un nom de classe CSS soit précisé, afin qu'il puisse être possible de régler finement le rendu d'un nom de fichier, comme ceci :

```
<tt class="filename">CyclaModel.xml</tt>
```

Avec une importation, c'est très simple à faire : on constitue une feuille principale dans laquelle on importe `docbook.xsl`, puis on redéfinit ce qui ne va pas.

monDocBook.xsl

```xml
<?xml version='1.0'?>
<xsl:stylesheet xmlns:xsl="http://www.w3.org/1999/XSL/Transform"
                version='1.0'
                xmlns="http://www.w3.org/TR/xhtml1/transitional"
                exclude-result-prefixes="#default">

    <xsl:import
    href="file:///c:\DocBook\docbook-xsl-1.45\html\docbook.xsl"/>

    <xsl:template name="inline.monoseq">
      <xsl:param name="cssClassName"/>
      <xsl:param name="content">
        <xsl:call-template name="anchor"/>
        <xsl:apply-templates/>
      </xsl:param>
      <tt class="{$cssClassName}"><xsl:copy-of select="$content"/></tt>
    </xsl:template>

    <xsl:template match="filename">
        <xsl:call-template name="inline.monoseq">
           <xsl:with-param name="cssClassName" select="'filename'"/>
        </xsl:call-template>
    </xsl:template>

</xsl:stylesheet>
```

Le résultat est conforme aux attentes.

Instruction xsl:apply-imports

Syntaxe

xsl:apply-imports

```xml
<xsl:apply-imports/>
```

L'instruction `xsl:apply-imports` ne doit pas apparaître comme instruction de premier niveau.

Règle XSLT typique

Une règle XSLT utilisant l'instruction `xsl:apply-imports` sera souvent employée comme ceci :

```xml
<xsl:template match="... motif (pattern) ...">
    ...
    <xsl:apply-imports/>
    ...
</xsl:template>
```

Sémantique

L'instruction `xsl:apply-imports` est une instruction qui ne sert que lorsqu'on redéfinit une règle de transformation importée (héritée) d'une autre feuille de style. Il y a alors deux cas possibles :

- Le nouveau modèle de transformation n'a pas grand-chose à voir avec l'ancien (celui qu'on redéfinit) ; dans ce cas, l'instruction `xsl:apply-imports` n'est d'aucun secours, inutile de l'utiliser.

- Le nouveau modèle de transformation se contente d'ajouter quelque chose de plus à l'ancien ; dans ce cas, pourquoi recopier l'ancien ? Il vaut beaucoup mieux avoir une instruction qui permette de demander l'application de l'ancienne règle : c'est le but de `xsl:apply-imports`.

Donc, lors de l'instanciation de l'instruction `xsl:apply-imports`, le processeur XSLT relance une recherche des règles dont le motif concorde avec le nœud courant, mais limite sa recherche aux règles dont la préséance est plus faible que celle de la règle en cours (*Processus mis en œuvre*, page 381) ; ces règles sont donc nécessairement des règles importées, et au cas où plusieurs conviendraient, celle qui a la préséance la plus forte est choisie.

Si l'on reprend l'exemple de la figure 7-3, de la section *Processus mis en œuvre*, page 381, et que l'on suppose que l'élément *B*, dans la feuille (a), est une règle dont le modèle de transformation contient l'instruction `<xsl:apply-imports/>`, alors l'instanciation de cette instruction `<xsl:apply-imports/>` se traduira par l'application de la règle *B* de la feuille (c), puisque c'est celle dont le motif va à nouveau concorder avec le nœud courant, et dont la préséance est la plus forte parmi les feuilles de préséance plus faible que celle de la règle en cours.

Le modèle de transformation de la règle trouvée est alors instancié, et cette instanciation est celle de l'instruction `<xsl:apply-imports/>`.

Remarque

L'instanciation d'une instruction `<xsl:apply-imports/>` nécessite de connaître deux choses : la règle courante, et le nœud courant : la règle courante, parce qu'on en cherche une autre de même mode, (s'il y en a un), et le nœud courant, parce que le motif de la règle choisie doit concorder avec ce nœud courant. C'est pourquoi cela n'aurait pas de sens d'instancier une instruction `<xsl:apply-imports/>` à l'intérieur du modèle de transformation d'une instruction `<xsl:for-each>`, puisque par définition, cette instruction modifie le nœud courant (et c'est la seule qui sache faire cela). Pour cette raison, il est interdit de placer une instruction `<xsl:apply-imports/>` à l'intérieur d'une instruction `<xsl:for-each>`.

Enfin, si l'on reprend l'analogie entre `xsl:import` et l'héritage des langages à objets, on voit immédiatement que `<xsl:apply-imports/>` reprend l'idée d'un objet qui, lors de l'exécution d'une méthode héritée et redéfinie, lance l'exécution de la version originale de la méthode courante (mot clé `super` en Java et en Smalltalk), telle qu'on la trouve dans la classe héritée.

Attention

Néanmoins, il ne faut pas pousser l'analogie trop loin, car dans le cas d'un langage à objets, la méthode liée à super est connue *a priori*, alors que dans le cas de XSLT, on recommence une nouvelle recherche de règle par concordance de motif parmi les règles de préséance inférieure, de sorte qu'on peut très bien sélectionner finalement une règle dont le motif n'a pas du tout le même aspect que celui de la règle courante.

Dans le cas de la figure 7-3, par exemple (voir *Processus mis en œuvre*, page 381), il pourrait très bien se faire que l'élément *D* de la feuille (c) soit une règle de transformation contenant l'instruction <xsl:apply-imports/>, dont l'instanciation se traduise finalement par l'activation de la règle *E* de la feuille (e).

Exemple

Nous reprendrons à nouveau comme exemple ce qui est fait dans DocBook (voir *Exemple*, page 385). L'instruction <xsl:apply-imports/> y est utilisée (entre autres) pour résoudre élégamment le problème maintenant décrit.

On a un certain nombre de balises pour décrire la structure d'un document, parmi lesquelles : <para>, <sect1>, <sect2>, <chapter>, etc., dont les noms parlent d'eux-mêmes. On a donc en conséquence, dans docbook.xsl, des règles pour définir le rendu (HTML ou FO) de chacun de ces éléments. Par exemple :

```
<xsl:template match="para">
  <p>
    <xsl:if test="position() = 1 and parent::listitem">
      <xsl:call-template name="anchor">
        <xsl:with-param name="node" select="parent::listitem"/>
      </xsl:call-template>
    </xsl:if>

    <xsl:call-template name="anchor"/>
    <xsl:apply-templates/>
  </p>
</xsl:template>
```

On suppose maintenant que l'on veut écrire une documentation technique qui mette en évidence les évolutions par rapport à la version précédente. Ces évolutions peuvent être des modification, des ajouts, ou des suppressions. Docbook fournit de quoi faire cela. Il suffit de rajouter un attribut revisionflag (added, deleted, changed) sur les éléments concernés :

```
<para revisionflag="added" >
Le générateur part du fichier
XML <filename>CyclaModel.xml</filename>, qui
décrit la correspondance entre les objets métiers et les
différentes tables de la base de données LASSO.
</para>
```

Pour bénéficier de la prise en charge de cet attribut, il suffit de lancer l'exécution non pas de docbook.xsl, mais de changebars. xsl.

Voici la façon dont est réalisée cette feuille de style :

<u>**changebars.xsl**</u>

```
<?xml version="1.0"?>
<xsl:stylesheet
    xmlns:xsl="http://www.w3.org/1999/XSL/Transform"
    version="1.0">

    <xsl:import href="docbook.xsl"/>

    <xsl:param name="show.revisionflag" select="'1'"/>

    <xsl:template name="user.head.content">
        <style type="text/css">
            <xsl:text>
            div.added    { background-color: yellow; }
            div.deleted  { text-decoration: line-through;
                            background-color: #FF7F7F; }
            div.changed  { background-color: lime; }
            div.off      {  }

            span.added   { background-color: yellow; }
            span.deleted { text-decoration: line-through;
                            background-color: #FF7F7F; }
            span.changed { background-color: lime; }
            span.off     {  }
            </xsl:text>
        </style>
    </xsl:template>

    <xsl:template match="*[@revisionflag]">
      <xsl:choose>
        <xsl:when
            test=" local-name(.) = 'para'
                or local-name(.) = 'section'
                or local-name(.) = 'sect1'
                or local-name(.) = 'sect2'
                or local-name(.) = 'sect3'
                or local-name(.) = 'sect4'
                or local-name(.) = 'sect5'
                or local-name(.) = 'chapter'
                or local-name(.) = 'preface'
                or local-name(.) = 'itemizedlist'
                or local-name(.) = 'varlistentry'
                or local-name(.) = 'glossary'
                or local-name(.) = 'bibliography'
                or local-name(.) = 'index'
                or local-name(.) = 'appendix'">

            <div class='{@revisionflag}'>
```

```
            <xsl:apply-imports/>
        </div>

    </xsl:when>
    <!-- ... -->
  </xsl:choose>
</xsl:template>
```

```
</xsl:stylesheet>
```

Vous voyez la simplicité avec laquelle cette modification somme toute non triviale a été réalisée : une règle (une seule), dont le motif concorde avec tout élément possédant un attribut `revisionflag` a été écrite. Son instanciation produit un bloc `<div>` équipé d'un attribut de classe CSS pour la mise en évidence de la modification apportée, puis le rendu de l'élément concerné est laissé aux règles de la feuille importée, et immergé dans le bloc `<div>`. A noter qu'on est ici dans un cas où le motif de la règle à sélectionner dans la feuille importée est selon toute vraisemblance très différent du motif de la règle courante, puisqu'*a priori*, il n'est pas question de `revisionflag` dans la feuille originale.

Evolution

Le Working Draft XSLT 1.1 a proposé d'ajouter une possibilité de transmettre des arguments lors de l'appel `<xsl:apply-imports>`, suivant le même schéma que pour `<xsl:apply-templates>`. Cette proposition a été reprise par le Working Draft XSLT 2.0.

Deuxième Partie

Design patterns

Remarque

Si l'on regarde le *Dictionnaire historique de la langue française*(Dictionnaire historique de la langue française, sous la direction d'Alain Rey, Dictionnaires Le Robert, Paris, 1998), à l'entrée *Paterne*, on trouve : adjectif caractérisant un air de bienveillance paternelle ; dérivé du latin « pater, père ». Si l'on regarde ensuite l'arbre de dérivation du mot latin « pater », l'une des branches mène au français « patron ». A l'entrée « Patron », on trouve (entre autres) : vers 1100, signifie « modèle, exemple d'un livre », puis devient un terme métier désignant le modèle suivant lequel on fabrique un objet. L'anglais « pattern » est la forme altérée du moyen anglais « patron » (XIIe siècle), emprunté à cette époque au français sans changement de sens.

La boucle est bouclée : le français *paterne* et l'anglais *pattern* sont deux mots de la même origine, et plutôt que de traduire *pattern*, je préfère reprendre le mot tel quel ; il serait possible de changer légèrement la graphie, pour lui redonner un aspect français, par exemple en ajoutant un « e » final, mais cela aurait peut-être tendance à dérouter les lecteurs habitués à employer ce mot anglais sans trop se poser de questions.

A noter que l'anglais *pattern* a deux sens assez différents pour ce qui touche XSLT : il y a *pattern* au sens de *motif*, pour les attributs `match` de `xsl:template, xsl:key`, etc., et il y a *pattern* au sens de *design pattern*. Il n'est donc pas plus mal de garder deux termes différents en français, *motif* et *pattern*.

8

Patterns de programmation

Les patterns de programmation sont des combinaisons d'éléments de programmation en XSLT qui reviennent souvent dans la pratique.

Ces patterns ne sont en général pas des buts en soi, mais plutôt des étapes dans le processus de création d'une certaine feuille de style. XSLT est un langage encore très jeune, il est donc certain qu'on est loin d'avoir identifié tous les patterns de programmation. Il est même probable que certains patterns n'ont encore jamais été imaginés par personne. Il ne faut donc en aucune façon considérer ce catalogue comme exhaustif. Au contraire, il faut s'attendre à ce qu'il s'étoffe de plus en plus.

Pattern n° 1 – Inclusion conditionnelle de feuille de style

Motivation

Les inclusions conditionnelles sont des inclusions de feuilles de style différentes en fonction d'une certaine condition évaluée à l'exécution. Les motivations pour réaliser de telles inclusions conditionnelles peuvent être classées en deux catégories : les bonnes et les mauvaises. Quoi qu'il en soit, elles se heurteront toujours à une triste réalité : c'est strictement impossible à faire en XSLT, que ce soit d'une façon directe en utilisant un descripteur de valeur différée d'attribut `href` (chose qui n'est pas autorisée par la grammaire XSLT), ou par l'une des nombreuses manières détournées (dont on a trace dans les mailing-lists ou forums consacrées à XSL) qui ont été imaginées par des utilisateurs s'acharnant sur ce problème insoluble.

Réalisation

En reprenant notre classement entre bonne et mauvaise motivation, on peut dire qu'il y a deux manières de s'en sortir :

- soit prendre conscience qu'une inclusion conditionnelle est une mauvaise réponse à un vrai problème (dans ce cas voir si une inversion de perspective entre feuilles incluantes et feuilles incluses ne serait pas la bonne solution) ;

- soit s'orienter vers une solution où l'on doit écrire une feuille de style qui produit comme résultat une nouvelle feuille de style, dont les instructions xsl:include sont exactement adaptées au cas déterminé dynamiquement dans la première feuille.

Dans ce dernier cas, où une feuille de style en génère une autre, reportez-vous à la section *Pattern n° 15 – Génération d'une feuille de style par une autre feuille de style*, page 507, pour un exemple de réalisation illustrant ce principe.

Pour le premier cas, où l'on doit évaluer la solution de l'inversion de perspective, l'idée est la suivante : une feuille de style *A* (contenant des transformations standard), veut inclure conditionnellement une feuille de style *B* ou *C* ou *D* ... (contenant des variantes particulières), à choisir entre plusieurs possibles, en fonction par exemple d'un profil d'utilisateur. L'inversion de perspective consiste à créer *n* feuilles de style principales *B*, *C*, *D*, ..., qui toutes, incluent la feuille standard *A*. L'aspect conditionnel de l'affaire est alors reporté à un niveau supérieur, celui où on lance l'exécution de la feuille de style : il s'agit de lancer la bonne, en fonction de conditions qui ne sont plus du ressort d'XSLT, mais de l'environnement d'exécution (shell scripts, servlets, etc.).

Pattern n° 2 – Fonction

Motivation

En XSLT, il y a des fonctions prédéfinies au sens habituel du terme, mais il n'y a pas de construction, dans le langage, qui permette de définir une fonction renvoyant une valeur. Ce qui s'en rapproche le plus, c'est le modèle nommé, qui peut être appelé avec des arguments, comme c'est le cas pour une fonction. Mais une fonction renvoie une valeur, alors qu'un modèle nommé instancie un modèle de transformation. Il est toutefois possible, en y mettant un peu du sien côté appelant, d'écrire un modèle nommé qui fait comme si une valeur était renvoyée.

Réalisation

L'idée est de récupérer le résultat de l'instanciation dans une variable, et de renforcer la lisibilité du modèle nommé en tant que fonction en utilisant une variable result.

Modèle nommé renvoyant une valeur

```
<xsl:template name="xxx">
    <xsl:param name="yyy"/>
```

```
        <xsl:param name="zzz"/>

        <xsl:variable name="result">
            ... corps de la "fonction" ici ...
        </xsl:variable>

        <xsl:copy-of select="$result" />
    </xsl:template>
```

L'instanciation du modèle de transformation (i.e. le corps de la « fonction ») a lieu dans la variable result ; cette instanciation peut être absolument quelconque, et produire une chaîne de caractères ou un nombre, ou un node-set sous la forme d'un TST (voir *Temporary Source Tree*, page 192).

La variable result a un effet essentiel sur la clarté de lecture du modèle nommé : elle annonce qu'il y a un résultat (donc que l'on tente de mimer une fonction), et que c'est elle qui va contenir ce résultat. Cette variable n'ayant aucun effet algorithmique proprement dit, elle pourrait très bien être éliminée, si l'on n'avait pas dans l'idée de l'utiliser uniquement pour son effet d'annonce.

Pour que le modèle nommé puisse transmettre effectivement quelque chose à l'appelant, il faut donc instancier en dernière instruction une copie du résultat, c'est-à-dire de la variable result. Ici, une instruction xsl:value-of ne suffirait pas toujours, car il faut prévoir le cas où la variable result contient un TST. Dans ce cas, xsl:copy-of est indispensable pour réaliser une copie complète de tout ce qui se trouve dans cette variable ; et comme xsl:copy-of est équivalente à xsl:value-of pour des valeurs simples comme String ou Number, on peut donc utiliser xsl:copy-of dans tous les cas de figure.

Appel du modèle nommé renvoyant une valeur

```
<xsl:variable name="result-xxx">
    <xsl:call-template name="xxx">
        <xsl:with-param name="yyy" select="..."/>
        <xsl:with-param name="zzz" select="..."/>
    </xsl:call-template>
</xsl:variable>
```

L'appel n'est pas transparent : pour obtenir l'effet recherché, il faut aussi adopter des conventions d'appel. Le résultat renvoyé par le modèle nommé étant une instanciation de modèle de transformation, il faut récupérer ce résultat dans une variable lors de l'appel. On englobe donc l'appel proprement dit dans une variable quelconque, qui va représenter le résultat de l'appel. Dans le canevas ci-dessus, on peut dire que la variable result-xxx contient le résultat de l'appel de la « fonction » xxx.

Exemple

Fonction index-of

```
<!-- renvoie l'indice du début de 'testString' dans 'aString' -->
<!-- renvoie -1 si 'aString' ne contient pas 'testString'  -->
```

```
<xsl:template name="index-of">
    <xsl:param name="aString"/>
    <xsl:param name="testString"/>

    <xsl:variable name="result">
        <xsl:choose>
            <xsl:when test=" contains( $aString, $testString ) ">
                <xsl:variable name="string-Before">
                    <xsl:value-of
                    select="substring-before( $aString, $testString )" />
                </xsl:variable>
                <xsl:value-of select="1+string-length( $string-Before )" />
            </xsl:when>

            <xsl:otherwise>
                -1
            </xsl:otherwise>
        </xsl:choose>
    </xsl:variable>

    <xsl:copy-of select="$result" />
</xsl:template>
```

Appel de la fonction index-of

```
<!-- indice de la première apostrophe dans 'stringToSplit' -->
<xsl:variable name="indexOf-firstApos">
    <xsl:call-template name="index-of">
        <xsl:with-param name="aString" select="$stringToSplit"/>
        <xsl:with-param name="testString" select='"&apos;"'/>
    </xsl:call-template>
</xsl:variable>

<!-- indice du premier espace dans 'stringToSplit' -->
<xsl:variable name="indexOf-firstSpace">
    <xsl:call-template name="index-of">
        <xsl:with-param name="aString" select="$stringToSplit"/>
        <xsl:with-param name="testString" select='" "'/>
    </xsl:call-template>
</xsl:variable>
...
```

Pattern n° 3 – Action

Motivation

Ici, *action* s'oppose à *fonction*. Une fonction renvoie une valeur, alors qu'une action réalise un certain traitement. Ce qui est tout à fait paradoxal, c'est que le langage XSLT est un langage fonctionnel (embryonnaire, certes, mais pur, en ce sens que la notion d'effet de bord affectant les objets manipulés est étrangère au langage) ; et pourtant la notion de fonction n'existe pas complètement (voir ci-dessus), alors que la notion de modèle nommé, qui elle, existe bel et bien, correspondrait plutôt à la notion d'action réalisant un certain effet de bord. Le paradoxe disparaît quand on remarque que la seule action que puisse réaliser un modèle nommé, c'est instancier un modèle de transformation. Cela peut se traduire effectivement par un effet de bord, mais c'est un effet de bord qui ne concerne pas les objets manipulés :

- soit il affecte l'état du document résultat à construire, qui est externe au programme (il n'y a aucun moyen de récupérer dans une variable, ou de quelque autre façon, l'état courant du document résultat en cours de construction) ;

- soit le flux de sortie de l'instanciation est capturé par une variable, qui est ainsi définie et initialisée simultanément, mais en aucun cas modifiée (donc ce cas n'est pas un cas d'effet de bord).

Conclusion

La seule action possible, en XSLT, c'est l'instanciation d'un modèle de transformation.

Choisir entre fonction et action consiste donc à se demander si l'on préfère obtenir une valeur ou instancier un modèle de transformation : si l'on veut obtenir une valeur, utiliser le pattern *Fonction* ; si l'on veut instancier un modèle, utiliser le pattern *Action*.

Réalisation

Etant donné qu'un modèle de transformation correspond exactement à la notion d'action, la réalisation est triviale. La seule question est de savoir si l'on réalise une action anonyme, ou si l'on opte pour une action nommée. Dans ce dernier cas, il est bon de donner un nom à l'action qui rappelle explicitement que l'action est une instanciation. Un modèle nommé représentant une action devrait toujours avoir un nom de la forme *instancier-xxx*, puisqu'il n'y a absolument aucune autre possibilité d'action en XSLT.

Modèle nommé réalisant une action

```
<xsl:template name="instancier-xxx">
    <xsl:param name="yyy"/>
    <xsl:param name="zzz"/>

    ... corps du modèle de transformation ici ...

</xsl:template>
```

Exemple

On veut instancier un caractère de rembourrage (un caractère qui sert à compléter une chaîne, à gauche ou à droite, afin de lui donner une longueur totale exactement égale à une certaine valeur).

Action instancier-bourre

```
<!-- 'bourre' : le caractère de rembourrage avec l'espace comme valeur par défaut  -->

<xsl:template name="instancier-bourre">
    <xsl:param name="bourre" select="' '"/>
    <xsl:value-of select="$bourre" />
</xsl:template>
```

L'algorithme de l'instanciation de ce modèle de transformation ne doit pas vous sembler d'un intérêt extraordinaire ni d'une difficulté insurmontable ; mais ce qu'il faut remarquer ici, c'est plutôt le nom du modèle, qui suit la recommandation indiquée plus haut : cette action consistant à instancier de la bourre, on l'appelle « *instancier-bourre* ».

A noter que le but premier du rembourrage n'est atteint que si cette action est répétée autant de fois que nécessaire, mais ça, c'est un autre problème : c'est un problème d'itération, que nous allons voir maintenant.

Pattern n° 4 – Itération

Motivation

En XPath, il n'y a pas d'instruction pour réaliser une itération sur une action. L'instruction xsl:for-each, malgré son nom, n'est pas une instruction d'itération, mais une instruction pour changer temporairement de nœud courant. Or il arrive assez fréquemment, même en XSLT, qu'il faille itérer une action, notamment lorsqu'on manipule des chaînes de caractères (mais bien entendu, il n'y a pas de domaine réservé).

Il y a deux grandes techniques pour itérer une action ; la première c'est l'itération récursive, et l'autre, c'est l'itération Piez, du nom de son inventeur.

Etant donné l'absence d'effet de bord, cela n'aurait aucun sens de vouloir itérer sur un appel de fonction en XSLT : ce serait comme demander 5000 fois son prénom à quelqu'un.

Réalisation récursive

L'idée est ici d'envelopper l'action à itérer dans un modèle nommé qui va s'appeler n fois récursivement, n étant le nombre d'itérations à effectuer. Si vous n'êtes pas très à l'aise avec la récursion, l'itération récursive est un bon moyen d'entrer en douceur dans le monde fascinant des abymes. Nous aurons l'occasion de détailler la façon de concevoir une fonction ou une action récursive, mais ici, il s'agit simplement de répéter n fois une action ; le plan étant toujours le même, il n'y a pas lieu de s'appesantir.

Ingrédients :

- instancier-xxx : le nom de l'action à répéter (sans oublier ses éventuels arguments) ;
- n : le nombre d'itérations demandé ;
- iter-instancier-xxx : le nom de l'action itérante.

Note

Répéter *n* fois une action, c'est une action. Or une action doit avoir un nom de la forme `instancier-xxx`. Effectivement, si l'on suit cette règle, on ne devrait pas nommer l'action itérante `iter-instancier-xxx`, mais plutôt `instancier-répétitions-de-instancier-xxx`. Après tout, vous faites comme vous voulez, mais moi, je préfère la version abrégée.

Modèle nommé réalisant la répétition d'une action

```
<xsl:template name="iter-instancier-xxx">
    <xsl:param name="n"/>
    <xsl:param name="..."/>

    <xsl:if test="$n > 0">

        <xsl:call-template name="instancier-xxx">
            <xsl:with-param name="..." select="..."/>
        </xsl:call-template>

        <xsl:call-template name="iter-instancier-xxx">
            <xsl:with-param name="n" select="$n - 1"/>
            <xsl:with-param name="..." select="..."/>
        </xsl:call-template>
    </xsl:if>
</xsl:template>
```

Il faut remarquer ici que la récursion employée est dite *terminale*, ce qui signifie que lors de l'exécution de l'action `iter-instancier-xxx`, l'appel récursif est la dernière instruction à être exécutée. Cette propriété est extrêmement avantageuse pour l'implémentation : il est inutile de traiter l'appel récursif en tant que tel, et le processeur XSLT, pour peu qu'il sache se livrer à quelques optimisations de base, va pouvoir remplacer l'appel récursif par une simple boucle, ce qui sera beaucoup plus économique en terme de mémoire consommée.

Evidemment, une variante de ce pattern pourrait être d'instancier directement des instructions XSLT à la place de l'appel à `instancier-xxx`, comme ceci :

Modèle nommé réalisant la répétition d'une action

```
<xsl:template name="iter-instancier-xxx">
    <xsl:param name="n"/>
    <xsl:param name="..."/>

    <xsl:if test="$n > 0">

        <!-- instancier ici directement des instructions XSLT -->

        <xsl:call-template name="iter-instancier-xxx">
            <xsl:with-param name="n" select="$n - 1"/>
            <xsl:with-param name="..." select="..."/>
```

```
                </xsl:call-template>
            </xsl:if>
        </xsl:template>
```

Exemple

itérations.xsl

```xml
<?xml version="1.0" encoding="UTF-16"?>
<xsl:stylesheet xmlns:xsl="http://www.w3.org/1999/XSL/Transform" version="1.0">

    <xsl:output  method='text' encoding='ISO-8859-1' />

    <xsl:template name="instancier-bourre">
        <xsl:param name="bourre"/>
        <xsl:value-of select="$bourre" />
    </xsl:template>

    <xsl:template name="iter-instancier-bourre">
        <xsl:param name="n"/>
        <xsl:param name="bourre"/>

        <xsl:if test="$n > 0">
            <xsl:call-template name="instancier-bourre">
                <xsl:with-param name="bourre" select="$bourre"/>
            </xsl:call-template>
            <xsl:call-template name="iter-instancier-bourre">
                <xsl:with-param name="n" select="$n - 1"/>
                <xsl:with-param name="bourre" select="$bourre"/>
            </xsl:call-template>
        </xsl:if>
    </xsl:template>

    <xsl:template match="/">
        <xsl:call-template name="iter-instancier-bourre">
            <xsl:with-param name="n">7</xsl:with-param>
            <xsl:with-param name="bourre">.</xsl:with-param>
        </xsl:call-template>
    </xsl:template>

    <xsl:template match="text()"/>

</xsl:stylesheet>
```

Résultat

```
. . . . . . .
```

Le programme ci-dessus, qui peut être appliqué à n'importe quel document source XML, reprend l'action `instancier-bourre` vue plus haut (voir *Pattern n° 3 – Action*, page 398), et la répète sept fois, avec le caractère '.' comme caractère de rembourrage.

Si l'on voulait, il serait très facile de récupérer le flux de sortie de cette instanciation pour le rediriger vers une variable :

Récupération du flux de sortie dans une variable

```
<xsl:template match="/">
    <xsl:variable name="rembourrage">
        <xsl:call-template name="iter-instancier-bourre">
            <xsl:with-param name="n">7</xsl:with-param>
            <xsl:with-param name="bourre">.</xsl:with-param>
        </xsl:call-template>
    </xsl:variable>
    ... utilisation de la variable $rembourrage ...
</xsl:template>
```

Itération par la méthode de Piez

Cette forme d'itération a été inventée par Wendell Piez, et a été postée sur la liste de discussion XSL *www.mulberrytech.com/xsl/xsl-list*). Elle est basée sur un principe totalement différent, qui consiste à utiliser l'instruction `xsl:for-each`, bien qu'elle ne soit pas du tout faite pour ça.

Supposons qu'on ait un node-set *NS* quelconque, pourvu qu'il possède suffisamment de nœuds. *Suffisamment* signifie ici au moins autant de nœuds qu'il y a de tours de boucle à effectuer, mais il peut y avoir beaucoup plus de nœuds que nécessaire, peu importe.

Soit *n* le nombre de tours de boucle que l'on veut effectuer. On peut alors réaliser la boucle comme ceci :

Itération Piez

```
<xsl:for-each select="$NS[ position() &lt; $n+1 ]" >

    <xsl:call-template name="instancier-xxx">
        <xsl:with-param name="..." select="..."/>
    </xsl:call-template>

</xsl:for-each>
```

L'astuce consiste à utiliser un prédicat qui sélectionne exactement *n* nœuds à partir du node-set *NS*. Cela fait, il est clair que l'instruction `xsl:for-each` va instancier exactement *n* fois son modèle de transformation, et c'est bien là le but de la manœuvre.

Reste un léger détail à traiter : comment obtenir un node-set quelconque d'au moins *n* nœuds ? Il y a évidemment plusieurs réponses possibles. L'une d'entre elles, qui fonctionne généralement très bien, est de récupérer les nœuds de l'arbre XML correspondant au programme XSLT lui-même (qui, ne l'oublions pas, est un document XML comme un autre). Cet arbre XML est récupérable grâce à la fonction prédéfinie `document()` : l'appel `document('')`, avec une String vide en argument, renvoie le node-set constitué de la racine de l'arbre XML du programme XSLT dans lequel elle est contenue. Une fois qu'on a la racine, il n'y a plus qu'à sélectionner tous les éléments enfants, par exemple :

```
document('')//node()
```

Evidemment, cela ne fonctionne que si la valeur de *n* n'est pas trop grande. En effet, pour des grandes valeurs de *n*, on risque d'avoir un node-set trop petit ; et même si l'on s'ingéniait à aller ramasser des nœuds ailleurs, cela deviendrait un peu délirant de constituer un node-set énorme, juste pour faire une itération, alors qu'une itération classique récursive, avec récursion terminale, ne consomme pas de mémoire.

Exemple

itérations.xsl

```
<?xml version="1.0" encoding="UTF-16"?>
<xsl:stylesheet xmlns:xsl="http://www.w3.org/1999/XSL/Transform" version="1.0">

    <xsl:output  method='text' encoding='ISO-8859-1' />

    <xsl:variable name="PuitsDeNoeuds" select="document('')//node()"/>

    <xsl:template name="instancier-bourre">
        <xsl:param name="bourre"/>
        <xsl:value-of select="$bourre" />
    </xsl:template>

    <xsl:template name="iter-instancier-bourre">
        <xsl:param name="n"/>
        <xsl:param name="bourre"/>

        <xsl:for-each select="$PuitsDeNoeuds[ position() &lt; $n+1 ]" >
            <xsl:call-template name="instancier-bourre">
                <xsl:with-param name="bourre" select="$bourre"/>
            </xsl:call-template>
        </xsl:for-each>
    </xsl:template>

    <xsl:template match="/">
        <xsl:call-template name="iter-instancier-bourre">
            <xsl:with-param name="n">7</xsl:with-param>
            <xsl:with-param name="bourre">.</xsl:with-param>
        </xsl:call-template>
    </xsl:template>

    <xsl:template match="text()"/>

</xsl:stylesheet>
```

Résultat

```
.......
```

Pattern n° 5 – Récursion

Motivation

Peut-être pensez-vous que grâce aux techniques d'itération que nous venons de voir, vous allez pouvoir échapper à la récursion. Malheureusement, ce n'est pas vrai : un problème aussi simple que de prendre tous les éléments `<prix devise="...">` d'un document XML, et d'en calculer la somme, en tenant compte du taux de change actuel, ne peut être résolu sans récursion, à cause de l'impossibilité qu'il y a de mettre à jour une variable. Avoir une possibilité d'itération ne résout que la moitié du problème.

Dans un tel cas, la seule possibilité est d'établir une définition récursive de la valeur à calculer, et de coder cette définition en XSLT.

Il est donc indispensable de savoir définir un traitement récursif.

Réalisation

D'une manière générale, il faut 3 ingrédients pour réussir à écrire une fonction récursive :

1) un paramètre numérique *n* significatif de la complexité de la mise en œuvre de cette définition,

2) une solution triviale pour une valeur faible de *n*, en général 0 ou 1,

3) un moyen trivial d'obtenir la solution pour la valeur *n* du paramètre, quand on connaît une solution pour la valeur `n-1`.

Il peut arriver que le point 1) soit implicite : par exemple une fonction traitant une chaîne de caractères peut très bien reposer sur la longueur de cette chaîne, qui devient alors implicitement le paramètre numérique donnant la complexité de mise en œuvre.

Un autre point essentiel est qu'il ne faut pas chercher à décrire un algorithme, mais uniquement à définir la fonction ; c'est déjà vrai avec des langages comme Java, C ou Eiffel, mais ça l'est encore plus en XSLT, qui est assez remarquable dans son pouvoir de rendre hermétique ce qui n'est pourtant pas si compliqué.

Il n'est guère possible de continuer en restant dans les généralités ; il faut maintenant prendre un exemple.

Exemple du décompte de mots dans une chaîne

Nous avons une chaîne de caractères constituée de mots séparés par un espace. On peut supposer que cette chaîne est renvoyée par la fonction prédéfinie `normalize-space()`, de sorte qu'il n'y a certainement aucun espace ni en tête, ni en fin, et aucune séquence de plus d'un espace à l'intérieur. Le problème est de compter les mots, ou, ce qui revient à peu près au même, de compter les espaces.

Il s'agit maintenant de formuler une définition récursive du nombre d'espaces d'une chaîne :

`nombreEspaces( str ) =`

```
0 si la chaîne str ne contient auncun espace;
1 + nombreEspaces( substring-after( str, ' ') ) sinon.
```

La fonction prédéfinie `substring-after( str1, str2 )` renvoie la sous-chaîne de `str1` située après la première occurrence de `str2` dans `str1` ; donc ici `substring-after( str, ' ')` va renvoyer la partie de `str` constituée des caractères de `str` situés après le premier espace de `str`.

Vous voyez à quel point la définition de cette fonction est simple ; mais surchargée de tout le fatras lexical de XSLT, elle devient assez peu lisible :

`Fonction nombreEspaces( str )`

```
<xsl:template name="nombreEspaces">
    <xsl:param name="str"/>
    <xsl:variable name="result">
        <xsl:choose>
            <xsl:when test="contains( $str, ' ' ) ">
                <xsl:variable name="nombreEspaces-recursif">
                    <xsl:call-template name="nombreEspaces">
                        <xsl:with-param name="str"
                        select="substring-after( $str, ' ')"/>
                    </xsl:call-template>
                </xsl:variable>
                <xsl:value-of select="1 + $nombreEspaces-recursif" />
            </xsl:when>
            <xsl:otherwise>
                0
            </xsl:otherwise>
        </xsl:choose>
    </xsl:variable>
    <xsl:copy-of select="$result"/>
</xsl:template>
```

Notez que la définition que nous avons adoptée n'est pas compatible avec le cas favorable d'une récursion terminale. En effet, la définition récursive de cette fonction provoque un appel récursif, puis l'addition du résultat obtenu à 1. C'est ce « puis » qui est désastreux.

Pour revenir à une définition qui autorise une récursion terminale, l'astuce consiste généralement à reporter le calcul post-appel au niveau des arguments, pour en faire un calcul pré-appel.

En clair, cela signifie qu'il faut ajouter un nouvel argument, `nombre-courant`, qui contient le nombre d'espaces déjà rencontrés :

nombreEspaces(str, nombre-courant) =

```
nombre-courant si la chaîne str ne contient aucun espace;
nombreEspaces( substring-after( str, ' '), nombre-courant + 1 ) sinon.
```

Pour avoir le nombre d'espaces d'une chaîne s, on calcule `nombreEspaces( s, 0 )`.

Lors des différents appels récursifs `nombreEspaces( str, nombre-courant )`, `str` représente une chaîne de plus en plus courte, et `nombre-courant` un nombre de plus en plus grand.

Remarquons enfin que nous avons fait ici le choix d'une fonction et non d'une action. A nouveau, ce choix n'est pas compatible avec une récursion terminale, puisqu'une fonction se termine par un `xsl:copy-of`.

Passer d'une fonction à une action est très simple : il suffit de changer le nom de la fonction en nom d'action (`instancier-xxx`), et de reconstruire les phrases de définition à partir du verbe *instancier* :

instancier-nombreEspaces(str, nombre-courant), c'est :

```
- instancier nombre-courant si la chaîne str ne contient aucun espace;

- instancier-nombreEspaces( substring-after( str, ' '), nombre-courant + 1 )
  sinon.
```

Action instancier-nombreEspaces(str, nombre-courant)

```xml
<xsl:template name="instancier-nombreEspaces">
    <xsl:param name="str"/>
    <xsl:param name="nombre-courant" select="'0'"/>
    <xsl:choose>
        <xsl:when test="contains( $str, ' ' ) ">
            <xsl:call-template name="instancier-nombreEspaces">
                <xsl:with-param name="str"
                select="substring-after( $str, ' ')"/>

                <xsl:with-param name="nombre-courant"
                select="1 + $nombre-courant"/>
            </xsl:call-template>
        </xsl:when>
        <xsl:otherwise>
            <xsl:value-of select="$nombre-courant"/>
        </xsl:otherwise>
    </xsl:choose>
</xsl:template>
```

Cette fois, on a bien une récursion terminale, qui pourra donc être optimisée en itération par le processeur XSLT. Ci dessous, un programme complet, avec les deux méthodes. On utilise le fait que le paramètre `nombre-courant` possède la valeur 0 par défaut. Ainsi, lors de l'appel initial (voir variable N2, à la fin du programme), il n'est pas besoin de transmettre explicitement cette valeur initiale.

NombreMots.xsl

```
<?xml version="1.0" encoding="UTF-16"?>
<xsl:stylesheet xmlns:xsl="http://www.w3.org/1999/XSL/Transform"
    version="1.1"> <!-- compatibilité Saxon 6.5 -->

    <xsl:output  method='text' encoding='ISO-8859-1' />

    <xsl:template name="nombreEspaces">
        <xsl:param name="str"/>
        <xsl:variable name="result">
            <xsl:choose>
                <xsl:when test="contains( $str, ' ' ) ">
                    <xsl:variable name="nombreEspaces-recursif">
                        <xsl:call-template name="nombreEspaces">
                            <xsl:with-param name="str"
                            select="substring-after( $str, ' ')"/>
                        </xsl:call-template>
                    </xsl:variable>
                    <xsl:value-of select="1 + $nombreEspaces-recursif" />
                </xsl:when>
                <xsl:otherwise>
                    0
                </xsl:otherwise>
            </xsl:choose>
        </xsl:variable>
        <xsl:copy-of select="$result"/>
    </xsl:template>

    <xsl:template name="instancier-nombreEspaces">
        <xsl:param name="str"/>
        <xsl:param name="nombre-courant" select="'0'"/>
        <xsl:choose>
            <xsl:when test="contains( $str, ' ' ) ">
                <xsl:call-template name="instancier-nombreEspaces">
                    <xsl:with-param name="str"
                    select="substring-after( $str, ' ')"/>

                    <xsl:with-param name="nombre-courant"
                    select="1 + $nombre-courant"/>
                </xsl:call-template>
            </xsl:when>
            <xsl:otherwise>
                <xsl:value-of select="$nombre-courant"/>
            </xsl:otherwise>
        </xsl:choose>
    </xsl:template>
```

```
        <xsl:variable name="complainteDuCharretier">
            Pousser des charettes à longueur de journée réclame de l'énergie
        </xsl:variable>

        <xsl:template match="/">
            <xsl:variable name="N1">
                <xsl:call-template name="nombreEspaces">
                    <xsl:with-param name="str"
                    select="normalize-space($complainteDuCharretier)"/>
                </xsl:call-template>
            </xsl:variable>
            Nombre de mots = <xsl:value-of select="1 + $N1"/>

            <xsl:variable name="N2">
                <xsl:call-template name="instancier-nombreEspaces">
                    <xsl:with-param name="str"
                    select="normalize-space($complainteDuCharretier)"/>
                </xsl:call-template>
            </xsl:variable>
            Nombre de mots = <xsl:value-of select="1 + $N2"/>
        </xsl:template>


        <xsl:template match="text()"/>

    </xsl:stylesheet>
```

Résultat

```
        Nombre de mots = 10
        Nombre de mots = 10
```

Pattern n° 6 – Visiteur récursif de node-set

Motivation

Il est très fréquent, en programmation XSLT, que l'on ait constitué un node-set de nœuds possédant une certaine propriété, et que l'on veuille alors appliquer un certain traitement à chacun de ces nœuds. Par exemple, on peut vouloir calculer la somme des valeurs numériques de ces nœuds (à supposer qu'ils aient effectivement une valeur numérique), ou bien faire une statistique quelconque, comme indiquer la valeur minimale, ou la moyenne, ou tout autre chose du même genre.

Il y a bien une fonction prédéfinie sum(), qui prend en donnée un node-set, et renvoie la somme des nœuds du node-set, à condition bien sûr que la valeur textuelle de ces nœuds soit numérique. Mais d'une part, une somme n'est jamais qu'un aspect des choses, et il n'y a pas que des additions dans la vie ; et d'autre part, même si on veut justement calculer une somme, rien ne dit que la fonction sum() soit la bonne solution, car l'expérience montre que les valeurs à sommer sont rarement purement numériques.

Si l'on veut sommer des surfaces (pour des pièces de maison, par exemple), il y a toutes les chances que les valeurs se présentent sous la forme « 15m2 », ce qui se traduira par un magnifique « NaN » (Not a Number) comme résultat final.

Typiquement, ce qu'il faut pour résoudre ce genre de problème de façon générique, c'est un *visiteur*, qui définisse ce qu'est la valeur d'un nœud, la façon de visiter le node-set, et l'action à faire à chaque nœud rencontré.

Remarque

Il ne s'agit pas ici d'une visite arborescente : on a un node-set, et on se contente de visiter chaque nœud, sans aller explorer les descendants de ces nœuds. Ce ne serait pas forcément sans intérêt, mais à chacun son travail : dès qu'il s'agit de naviguer dans les arborescences, XPath est là pour ça ; à nous de lui demander un node-set qui contienne tout ce qu'il nous faut, sans être obligé de finir le travail de navigation.

Réalisation

Pour réaliser un visiteur, il faut d'abord le définir récursivement. Nous allons tout de suite faire le choix d'un visiteur sous forme d'action, et nous inspirer de l'exemple précédent pour obtenir une récursion terminale.

Un visiteur doit renvoyer un résultat, étant donné un node-set *ns*. Ce résultat sera calculé en fonction de la valeur des différents nœuds du node-set ; il faut donc supposer qu'on a une fonction valeur(), qui renvoie la valeur d'un nœud. Cette notion de valeur est bien sûr susceptible de changer d'un visiteur à l'autre, en fonction de la sémantique du résultat à obtenir.

On suppose enfin que l'on dispose d'une fonction resultat(), qui prend en donnée un résultat partiel et la valeur d'un nœud, et qui renvoie un nouveau résultat partiel, mais actualisé en fonction du nœud pris en compte.

Ceci suggère fortement une partition du node-set à traiter : étant donné un node-set ns, on peut toujours le considérer comme étant formé des nœuds ns[position() > 1] (c'est-à-dire, tous les nœuds sauf le premier) et du nœud ns[position() = 1] (c'est-à-dire, le premier nœud).

L'action à définir sera donc l'action *instancier-resultat*, dont le cas trivial se réduit à instancier le résultat partiel auquel on est parvenu :

instancier-resultat(ns, resultat-courant), c'est :

```
- instancier resultat-courant si ns est vide;

- instancier-resultat( ns[position() > 1],
                   resultat(
                         resultat-courant,
```

```
                    valeur(ns[position() = 1])
            )
    ) sinon.
```

On peut vérifier que cette définition est bien récursive terminale.

Une fois obtenue, elle doit être déclinée suivant les diverses sémantiques possibles attachées aux fonctions `resultat()` et `valeur()`. Par exemple la fonction `resultat()` pourra renvoyer le plus petit de ses deux arguments, ou leur somme, ou tout autre calcul à partir de ces deux arguments, sachant que le premier représente un résultat partiel.

Application

Minimum d'un node-set

Soit par exemple le fichier XML suivant, contenant des descriptions de maisons :

Maisons.xml
```xml
<?xml version="1.0" encoding="UTF-16" standalone="yes"?>
<maisons>
    <maison id="1">
        <RDC>
            <cuisine surface='12m2'>
                Evier inox. Mobilier encastré.
            </cuisine>
            <WC>
                Lavabo. Cumulus 200L.
            </WC>
            <séjour surface='40m2'>
                Cheminée en pierre. Poutres au plafond.
                Carrelage terre cuite. Grande baie vitrée.
            </séjour>
            <bureau surface='15m2'>
                Bibliothèque encastrée.
            </bureau>
            <garage/>
        </RDC>
        <étage>
            <terrasse>Palmier en zinc figurant le désert.</terrasse>
            <chambre surface='28m2' fenêtre='3'>
                Carrelage terre cuite poncée.
                <alcôve surface='8m2' fenêtre='1'>
                    Lambris.
                </alcôve>
            </chambre>
            <chambre surface='18m2'>
                Lambris.
            </chambre>
```

```
                    <salleDeBains surface='15m2'>
                        Douche, baignoire, lavabo.
                    </salleDeBains>
            </étage>
        </maison>
        <maison id="2">
            <RDC>
                    <cuisine surface='12m2'>
                        en ruine.
                    </cuisine>
                    <garage/>
            </RDC>
            <étage>
                    <mirador surface="1m2">
                        Vue sur la mer. Idéal en cas de tempête.
                    </mirador>
                    <salleDeBains surface='15m2'>
                        Douche.
                    </salleDeBains>
            </étage>
        </maison>
        <maison id="3">
            <RDC>
                    <séjour surface='40m2'>
                        Les plaisirs ont choisi pour asile
                        Ce séjour agréable et tranquille.
                        Que ces lieux sont charmants
                        Pour les heureux amants.
                    </séjour>
            </RDC>
            <étage>
                    <chambre surface='17.5m2'>
                        Exposition plein sud.
                    </chambre>
            </étage>
        </maison>
    </maisons>
```

On souhaite connaître la pièce de plus petite surface, parmi toutes les maisons disponibles.

Pour cela, nous allons mettre en place un visiteur, associé à une fonction valeur() qui va renvoyer la valeur calculée de l'attribut surface, quand il est disponible, et la valeur symbolique NaN (Not a Number), quand il est absent. La valeur calculée de cet attribut est la chaîne privée de l'unité (m2), afin d'obtenir une valeur numérique correcte permettant les comparaisons :

fonction valeur()

```
<xsl:template name="valeur">
    <xsl:param name="unSingleton"/>
```

```
        <xsl:variable name="result"> <!-- une surface -->
            <xsl:variable name="surface" select="$unSingleton/attribute::surface"/>

            <xsl:choose>
                <xsl:when test="$surface">
                    <xsl:value-of select="substring-before( $surface, 'm' )" />
                </xsl:when>
                <xsl:otherwise>
                    <xsl:value-of select="number('NaN')" />
                </xsl:otherwise>
            </xsl:choose>
        </xsl:variable>
        <xsl:copy-of select="$result" />
    </xsl:template>
```

La fonction `resultat()` sera ici la fonction `minimum()`, avec une sémantique qui doit rester conforme à ce qui a été défini plus haut : il faut que `minimum( minimum-courant, nouvelleValeur )` renvoie un nouveau minimum courant, intégrant la prise en compte de `nouvelleValeur`, ce qui ne semble pas d'une difficulté insurmontable :

fonction minimum()

```
    <xsl:template name="minimum">
        <xsl:param name="v1"/>
        <xsl:param name="v2"/>

        <xsl:variable name="result">
            <xsl:choose>
                <xsl:when test="string($v1) = 'NaN' and string($v2) = 'NaN'">
                    <xsl:value-of select="$v1" />
                </xsl:when>
                <xsl:when test="string($v1) = 'NaN'">
                    <xsl:value-of select="$v2" />
                </xsl:when>
                <xsl:when test="string($v2) = 'NaN'">
                    <xsl:value-of select="$v1" />
                </xsl:when>
                <xsl:when test="$v1 > $v2">
                    <xsl:value-of select="$v2" />
                </xsl:when>
                <xsl:otherwise>
                    <xsl:value-of select="$v1" />
                </xsl:otherwise>
            </xsl:choose>
        </xsl:variable>
        <xsl:copy-of select="$result" />
    </xsl:template>
```

Maintenant, il n'y a plus qu'à intégrer ceci dans un programme d'essai, et à coder en XSLT la définition récursive du visiteur (nommé `instancier-min`).

SurfaceMini.xsl

```xml
<?xml version="1.0" encoding="UTF-16"?>
<xsl:stylesheet xmlns:xsl="http://www.w3.org/1999/XSL/Transform" version="1.0">

    <xsl:output  method='text' encoding='ISO-8859-1' />

    <!-- =============================================================== -->
    <xsl:template name="valeur">
        <xsl:param name="unSingleton"/>

        <xsl:variable name="result"> <!-- une surface -->
            <xsl:variable name="surface"
            select="$unSingleton/attribute::surface"/>

            <xsl:choose>
                <xsl:when test="$surface">
                    <xsl:value-of select="substring-before( $surface, 'm' )"/>
                </xsl:when>
                <xsl:otherwise>
                    <xsl:value-of select="number('NaN')" />
                </xsl:otherwise>
            </xsl:choose>
        </xsl:variable>
        <xsl:copy-of select="$result" />
    </xsl:template>

    <!-- =============================================================== -->
    <xsl:template name="minimum">
        <xsl:param name="v1"/>
        <xsl:param name="v2"/>

        <xsl:variable name="result">
            <xsl:choose>
                <xsl:when test="string($v1) = 'NaN' and string($v2) = 'NaN'">
                    <xsl:value-of select="$v1" />
                </xsl:when>
                <xsl:when test="string($v1) = 'NaN'">
                    <xsl:value-of select="$v2" />
                </xsl:when>
                <xsl:when test="string($v2) = 'NaN'">
                    <xsl:value-of select="$v1" />
                </xsl:when>
                <xsl:when test="$v1 > $v2">
                    <xsl:value-of select="$v2" />
                </xsl:when>
                <xsl:otherwise>
                    <xsl:value-of select="$v1" />
                </xsl:otherwise>
            </xsl:choose>
        </xsl:variable>
```

```xsl
            <xsl:copy-of select="$result" />
    </xsl:template>


<!-- ================================================================ -->
<xsl:template name="instancier-min">
    <xsl:param name="unNodeSet" />
    <xsl:param name="min-courant" />


    <xsl:choose>
        <xsl:when test="$unNodeSet">
            <xsl:call-template name="instancier-min">
                <xsl:with-param name="unNodeSet"
                                select="$unNodeSet[position() > 1]"/>

                <xsl:with-param name="min-courant">
                    <xsl:call-template name="minimum">
                        <xsl:with-param name="v1" select="$min-courant"/>

                        <xsl:with-param name="v2">
                            <xsl:call-template name="valeur">
                                <xsl:with-param name="unSingleton"
                                select="$unNodeSet[position() = 1]"/>
                            </xsl:call-template>
                        </xsl:with-param>
                    </xsl:call-template>
                </xsl:with-param>
            </xsl:call-template>
        </xsl:when>

        <xsl:otherwise>
            <xsl:value-of select="$min-courant" />
        </xsl:otherwise>
    </xsl:choose>

</xsl:template>

<!-- ================================================================ -->
<xsl:template match="/">
    <xsl:variable name="surface-mini">
        <xsl:call-template name="instancier-min">
            <xsl:with-param name="unNodeSet" select="//*"/>
            <xsl:with-param name="min-courant" select="1000000"/>
        </xsl:call-template>
    </xsl:variable>
    Surface mini = <xsl:value-of select="$surface-mini" />m2
    nature de la pièce = <xsl:value-of select="local-name(
                        //*[attribute::surface =
                                        concat($surface-mini, 'm2')])" />
</xsl:template>

<!-- ================================================================ -->
```

```
        <xsl:template match="text()"/>

    </xsl:stylesheet>
```

Résultat

```
        Surface mini = 1m2
        nature de la pièce = mirador
```

Somme des valeurs d'un node-set

En conservant le même fichier XML, on peut maintenant calculer, pour chaque maison, la surface habitable. La fonction `valeur()` ne change pas ; la fonction `resultat()` devient ici une fonction `Somme()`, dont le premier argument est la somme déjà obtenue, et le deuxième une nouvelle valeur à sommer. Le visiteur est implémenté sous le nom `instancier-somme`.

SurfaceHabitable.xsl

```xml
<?xml version="1.0" encoding="UTF-16"?>
<xsl:stylesheet xmlns:xsl="http://www.w3.org/1999/XSL/Transform" version="1.0">

    <xsl:output  method='text' encoding='ISO-8859-1' />

    <!-- ============================================================= -->
    <xsl:template name="valeur">
        <xsl:param name="unSingleton"/>

        <xsl:variable name="result"> <!-- une surface -->
            <xsl:variable name="surface"
                          select="$unSingleton/attribute::surface"/>

            <xsl:choose>
                <xsl:when test="$surface">
                    <xsl:value-of select="substring-before( $surface, 'm' )" />
                </xsl:when>
                <xsl:otherwise>
                    <xsl:value-of select="number('NaN')" />
                </xsl:otherwise>
            </xsl:choose>
        </xsl:variable>
        <xsl:copy-of select="$result" />
    </xsl:template>

    <!-- ============================================================= -->
    <xsl:template name="Somme">
        <xsl:param name="v1"/>
        <xsl:param name="v2"/>

        <xsl:variable name="result">
            <xsl:choose>
                <xsl:when test="string($v1) = 'NaN' and string($v2) = 'NaN'">
```

```
                <xsl:value-of select="$v1" />
            </xsl:when>
            <xsl:when test="string($v1) =   'NaN'">
                <xsl:value-of select="$v2" />
            </xsl:when>
            <xsl:when test="string($v2) =   'NaN'">
                <xsl:value-of select="$v1" />
            </xsl:when>
            <xsl:otherwise>
                <xsl:value-of select="$v1 + $v2" />
            </xsl:otherwise>
        </xsl:choose>
    </xsl:variable>
    <xsl:copy-of select="$result" />
</xsl:template>


<!-- =============================================================== -->
<xsl:templáte name="instancier-somme">
    <xsl:param name="unNodeSet"  />
    <xsl:param name="somme-courante" />


    <xsl:choose>
        <xsl:when test="$unNodeSet">
            <xsl:call-template name="instancier-somme">
                <xsl:with-param name="unNodeSet"
                                select="$unNodeSet[position() > 1]"/>

                <xsl:with-param name="somme-courante">
                    <xsl:call-template name="Somme">
                        <xsl:with-param name="v1"
                                        select="$somme-courante"/>

                        <xsl:with-param name="v2">
                            <xsl:call-template name="valeur">
                                <xsl:with-param name="unSingleton"
                                select="$unNodeSet[position() = 1]"/>
                            </xsl:call-template>
                        </xsl:with-param>
                    </xsl:call-template>
                </xsl:with-param>
            </xsl:call-template>
        </xsl:when>

        <xsl:otherwise>
            <xsl:value-of select="$somme-courante"  />
        </xsl:otherwise>
    </xsl:choose>

</xsl:template>
```

```
    <!-- =============================================================== -->
    <xsl:template match="maison">
        <xsl:variable name="surface-habitable">
            <xsl:call-template name="instancier-somme">
                <xsl:with-param name="unNodeSet" select=".//*"/>
                <xsl:with-param name="somme-courante" select="0"/>
            </xsl:call-template>
        </xsl:variable>
        Maison id = <xsl:value-of select="@id"/>
        Surface habitable = <xsl:value-of select="$surface-habitable" />m2 />
    </xsl:template>

    <!-- =============================================================== -->
    <xsl:template match="text()"/>

</xsl:stylesheet>
```

Résultat

```
        Maison id = 1
        Surface habitable = 136m2 />

        Maison id = 2
        Surface habitable = 28m2 />

        Maison id = 3
        Surface habitable = 57.5m2 />
```

Pattern n° 7 – Fonction renvoyant plusieurs résultats

Motivation

Il peut arriver, que dans une fonction un peu compliquée, on ait plusieurs résultats à renvoyer, qui sont intimement liés du point de vue algorithmique. Cela veut dire que si l'on voulait renvoyer ces résultats un par un (un par appel), cela reviendrait à relancer plusieurs fois le même calcul ou presque. Pour éviter cela, dans un langage comme C ou Java, on écrit une fonction qui retourne une structure (C) ou un objet (Java). La question est donc de voir comment écrire en XSLT une fonction retournant (ou une action instanciant) l'équivalent d'une structure C.

Réalisation

La solution est d'utiliser élément source littéral à contenu calculé, instancié en TST (Temporary Source Tree, voir *Temporary Source Tree*, page 192) :

Fonction renvoyant trois résultats x, y, z :

```
    <xsl:template name="truc">
        <xsl:param name="..."/>
```

```
        <xsl:variable name="result">
            <x>
                <xsl:value-of select="..." />
            </x>
            <y>
                <xsl:value-of select="..." />
            </y>
            <z>
                <xsl:value-of select="..." />
            </z>
        </xsl:variable>

        <xsl:copy-of select="$result" />

    </xsl:template>

    <xsl:template match="...">

        <xsl:variable name="a">
            <xsl:call-template name="truc">
                <xsl:with-param name="..." select="..."/>
            </xsl:call-template>
        </xsl:variable>

        <xsl:value-of select="$a/x"/>
        <xsl:value-of select="$a/y"/>
        <xsl:value-of select="$a/z"/>

    </xsl:template>
```

Exemple

On veut ici une fonction capable de détecter le premier séparateur d'une chaîne de caractères, et de découper cette chaîne en trois morceaux : la partie située avant le séparateur, le séparateur lui-même, et la partie située après le séparateur. On suppose qu'il y a deux séparateurs possibles : l'espace, et l'apostrophe.

C'est pour cela qu'on doit écrire une fonction : s'il n'y avait qu'un seul séparateur à considérer, on pourrait utiliser les fonctions prédéfinies substring-before() et substring-after().

Nous allons ici réutiliser la fonction index-of vue à la section *Exemple*, page 397 pour obtenir l'index de chacun des deux séparateurs possibles ; le reste vient sans difficulté.

separateurs.xsl

```
<?xml version="1.0" encoding="UTF-16"?>
<xsl:stylesheet xmlns:xsl="http://www.w3.org/1999/XSL/Transform" version="1.0">

    <xsl:output  method='text' encoding='ISO-8859-1' />

    <xsl:template name="index-of">
```

```
            <xsl:param name="aString"/>
            <xsl:param name="testString"/>

            <xsl:variable name="result">
                <xsl:choose>
                    <xsl:when test=" contains( $aString, $testString ) ">
                        <xsl:variable name="string-Before">
                            <xsl:value-of
                            select="substring-before( $aString, $testString )" />
                        </xsl:variable>
                        <xsl:value-of select="1+string-length( $string-Before )" />
                    </xsl:when>

                    <xsl:otherwise>
                        -1
                    </xsl:otherwise>
                </xsl:choose>
            </xsl:variable>

            <xsl:copy-of select="$result" />
    </xsl:template>

    <xsl:template name="split-beforeAndAfter-firstSeparator">
    <!-- separator = apostrophe ou espace -->
        <xsl:param name="stringToSplit"/>
        <!-- stringToSplit is space-normalized -->

        <xsl:variable name="indexOf-firstApos">
            <xsl:call-template name="index-of">
                <xsl:with-param name="aString" select="$stringToSplit"/>
                <xsl:with-param name="testString" select='"&apos;"'/>
            </xsl:call-template>
        </xsl:variable>

        <xsl:variable name="indexOf-firstSpace">
            <xsl:call-template name="index-of">
                <xsl:with-param name="aString" select="$stringToSplit"/>
                <xsl:with-param name="testString" select='" "'/>
            </xsl:call-template>
        </xsl:variable>

        <xsl:variable name="result">
            <xsl:choose>

            <!-- -->
            <xsl:when test=" $indexOf-firstApos &lt; $indexOf-firstSpace ">
                <before>
                    <xsl:value-of select="substring( $stringToSplit, 1,
                                        $indexOf-firstApos - 1 )" />
                </before>
                <separator>'</separator>
```

```
            <after>
                <xsl:value-of select="substring( $stringToSplit,
                                        $indexOf-firstApos + 1 )" />
            </after>
        </xsl:when>

        <!-- -->
        <xsl:when test=" $indexOf-firstSpace &lt; $indexOf-firstApos ">
            <before>
                <xsl:value-of select="substring(
                                        $stringToSplit, 1,
                                        $indexOf-firstSpace - 1 )" />
            </before>
            <separator><xsl:text> </xsl:text></separator>
            <after>
                <xsl:value-of select="substring(
                                        $stringToSplit,
                                        $indexOf-firstSpace + 1 )" />
            </after>
        </xsl:when>

        </xsl:choose>
    </xsl:variable>

    <xsl:copy-of select="$result" />

</xsl:template>

<xsl:variable name="complainteDuCharretier">
    Pousser des charettes à longueur de journée réclame de l'énergie !
</xsl:variable>

<xsl:variable name="pendule">
    L'heure exacte.
</xsl:variable>

<xsl:template match="/">
    <xsl:variable name="split1">
        <xsl:call-template name="split-beforeAndAfter-firstSeparator">
            <xsl:with-param name="stringToSplit"
            select="normalize-space($complainteDuCharretier)"/>
        </xsl:call-template>
    </xsl:variable>
    <xsl:value-of select="normalize-space($complainteDuCharretier)"/>
    before = <xsl:value-of select="$split1/before"/>
    separator = "<xsl:value-of select="$split1/separator"/>"
    after = <xsl:value-of select="$split1/after"/>

    <xsl:variable name="split2">
        <xsl:call-template name="split-beforeAndAfter-firstSeparator">
            <xsl:with-param name="stringToSplit"
```

```
                               select="normalize-space($pendule)"/>
                    </xsl:call-template>
              </xsl:variable>

              <xsl:text>

</xsl:text>
              <xsl:value-of select="normalize-space($pendule)"/>
              before = <xsl:value-of select="$split2/before"/>
              separator = "<xsl:value-of select="$split2/separator"/>"
              after = <xsl:value-of select="$split2/after"/>

         </xsl:template>

         <xsl:template match="text()"/>

    </xsl:stylesheet>
```

Résultat

```
Pousser des charettes à longueur de journée réclame de l'énergie !
        before = Pousser
        separator = " "
        after = des charettes à longueur de journée réclame de l'énergie !

L'heure exacte.
        before = L
        separator = "'"
        after = heure exacte.
```

Pattern n° 8 – Utilisation d'une structure de données auxilaire

Motivation

XSLT est un langage dont la description ne fait jamais appel de façon évidente à la notion de structure de données manipulable par telle ou telle instruction. En Java ou d'autres langages, il y a toujours toute une panoplie de structures possibles (tableaux, listes, piles, etc.), mais pas en XSLT.

XSLT ne connaît que la notion d'arbre XML ; donc, en acceptant la structure d'arbre comme structure de données universelle, on peut se raccrocher aux branches, et parvenir à ses fins.

En effet, un arbre XML, en tant que TST accroché à une variable peut jouer le rôle d'une structure de données (non modifiable, comme d'habitude en XSLT) : une fois l'arbre construit dans une variable, on peut utiliser des expressions XPath pour le parcourir et extraire les informations utiles. Et si cet arbre XML est un peu trop volumineux ou complexe pour que les recherches y soient efficaces, rien n'empêche d'y indexer certaines valeurs par une clé (xsl:key).

Exemple

Dans cet exemple, nous allons montrer comment mettre en œuvre une structure de données indispensable au traitement. Il s'agit de renuméroter séquentiellement des identifiants numériques de pages d'une présentation vidéo-projetable spécifiée en XML. Un exemple abrégé d'un tel fichier XML pourrait être celui-ci :

presentation.xml

```xml
<?xml version="1.0" encoding="UTF-16" ?>

<presentation>

    <pageDeTitre id="CoursXML.1" next="CoursXML.2">
        <titrePresentation>Comprendre XML et XSL</titrePresentation>
        <credit>
            <groupeAuteurs>
                <auteur>Philippe Drix</auteur>
                <societe>OBJECTIVA</societe>
            </groupeAuteurs>
        </credit>
    </pageDeTitre>


    <pageStandard id="CoursXML.2" prev="CoursXML.1" next="CoursXML.3">
        <titre level="1" id="CoursXML.2.Déroulement">
        Déroulement du Cours</titre>
        ...
    </pageStandard>


    <plan id="CoursXML.3" prev="CoursXML.2" next="CoursXML.4"/>


    <pageStandard id="CoursXML.4" prev="CoursXML.3" next="CoursXML.4.1">
        <titre level="1" id="CoursXML.4.__XMLgeneral">
        XML - Généralités </titre>
        ...
    </pageStandard>


    <pageStandard id="CoursXML.4.1" prev="CoursXML.4" next="CoursXML.4.2">
        <titre level="2" id="CoursXML.4.1.__Langagesdebalisage">
        Les langages de balisage </titre>
        ...
        <bloc>
            <figure src="ArbreXML_1" id="fig:ArbreXML_1.CoursXML.4.1">
                <captionFigure>
                    Structure arborescente d'un document XML bien formé
                </captionFigure>
            </figure>
```

```
        </bloc>
        ...
    </pageStandard>


    <pageStandard id="CoursXML.4.2" prev="CoursXML.4.1" next="CoursXML.5">
        <titre level="2" id="CoursXML.4.2.__AQuoiSertXML">
        A quoi peut servir XML ? </titre>

    </pageStandard>


    <pageStandard id="CoursXML.5" prev="CoursXML.4.2" next="CoursXML.6">
        <titre level="1" id="CoursXML.5.__StructuredocumentXML">
        Structure d'un document XML </titre>
        ...

        <bloc>
            Ces blocs juxtaposés ou imbriqués forment un arbre
            <cfFigure cf="fig:ArbreXML_1.CoursXML.4.1"/>
            comme tout document XML.
        </bloc>
        ...
    </pageStandard>


    <pageStandard id="CoursXML.6" prev="CoursXML.5" next="CoursXML.7">
        <titre level="2" id="CoursXML.6.__DTD">
        Grammaire d'un document XML (DTD)
        </titre>
        ...
    </pageStandard>

    <pageFin id="CoursXML.7" prev="CoursXML.6" />

</presentation>
```

De temps en temps, on ajoute ou supprime des pages entre deux, ce qui fait que les numéros d'identifiant des pages finissent par être assez éloignés de l'ordre naturel. La renumérotation consiste à rétablir l'ordre naturel, sachant qu'il y a des répercussions sur d'autres identifiants, comme ceux des titres, ou des figures, et par voie de conséquence, les références aux figures.

Le résultat attendu de la transformation XSLT est donc celui-ci :

presentation-new.xml

```
<?xml version="1.0" encoding="ISO-8859-1"?>
<presentation>

    <pageDeTitre id="CoursXML.1" next="CoursXML.2">
```

```
        <titrePresentation>Comprendre XML et XSL</titrePresentation>
        <credit>
            <groupeAuteurs>
                <auteur>Philippe Drix</auteur>
                <societe>OBJECTIVA</societe>
            </groupeAuteurs>
        </credit>
</pageDeTitre>


<pageStandard id="CoursXML.2" prev="CoursXML.1" next="CoursXML.3">
    <titre level="1" id="CoursXML.2.__">
    Déroulement du Cours</titre>
    ...
</pageStandard>


<plan id="CoursXML.3" prev="CoursXML.2" next="CoursXML.4"/>


<pageStandard id="CoursXML.4" prev="CoursXML.3" next="CoursXML.5">
    <titre level="1" id="CoursXML.4.__XMLgeneral">
    XML - Généralités </titre>
    ...
</pageStandard>


<pageStandard id="CoursXML.5" prev="CoursXML.4" next="CoursXML.6">
    <titre level="2" id="CoursXML.5.__Langagesdebalisage">
    Les langages de balisage </titre>
    ...
    <bloc>
        <figure src="@src" id="fig:ArbreXML_1.CoursXML.5">
            <captionFigure>
                Structure arborescente d'un document XML bien formé
            </captionFigure>
        </figure>
    </bloc>
    ...
</pageStandard>


<pageStandard id="CoursXML.6" prev="CoursXML.5" next="CoursXML.7">
    <titre level="2" id="CoursXML.6.__AQuoiSertXML">
    A quoi peut servir XML ? </titre>

</pageStandard>


<pageStandard id="CoursXML.7" prev="CoursXML.6" next="CoursXML.8">
    <titre level="1" id="CoursXML.7.__StructuredocumentXML">
```

```
                    Structure d'un document XML </titre>
                    ...

                    <bloc>
                        Ces blocs juxtaposés ou imbriqués forment un arbre
                        <cfFigure cf="fig:ArbreXML_1.CoursXML.5"/>
                        comme tout document XML.
                    </bloc>
                    ...
            </pageStandard>


            <pageStandard id="CoursXML.8" prev="CoursXML.7" next="CoursXML.9">
                <titre level="2" id="CoursXML.8.__DTD">
                Grammaire d'un document XML (DTD)
                </titre>
                ...
            </pageStandard>

            <pageFin id="CoursXML.7" prev="CoursXML.6"/>


        </presentation>
```

Le problème est donc ici de garder en mémoire une table de correspondance entre les anciens id et les nouveaux. Ayant une telle table, à chaque fois qu'on a un id à changer, on va chercher le nouvel id correspondant à l'ancien, ce qui nous permet de former une nouvelle chaîne de caractères à partir de ce nouvel id.

Par exemple, ayant l'identifiant fig:ArbreXML_1.CoursXML.4.1, on en extrait Cours-XML.4.1 ; la table nous donne la correspondance de cet identifiant avec 5, ce qui nous permet de former l'identifiant "fig:ArbreXML_1.CoursXML.5".

De même, à partir de CoursXML.4.1, on obtient à nouveau 5, donc à partir de 5+1 et de 5-1, on forme respectivement les identifiants next (CoursXML.6) et prev (CoursXML.4).

La réalisation de cette table consiste à créer un arbre XML contenant toutes les paires (ancien id , nouvel id) conservées par exemple en tant qu'attributs d'un élément <page> qui sera répété autant de fois qu'il y a de pages déclarées dans la <presentation> (ce qui inclut toutes les sortes de pages : <pageDeTitre>, <plan>, <pageStandard>, <pageFin>).

On peut donc faire cela de cette manière :

Constitution de la table de correspondance

```
<xsl:variable name="lesPages">
    <pages>
    <xsl:for-each select="/presentation/*">
        <page>
        <xsl:attribute name="id"><xsl:value-of select="@id"/></xsl:attribute>
        <xsl:attribute name="newId">
```

```
                <xsl:value-of select="position()"/>
            </xsl:attribute>
            </page>
        </xsl:for-each>
    </pages>
</xsl:variable>
```

Cette variable sera une variable globale, ce qui veut dire qu'elle sera évaluée avec le nœud racine comme nœud contexte ; avec le fichier `presentation.xml` montré ci-dessus, l'arbre généré sera le suivant :

Arbre généré lors de l'évaluation de cette variable

```
<pages>
    <page id="CoursXML.1"   newId="1"/>
    <page id="CoursXML.2"   newId="2"/>
    <page id="CoursXML.3"   newId="3"/>
    <page id="CoursXML.4"   newId="4"/>
    <page id="CoursXML.4.1" newId="5"/>
    <page id="CoursXML.4.2" newId="6"/>
    <page id="CoursXML.5"   newId="7"/>
    <page id="CoursXML.6"   newId="8"/>
    <page id="CoursXML.7"   newId="9"/>
<pages>
```

On peut tout de suite mettre au point un modèle nommé qui permettra d'instancier le `newID` connaissant l'`id` :

Arbre généré lors de l'évaluation de cette variable

```
<xsl:template name='instancier-newID'>
    <xsl:param name='oldId'/>
    <xsl:value-of select="$lesPages/pages/page[
                                attribute::id = $oldId
                          ]/attribute::newId" />
</xsl:template>
```

> **Remarque**
>
> On utilise ici le fait qu'une variable contenant un TST est implicitement convertie en node-set lorsqu'elle est référencée. On rappelle que ceci n'est pas conforme au standard XSLT 1.0, mais que c'est une proposition qui sera selon toute vraisemblance intégrée au standard XSLT 2.0. Voir à ce sujet la section *Opérations sur un TST (XSLT 1.1 ou plus)*, page 198.

Ceci étant, on quitte maintenant le domaine du pattern pour entrer dans le spécifique, puisqu'il s'agit de réaliser la transformation demandée (le pattern ne concerne que la façon de réaliser une structure de données). Mais en fait, si on quitte le domaine du pattern, c'est pour y revenir aussitôt, car ce qu'on a à faire maintenant est une copie presque conforme du document (pour s'en convaincre, il suffit de comparer le document source et le résultat attendu : au premier coup d'œil, on ne voit pas de différence, car seules les parties numériques des identifiants changent d'un document à l'autre). Or une copie presque conforme, c'est un des patterns de transformation, que nous verrons donc dans le chapitre qui leur est consacré.

Si l'on s'intéresse dans un premier temps uniquement à la façon de modifier les attributs d'une `<pageStandard>`, on va commencer par écrire une règle qui exploite cette table de correspondance en utilisant le modèle nommé `instancier-newID` :

Modification des attributs d'une pageStandard

```
<xsl:template match='pageStandard'>
    <pageStandard>
        <xsl:variable name="NoSeq">
            <xsl:call-template name='instancier-newID'>
                <xsl:with-param name='oldId' select="@id" />
            </xsl:call-template>
        </xsl:variable>

        <xsl:attribute name="id">CoursXML.<xsl:value-of select="$NoSeq" />
        </xsl:attribute>
        <xsl:attribute name="prev">CoursXML.<xsl:value-of select="$NoSeq - 1"/>
        </xsl:attribute>
        <xsl:attribute name="next">CoursXML.<xsl:value-of select="$NoSeq + 1"/>
        </xsl:attribute>
        ...
    </pageStandard>
</xsl:template>
```

On aura exactement le même traitement pour la page spéciale `<plan>`, et des règles voisines pour une `<pageDeTitre>` et une `<pageFin>`, ce qui nous amène à ceci :

Modification des attributs d'une pageStandard ou d'un plan

```
<xsl:template match='pageStandard | plan'>
    <xsl:element name="{local-name(.)}">
        <xsl:variable name="NoSeq">
            <xsl:call-template name='instancier-newID'>
                <xsl:with-param name='oldId' select="@id" />
            </xsl:call-template>
        </xsl:variable>

        <xsl:attribute name="id">CoursXML.<xsl:value-of select="$NoSeq" />
        </xsl:attribute>
        <xsl:attribute name="prev">CoursXML.<xsl:value-of select="$NoSeq - 1"/>
        </xsl:attribute>
        <xsl:attribute name="next">CoursXML.<xsl:value-of select="$NoSeq + 1"/>
        </xsl:attribute>

        <xsl:apply-templates/>
```

```
        </xsl:element>
    </xsl:template>
```

Modification des attributs d'une pageDeTitre

```
<xsl:template match='pageDeTitre'>
    <!-- idem sans l'attribut prev -->
</xsl:template>
```

Modification des attributs d'une pageFin

```
<xsl:template match='pageDeTitre'>
    <!-- idem sans l'attribut next -->
</xsl:template>
```

Mais il ne suffit pas de recopier une page (i.e. un élément du genre *page*) en se contentant de générer des attributs modifiés : encore faut-il copier ses enfants directs comme `<titre>` ou `<bloc>`, ce qui pourra être fait par des règles dédiées à chacun de ces éléments. C'est pourquoi le modèle de transformation se termine par un `<xsl:apply-templates/>`, qui va relancer les règles concernées.

Mise en place de règles spécifiques pour les enfants d'une page

```
<xsl:template match='titre'>
    <titre>
        ...
    </titre>
</xsl:template>

<xsl:template match='figure'>
    <figure src="@src">
        ...
    </figure>
</xsl:template>

<xsl:template match='cfFigure'>
    <cfFigure>
        ...
    </cfFigure>
</xsl:template>
```

Dans chacune de ces règles, on effectue un traitement similaire à celui d'une page pour former et générer les nouvelles valeurs d'attributs identifiants.

Le problème est maintenant de voir comment l'ensemble s'articule. Le processus de traitement démarre sur la racine, pour laquelle aucune règle n'est prévue. La règle par défaut va donc s'appliquer, ce qui va produire un node-set ne contenant que l'élément `<presentation>`, et relancer toute la mécanique sur ce node-set. A nouveau, la règle par défaut sera sélectionnée, car il n'y a aucune règle spécifique pour une `<presentation>`. Mais cette fois, ce n'est pas souhaitable, car l'élément `<presentation>` ne peut pas être traité par défaut : il faut le recopier. Plus généralement tout élément pour lequel une règle spécifique n'existe pas (typiquement, il s'agit des éléments qui n'ont pas d'attributs concernés par la renumérotation, ou pas d'attribut du tout) doit être traité non pas par défaut, mais par une règle qui va le recopier sans modification. Il faut donc avoir une règle « ramasse-tout » de recopie (pour des explications complémentaires concernant cette règle, voir le pattern « Copie non conforme », à la section *Pattern n° 10 – Copie non conforme*, page 443) :

Règle de recopie ramasse-tout

```
<xsl:template match='*'>
    <xsl:copy>
        <xsl:apply-templates select='@*|node()' />
    </xsl:copy>
</xsl:template>
```

Voici donc maintenant le programme complet :

renumeroter.xsl

```
<?xml version="1.0" encoding="UTF-16"?>
<xsl:stylesheet
    xmlns:xsl = "http://www.w3.org/1999/XSL/Transform"
    version   = "1.1"> <!-- compatibilité Saxon 6.5 -->


    <xsl:output  method='xml' encoding='ISO-8859-1' />

    <xsl:variable name="lesPages">
        <pages>
        <xsl:for-each select="/presentation/*">
            <page>
            <xsl:attribute name="id"><xsl:value-of select="@id"/>
            </xsl:attribute>
            <xsl:attribute name="newId"><xsl:value-of select="position()"/>
            </xsl:attribute>
            </page>
        </xsl:for-each>
        </pages>

    </xsl:variable>


    <xsl:template name='instancier-newID'>
        <xsl:param name='oldId'/>
        <xsl:value-of select="$lesPages/pages/page[
                                attribute::id = $oldId
                              ]/attribute::newId" />
    </xsl:template>

    <xsl:template match='pageStandard | plan'>
        <xsl:element name="{local-name(.)}">
            <xsl:variable name="NoSeq">
                <xsl:call-template name='instancier-newID'>
```

```xsl
                        <xsl:with-param name='oldId' select="@id" />
                    </xsl:call-template>
                </xsl:variable>

                <xsl:attribute name="id">CoursXML.<xsl:value-of
                                        select="$NoSeq" /></xsl:attribute>
                <xsl:attribute name="prev">CoursXML.<xsl:value-of
                                        select="$NoSeq - 1"/></xsl:attribute>
                <xsl:attribute name="next">CoursXML.<xsl:value-of
                                        select="$NoSeq + 1" /></xsl:attribute>

                <xsl:apply-templates/>
            </xsl:element>
    </xsl:template>

    <xsl:template match='pageDeTitre'>
        <xsl:element name="{local-name(.)}">
            <xsl:variable name="NoSeq">
                <xsl:call-template name='instancier-newID'>
                    <xsl:with-param name='oldId' select="@id" />
                </xsl:call-template>
            </xsl:variable>

            <xsl:attribute name="id">CoursXML.<xsl:value-of
                                        select="$NoSeq" /></xsl:attribute>
            <xsl:attribute name="next">CoursXML.<xsl:value-of
                                        select="$NoSeq + 1" /></xsl:attribute>

            <xsl:apply-templates/>
        </xsl:element>
    </xsl:template>

    <xsl:template match='pageFin'>
        <xsl:element name="{local-name(.)}">
            <xsl:variable name="NoSeq">
                <xsl:call-template name='instancier-newID'>
                    <xsl:with-param name='oldId' select="@id" />
                </xsl:call-template>
            </xsl:variable>

            <xsl:attribute name="id">CoursXML.<xsl:value-of
                                        select="$NoSeq" /></xsl:attribute>
            <xsl:attribute name="prev">CoursXML.<xsl:value-of
                                        select="$NoSeq - 1" /></xsl:attribute>

        </xsl:element>
    </xsl:template>

    <xsl:template match='titre'>

        <titre>
```

```
                <xsl:variable name="NoSeq">
                    <xsl:call-template name='instancier-newID'>
                        <xsl:with-param name='oldId'
                                    select="parent::pageStandard/attribute::id" />
                    </xsl:call-template>
                </xsl:variable>

                <xsl:variable name="texteID" select='substring-after(@id, "._")'/>

                <xsl:attribute name="level">
                    <xsl:value-of select="@level" />
                </xsl:attribute>

                <xsl:attribute name="id">
                    <xsl:text>CoursXML.</xsl:text>
                    <xsl:value-of select="$NoSeq" />
                    <xsl:text>._</xsl:text>
                    <xsl:value-of select="$texteID" />
                </xsl:attribute>

                <xsl:apply-templates/>

        </titre>
    </xsl:template>


<xsl:template match='figure'>

    <figure src="@src">
        <xsl:variable name="NoSeq">
            <xsl:call-template name='instancier-newID'>
                <xsl:with-param name='oldId'
                            select="ancestor::pageStandard/attribute::id"/>
            </xsl:call-template>
        </xsl:variable>

        <xsl:variable name="texteID" select='substring-before(@id, ".")' />

        <xsl:attribute name="id">
            <xsl:value-of select="$texteID" />
            <xsl:text>.CoursXML.</xsl:text>
            <xsl:value-of select="$NoSeq" />
        </xsl:attribute>

        <xsl:apply-templates/>
    </figure>
</xsl:template>
```

```
    <xsl:template match='cfFigure'>

        <cfFigure>
            <xsl:variable name="NoSeq">
                <xsl:call-template name='instancier-newID'>
                    <xsl:with-param name='oldId'
                                        select="substring-after(@cf, '.')"/>
                </xsl:call-template>
            </xsl:variable>

            <xsl:variable name="texteID" select='substring-before(@cf, ".")' />

            <xsl:attribute name="cf">
                <xsl:value-of select="$texteID" />
                <xsl:text>.CoursXML.</xsl:text>
                <xsl:value-of select="$NoSeq" />
            </xsl:attribute>
        </cfFigure>
    </xsl:template>


    <xsl:template match='*'>
        <xsl:copy>
            <xsl:apply-templates select='@*|node()' />
        </xsl:copy>
    </xsl:template>

</xsl:stylesheet>
```

Ce programme fonctionne avec *Saxon*, qui accepte les évolutions prévues dans le W3C
Working Draft XSLT 1.1. Avec un processeur qui s'en tient au standard XSLT 1.0, il faut
utiliser une fonction d'extension pour convertir explicitement en node-set le RTF renvoyé
par la référence à la variable lesPages ; les modifications concernent la déclaration de la
feuille de style, et le modèle nommé instancier-newID. Le reste est inchangé.

Modifications pour utiliser la fonction d'extension nodeset

```
<xsl:stylesheet
    xmlns:xsl = "http://www.w3.org/1999/XSL/Transform"
    xmlns:xalan="http://xml.apache.org/xalan"
    exclude-result-prefixes="xalan"
    version   = "1.0">

    <xsl:template name='instancier-newID'>
        <xsl:param name='oldId'/>
        <xsl:value-of select="xalan:nodeset($lesPages)/pages/page[
                                   attribute::id = $oldId]/attribute::newId" />
    </xsl:template>
```

Il pourra être intéressant de revenir à ce programme après avoir vu le pattern « Copie non
conforme », à la section *Pattern n° 10 – Copie non conforme*, page 443.

Pattern n° 9 – Identité de nœuds et node-set de valeurs toutes différentes

Motivation

Il peut arriver que l'on ait à tester l'identité de deux nœuds pour savoir si ce sont les mêmes ou non.

Il y a alors deux choses à savoir : la première, c'est ce que signifie l'identité de deux nœuds, et comment une situation où il y a identité peut se produire ; la deuxième, c'est de savoir comment s'y prendre pour réaliser un tel test.

Mais avant cela, il est indispensable, arrivé à ce point, de bien expliciter le rapport qu'il y a entre les node-sets que l'on manipule au travers d'expressions XPath et les nœuds qu'ils contiennent. On se place dans le cas simple où l'on a un arbre XML (l'arbre XML du document source), mais pas de variable attachée à un TST, ni de document XML secondaire accessible par la fonction document().

Supposons maintenant que nous ayons constitué deux node-sets, grâce à deux expressions XPath quelconques. Que contiennent exactement ces node-sets ?

Certainement pas une copie des nœuds de l'arbre XML, car le nombre de nœuds total dans le système ne varie pas au cours de l'exécution (tout au moins dans l'hypothèse explicitée ci-dessus) : ce nombre est celui de l'arbre source XML.

Sont-ce alors les nœuds originaux ?

Pas plus, car cela voudrait dire que si un nœud était contenu dans un certain node-set, il ne serait plus disponible pour faire partie d'un autre node-set, ce qui est absurde.

La réponse est d'ordre mathématique : en mathématiques, les écritures comme x, y, N, désignent des objets mathématiques qui peuplent l'univers mathématique, et qui existent chacun en un seul exemplaire. Il n'y a pas plusieurs nombre un, il n'y en a qu'un ; mais il y a une infinité d'écritures désignant ce nombre, parmi lesquelles, 1, 0+1, 2/2, x tel que x solution de l'équation $x = 1$, y tel que y solution de l'équation $y = 1$, etc. Avec les deux dernières écritures, on peut dire que $x = y$, parce que x et y sont deux écritures qui désignent le même nombre (un, en l'occurrence).

La meilleure représentation qu'on puisse se faire d'un node-set est basée sur la même idée : un node-set contient des choses qui *référencent* les nœuds de l'arbre XML source, mais pas les nœuds eux-mêmes, ni encore moins une copie. Cela s'implémente évidemment sous la forme de pointeurs, mais il est à noter que le standard XSLT ne parle jamais de pointeurs, qui sont des notions d'implémentation, et seraient plutôt mal venues dans une spécification. La figure 8-1 donne une représentation graphique du lien entre un node-set et les nœuds qu'il contient.

Imaginons maintenant que l'on veuille constituer un node-set contenant les surfaces des pièces du RDC (toujours en se reportant à la figure 8-1).

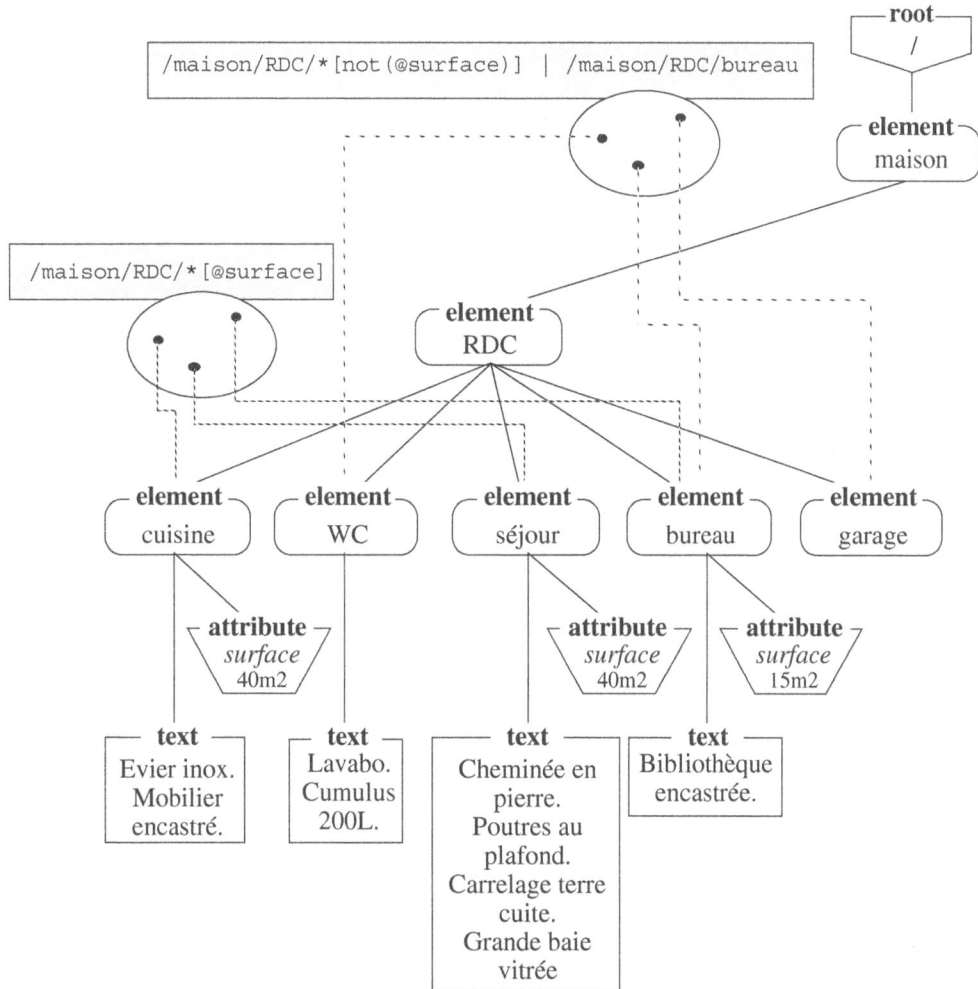

Figure 8-1

Deux node-sets partageant un nœud commun.

On pourrait être tenté d'écrire :

Node-set des surfaces

```
<xsl:variable name="x" select="/maison/RDC/*/attribute::surface"/>
```

Ce qui n'est pas forcément faux. Mais est-ce bien ce qu'on voulait ? Si le but était d'obtenir un node-set ne contenant que des surfaces différentes les unes des autres (après tout, un ensemble ne contient bien que des éléments différents les uns des autres, non ?), c'est raté. Le node-set $x contient trois éléments, correspondant aux surfaces 40m², 40m², 15m². Alors ? Que se passe-t-il ?

C'est très simple à voir graphiquement (voir figure 8-2).

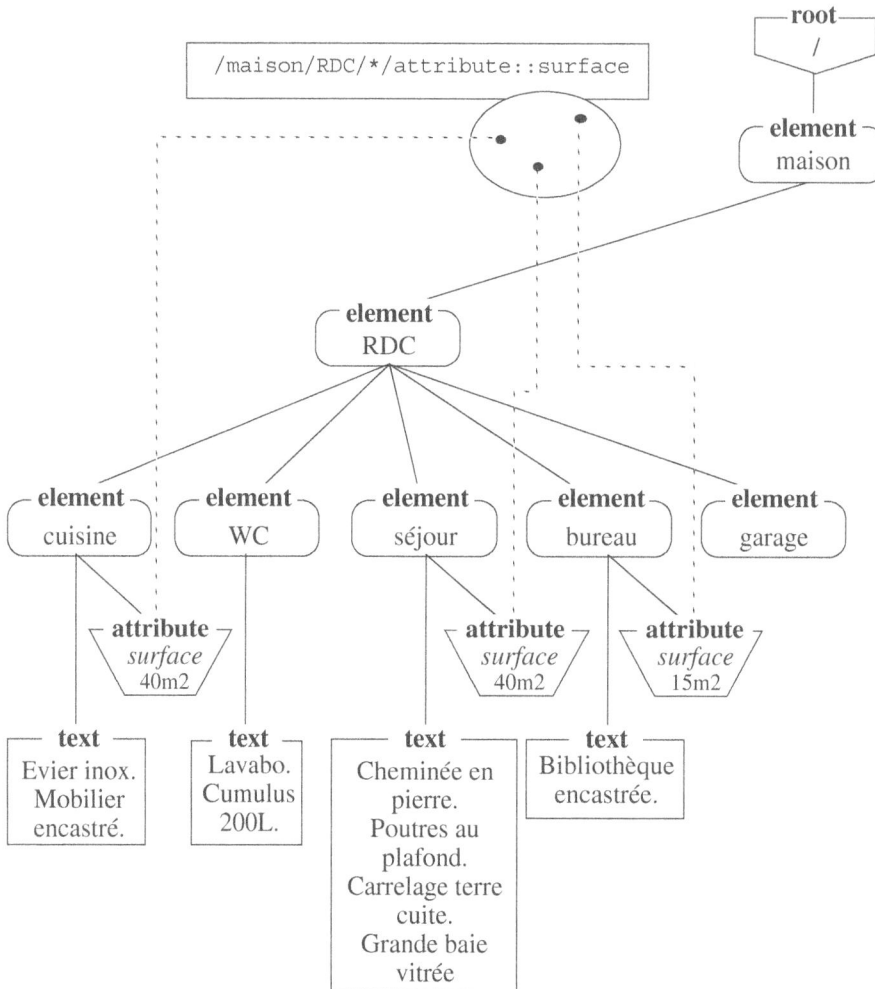

Figure 8-2

Un node-set d'attributs.

Le node-set ainsi constitué a bien trois éléments, parce qu'il y a bien trois attributs dans l'arbre XML. Que deux d'entre eux aient la même valeur textuelle ne change rien à l'affaire : il y a trois attributs, et rien ne peut détruire cette certitude.

Nous avons donc répondu à la première question, qui était de savoir ce qu'est la notion d'identité : deux nœuds d'un node-set sont identiques s'ils référencent le même nœud de l'arbre XML.

Mais la deuxième question reste en suspens : comment faire pour tester l'identité de deux nœuds ? Et nous venons d'ajouter une question supplémentaire : comment faire pour constituer un node-sets de surfaces, c'est-à-dire un node-set de nœuds de valeurs toutes différentes ?

C'est ce que nous allons voir maintenant.

Réalisation

Tests d'identité

Il n'y a que deux moyens de réaliser un test d'identité en XSLT : soit on emploie l'opérateur "|" (barre verticale) qui réalise l'union ensembliste de deux node-sets, soit on utilise la fonction prédéfinie generate-id(), qui comme son nom l'indique, retourne un identifiant pour le nœud qui lui est transmis (explicitement, ou implicitement si c'est le nœud contexte).

Pour simplifier et se concentrer sur le principe, on peut supposer que le test d'identité va s'appliquer à deux node-sets *NS1* (ne contenant qu'un seul nœud *n1*) et *NS2* (ne contenant qu'un seul nœud *n2*). Le test d'identité des nœuds *n1* et *n2* peut alors être appliqué aux node-sets *NS1* et *NS2*, chose indispensable en XSLT puisqu'on ne peut manipuler que des node-sets.

Tests d'identité

```
count( $NS1 | $NS2 ) = 1
generate-id( $NS1 ) = generate-id( $NS2 )
```

Le deuxième test est direct : generate-id() renvoie un identifiant sur le premier nœud du node-set qui lui est transmis ; la spécification de cette fonction garantit que si les identifiants sont égaux (en tant que chaînes de caractères), alors les nœuds transmis sont confondus.

Le premier test est un peu plus tordu, mais constitue une expression XPath idiomatique : si *NS1* et *NS2*, deux singletons, ont une réunion dont le cardinal reste égal à 1, c'est qu'ils contiennent le même élément (au sens de l'identité que nous avons vu plus haut), c'est-à-dire qu'ils partagent le même élément (voir figure 8-1).

Dans la même veine, on a le test d'appartenance vu à la section *Appartenance et test d'inclusion*, page 44 (*$N* représente un node-set ne contenant que le nœud dont l'appartenance à *$NS* est à tester) :

Tests d'appartenance

```
count( $N | $NS ) = count( $NS )
```

Node-set de valeurs toutes différentes

Méthode du preceding-sibling

Pour le node-set de surfaces, c'est un peu plus compliqué. En toute logique, il faudrait exprimer le node-set sous forme d'une expression XPath qui dise quelque chose du genre :

```
/maison/RDC/*/attribute::surface[
    la valeur textuelle de . n'existe pas déjà dans le node-set en construction
```

> **Remarque**
>
> Ne pas oublier que dans cette expression, le « . » représente le nœud contexte de l'évaluation du prédicat : c'est donc tour à tour chacun des nœuds de l'ensemble /maison/RDC/*/attribute::surface. Pour chacun de ces nœuds, on teste si sa valeur textuelle etc., etc. : si oui, on garde le nœud dans le node-set en construction, sinon, on le rejette.

Malheureusement, une telle expression n'est pas traduisible en XPath, parce qu'il n'y a aucun moyen de référencer le node-set en cours de construction. Il faut contourner le problème en trouvant une façon de dire la même chose sans parler de node-set en construction :

```
/maison/RDC/*/attribute::surface[
    la valeur textuelle de . n'existe pas déjà dans un certain node-set NS
]
```

Cette expression est cette fois traduisible en XPath, mais le problème reste entier : comment trouver le node-set *NS* ? En trichant un peu, on peut arriver à en trouver un. En effet les nœuds portant les attributs surface sont tous des enfants d'un élément unique <RDC> (si tant est qu'il n'y ait pas plusieurs rez-de-chaussée dans une même maison, et qu'il n'y ait pas plusieurs éléments <maison> accrochés à la racine).

Donc dans l'évaluation du prédicat ci-dessus, le nœud contexte se déplace de proche en proche sur des nœuds surface qui sont portés par des éléments de l'axe child::*, donc *des éléments qui sont sélectionnés dans l'ordre de lecture du document*.

La solution qu'on peut alors tenter de mettre en œuvre découle de la remarque suivante : puisque les éléments sont sélectionnés dans l'ordre de lecture du document, les éléments *déjà* traités dans l'évaluation du prédicat sont ceux qui se trouvent dans le node-set preceding-sibling::* relatif à l'élément en cours de test. Avec cette idée, la pseudo-expression XPath ci-dessus devient :

```
/maison/RDC/*[ la valeur textuelle de ./attribute::surface n'existe pas déjà dans
 preceding-sibling::*/attribute::surface ]/attribute::surface
```

Ce qui donne, en bon XPath :

Création d'un node-set de surfaces toutes différentes

```
/maison/RDC/*[ not( ./@surface = preceding-sibling::*/@surface ) ]/@surface
```

Là encore, cette expression, quoiqu'un peu complexe, est assez idiomatique. On la retrouve sous diverses formes, notamment dans les transformations XSLT comportant des *regroupements* (voir *Pattern n° 14 – Regroupements*, page 474).

A chaque fois, on exploite la propriété selon laquelle un élément se trouvant dans `preceding-sibling::*` se trouve aussi nécessairement dans le node-set en cours de construction, ce qui donne une approximation du node-set en cours de construction.

A noter que la construction d'un node-set d'au plus *n* éléments, avec ce genre de prédicat, est une opération pouvant demander *n(n-1)/2* comparaisons dans les cas les moins favorables, parce que plus on avance, plus il y a du monde derrière, et donc plus l'exploration de `preceding-sibling::*` est longue.

Méthode du regroupement par clé

Une autre méthode existe pour établir un tel node-set. Cette méthode a été inventée par Steve Muench, de la société Oracle (quelqu'un de très actif dans le domaine de XSLT). L'idée est de partir de node-sets obtenus par la fonction `key()`, appliquée à une clé regroupant les valeurs identiques, comme indiqué sur la figure 8-3.

Si, dans la situation schématisée par la figure 8-3, on appelle la fonction `key()` avec « 40m^2 » comme deuxième argument, on obtient en retour un node-set d'attributs dont les valeurs textuelles sont toutes égales à « 40m^2 » ; de plus il est certain que ce groupe de surfaces contient toutes les surfaces de « 40m^2 » (il n'en manque aucune).

Pour obtenir le node-set des surfaces toutes différentes, il suffit donc de prendre un et un seul nœud dans chaque groupe de surfaces, c'est-à-dire le premier nœud de chaque groupe (s'il y a un premier, pourquoi pas lui ? et s'il n'y en a pas, c'est que le groupe est vide).

On part donc d'une déclaration de clé, comme ceci :

```
<xsl:key name="groupesdeSurfacesParValeurs"
         match="attribute::surface"
         use="." />
```

Ensuite, on veut récolter des surfaces ; on va donc écrire :

```
//attribute::surface
```

ce qui récolte toutes les surfaces. Un nœud `attribute` de ce node-set ne doit être gardé que s'il s'identifie au premier nœud `attribute` renvoyé par :

```
key('groupesdeSurfacesParValeurs', la valeur textuelle du nœud testé)
```

Or la valeur textuelle du nœud testé est tout simplement la valeur textuelle de `"."`, puisqu'on est en train d'établir un prédicat :

```
key('groupesdeSurfacesParValeurs', .)
```

Le premier nœud du node-set renvoyé par cette expression est donc :

```
key('groupesdeSurfacesParValeurs', .)[1]
```

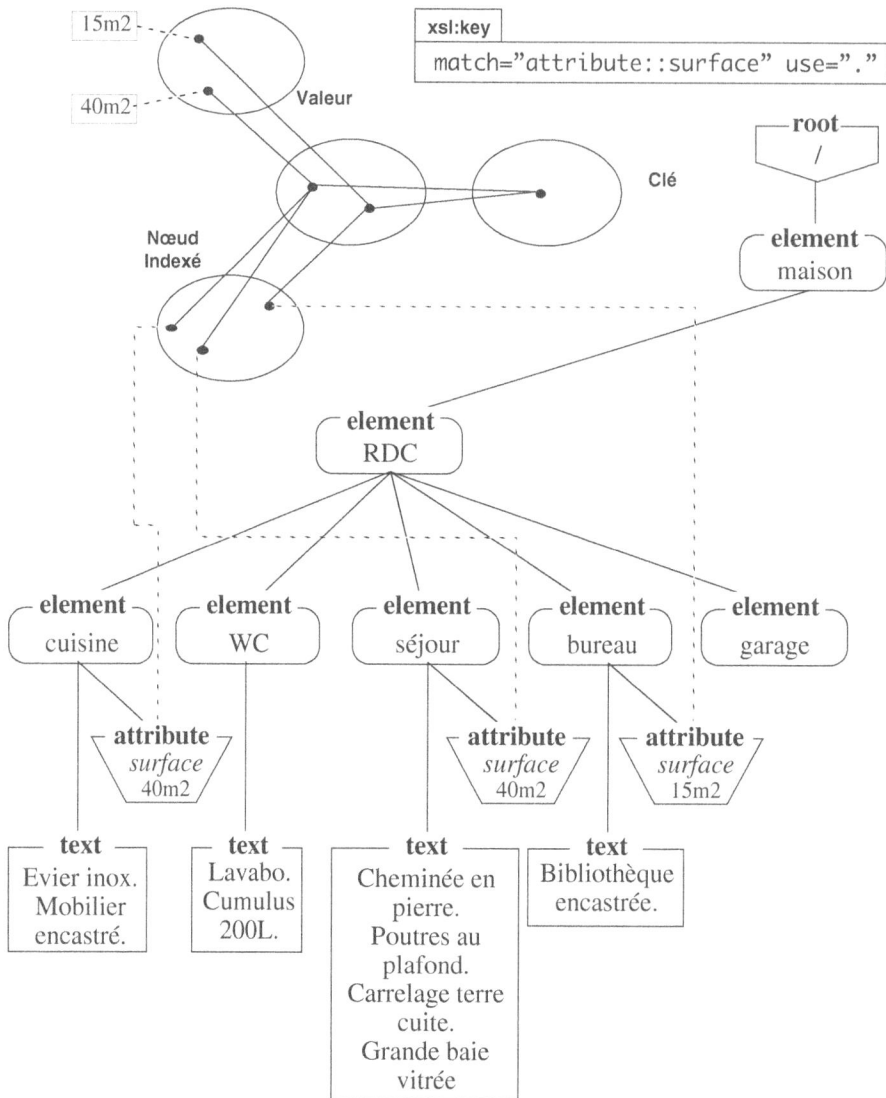

Figure 8-3

Regroupement de valeurs par clé.

Ce qui donne un prédicat de la forme :

```
//attribute::surface[
    . s'identifie à ( key('groupesdeSurfacesParValeurs', .)[1] )
]
```

On est donc maintenant ramené à un problème d'identification (ou de test d'identité), problème que l'on sait résoudre (voir ci-dessus) ; nous choisissons ici la méthode par appel de la fonction generate-id() :

Création d'un node-set de surfaces toutes différentes

```
//attribute::surface[
      generate-id() =
      generate-id(
         key('groupesdeSurfacesParValeurs', .)[1]
      )
   ]
```

9

Patterns de transformation

Les patterns de transformation, à l'inverse des patterns de programmation, constituent des buts en soi. Ceci ne veut pas dire qu'une feuille de style n'aura jamais d'autre but que celui mis en œuvre au travers du pattern, mais plutôt qu'une feuille de style qui ne mettrait en œuvre qu'un de ces patterns pourrait tout de même faire quelque chose de sensé.

Comme pour les patterns de programmation, il ne s'agit pas ici de constituer un catalogue exhaustif. Il est même probable que la mise en évidence de nouveaux patterns se fera plus pour des patterns de transformation que pour des patterns de programmation.

Pattern n° 10 – Copie non conforme

Motivation

Nous avons donné beaucoup d'exemples (voir *Sémantique*, page 325) de l'utilisation de l'instruction xsl:copy, mais peut-être avez vous pensé qu'ils n'étaient pas forcément très utiles dans la pratique. En effet, à quoi sert de recopier à l'identique un document XML vers un autre ?

En fait, cela n'est pas si inutile que cela, car avec xsl:copy, il est possible de régler finement le moment où la copie s'arrête pour laisser place à la variante. Il est ainsi possible d'obtenir une copie d'un fragment XML, qui n'est pas exactement identique à l'original, mais *légèrement* différente.

Par ailleurs, si nous avons donné beaucoup d'exemples, c'était pour illustrer les différents cas possibles de comportement de l'instruction xsl:copy en fonction du type de nœud courant. Mais il est possible d'écrire une copie générique, qui marche dans tous les cas.

Donc, avant de voir une copie non conforme, voyons tout d'abord une copie conforme générique. Il évident, par ailleurs, qu'une copie conforme se fait très simplement avec `xsl:copy-of` ; mais pour évoluer vers une copie non conforme, il faut partir d'une copie conforme utilisant `xsl:copy` et non pas `xsl:copy-of`.

Ensuite nous verrons l'intérêt qu'il peut y avoir à obtenir un document *presque* identique à l'original, et comment réaliser cela.

Copie conforme générique

Commençons par considérer la règle suivante :

```
<xsl:template match="*">
    <xsl:copy>
        <xsl:apply-templates/>
    </xsl:copy>
</xsl:template>
```

C'est une règle récursive, puisque elle s'applique à tout élément, et qu'elle sera donc sélectionnée pour traiter les nœuds rassemblés en une nouvelle liste par `<xsl:apply-templates/>`.

Une des premières choses dont il faut donc s'inquiéter, c'est de savoir si la récursion a des chances de s'arrêter, ou si elle est infinie. Clairement, la récursion s'arrête si la liste de nœuds constituée par `<xsl:apply-templates/>` est vide. Cela peut-il se produire ? Oui, puisque les nœuds en question sont les enfants directs du nœud courant. Si donc le nœud courant est une feuille de l'arbre XML, la récursion s'arrête.

La règle montrée ci dessus exprime donc la définition récursive suivante :

La recopie d'un élément, c'est :

```
la copie de cet élément
    à laquelle on accroche :
        - la recopie du premier enfant
        - la recopie du deuxième,
        - ...
        - la recopie du dernier enfant,
        - ou rien s'il n'y a pas d'enfant.
```

Ceci constitue donc l'idée de base pour réaliser une copie conforme et en profondeur d'un élément. Mais ce n'est pas suffisant, car l'élément peut avoir des attributs, qui dans la règle ci-dessus, sont ignorés. Comme en XML, un attribut n'est pas un enfant, les attributs ne sont donc pas pris en compte par cette règle.

Mais il suffit d'y penser, et de demander la recopie des attributs :

La recopie d'un élément, c'est :

```
la copie de cet élément
    à laquelle on accroche :
```

```
        - la recopie des attributs s'il y en a,
        - la recopie des enfants s'il y en a.
```

Mais du coup, si l'on fait ça, la règle est incomplète, car on y demande la recopie des attributs, alors qu'on définit la recopie d'élément, mais pas celle d'attribut. Là encore, c'est très simple de corriger :

la recopie d'un élément ou d'un attribut, c'est :

```
la copie de cet élément ou de cet attribut
    à laquelle on accroche :
        - la recopie des attributs s'il y en a,
        - la recopie des enfants s'il y en a.
```

Si cette règle s'applique à un attribut, elle dit que la recopie d'un attribut, c'est la copie de cet attribut, suivie de la recopie de ses attributs ou de ses enfants. Mais un attribut n'a ni attribut ni enfant ; la recopie d'un attribut se résume donc à la copie de cet attribut, ce qui ma foi semble assez satisfaisant pour l'esprit.

Traduite en XSLT, cette règle devient :

```
<xsl:template match="child::*|attribute::*">
    <xsl:copy>
        <xsl:apply-templates select="attribute::*"/>
        <xsl:apply-templates select="child::*"/>
    </xsl:copy>
</xsl:template>
```

Notons que `child::*` est la forme longue de `"*"`, et que `<xsl:apply-templates select="child::*"/>` sélectionne moins de types de nœuds que `<xsl:apply-templates/>`. En effet, ce sont tous les enfants du nœud courant qui sont sélectionnés par l'instruction `xsl:apply-templates`, pas seulement ceux qui sont des éléments, mais aussi les textes, les commentaires et les processing-instructions.

Mais la façon dont la règle est écrite, ci-dessus, renforce le parallèle avec la définition en langue naturelle telle qu'on l'a établie.

Note

Il faut remarquer ici que l'ordre relatif des deux instructions `xsl:apply-templates` est important, car il faut se rappeler ici qu'il est interdit d'accrocher un attribut à un nœud si on a déjà commencé à accrocher des enfants (voir *Règle XSLT typique*, page 291).

Est-on arrivé à la forme définitive de cette règle ? Pas tout à fait. Pour l'instant nous traitons les éléments et les attributs, mais il y a d'autres types de nœuds possibles : le type `text`, le type `namespace`, le type `comment`, le type `processing-instruction`, et le type `root`.

Nous avons vu (voir *Copie d'un nœud de type element*, page 326 et *Copie d'un nœud de type namespace*, page 338) qu'un nœud de type namespace est copié automatiquement par l'instruction `<xsl:copy>` appliquée à un élément, il n'est donc pas nécessaire de s'occuper explicitement des domaines nominaux. De même (voir *Copie du nœud de type root*, page 339), la racine root de l'arbre XML du résultat est créée automatiquement, sans qu'il y ait besoin de s'en occuper. Restent les textes, les commentaires et les processing-instructions. Leur point commun, c'est qu'ils sont chacun nécessairement enfant d'un élément.

Si le nœud courant est un élément, l'instruction `<xsl:apply-templates select="child::*"/>` ne sélectionne que des éléments (voir *Le déterminant est une **, page 55). Mais l'instruction `<xsl:apply-templates select="child::node()"/>` (ou plus simplement `<xsl:apply-templates"/>`), sélectionne tous les nœuds qui peuvent être des enfants du nœud courant : c'est exactement cela qu'il nous faut, puisque seront compris les commentaires, les textes, et les processing-instructions. Mais si on les sélectionne, encore faut-il que la règle les accepte en entrée ; il faut donc aussi modifier en conséquence l'attribut match :

```
<xsl:template match="child::node()|attribute::*">
    <xsl:copy>
        <xsl:apply-templates select="attribute::*"/>
        <xsl:apply-templates select="child::node()"/>
    </xsl:copy>
</xsl:template>
```

Cette règle est maintenant correcte, mais on peut la simplifier légèrement :

```
<xsl:template match="child::node()|attribute::*">
    <xsl:copy>
        <xsl:apply-templates select="child::node() | attribute::*"/>
    </xsl:copy>
</xsl:template>
```

Note

On peut toutefois s'interroger sur le bien-fondé de cette simplification. En effet on a maintenant l'union de deux node-sets, ce qui donne un nouveau node-set, dans lequel sont mélangés des attributs, des éléments, des textes, etc. Or un node-set n'est pas ordonné ; on peut donc craindre que les nœuds ne soient pas traités dans le bon ordre (i.e. les attributs avant les éléments). En fait, il n'y pas de problème ici, car `xsl:apply-templates` traite les nœuds du node-set renvoyé par le select dans l'ordre de lecture du document. Or l'ordre de lecture du document est parfaitement spécifié, (voir *Représentation graphique*, page 50), et stipule que pour un élément donné, les attributs viennent avant les enfants. Donc ici, nous retombons sur nos pieds, et nous sommes sûrs que les attributs (s'il y en a) seront traités avant les autres nœuds.

La dernière petite touche que l'on peut apporter à cette règle, c'est de la rendre plus sûre à utiliser dans des contextes différents :

```
<xsl:template match="child::node()|attribute::*" mode="copie">
    <xsl:copy>
        <xsl:apply-templates select="attribute::*" mode="copie"/>
        <xsl:apply-templates select="child::node()" mode="copie"/>
    </xsl:copy>
</xsl:template>
```

Cette fois, on a une règle qui n'est activée que si on précise le mode « copie » ; elle peut donc coexister pacifiquement avec d'autres règles ayant un motif similaire, mais des transformations complètement différentes.

Mais il peut aussi arriver que l'on ait besoin que la copie soit conforme par défaut, sauf pour certains éléments que l'on équipe d'une règle spécifique. Dans ce cas, la copie ne doit pas être lancée autoritairement sur tel élément particulier, elle doit se lancer toute seule quand il n'y a aucune autre règle éligible.

Un exemple de cette idée se trouve mis en œuvre aux sections *Pattern n° 8 – Utilisation d'une structure de données auxiliaire*, page 422 et *Pattern n° 18 – Localisation d'une application*, page 533.

Cela peut très simplement se faire ainsi :

```
<xsl:template match="child::node()|attribute::*" priority="-10">
    <xsl:copy>
        <xsl:apply-templates select="attribute::*" />
        <xsl:apply-templates select="child::node()" />
    </xsl:copy>
</xsl:template>
```

En affectant une priorité extrêmement faible à cette règle, on est sûr qu'elle ne sera sélectionnée que si le processeur XSLT n'a vraiment rien d'autre à se mettre sous la dent.

Terminons par une remarque concernant le degré de conformité d'une copie conforme : le point de vue est ici celui du parseur XML, non celui de l'œil humain. En particulier, il est impossible *a priori* de discerner deux documents XML qui ne diffèrent que de la façon dont sont écrits les attributs (avec des guillemets ou des apostrophes), ou les textes contenant des caractères interdits comme "<" ou "&" (avec des <![CDATA[<]]> ou avec des <).

Copie presque conforme

Nous partons ici d'un document XML contenant du XHTML généré par Docbook.

> **Note**
>
> Docbook est une DTD associée à des feuilles de style XSLT pour rédiger des articles, des livres, et plus générale-ment de la documentation. Les feuilles de style XSLT produisent du HTML ou du FO, lequel donne du PS ou du PDF avec des processeurs FO adéquats (voir *http://docbook.org*).

doc.xml

```
<?xml version="1.0" encoding="UTF-16"?>
<html>
    <head>
        <meta http-equiv="Content-Type" content="text/html; charset=UTF-16"/>
        <title>Génération de la documentation avec Docbook</title>
```

```
        <link rel="stylesheet" href="..css" type="text/css"/>
        <meta name="generator" content="DocBook XSL Stylesheets V0"/>
    </head>
    <body bgcolor="white" text="black" link="#0000FF" vlink="#840084" alink="#0000FF">
        <div class="article"> <div class="titlepage">
            <div> <h1 class="title">
                <a name="d0e1"></a>Génération de la documentation avec Docbook
                </h1>
            </div>
        </div>
        <p>Toutes ces modifications se trouvent dans le fichier principal
        <tt xmlns="http://www.w3.org/TR/xhtml1/transitional"
            class="filename">C:\DocBook\RunDocBook\extensions\verbatim.java</tt>,
            qui a finalement l'allure suivante:

        <table xmlns="http://www.w3.org/TR/xhtml1/transitional"
            border="1" bgcolor="#E0E0E0">
        <caption align="right" class="listingTitle">verbatim.java</caption>
        <tr><td>
            <pre class="programlisting">
// ici listing de programme Java</pre>
        </td></tr>
        </table>
        </p>
        <!-- ... suite du fichier sans importance ... -->
    </div>
    </body>
</html>
```

Le vrai problème que nous nous posons ici, c'est de modifier le listing qui se trouve entre les balises `<pre>` ... `</pre>` en remplaçant les tabulations initiales de chaque ligne de code par des séries de quatre espaces. Ceci parce que les navigateurs comptent en général huit espaces par tabulation, ce qui est beaucoup trop pour certains listings.

Traduit en terme de copie non conforme, cela veut dire que nous cherchons à faire une copie conforme du document, à ceci près que les éléments `<pre>` seront légèrement différents dans leur contenu.

Cependant, ce problème est curieusement difficile.

Non pas à cause de la copie en elle-même, qui repose sur ce qu'on vient de voir, ni à cause du remplacement de tabulations par des espaces, qui est simple à réaliser.

Ce problème est difficile parce que l'élément `<pre>` est un descendant de l'élément `<table>`, qui déclare un domaine nominal par défaut. Cette difficulté est donc complètement hors-sujet dans cette section, mais pour illustrer malgré tout cette notion de copie non conforme, nous allons supposer que nous voulons expurger la partie `<head>` pour ne garder que la balise `<title>`, tout le reste étant conservé intact.

<u>copie.xsl</u>

```
<?xml version='1.0' encoding='ISO-8859-1' ?>
<xsl:stylesheet xmlns:xsl="http://www.w3.org/1999/XSL/Transform"
                version='1.0'>

    <xsl:output  method='xml' indent="yes" encoding='ISO-8859-1' />

    <xsl:template match="/">
        <html>
            <xsl:apply-templates/>
        </html>
    </xsl:template>

    <xsl:template match="/html/head">
        <head>
            <xsl:apply-templates/>
        </head>
    </xsl:template>

    <xsl:template match="/html/head/*">
    </xsl:template>

    <xsl:template match="/html/head/title" priority="2">
        <xsl:apply-templates select="." mode="copie"/>
    </xsl:template>

    <xsl:template match="body">
        <xsl:apply-templates select="." mode="copie"/>
    </xsl:template>

    <xsl:template match="child::node() | attribute::*" mode="copie">
        <xsl:copy>
            <xsl:apply-templates select="@*" mode="copie"/>
            <xsl:apply-templates select="node()" mode="copie" />
        </xsl:copy>
    </xsl:template>

</xsl:stylesheet>
```

La copie est lancée sur deux éléments : <title> et <body> ; le reste est reconstruit à la main, et éventuellement modifié. Ici la non conformité de la copie est due à la règle <xsl:template match="/html/head/*"> ; cette règle annule tous les éléments enfants de <head>, sauf <title>, qui bénéficie d'une règle à part. On remarquera d'ailleurs la priorité 2 imposée à cette règle à part, pour éviter l'ambiguïté avec la règle d'annulation.

Le résultat obtenu est bien celui qu'on attendait.

Pattern n° 11 – Détection d'un élément avec domaine nominal par défaut

Motivation

La motivation est très simple : on veut écrire une transformation XSLT (peu importe laquelle) qui nécessite d'écrire une certaine règle pour un certain élément. En principe, il n'y a rien de plus facile à faire, il suffit d'écrire par exemple :

```
<xsl:template match="truc">
        ...
</xsl:template>
```

Le problème qui peut survenir est que dans le document source XML, l'élément `<truc>` soit associé à un domaine nominal par défaut.

La règle ci-dessus n'est alors jamais activée, car le motif utilisé, `truc`, concorde avec tout élément `<truc>` sans domaine nominal, mais pas avec un élément possédant un domaine nominal, qu'il soit explicite ou par défaut.

Une solution de contournement peut éventuellement être mise en place, comme ceci :

```
<xsl:template match="*[ local-name() = 'truc' ]">
        ...
</xsl:template>
```

Cela fonctionne, car `"*"` ramasse tout ce qui se trouve sur l'axe `child::`, et ensuite on filtre pour ne garder que les éléments dont le nom est égal à la chaîne `'truc'`.

Mais ce n'est pas extraordinaire comme style, car cette règle sera sélectionnée sur tout élément, puis presque toujours rejetée à cause du prédicat. Par ailleurs, on ne fait que contourner le problème, alors qu'on pourrait le résoudre.

Solution

La solution passe évidemment par l'écriture d'un motif qui concorde avec un élément `<truc>`, dans un certain domaine nominal par défaut.

Une chose est certaine, c'est que :

```
<xsl:template match="truc">
```

concorde avec tout élément `<truc>` qui n'est dans *aucun* domaine nominal.

Si l'on veut écrire un motif qui concorde avec un élément `<truc>` dans un certain domaine nominal, il faut absolument écrire quelque chose du genre :

```
<xsl:template match="xx:truc">
```

où xx représente un préfixe (ou abréviation) d'un certain domaine nominal.

Mais c'est précisément là que la difficulté surgit : si on ajoute un préfixe, le domaine nominal n'est plus « par défaut », penserez vous. Certes, mais où ? Parlons-nous d'un domaine nominal « par défaut » dans le programme XSLT, ou « par défaut » dans le document source XML ?

Un domaine nominal, cela reste un domaine nominal, qu'il soit par défaut ou non. C'est donc quelque chose du genre : `http://www.machinchose.fr/bidule`.

Si le document source se présente comme ceci :

```
<machin xmlns="http://www.machinchose.fr/bidule">
    <truc>
        ...
    </truc>
</machin>
```

l'élément `<truc>` a un domaine nominal par défaut.

Si le document source se présente comme cela :

```
<machin xmlns:xx="http://www.machinchose.fr/bidule">
    <xx:truc>
        ...
    </xx:truc>
</machin>
```

l'élément `<truc>` a un domaine nominal explicite.

Le point un peu subtil, mais ici essentiel pour obtenir la solution, c'est que dans les deux cas, *le domaine nominal peut très bien être le même, la seule différence résidant dans la façon de le dire.*

Donc une règle telle que :

```
<xsl:template match="xx:truc">
```

n'est pas une règle concordant avec

```
tout élément "truc" dont le préfixe est "xx"
```

mais avec

```
tout élément "truc" dont le domaine nominal est
http://www.machinchose.fr/bidule
```

en supposant que xx soit l'abréviation de ce domaine nominal.

La solution, pas très évidente, il faut bien le reconnaître, est donc de déclarer un domaine nominal explicite dans le programme XSLT, comme ceci :

```
<?xml version='1.0'?>
<xsl:stylesheet
    xmlns:xsl="http://www.w3.org/1999/XSL/Transform"

    xmlns:xx="http://www.machinchose.fr/bidule"
```

```
        version='1.0'>

    <!-- etc -->
```

puis d'écrire la règle en faisant mention du domaine nominal requis :

```
<xsl:template match="xx:truc">
        ...
</xsl:template>
```

Le document source XML est supposé être de la forme suivante :

```
<machin xmlns="http://www.machinchose.fr/bidule">
    <truc>
        ...
    </truc>
</machin>
```

Le motif de la règle ci-dessus concorde avec tout nœud <truc> dans le domaine nominal *http://www.machinchose.fr/bidule* ; or c'est précisément le cas de l'élément <truc> du fragment XML ci-dessus. Donc la règle s'appliquera bien à l'élément <truc> en question.

Note

Cette façon de résoudre le problème est tellement peu intuitivement évidente, qu'elle a fait l'objet d'une requête officielle d'amélioration pour la version XSLT 2.0. On pourra consulter, dans *http://www.w3.org/TR/xslt20req*, la section intitulée « 2.1 Must Allow Matching on Default Namespace Without Explicit Prefix ».

Exemple

Nous allons pouvoir revenir au problème de la copie non conforme dont il était question à la section *Copie presque conforme*, page 447, et arriver cette fois à une solution satisfaisante au problème posé. Rappelons qu'il s'agit de modifier légèrement le document XHTML produit par Docbook, en intervenant uniquement dans les balises <pre class= "programlisting">, afin de supprimer les tabulations initiales de chaque ligne, en les remplaçant par des séries de quatre espaces.

Voici tout d'abord un extrait du document XHTML à transformer :

doc.html

```
<html>
    <head>
        <meta http-equiv="Content-Type" content="text/html; charset=UTF-16"/>
        <title>Génération de la documentation avec Docbook</title>
        <link rel="stylesheet" href="..css" type="text/css"/>
        <meta name="generator" content="DocBook XSL Stylesheets V0"/>
    </head>
    <body bgcolor="white" text="black" link="#0000FF" vlink="#840084"
        alink="#0000FF">
```

```
    <div class="article"> <div class="titlepage">
        <div> <h1 class="title">
            <a name="d0e1"></a>Génération de la documentation avec Docbook
            </h1>
        </div>
    </div>

    <div class="sect1"> <div class="titlepage">
        <div> <h2 class="title" style="clear: both">
            <a name="d0e38"></a>1. Documentation avec docbook
            </h2>
        </div>
    </div>

    <div class="sect2"> <div class="titlepage">
        <div><h3 class="title">
            <a name="d0e46">
            </a>1.2. Description des principaux fichiers utiles
            </h3>
        </div>
    </div>

    <div class="sect3"> <div class="titlepage">
        <div> <h4 class="title">
            <a name="d0e231"></a>1.2.6. puratim.class
            </h4>
        </div>
    </div>
    <p>Toutes ces modifications se trouvent dans le fichier principal
    <tt xmlns="http://www.w3.org/TR/xhtml1/transitional"
    class="filename">C:.java</tt>,
        qui a finalement l'allure suivante:

<table xmlns="http://www.w3.org/TR/xhtml1/transitional"
        border="1" bgcolor="#E0E0E0">
<caption align="right" class="listingTitle">puratim.java</caption>
    <tr>
        <td>
            <pre  class="programlisting">
import java.io.*;
public class puratim {
    public static void main( String arg[] ) {
        try {
            FileInputStream fis = new FileInputStream( arg[0] );
            InputStreamReader isr = new InputStreamReader( fis, "UTF-16" );
            BufferedReader in = new BufferedReader( isr );
            ...
            line = in.readLine(); // la 2e ligne n'est pas recopiée
                                  // (c'est la référence au graphe)

            for(;;){
```

```
                        line = in.readLine();
                        if ( line == null ) break;
                        pw.println( line );
                }
                ...
        }
        ...
    }
}</pre>
</td>
</tr>
</table>
</p>

<p>A priori le service "Sécurité des réseaux" est au courant de ce problème,
qui devrait donc être résolu dans les jours qui viennent.
Lorsque ce sera le cas, on pourra supprimer ce fichier
<tt xmlns="http://www.w3.org/TR/xhtml1/transitional"
class="filename">puratim.class</tt>
</p>
                </div>
            </div>
        </div>
    </div>
    </body>
</html>
```

On voit que le problème de la détection d'un élément dans un domaine nominal par défaut va se poser ici, puisque l'élément `<pre ...>` fait partie de la descendance de `<table ...>`, qui déclare le domaine nominal par défaut `http://www.w3.org/TR/xhtml1/transitional`.

On va donc mettre en œuvre la solution indiquée plus haut ; cela consiste d'abord à déclarer un domaine nominal identique, identifié par une abréviation quelconque qui servira de préfixe. On écrira donc :

```
<?xml version='1.0'?>
<xsl:stylesheet
    xmlns:xsl="http://www.w3.org/1999/XSL/Transform"

    xmlns:dns="http://www.w3.org/TR/xhtml1/transitional"

    version='1.0'>

<!-- etc -->
```

Ensuite, puisque l'on veut tout copier à l'identique, sauf précisément les éléments `<pre class="programlisting">`, il va falloir écrire une règle spéciale pour ces éléments :

```
<xsl:template match="dns:pre">
    <pre class="programlisting">
    <xsl:call-template name="replace_first_tabs_on_all_lines">
```

```
        <xsl:with-param name="codeSource" select="." />
    </xsl:call-template>
    </pre>
</xsl:template>
```

La règle ci-dessus semble correcte. Et pourtant ... Nous ne sommes pas au bout de nos peines avec les domaines nominaux. Telle qu'indiquée, la règle est correcte, du moins dans l'expression du motif : c'est tout l'objet de la discussion de la section précédente. Le corps de la règle, par contre, va poser à nouveau problème ; voici ce que l'on va obtenir lorsque le modèle de transformation de cette règle sera instancié :

```
<pre
    xmlns=""
    xmlns:dns="http://www.w3.org/TR/xhtml1/transitional"
    class="programlisting">
import java.io.*;
public class puratim {
    public static void main( String arg[] ) {
    ...
}</pre>
```

Dans le document résultat généré, l'élément `<pre ...>` est défini avec un domaine nominal par défaut nul (`xmlns=""`) ; cela signifie que cet élément ne fait partie d'aucun domaine nominal par défaut.

On a de plus une définition du domaine nominal `http://www.w3.org/TR/xhtml1/transitional`, déjà déclaré dans l'élément `<table ...>`, mais comme domaine nominal par défaut, alors qu'ici, il est associé au préfixe `dns`. Pourquoi pas ? Après tout, ce qui compte, c'est que l'élément soit associé au bon domaine nominal ; que ce soit par le truchement d'un domaine nominal par défaut ou explicite, peu importe.

Oui, mais malheureusement, l'élément `<pre>` n'a pas de préfixe. Et comme il ne fait désormais plus partie d'aucun domaine nominal par défaut, `<pre>` n'est donc associé à aucun domaine nominal. En cela, la copie que nous avons réalisée est trop infidèle, car nous ne voulions pas modifier quoi que ce soit aux domaines nominaux, mais seulement faire sauter les tabulations.

Cette fois, cependant, le problème n'est pas difficile à identifier et à corriger ; c'est la règle que nous avons écrite qui est incorrecte, car elle utilise l'élément littéral sans le préfixe `dns`. Or, dans le programme XSLT, *il n'y a pas de domaine nominal par défaut* ; ainsi, un élément littéral, comme `<pre>`, qui apparaît sans préfixe, est un élément sans domaine nominal. Le processeur XSLT a donc généré une déclaration d'annulation de domaine nominal (sous la forme `xmlns=""`) afin d'obéir à nos ordres.

Le plus dur est peut-être de réaliser qu'on a *effectivement* donné cet ordre.

Ayant vu cela, la correction est immédiate :

```
<xsl:template match="dns:pre">
    <dns:pre class="programlisting">
    <xsl:call-template name="replace_first_tabs_on_all_lines">
        <xsl:with-param name="codeSource" select="." />
```

```
          </xsl:call-template>
        </dns:pre>
</xsl:template>
```

Avec cette règle corrigée, on obtiendra ceci :

```
<dns:pre
    xmlns:dns="http://www.w3.org/TR/xhtml1/transitional"
    class="programlisting">
import java.io.*;
public class puratim {
    public static void main( String arg[] ) {
    ...
}</dns:pre>
```

Cette fois, c'est bon, le document résultat est identique au document d'origine du point de vue du traitement des domaines nominaux. La seule différence, c'est que dans le document d'origine, l'élément <pre> est associé à un domaine nominal par défaut, alors que dans le document résultat, il est associé à un domaine nominal explicite. Mais comme dans les deux cas, il s'agit du même domaine nominal, les deux documents sont équivalents du point de vue XML.

Le programme XSLT est celui-ci (les modèles nommés réalisant la suppression effective des tabulations ne sont pas montrés, car ils sont hors-sujet pour ce qui nous occupe actuellement) :

tabsToSpaces.xsl

```
<?xml version='1.0'?>
<xsl:stylesheet xmlns:xsl="http://www.w3.org/1999/XSL/Transform"
                xmlns:dns="http://www.w3.org/TR/xhtml1/transitional"
                version='1.0'>

    <xsl:output  method='html' encoding='ISO-8859-1' />

    <xsl:template name="replace_first_tabs_on_all_lines">
        ...
    </xsl:template>


    <xsl:template match="/">
        <xsl:apply-templates mode="copie"/>
    </xsl:template>

    <xsl:template match="dns:pre" mode="copie">
        <xsl:comment>Dans pre[@class='programlisting]'</xsl:comment>
        <dns:pre class="programlisting">
        <xsl:call-template name="replace_first_tabs_on_all_lines">
            <xsl:with-param name="codeSource" select="." />
        </xsl:call-template>
        </dns:pre>
```

```
    </xsl:template>

    <xsl:template match="child::node() | attribute::*" mode="copie">
        <xsl:copy>
            <xsl:apply-templates select="@*" mode="copie"/>
            <xsl:apply-templates select="node()" mode="copie" />
        </xsl:copy>
    </xsl:template>

</xsl:stylesheet>
```

Et voici maintenant le résultat obtenu (la présentation a été remaniée pour les besoins de la mise en page) :

docSansTabs.html

```
<html>
    <head>
        <meta http-equiv="Content-Type" content="text/html; charset=ISO-8859-1">
        <meta http-equiv="Content-Type" content="text/html; charset=UTF-16">
        <title>G&eacute;n&eacute;ration de la documentation avec Docbook</title>
        <link rel="stylesheet" href="..css" type="text/css">
        <meta name="generator" content="DocBook XSL Stylesheets V0">
    </head>
    <body bgcolor="white" text="black" link="#0000FF" vlink="#840084"
            alink="#0000FF">
        <div class="article">
            <div class="titlepage">
                <div>
                    <h1 class="title">
                    <a name="d0e1"></a>
                    G&eacute;n&eacute;ration de la documentation avec Docbook
                    </h1>
                </div>
            </div>

            <div class="sect1">
                <div class="titlepage">
                    <div>
                        <h2 class="title" style="clear: both">
                        <a name="d0e38"></a>1. Documentation avec docbook
                        </h2>
                    </div>
                </div>

                <div class="sect2">
                    <div class="titlepage">
                        <div>
                            <h3 class="title">
                            <a name="d0e46"></a>
                            1.2. Description des principaux fichiers utiles
```

```
                              </h3>
                          </div>
                      </div>

                  <div class="sect3">
                      <div class="titlepage">
                          <div>
                              <h4 class="title">
                              <a name="d0e231"></a>1.2.6. puratim.class
                              </h4>
                          </div>
                      </div>
<p>Toutes ces modifications se trouvent dans le fichier principal
<tt xmlns="http://www.w3.org/TR/xhtml1/transitional"
    class="filename">C:.java</tt>,
    qui a finalement l'allure suivante:

 <table xmlns="http://www.w3.org/TR/xhtml1/transitional"
        border="1" bgcolor="#E0E0E0">
    <caption align="right" class="listingTitle">puratim.java</caption>
    <tr>
        <td>
<!--Dans pre[@class='programlisting]'-->
<dns:pre
        xmlns:dns="http://www.w3.org/TR/xhtml1/transitional"
        class="programlisting">
import java.io.*;
public class puratim {
 public static void main( String arg[] ) {
     try {
         FileInputStream fis = new FileInputStream( arg[0] );
         InputStreamReader isr = new InputStreamReader( fis, "UTF-16" );
         BufferedReader in = new BufferedReader( isr );
         ...
         line = in.readLine(); // la 2&deg; ligne n'est pas recopi&eacute;e
                               // (c'est la r&eacute;f&eacute;rence au graphe)
         for(;;){
             line = in.readLine();
             if ( line == null ) break;
             pw.println( line );
         }
         ...
     }
     ...
 }
}
</dns:pre>
        </td>
    </tr>
 </table>
</p>
```

```
<p>A priori le service "S&eacute;curit&eacute; des r&eacute;seaux"
est au courant de ce probl&egrave;me, qui devrait donc &ecirc;tre
r&eacute;solu dans les jours qui viennent. Lorsque ce sera le cas,
on pourra supprimer ce fichier
<tt xmlns="http://www.w3.org/TR/xhtml1/transitional"
    class="filename">puratim.class</tt>
</p>
                </div>
            </div>
        </div>
      </div>
    </body>
</html>
```

Si l'on compare maintenant le document original et celui obtenu, on constate des différences de présentation, et d'encodage des caractères non Ascii, mais aucune différence de structure XML. On a les même éléments, avec les mêmes attributs et les mêmes domaines nominaux. La suppression des tabulations n'est pas visible ici, mais ce n'est pas vraiment le sujet qui nous a donné du travail. On pourra toutefois trouver une discussion spécifique sur ce sujet à la section *Exemple*, page 402.

Finalement, on voit que ce n'est pas forcément si évident que ça de réaliser une copie presque conforme d'un document utilisant les domaines nominaux. Mais les solutions à mettre en œuvre, pour ces problèmes de domaines nominaux, sont assez génériques ; elles sont donc parfaitement réutilisables dans d'autres circonstances, sans rapport avec des copies presque conformes.

Pattern n° 12 – Références croisées inter fichiers

Motivation

Les problèmes de références croisées sont très fréquents en XSLT ; ce sont des problèmes où, pour traiter une information *A*, il faut en déduire une information *B*, puis rechercher cette information *B*, éventuellement dans un autre document, qui donne accès à une information *C*. On peut alors présenter côte à côte les informations *A* et *C*.

S'il y a beaucoup d'informations *A* à traiter, le point critique est la recherche de *B* dans tout un document, car cette recherche est multipliée par le nombre de *A* à traiter.

Une solution efficace consiste alors à indexer les informations *A* par les informations *B*, en utilisant le couple `instruction xsl:key/fonction key()`.

Nous allons montrer cela sur un exemple mettant en œuvre deux fichiers source XML.

Pour cela nous reprenons l'exemple que nous avions vu à la section *Exemple*, page 307. Nous avions un fichier `codesPlages.xml` contenant des informations sur des codes utilisés par ailleurs :

<u>codesPlages.xml</u>

```xml
<?xml version="1.0" encoding="ISO-8859-1"?>
<codes>

    <artistes>
        <artiste id="cplu" name="Christine Plubeau"/>
        <artiste id="nspt" name="Noëlle Spieth"/>
        <artiste id="eblq" name="Eric Bellocq"/>
        <artiste id="fmrt" name="Frédéric Martin"/>
        <artiste id="oded" name="Odile Edouard"/>
        <artiste id="fech" name="Freddy Eichelberger"/>
        <artiste id="dsmp" name="David Simpson"/>
    </artistes>

    <instruments>
        <instrument id="vdg" name="Viole de gambe"/>
        <instrument id="clv" name="Clavecin"/>
        <instrument id="thb" name="Théorbe"/>
        <instrument id="vl1" name="Violon baroque"/>
        <instrument id="vl2" name="Violon baroque"/>
        <instrument id="org" name="Orgue positif"/>
        <instrument id="vlc" name="Violoncelle baroque"/>
    </instruments>

</codes>
```

Par ailleurs, nous avions un fichier XML contenant des descriptions de plages de CD, mis en place dans ce même exemple, et modifié par la suite pour illustrer le principe de numérotation des nœuds (voir *Exemple*, page 350).

<u>PlagesCD.xml</u>

```xml
<?xml version="1.0" encoding="ISO-8859-1"?>
<plages>

    <plage No="1" vdg="cplu" clv="nspt"
                  thb="eblq" vl1="fmrt"
                  vl2="oded" org="fech"> Grave </plage>

    <plage No="2" thb="eblq"
                  clv="nspt" vl1="fmrt"
                  vl2="oded" vlc="dsmp"> Presto / Prestissimo </plage>

    <plage No="3" vdg="cplu" clv="nspt"
                  thb="eblq" vl1="fmrt"
                  vl2="oded"> Adagio </plage>

    <plage No="4" thb="eblq" vdg="cplu"
                  clv="nspt" vl1="fmrt"
```

```
                vlc="dsmp"
                org="fech"> Presto Récit de basse </plage>

</plages>
```

Ce fichier indique, pour chaque plage, la distribution sous forme d'attributs dont les noms sont des codes d'instruments, et les valeurs sont des codes d'artistes. Tous ces codes ont leur traduction en clair dans le fichier codesPlages.xml. Il s'agit maintenant d'écrire une transformation XSLT qui permette d'obtenir le fichier suivant (qui, mis en forme, pourrait figurer dans la pochette du disque, puisqu'il donne pour chaque artiste, les numéros de plages où il intervient, et l'instrument dont il joue) :

Résultat attendu

```
------------------------------------
Christine Plubeau
1 3 4 Viole de gambe
------------------------------------
Noëlle Spieth
1 2 3 4 Clavecin
------------------------------------
Eric Bellocq
1 2 3 4 Théorbe
------------------------------------
Frédéric Martin
1 2 3 4 Violon baroque
------------------------------------
Odile Edouard
1 2 3 Violon baroque
------------------------------------
Freddy Eichelberger
1 4 Orgue positif
------------------------------------
David Simpson
2 4 Violoncelle baroque
```

Puisque l'on veut un fichier où les informations soient classées artiste par artiste, il semble logique de considérer que le fichier codesPlages.xml sera le fichier principal, et l'autre le fichier secondaire. Le cheminement peut alors se faire comme ceci :

1) Partant d'un <artiste>, on a son id (par exemple *cplu*) et son nom (*Christine Plubeau*).

2) Connaissant l'id *cplu* on va rechercher dans le fichier PlagesCD.xml toutes les <plage> qui ont un attribut dont la valeur est *cplu*, ce qui permet d'afficher les numéros de plages.

2) Puis ayant l'une de ces plages, il faut noter le nom de l'attribut dont la valeur correspond à la valeur cherchée (*cplu* dans l'exemple), ce qui nous donne le code de l'instrument joué (*vdg*, en l'occurrence).

2) Enfin, ayant ce code, on revient dans le document source principal, où l'on recherche un instrument dont le code correspond, et il n'y a plus qu'à afficher le nom de cet instrument.

Réalisation

La première chose à faire est de mettre en place une table d'association qui va donner des `<plage>`, connaissant des `id` d'artistes.

Or, dans le fichier `PlagesCD.xml`, les `id` d'artistes ne sont pas référencés par des attributs dont le nom est fixé ; il suffit qu'on ajoute un nouvel instrument, pour que cela donne un nouveau nom d'attribut, dont la valeur est un `id` d'artiste. La clé sera donc déclarée ainsi :

```
<xsl:key name="PlagesParCodesArtistes"
        match="plage" use="attribute::*" />
```

Comme l'attribut `use` est une expression renvoyant un node-set, chaque valeur textuelle de chaque nœud de ce node-set va jouer le rôle de valeur de clé ; une fois construite, la table va donc avoir l'allure représentée à la figure 9-1.

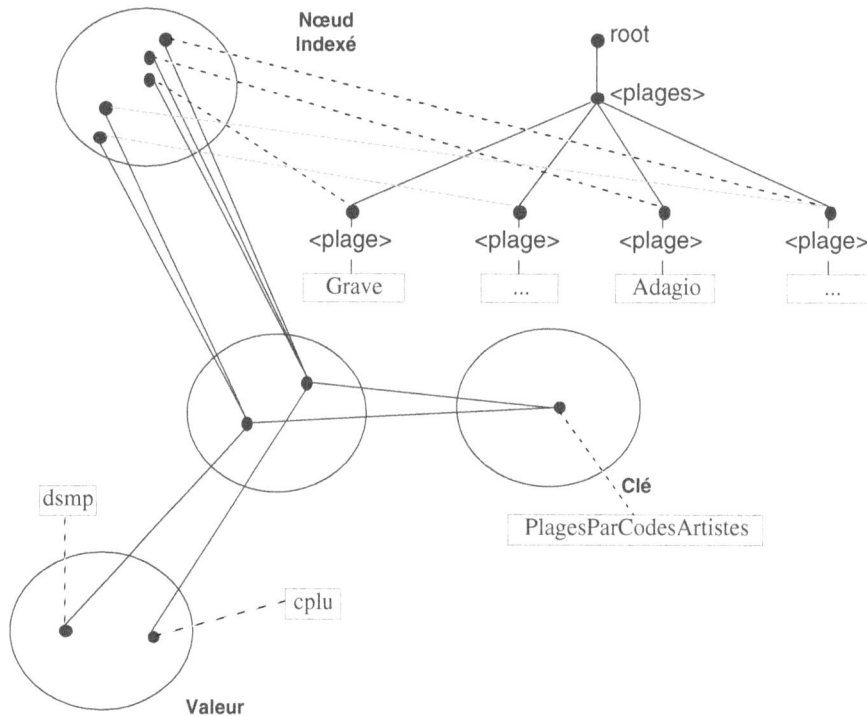

Figure 9-1

Plages par codes artistes.

De même, il va nous falloir une clé pour avoir un `<instrument>` connaissant son `id` :

```
<xsl:key name="InstrumentsParCodesInstruments"
         match="instrument" use="attribute::id" />
```

> **Note**
>
> On pourrait ici utiliser la fonction `id()`, qui renvoie l'élément dont l'identifiant est égal à une valeur donnée. Néanmoins, on ne le fait pas, car la manipulation d'identifiant est plus lourde : il faut déclarer l'attribut correspondant du type prédéfini ID, ce qui de fait, oblige à équiper le fichier XML d'une DTD. Une clé apporte ici beaucoup plus de souplesse, en nous affranchissant complètement de l'obligation d'une DTD.

Ceci étant, on peut commencer à coder la transformation. Le but étant de lister des artistes, on va donc partir du fichier `codesPlages.xml`, et traiter les éléments `<artiste>` :

```
<xsl:template match="artiste">
<xsl:template match="artiste">

    <xsl:call-template name="instancier-NomArtiste">
        <xsl:with-param name="nomArtiste" select="@nom"/>
    </xsl:call-template>

    <xsl:call-template name="instancier-NosPlagesAvecCetArtiste">
        <xsl:with-param name="codeArtiste" select="@id"/>
    </xsl:call-template>

    <xsl:call-template name="instancier-NomInstrumentDeCetArtiste">
        <xsl:with-param name="codeArtiste" select="@id"/>
    </xsl:call-template>

</xsl:template>

</xsl:template>
```

Il s'agit maintenant de déterminer les trois modèles nommés.

Instanciation du nom de l'artiste

Il n'y a pas de difficulté particulière ici :

```
<xsl:template name="instancier-NomArtiste">
    <xsl:param name="nomArtiste"/>
    -------------------------------------
    <xsl:value-of select="$nomArtiste"/>
    <xsl:call-template name="instancier-sautLigne"/>
</xsl:template>
```

Instanciation des Nos de plages

Il faut maintenant construire la table associée à la clé `PlagesParCodesArtistes`, construction qui doit se faire en explorant le fichier XML auxiliaire `PlagesCD.xml`. C'est la fonction `key()` qui réalise cette tâche, et on sait que l'arbre exploré est celui qui contient le nœud contexte de l'évaluation de l'expression contenant l'appel. Pour explorer l'arbre XML du document contenu dans `PlagesCD.xml`, il faut donc placer le nœud contexte de cet appel quelque part dans cet arbre. La racine n'étant pas un plus mauvais endroit qu'un autre, on peut donc obtenir l'effet désiré en écrivant :

```
<xsl:template name="instancier-NosPlagesAvecCetArtiste">
    <xsl:param name="codeArtiste"/>

    <xsl:for-each select="document('PlagesCD.xml')">

        <!--
            ici le nœud contexte est la racine de l'arbre XML du document
            contenu dans PlagesCD.xml, car la fonction document() renvoie
            un node-set ne contenant que la racine du document demandé.
        -->

    </xsl:for-each>

</xsl:template>
```

En mettant l'appel à `key( "PlagesParCodesArtistes", $codeArtiste )` à la place du commentaire ci-dessus, on va donc construire une table d'après le bon fichier XML.

Mais cet appel est susceptible de renvoyer plusieurs nœuds, puisqu'un même artiste peut intervenir pour plusieurs plages du CD. Il faut donc explorer un par un les nœuds renvoyés, avec un `xsl:for-each` , dans lequel le nœud contexte est à nouveau changé, et passe tour à tour sur chaque `<plage>` renvoyée :

```
<xsl:template name="instancier-NosPlagesAvecCetArtiste">
    <xsl:param name="codeArtiste"/>

    <xsl:for-each select="document('PlagesCD.xml')">
        <xsl:for-each select='key( "PlagesParCodesArtistes",
                                   $codeArtiste )'>
            <xsl:value-of select="./attribute::No"/>
            <xsl:text> </xsl:text>
        </xsl:for-each>
    </xsl:for-each>

</xsl:template>
```

Instanciation des noms d'instruments

Si l'on connaît le code instrument, un appel à

```
key( "InstrumentsParCodesInstruments", $codeInstrument )
```

renvoie l'`<instrument>` cherché. Ici, l'arbre XML à explorer est celui du document source principal, donc en principe, le nœud contexte, quel qu'il soit, est dans cet arbre : inutile ici d'immerger l'appel à `key()` dans un `xsl:for-each` pour placer le nœud contexte dans le bon arbre XML. Ayant l'`<instrument>` cherché, il n'y a plus qu'à prendre la valeur de son attribut `nom` :

```
<xsl:template name="instancier-NomInstrumentDeCetArtiste">
    <xsl:param name="codeArtiste"/>
    <xsl:variable name="codeInstrument">
        <xsl:call-template name="instancier-codeInstrument">
            <xsl:with-param name="idArtiste" select="$codeArtiste"/>
        </xsl:call-template>
    </xsl:variable>

    <xsl:value-of select='key( "InstrumentsParCodesInstruments",
                                $codeInstrument )/attribute::nom' />

    <xsl:call-template name="instancier-sautLigne"/>
</xsl:template>
```

Le problème est donc d'obtenir le code instrument connaissant le code artiste. Un appel à

```
key( "PlagesParCodesArtistes", $idArtiste )
```

renvoie les plages où l'artiste intervient, à condition bien sûr que cet appel soit placé dans un xsl:for-each pour que le nœud contexte indique le bon arbre XML, comme à la section précédente (voir *Instanciation des Nos de plages*, page 463). Ayant l'ensemble des plages pour un artiste donné, on considère l'une d'elle, peu importe laquelle. La première est le choix le plus simple, car si cet ensemble n'est pas vide, on est sûr que la première existe :

```
<xsl:variable name="unePlageAvecCetArtiste"
                    select='key( "PlagesParCodesArtistes",
                                    $idArtiste )[1]' />
```

Ayant une plage, par exemple :

```
<plage No="3" vdg="cplu" clv="nspt"
            thb="eblq" vl1="fmrt"
                        vl2="oded"> Adagio </plage>
```

et connaissant le code artiste, par exemple "cplu", il faut en déduire le nom de l'attribut dont la valeur est "cplu" (ici vdg). Dans l'ensemble des attributs de la plage courante, il faut donc récupérer celui dont la valeur est celle du code artiste donné :

```
$unePlageAvecCetArtiste/attribute::*[ . = $idArtiste ]
```

Ayant l'attribut (qui est un nœud de type attribute), il n'y a plus qu'à appeler la fonction prédéfinie local-name qui va renvoyer son nom, correspondant au code instrument ; ce qui nous donne le modèle nommé d'instanciation de ce code instrument

```
<xsl:template name="instancier-codeInstrument">
    <xsl:param name="idArtiste"/>
    <xsl:for-each select="document('PlagesCD.xml')">
        <xsl:variable name="unePlageAvecCetArtiste"
                        select='key( "PlagesParCodesArtistes",
                                        $idArtiste )[1]' />
```

```
                    <xsl:value-of select="local-name(
                                        $unePlageAvecCetArtiste/attribute::*
                                        [ . = $idArtiste ] )" />

            </xsl:for-each>

        </xsl:template>
```

Programme complet

En réunissant tous les morceaux, on obtient finalement le programme suivant :

distribution.xsl

```xml
<?xml version="1.0" encoding="UTF-16"?>
<xsl:stylesheet
    xmlns:xsl="http://www.w3.org/1999/XSL/Transform"
    version="1.0">

    <xsl:output  method='text' encoding='ISO-8859-1' />

    <xsl:key name="PlagesParCodesArtistes"
            match="plage" use="attribute::*" />

    <xsl:key name="InstrumentsParCodesInstruments"
            match="instrument" use="attribute::id" />

    <xsl:variable name="racinePlages" select="document('plagesCD.xml')" />


    <!-- ========================================= -->
    <xsl:template name="instancier-NomArtiste">
        <xsl:param name="nomArtiste"/>

        <xsl:text>-----------------------------------</xsl:text>
        <xsl:call-template name="instancier-sautLigne"/>

        <xsl:value-of select="$nomArtiste"/>
        <xsl:call-template name="instancier-sautLigne"/>
    </xsl:template>


    <!-- ========================================= -->
    <xsl:template name="instancier-NosPlagesAvecCetArtiste">
        <xsl:param name="codeArtiste"/>

        <xsl:for-each select="$racinePlages">
            <xsl:for-each select='key( "PlagesParCodesArtistes",
                                    $codeArtiste )'>
                <xsl:value-of select="@No"/>
                <xsl:text> </xsl:text>
            </xsl:for-each>
```

```
            </xsl:for-each>

    </xsl:template>


    <!-- ========================================= -->
    <xsl:template name="instancier-NomInstrumentDeCetArtiste">
        <xsl:param name="codeArtiste"/>
        <xsl:variable name="codeInstrument">
            <xsl:call-template name="instancier-codeInstrument">
                <xsl:with-param name="idArtiste" select="$codeArtiste"/>
            </xsl:call-template>
        </xsl:variable>

        <xsl:value-of select='key( "InstrumentsParCodesInstruments",
                                    $codeInstrument )/attribute::nom' />

        <xsl:call-template name="instancier-sautLigne"/>
    </xsl:template>


    <!-- ========================================= -->
    <xsl:template name="instancier-codeInstrument">
        <xsl:param name="idArtiste"/>
        <xsl:for-each select="$racinePlages">
            <xsl:variable name="unePlageAvecCetArtiste"
                          select='key( "PlagesParCodesArtistes",
                                       $idArtiste )[1]' />

            <xsl:value-of select="local-name(
                                    $unePlageAvecCetArtiste/attribute::*
                                    [ . = $idArtiste ] )" />

        </xsl:for-each>

    </xsl:template>

    <!-- ========================================= -->
    <xsl:template name="instancier-sautLigne">
        <xsl:text>
</xsl:text>
    </xsl:template>


    <!-- ========================================= -->
    <xsl:template match="artiste">

        <xsl:call-template name="instancier-NomArtiste">
            <xsl:with-param name="nomArtiste" select="@nom"/>
        </xsl:call-template>
```

```
        <xsl:call-template name="instancier-NosPlagesAvecCetArtiste">
            <xsl:with-param name="codeArtiste" select="@id"/>
        </xsl:call-template>

        <xsl:call-template name="instancier-NomInstrumentDeCetArtiste">
            <xsl:with-param name="codeArtiste" select="@id"/>
        </xsl:call-template>

    </xsl:template>


    <!-- ========================================= -->
    <xsl:template match="text()"/>


</xsl:stylesheet>
```

Pattern n° 13 – Génération d'hyper liens

Motivation

Dans la section précédente (voir *Pattern n° 12 – Références croisées inter fichiers*, page 459), il s'agissait de suivre des références en passant de fichier en fichier ; ici le problème est de générer des hyper-liens. Typiquement, en HTML, ces hyper liens seront des paires `<a name="...">` `<a href="...">`. Si HTML est cité ici en exemple, c'est uniquement parce que les balises `<a>` sont bien connues ; mais le problème est exactement le même pour n'importe quel texte où l'on doit émettre des références à d'autres parties du document, et se résout de la même façon.

On se restreint ici à un seul document, mais si l'on voulait émettre des références de type `<a href="...">` vers un autre document, il suffirait de combiner les idées mises en œuvre dans cette section, avec celles de la section précédente (*Pattern n° 12 – Références croisées inter fichiers*, page 459).

L'idée de base, ici, est d'utiliser la fonction `generate-id()` pour obtenir une chaîne de caractères qui pourra servir d'identifiant pour une ancre référençable.

Une autre idée est que nous sommes ici dans un domaine où la notion de clé d'indexation a des chances d'être utile.

Prenons par exemple ce fichier XML :

Saison.xml

```
<?xml version="1.0" encoding="UTF-16"?>
<Saison>

    <Période> Automne 1999 </Période>
```

```
        <Manifestations>
            <Concert>
                <Organisation> Anacréon </Organisation>
                <Date>Samedi 9 octobre 1999 <Heure> 20H30 </Heure> </Date>
                <Lieu>Chapelle des Ursules</Lieu>
            </Concert>
            <Théâtre>
                <Organisation> Masques et Lyres </Organisation>
                <Date>Mardi 19 novembre 1999 <Heure> 21H </Heure> </Date>
                <Lieu>Salle des Cordeliers</Lieu>
            </Théâtre>
            <Théâtre>
                <Organisation> Masques et Lyres </Organisation>
                <Date>Mercredi 20 novembre 1999 <Heure> 21H30 </Heure> </Date>
                <Lieu>Salle des Cordeliers</Lieu>
            </Théâtre>
        </Manifestations>

        <Adresse>
            <Lieu>Chapelle des Ursules</Lieu>
            9, rue des Ursules - 49000 Angers
        </Adresse>

        <Adresse>
            <Lieu>Salle des Cordeliers</Lieu>
            1, rue des Prévoyants de l'avenir - 49000 Angers
        </Adresse>

</Saison>
```

On veut obtenir une version HTLM de ce document, avec un lien actif de chaque lieu vers son adresse. Donc, arrivé sur un `<Lieu>` de concert ou de théâtre, il faut référencer le `<Lieu>` correspondant, enfant de `<Adresse>`. Pour cela, il faut chercher, parmi les enfants d'éléments `<Adresse>`, un `<Lieu>` dont la valeur textuelle soit la même que celle de l'élément `<Lieu>` courant. A ce `<Lieu>` ainsi trouvé, on associera un identifiant par la fonction `generate-id()`, et cet identifiant servira ensuite de référence pour les balises `<a>`.

Si les références à émettre sont peu nombreuses, et le document à traiter peu volumineux, cela peut rester acceptable de rechercher le `<Lieu>` parmi les `<Adresse>` à chaque fois qu'on a besoin d'émettre un `<a href="...">`. Mais dans le cas contraire, il est beaucoup plus efficace de construire une clé d'indexation des `<Lieu>`.

Réalisation avec recherche par clé

La clé est ici à construire en récoltant des `<Lieu>` enfants d'éléments `<Adresse>`, en prenant la valeur textuelle du `<Lieu>` comme valeur de clé :

```
<xsl:key name="lieux" match="Adresse//Lieu" use="." />
```

Les ancres à générer sont soit de la forme `<a href="...">`, soit de la forme `<a name="...">`. Dans les deux cas, l'attribut sera égal à #abc, ou abc est une chaîne de caractères caractéristique, fournie par la fonction generate-id().

Donc, connaissant la valeur littérale d'un lieu, par exemple Chapelle des Ursules, on recherche le `<Lieu>` correspondant par la fonction key(). Le résultat est nécessairement un node-set à un et un seul élément : on transmet donc cet élément à generate-id(), et la valeur renvoyée va constituer la fin de la référence (le début étant le caractère '#'). Par exemple,

```
<a name="#{generate-id(key('lieux', 'Chapelle des Ursules'))}">
```

génère la balise HTML :

```
<a name="#d0e56">
```

La valeur d0e56 n'est pas prédictible, bien sûr ; ici, c'est un exemple obtenu avec Saxon.

Remarquez la façon dont le descripteur de valeur différée d'attribut est employé : "#{...}. Après le guillemet, la valeur de l'attribut commence par un '#'. Ensuite vient le descripteur, introduit par le caractère '{'. Le descripteur est évalué, et sa valeur vient s'ajouter au '#' déjà pris en compte. On aurait éventuellement pu tout calculer dans le descripteur :

```
<a name="{concat('#', generate-id(key('lieux', 'Chapelle des Ursules')))}">
```

Un programme possible de traitement de ce fichier XML est donc le suivant :

Saison.xsl

```
<?xml version="1.0" encoding="UTF-16"?>
<xsl:stylesheet
    xmlns:xsl="http://www.w3.org/1999/XSL/Transform"
    version="1.0">

    <xsl:output  method='html' encoding='ISO-8859-1' />

    <xsl:key name="lieux" match="Adresse//Lieu" use="." />


    <xsl:template match="/">
        <html>
            <head>
                <title>Programme Saison
                    <xsl:value-of
                    select="/Saison/Période"/>
                </title>
            </head>
            <body bgcolor="white" text="black">
                <xsl:apply-templates/>
            </body>
        </html>
    </xsl:template>
```

```
<xsl:template match="Saison">
    <xsl:apply-templates select="Manifestations"/>
    <H3>Adresses :</H3>
    <xsl:apply-templates select="Adresse"/>
</xsl:template>

<xsl:template match="Concert|Théâtre">
    <H3><xsl:value-of select="local-name(.)"/> </H3>
    <p>Date : <xsl:value-of select="Date"/> <br/>
        Lieu : <a href="#{generate-id(key('lieux', ./Lieu))}">
                <xsl:value-of select="Lieu"/>
                </a>
    </p>
</xsl:template>

<xsl:template match="Adresse">
    <p><a name="#{generate-id(key('lieux', ./Lieu))}">
        <xsl:value-of select="Lieu"/>
        </a>
        <br/>
        <xsl:value-of select="./child::text()[2]"/>
    </p>
</xsl:template>

<xsl:template match="text()"/>
```

```
</xsl:stylesheet>
```

On notera la façon d'obtenir le texte associé à une adresse :

```
<xsl:value-of select="./child::text()[2]"/>
```

Le texte utile est le deuxième, car le premier n'est composé que d'espaces blancs : ce sont les espaces blancs situés entre la fin de la balise `<Adresse>` et le début de la balise `<Lieu>`.

Une alternative serait d'utiliser l'instruction `<xsl:strip-space>` qui supprime tous les nœuds text ne contenant que des espaces blancs. Cette solution est meilleure dans la mesure où elle évite d'avoir à gérer l'invisible. Nous la mettrons en œuvre dans la variante de la prochaine section, à titre de comparaison.

Le résultat obtenu avec Saxon est donné ci-dessous (les valeurs d'ancres dépendent du processeur utilisé) ; voir aussi la figure 9-2.

Saison.html

```
<html>
    <head>
        <meta http-equiv="Content-Type" content="text/html; charset=ISO-8859-1">

        <title>Programme Saison  Automne 1999 </title>
```

```
      </head>
      <body bgcolor="white" text="black">
         <H3>Concert</H3>
         <p>Date : Samedi 9 octobre 1999  20H30  <br>
                Lieu : <a href="#d0e56">Chapelle des Ursules</a></p>
         <H3>Th&eacute;&acirc;tre</H3>
         <p>Date : Mardi 19 novembre 1999  21H  <br>
                Lieu : <a href="#d0e62">Salle des Cordeliers</a></p>
         <H3>Th&eacute;&acirc;tre</H3>
         <p>Date : Mercredi 20 novembre 1999  21H30  <br>
                Lieu : <a href="#d0e62">Salle des Cordeliers</a></p>
         <H3>Adresses :</H3>
         <p><a name="#d0e56">Chapelle des Ursules</a><br>
                9, rue des Ursules - 49000 Angers

         </p>
         <p><a name="#d0e62">Salle des Cordeliers</a><br>
                1, rue des Pr&eacute;voyants de l'avenir - 49000 Angers

         </p>
      </body>
   </html>
```

Figure 9-2

Rendu HTML du fichier Saison.html

Réalisation avec recherche par expression XPath

Il n'y a pas de difficulté particulière à utiliser une expression XPath pour rechercher un lieu de même valeur textuelle que le lieu courant ; le seul petit problème est l'écriture du prédicat où l'on a besoin à la fois du nœud contexte et du nœud courant. Nous avons déjà rencontré ce problème et vu comment le résoudre : reportez-vous à la fin de la section *Exemple*, page 187.

Le programme est donné ci-dessous ; le résultat est exactement identique au précédent.

L'instruction `<xsl:strip-space elements="*" />` permet de supprimer de l'arbre XML les nœuds `text` ne contenant des espaces blancs ; en conséquence, l'instruction `<xsl:value-of select="./child::text()"/>` est maintenant beaucoup plus naturelle que dans la version précédente.

Saison.xsl

```
<?xml version="1.0" encoding="UTF-16"?>
<xsl:stylesheet
    xmlns:xsl="http://www.w3.org/1999/XSL/Transform"
    version="1.0">

    <xsl:output  method='html' encoding='ISO-8859-1' />
    <xsl:strip-space elements="*" />

    <xsl:template match="/">
        <html>
            <head>
                <title>
                    Programme Saison
                    <xsl:value-of select="/Saison/Période"/>
                </title>
            </head>
            <body bgcolor="white" text="black">
                <xsl:apply-templates/>
            </body>
        </html>
    </xsl:template>

    <xsl:template match="Saison">
        <xsl:apply-templates select="Manifestations"/>
        <H3>Adresses :</H3>
        <xsl:apply-templates select="Adresse"/>
    </xsl:template>

    <xsl:template match="Concert|Théâtre">
        <H3><xsl:value-of select="local-name(.)"/> </H3>
        <p>Date : <xsl:value-of select="Date"/> <br/>
           Lieu : <a href="#{generate-id(/Saison/Adresse/Lieu
                                      [ . = current()/Lieu ]
                          )}">
```

```
                    <xsl:value-of select="Lieu"/>
                    </a>
        </p>
    </xsl:template>

    <xsl:template match="Adresse">
        <p><a name="#{generate-id(./Lieu)}">
            <xsl:value-of select="Lieu"/>
            </a><br/>
            <xsl:value-of select="./child::text()"/>
        </p>
    </xsl:template>

    <xsl:template match="text()"/>


</xsl:stylesheet>
```

Pattern n° 14 – Regroupements

Motivation

Le regroupement est un problème très fréquent dans les transformations XSLT. Il se pose à chaque fois que le document XML à traiter contient des informations disséminées ici et là, mais ayant toutes un point commun (par exemple, des villes, qui font toutes partie d'un pays ; des instrumentistes, qui jouent tous d'un certain instrument ; des pièces (de maisons), qui ont toutes une certaine surface, etc.). Il y a plusieurs sortes de regroupements, qui dépendent de ce qu'on veut obtenir, et du point de vue adopté pour décider du point commun à considérer.

Dans un regroupement par valeur, le problème consiste à produire un document résultat dans lequel par exemple les villes sont regroupées par pays, les instrumentistes par instrument, les pièces par surface, etc.

Dans un regroupement positionnel, le but est de rassembler des éléments dont les positions (au sein d'une certaine liste) sont identiques d'un certain point de vue. Par exemple, on a une liste de villes, et on veut les regrouper trois par trois.

Enfin, une dernière catégorie de regroupement est la restauration hiérarchique de documents XML. Il s'agit ici de reconstituer la structure hiérarchique d'un document XML qui a été « aplati » pour une raison quelconque. Un exemple de document plat a déjà été rencontré (voir le fichier `company.xml`, à la section *Exemple plus évolué*, page 275) ; la restauration hiérarchique d'un tel document consisterait à reconstituer un vrai document XML :

Fichier aplati

```
<?xml version="1.0" encoding="UTF-16" ?>
<table name="COMPANY">
```

```
NOACA<tab/>CHAR(6)<br/>
LSACA1<tab/>VARCHAR2(35)<br/>
CCPAA1<tab/>NUMBER(4)<br/>
LAACA1<tab/>VARCHAR2(35)<br/>
URL<tab/>VARCHAR2(40)<br/>
STATRAT<tab/>VARCHAR2(1)<br/>
</table>
```

Fichier restauré

```
<?xml version="1.0" encoding="UTF-16" ?>
<table name="COMPANY">
    <field>
        <name>NOACA</name>
        <type>CHAR(6)</type>
    </field>
    <field>
        <name>LSACA1</name>
        <type>VARCHAR2(35)</type>
    </field>
    etc.
</table>
```

> **Remarque**
>
> La future version 2.0 de XSLT devrait inclure des possibilités pour spécifier des regroupements, parce que tout le monde s'accorde à reconnaître que les regroupements ne sont pas simples à programmer, alors qu'ils font partie du quotidien.

Regroupements par valeur ou par position

D'une façon générale, on peut dire qu'on a identifié un problème de regroupement par valeur quand les deux conditions suivantes sont réunies :

1) L'arbre XML contient certains nœuds N d'un certain type pour lesquels on dispose (au moins conceptuellement) d'une certaine fonction *valeur*, telle que valeur(N) renvoie un résultat qu'on peut appeler la *valeur de N*. Suivant ce point de vue, la valeur d'un ville, c'est son pays ; la valeur d'un instrumentiste, c'est son instrument ; et la valeur d'une pièce, c'est sa surface.

2) Le document résultat doit contenir les nœuds N regroupés par valeurs identiques.

Un regroupement par position est en fait un cas particulier du précédent, où la valeur d'un élément est liée à sa position au sein d'une certaine liste. La position étant donnée par un nombre entier, la valeur d'un élément, dans ce cas, est donc numérique. Par exemple, si l'on à une liste de villes à regrouper trois par trois, on prendra pour valeur d'une ville le tiers de sa position dans cette liste, de telle sorte que chaque groupe de trois soit constitué de villes de même valeur.

Dans son principe, la solution consiste à procéder en deux étapes :

- **Etape 1 :** on commence par constituer l'ensemble *NVD* des nœuds de type *T* de valeurs toutes différentes.

- **Etape 2 :** on parcourt **(2a)** l'ensemble *NVD*, et pour chaque nœud (ayant une certaine valeur *v*) de cet ensemble, on sélectionne **(2b)** l'ensemble des nœuds de type *T* de l'arbre XML qui ont *v* pour valeur : ces nœuds sont regroupés par valeur.

L'étape 1 est donc une étape de constitution d'un ensemble de valeurs toutes différentes ; or nous avons déjà vu comment résoudre ce problème (voir *Node-set de valeurs toutes différentes*, page 438). La méthode de Steve Muench est particulièrement recommandée ici, car elle est basée sur la construction d'une clé, qui va aussi servir dans l'étape 2, en rendant sa mise en œuvre particulièrement simple.

Des pièces regroupées par surface habitable (regroupement par valeur d'attributs)

Nous allons continuer le même exemple qu'à la section *Node-set de valeurs toutes différentes*, page 438, afin de pouvoir reprendre la réalisation obtenue par la méthode de la clé.

Le fichier XML à traiter est le suivant :

maisons.xml

```
<?xml version="1.0" encoding="UTF-16" standalone="yes"?>
<maisons>
    <maison id="1">
        <RDC>
            <cuisine surface='40m2'>
                Evier inox. Mobilier encastré.
            </cuisine>
            <WC>
                Lavabo. Cumulus 200L.
            </WC>
            <séjour surface='40m2'>
                Cheminée en pierre. Poutres au plafond.
                Carrelage terre cuite. Grande baie vitrée.
            </séjour>
            <bureau surface='15m2'>
                Bibliothèque encastrée.
            </bureau>
            <garage/>
        </RDC>
        <étage>
            <terrasse>Palmier en zinc figurant le désert.</terrasse>
            <chambre surface='28m2' fenêtre='3'>
                Carrelage terre cuite poncée.
                <alcôve surface='8m2' fenêtre='1'>
                    Lambris.
                </alcôve>
```

```
                    </chambre>
                    <chambre surface='15m2'>
                        Lambris.
                    </chambre>
                    <salleDeBains surface='15m2'>
                        Douche, baignoire, lavabo.
                    </salleDeBains>
            </étage>
        </maison>
        <maison id="2">
            <RDC>
                    <cuisine surface='28m2'>
                        en ruine.
                    </cuisine>
                    <garage/>
            </RDC>
            <étage>
                    <terrasse>
                        vue sur la mer
                    </terrasse>
                    <salleDeBains surface='15m2'>
                        Douche.
                    </salleDeBains>
            </étage>
        </maison>
        <maison id="3">
            <RDC>
                    <séjour surface='40m2'>
                        paillasson à l'entrée
                    </séjour>
            </RDC>
            <étage>
                    <chambre surface='28m2'>
                        porte cochère.
                    </chambre>
            </étage>
        </maison>
</maisons>
```

Le fichier que l'on souhaite obtenir est celui-ci :

pieces.xml

```
<?xml version="1.0" encoding="ISO-8859-1"?>
<piecesParSurfaces>

    <pieces surface="40m2">
        <cuisine idMaison="1">Evier inox. Mobilier encastré.</cuisine>
        <séjour idMaison="1">Cheminée en pierre. Poutres au plafond.
                            Carrelage terre cuite. Grande baie vitrée.</séjour>
        <séjour idMaison="3">paillasson à l'entrée</séjour>
    </pieces>
```

```
    <pieces surface="15m2">
      <bureau idMaison="1">Bibliothèque encastrée.</bureau>
      <chambre idMaison="1">Lambris.</chambre>
      <salleDeBains idMaison="1">Douche, baignoire, lavabo.</salleDeBains>
      <salleDeBains idMaison="2">Douche.</salleDeBains>
    </pieces>

    <pieces surface="28m2">
      <chambre idMaison="1">Carrelage terre cuite poncée.</chambre>
      <cuisine idMaison="2">en ruine.</cuisine>
      <chambre idMaison="3">porte cochère.</chambre>
    </pieces>

    <pieces surface="8m2">
      <alcôve idMaison="1">Lambris.</alcôve>
    </pieces>

</piecesParSurfaces>
```

La réalisation de l'étape 1 a déjà été faite, nous avions obtenu la clé :

```
<xsl:key name="groupesdeSurfacesParValeurs"
        match="attribute::surface"
        use="." />
```

et nous avions obtenu l'expression qui donne l'ensemble des valeurs toutes différentes :

Création d'un node-set de surfaces toutes différentes

```
//attribute::surface[
     generate-id() =
     generate-id(
        key('groupesdeSurfacesParValeurs', .)[1]
     )
  ]
```

La réalisation de l'étape 2 est très simple : il suffit de parcourir l'ensemble obtenu, ce qui va nous donner des valeurs toutes différentes, et ensuite, pour chaque valeur, d'exploiter la clé pour obtenir les nœuds possédant cette valeur.

maisons.xsl

```
<?xml version="1.0" encoding="UTF-16"?>
<xsl:stylesheet xmlns:xsl="http://www.w3.org/1999/XSL/Transform" version="1.0">

    <xsl:output  method='xml' encoding='ISO-8859-1' indent="yes" />

    <xsl:key name="groupesdeSurfacesParValeurs"
            match="attribute::surface"
            use="." />


    <!--
```

```
Etape 1 : constitution d'un ensemble de valeurs toutes différentes
================================================================= -->

 <xsl:variable name="lesDifférentesSurfaces"
            select="//attribute::surface[
                        generate-id() =
                        generate-id(
                            key('groupesdeSurfacesParValeurs', .)[1]
                        )
                    ]" />
<!--
================================================================= -->




<xsl:template match="/">
    <piecesParSurfaces>
        <!--
        Etape 2A : parcours des valeurs de cet ensemble
        ============================================= -->
        <xsl:for-each select="$lesDifférentesSurfaces" > <!--
        ============================================= -->

          <!--
            ici le nœud courant est un nœud attribute::surface
            -->

            <xsl:variable name="valeurCourante" select="." />

            <pieces surface="{$valeurCourante}">
                <!--
                Etape 2B : parcours des nœuds ayant cette valeur
                =============================================== -->
                <xsl:for-each select="key('groupesdeSurfacesParValeurs',
                                    $valeurCourante)" >     <!--
                =============================================== -->

                  <!--
                    ici le nœud courant est un nœud attribute::surface
                    -->

                    <xsl:variable name="pieceCourante"
                                select="./parent::node()" />

                    <xsl:element name="{local-name($pieceCourante)}">
                        <xsl:attribute name="idMaison">
                            <xsl:value-of select="
                            $pieceCourante/ancestor::maison/@id"/>
                        </xsl:attribute>
                        <xsl:value-of select="
                        normalize-space($pieceCourante/child::text())"/>
                    </xsl:element>
```

```
                </xsl:for-each>
            </pieces>
        </xsl:for-each>
    </piecesParSurfaces>
</xsl:template>


</xsl:stylesheet>
```

Le résultat obtenu est exactement celui montré ci-dessus (à part quelques sauts de lignes ajoutés pour la lisibilité).

Les villes regroupées par pays (regroupement par valeur d'attributs)

On suppose qu'on a un fichier XML donnant une liste de villes avec, pour chacune, son pays :

villes.xml

```xml
<?xml version="1.0" encoding="UTF-16" standalone="yes"?>
<Villes>
    <Ville nom="Paris" pays="France" />
    <Ville nom="Madrid" pays="Espagne" />
    <Ville nom="Milan" pays="Italie" />
    <Ville nom="Rome" pays="Italie" />
    <Ville nom="Angers" pays="France" />
    <Ville nom="Barcelone" pays="Espagne" />
    <Ville nom="Venise" pays="Italie" />
    <Ville nom="Cordoue" pays="Espagne" />
    <Ville nom="Naples" pays="Italie" />
</Villes>
```

On veut la liste des villes par pays. La méthode est exactement la même, bien que le fichier XML à traiter soit d'un structure assez différente :

villes.xsl

```xml
<?xml version="1.0" encoding="UTF-16"?>
<xsl:stylesheet xmlns:xsl="http://www.w3.org/1999/XSL/Transform" version="1.0">

    <xsl:output  method='text' encoding='ISO-8859-1' />

    <xsl:key name="groupesDePaysParNoms"
            match="attribute::pays"
            use="." />

    <!--
    Etape 1 : constitution d'un ensemble de valeurs toutes différentes
    ================================================================= -->
    <xsl:variable name="lesDifférentsPays"
                select="//attribute::pays[
                            generate-id() =
```

```
                                    generate-id(
                                        key('groupesDePaysParNoms', .)[1]
                                    )
                                ]" />
    <!--
    ================================================================ -->


    <xsl:template match="/">
        <!--
        Etape 2A : parcours des valeurs de cet ensemble
        ============================================== -->
        <xsl:for-each select="$lesDifférentsPays"> <!--
        ============================================== -->
          <!--
             ici le nœud courant est un nœud attribute::pays
             -->
        - <xsl:value-of select="."/> :
            <xsl:variable name="tousLesAttributsPaysDeMêmeValeur"
                          select="key('groupesDePaysParNoms', .)" />
            <!--
            Etape 2B : parcours des nœuds ayant cette valeur
            ======================================================= -->
            <xsl:for-each select="$tousLesAttributsPaysDeMêmeValeur"> <!--
            ======================================================= -->

              <!--
                 ici le nœud courant est un nœud attribute::pays
                 -->
                <xsl:variable name="laVilleCorrespondante"
                              select="./parent::node()" />
                . <xsl:value-of select="$laVilleCorrespondante/@nom"/>

            </xsl:for-each>
        </xsl:for-each>

    </xsl:template>

</xsl:stylesheet>
```

Résultat

```
        - France :

                . Paris
                . Angers

        - Espagne :

                . Madrid
                . Barcelone
                . Cordoue
```

```
                    - Italie :

                              . Milan
                              . Rome
                              . Venise
                              . Naples
```

Les instrumentistes regroupés par instruments (regroupement par valeur de nœuds *texte*)

Dans les deux exemples précédents, les valeurs servant de valeur de clé étaient des valeurs d'attributs. Ce n'est nullement une obligation : cet exemple va le montrer.

On part d'un fichier XML comme ceci :

Concert.xml

```xml
<?xml version="1.0" encoding="UTF-16" standalone="yes"?>

<Concert>

    <Entête> Les Concerts d'Anacréon </Entête>
    <Date>Mardi 11 Février 2003, 20H30</Date>
    <Lieu>Chapelle des Ursules</Lieu>

    <Ensemble> Hespèrion XXI </Ensemble>

    <Interprète>
        <Nom> Jordi Savall </Nom>
        <Instrument>Dessus de viole</Instrument>
    </Interprète>

    <Interprète>
        <Nom> Wieland Kuijken </Nom>
        <Instrument>Hautecontre de viole</Instrument>
    </Interprète>

    <Interprète>
        <Nom> Sophie Watillon </Nom>
        <Instrument>Hautecontre de viole</Instrument>
    </Interprète>

    <Interprète>
        <Nom> Sergi Casademunt </Nom>
        <Instrument>Ténor de viole</Instrument>
    </Interprète>

    <Interprète>
        <Nom> Sylvia Abramowicz </Nom>
        <Instrument>Basse de viole</Instrument>
    </Interprète>
```

```
<Interprète>
    <Nom> Marianne Muller </Nom>
    <Instrument>Basse de viole</Instrument>
</Interprète>

<Interprète>
    <Nom> Philippe Pierlot </Nom>
    <Instrument>Basse de viole</Instrument>
</Interprète>

<TitreConcert>
    Fantasias for the Viols (1680)
</TitreConcert>

<Compositeur>Henry Purcell</Compositeur>

</Concert>
```

Et on veut obtenir la distribution du concert, classée par instruments. Ici, les « valeurs » d'instruments sont leurs noms, qui ne sont pas des attributs, mais des nœuds texte.

distribution.xsl

```xml
<?xml version="1.0" encoding="UTF-16"?>
<xsl:stylesheet xmlns:xsl="http://www.w3.org/1999/XSL/Transform" version="1.0">

    <xsl:output  method='text' encoding='ISO-8859-1' />

    <xsl:key name="groupesInterprètesParInstruments"
            match="Instrument"
            use="." />


    <!--
    Etape 1 : constitution d'un ensemble de valeurs toutes différentes
    =============================================================== -->

     <xsl:variable name="lesDifférentsInstruments"
                select="//Instrument[
                            generate-id() =
                            generate-id(
                                key('groupesInterprètesParInstruments', .)[1]
                            )
                        ]" />
    <!--
    =============================================================== -->




    <xsl:template match="/">
```

```
<!--
Etape 2A : parcours des valeurs de cet ensemble
============================================== -->
<xsl:for-each select="$lesDifférentsInstruments" > <!--
============================================== -->

  <!--
    ici le nœud courant est un nœud <Instrument>
    -->

    <xsl:variable name="valeurCourante" select="." />

    - <xsl:value-of select="$valeurCourante"/>

    <!--
    Etape 2B : parcours des <Instrument> ayant cette valeur
    ================================================= -->
    <xsl:for-each select="key('groupesInterprètesParInstruments',
                              $valeurCourante)" >      <!--
    ================================================= -->

      <!--
        ici le nœud courant est un nœud <Instrument>
        -->

        <xsl:variable name="instrumentiste"
                      select="./parent::Interprète" />
        . <xsl:value-of select="$instrumentiste/Nom"/>
    </xsl:for-each>
  </xsl:for-each>
</xsl:template>


</xsl:stylesheet>
```

<u>Résultat</u>

```
        - Dessus de viole
            . Jordi Savall

        - Hautecontre de viole
            . Wieland Kuijken
            . Sophie Watillon

        - Ténor de viole
            . Sergi Casademunt

        - Basse de viole
            . Sylvia Abramowicz
            . Marianne Muller
            . Philippe Pierlot
```

Les villes trois par trois (regroupement positionnel)

Le problème est très simple : on a une liste de villes, et on veut les afficher sous la forme d'un tableau de trois colonnes par ligne. Nous reprenons donc le même fichier que celui qui a servi pour regrouper les villes par pays :

<u>**villes.xml**</u>

```
<?xml version="1.0" encoding="UTF-16" standalone="yes"?>
<Villes>
    <Ville nom="Paris" pays="France" />
    <Ville nom="Madrid" pays="Espagne" />
    <Ville nom="Milan" pays="Italie" />
    <Ville nom="Rome" pays="Italie" />
    <Ville nom="Angers" pays="France" />
    <Ville nom="Barcelone" pays="Espagne" />
    <Ville nom="Venise" pays="Italie" />
    <Ville nom="Cordoue" pays="Espagne" />
    <Ville nom="Naples" pays="Italie" />
</Villes>
```

Le fichier à obtenir est le suivant :

<u>**villes.html**</u>

```
<html>
    <head>
        <meta http-equiv="Content-Type" content="text/html; charset=ISO-8859-1">

        <title> Les villes </title>
    </head>
    <body text="black" bgcolor="white">
        <table>
            <tr>
                <td>Paris</td>
                <td>Madrid</td>
                <td>Milan</td>
            </tr>
            <tr>
                <td>Rome</td>
                <td>Angers</td>
                <td>Barcelone</td>
            </tr>
            <tr>
                <td>Venise</td>
                <td>Cordoue</td>
                <td>Naples</td>
            </tr>
        </table>
    </body>
</html>
```

Le principe n'est pas différent, malgré le fait que le regroupement soit ici positionnel : il suffit de se ramener à un point de vue dans lequel la valeur d'une ville est maintenant non plus son pays, mais sa position au sein de la fratrie des villes.

La première étape sera donc comme d'habitude de constituer une clé de regroupement par valeur.

```
<xsl:key name="lesVillesParPosition"
         match="Ville"
         use="??" />
```

Néanmoins, le problème est ici de définir la position de la ville courante, lors de l'évaluation de l'expression XPath fournie par l'attribut use.

Remarque importante

Il faut ici se souvenir que cette expression XPath est évaluée avec le nœud en concordance comme nœud contexte, et une liste réduite au seul nœud contexte comme liste contexte. Si bien que la fonction prédéfinie position() ne peut que renvoyer la valeur 1, si on l'appelle quelque part au sein de cette expression. Il faut donc définitivement abandonner l'idée d'utiliser cette fonction dans une expression pour le calcul de la valeur d'une clé, si on l'avait jamais eue : une fonction qui renvoie toujours 1 n'est pas vraiment des plus utiles.

Ici, la liste intéressante n'est donc pas la liste contexte formée lors de l'évaluation de l'expression attribut de use, mais le node-set des <Ville>, énuméré dans l'ordre de lecture du document, qui donne la numérotation (en partant arbitrairement de 0) 0 (Paris), 1 (Madrid), ..., 8 (Naples).

Pour une <Ville> donnée, son numéro est donc égal au nombre d'éléments contenus dans le node-set des <Ville> qui sont des preceding-sibling de la <Ville> courante. Si donc l'on évalue l'expression

```
preceding-sibling::Ville
```

par rapport à un nœud contexte qui est une <Ville> *V* quelconque, on obtient le node-set de toutes les villes situées avant *V* dans l'ordre de lecture du document.

L'expression qui donne la position d'une telle <Ville> *V* est donc :

```
count( preceding-sibling::Ville )
```

si toutefois l'évaluation a bien lieu par rapport au nœud contexte *V*.

Il est donc possible, maintenant, de déterminer l'expression qui va fournir la valeur de regroupement des villes :

```
<xsl:key name="lesVillesParPosition"
         match="Ville"
         use="floor( count(preceding-sibling::Ville)  div 3 )" />
```

L'opérateur div est la division ; les calculs se faisant en nombres réels double précision, il est nécessaire de prendre la partie entière du quotient obtenu, d'où l'appel à la fonction floor().

Avec cette définition de clé :

- les villes Paris, Madrid, et Milan ont pour valeur 0 ;

- les villes Rome, Angers, et Barcelone ont pour valeur 1 ;

- les villes Venise, Cordoue, et Naples ont pour valeur 2.

L'étape 1 consiste comme d'habitude à constituer l'ensemble des éléments de valeurs toutes différentes (ici des villes), mais c'est plus simple à réaliser que dans les exemples précédents, car les villes qui vont constituer cet ensemble ont un numéro que l'on peut calculer à l'avance : ce sont les villes numérotées 0 (Paris), 3 (Rome), et 6 (Venise), qui ont respectivement pour valeur 0, 1, et 2. L'initialisation de la variable contenant le node-set des villes de valeurs toutes différentes va donc pouvoir s'écrire :

```
<xsl:variable name="lesDifférentsGroupesDeVilles"
              select="//Ville[
                        ((position() - 1)  mod 3) = 0
                     ]" />
```

Ici, la fonction position() peut être utilisée, car elle est appelée dans un prédicat qui filtre un node-set constitué de toutes les villes : lors de l'évaluation du prédicat, la liste contexte est constituée des éléments du node-set à filtrer, donc la fonction position() renvoie la position de la ville courante au sein de cette liste, ce qui donne le résultat attendu.

On peut donc maintenant écrire le programme, dont le plan reprend très exactement celui des autres exemples de regroupements que nous avons déjà vus.

villes.xsl

```
<?xml version="1.0" encoding="UTF-16"?>
<xsl:stylesheet xmlns:xsl="http://www.w3.org/1999/XSL/Transform" version="1.0">

    <xsl:output  method='html' encoding='ISO-8859-1' />

    <xsl:variable name="facteurDeRegroupement" select="3"/>

    <xsl:key name="lesVillesParPosition"
          match="Ville"
          use="floor( count(preceding-sibling::Ville)  div 3 )" />

    <!--
    Etape 1 : constitution d'un ensemble de valeurs toutes différentes
    ================================================================ -->
    <xsl:variable name="lesDifférentsGroupesDeVilles"
                  select="//Ville[
                            ((position() - 1)  mod $facteurDeRegroupement) = 0
                         ]" />
    <!--
    ================================================================ -->
```

```
<xsl:template match="Villes">

    <table>
    <!--
    Etape 2A : parcours des valeurs de cet ensemble
    ============================================ -->
    <xsl:for-each select="$lesDifférentsGroupesDeVilles"> <!--
    ============================================ -->
      <!--
        ici le noeud courant est un noeud Ville
        (la première de chaque ligne du tableau)
        Sa valeur de clé est donnée par position() - 1
        -->

        <xsl:variable name="valClé" select="position() - 1" />

        <tr>
        <!--
        Etape 2B : parcours des noeuds ayant cette valeur
        ================================================= -->
        <xsl:for-each select="key('lesVillesParPosition', $valClé)"> <!--
        ================================================= -->
          <!--
            ici le noeud courant est une ville
            -->
            <td><xsl:value-of select="@nom"/></td>

        </xsl:for-each>
        </tr>
    </xsl:for-each>
    </table>

</xsl:template>

<!--    -->
<xsl:template match="/">
    <html>
        <head>
        <title> Les villes </title>
        </head>
        <body text="black" bgcolor="white">
        <xsl:apply-templates/>
        </body>
    </html>
</xsl:template>

</xsl:stylesheet>
```

Le résultat obtenu est celui montré plus haut (fichier `Villes.html`) ; on observera le désa-
grément que procure l'interdiction d'utiliser une référence de variable dans l'attribut `use`
de l'instruction `xsl:key`.

Regroupements hiérarchiques

Les regroupements hiérarchiques consistent à reconstituer explicitement une hiérarchie d'éléments, absente du document à traiter, mais néanmoins sous-jacente. Au lieu d'être véritablement arborescent, avec des éléments imbriqués, le document est en effet généralement réduit à une structure linéaire d'éléments juxtaposés. C'est ce qui explique qu'un regroupement hiérarchique ne soit pas sans rapport avec un regroupement positionnel, dans la mesure où la reconstitution du niveau hiérarchique d'un élément est en partie basée sur sa position dans la structure linéaire.

La valeur d'un élément sera donc ici la place hiérarchique que l'élément devra avoir dans le document résultat, ce qui est équivalent à dire que la valeur d'un élément, c'est le nœud qu'il devrait avoir pour parent dans le document source.

D'une façon générale, on peut affirmer qu'on a identifié un problème de regroupement hiérarchique quand les deux conditions suivantes sont réunies :

1) L'arbre XML contient certains nœuds *N* d'un certain type pour lesquels on dispose (au moins conceptuellement) d'une certaine fonction *valeur*, telle que `valeur(N)` renvoie l'identité du nœud qui devrait être le parent de N, si la hiérarchie était correctement respectée.

2) Le document résultat doit contenir les nœuds *N*, réorganisés (ou regroupés) de telle sorte que chaque nœud *N* ait pour parent un nœud dont l'identité est égale à `valeur(N)`.

Dans son principe, la solution consiste à procéder en deux étapes :

* **Etape 1** : on commence par une reconstitution des relations hiérarchiques. Chaque nœud N à traiter est associé par une clé à sa valeur hiérarchique (l'identité du nœud qui devrait être le parent de N). A la fin de cette opération, il est donc possible d'obtenir le node-set des enfants directs de chaque nœud P du document : en effet, connaissant P, on connaît son identité *I* (`generate-id()`), et la clé donne alors tous les éléments ayant I pour valeur, c'est-à-dire tous les éléments ayant P pour parent.

* **Etape 2** : on parcourt la hiérarchie, en partant du sommet. Connaissant le sommet, on en déduit les enfants qu'il devrait avoir, grâce à la clé obtenue à l'étape précédente, et on les construit dans le document résultat. Il n'y a plus qu'à reprendre ce processus, non plus avec le sommet, mais avec chacun des enfants, et ainsi de suite récursivement avec tout le reste de la hiérarchie.

Exemple générique

Cet exemple est un exemple simple et générique, qui revient assez souvent sous diverses formes sur la mailing-list XSLT (*www.biglist.com/lists/xsl-list/archives*).

Note

On retrouvera cet exemple avec le moteur de recherche disponible à l'adresse ci-dessus : chercher « De-flattening an XML tree ».

On part d'un fichier plat, comme ceci :

flatDatas.xml

```
<?xml version="1.0" encoding="UTF-16" ?>
<recordset>
    <record/>
        <data/>
        <data/>
    <record/>
        <data/>
    <record/>
        <data/>
        <data/>
        <data/>
</recordset>
```

et on veut reconstituer un fichier hiérarchique, comme cela :

Datas.xml

```
<?xml version="1.0" encoding="ISO-8859-1"?>
<recordset>
    <record>
        <data/>
        <data/>
    </record>
    <record>
        <data/>
    </record>
    <record>
        <data/>
        <data/>
        <data/>
    </record>
</recordset>
```

Première étape

Dans la première étape, il s'agit de reconstituer la hiérarchie sous-jacente. L'idée est donc de rattacher chaque élément à son parent : les <record> doivent être rattachés au <recordset>, et chaque <data> au premier <record> qui apparaît dans le sens inverse de celui de la lecture du document. Pour cela, on va affecter à chaque élément une valeur égale à l'identité de son parent potentiel, et maintenir cette information grâce à une clé, dont on peut voir la structure à la figure 9-3.

La figure 9-3 montre la structure plate du fichier XML, et comment retrouver les enfants directs d'un nœud : par exemple le <record> *A* correspond à la valeur *VA*, qui est la valeur du nœud <data> *B*, ce qui signifie que le <record> *A* a pour enfant l'élément <data> *B*. De même, le nœud <recordset> correspond à la valeur *VRS*, qui est la valeur des trois nœuds <record>, ce qui signifie que le <recordset> a pour enfants les trois <record>. Bien sûr, cette dernière valeur de clé est redondante avec la structure même de l'arbre XML de départ, qui donne déjà cette information, mais il est plus simple de garder cette redondance pour régulariser la structure du programme, qui pourra ainsi toujours passer par la clé pour obtenir les enfants directs d'un nœud.

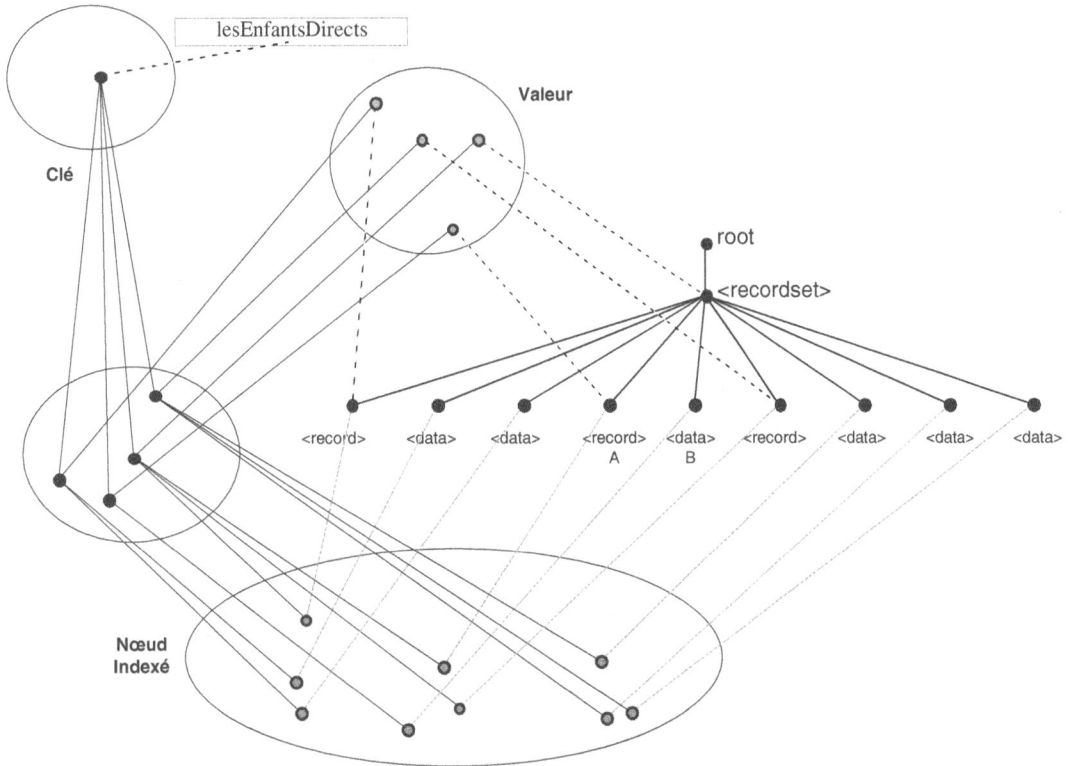

Figure 9-3

Clé pour retrouver les enfants directs d'un nœud.

Les éléments <data> ne correspondent à aucune valeur, parce qu'ils n'ont pas d'enfants directs.

En résumé, si l'on considère l'ensemble des valeurs, et que l'on y choisit une valeur *V* quelconque, on peut dire que :

• *V* correspond à un (et un seul) nœud *N* ;

• *V* est la valeur d'un ensemble de nœuds *E*.

On sait alors que le nœud *N* devrait avoir les nœuds *E* pour enfants. C'est pourquoi la clé est nommée "lesEnfantsDirects".

Une fois qu'on a vu la structure de la clé à obtenir, il n'y a plus qu'à trouver comment l'initialiser. Partant d'un élément E quelconque dans le document original, il s'agit de déterminer son parent potentiel, et d'associer à E une valeur qui est l'identifiant de ce parent potentiel.

Mais il y a deux types d'éléments dont il faut trouver les parents : les `<data>` et les `<record>`. Pour un nœud `<data>`, il faut rechercher le premier `<record>` en remontant vers la racine du document, et la valeur associée est dans ce cas l'identifiant de ce `<record>`. Mais pour un nœud `<record>`, il faut prendre le parent `<recorset>`, et l'identifiant de ce `<recordset>` est alors la valeur du nœud `<record>`.

On est donc dans un cas où la clé doit être constituée en deux fois : une première déclaration pour le parent des nœuds `<record>`, et une deuxième pour les parents des nœuds `<data>`, comme ceci :

Première étape : initialisation de la clé des enfants directs

```
<xsl:key
    name="lesEnfantsDirects"
    match="record"
    use="generate-id( parent::recordset  )" />

<xsl:key
    name="lesEnfantsDirects"
    match="data"
    use="generate-id( preceding-sibling::record[1]  )" />
```

Cette façon de constituer une même clé en deux fois est parfaitement autorisée, et le résultat est conforme à ce que montre la figure 9-3.

Deuxième étape

La deuxième étape est une étape de parcours récursif de la hiérarchie mémorisée dans la clé. Un tel parcours a une structure extrêmement régulière que l'on retrouvera à l'identique dans tous les problèmes de regroupements hiérarchiques.

On commence par le sommet de la hiérarchie :

Deuxième étape : parcours hiérarchique (début)

```
<xsl:template match="recordset" >
    <recordset>
        <xsl:apply-templates
            select="key('lesEnfantsDirects', generate-id(.))"/>
    </recordset>
</xsl:template>
```

Ici, l'on construit l'élément `<recordset>` en lui affectant pour enfants ceux que va nous donner la clé pour la valeur correspondant à l'identifiant du nœud courant, c'est-à-dire le `<recordset>`.

Les enfants du `<recordset>` étant des `<record>`, il suffit maintenant d'écrire une règle pour les `<record>` :

Deuxième étape : parcours hiérarchique (suite)

```
<xsl:template match="record" >
    <record>
```

```
                <xsl:apply-templates
                        select="key('lesEnfantsDirects', generate-id(.))"/>
        </record>
</xsl:template>
```

Les enfants d'un élément <record> étant des <data>, qui sont des éléments terminaux de la hiérarchie, on va cette fois écrire pour les éléments <data> une règle non récursive, qui se contentera de recopier cet élément dans le document résultat.

On peut donc maintenant donner le programme complet :

unflatten.xsl

```
<?xml version="1.0" encoding="UTF-16"?>
<xsl:stylesheet xmlns:xsl="http://www.w3.org/1999/XSL/Transform" version="1.0">

    <xsl:output  method='xml' encoding='ISO-8859-1' indent='yes' />

    <!--
    =======================================================================
    Reconstitution des relations hiérarchiques
    =======================================================================
    -->

    <xsl:key name="lesEnfantsDirects"
            match="record"
            use="generate-id( parent::recordset  )" />

    <xsl:key
        name="lesEnfantsDirects"
        match="data"
        use="generate-id( preceding-sibling::record[1]  )" />


    <!--
    =======================================================================
    Parcours récursif de la hiérarchie
    =======================================================================
    -->


    <xsl:template match="/">
            <xsl:apply-templates />
    </xsl:template>

    <xsl:template match="recordset" >
        <recordset>
            <xsl:apply-templates
                select="key('lesEnfantsDirects', generate-id(.))"/>
        </recordset>
    </xsl:template>
```

```
<xsl:template match="record" >
    <record>
        <xsl:apply-templates
            select="key('lesEnfantsDirects', generate-id(.))"/>
    </record>
</xsl:template>


<!--
=======================================================================
Eléments terminaux de la hiérarchie
=======================================================================
-->

<xsl:template match="data" >
    <xsl:copy-of select="."/>
</xsl:template>


</xsl:stylesheet>
```

Reconstitution hiérarchique d'un texte

Le programme que l'on vient de voir s'appliquait à un exemple très simple, comportant une hiérarchie presque triviale. Nous allons maintenant voir que si l'on s'attaque à la reconstruction d'une hiérarchie beaucoup plus complexe, cela ne change rien à la structure du programme, que l'on va donc pouvoir reprendre intégralement du programme précédent. Par contre, ce qui peut devenir un peu compliqué, c'est d'exprimer les concordances de motifs adéquates pour les initialisations des valeurs de la clé.

Le problème est maintenant de transformer un document XML représentant un texte (typiquement un livre ou un article), structuré en chapitres, sections, etc., pour passer d'une représentation plate à une représentation hiérarchique. Ce genre de problème peut éventuellement se poser quand on veut adapter un texte existant à une nouvelle DTD.

Ce problème revient assez souvent et sous diverses formes sur la mailing-list XSLT : faire une recherche de « transforming an incorrectly structured document » sur *www.google.fr* , par exemple.

Nous partirons de l'exemple suivant, assez représentatif du problème :

texte.xml

```
<?xml version="1.0" encoding="UTF-16" ?>
<document>
    <titreSection1> titre A </titreSection1>
        <p> para 1 </p>
        <titreSection2> titre A.1 </titreSection2>
            <p> para 2 </p>
```

```
                <p> para 3 </p>
                <p> para 4 </p>
         <titreSection2> titre A.2 </titreSection2>
                <p> para 5 </p>
                <titreSection3> titre A.2.1 </titreSection3>
                    <p> para 6 </p>
                    <p> para 7 </p>
         <titreSection2> titre A.3 </titreSection2>
                <p> para 8 </p>
    <titreSection1> titre B </titreSection1>
         <titreSection2> titre B.1 </titreSection2>
                <titreSection3> titre B.1.1 </titreSection3>
                    <p> para 9 </p>
                <titreSection3> titre B.1.2 </titreSection3>
                    <p> para 10 </p>
         <titreSection2> titre B.2 </titreSection2>
                <p> para 11 </p>
</document>
```

L'indentation permet de mieux appréhender la structure du texte, mais il faut bien voir qu'il n'y a ici aucune imbrication d'éléments.

On veut écrire une transformation qui aboutisse à ceci :

texteReconstruit.xml

```
<?xml version="1.0" encoding="ISO-8859-1"?>
<Document>
    <Section1>
        <titre> titre A </titre>
        <p> para 1 </p>
        <Section2>
            <titre> titre A.1 </titre>
            <p> para 2 </p>
            <p> para 3 </p>
            <p> para 4 </p>
        </Section2>
        <Section2>
            <titre> titre A.2 </titre>
            <p> para 5 </p>
            <Section3>
                <titre> titre A.2.1 </titre>
                <p> para 6 </p>
                <p> para 7 </p>
            </Section3>
        </Section2>
        <Section2>
            <titre> titre A.3 </titre>
            <p> para 8 </p>
        </Section2>
    </Section1>
```

```
    <Section1>
      <titre> titre B </titre>
      <Section2>
        <titre> titre B.1 </titre>
        <Section3>
          <titre> titre B.1.1 </titre>
          <p> para 9 </p>
        </Section3>
        <Section3>
          <titre> titre B.1.2 </titre>
          <p> para 10 </p>
        </Section3>
      </Section2>
      <Section2>
        <titre> titre B.2 </titre>
        <p> para 11 </p>
      </Section2>
    </Section1>
  </Document>
```

Le programme général de reconstruction d'une hiérarchie étant applicable ici, nous pouvons donc tout de suite l'écrire, en laissant en blanc l'initialisation de la clé :

Ebauche de la transformation

```xml
<?xml version="1.0" encoding="UTF-16"?>
<xsl:stylesheet xmlns:xsl="http://www.w3.org/1999/XSL/Transform" version="1.0">

    <xsl:output  method='xml' encoding='ISO-8859-1' indent='yes' />

    <!--
    =====================================================================
    Reconstitution des relations hiérarchiques
    =====================================================================
    -->

    <xsl:key name="lesEnfantsDirects"
            match="??"
            use="??" />

    <xsl:key ... />


    <!--
    =====================================================================
    Parcours récursif de la hiérarchie
    =====================================================================
    -->


    <xsl:template match="/">
```

```
            <xsl:apply-templates />
        </xsl:template>

        <xsl:template match="document" >
            <Document>
                <xsl:apply-templates
                    select="key('lesEnfantsDirects', generate-id(.))"/>
            </Document>
        </xsl:template>

        <xsl:template match="titreSection1" >
            <Section1>
                <titre><xsl:value-of select="."/></titre>
                <xsl:apply-templates
                    select="key('lesEnfantsDirects', generate-id(.))"/>
            </Section1>
        </xsl:template>

        <xsl:template match="titreSection2" >
            <Section2>
                <titre><xsl:value-of select="."/></titre>
                <xsl:apply-templates
                    select="key('lesEnfantsDirects', generate-id(.))"/>
            </Section2>
        </xsl:template>

        <xsl:template match="titreSection3" >
            <Section3>
                <titre><xsl:value-of select="."/></titre>
                <xsl:apply-templates
                    select="key('lesEnfantsDirects', generate-id(.))"/>
            </Section3>
        </xsl:template>

        <!--
        =======================================================================
        Eléments terminaux de la hiérarchie
        =======================================================================
        -->

        <xsl:template match="p" >
            <p>
                <xsl:value-of select="."/>
            </p>
        </xsl:template>

</xsl:stylesheet>
```

On voit combien le programme est semblable au précédent, du moins pour ce qui est de l'étape 2, où l'on doit faire un parcours récursif de la hiérarchie.

Pour établir l'initialisation correcte de la clé, il faut tout d'abord déterminer la structure hiérarchique possible, c'est-à-dire en fait la DTD du document résultat. Il n'est pas nécessaire de formaliser cela sous la forme d'une vraie DTD, il suffit ici de dire que :

- un `<Document>` peut avoir pour enfants des `<Section1>` ;

- une `<Section1>` peut avoir pour enfants des `<p>` ou des `<Section2>` ;

- une `<Section2>` peut avoir pour enfants des `<p>` ou des `<Section3>` ;

- une `<Section3>` peut avoir pour enfants des `<p>`.

Le problème étant de redonner à chaque élément le parent qu'il devrait avoir dans la future hiérarchie, il faut donc inverser la relation « a pour enfant » dans la liste ci-dessus :

- un `<titreSection1>` devrait avoir pour parent l'élément `<document>` ;

- un `<titreSection2>` ou un `<p>#1` devrait avoir pour parent l'élément `<titreSection1>` `[-1]` ;

- un `<titreSection3>` ou un `<p>#2` devrait avoir pour parent l'élément `<titreSection2>` `[-1]` ;

- un `<p>#3` devrait avoir pour parent l'élément `<titreSection3>[-1]`.

La notation `<p>#1` désigne ici un élément `<p>` qui est tel que si on remonte depuis cet élément `<p>` vers la racine du document, le premier élément rencontré qui ne soit pas un `<p>` est un `<titreSection1>`. Il en va de même avec `<p>#2` et `<titreSection2>`, avec `<p>#3` et `<titreSection3>`.

La notation `<titreSection1>[-1]` désigne le premier `<titreSection1>` rencontré en remontant depuis le nœud contexte vers la racine, ce qui s'exprime techniquement par une expression XPath très classique :

```
preceding-sibling::titreSection1[1]
```

On a le même genre d'expression avec `<titreSection2>[-1]` et `<titreSection3>[-1]`.

La seule réelle difficulté de ce programme réside dans l'écriture d'un motif exprimant la notation `<p>#n`. Mais en procédant progressivement, depuis un node-set contenant tous les éléments `<p>` sans distinction, que l'on filtre en enchaînant les prédicats adéquats, on parvient au résultat cherché.

Voyons cela sur le cas de `<p>#1` ; il faut partir de tous les éléments `<p>` :

```
p
```

On ne retient que ceux dont l'axe `preceding-sibling`, réduit aux éléments non `<p>`, n'est pas vide :

```
p[preceding-sibling::*[not(self::p)]]
```

Maintenant, on ne retient que ceux dont l'axe `preceding-sibling`, réduit aux éléments non `<p>`, n'est pas vide et possède un premier élément qui est un `<titreSection1>` :

```
p[preceding-sibling::*[not(self::p)][1][self::titreSection1]]
```

Arrivé à ce stade, on a de quoi initialiser partiellement la clé ; on reprend par exemple le deuxième item de l'énumération ci-dessus :

- un `<titreSection2>` ou un `<p>`#1 devrait avoir pour parent l'élément `<titreSection1>` `[-1]` ;

Il suffit de transcrire cette phrase en initialisation de clé :

```
<xsl:key
    name="lesEnfantsDirects"
    match="titreSection2 |
           p[preceding-sibling::*[not(self::p)][1][self::titreSection1]]"
    use="generate-id( preceding-sibling::titreSection1[1] )" />
```

Dès lors, on a tout ce qu'il faut pour terminer le programme complètement :

texte.xsl

```
<?xml version="1.0" encoding="UTF-16"?>
<xsl:stylesheet xmlns:xsl="http://www.w3.org/1999/XSL/Transform" version="1.0">

    <xsl:output  method='xml' encoding='ISO-8859-1' indent='yes' />

    <!--
    =========================================================================
    Reconstitution des relations hiérarchiques
    =========================================================================
    -->

    <xsl:key name="lesEnfantsDirects"
             match="titreSection1"
             use="generate-id( parent::document  )" />

    <xsl:key
        name="lesEnfantsDirects"
        match="titreSection2 |
               p[preceding-sibling::*[not(self::p)][1][self::titreSection1]]"
        use="generate-id( preceding-sibling::titreSection1[1]  )" />

    <xsl:key
        name="lesEnfantsDirects"
        match="titreSection3 |
               p[preceding-sibling::*[not(self::p)][1][self::titreSection2]]"
        use="generate-id( preceding-sibling::titreSection2[1]  )" />

    <xsl:key
        name="lesEnfantsDirects"
        match="p[preceding-sibling::*[not(self::p)][1][self::titreSection3]]"
        use="generate-id( preceding-sibling::titreSection3[1]  )" />


    <!--
```

```
     ========================================================================
     Parcours récursif de la hiérarchie
     ========================================================================
     -->


<xsl:template match="/">
    <xsl:apply-templates />
</xsl:template>

<xsl:template match="document" >
    <Document>
        <xsl:apply-templates
            select="key('lesEnfantsDirects', generate-id(.))"/>
    </Document>
</xsl:template>

<xsl:template match="titreSection1" >
    <Section1>
        <titre><xsl:value-of select="."/></titre>
        <xsl:apply-templates
            select="key('lesEnfantsDirects', generate-id(.))"/>
    </Section1>
</xsl:template>

<xsl:template match="titreSection2" >
    <Section2>
        <titre><xsl:value-of select="."/></titre>
        <xsl:apply-templates
            select="key('lesEnfantsDirects', generate-id(.))"/>
    </Section2>
</xsl:template>

<xsl:template match="titreSection3" >
    <Section3>
        <titre><xsl:value-of select="."/></titre>
        <xsl:apply-templates
            select="key('lesEnfantsDirects', generate-id(.))"/>
    </Section3>
</xsl:template>

<!--
     ========================================================================
     Eléments terminaux de la hiérarchie
     ========================================================================
     -->


<xsl:template match="p" >
    <p>
```

```
            <xsl:value-of select="."/>
        </p>
    </xsl:template>


</xsl:stylesheet>
```

Le résultat est conforme à ce que l'on a montré au tout début.

Maintenant, la question que l'on pourrait se poser concerne la disproportion entre la faible variété des éléments terminaux (uniquement des <p>), et la complexité importante des motifs de clé. Si l'on a un texte plus riche en éléments terminaux, que va-t-il advenir de ces motifs ?

Supposons par exemple qu'il puisse y avoir des <figure> en plus des <p>, comme ceci :

texte.xml
```
<?xml version="1.0" encoding="UTF-16" ?>
<document>
    <titreSection1> titre A </titreSection1>
        <p> para 1 </p>
        <figure href="A.gif"/>
        <titreSection2> titre A.1 </titreSection2>
            <p> para 2 </p>
            <p> para 3 </p>
            <figure href="A.1.gif"/>
            <p> para 4 </p>
        <titreSection2> titre A.2 </titreSection2>
            <p> para 5 </p>
            <titreSection3> titre A.2.1 </titreSection3>
                <p> para 6 </p>
                <p> para 7 </p>
                <figure href="A.2.1.gif"/>
        <titreSection2> titre A.3 </titreSection2>
            <p> para 8 </p>
    <titreSection1> titre B </titreSection1>
        <figure href="B.gif"/>
        <titreSection2> titre B.1 </titreSection2>
            <titreSection3> titre B.1.1 </titreSection3>
                <p> para 9 </p>
            <titreSection3> titre B.1.2 </titreSection3>
                <p> para 10 </p>
        <titreSection2> titre B.2 </titreSection2>
            <p> para 11 </p>
            <figure href="B.2.gif"/>
</document>
```

L'initialisation partielle de la clé prend alors la forme suivante :

```
<xsl:key
    name="lesEnfantsDirects"
    match="titreSection2 |
```

```
                *[self::p or self::figure]
                [preceding-sibling::*
                    [not(self::p)]
                    [not(self::figure)]
                    [1]
                    [self::titreSection1]
                ]"
        use="generate-id( preceding-sibling::titreSection1[1]  )" />
```

Comparez avec l'initialisation lorsque <p> est le seul élément terminal :

```
<xsl:key
    name="lesEnfantsDirects"
    match="titreSection2 |
            p[preceding-sibling::*[not(self::p)][1][self::titreSection1]]"
    use="generate-id( preceding-sibling::titreSection1[1]  )" />
```

On peut améliorer la comparaison en récrivant cette initialisation de la même façon :

```
<xsl:key
    name="lesEnfantsDirects"
    match="titreSection2 |
            *[self::p]
            [preceding-sibling::*
                [not(self::p)]
                [1]
                [self::titreSection1]
            ]"
    use="generate-id( preceding-sibling::titreSection1[1]  )" />
```

On voit donc comment évolue le motif lorsqu'on ajoute des éléments terminaux possibles : globalement, le motif se complexifie, mais sa structure reste très régulière, ce qui permet donc d'envisager de transformer des textes plus riches que ceux que l'on a montré en exemple.

Le reste du programme (l'étape 2) reste inchangée dans sa structure : le seul endroit délicat est l'écriture des motifs.

texte.xsl

```
<?xml version="1.0" encoding="UTF-16"?>
<xsl:stylesheet xmlns:xsl="http://www.w3.org/1999/XSL/Transform" version="1.0">

    <xsl:output  method='xml' encoding='ISO-8859-1' indent='yes' />

    <!--
    ======================================================================
    Reconstitution des relations hiérarchiques
    ======================================================================
    -->

    <xsl:key name="lesEnfantsDirects"
            match="titreSection1"
```

```
                use="generate-id( parent::document   )" />


    <xsl:key
        name="lesEnfantsDirects"
        match="titreSection2 |
                *[self::p or self::figure]
                [preceding-sibling::*
                    [not(self::p)]
                    [not(self::figure)]
                    [1]
                    [self::titreSection1]
                ]"
        use="generate-id( preceding-sibling::titreSection1[1]   )" />

    <xsl:key
        name="lesEnfantsDirects"
        match="titreSection3 |
                *[self::p or self::figure]
                [preceding-sibling::*
                    [not(self::p)]
                    [not(self::figure)]
                    [1]
                    [self::titreSection2]
                ]"
        use="generate-id( preceding-sibling::titreSection2[1]   )" />

    <xsl:key
        name="lesEnfantsDirects"
        match="*[self::p or self::figure]
                [preceding-sibling::*[
                    not(self::p)]
                    [not(self::figure)]
                    [1]
                    [self::titreSection3]
                ]"
        use="generate-id( preceding-sibling::titreSection3[1]   )" />


    <!--
    ========================================================================
    Parcours récursif de la hiérarchie
    ========================================================================
    -->


    <xsl:template match="/">
            <xsl:apply-templates />
    </xsl:template>

    <xsl:template match="document" >
```

```
            <document>
                <xsl:apply-templates
                select="key('lesEnfantsDirects', generate-id(.))"/>
            </document>
    </xsl:template>

    <xsl:template match="titreSection1" >
        <Section1>
            <titre><xsl:value-of select="."/></titre>
            <xsl:apply-templates
            select="key('lesEnfantsDirects', generate-id(.))"/>
        </Section1>
    </xsl:template>

    <xsl:template match="titreSection2" >
        <Section2>
            <titre><xsl:value-of select="."/></titre>
            <xsl:apply-templates
            select="key('lesEnfantsDirects', generate-id(.))"/>
        </Section2>
    </xsl:template>

    <xsl:template match="titreSection3" >
        <Section3>
            <titre><xsl:value-of select="."/></titre>
            <xsl:apply-templates
            select="key('lesEnfantsDirects', generate-id(.))"/>
        </Section3>
    </xsl:template>

    <!--
    =======================================================================
    Eléments terminaux de la hiérarchie
    =======================================================================
    -->

    <xsl:template match="p" >
        <p>
            <xsl:value-of select="."/>
        </p>
    </xsl:template>

    <xsl:template match="figure" >
        <xsl:copy-of select="."/>
    </xsl:template>


</xsl:stylesheet>
```

Exemple atypique

Nous allons maintenant voir un exemple beaucoup plus simple, mais un peu atypique, afin de vérifier que la structure générale d'un programme de reconstruction hiérarchique tient debout malgré le changement de contexte déstabilisant.

Il s'agit du fichier company.xml, évoqué au début de cette section sur les regroupements :

company.xml

```xml
<?xml version="1.0" encoding="UTF-16"?>
<table name="COMPANY">
    NOACA<tab/>CHAR(6)<br/>
    LSACA1<tab/>VARCHAR2(35)<br/>
    CCPAA1<tab/>NUMBER(4)<br/>
    LAACA1<tab/>VARCHAR2(35)<br/>
    URL<tab/>VARCHAR2(40)<br/>
    STATRAT<tab/>VARCHAR2(1)<br/>
</table>
```

restoredCompany.xml

```xml
<?xml version="1.0" encoding="ISO-8859-1"?>
<table name="COMPANY">
   <field>
      <name>NOACA</name>
      <type>CHAR(6)</type>
   </field>
   <field>
      <name>LSACA1</name>
      <type>VARCHAR2(35)</type>
   </field>
   <field>
      <name>CCPAA1</name>
      <type>NUMBER(4)</type>
   </field>
   <field>
      <name>LAACA1</name>
      <type>VARCHAR2(35)</type>
   </field>
   <field>
      <name>URL</name>
      <type>VARCHAR2(40)</type>
   </field>
   <field>
      <name>STATRAT</name>
      <type>VARCHAR2(1)</type>
   </field>
</table>
```

Ce qui est atypique, ici, c'est que ce sont les éléments <tab> qui sont les éléments de deuxième niveau, rattachés aux éléments <br>, alors qu'ils sont placés avant. Bien que cela change un peu de l'habitude, la structure générale du programme de transformation reste intacte :

restoredCompany.xsl

```xml
<?xml version="1.0" encoding="UTF-16"?>
<xsl:stylesheet xmlns:xsl="http://www.w3.org/1999/XSL/Transform" version="1.0">

    <xsl:output  method='xml' encoding='ISO-8859-1' indent='yes' />

    <!--
    ========================================================================
    Reconstitution des relations hiérarchiques
    ========================================================================
    -->

    <xsl:key name="lesEnfantsDirects"
             match="br"
             use="generate-id( parent::table )" />

    <xsl:key
        name="lesEnfantsDirects"
        match="tab"
        use="generate-id( following-sibling::br[1]  )" />


    <!--
    ========================================================================
    Parcours récursif de la hiérarchie
    ========================================================================
    -->


    <xsl:template match="/">
        <xsl:apply-templates />
    </xsl:template>

    <xsl:template match="table" >
        <xsl:copy>
            <xsl:for-each select="attribute::*">
                <xsl:copy/>
            </xsl:for-each>

            <xsl:apply-templates
                select="key('lesEnfantsDirects', generate-id(.))"/>

        </xsl:copy>
    </xsl:template>

    <xsl:template match="br" >
        <field>
```

```
            <xsl:apply-templates
                select="key('lesEnfantsDirects', generate-id(.))"/>
            <type><xsl:value-of select="preceding-sibling::text()[1]"/></type>
        </field>
    </xsl:template>


    <!--
    =======================================================================
    Eléments terminaux de la hiérarchie
    =======================================================================
    -->

    <xsl:template match="tab" >
        <name>
        <xsl:value-of select="normalize-space(preceding-sibling::text()[1])"/>
        </name>
    </xsl:template>


</xsl:stylesheet>
```

Le résultat obtenu est le fichier `restoredCompany.xml` montré ci-dessus.

Pattern n° 15 – Génération d'une feuille de style par une autre feuille de style

Motivation

Il y a des cas (a priori assez rares) où l'on tombe sur des limitations du langage XSLT lui même : par exemple, le fait que seulement certains attributs soient susceptibles d'accepter des descripteurs de valeurs différées d'attributs ; ou bien le fait qu'une expression ne puisse pas être construite puis interprétée dynamiquement.

Une solution, lorsque l'on est confronté à cette difficulté, consiste à utiliser telle ou telle extension proposée par tel ou tel processeur. Mais cette solution, en général, rend le programme non portable, ce qui peut ne pas être acceptable dans certains cas.

Une autre solution consiste à écrire une feuille de style qui génère une autre feuille de style.

L'une des difficultés de la mise en œuvre d'une feuille de style qui en génère une autre, est que la feuille de style va contenir des instructions littérales à produire dans le document résultat ; mais il ne faut pas que le processeur XSLT s'aperçoive que ces éléments XML sont des instructions XSLT, sinon il va tenter de les exécuter. C'est là qu'intervient l'instruction `namespace-alias`, qui permet de produire dans le document résultat des éléments XML dans un domaine nominal différent de celui qu'ils avaient dans la feuille de style primitive.

Une autre difficulté peut aussi survenir, inattendue : c'est qu'une feuille de style générée, c'est bien ; mais une feuille de style générée et exécutée, c'est mieux.

Il est donc assez probable qu'en plus de générer la feuille de style, on veuille générer un fichier de commande pour lancer l'exécution de cette feuille de style générée avec les bons arguments. Se pose dès lors le problème d'être capable de produire plus d'un fichier résultat. C'est en principe infaisable en XSLT 1.0 ; mais le besoin étant réel, des extensions existent avec la plupart des processeurs XSLT pour permettre la production de plusieurs documents résultat. De son côté, le « Working Draft » XSLT 1.1 propose d'ajouter une instruction `xsl:document`, (et cette proposition a été reprise dans le Working Draft 2.0) dont l'effet sera de permettre la production de plusieurs documents.

Exemple

L'exemple que nous allons voir est la réalisation d'un petit interpréteur XPath : une feuille de style qui prend en donnée un fichier XML d'essai, et un fichier XML contenant des expressions XPath. La feuille de style à écrire devra générer une feuille de style capable d'évaluer les expressions XPath sur le fichier d'essai.

Voici tout d'abord ces deux fichiers XML :

BaseProduits.xml

```xml
<?xml version="1.0" encoding="UTF-16"?>
<BaseProduits>

    <LesProduits>

        <Livre ref="vernes1" NoISBN="193335" gamme="roman" media="papier">
            <refOeuvres>
                <Ref valeur="20000lslm"/>
            </refOeuvres>
            <Prix valeur="40.5" monnaie="FF"/>
            <Prix valeur="5" monnaie="£"/>
        </Livre>

        <Livre ref="boileaunarcejac1" NoISBN="533791" gamme="roman"
                                            media="papier">
            <refOeuvres>
                <Ref valeur="liatlc.bn"/>
            </refOeuvres>
            <Prix valeur="30" monnaie="FF"/>
            <Prix valeur="3" monnaie="£"/>
        </Livre>

        <Enregistrement ref="marais1" RefEditeur="LC000280"
                                            gamme="violedegambe" media="CD">
            <refOeuvres>
                <Ref valeur="marais.folies"/>
```

```
                    <Ref valeur="marais.pieces1685"/>
                </refOeuvres>
                <Interprètes>
                    <Interprète nom="Jonathan Dunford">
                        <Role xml:lang="fr"> Basse de viole </Role>
                        <Role xml:lang="en"> Bass Viol </Role>
                    </Interprète>
                    <Interprète nom="Sylvia Abramowicz">
                        <Role xml:lang="fr"> Basse de viole </Role>
                        <Role xml:lang="en"> Bass Viol </Role>
                    </Interprète>
                    <Interprète nom="Benjamin Perrot">
                        <Role xml:lang="fr"> Théorbe et guitare baroque </Role>
                        <Role xml:lang="en"> Theorbo and baroque guitar </Role>
                    </Interprète>
                    <Interprète nom="Stéphane Fuget">
                        <Role xml:lang="fr"> Clavecin </Role>
                        <Role xml:lang="en"> Harpsichord </Role>
                    </Interprète>
                </Interprètes>
                <Titre
                xml:lang="fr"> Les Folies d'Espagne et pièces inédites </Titre>
                <Titre
                xml:lang="en"> Folies d'Espagne and unedited music </Titre>
                <Prix valeur="140" monnaie="FF"/>
                <Prix valeur="13" monnaie="£"/>
            </Enregistrement>

            <Matériel ref="HarKar1" refConstructeur="XL-FZ158BK" gamme="lecteurCD"
                                                    marque="HarKar">
                <refCaractéristiques>
                    <Ref valeur="caracHarKar1"/>
                </refCaractéristiques>
                <Prix valeur="4500" monnaie="FF"/>
                <Prix valeur="400" monnaie="£"/>
            </Matériel>

    </LesProduits>

    <LesOeuvres>
        ...
    </LesOeuvres>

    <LesAuteurs>
        ...
    </LesAuteurs>

    <LesGammes>
        ...
    </LesGammes>
```

```
        <LesMarques>
            ...
        </LesMarques>

        <LesCaractéristiques>
            ...
        </LesCaractéristiques>

    </BaseProduits>
```

XPathExpressions.xml

```xml
<?xml version="1.0" encoding="UTF-16"?>

<Expressions sourceFile="BaseProduits.xml">

    <XPath
        id="1"
        contextNode="Enregistrement"
        expression="descendant::Interprète[attribute::nom =
                                        'Sylvia Abramowicz']/child::Role"
    />

    <XPath
        id="2"
        contextNode="Enregistrement"
        expression="descendant::Interprète[position() = 2] /attribute::nom"
    />

    <XPath
        id="3"
        contextNode="BaseProduits"
        expression="descendant::Livre[attribute::ref = 'vernes1']/
                                        child::Prix/attribute::valeur"
    />

    <XPath
        id="4"
        contextNode="Enregistrement"
        expression="descendant::Titre[attribute::xml:lang = 'en']"
    />

    <XPath
        id="5"
        contextNode="BaseProduits"
        expression="descendant::Livre[attribute::ref = 'vernes1']/
                    child::Prix[attribute::monnaie = 'FF']/attribute::valeur"
    />

</Expressions>
```

Le but est donc d'écrire une feuille de style XPathInterpretor.xsl telle que le lancement :

Ligne de commande

```
xpath XPathExpressions.xml
```

produise le résultat suivant :

Résultat

```
=== id = 1 ===

{
    -- contextNode="Enregistrement"
    -- expression="descendant::Interprète[attribute::nom =
                                    'Sylvia Abramowicz']/child::Role"
        Basse de viole
        --
        Bass Viol
        --

}

=== id = 2 ===

{
    -- contextNode="Enregistrement"
    -- expression="descendant::Interprète[position() = 2] /attribute::nom"
        Sylvia Abramowicz
        --

}

=== id = 3 ===

{
    -- contextNode="BaseProduits"
    -- expression="descendant::Livre[attribute::ref = 'vernes1']/
                                    child::Prix/attribute::valeur"
        40.5
        --
        5
        --

}

=== id = 4 ===

{
    -- contextNode="Enregistrement"
    -- expression="descendant::Titre[attribute::xml:lang = 'en']"
```

```
        Folies d'Espagne and unedited music
        --


}

=== id = 5 ===

{
    -- contextNode="BaseProduits"
    -- expression="descendant::Livre[attribute::ref = 'vernes1']/
            child::Prix[attribute::monnaie = 'FF']/attribute::valeur"
        40.5
        --


}
```

La commande de lancement que nous venons de voir ne prend en donnée que le nom du fichier XML contenant les expressions à interpréter (qui lui même fournit le nom du fichier XML à utiliser comme jeu d'essai pour les évaluations XPath). Cette commande est en fait un script qui lance le processeur XSLT (Saxon, en l'occurrence), comme ceci :

script Xpath

```
java -classpath "C:\Program Files\JavaSoft\SAXON\saxon.jar;"
                            com.icl.saxon.StyleSheet -o XPathExpressions.xsl
                                XPathExpressions.xml ../XPathInterpretor.xsl

call temp.bat
```

Dans ce script, seul le nom de fichier en gras est un argument ; tout le reste est constant.

La feuille de style XPathInterpretor.xsl génère la feuille de style XPathExpressions.xsl ainsi que le script temp.bat appelé à la fin.

script temp.bat

```
java -classpath "C:\Program Files\JavaSoft\SAXON\saxon.jar;"
                            com.icl.saxon.StyleSheet  -o out.memo
                                BaseProduits.xml XPathExpressions.xsl
```

Dans ce script, seul le nom de fichier en gras est un argument ; tout le reste est constant.

Quant à la feuille de style générée, la voici, légèrement retouchée dans sa présentation pour les besoins de la mise en page :

XPathExpressions.xsl

```
<?xml version="1.0" encoding="ISO-8859-1"?>
<aaa:stylesheet xmlns:aaa="http://www.w3.org/1999/XSL/Transform" xmlns:xsl=
  "http://www.w3.org/1999/XSL/Transform" version="1.0">
```

```
    <aaa:output method="text" encoding="ISO-8859-1"/>

  <!-- ======================== 1 ========================= -->
  <aaa:template match="/">
=== id = 1 ===
               <aaa:apply-templates mode="M1"/>
=== id = 2 ===
               <aaa:apply-templates mode="M2"/>
=== id = 3 ===
               <aaa:apply-templates mode="M3"/>
=== id = 4 ===
               <aaa:apply-templates mode="M4"/>
=== id = 5 ===
               <aaa:apply-templates mode="M5"/>
  </aaa:template>
  <!-- ======================== 1 ========================= -->


  <!-- ======================== 2 ========================= -->
  <aaa:template match="text()" mode="M1"/>
  <aaa:template match="text()" mode="M2"/>
  <aaa:template match="text()" mode="M3"/>
  <aaa:template match="text()" mode="M4"/>
  <aaa:template match="text()" mode="M5"/>
  <!-- ======================== 2 ========================= -->



  <!-- ======================== 3 ========================= -->
  <aaa:template match="Enregistrement" mode="M1">
{
  -- contextNode="Enregistrement"
  -- expression="descendant::Interprète[attribute::nom =
                                    'Sylvia Abramowicz']/child::Role"
     <aaa:for-each select="descendant::Interprète[
                         attribute::nom = 'Sylvia Abramowicz']/child::Role">
     <aaa:value-of select="."/>
     --
     </aaa:for-each>
}
  </aaa:template>

  <!-- - - - - - - - - - - - - - - - - - - - - - -->

  <aaa:template match="Enregistrement" mode="M2">
{
  -- contextNode="Enregistrement"
  -- expression="descendant::Interprète[position() = 2] /attribute::nom"
     <aaa:for-each select="descendant::Interprète[
                                  position() = 2] /attribute::nom">
     <aaa:value-of select="."/>
```

```
                --
        </aaa:for-each>
    }

    </aaa:template>

    <!-- - - - - - - - - - - - - - - - - - - - - - - -->

    <aaa:template match="BaseProduits" mode="M3">
    {
      -- contextNode="BaseProduits"
      -- expression="descendant::Livre[attribute::ref = 'vernes1']/
                                            child::Prix/attribute::valeur"
        <aaa:for-each select="descendant::Livre[
                    attribute::ref = 'vernes1']/child::Prix/attribute::valeur">
        <aaa:value-of select="."/>
        --
        </aaa:for-each>
    }

    </aaa:template>

    <!-- - - - - - - - - - - - - - - - - - - - - - - -->

    <aaa:template match="Enregistrement" mode="M4">
    {
      -- contextNode="Enregistrement"
      -- expression="descendant::Titre[attribute::xml:lang = 'en']"
        <aaa:for-each select="descendant::Titre[attribute::xml:lang = 'en']">
        <aaa:value-of select="."/>
        --
        </aaa:for-each>
    }

    </aaa:template>

    <!-- - - - - - - - - - - - - - - - - - - - - - - -->

    <aaa:template match="BaseProduits" mode="M5">
    {
      -- contextNode="BaseProduits"
      -- expression="descendant::Livre[attribute::ref = 'vernes1']/
                    child::Prix[attribute::monnaie = 'FF']/attribute::valeur"
        <aaa:for-each select="descendant::Livre[attribute::ref =
         'vernes1']/child::Prix[attribute::monnaie = 'FF']/attribute::valeur">
        <aaa:value-of select="."/>
        --
        </aaa:for-each>
    }

    </aaa:template>

    <!-- ======================== 3 ========================== -->
</aaa:stylesheet>
```

Comme nous l'avons déjà dit, l'un des problèmes pour générer une telle feuille de style est la présence d'instructions littérales XSLT à émettre dans le document résultat. Par exemple, la section 2 ci dessus est générée par le fragment de code suivant :

```
<!-- 2 -->
<xsl:for-each select="XPath">
    <aaa:template>
        <xsl:attribute name="match">text()</xsl:attribute>
        <xsl:attribute name="mode">M<xsl:value-of select="@id"/></xsl:attribute>
    </aaa:template>
</xsl:for-each>
<!-- /2 -->
```

On voit que l'instruction `template` littérale est dans un domaine nominal préfixé par `aaa`, et différent de celui d'XSLT, afin qu'elle ne soit pas prise pour une instruction XSLT à exécuter.

Ceci implique bien sûr de déclarer le domaine nominal `aaa`, comme ceci :

```
<xsl:stylesheet
    xmlns:xsl = "http://www.w3.org/1999/XSL/Transform"
    xmlns:aaa = "http://machin"
    version   = "1.0">
```

Le domaine nominal préfixé par `aaa` n'a aucune importance, n'importe quoi convient pourvu que ce ne soit pas `"http://www.w3.org/1999/XSL/Transform"`. Le choix de `"aaa"` peut paraître un peu bizarre, mais on a intérêt à choisir un préfixe qui s'oppose visuellement à `"xsl"`, sinon la feuille de style devient inextricable à relire.

Il faut de plus que dans le document résultat, les instructions XSLT (préfixées par `aaa`), soient dans le domaine nominal d'XSLT. C'est là qu'intervient l'instruction `namespace-alias`, qui permet la transposition :

```
<xsl:namespace-alias stylesheet-prefix="aaa" result-prefix="xsl"/>
```

Encore une fois, notons que les domaines nominaux sont référencés par leur préfixes, et donc que cette instruction ne demande pas à changer le préfixe dans le résultat, mais à changer le domaine nominal associé au préfixe. En clair, on demande que dans le résultat, le domaine nominal associé à `aaa` ne soit plus soit `"http://machin"`, mais celui qui est actuellement associé à `xsl`.

Le résultat est visible ci-dessus : la feuille de style générée contient des instructions XSLT préfixées par `aaa`, mais ce préfixe est bien celui de `"http://www.w3.org/1999/XSL/Transform"`, tout est donc correct pour que la feuille de style soit réellement exécutable.

Cela peut sembler désagréable que cette feuille de style n'utilise pas le préfixe `xsl` ordinaire et traditionnel, mais il faut bien voir qu'elle est générée, et qu'elle n'est pas destinée à être lue ou maintenue par un être humain.

L'autre problème à résoudre est la génération d'un document auxiliaire, dans un fichier à part. Pour cela nous utilisons l'instruction `xsl:document`, qui ne fait encore partie d'aucun standard, mais qui figure dans les Working Drafts 1.1 et 2.0. Cette instruction utilise les mêmes attributs que `xsl:output`, à part un attribut supplémentaire, `href`, dont la valeur donne l'URI du fichier de destination du résultat de l'instanciation de son modèle de transformation. Ici, nous l'utilisons pour générer le contenu du fichier `temp.bat` :

```
<xsl:document href="temp.bat" method="text">
    <xsl:text>java -classpath "C:Files.jar;" </xsl:text>
    <xsl:text>com.icl.saxon.StyleSheet  -o out.memo </xsl:text>
    <xsl:value-of select="/Expressions/@sourceFile"/>
    <xsl:text> XPathExpressions.xsl</xsl:text>
</xsl:document>
```

Nous avons fait le tour des problèmes à résoudre pour obtenir une feuille de style qui en génère une autre ; le résultat final est montré ci-dessous :

XPathInterpretor.xsl

```
<?xml version="1.0" encoding="UTF-16"?>
<xsl:stylesheet
    xmlns:xsl = "http://www.w3.org/1999/XSL/Transform"
    xmlns:aaa= "http://machin"
    version  = "1.1"> <!-- compatibilité Saxon 6.5 -->


    <xsl:output  method='xml' encoding='ISO-8859-1' indent='yes' />

    <xsl:namespace-alias stylesheet-prefix="aaa" result-prefix="xsl"/>


    <xsl:template match='/'>
        <aaa:stylesheet
            xmlns:xsl = "http://www.w3.org/1999/XSL/Transform"
            version   = "1.0">

        <aaa:output method='text' encoding="ISO-8859-1"/>


            <xsl:document href="temp.bat" method="text">
                <xsl:text>java -classpath "C:Files.jar;" </xsl:text>
                <xsl:text>com.icl.saxon.StyleSheet  -o out.memo </xsl:text>
                <xsl:value-of select="/Expressions/@sourceFile"/>
                <xsl:text> XPathExpressions.xsl</xsl:text>
            </xsl:document>

            <xsl:apply-templates/>

        </aaa:stylesheet>

    </xsl:template>


    <xsl:template match='Expressions'>
```

```
        <!-- 1 -->
        <aaa:template>
            <xsl:attribute name="match">/</xsl:attribute>
            <xsl:for-each select="XPath">
=== id = <xsl:value-of select="@id"/> ===
                <aaa:apply-templates>
                    <xsl:attribute name="mode">M<xsl:value-of select="@id"/>
                    </xsl:attribute>
                </aaa:apply-templates>
            </xsl:for-each>
        </aaa:template>
        <!-- /1 -->

        <!-- 2 -->
        <xsl:for-each select="XPath">
            <aaa:template>
                <xsl:attribute name="match">text()</xsl:attribute>
                <xsl:attribute name="mode">M<xsl:value-of select="@id"/>
                </xsl:attribute>
            </aaa:template>
        </xsl:for-each>
        <!-- /2 -->

        <!-- 3 -->
        <xsl:for-each select="XPath">

            <aaa:template>
                <xsl:attribute name="match">
                    <xsl:value-of select="@contextNode"/>
                </xsl:attribute>
                <xsl:attribute name="mode">M<xsl:value-of select="@id"/>
                </xsl:attribute>
{
    -- contextNode="<xsl:value-of select="@contextNode"/>"
    -- expression="<xsl:value-of select="@expression"/>"
        <aaa:for-each>
            <xsl:attribute name="select"><xsl:value-of select="@expression"/>
            </xsl:attribute>
            <aaa:value-of>
                <xsl:attribute name="select">.</xsl:attribute>
            </aaa:value-of>
        --
        </aaa:for-each>
}
        </aaa:template>
        </xsl:for-each>
        <!-- /3 -->

    </xsl:template>

</xsl:stylesheet>
```

Pattern n° 16 – Génération de pages HTML dynamiques

Motivation

Avec l'avènement des applications Internet, il a fallu mettre au point des systèmes capables de générer des pages HTML dynamiques. En effet, l'envoi de simples pages HTML statiques est en général très insuffisant pour une application qui doit extraire ou calculer des informations (typiquement en provenance d'une base de données) et les présenter à l'internaute. La génération de pages dynamiques, en général, vient en complément des pages statiques, car il est bien rare que tout soit dynamique dans une page : il y a très souvent un fond statique, sur lequel on plaque les données dynamiques. Ce pattern va montrer comment faire pour construire une page dynamique à partir d'un fond statique et de données auxiliaires.

> **Remarque**
>
> Nous avons déjà vu un exemple de génération de pages dynamiques, au tout début, pour donner un avant-goût du langage XSLT (voir *Un avant-goût d'XSLT*, page 9). Mais cette page dynamique était réalisée avec une feuille de style simplifiée (Simplified Stylesheet), dont les possibilités en matière de transformation et de traitement sont très limitées. Ici nous allons voir l'équivalent d'une façon plus évoluée, permettant par exemple d'envisager de la traduction « à la volée » (voir *Pattern n° 18 – Localisation d'une application*, page 533).

La première chose à faire est de définir le fond statique, car c'est lui qui va piloter l'appel des données dynamiques aux bons endroits. Le plus simple est ici de prendre un exemple. Nous allons supposer que nous voulons afficher une page d'annonce du prochain concert ; le fond statique aura l'allure suivante :

fond.xml

```xml
<?xml version="1.0" encoding="UTF-16"?>
<html>
    <head>
        <title>Les Concerts Anacréon</title>
    </head>
    <body>

        <H1 align="center"> Concert le <dateConcert/> </H1>
        <H4 align="center"> <lieuConcert/> </H4>
        <H2 align="center"> Ensemble <ensemble/> </H2>

        <listeMusiciens>
            <p>
                <musicien/>, <instrument/>
            </p>
        </listeMusiciens>

        <H3>
            Oeuvres de <listeCompositeurs/>
```

```
        </H3>

    </body>
</html>
```

Le fond est donc constitué majoritairement de balises HTML ; cependant, là où on a besoin de valeurs dynamiques, un élément non HTML est là pour réclamer une valeur (par exemple, `<dateConcert/>`).

Une des difficultés pouvant se apparaître dans un tel contexte, c'est la présence de données à répéter un certain nombre de fois, nombre qui est naturellement inconnu à cet endroit. Nous avons illustré ceci avec la liste des musiciens à faire figurer : on ne sait pas combien il y en a, mais ce qu'on sait, c'est que chaque musicien doit être mentionné avec son nom et son instrument. On doit donc ici se contenter de définir comment doit apparaître une des lignes d'affichage de musicien :

```
<p> unNomDeMusicien, leNomDeSonInstrument </p>
```

C'est ce qui est exprimé par le bloc :

```
<listeMusiciens>
    <p>
        <musicien/>, <instrument/>
    </p>
</listeMusiciens>
```

Avant de voir comment mettre au point une transformation XSLT adéquate, remarquons tout de suite que cette façon de procéder est conforme à l'idée générale de la séparation des compétences que l'on essaye toujours d'obtenir dans la mise au point d'une application Internet ; ici un graphiste sans compétence particulière en programmation XSLT pourra parfaitement écrire le fond statique, avec les appels de données dynamiques.

Ce fond statique va donc appeler des données dynamiques ; dans la pratique, avec un serveur d'application comme Web Logic de BEA ou d'autres du même genre, il est assez peu probable que ces données dynamiques soient placées dynamiquement dans un fichier. En fait, les données sont en mémoire sous forme d'objets, et le processus va consister à construire un arbre DOM (Document Object Model) avec ces objets.

Note

Un arbre DOM n'est rien d'autre qu'une implémentation particulière de l'arbre XML d'un document XML.

Une fois l'arbre DOM construit, il est strictement équivalent à un document XML, du point de vue du processeur XSLT. Le serveur d'application (la servlet en cours) va donc activer le thread du processeur XSLT résident (chargé avec les autres servlets par le serveur d'application) en lui transmettant l'URI du fichier statique à traiter ainsi que l'arbre DOM des données dynamiques, ce qui est faisable avec l'API TrAX (Transformation API for XML), reprise dans JAXP de SUN (Java API for XML). On se retrouve alors, du point de vue XSLT, avec deux sources XML, une source principale, et une source auxiliaire accessible par un appel à la fonction `document()`.

Mais pour simplifier, nous supposerons ici que nous avons deux sources XML sous forme de fichiers, le seul problème étant de réaliser la transformation qui va donner la page dynamique.

Le fichier auxiliaire des données est le suivant :

Annonce.xml

```xml
<?xml version="1.0" encoding="UTF-16"?>

<Annonce>

    <Date>
        <Jour>Jeudi</Jour>
        <Quantième>17</Quantième>
        <Mois>janvier</Mois>
        <Année>2002</Année>
        <Heure>20H30</Heure>
    </Date>
    <Lieu>Chapelle des Ursules</Lieu>

    <Ensemble>A deux violes esgales</Ensemble>

    <Interprète>
        <Nom> Jonathan Dunford </Nom>
        <Instrument>Basse de viole</Instrument>
    </Interprète>

    <Interprète>
        <Nom> Sylvia Abramowicz </Nom>
        <Instrument>Basse de viole</Instrument>
    </Interprète>

    <Interprète>
        <Nom> Benjamin Perrot </Nom>
        <Instrument>Théorbe</Instrument>
    </Interprète>

    <Interprète>
        <Nom> Freddy Eichelberger </Nom>
        <Instrument>Clavecin</Instrument>
    </Interprète>

    <Compositeurs>
        M. Marais, D. Castello, F. Rognoni
    </Compositeurs>

</Annonce>
```

Réalisation

Le fichier principal est le fichier statique, car il est fait pour piloter l'appel des données dynamiques. Le fichier résultat (la page dynamique) est la page statique, dans laquelle les appels de valeurs sont remplacés par leur valeur : nous sommes donc dans un cas typique d'utilisation du pattern « copie non conforme ».

L'idée de base, ici, est que par défaut, les éléments doivent être recopiés sans modification ; nous allons donc adopter la règle avec priorité basse vue à la section *Copie conforme générique*, page 444 :

```
<xsl:template match="child::node()|attribute::*" priority="-10">
    <xsl:copy>
        <xsl:apply-templates select="attribute::*" />
        <xsl:apply-templates select="child::node()" />
    </xsl:copy>
</xsl:template>
```

Cette règle est à contredire uniquement pour les éléments qui constituent un appel de valeur dynamique. Dans notre cas, cela concerne les éléments <dateConcert/>, <lieu-Concert/>, <ensemble/>, <listeMusiciens>, <musicien/>, <instrument/>, <listeCompositeurs/>. Il va donc falloir une règle spécifique pour chacun d'eux.

Les éléments <dateConcert/>, <lieuConcert/>, <ensemble/>, et <listeCompositeurs/> ne posent pas de problème particulier et reposent tous sur le même modèle ; leur traitement nécessite d'avoir accès à la source XML secondaire :

```
<xsl:param name="annonceFileRef">Annonce.xml</xsl:param>
<xsl:variable name="Annonce" select="document($annonceFileRef)/Annonce"/>

<xsl:template match='dateConcert'>

    <xsl:value-of select="$Annonce/Date/Jour" />
    <xsl:text> </xsl:text>

    <xsl:value-of select="$Annonce/Date/Quantième" />
    <xsl:text> </xsl:text>

    <xsl:value-of select="$Annonce/Date/Mois" />
    <xsl:text> </xsl:text>

    <xsl:value-of select="$Annonce/Date/Année" />
    <xsl:text> </xsl:text>

    <xsl:value-of select="$Annonce/Date/Heure" />

</xsl:template>

<xsl:template match='lieuConcert'>
    <xsl:value-of select="$Annonce/Lieu" />
</xsl:template>
```

```
<xsl:template match='ensemble'>
    <xsl:value-of select="$Annonce/Ensemble" />
</xsl:template>

<xsl:template match='listeCompositeurs'>
    <xsl:value-of select="$Annonce/Compositeurs" />
</xsl:template>
```

L'élément `<listeMusiciens>` est un peu plus compliqué à mettre au point. Il faut copier son modèle de transformation, à savoir :

```
<p>
    <musicien/>, <instrument/>
</p>
```

autant de fois que l'on va trouver l'élément `<Interprète>` dans le document Annonce.xml, puisqu'il faudra bien qu'il y ait autant de `<p>` ... `</p>` que de musiciens. Donc la règle va commencer par un `<xsl:for-each>` pour traiter le node-set des `<Interprète>` du document auxiliaire :

```
<xsl:template match='listeMusiciens'>
    <xsl:for-each select="$Annonce/Interprète">
        <xsl:variable name="current-Interprète" select="."/>
        ...
    </xsl:for-each>
</xsl:template>
```

La variable `current-Interprète` conserve le nœud courant, c'est-à-dire l'`<Interprète>` courant, car l'expérience montre qu'on a fréquemment besoin de se repérer par rapport au nœud courant dans une instruction `<xsl:for-each>` ; et même si cette variable n'est pas indispensable, elle permet de mieux s'y retrouver pour construire la règle.

Mais n'oublions pas que la règle doit instancier *n* fois le modèle de transformation indiqué plus haut ; l'une de ces instanciations peut se faire par un `<xsl:copy>`, à condition que le nœud contexte soit placé sur l'élément `<p>`. Or là où il y a les points de suspension, dans la règle ci-dessus, le nœud contexte n'est pas placé sur `<p>`, parce que l'instruction `<xsl:for-each>` déplace le nœud contexte sur le nœud en cours. Le nœud contexte, à cet endroit, est donc placé dans l'arbre XML du document auxiliaire, sur le nœud `<Interprète>` courant, celui qui précisément, est référencé par la variable `current-Interprète`.

Pour remettre le nœud contexte sur l'élément `<p>` afin de permettre la copie, il n'y a qu'une seule solution : utiliser à nouveau un `<xsl:for-each>`, puisque c'est la seule instruction capable de déplacer le nœud contexte. Pour cela, il faut sauvegarder le nœud courant à l'entrée de la règle (1), puis sélectionner son enfant direct `<p>` (2) :

```
<xsl:template match='listeMusiciens'>
    <xsl:variable name="current-listeMusiciens" select="."/> <!-- (1) -->
```

```
        <xsl:for-each select="$Annonce/Interprète">
            <xsl:variable name="current-Interprète" select="."/>
            <xsl:for-each select="$current-listeMusiciens/p"> <!-- (2) -->
                <xsl:copy>
                    ...
                </xsl:copy>
            </xsl:for-each>
        </xsl:for-each>
    </xsl:template>
```

Nous avons maintenant une règle presque complète ; l'instruction `<xsl:copy>` va copier l'élément `<p>`, mais les éléments enfants de `<p>` sont des éléments non HTML, qui doivent faire l'objet d'une règle spécifique, du même genre que celle de `<lieuConcert/>`, par exemple. Il est donc nécessaire d'avoir un `<xsl:apply-templates>` là où se trouvent les points de suspension, ci-dessus :

```
<xsl:template match='listeMusiciens'>
    <xsl:variable name="current-listeMusiciens" select="."/>

    <xsl:for-each select="$Annonce/Interprète">
        <xsl:variable name="current-Interprète" select="."/>
        <xsl:for-each select="$current-listeMusiciens/p">
            <xsl:copy>
                <xsl:apply-templates/>
            </xsl:copy>
        </xsl:for-each>
    </xsl:for-each>
</xsl:template>

<xsl:template match='musicien'>
    <xsl:value-of select="???" />
</xsl:template>
```

L'idée est bonne, car après avoir copié l'élément `<p>`, l'instruction `<xsl:apply-templates>` va effectivement sélectionner ses enfants directs (c'est-à-dire l'élément `<musicien/>`, le texte `', "'` (virgule, espace, guillemet) et l'élément `<instrument/>`, (plus éventuellement des nœuds texte ne contenant que des espaces blancs sans intérêt), et donc la règle `<xsl:template match='musicien'>` va être sélectionnée.

Le problème, c'est que dans cette règle, on est censé instancier le nom d'un musicien ; malheureusement, le musicien en question, on l'a perdu. Il était dans la variable `current-Interprète` qui est désormais inaccessible. Inaccessible ? Pas tout à fait : l'instruction `<xsl:apply-templates>` autorise la transmission d'arguments. C'est assez rare d'avoir à utiliser cette possibilité, mais là, c'est le moment où jamais :

```
<xsl:template match='listeMusiciens'>
    <xsl:variable name="current-listeMusiciens" select="."/>

    <xsl:for-each select="$Annonce/Interprète">
        <xsl:variable name="current-Interprète" select="."/>
        <xsl:for-each select="$current-listeMusiciens/p">
```

```
                <xsl:copy>
                    <xsl:apply-templates>
                        <xsl:with-param name="interprete"
                                        select="$current-Interprète" />
                    </xsl:apply-templates>
                </xsl:copy>
            </xsl:for-each>
        </xsl:for-each>
    </xsl:template>

    <xsl:template match='musicien'>
        <xsl:param name="interprete"/>
        <xsl:value-of select="$interprete/Nom" />
    </xsl:template>
```

Du coup, la règle spécifique pour l'<instrument/> va pouvoir être faite sur le même modèle, puisqu'elle sera sélectionné elle aussi par le même <xsl:apply-templates> :

```
    <xsl:template match='instrument'>
        <xsl:param name="interprete"/>
        <xsl:value-of select="$interprete/Instrument" />
    </xsl:template>
```

Mais que va-t-il advenir du nœud text contenant ", " ? Le processeur va chercher une règle à lui appliquer, ne va pas en trouver, et va donc appliquer la règle par défaut (voir *Règles par défaut pour un nœud de type text ou attribute*, page 120) pour les nœuds text. Or cette règle par défaut ne prend pas de paramètre en donnée, alors que l'instruction <xsl:apply-templates> responsable de l'activation de cette règle en a transmis un. Ceci n'est pas une erreur (voir la section *Sémantique*, page 234), et heureusement, parce que sinon, cela compliquerait diablement les choses s'il fallait éviter cette situation.

On peut donc maintenant rassembler les morceaux pour obtenir le programme complet :

AnnonceConcert.xsl

```
<?xml version="1.0" encoding="UTF-16"?>
<xsl:stylesheet xmlns:xsl="http://www.w3.org/1999/XSL/Transform"
                version="1.0">

    <xsl:output  method='html' encoding='ISO-8859-1' />

    <xsl:param name="annonceFileRef">Annonce.xml</xsl:param>

    <xsl:variable name="Annonce" select="document($annonceFileRef)/Annonce"/>

    <xsl:template match="child::node()|attribute::*" priority="-10">
        <xsl:copy>
            <xsl:apply-templates select="attribute::*" />
            <xsl:apply-templates select="child::node()"/>
        </xsl:copy>
```

```
    </xsl:template>

    <xsl:template match='dateConcert'>

        <xsl:value-of select="$Annonce/Date/Jour" />
        <xsl:text> </xsl:text>

        <xsl:value-of select="$Annonce/Date/Quantième" />
        <xsl:text> </xsl:text>

        <xsl:value-of select="$Annonce/Date/Mois" />
        <xsl:text> </xsl:text>

        <xsl:value-of select="$Annonce/Date/Année" />
        <xsl:text> </xsl:text>

        <xsl:value-of select="$Annonce/Date/Heure" />

    </xsl:template>

    <xsl:template match='lieuConcert'>
        <xsl:value-of select="$Annonce/Lieu" />
    </xsl:template>

    <xsl:template match='ensemble'>
        <xsl:value-of select="$Annonce/Ensemble" />
    </xsl:template>

    <xsl:template match='listeMusiciens'>
        <xsl:variable name="current-listeMusiciens" select="."/>

        <xsl:for-each select="$Annonce/Interprète">
            <xsl:variable name="current-Interprète" select="."/>

            <xsl:for-each select="$current-listeMusiciens/p">
                <xsl:copy>
                    <xsl:apply-templates>
                        <xsl:with-param name="interprete"
                                        select="$current-Interprète" />
                    </xsl:apply-templates>
                </xsl:copy>
            </xsl:for-each>
        </xsl:for-each>
    </xsl:template>

    <xsl:template match='musicien'>
        <xsl:param name="interprete"/>
        <xsl:value-of select="$interprete/Nom" />
```

```
        </xsl:template>

        <xsl:template match='instrument'>
            <xsl:param name="interprete"/>
            <xsl:value-of select="$interprete/Instrument" />
        </xsl:template>

        <xsl:template match='listeCompositeurs'>
            <xsl:value-of select="$Annonce/Compositeurs" />
        </xsl:template>

    </xsl:stylesheet>
```

Et voici le résultat obtenu :

Annonce.html

```
<html>
    <head>
        <meta http-equiv="Content-Type" content="text/html; charset=ISO-8859-1">
        <title>Les Concerts Anacr&eacute;on</title>
    </head>
    <body>
        <H1 align="center"> Concert le Jeudi 17 janvier 2002 20H30 </H1>
        <H4 align="center"> Chapelle des Ursules </H4>
        <H2 align="center"> Ensemble A deux violes esgales </H2>
        <p>
                        Jonathan Dunford , Basse de viole
        </p>
        <p>
                        Sylvia Abramowicz , Basse de viole
        </p>
        <p>
                        Benjamin Perrot , Th&eacute;orbe
        </p>
        <p>
                        Freddy Eichelberger , Clavecin
        </p>
        <H3>
                    Oeuvres de
                M. Marais, D. Castello, F. Rognoni
        </H3>
    </body>
</html>
```

Dans le fichier ci-dessus, les lignes blanches ont été enlevées pour gagner de la place ; le rendu HTML est montré à la figure 9-4.

Figure 9-4

Aspect de la page dynamique obtenue.

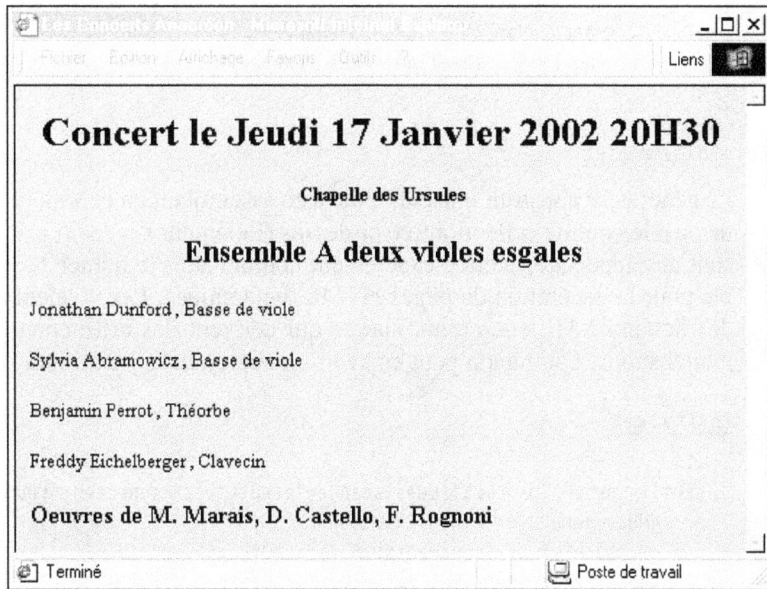

Conclusion

Le pattern que nous venons de voir permet de générer des pages HTML dynamiques, mais il ne faut pas croire que ce soit la seule application possible. Par exemple, sur le même principe, on peut construire un générateur de classes Java, qui utilise des fonds statiques de ce style :

Measure.tmpl

```
<?xml version="1.0"?>
<template>
//
//
//--------------------------------------------------------------------------
// stored Measure <MeasureName/>
//--------------------------------------------------------------------------
//

    protected <MeasureType/> <MeasureName/>;

    public final <MeasureType/> get<MeasureNamewithCapital/>() {
        return <MeasureName/>;
    }

    public final void set<MeasureNamewithCapital/>(
                                        <MeasureType/> <aMeasureName/> ){
```

```
            super.setAttribute("<MeasureName/>", <aMeasureName/>.toString() );
            <MeasureName/> = <aMeasureName/>;
            Assertion.ensure( get<MeasureNamewithCapital/>() == <aMeasureName/> );
        }

    </template>
```

Le générateur construit une classe Java en assemblant un certain nombre de petites pièces de puzzle comme celle montrée ci-dessus (l'élément `<template>`), où les éléments XML sont des appels de valeurs, exactement comme dans le fichier `fond.xml` utilisé en exemple pour la génération de pages HTML dynamiques. Les « valeurs » sont obtenues dans des fichiers XML source auxiliaires qui dérivent des différentes phases antérieures de modélisation, comme on peut en avoir un aperçu dans l'extrait ci-dessous :

Entity.xml

```
...
<Entity name="Contract" persistance="simple" IHMconnected="true">
    <MeasureRef id="beginningDate" />
    <MeasureRef id="contractNbr" isPartOfKey="yes" />
    <MeasureRef id="type" />
</Entity>

<Entity name="Country" persistance="simple" >
    <MeasureRef id="countryCode" isPartOfKey="yes" />
    <MeasureRef id="zoneEuro" />
</Entity>

<Measure name="contractNbr" type="String" access="stored"  />
<Measure name="type" type="String" access="stored"  />
<Measure name="coefficient" type="String" access="stored"  />
<Measure name="countryCode" type="String" access="stored"  />
<Measure name="zoneEuro" type="Boolean" access="stored"  />
<Measure name="beginningDate" type="BusinessDate" access="stored" />
...
```

Pattern n° 17 – Génération de pages HTML dynamiques pour un portail

Le pattern que nous allons voir ici reprend le précédent, en le modifiant légèrement pour montrer comment générer une page dynamique pour un portail. Ce qui va changer, c'est le fait qu'il ne va plus y avoir un seul fichier XML auxiliaire de description des données, mais plusieurs. En effet, dans un portail, il y a multitude d'informations rassemblées dans une seule page, et ces informations ne proviennent pas toutes du même fichier, évidemment. Il y a donc de nombreuses sources XML à exploiter et à synthétiser dans la génération dynamique de la page. Pour les besoins de l'exemple, nous aurons deux sources XML, et ce n'est plus le programme XSLT qui connaît d'avance le nom des fichiers

XML à consulter, mais c'est le fond statique qui l'indique, avec des balises modifiées comme ceci :

fond.xml

```
<?xml version="1.0" encoding="UTF-16"?>
<html>
    <head>
        <title>Les Concerts Anacréon</title>
    </head>
    <body>

        <H1 align="center"> Concert le <dateConcert href="Annonce.xml"/> </H1>
        <H4 align="center"> <lieuConcert href="Annonce.xml"/> </H4>
        <H2 align="center"> Ensemble <ensemble href="Annonce.xml"/> </H2>

        <listeMusiciens href="Annonce.xml">
            <p>
                <musicien/>, <instrument/>
            </p>
        </listeMusiciens>

        <H3>
            Oeuvres de <listeCompositeurs href="Annonce.xml"/>
         </H3>


        <p>
            Réservations : <réservations href="Reservations.xml"/>
        </p>

    </body>
</html>
```

Ce fond contient désormais des balises qui font référence aux fichiers XML à exploiter pour aller chercher les valeurs à placer dynamiquement. Le fichier Annonce.xml reste identique à ce qu'il était à la section précédente (voir *Pattern n° 16 – Génération de pages HTML dynamiques*, page 518). Le fichier Reservations.xml contient les informations suivantes :

Reservations.xml

```
<?xml version="1.0" encoding="UTF-16"?>

<Réservations>

    <Réservation>
        <Lieu>Chapelle des Ursules</Lieu>
        <Tel>02 41 11 12 13 14</Tel>
    </Réservation>
```

```
    <Réservation>
        <Lieu>Anacréon</Lieu>
        <Tel>02 41 99 97 98 99</Tel>
    </Réservation>

    <Réservation>
        <Lieu>FNAK</Lieu>
        <Tel>02 41 00 97 98 99</Tel>
    </Réservation>

</Réservations>
```

La conséquence est que le programme XSLT ne doit plus créer une fois pour toutes une variable contenant la source auxiliaire, mais doit pouvoir changer de source éventuellement à chaque règle :

AnnonceConcert.xsl

```
<?xml version="1.0" encoding="UTF-16"?>
<xsl:stylesheet xmlns:xsl="http://www.w3.org/1999/XSL/Transform"
                version="1.0">

    <xsl:output  method='html' encoding='ISO-8859-1' />

    <xsl:template match="child::node()|attribute::*" priority="-10">
        <xsl:copy>
            <xsl:apply-templates select="attribute::*" />
            <xsl:apply-templates select="child::node()"/>
        </xsl:copy>
    </xsl:template>

    <xsl:template match='dateConcert'>

        <xsl:variable name="Annonce" select="document(@href)/Annonce"/>

        <xsl:value-of select="$Annonce/Date/Jour" />
        <xsl:text> </xsl:text>

        <xsl:value-of select="$Annonce/Date/Quantième" />
        <xsl:text> </xsl:text>

        <xsl:value-of select="$Annonce/Date/Mois" />
        <xsl:text> </xsl:text>

        <xsl:value-of select="$Annonce/Date/Année" />
        <xsl:text> </xsl:text>

        <xsl:value-of select="$Annonce/Date/Heure" />

    </xsl:template>
```

```
<xsl:template match='lieuConcert'>
    <xsl:variable name="Annonce" select="document(@href)/Annonce"/>
    <xsl:value-of select="$Annonce/Lieu" />
</xsl:template>

<xsl:template match='ensemble'>
    <xsl:variable name="Annonce" select="document(@href)/Annonce"/>
    <xsl:value-of select="$Annonce/Ensemble" />
</xsl:template>

<xsl:template match='listeMusiciens'>
    <xsl:variable name="Annonce" select="document(@href)/Annonce"/>
    <xsl:variable name="current-listeMusiciens" select="."/>

    <xsl:for-each select="$Annonce/Interprète">
        <xsl:variable name="current-Interprète" select="."/>

        <xsl:for-each select="$current-listeMusiciens/p">
            <xsl:copy>
                <xsl:apply-templates>
                    <xsl:with-param name="interprete"
                                    select="$current-Interprète" />
                </xsl:apply-templates>
            </xsl:copy>
        </xsl:for-each>
    </xsl:for-each>
</xsl:template>

<xsl:template match='musicien'>
    <xsl:param name="interprete"/>
    <xsl:value-of select="$interprete/Nom" />
</xsl:template>

<xsl:template match='instrument'>
    <xsl:param name="interprete"/>
    <xsl:value-of select="$interprete/Instrument" />
</xsl:template>

<xsl:template match='listeCompositeurs'>
    <xsl:variable name="Annonce" select="document(@href)/Annonce"/>
    <xsl:value-of select="$Annonce/Compositeurs" />
</xsl:template>

<xsl:template match='réservations'>
    <xsl:variable name="réservations"
                  select="document(@href)/Réservations"/>
    <xsl:for-each select="$réservations/Réservation">
        <br/>
        <xsl:for-each select="*">
            <xsl:value-of select="." />
            <xsl:if test="position() != last()">
```

```
                    <xsl:text>, </xsl:text>
                </xsl:if>
            </xsl:for-each>
        </xsl:for-each>
    </xsl:template>

</xsl:stylesheet>
```

Comme on peut le voir, les changements apportés sont très modestes : il suffit de supprimer la déclaration de variable globale, et de placer une déclaration équivalente dans chaque règle dont le motif concorde avec une balise susceptible d'avoir un attribut href.

La règle pour traiter les réservations ne préjuge pas du contenu du fichier Reservations.xml : la seule chose qui soit demandée, c'est qu'il y ait un ou plusieurs éléments <Réservation>, et cela suffit pour que le contenu de ces éléments soit affiché.

Voici le résultat obtenu (sans les lignes blanches inutiles) :

AnnonceConcert.html

```
<html>

    <head>
        <meta http-equiv="Content-Type" content="text/html; charset=ISO-8859-1">
        <title>Les Concerts Anacr&eacute;on</title>
    </head>
    <body>
        <H1 align="center"> Concert le Jeudi 17 janvier 2002 20H30 </H1>
        <H4 align="center"> Chapelle des Ursules </H4>
        <H2 align="center"> Ensemble A deux violes esgales </H2>
        <p>
                        Jonathan Dunford , Basse de viole
        </p>
        <p>
                        Sylvia Abramowicz , Basse de viole
        </p>
        <p>
                        Benjamin Perrot , Th&eacute;orbe
        </p>
        <p>
                        Freddy Eichelberger , Clavecin
        </p>
        <H3>
                    Oeuvres de
                M. Marais, D. Castello, F. Rognoni
        </H3>
        <p>
                    R&eacute;servations : <br>Chapelle des Ursules, 02 41 11 12 13
                14<br>Anacr&eacute;on, 02 41 99 97 98 99<br>FNAK, 02 41 00 97 98 99
        </p>
    </body>
</html>
```

Pattern n° 18 – Localisation d'une application

Motivation

Un produit étant de plus en plus souvent conçu pour être vendu dans le monde entier, il faut éventuellement, suivant sa nature, le « localiser » pour pouvoir le vendre. La localisation consiste à adapter le produit aux us et coutumes du pays visé, l'aspect le plus évident de cette adaptation portant sur la traduction des textes à présenter à l'utilisateur final.

Un cas particulier extrêmement fréquent de localisation est celle qui consiste à adapter une application Internet à la langue (voire à la législation ...) du pays de l'utilisateur identifié. Lorsque XSLT est utilisé pour générer des pages HTML dynamiques (comme dans le pattern que l'on vient de voir), il est souhaitable de réaliser la localisation simultanément. Nous allons donc reprendre exactement le même exemple que précédemment, et le même pattern de génération dynamique de pages HTML, en lui associant un dictionnaire de traduction en fonction d'une langue cible.

Réalisation

Le principe est le même que pour le pattern de génération de pages HTML dynamiques ; nous allons donc reprendre le fichier `fond.xml` tel qu'il était à la section *Pattern n° 16 – Génération de pages HTML dynamiques*, page 518, mais en le modifiant pour remplacer tout texte littéral par un appel de valeur permettant la traduction :

fond.xml

```xml
<?xml version="1.0" encoding="UTF-16"?>
<html>
    <head>
        <title>Les Concerts Anacréon</title>
    </head>
    <body>

        <H1 align="center"> <concertLe/> <dateConcert/> </H1>
        <H4 align="center"> <lieuConcert/> </H4>
        <H2 align="center"> <ensemble/> </H2>

        <listeMusiciens>
            <p>
                <musicien/>, <instrument/>
            </p>
        </listeMusiciens>

        <H3>
            <oeuvresDe/>
            <listeCompositeurs/>
        </H3>

    </body>
</html>
```

La traduction proprement dite a déjà été vue (voir la section *Exemple*, page 223) ; il suffit donc de reprendre cette technique de traduction et de l'associer au pattern « Génération de pages HTML dynamiques ». Voici le fichier source auxiliaire :

Annonce.xml

```
<?xml version="1.0" encoding="UTF-16"?>

<Annonce>

    <Date>
        <Jour id="jeu"/>
        <Quantième>17</Quantième>
        <Mois id="jnv"/>
        <Année>2002</Année>
        <Heure>20H30</Heure>
    </Date>
    <Lieu>Chapelle des Ursules</Lieu>

    <Ensemble>A deux violes esgales</Ensemble>

    <Interprète>
        <Nom> Jonathan Dunford </Nom>
        <Instrument id="bvl"/>
    </Interprète>

    <Interprète>
        <Nom> Sylvia Abramowicz </Nom>
        <Instrument id="bvl"/>
    </Interprète>

    <Interprète>
        <Nom> Benjamin Perrot </Nom>
        <Instrument id="thb"/>
    </Interprète>

    <Interprète>
        <Nom> Freddy Eichelberger </Nom>
        <Instrument id="clv"/>
    </Interprète>

    <Compositeurs>
        M. Marais, D. Castello, F. Rognoni
    </Compositeurs>

</Annonce>
```

La traduction est basée sur un dictionnaire, qui doit comporter un équivalent dans chaque langue des appels de valeurs présents dans le fond statique :

Dictionnaire.xml

```xml
<?xml version="1.0" encoding="UTF-16"?>

<Dictionnaire>
    <mot id="bvl">
        <traduction lang="fr">Basse de viole</traduction>
        <traduction lang="en">Bass viol</traduction>
    </mot>

    <mot id="vdg">
        <traduction lang="fr">Viole de gambe</traduction>
        <traduction lang="en">Viola da gamba</traduction>
    </mot>

    <mot id="lth">
        <traduction lang="fr">Luth</traduction>
        <traduction lang="en">Lute</traduction>
    </mot>

    <mot id="clv">
        <traduction lang="fr">Clavecin</traduction>
        <traduction lang="en">Harpsichord</traduction>
    </mot>

    <mot id="flt">
        <traduction lang="fr">Flûte à bec</traduction>
        <traduction lang="en">Recorder</traduction>
    </mot>

    <mot id="thb">
        <traduction lang="fr">Théorbe</traduction>
        <traduction lang="en">Theorbo</traduction>
    </mot>

    <mot id="lun">
        <traduction lang="fr">lundi</traduction>
        <traduction lang="en">monday</traduction>
    </mot>

    <!-- etc. (les autres jours de la semaine) -->

    <mot id="jeu">
        <traduction lang="fr">jeudi</traduction>
        <traduction lang="en">thursday</traduction>
    </mot>
```

```
        <mot id="jnv">
            <traduction lang="fr">janvier</traduction>
            <traduction lang="en">january</traduction>
        </mot>

        <!-- etc. (les autres mois de l'année) -->

        <mot id="dcb">
            <traduction lang="fr">décembre</traduction>
            <traduction lang="en">december</traduction>
        </mot>

        <mot id="concertLe">
            <traduction lang="fr">Concert le</traduction>
            <traduction lang="en">Concert on</traduction>
        </mot>

        <mot id="oeuvresDe">
            <traduction lang="fr">Oeuvres de</traduction>
            <traduction lang="en">Works by</traduction>.
        </mot>

        <mot id="MarqueQuantième">
            <traduction lang="fr"></traduction>
            <traduction lang="en">th</traduction>
        </mot>

</Dictionnaire>
```

Le programme XSLT est une adaptation du programme précédent, dans lequel on intègre des appels à un modèle nommé de traduction :

Annonce.xsl

```
<?xml version="1.0" encoding="UTF-16"?>
<xsl:stylesheet xmlns:xsl="http://www.w3.org/1999/XSL/Transform"
                version="1.0">

    <xsl:output  method='html' encoding='ISO-8859-1' />

    <xsl:param name="langueCible">fr</xsl:param>
    <xsl:param name="dicoFileRef">dictionnaire.xml</xsl:param>
    <xsl:param name="annonceFileRef">Annonce.xml</xsl:param>

    <xsl:variable name="Dictionnaire"
                  select="document($dicoFileRef)/Dictionnaire"/>
    <xsl:variable name="Annonce"
                  select="document($annonceFileRef)/Annonce"/>
```

```xsl
<xsl:template name="instancier-traduction">
    <xsl:param name="motId"/>

    <xsl:variable
        name="motTrouvé"
        select="$Dictionnaire/mot[@id=$motId]" />

    <xsl:variable
        name="saTraduction"
        select="$motTrouvé/traduction[@lang=$langueCible]" />

    <xsl:value-of select="$saTraduction" />
</xsl:template>

<xsl:template match="child::node()|attribute::*" priority="-10">
    <xsl:copy>
        <xsl:apply-templates select="attribute::*" />
        <xsl:apply-templates select="child::node()"/>
    </xsl:copy>
</xsl:template>

<xsl:template match='concertLe'>
    <xsl:call-template name="instancier-traduction">
        <xsl:with-param name="motId" select="'concertLe'" />
    </xsl:call-template>
    <xsl:text> </xsl:text>
</xsl:template>

<xsl:template name='instancier-Date'>

    <xsl:param name="Jour"/>
    <xsl:param name="Quantième"/>
    <xsl:param name="Mois"/>
    <xsl:param name="Année"/>

    <xsl:choose>
        <xsl:when test="$langueCible = 'fr'">
            <xsl:value-of select="$Jour"/>
            <xsl:text> </xsl:text>
            <xsl:value-of select="$Quantième"/>
            <xsl:text> </xsl:text>
            <xsl:value-of select="$Mois"/>
            <xsl:text> </xsl:text>
            <xsl:value-of select="$Année"/>
        </xsl:when>

        <xsl:when test="$langueCible = 'en'">
            <xsl:value-of select="$Jour"/>
            <xsl:text>, the </xsl:text>
```

```
                <xsl:value-of select="$Quantième"/>
                <xsl:text>th of </xsl:text>
                <xsl:value-of select="$Mois"/>
                <xsl:text>, </xsl:text>
                <xsl:value-of select="$Année"/>
            </xsl:when>
        </xsl:choose>


</xsl:template>


<xsl:template match='dateConcert'>

    <xsl:call-template name="instancier-Date">

        <xsl:with-param name="Jour">
            <xsl:call-template name="instancier-traduction">
                <xsl:with-param name="motId"
                                select="$Annonce/Date/Jour/@id" />
            </xsl:call-template>
        </xsl:with-param>

        <xsl:with-param name="Quantième">
            <xsl:value-of select="$Annonce/Date/Quantième" />
        </xsl:with-param>

        <xsl:with-param name="Mois">
            <xsl:call-template name="instancier-traduction">
                <xsl:with-param name="motId"
                                select="$Annonce/Date/Mois/@id" />
            </xsl:call-template>
        </xsl:with-param>

        <xsl:with-param name="Année">
            <xsl:value-of select="$Annonce/Date/Année" />
        </xsl:with-param>

    </xsl:call-template>

    <xsl:text> </xsl:text>
    <xsl:value-of select="$Annonce/Date/Heure" />


</xsl:template>

<xsl:template match='lieuConcert'>
    <xsl:value-of select="$Annonce/Lieu" />
</xsl:template>

<xsl:template match='ensemble'>
```

```xsl
            <xsl:value-of select="$Annonce/Ensemble" />
    </xsl:template>

    <xsl:template match='listeMusiciens'>
        <xsl:variable name="current-listeMusiciens" select="."/>

        <xsl:for-each select="$Annonce/Interprète">
            <xsl:variable name="current-Interprète" select="."/>

            <xsl:for-each select="$current-listeMusiciens/p">
                <xsl:copy>
                    <xsl:apply-templates>
                        <xsl:with-param name="interprete"
                                        select="$current-Interprète" />
                    </xsl:apply-templates>
                </xsl:copy>
            </xsl:for-each>
        </xsl:for-each>
    </xsl:template>

    <xsl:template match='musicien'>
        <xsl:param name="interprete"/>
        <xsl:value-of select="$interprete" />
    </xsl:template>

    <xsl:template match='instrument'>
        <xsl:param name="interprete"/>
        <xsl:text> </xsl:text>

        <xsl:call-template name="instancier-traduction">
            <xsl:with-param name="motId" select="$interprete/Instrument/@id" />
        </xsl:call-template>
    </xsl:template>


    <xsl:template match='oeuvresDe'>
        <xsl:call-template name="instancier-traduction">
            <xsl:with-param name="motId" select="'oeuvresDe'" />
        </xsl:call-template>
        <xsl:text> </xsl:text>
    </xsl:template>

    <xsl:template match='listeCompositeurs'>
        <xsl:value-of select="$Annonce/Compositeurs" />
    </xsl:template>

</xsl:stylesheet>
```

Le résultat obtenu avec le paramètre `langueCible=en` est montré à la figure 9-5.

Figure 9-5

Aspect de la page dynamique traduite en anglais.

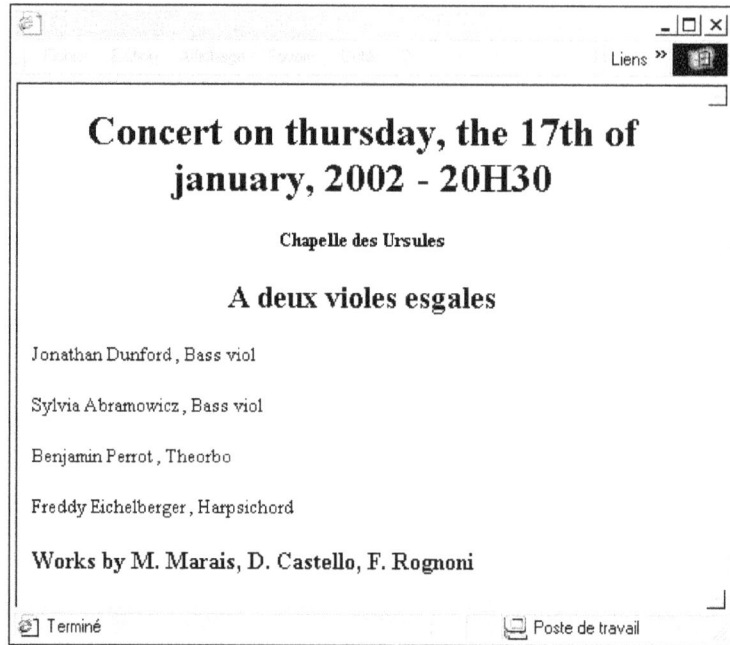

Pattern n° 19 – Construction dynamique de l'agencement d'un tableau HTML

Nous avons déjà vu le problème de la génération dynamique d'une page HTML, qui consiste à créer dynamiquement un contenu, ensuite plaqué sur un fond HTML plus ou moins statique (voir *Pattern n° 16 – Génération de pages HTML dynamiques*, page 518).

Le pattern que nous allons voir maintenant va beaucoup plus loin : il permet de générer dynamiquement non seulement le contenu, mais aussi la disposition de ce contenu dans la page.

Note

L'idée de ce pattern m'est venue en lisant une intervention de Jeni Tennison (très active sur la mailing list XSLT de *www.mulberrytech.com/xsl/xsl-list/*). On pourra la retrouver en faisant une recherche de « The evaluate function » sur le moteur de recherche de *www.biglist.com/lists/xsl-list/archives/* et en restreignant la recherche au mois de janvier 2002.

Pour fixer les idées, et voir l'intérêt de la chose, imaginons une application Internet qui envoie au client (un navigateur) un tableau de synthèse quelconque, comme celui montré en exemple figure 9-6.

Figure 9-6

Un tableau à plusieurs colonnes.

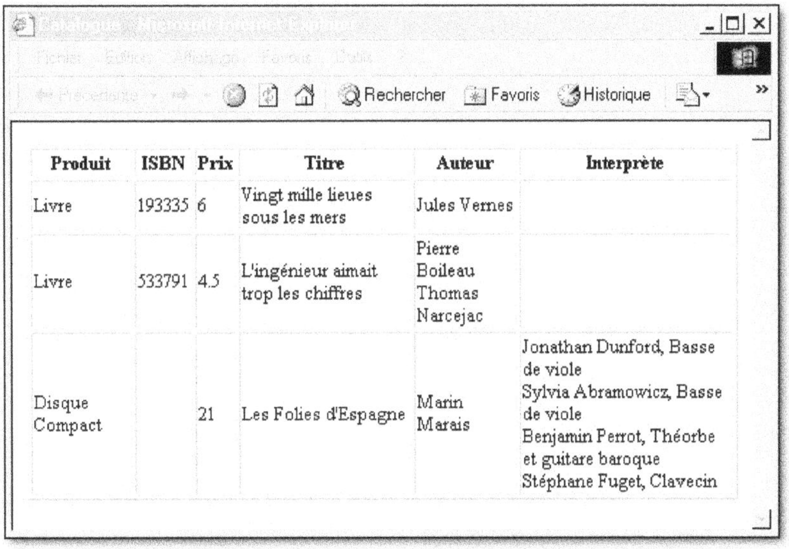

Supposons maintenant que l'interface donne à utilisateur la possibilité de désigner deux colonnes à permuter ; le problème est de regénérer le même contenu de tableau, avec la même transformation XSLT, mais présenté avec les deux colonnes permutées.

Le problème étant assez complexe à résoudre, et nécessitant d'ailleurs l'utilisation d'extensions au langage XSLT (qui vont rendre non portable la solution proposée), il sera ici plus facile de procéder par étapes, afin de voir exactement où se situent les problèmes. Nous commencerons donc par une version qui se contente de générer le tableau de façon statique, et qui ne permet donc aucune permutation, sauf bien sûr en allant modifier le programme.

Version statique

Le tableau à générer est par exemple un extrait (limité aux CD et aux livres) d'inventaire d'un magasin, dont le stock est représenté par le fichier baseProduits.xml :

baseProduits.xml

```
<?xml version="1.0" encoding="UTF-16" ?>
<BaseProduits>

    <LesProduits>
```

```
<Livre ref="vernes1" NoISBN="193335" gamme="roman" media="papier">
    <refOeuvres>
        <Ref valeur="20000lslm"/>
    </refOeuvres>
    <Prix valeur="6" monnaie="EUR"/>
    <Prix valeur="5" monnaie="£"/>
</Livre>

<Livre ref="boileaunarcejac1" NoISBN="533791" gamme="roman"
                                        media="papier">
    <refOeuvres>
        <Ref valeur="liatlc.bn"/>
    </refOeuvres>
    <Prix valeur="4.5" monnaie="EUR"/>
    <Prix valeur="3" monnaie="£"/>
</Livre>

<Enregistrement ref="marais1" RefEditeur="LC000280"
                                gamme="violedegambe" media="CD">
    <refOeuvres>
        <Ref valeur="marais.folies"/>
        <Ref valeur="marais.pieces1685"/>
    </refOeuvres>
    <Interprètes>
        <Interprète nom="Jonathan Dunford">
            <Role xml:lang="fr"> Basse de viole </Role>
            <Role xml:lang="en"> Bass Viol </Role>
        </Interprète>
        <Interprète nom="Sylvia Abramowicz">
            <Role xml:lang="fr"> Basse de viole </Role>
            <Role xml:lang="en"> Bass Viol </Role>
        </Interprète>
        <Interprète nom="Benjamin Perrot">
            <Role xml:lang="fr"> Théorbe et guitare baroque </Role>
            <Role xml:lang="en"> Theorbo and baroque guitar </Role>
        </Interprète>
        <Interprète nom="Stéphane Fuget">
            <Role xml:lang="fr"> Clavecin </Role>
            <Role xml:lang="en"> Harpsichord </Role>
        </Interprète>
    </Interprètes>
    <Titre xml:lang="fr">
        Les Folies d'Espagne et pièces inédites
    </Titre>
    <Titre xml:lang="en"> Folies d'Espagne and unedited music </Titre>
    <Prix valeur="21" monnaie="EUR"/>
    <Prix valeur="13" monnaie="£"/>
</Enregistrement>
```

```
        <Matériel ref="HarKar1" refConstructeur="XL-FZ158BK" gamme="lecteurCD"
                                                     marque="HarKar">
            <refCaractéristiques>
                <Ref valeur="caracHarKar1"/>
            </refCaractéristiques>
            <Prix valeur="686" monnaie="EUR"/>
            <Prix valeur="400" monnaie="£"/>
        </Matériel>

</LesProduits>

<LesOeuvres>
    <Oeuvre ref="20000lslm">
        <Titre> Vingt mille lieues sous les mers </Titre>
        <refAuteurs>
            <Ref valeur="JVernes"/>
        </refAuteurs>
    </Oeuvre>
    <Oeuvre ref="marais.folies">
        <Titre> Les Folies d'Espagne </Titre>
        <refAuteurs>
            <Ref valeur="MMarais"/>
        </refAuteurs>
    </Oeuvre>
    <Oeuvre ref="marais.pieces1685">
        <Titre> Pièces de viole en manuscrit </Titre>
        <refAuteurs>
            <Ref valeur="MMarais"/>
        </refAuteurs>
    </Oeuvre>
    <Oeuvre ref="liatlc.bn">
        <Titre> L'ingénieur aimait trop les chiffres </Titre>
        <refAuteurs>
            <Ref valeur="PBoileau"/>
            <Ref valeur="ThNarcejac"/>
        </refAuteurs>
    </Oeuvre>
</LesOeuvres>

<LesAuteurs>
    <Auteur ref="JVernes">
        <Nom> Jules Vernes </Nom>
    </Auteur>
    <Auteur ref="MMarais">
        <Nom> Marin Marais </Nom>
    </Auteur>
    <Auteur ref="PBoileau">
        <Nom> Pierre Boileau </Nom>
    </Auteur>
```

```
            <Auteur ref="ThNarcejac">
                <Nom> Thomas Narcejac </Nom>
            </Auteur>
        </LesAuteurs>

        <LesGammes>
            ... inutilisé ici ...
        </LesGammes>

        <LesMarques>
            ... inutilisé ici ...
        </LesMarques>

        <LesCaractéristiques>
            ... inutilisé ici ...
        </LesCaractéristiques>

    </BaseProduits>
```

Le programme XSLT pour obtenir le tableau statiquement ne pose aucune difficulté particulière. Il y a une règle par élément d'inventaire (Livre ou Enegistrement), et dans chacune de ces deux règles, on construit une ligne du tableau avec la totalité des colonnes. Si une colonne est sans objet pour l'élément courant (par exemple un No ISBN pour un disque), on instancie une espace non sécable, sinon on instancie la valeur concernée récupérée plus ou moins simplement dans le document XML, le plus compliqué étant l'instanciation des noms d'auteurs. S'il y a plusieurs auteurs ou plusieurs interprètes, ils sont tous copiés dans la cellule courante du tableau ; par contre, s'il y a plusieurs œuvres dans le même livre ou le même enregistrement, seule la première est prise en compte.

baseProduits.xsl

```
<?xml version="1.0" encoding="ISO-8859-1" ?>
<xsl:stylesheet xmlns:xsl="http://www.w3.org/1999/XSL/Transform" version="1.0">


    <xsl:template match="/">
    <HTML>
        <HEAD>
            <TITLE>Catalogue</TITLE>
        </HEAD>
        <BODY>
            <xsl:apply-templates/>
        </BODY>
    </HTML>
    </xsl:template>

    <xsl:template match="LesProduits">
```

```
    <table border="1">
        <tr>
            <th>Produit</th>
            <th>ISBN</th>
            <th>Prix</th>
            <th>Titre</th>
            <th>Auteur</th>
            <th>Interprète</th>
        </tr>
        <xsl:apply-templates/>
    </table>
</xsl:template>

<xsl:template match="Livre">
    <tr>
        <td>Livre</td>
        <td><xsl:value-of select="@NoISBN"/></td>
        <td><xsl:value-of select="./Prix[@monnaie='EUR']/@valeur"/></td>
        <td>
            <xsl:call-template name="instancier-titreOeuvre">
                <xsl:with-param name="refOeuvre"
                                select="./refOeuvres/Ref[1]/@valeur" />
            </xsl:call-template>
        </td>
        <td>
            <xsl:call-template name="instancier-nomsAuteurs">
                <xsl:with-param name="refOeuvre"
                                select="./refOeuvres/Ref[1]/@valeur" />
            </xsl:call-template>
        </td>
        <td><xsl:call-template name="instancier-nbsp"/></td>
    </tr>
</xsl:template>

<xsl:template match="Enregistrement">
    <tr>
        <td>Disque Compact</td>
        <td><xsl:call-template name="instancier-nbsp"/></td>
        <td><xsl:value-of select="./Prix[@monnaie='EUR']/@valeur"/></td>
        <td>
            <xsl:call-template name="instancier-titreOeuvre">
                <xsl:with-param name="refOeuvre"
                                select="./refOeuvres/Ref[1]/@valeur" />
            </xsl:call-template>
        </td>
        <td>
            <xsl:call-template name="instancier-nomsAuteurs">
                <xsl:with-param name="refOeuvre"
                                select="./refOeuvres/Ref[1]/@valeur" />
            </xsl:call-template>
        </td>
```

```
                    <td>
                        <xsl:call-template name="instancier-interprètes"/>
                    </td>
            </tr>
        </xsl:template>


        <xsl:template match="text()"/>

        <xsl:template name="instancier-titreOeuvre">
            <xsl:param name="refOeuvre"/>
            <xsl:variable name="Oeuvre"
                        select="//LesOeuvres/Oeuvre[@ref=$refOeuvre]"/>
            <xsl:value-of select="$Oeuvre/Titre"/>
        </xsl:template>


        <xsl:template name="instancier-nomsAuteurs">
            <xsl:param name="refOeuvre"/>
            <xsl:variable name="Oeuvre"
                        select="//LesOeuvres/Oeuvre[@ref=$refOeuvre]"/>
            <xsl:for-each select="$Oeuvre/refAuteurs/Ref">
                <xsl:variable name="refAuteur" select="@valeur"/>
                <xsl:variable name="Auteur"
                            select="//LesAuteurs/Auteur[@ref=$refAuteur]"/>

                <xsl:value-of select="$Auteur/Nom"/>
                <xsl:if test="position() != last()"><br/></xsl:if>
            </xsl:for-each>
        </xsl:template>

        <xsl:template name="instancier-interprètes">
            <xsl:for-each select="Interprètes/Interprète">
                <xsl:value-of select="@nom"/>
                <xsl:text>, </xsl:text>
                <xsl:value-of select="Role[@xml:lang = 'fr']"/>
                <xsl:if test="position() != last()"><br/></xsl:if>
            </xsl:for-each>
        </xsl:template>

        <xsl:template name="instancier-nbsp">
            <xsl:text disable-output-escaping="yes">&amp;</xsl:text>nbsp;
        </xsl:template>

    </xsl:stylesheet>
```

Arrivé à ce stade, on voit déjà que ce n'est pas simple de permuter deux colonnes : il faut intervenir dans les trois règles associées aux éléments Produits, Livre et Enregistrement, et permuter (de la même façon dans ces trois endroits) les lignes source XSLT représentant une colonne.

Version dynamique

L'idée d'une génération dynamique, c'est toujours d'interpréter des données au lieu de les câbler dans le programme. Ici, nous allons donc mettre en place un document XML qui va décrire la façon dont on veut que les colonnes apparaissent dans le fichier HTML généré. Voici une possibilité parmi d'autres, qui montre un exemple d'un tel fichier :

Table.xml

```xml
<?xml version="1.0" encoding="UTF-16" ?>
<table id="LivresEtEnregistrements">

    <colonne titre="Produit">
        <Livre
            valeur="Livre"/>
        <Enregistrement
            valeur="Compact Disc"/>
    </colonne>

    <colonne titre="Prix">
        <Livre
            eval="./Prix[@monnaie='EUR']/@valeur"/>
        <Enregistrement
            eval="./Prix[@monnaie='EUR']/@valeur"/>
    </colonne>

    <colonne titre="ISBN">
        <Livre
            eval="./@NoISBN"/>
        <Enregistrement
            call="instancier-nbsp"/>
    </colonne>

    <colonne titre="Auteur">
        <Livre
            call="instancier-nomsAuteurs"
            param="./refOeuvres/Ref[1]/@valeur"/>
        <Enregistrement
            call="instancier-nomsAuteurs"
            param="./refOeuvres/Ref[1]/@valeur"/>
    </colonne>

    <colonne titre="Titre">
        <Livre
            call="instancier-titreOeuvre"
            param="./refOeuvres/Ref[1]/@valeur"/>
        <Enregistrement
            call="instancier-titreOeuvre"
            param="./refOeuvres/Ref[1]/@valeur"/>
    </colonne>
```

```
        <colonne titre="Interprète">
            <Livre
                call="instancier-nbsp"/>
            <Enregistrement
                call="instancier-interprètes"/>
        </colonne>
    </table>
```

Ce document décrit une table qui contiendra des livres et des enregistrements, donne l'ordre des colonnes, et décrit, pour chaque élément <Livre> ou <Enregistrement> du document source principal, la façon d'aller y récupérer les données.

Certaines données, fournies par l'attribut valeur, sont à prendre telles quelles : par exemple, la colonne Produit contient Livre pour un <Livre>, ou Compact Disc pour un <Enregistrement> : il n'y a donc pas de données à aller chercher dans ce cas.

D'autres données sont des expressions XPath à interpréter ; ce sont celles qui sont fournies par l'attribut eval. A l'exécution, il faudra donc interpréter dynamiquement ces expressions XPath, et c'est là qu'interviendra la fonction d'extension evaluate(), disponible avec le processeur Saxon ou Xalan.

Enfin certaines données sont obtenues par un cheminement trop compliqué pour être exprimé directement par une expression XPath ; dans ce cas on donne le nom d'un modèle nommé qu'il faudra exécuter (attribut call), et on lui transmet éventuellement un paramètre (attribut param). Si l'attribut param est présent, il contient une expression XPath qu'il faudra interpréter.

Le fait d'avoir commencé par la version statique permet d'anticiper les difficultés d'accès aux données : en particulier, on sait que la récupération des noms d'auteurs n'est pas simple, car il peut y en avoir plusieurs par œuvre, ce qui implique une boucle <xsl:for-each> (d'où l'appel à un modèle nommé). Notons en passant que l'appel d'un modèle nommé dont le nom est contenu dans une variable est interdit en XSLT : là encore, il faudra faire appel à une extension, qui rend possible l'utilisation d'un descripteur de valeur différée pour l'attribut name de l'instruction <xsl:call-template>.

Ceci étant, ce fichier de description doit permettre de changer l'ordre d'apparition des colonnes dans le tableau, tout simplement en permutant les deux éléments correspondants. Ce n'est d'ailleurs pas la seule façon : on peut aussi laisser ce fichier intact et transmettre le nom et l'ordre des colonnes au programme d'interprétation, mais nous verrons cette deuxième solution plus loin.

Il est clair que ce fichier apporte plus de souplesse que la simple permutation facile de colonnes : il est très facile, par exemple, d'ajouter un nouvel élément à prendre en compte dans l'inventaire, si toutefois une simple expression XPath peut en venir à bout. S'il faut un modèle nommé, cela implique une modification du programme pour y ajouter ce modèle nommé.

Pattern

Le pattern consiste à mettre en place l'enchaînement suivant, que l'on va maintenant expliciter sur un exemple.

Etape 1 : traitement d'un élément qui doit figurer dans le tableau. Par exemple, traitement d'un élément `<Livre>` du document source principal (`baseProduits.xml`). Cet élément est mis dans un node-set `ElementCourant` ne contenant que cet élément.

Etape 2 : constitution d'un node-set `ElementsPilotes` contenant tous les éléments `<Livre>` du document `Table.xml`. Ce node-set est appelé `ElémentsPilotes` parce qu'il contient effectivement des éléments, et que ces éléments pilotent le processus de récupération des données intéressantes. Dans notre exemple, ce node-set contient tous les `<Livre>` du document `Table.xml`, et pour chacun d'eux on trouve soit un attribut `valeur`, soit un attribut `eval`, soit un attribut `call`, qu'il va falloir interpréter.

Etape 3 : constitution du texte de l'expression permettant l'accès à la donnée, et interprétation dynamique de ce texte d'expression.

Etape 3A : cas de l'attribut `valeur`, qui est le plus simple. En effet, il n'y a rien de particulier à faire dans ce cas, si ce n'est de prendre en compte la valeur fournie.

Etape 3B : cas de l'attribut `eval`, qui est le plus typique. On récupère une chaîne de caractères, par exemple `./Prix[@monnaie='EUR']/@valeur`. Cette chaîne de caractères doit être rapprochée de l'élément courant `<Livre>` contenu dans le node-set `ElementCourant`. En effet, l'expression à interpréter est

```
$ElementCourant/./Prix[@monnaie='EUR']/@valeur
```

Le `'/./'` médian amène une redondance, mais qui est inoffensive (et que l'on pourrait facilement supprimer). Le texte de cette expression résulte de la concaténation des trois chaînes de caractères :

```
'$ElementCourant'
'/'
./Prix[@monnaie='EUR']/@valeur
```

Les deux premières sont des chaînes littérales, et la dernière est la valeur de l'attribut `eval` de l'élément pilote courant, de sorte que l'appel à la fonction `concat()` correspondant va s'écrire :

```
concat('$ElementCourant', '/', @eval)
```

Et à l'exécution, cet appel va fournir l'expression :

```
$ElementCourant/./Prix[@monnaie='EUR']/@valeur
```

Dans cet exemple, n'oublions pas que `ElementCourant` est un node-set ne contenant que le `<Livre>` du document principal en cours de traitement. De sorte que cette expression, si on l'interprète, donne la valeur du prix en euros du `<Livre>` courant, et c'est bien cette valeur qu'il fallait récupérer pour la placer dans une cellule de tableau.

L'évaluation se fait par appel d'une fonction d'extension, fournie par Saxon et Xalan. Avec Saxon, l'appel prend la forme suivante :

```
saxon:evaluate(
    concat('$ElementCourant', '/', @eval)
)
```

Etape 3C : cas de l'attribut `call`, avec présence d'un attribut `param`, par exemple :

```
<Livre
    call="instancier-nomsAuteurs"
    param="./refOeuvres/Ref[1]/@valeur"/>
```

Il faut à nouveau rapprocher la chaîne fournie par l'attribut `param` de l'élément courant du document source principal ; on opère donc la concaténation des trois chaînes :

```
'$ElementCourant'
'/'
./refOeuvres/Ref[1]/@valeur
```

Les deux premières sont des chaînes littérales, et la dernière est la valeur de l'attribut `param` de l'élément pilote courant, de sorte que l'appel à la fonction `concat()` correspondant va s'écrire :

```
concat('$ElementCourant', '/', @param)
```

Et à l'exécution, après évaluation par la fonction `saxon:evaluate()`, cet appel va fournir l'expression :

```
$ElementCourant/./refOeuvres/Ref[1]/@valeur
```

Dans cet exemple, n'oublions pas que `ElementCourant` est un node-set ne contenant que le `<Livre>` du document principal en cours de traitement. De sorte que cette expression, si on l'interprète, donne la valeur de la première référence d'œuvre du `<Livre>` courant.

Cette valeur va donc jouer le rôle d'argument pour l'appel du modèle nommé dont le nom est la valeur de l'attribut `call` de l'élément pilote.

Quant à l'appel proprement dit du modèle nommé, il doit prendre une forme spéciale, parce qu'en XSLT standard, un tel appel est impossible. En effet, le nom du modèle à appeler n'est pas ici connu statiquement, chose qu'XSLT interdit. Pour pouvoir tout de même appeler ce modèle, il faut donc utiliser une forme où un descripteur de valeur différée d'attribut est autorisé, ce qui constitue une extension au langage, fournie par Saxon de la manière suivante :

```
<xsl:call-template name="{$tname}" saxon:allow-avt="yes">
```

On peut maintenant donner le programme d'interprétation de la spécification de disposition du tableau.

baseProduits.xsl

```
<?xml version="1.0" encoding="ISO-8859-1" ?>
<xsl:stylesheet
    xmlns:xsl = "http://www.w3.org/1999/XSL/Transform"
```

```
xmlns:saxon="http://icl.com/saxon"
extension-element-prefixes="saxon"
version   = "1.0">


<xsl:output  method='html' encoding='ISO-8859-1' />


<xsl:variable
    name="tableLivresEtEnregistrements"
    select="document('Table.xml')/table[@id='LivresEtEnregistrements']"/>


<xsl:variable
    name="racineDocumentPrincipal"
    select="/"/>


<xsl:template match="/">
    <HTML>
        <HEAD>
            <TITLE>Catalogue</TITLE>
        </HEAD>
        <BODY>
            <xsl:apply-templates/>
        </BODY>
    </HTML>
</xsl:template>


<xsl:template match="LesProduits">
    <table border="1" >
        <tr>
            <xsl:call-template name="instancier-titresColonnes"/>
        </tr>
        <xsl:apply-templates/>
    </table>
</xsl:template>



<!--
========================================================
                    Etape 1
======================================================== -->
<xsl:template match="Livre">
    <tr>
        <xsl:call-template name="instancier-colonnes"/>
    </tr>
</xsl:template>


<!--
========================================================
                    Etape 1
======================================================== -->
<xsl:template match="Enregistrement">
    <tr>
```

```
            <xsl:call-template name="instancier-colonnes"/>
        </tr>
</xsl:template>

<!--
=========================================================  -->

<xsl:template match="text()"/>


<!--
=========================================================
                        Fin des règles
========================================================= -->

<xsl:template name="instancier-titresColonnes">
    <xsl:for-each select="$tableLivresEtEnregistrements/colonne">
        <th><xsl:value-of select="@titre"/></th>
    </xsl:for-each>
</xsl:template>

<!-- -->

<xsl:template name="instancier-colonnes">

    <!--
    Comme ce modèle est appelé depuis une règle sans xsl:for-each,
    l'élément courant est l'élément traité par la règle, à savoir
    un <Livre> ou un <Enregistrement>
     -->
    <xsl:variable name="ElementCourant" select="current()"/>
    <xsl:variable name="ElementName" select="local-name()"/>



    <!--
    =========================================================
                        Etape 2
    ========================================================= -->
    <xsl:variable
        name="ElementsPilotes"
        select="saxon:evaluate(
                    concat(
                        '$tableLivresEtEnregistrements/colonne/',
                        $ElementName
                    )
                )"
    />
```

```
<!--

Valeur de la variable $ElementsPilotes dans notre exemple :
~~~~~~~~~~~~~~~~~~~~~~~~~~~~~~~~~~~~~~~~~~~~~~~~~~~~~~~~~~~~~~

cas où $ElementCourant est un <Livre>
~~~~~~~~~~~~~~~~~~~~~~~~~~~~~~~~~~~~~~
    <Livre valeur="Livre"></Livre>
    <Livre eval="./Prix[@monnaie='EUR']/@valeur"></Livre>
    <Livre eval="./@NoISBN"></Livre>

    <Livre call="instancier-nomsAuteurs"
           param="./refOeuvres/Ref[1]/@valeur"></Livre>

    <Livre call="instancier-titreOeuvre"
           param="./refOeuvres/Ref[1]/@valeur"></Livre>

    <Livre call="instancier-nbsp"></Livre>


cas où $ElementCourant est un <Enregistrement>
~~~~~~~~~~~~~~~~~~~~~~~~~~~~~~~~~~~~~~~~~~~~~~~~
    <Enregistrement valeur="Compact Disc"></Enregistrement>
    <Enregistrement eval="./Prix[@monnaie='EUR']/@valeur">
    </Enregistrement>
    <Enregistrement call="instancier-nbsp"></Enregistrement>

    <Enregistrement call="instancier-nomsAuteurs"
                    param="./refOeuvres/Ref[1]/@valeur">
    </Enregistrement>

    <Enregistrement call="instancier-titreOeuvre"
                    param="./refOeuvres/Ref[1]/@valeur">
    </Enregistrement>

    <Enregistrement call="instancier-interprètes">
    </Enregistrement>

 -->



<!--
=======================================================
                     Etape 3
======================================================= -->

<xsl:for-each select="$ElementsPilotes">
    <td>
        <xsl:choose>
```

```
<!--
========================================================
                      Etape 3A
======================================================== -->
<xsl:when test="@valeur">
    <xsl:value-of select="@valeur"/>
</xsl:when>

<!--
========================================================
                      Etape 3B
======================================================== -->
<xsl:when test="@eval">
    <xsl:value-of select="saxon:evaluate(
        concat('$ElementCourant', '/', @eval)
    )"/>
</xsl:when>


<!--
========================================================
                      Etape 3C
======================================================== -->
<xsl:when test="@call">

    <xsl:choose>
        <xsl:when test="@param">
            <xsl:call-template
                name="{@call}" saxon:allow-avt="yes">
                <xsl:with-param
                    name="refOeuvre"
                    select="saxon:evaluate(
                            concat('$ElementCourant',
                                            '/', @param)
                        )"/>
            </xsl:call-template>
        </xsl:when>

        <xsl:otherwise>
            <xsl:call-template
                name="{@call}" saxon:allow-avt="yes">
                <xsl:with-param
                    name="ElementCourant"
                    select="$ElementCourant"/>
            </xsl:call-template>
        </xsl:otherwise>
    </xsl:choose>
</xsl:when>
```

```
                    </xsl:choose>
                </td>
            </xsl:for-each>
        </xsl:template>


        <!-- -->
        <xsl:template name="instancier-titreOeuvre">
            <xsl:param name="refOeuvre"/>
            <xsl:variable
                name="Oeuvre"
                select="
                    $racineDocumentPrincipal//LesOeuvres/Oeuvre[@ref=$refOeuvre]"/>
            <xsl:value-of select="$Oeuvre/Titre"/>
        </xsl:template>


        <!-- -->
        <xsl:template name="instancier-nomsAuteurs">
            <xsl:param name="refOeuvre"/>
            <xsl:variable
                name="Oeuvre"
                select="
                    $racineDocumentPrincipal//LesOeuvres/Oeuvre[@ref=$refOeuvre]"/>
            <xsl:for-each select="$Oeuvre/refAuteurs/Ref">
                <xsl:variable name="refAuteur" select="@valeur"/>
                <xsl:variable
                    name="Auteur"
                    select="//LesAuteurs/Auteur[@ref=$refAuteur]"/>
                <xsl:value-of select="$Auteur/Nom"/>
                <xsl:if test="position() != last()"><br/></xsl:if>
            </xsl:for-each>
        </xsl:template>


        <!-- -->
        <xsl:template name="instancier-interprètes">
            <xsl:param name="ElementCourant"/>
            <xsl:for-each select="$ElementCourant/Interprètes/Interprète">
                <xsl:value-of select="@nom"/>
                <xsl:text>, </xsl:text>
                <xsl:value-of select="Role[@xml:lang = 'fr']"/>
                <xsl:if test="position() != last()"><br/></xsl:if>
            </xsl:for-each>
        </xsl:template>


        <!-- -->
        <xsl:template name="instancier-nbsp">
```

```
        <xsl:text disable-output-escaping="yes">&amp;</xsl:text>nbsp;
    </xsl:template>

</xsl:stylesheet>
```

Un élément qu'il faut toujours prendre en compte, pour l'instanciation d'un modèle, c'est que le contexte d'évaluation ne change pas de l'appelant à l'appelé : or, ici, certains des modèles nommés (instancier-nomsAuteurs, instancier-interprètes, par exemple) sont appelés à l'intérieur de la boucle sur les éléments pilotes (étape 3). Cette boucle change le contexte d'évaluation : en particulier le nœud courant est un élément pilote, donc un élément du document XML `Table.xml`. Or le modèle nommé `instancier-nomsAuteurs`, par exemple, évalue l'expression XPath

```
//LesOeuvres/Oeuvre[@ref=$refOeuvre]
```

Si l'on ne fait rien de particulier, cette expression sera donc évaluée par rapport à un nœud contexte situé dans le document `Table.xml`, ce qui n'a évidemment aucun sens. Il est donc nécessaire de retrouver le document principal lors de l'évaluation de cette expression, ce qui est rendu possible par la variable globale `racineDocumentPrincipal`.

A l'exécution, les colonnes du tableau s'affichent dans l'ordre où elles apparaissent dans le document `Table.xml` (voir figure 9-7).

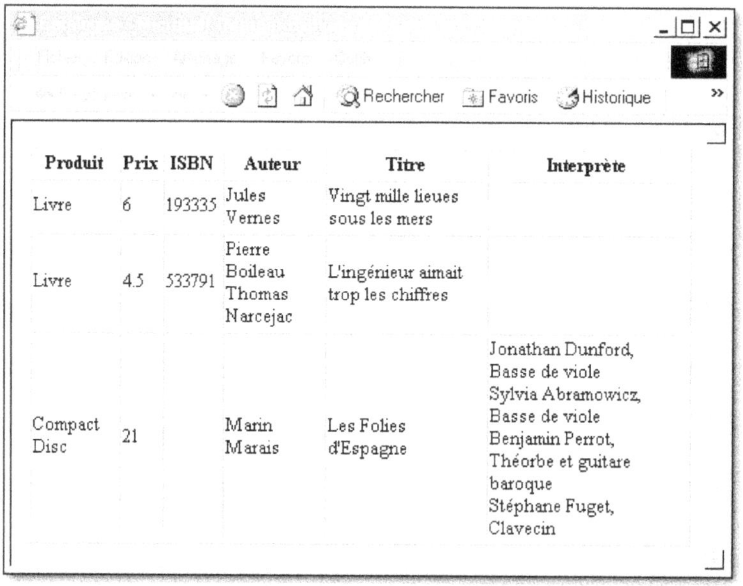

Figure 9-7

Un tableau dont les colonnes (ordre et contenu) sont spécifiées à part.

Produit	Prix	ISBN	Auteur	Titre	Interprète
Livre	6	193335	Jules Vernes	Vingt mille lieues sous les mers	
Livre	4.5	533791	Pierre Boileau Thomas Narcejac	L'ingénieur aimait trop les chiffres	
Compact Disc	21		Marin Marais	Les Folies d'Espagne	Jonathan Dunford, Basse de viole Sylvia Abramowicz, Basse de viole Benjamin Perrot, Théorbe et guitare baroque Stéphane Fuget, Clavecin

Il est vrai que la solution obtenue peut ne pas résoudre tout à fait le problème posé : en effet, puisque l'utilisateur peut dynamiquement demander une permutation de l'ordre de présentation des colonnes, il faut pouvoir répercuter cette demande sur le document

`Table.xml`, et permuter en conséquence les deux éléments correspondants. C'est évidemment trivial à réaliser en XSLT, mais peut-être n'est-ce pas la solution que l'on souhaiterait. Une autre solution, plus dynamique, consisterait à indiquer au programme d'interprétation (`baseProduits.xsl`) l'ordre des colonnes souhaité, sous la forme d'un paramètre transmis lors de l'appel :

Ligne de commande (d'un seul tenant)

```
java -classpath "C:\Program Files\JavaSoft\SAXON\saxon.jar;"
   com.icl.saxon.StyleSheet -o baseProduits.html BaseProduits.xml BaseProduits.xsl
   ordreColonnes="Produit Prix Auteur Titre ISBN Interprète"
```

Dans ce cas, le document `Table.xml` ne sert plus à déterminer l'ordre des colonnes, mais seulement à spécifier l'accès aux données. On pourrait aussi choisir une option mixte dans laquelle ce document XML donne l'ordre des colonnes par défaut, en l'absence du paramètre `ordreColonnes` lors du lancement du processeur.

Pour obtenir le résultat cherché, il n'y a assez peu de modifications à apporter, car le pattern reste essentiellement le même ; mais au lieu de boucler sur les éléments pilotes (étape 3), il faut boucler sur les éléments fournis par le paramètre `ordreColonnes`.

C'est d'ailleurs une occasion d'utiliser encore une nouvelle extension, car on sait qu'une boucle `<xsl:for-each>` est adaptée uniquement au parcours de node-sets ; or justement, il existe une extension Saxon (ou Xalan) qui transforme une suite de lexèmes en un node-set d'éléments dont les valeurs textuelles sont les lexèmes fournis : il s'agit de la fonction `saxon:tokenize()`, que l'on utilisera donc à cette fin.

baseProduits.xsl

```
<?xml version="1.0" encoding="ISO-8859-1" ?>
<xsl:stylesheet
    xmlns:xsl = "http://www.w3.org/1999/XSL/Transform"
    xmlns:saxon="http://icl.com/saxon"
    extension-element-prefixes="saxon"
    version  = "1.0">

    <xsl:output  method='html' encoding='ISO-8859-1' />

    <xsl:param
        name="ordreColonnes"
        select="'Produit Prix Auteur Titre ISBN Interprète'"/>
        <!-- donne l'ordre par défaut des colonnes -->

    <xsl:variable
        name="tableLivresEtEnregistrements"
        select="document('Tables.xml')/table[@id='LivresEtEnregistrements']"/>

    <xsl:variable
        name="racineDocumentPrincipal"
        select="/"/>

    <xsl:template match="/">
```

```
        <HTML>
            <HEAD>
                <TITLE>Catalogue</TITLE>
            </HEAD>
            <BODY>
                <xsl:apply-templates/>
            </BODY>
        </HTML>
    </xsl:template>

    <xsl:template match="LesProduits">
        <table border="1" >
            <tr>
                <xsl:call-template name="instancier-titresColonnes"/>
            </tr>
            <xsl:apply-templates/>
        </table>
    </xsl:template>

    <!--
    =======================================================
                        Etape 1
    ======================================================= -->
    <xsl:template match="Livre">
        <tr>
            <xsl:call-template name="instancier-colonnes"/>
        </tr>
    </xsl:template>
    <!--
    =======================================================
                        Etape 1
    ======================================================= -->
    <xsl:template match="Enregistrement">
        <tr>
            <xsl:call-template name="instancier-colonnes"/>
        </tr>
    </xsl:template>

    <!--
    =======================================================  -->

    <xsl:template match="text()"/>


    <!--
    =======================================================
                        Fin des règles
    ======================================================= -->
```

```
<xsl:template name="instancier-titresColonnes">
    <xsl:for-each select="saxon:tokenize( $ordreColonnes )">
        <th><xsl:value-of select="."/></th>
    </xsl:for-each>
</xsl:template>

<!-- -->
<xsl:template name="instancier-colonnes">

    <!--
    Comme ce modèle est appelé depuis une règle sans xsl:for-each,
    l'élément courant est l'élément traité par la règle, à savoir
    un <Livre> ou un <Enregistrement>
    -->
    <xsl:variable name="ElementCourant" select="current()"/>
    <xsl:variable name="ElementName" select="local-name()"/>

    <!--
    ======================================================
                        Etape 3
    ====================================================== -->
    <xsl:variable
        name="LesNomsDeColonnes"
        select="saxon:tokenize( $ordreColonnes )"/>

    <xsl:for-each select="$LesNomsDeColonnes">


        <xsl:variable
            name="NomDeLaColonneEnCours"
            select="."/>

        <xsl:variable
            name="ElementPilote"
            select="saxon:evaluate(
                    concat(
                        '$tableLivresEtEnregistrements/colonne[
                            @titre=&#34;',
                            $NomDeLaColonneEnCours, '&#34;]/',
                        $ElementName
                    )
                )"
        />
        <xsl:for-each select="$ElementPilote">

        <td>
            <xsl:choose>

                <!--
                ======================================================
                                        Etape 3A
                ====================================================== -->
```

```
                    <xsl:when test="@valeur">
                        <xsl:value-of select="@valeur"/>
                    </xsl:when>

                    <!--
                    =====================================================
                                        Etape 3B
                    ===================================================== -->
                    <xsl:when test="@eval">
                        <xsl:value-of select="saxon:evaluate(
                            concat('$ElementCourant', '/', @eval)
                        )"/>
                    </xsl:when>

                    <!--
                    =====================================================
                                        Etape 3C
                    ===================================================== -->
                    <xsl:when test="@call">

                        <xsl:choose>
                            <xsl:when test="@param">
                                <xsl:call-template
                                    name="{@call}" saxon:allow-avt="yes">
                                    <xsl:with-param
                                        name="refOeuvre"
                                        select="saxon:evaluate(
                                            concat('$ElementCourant','/', @param)
                                        )"/>
                                </xsl:call-template>
                            </xsl:when>

                            <xsl:otherwise>
                                <xsl:call-template
                                    name="{@call}" saxon:allow-avt="yes">
                                    <xsl:with-param
                                        name="ElementCourant"
                                        select="$ElementCourant"/>
                                </xsl:call-template>
                            </xsl:otherwise>
                        </xsl:choose>
                    </xsl:when>

                </xsl:choose>
            </td>
            </xsl:for-each>
        </xsl:for-each>
    </xsl:template>
```

```
<!-- -->
<xsl:template name="instancier-titreOeuvre">
    <xsl:param name="refOeuvre"/>
    <xsl:variable
        name="Oeuvre"
        select="
            $racineDocumentPrincipal//LesOeuvres/Oeuvre[@ref=$refOeuvre]"/>
    <xsl:value-of select="$Oeuvre/Titre"/>
</xsl:template>


<!-- -->
<xsl:template name="instancier-nomsAuteurs">
    <xsl:param name="refOeuvre"/>
    <xsl:variable
        name="Oeuvre"
        select="
            $racineDocumentPrincipal//LesOeuvres/Oeuvre[@ref=$refOeuvre]"/>
    <xsl:for-each select="$Oeuvre/refAuteurs/Ref">
        <xsl:variable name="refAuteur" select="@valeur"/>
        <xsl:variable
            name="Auteur"
            select="//LesAuteurs/Auteur[@ref=$refAuteur]"/>
        <xsl:value-of select="$Auteur/Nom"/>
        <xsl:if test="position() != last()"><br/></xsl:if>
    </xsl:for-each>
</xsl:template>


<!-- -->
<xsl:template name="instancier-interprètes">
    <xsl:param name="ElementCourant"/>
    <xsl:for-each select="$ElementCourant/Interprètes/Interprète">
        <xsl:value-of select="@nom"/>
        <xsl:text>, </xsl:text>
        <xsl:value-of select="Role[@xml:lang = 'fr']"/>
        <xsl:if test="position() != last()"><br/></xsl:if>
    </xsl:for-each>
</xsl:template>


<!-- -->
<xsl:template name="instancier-nbsp">
    <xsl:text disable-output-escaping="yes">&amp;</xsl:text>nbsp;
</xsl:template>

</xsl:stylesheet>
```

L'étape 2 a disparu, puisque cette étape consistait dans la version précédente à rassembler les éléments pilotes dans un node-set, chaque élément pilote correspondant à une colonne. Ici, c'est inutile, puisque la liste des colonnes est déjà connue au travers de la variable `ordreColonnes`. L'étape 3 se transpose donc ici en un parcours du node-set `LesNomsDeColonnes` construit à partir de cette liste, le node-set en question étant par contre constitué de nœuds complètement déconnectés du document `Table.xml`. Donc pour avoir un élément pilote à partir du `NomDeLaColonneEnCours`, il faut effectuer une recherche de cet élément pilote dans le document `Table.xml` connaissant le nom de la colonne courante, et l'élément à traiter (`<Livre>` ou `<Enregistrement>`). Cette recherche est effectuée par l'expression XPath initialisant la variable `ElementPilote`.

Cette expression XPath est construite à partir des données suivantes :

- `$NomDeLaColonneEnCours` : une chaîne de caractères donnant le nom de la colonne (par exemple `'Prix'`) ;

- `$ElementName` : une chaîne de caractères donnant le nom de l'élément (du document principal) en cours de traitement (par exemple `'Livre'`).

Avec ces données, il faut construire l'expression suivante :

```
$tableLivresEtEnregistrements/colonne[@titre="Prix"]/Livre
```

Dans cette expression, tout est constant, sauf les deux noms indiqués en gras, qui sont des valeurs de variables. On peut donc construire une chaîne de caractères contenant l'expression ci-dessus, par concaténation de constantes littérales et de valeurs de variables, mais il reste le problème des guillemets. On utilise ici des entités caractères pour les représenter (`&#34;`), car sous forme littérale, ils entreraient en conflit avec ceux utilisés pour délimiter l'attribut `select` contenant l'expression à évaluer, ou avec les délimiteurs de chaînes littérales de la fonction `concat()`.

Une fois l'expression construite, il n'y a plus qu'à l'évaluer, ce qui se fait comme d'habitude par appel à la fonction `saxon:evaluate()`.

Le résultat de cette évaluation est un node-set ne contenant qu'un seul élément : un élément pilote du document `Table.xml`. Cet élément pilote doit maintenant devenir le nœud courant, pour nous ramener à la version précédente du programme, où il y avait une boucle sur un node-set d'éléments pilotes. C'est la raison de la présence du `for-each` suivant, qui ne sert pas à effectuer une boucle (puisque de toute façon, on est certain que le node-set à parcourir ne comporte qu'un seul élément), mais sert uniquement à changer de contexte d'évaluation (voir la section *Autre sémantique*, page 140).

Une fois que le nœud courant est un élément pilote, le reste du programme est essentiellement identique à celui de la version précédente, et le résultat obtenu est montré à la figure 9-8.

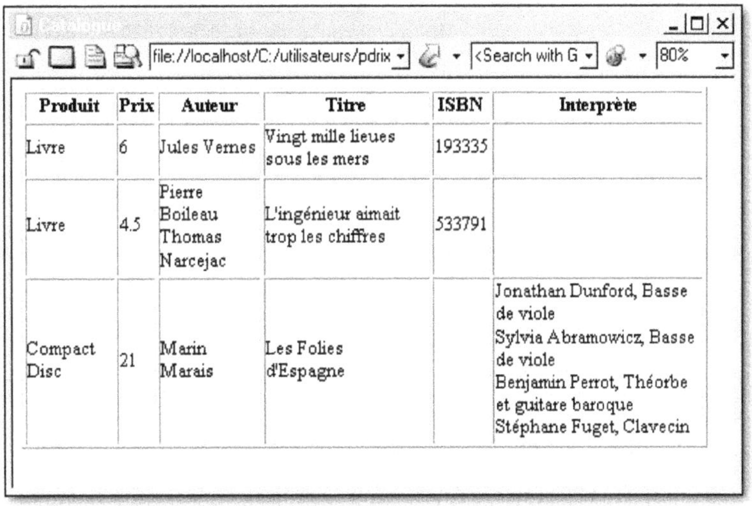

Produit	Prix	Auteur	Titre	ISBN	Interprète
Livre	6	Jules Vernes	Vingt mille lieues sous les mers	193335	
Livre	4.5	Pierre Boileau Thomas Narcejac	L'ingénieur aimait trop les chiffres	533791	
Compact Disc	21	Marin Marais	Les Folies d'Espagne		Jonathan Dunford, Basse de viole Sylvia Abramowicz, Basse de viole Benjamin Perrot, Théorbe et guitare baroque Stéphane Fuget, Clavecin

Figure 9-8
Permutation des colonnes spécifiée lors de l'appel du programme.

Pattern n° 20 – Génération de documents multiples

Ce pattern va donner un exemple de génération de documents multiples, pour lequel le résultat obtenu ne sera donc pas un seul fichier, mais plusieurs, ce qui permettra par exemple à une application de produire tout un ensemble de pages HTML liées les unes aux autres par des liens actifs.

Nous allons prendre l'exemple d'un document XML représentant un support de cours, divisé en pages, comme ceci :

<u>XMLXSL.xml</u>

```
<?xml version="1.0" encoding="ISO-8859-1" ?>
<presentation titre="Cours XML">


    <pageDeTitre id="XML.0" nextPage="XML.1">
        <titrePresentation>Comprendre XML et XSL</titrePresentation>
        <credit>
            <groupeAuteurs>
                <auteur>Philippe Drix</auteur>
                <societe>OBJECTIVA</societe>
            </groupeAuteurs>
        </credit>
    </pageDeTitre>


    <pageStandard id="XML.1" previousPage="XML.0" nextPage="Table">
        <titre1 id="XML.1.Deroulement">Déroulement du Cours</titre1>
        <bloc1>
```

```
            <item>
            Le cours XML se déroule de 9h30 à 12h30 et de 14h à 17h30.
            </item>
            <bloc2>
                <item>
                Pauses-café à 11h et 16h.
                </item>
                <item>
                Discussions libres pendant le déjeuner et après 17h30.
                </item>
            </bloc2>
        </bloc1>
        <bloc1>
            <item>
            Le dernier jour, foire aux questions de 16h30 à 17h30.
            </item>
        </bloc1>
</pageStandard>

<plan id="Table" previousPage="XML.1" nextPage="XML.2"/>

<pageStandard id="XML.2" previousPage="Table">
    <titre1 id="XML.2general"> XML - Généralités </titre1>
    <bloc1>
        <item>
        XML est un langage de balisage de textes.
        </item>
    </bloc1>
    <titre2 id="XML.2.balisage"> Balisage </titre2>
    <bloc1>
        <item>
        Le principe d'un langage de balisage de textes existe depuis
        fort longtemps,
        avant même l'invention de l'informatique.
        </item>
        <bloc2>
            <item>
            en imprimerie, le texte de l'épreuve est balisée de
            "corrections" à effectuer (balises textuelles),
            </item>
            <item>
            et les relectures à voix haute, chez les typographes,
            se font agrémentées de balises vocales codifiées, avec tout un
            argot de métier assez savoureux (trouvé dans "Petite Histoire
            des signes de corrections typographiques", par Jacques André,
            in Cahier GUTemberg No 31, Décembre 1998) :
            </item>
```

```
            <bloc3>
                <item>
                le métro (inventé par Bienvenüe ! ...)
                </item>
                <item>
                le métro <texteImportant>ouvre</texteImportant> inventé
                par Bienvenüe <texteImportant>cap couilles clame suce ferme
                </texteImportant>
                </item>
            </bloc3>
        </bloc2>
    </bloc1>
    <bloc1>
        <item>
        Avec l'invention de l'informatique, les techniques de balisages
        se sont appliquées à la commande des Linotypes par bandes
        perforées, où le texte à composer était parsemé de commandes
        destinées à la manoeuvre de la Lynotype elle même (passer en gras,
        changer de corps, faire un retrait, etc.).
        </item>
    </bloc1>
</pageStandard>

</presentation>
```

Le but est donc d'obtenir une série de pages HTML, une par `<pageStandard>`, `<pageDe-Titre>`, ou `<plan>` du document XML. Le nom de chaque fichier résultat sera formé d'après l'attribut `id` de chaque `<pageStandard>`, `<pageDeTitre>`, ou `<plan>`, auquel on ajoutera le suffixe `'.html'`.

Donc dans le notre exemple, on obtiendra au final les fichiers `XML.0.html`, `XML.1.html`, `table.html`, et `XML.2.html` (voir figures 9-9 à 9-12).

Figure 9-9

Première page.

Figure 9-10

Deuxième page.

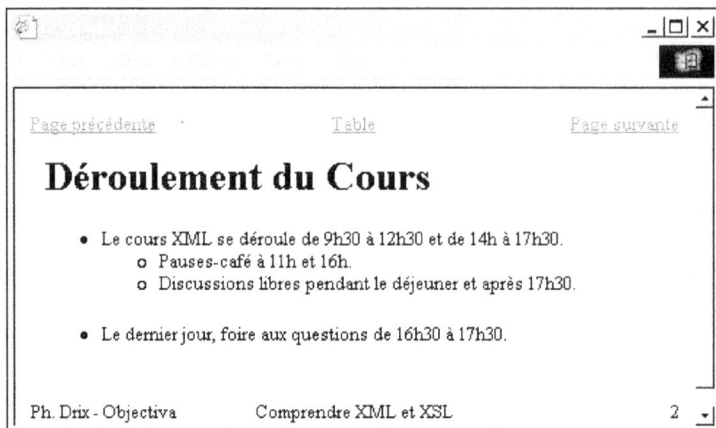

Figure 9-11

Plan.

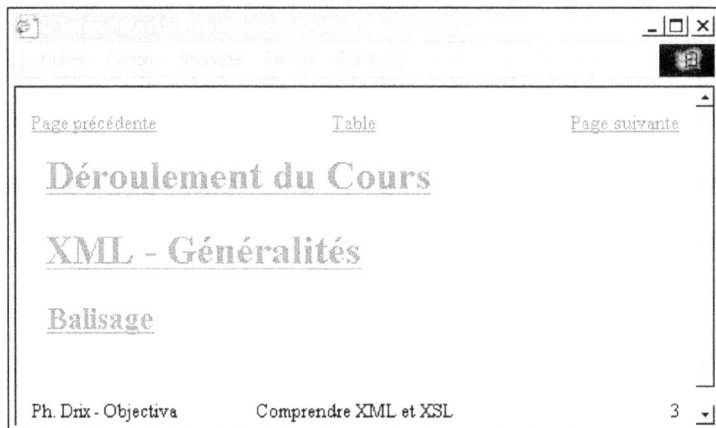

Le cœur du programme est constitué d'un modèle nommé qui instancie les pages HTML suivant un format pré-déterminé : en-tête, corps de page, pied de page. L'en tête est en fait une barre de navigation permettant de passer de page en page en avant ou en arrière, ou d'aller directement à la table des matières :

```
<xsl:template name="instancier-page">

    <xsl:param name="fileName"/>
    <xsl:param name="next"/>
    <xsl:param name="prev"/>

    <xsl:document href="{$fileName}">
        <xsl:call-template name="instancier-entête">
            <xsl:with-param name="next" select="concat( $next, '.html')" />
            <xsl:with-param name="prev" select="concat( $prev, '.html')" />
```

Figure 9-12

Troisième page.

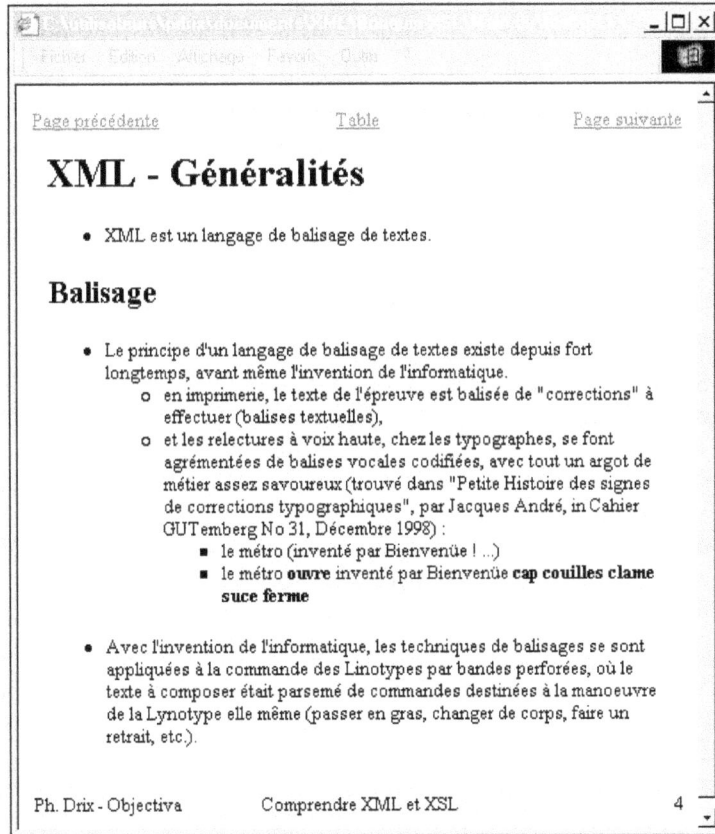

```
            </xsl:call-template>

            <TABLE width="100%" height="90%" BORDER="0" CELLSPACING="10">
            <TR valign="top"><TD>
                <xsl:apply-templates/>
            </TD></TR>
            </TABLE>

            <xsl:call-template name="instancier-piedDePage"/>
        </xsl:document>

    </xsl:template>
```

L'instruction `<xsl:document href="...">`, utilisée ci-dessus, permet de diriger la sérialisation de son modèle de transformation vers un fichier dont l'URI est fourni par l'attribut `href`.

Cette instruction n'est pas une instruction du langage XSLT 1.0, qui ne fournit aucun moyen standard de créer plusieurs fichiers résultats. Il est donc nécessaire, ici, d'utiliser une extension, qui se trouve disponible par exemple dans Xalan (sous une forme très différente de celle qui est montrée ci-dessus).

Longtemps elle a été aussi proposée par le processeur Saxon (mais sous une forme légèrement différente de la version ci-dessus). Puis le Working Draft 1.1 est paru, et a proposé une évolution permettant justement la création de plusieurs fichiers résultat, sous la forme montrée ci-dessus. Michael Kay a alors implémenté la nouvelle forme proposée, ce qui fait qu'il est possible de l'utiliser comme si c'était une instruction normale (et non pas une extension), à condition d'indiquer au moins 1.1 comme numéro de version de langage XSLT.

Signalons pour terminer que l'extension proposée par Xalan peut être plus pratique dans certains cas ; elle se décompose en trois fonctions : xalan:open(), xalan:write(), et xalan:close(). Cela permet de constituer un fichier petit à petit, alors qu'avec l'instruction xsl:document, il faut le constituer d'un seul coup en un seul bloc. Si donc plusieurs instructions xsl:document sont exécutées avec le même nom de fichier, le fichier est ouvert et refermé à chaque fois, et chaque écriture écrase la précédente. Au contraire, avec l'extension proposée par Xalan, il est facile de créer un fichier par ajouts successifs, par exemple pour conserver une trace de l'exécution d'un programme XSLT, lorsqu'on recherche la cause d'une erreur coriace à détecter.

Voici maintenant le programme, qui ne met rien en œuvre qui n'ait déjà été vu.

XMLXSL.xsl

```
<?xml version="1.0" encoding="UTF-16"?>
<xsl:stylesheet xmlns:xsl="http://www.w3.org/1999/XSL/Transform"
    version="1.1"> <!-- compatibilité Saxon 6.5 -->

    <xsl:output  method='html' encoding='ISO-8859-1' />


    <!--
    ====================================================== -->
    <xsl:template match="pageDeTitre">
        <xsl:call-template name="instancier-page">
            <xsl:with-param name="fileName" select="concat( @id, '.html' )" />
            <xsl:with-param name="next" select="@nextPage" />
        </xsl:call-template>
    </xsl:template>

    <xsl:template match="titrePresentation">
        <H1 align="center"><xsl:value-of select="."/></H1>
    </xsl:template>

    <xsl:template match="auteur">
        <H2 align="center"><xsl:value-of select="."/></H2>
    </xsl:template>
```

```xml
<xsl:template match="societe">
    <H2 align="center"><xsl:value-of select="."/></H2>
</xsl:template>

<!--
========================================================= -->

<xsl:template match="pageStandard">
    <xsl:call-template name="instancier-page">
        <xsl:with-param name="fileName" select="concat( @id, '.html' )" />
        <xsl:with-param name="prev" select="@previousPage" />
        <xsl:with-param name="next" select="@nextPage" />
    </xsl:call-template>
</xsl:template>

<xsl:template match="titre1">
    <H1 align="left"><xsl:value-of select="."/></H1>
</xsl:template>

<xsl:template match="titre2">
    <H2 align="left"><xsl:value-of select="."/></H2>
</xsl:template>

<xsl:template match="bloc1">
    <UL TYPE="SQUARE"><xsl:apply-templates/></UL>
</xsl:template>

<xsl:template match="item">
    <LI><xsl:apply-templates/></LI>
</xsl:template>

<xsl:template match="bloc2">
    <UL TYPE="CIRCLE"><xsl:apply-templates/></UL>
</xsl:template>

<xsl:template match="bloc3">
    <UL TYPE="DISC"><xsl:apply-templates/></UL>
</xsl:template>

<xsl:template match="texteImportant">
    <B><xsl:apply-templates/></B>
</xsl:template>

<!--
========================================================= -->
<xsl:template match="plan">
    <xsl:call-template name="instancier-plan">
        <xsl:with-param name="fileName" select="concat( @id, '.html' )" />
        <xsl:with-param name="prev" select="@previousPage" />
        <xsl:with-param name="next" select="@nextPage" />
```

```
            </xsl:call-template>
        </xsl:template>


        <xsl:template match="titre1" mode="plan">
            <H1 align="left">
            <A HREF="{concat(parent::*/@id, '.html')}">
            <xsl:value-of select="."/>
            </A>
            </H1>
        </xsl:template>

        <xsl:template match="titre2" mode="plan">
            <H2 align="left">
            <A HREF="{concat(parent::*/@id, '.html')}">
            <xsl:value-of select="."/>
            </A>
            </H2>
        </xsl:template>

        <xsl:template match="text()" mode="plan"/>

        <!--
        ====================================================== -->

        <!--   -->
        <xsl:template name="instancier-page">

            <xsl:param name="fileName"/>
            <xsl:param name="next"/>
            <xsl:param name="prev"/>

            <xsl:document href="{$fileName}">
            <HTML>
                <HEAD>
                    <TITLE>Cours XML</TITLE>
                </HEAD>
                <BODY>
                <xsl:call-template name="instancier-entête">
                    <xsl:with-param name="next" select="concat( $next, '.html')" />
                    <xsl:with-param name="prev" select="concat( $prev, '.html')" />
                </xsl:call-template>

                <TABLE width="100%" height="90%" BORDER="0" CELLSPACING="10">
                <TR valign="top"><TD>
                    <xsl:apply-templates/>
                </TD></TR>
                </TABLE>

                <xsl:call-template name="instancier-piedDePage"/>
                </BODY>
```

```
      </HTML>
      </xsl:document>

  </xsl:template>

  <!--    -->
  <xsl:template name="instancier-entête">

      <xsl:param name="next"/>
      <xsl:param name="prev"/>

      <TABLE valign="top" width="100%" height="2%" BORDER="0" CELLSPACING="0"
                                                        BGCOLOR="#FFFF99">
        <TR>
        <TD width="33%" align="left">
        <A HREF="{$prev}">Page précédente</A>
        </TD>
        <TD width="34%" align="center">
        <A HREF="Table.html">Table</A>
        </TD>
        <TD width="33%" align="right">
        <A HREF="{$next}">Page suivante</A>
        </TD>
        </TR>
      </TABLE>
  </xsl:template>


  <!--    -->
  <xsl:template name="instancier-piedDePage">

      <xsl:param name="next"/>
      <xsl:param name="prev"/>

      <TABLE valign="top" width="100%" height="2%" BORDER="0" CELLSPACING="0"
                                                        BGCOLOR="#FFFF99">
        <TR>
        <TD width="33%" align="left">Ph. Drix - Objectiva</TD>
        <TD width="34%" align="center">Comprendre XML et XSL</TD>
        <TD width="33%" align="right">
        <xsl:number count="pageDeTitre | pageStandard | plan" level="any"/>
        </TD>
        </TR>
      </TABLE>
  </xsl:template>



  <!--    -->
  <xsl:template name="instancier-plan">
```

```
                    <xsl:param name="fileName"/>
                    <xsl:param name="next"/>
                    <xsl:param name="prev"/>

                    <xsl:document href="{$fileName}">
                    <HTML>
                        <HEAD>
                            <TITLE>Cours XML</TITLE>
                        </HEAD>
                        <BODY>
                        <xsl:call-template name="instancier-entête">
                            <xsl:with-param name="next" select="concat( $next, '.html')" />
                            <xsl:with-param name="prev" select="concat( $prev, '.html')" />
                        </xsl:call-template>

                        <TABLE width="100%" height="90%" BORDER="0" CELLSPACING="10">
                        <TR valign="top"><TD>
                            <xsl:apply-templates select="//pageStandard" mode="plan"/>
                        </TD></TR>
                        </TABLE>

                        <xsl:call-template name="instancier-piedDePage"/>
                        </BODY>
                    </HTML>
                    </xsl:document>

                </xsl:template>


</xsl:stylesheet>
```

Le dernier fichier obtenu, par exemple, est celui-ci :

XML.2.html

```
<HTML>
    <HEAD>
        <meta http-equiv="Content-Type" content="text/html; charset=ISO-8859-1">

        <TITLE>Cours XML</TITLE>
    </HEAD>
    <BODY>
        <TABLE valign="top" width="100%" height="2%" BORDER="0" CELLSPACING="0"
        BGCOLOR="#FFFF99">
            <TR>
                <TD width="33%" align="left"><A HREF="Table.html">
                Page pr&eacute;c&eacute;dente</A></TD>
                <TD width="34%" align="center"><A HREF="Table.html">Table</A></TD>
                <TD width="33%" align="right"><A HREF=".html">Page suivante</A>
                </TD>
            </TR>
```

```
</TABLE>
<TABLE width="100%" height="90%" BORDER="0" CELLSPACING="10">
    <TR valign="top">
        <TD>
            <H1 align="left"> XML - G&eacute;n&eacute;ralit&eacute;s </H1>
            <UL TYPE="SQUARE">
                <LI>
                    XML est un langage de balisage de textes.
                </LI>
            </UL>
            <H2 align="left"> Balisage </H2>
            <UL TYPE="SQUARE">
                <LI>
                    Le principe d'un langage de balisage de textes
                    existe depuis fort longtemps,
                    avant m&ecirc;me l'invention de l'informatique.
                </LI>
                <UL TYPE="CIRCLE">
                    <LI>
                        en imprimerie, le texte de l'&eacute;preuve est
                        balis&eacute;e de
                        "corrections" &agrave; effectuer (balises textuelles),
                    </LI>
                    <LI>
                        et les relectures &agrave; voix haute, chez les
                        typographes,
                        se font agr&eacute;ment&eacute;es de balises vocales
                        codifi&eacute;es, avec tout un
                        argot de m&eacute;tier assez savoureux (trouv&eacute;
                        dans "Petite Histoire
                        des signes de corrections typographiques", par Jacques
                        Andr&eacute;, in
                        Cahier GUTemberg No 31, D&eacute;cembre 1998) :
                    </LI>
                    <UL TYPE="DISC">
                        <LI>
                            le m&eacute;tro (invent&eacute; par
                            Bienven&uuml;e ! ...)
                        </LI>
                        <LI>
                            le m&eacute;tro <B>ouvre</B> invent&eacute;
                            par Bienven&uuml;e <B>cap couilles clame suce ferme
                                </B>
                        </LI>
                    </UL>
                </UL>
            </UL>
            <UL TYPE="SQUARE">
                <LI>
                    Avec l'invention de l'informatique, les techniques de
                    balisages
```

```
                                    se sont appliqu&eacute;es &agrave; la commande des
                                    Linotypes par bandes
                                    perfor&eacute;es, o&ugrave; le texte &agrave; composer
                                    &eacute;tait parsem&eacute; de commandes
                                    destin&eacute;es &agrave; la manoeuvre de la Lynotype
                                    elle m&ecirc;me (passer en gras,
                                    changer de corps, faire un retrait, etc.).
                        </LI>
                        </UL>
                    </TD>
                </TR>
            </TABLE>
            <TABLE valign="top" width="100%" height="2%" BORDER="0"
              CELLSPACING="0" BGCOLOR="#FFFF99">
                <TR>
                    <TD width="33%" align="left">Ph. Drix - Objectiva</TD>
                    <TD width="34%" align="center">Comprendre XML et XSL</TD>
                    <TD width="33%" align="right">4</TD>
                </TR>
            </TABLE>
        </BODY>
    </HTML>
```

Il peut être aussi intéressant de voir le fichier Table.html, pour le comparer aux règles qui l'ont créé.

Table.html

```
<HTML>
    <HEAD>
        <meta http-equiv="Content-Type" content="text/html; charset=ISO-8859-1">

        <TITLE>Cours XML</TITLE>
    </HEAD>
    <BODY>
        <TABLE valign="top" width="100%" height="2%" BORDER="0" CELLSPACING="0"
        BGCOLOR="#FFFF99">
            <TR>
                <TD width="33%" align="left"><A HREF="XML.1.html">
                Page pr&eacute;c&eacute;dente</A></TD>
                <TD width="34%" align="center"><A HREF="Table.html">Table</A>
                </TD>
                <TD width="33%" align="right"><A HREF="XML.2.html">
                Page suivante</A></TD>
            </TR>
        </TABLE>
        <TABLE width="100%" height="90%" BORDER="0" CELLSPACING="10">
            <TR valign="top">
                <TD>
                    <H1 align="left"><A HREF="XML.1.html">D&eacute;roulement du
                    Cours</A></H1>
```

```
          <H1 align="left"><A HREF="XML.2.html">
          XML - G&eacute;n&eacute;ralit&eacute;s </A></H1>
          <H2 align="left"><A HREF="XML.2.html"> Balisage </A></H2>
     </TD>
  </TR>
</TABLE>
<TABLE valign="top" width="100%" height="2%" BORDER="0" CELLSPACING="0"
BGCOLOR="#FFFF99">
  <TR>
     <TD width="33%" align="left">Ph. Drix - Objectiva</TD>
     <TD width="34%" align="center">Comprendre XML et XSL</TD>
     <TD width="33%" align="right">3</TD>
  </TR>
</TABLE>
   </BODY>
</HTML>
```

Troisième Partie

Annexes

A

Transformation XML - RTF

Je présente ici une réalisation réelle, celle qui a permis la production technique de ce livre. J'avais commencé, auparavant, la rédaction d'un support de cours de formation XML et XSLT pour ma société. Ce support était lui-même au format XML, car l'un des objectifs était de pouvoir réaliser cette source sous différents formats, notamment un format imprimable de haute qualité, et un format video-projetable. Le format imprimable de haute qualité était produit par une transformation XSLT donnant un source Latex (lui-même à compiler pour produire un fichier imprimable), et le format vidéo-projetable par une autre transformation XSLT donnant du HTML.

Note

A l'époque, la solution passant par du XSL-FO donnant du PDF à l'arrivée n'était pas envisageable, car il n'y avait pas encore de processeurs FO disponibles, alors que les compilateurs Latex existent depuis de très nombreuses années.

Puis l'idée m'est venue que ce document pourrait faire l'objet d'un livre, et j'ai commencé à reprendre la rédaction en conséquence. Mais j'ai conservé le format source XML, afin de rester indépendant des technologies propriétaires, quelles qu'elles soient. Mon idée était de peaufiner la transformation XSLT produisant du Latex, car il reste effectivement très difficile de surpasser le résultat d'une compilation Latex, en ce qui concerne l'aspect professionnel et esthétique de l'impression finale.

Mais, après avoir finalement signé un contrat d'édition avec la société Eyrolles, il a fallu s'adapter à une chaîne de production partant d'un fichier source au format Microsoft Word : l'auteur est en effet censé fournir au final un document Word, stylisé suivant une feuille de style fournie par Eyrolles. Ce document Word est le point de départ de la chaîne de production : il est sauvegardé au format RTF (le format texte capable de sauvegarder sans perte de styles le contenu d'un document Word), puis repris sous FrameMaker avec un certain nombre de macros permettant d'automatiser au maximum la mise en page.

Partant d'un document XML, il n'y avait que deux solutions pour fournir un fichier Word (ou RTF, ce qui revient au même) :

- soit reprendre à la main la source XML, l'injecter petit à petit par copier-coller dans un document Word, et appliquer au fur et à mesure les styles adéquats ;

- soit tenter d'obtenir automatiquement un fichier RTF correctement stylisé à partir de la source XML.

La première solution demande un travail long, fastidieux, et sans intérêt.

La deuxième solution consiste à écrire une feuille de style XSLT qui produise du RTF à partir d'un document XML exprimant la structure et la sémantique d'un texte ; mais la difficulté essentielle, en tout cas pour moi, est la méconnaissance du format RTF lui-même.

Etant donné les délais impartis, il m'était impossible de me mettre à apprendre RTF ; je me suis alors rabattu sur une solution de fortune, mais qui s'est révélée finalement très fiable et assez simple à mettre en œuvre. J'ai rédigé sous Word un texte d'une page ou deux, comportant tous les styles possibles fournis par Eyrolles, texte que j'ai sauvegardé au format RTF. Il m'a ensuite suffi de repérer les séquences RTF propres à chaque style Word, et de les injecter dans chacune des règles XSLT correspondantes. J'ai ainsi obtenu à peu de frais un générateur RTF, non universel, il est vrai, puisqu'entièrement lié à la DTD adoptée pour le document XML, mais capable de transformer toute instance XML de cette DTD en un fichier RTF ayant l'aspect attendu lorsqu'on l'ouvre sous Word.

C'est cette solution que j'ai donc retenue pour la production finale du document RTF à fournir à l'éditeur.

Structure du document source XML

La structure du document XML (ou DTD) a été déterminée avant d'avoir à résoudre le problème de la transformation en RTF. Cette DTD a largement été influencée par deux idées directrices : d'une part éviter les structures fortement hiérarchiques, et d'autre part faciliter la transformation XSLT produisant du HTML et du Latex, puisque c'était au départ les deux langages-cibles envisagés.

La première contrainte était motivée par la volonté de ne pas être tributaire d'un éditeur XML dédié, mais au contraire de pouvoir utiliser un éditeur de textes généraliste, comme BBEdit sous MacOS, UltraEdit sous Windows, ou XEmacs sous Unix ou Windows. Or une DTD comme celle de DocBook, par exemple (voir *Exemple*, page 385), est extrême-ment pénible à utiliser sans éditeur XML spécialisé, à cause de la grande distance qui peut séparer une balise ouvrante de la balise fermante correspondante, et du degré élevé d'imbrication des éléments les uns dans les autres. Cela rend les modifications de structure du document (par exemple permuter deux sections, passer une section de niveau 2 en niveau 3, ou l'inverse, etc.) inextricables à réaliser sans un outil capable de manipuler globalement un élément et toute sa descendance.

La deuxième contrainte demande à ce que grosso-modo, chaque balise XML utilisée ait son équivalent en Latex et en HTML, c'est-à-dire qu'il n'y ait pas de fossé structurel entre le document source XML et les documents résultats en HTML ou Latex. En fait il se trouve que Latex et HTML sont deux langages de balises qui peuvent être assez voisins structurellement, dans la mesure où le principal, c'est le texte au kilomètre (avec éventuellement un regroupement de phrases par paragraphe), parsemé de balises indiquant un titre de section niveau 1, 2, 3, etc.

Or, il se trouve que RTF est lui aussi un langage de balises assez peu tourné vers l'imbrication des structures mises en œuvre.

Nous avons donc conservé à peu près la DTD d'origine, en l'augmentant d'éléments supplémentaires provenant de la description des styles Word fournis par les éditions Eyrolles. Cette DTD, conformément aux deux contraintes indiquées ci-dessus, évite au maximum toute imbrication structurelle d'éléments de type « bloc de texte » ; les seuls blocs structurants sont les paragraphes, les remarques, les listings de diverses sortes, les figures, les listes et les tableaux, mais ces éléments sont uniquement juxtaposables (pas d'imbrication possible).

Bien sûr, des éléments peuvent apparaître dans un paragraphe, par exemple, (pour marquer un fragment de code dans du texte courant, ou pour indiquer des mots importants, ou des renvois vers d'autres parties du document, etc.), mais ces éléments ne sont pas des blocs en ce sens qu'ils n'ont aucun enfant direct.

Par exemple, le texte XML aux environs de la section *Instruction xsl:import*, page 381 est balisé ainsi :

```
<!--
**************************************************************************
-->
<titre2 id="include.titre.10.Decoupe" indexWords="1,2">Instruction xsl:import</titre2>


<!--
**************************************************************************
-->
<titre3 id="importSyntaxe.titre.11.Decoupe">Syntaxe</titre3>


<titreCode>xsl:import</titreCode>
<listingAvecTitre><![CDATA[<xsl:import
    href="..."
/>]]></listingAvecTitre>
```

```
<paragraphe>L'attribut href <tresImportant> ne doit pas </tresImportant> être un
  descripteur de valeur différée.
</paragraphe>

<paragraphe>L'instruction <codeDansTexte avant=" " après=" ">xsl:import
  </codeDansTexte> doit apparaître comme instruction de premier niveau, et de plus
  doit apparaître avant toute autre instruction.
</paragraphe>


<!--
*****************************************************************************
-->
<titre3 id="importSemantique.titre.12.Decoupe"> Sémantique</titre3>

<paragraphe>L'instruction <codeDansTexte avant=" " après=" ">xsl:import
  </codeDansTexte> permet d'incorporer au fichier source XSLT courant les
  instructions XSLT d'un autre fichier source XSLT dont l'URI est fourni par
  l'attribut <codeDansTexte avant=" " >href</codeDansTexte>. La différence avec
  <codeDansTexte avant=" " après=" ">xsl:include</codeDansTexte> tient à ce que les
  conflits, en cas de définitions multiples d'une même instruction XSLT, ne sont pas
  nécessairement des cas d'erreurs, et peuvent être résolus grâce à des règles
  spécifiques.
</paragraphe>


<!--
*****************************************************************************
-->
<titre4 id="importSemantiqueproc.titre.13.Decoupe"> Processus mis en œuvre</titre4>

<index indexWords="1,4,5">Instanciation de l'instruction xsl:import</index>

<index indexWords="1,3,7,8">Détection de conflits dus à l'instruction xsl:import
  </index>
<index indexWords="1,4,9">Calcul de la préséance des feuilles importées par
  xsl:import</index>

<paragraphe>Le processus d'incorporation des instructions XSLT provenant d'une
  feuille de style importée est le même que dans le cas d'une inclusion (voir
  <renvoiVersTitre idRef="includeSemantiqueproc.titre.5.Decoupe" avant=" " />). Ce
  qui change, c'est l'interprétation du résultat une fois l'incorporation terminée.
  On peut exprimer cela assez facilement sur un dessin (voir <renvoiVersFigure
  idRef="include-import.fig.1.Decoupe" avant=" " />, où <italiques> A</italiques>,
  <italiques> B</italiques>, <italiques> C</italiques>, et <italiques> D
  </italiques> représentent des instructions XSLT quelconques) : dans le cas d'une
  inclusion, la double présence de l'instruction <italiques> B </italiques> pose (en
  général) problème; mais dans le cas d'une importation, elle ne pose pas problème.
</paragraphe>
```

```
<figure id="include-import.fig.1.Decoupe" dir="images/InstructionsDecoupage"
 file="include-import.eps" legende='Comparaison inclusion-importation'/>


<remarque  titre="Note">La <renvoiVersFigure idRef="include-import.fig.1.Decoupe"
  avant=" " après=" " /> suggère un conflit potentiel entre l'élément <italiques> B
  </italiques> de la feuille principale et l'élément <italiques> B </italiques> de
  la feuille importée. Néanmoins, il faut garder à l'esprit qu'une stricte identité
  d'élément n'est pas nécessaire à l'apparition d'un conflit : deux règles de
  transformation de motifs différents peuvent très bien engendrer un conflit sur un
  certain nœud, si les deux motifs concordent simultanément avec ce nœud. La figure
  est ici un support visuel qui permet de mettre en évidence les endroits où l'on
  discute d'un conflit, mais elle ne doit pas faire croire que les conflits ne
  peuvent pas surgir ailleurs.
</remarque>
```

Malgré un aspect un peu rébarbatif à la lecture, ce genre de texte est très rapide à taper sous un éditeur de textes comme UltraEdit, XEmacs ou BBEdit, parce que chaque balisage peut être réalisé par appel d'une macro adéquate, après avoir sélectionné le ou les mots à baliser. La transformation XSLT d'un chapitre est très rapide (5 secondes pour obtenir 100 pages de document final Word avec Saxon, sur un PC portable PIII), ce qui permet de contrôler très souvent (sous Word) le rendu du résultat obtenu.

Description de la DTD utilisée

La DTD reprend les idées exprimées plus haut, en évitant au maximum les possibilités d'imbrication. Certaines limitations proviennent de la feuille de style Word fournie par les éditions Eyrolles ; par exemple, il n'y a que deux niveaux de listes à puces, probablement parce qu'il ne serait pas raisonnable, d'un point de vue rédactionnel, d'aller au delà.

xml-rtf.dtd

```
<?xml version='1.0' encoding='UTF-16' ?>

<!-- [
        DTD pour la traduction RTF de documents XML
        Chaque <!ELEMENT ... > correspond à un style de feuille de style RTF.
-->


<!-- ================================================================= -->
<!-- Entités définissant des raccourcis d'écriture dans
     les définitions d'éléments ou d'attributs -->
<!-- ================================================================= -->



    <!ENTITY % fragmentDeTexte "#PCDATA | subtil | italiques | titreOeuvre |
                              tresImportant | codeDansTexte |
                              codeRTFDansTexte |
```

```
                                 renvoiVersTableau | renvoiVersFigure |
                                 renvoiVersTitre   | espace |
                                 br | refBiblio
                                 " >

<!ENTITY % fragmentDeTexteAvecNoteBP "#PCDATA | subtil | italiques |
                                      titreOeuvre | tresImportant |
                                      codeDansTexte | codeRTFDansTexte |
                                      renvoiVersTableau |
                                      renvoiVersFigure |
                                      renvoiVersTitre   | espace |
                                      br | noteBP | refBiblio
                       " >

<!ENTITY % elementDeListing "#PCDATA | pseudoCode | codeFaux
                             " >

<!-- définition des éléments associés -->
<!-- ~~~~~~~~~~~~~~~~~~~~~~~~~~~~~~~~~~ -->

    <!ELEMENT subtil (#PCDATA) >
    <!ELEMENT italiques (#PCDATA) >

    <!ELEMENT titreOeuvre (#PCDATA) >

    <!ELEMENT tresImportant (#PCDATA) >

    <!ELEMENT codeDansTexte (#PCDATA)>
    <!ATTLIST codeDansTexte avant CDATA #IMPLIED >
    <!ATTLIST codeDansTexte après CDATA #IMPLIED >

    <!ELEMENT codeRTFDansTexte (#PCDATA)>
    <!ATTLIST codeRTFDansTexte avant CDATA #IMPLIED >
    <!ATTLIST codeRTFDansTexte après CDATA #IMPLIED >

    <!ELEMENT pseudoCode (#PCDATA)>

    <!ELEMENT codeFaux (#PCDATA)>

    <!ELEMENT renvoiVersFigure (#PCDATA)>
    <!ATTLIST renvoiVersFigure idRef IDREF #REQUIRED >
    <!ATTLIST renvoiVersFigure avant CDATA #IMPLIED >
    <!ATTLIST renvoiVersFigure après CDATA #IMPLIED >
    <!ATTLIST renvoiVersTitre postIt CDATA #IMPLIED >

    <!ELEMENT renvoiVersTitre (#PCDATA)>
    <!ATTLIST renvoiVersTitre idRef IDREF #REQUIRED >
    <!ATTLIST renvoiVersTitre avant CDATA #IMPLIED >
    <!ATTLIST renvoiVersTitre après CDATA #IMPLIED >
    <!ATTLIST renvoiVersTitre postIt CDATA #IMPLIED >
```

```
<!ELEMENT renvoiVersTableau (#PCDATA)>
<!ATTLIST renvoiVersTableau idRef IDREF #REQUIRED >
<!ATTLIST renvoiVersTableau avant CDATA #IMPLIED >
<!ATTLIST renvoiVersTableau après CDATA #IMPLIED >
<!ATTLIST renvoiVersTitre postIt CDATA #IMPLIED >


<!ELEMENT refBiblio (#PCDATA)>
<!ATTLIST refBiblio idRef IDREF #REQUIRED >

<!ELEMENT index (#PCDATA)>
<!ATTLIST index indexWords  CDATA #IMPLIED >

<!ELEMENT espace EMPTY >

<!ELEMENT br EMPTY >

<!ELEMENT aerationVerticale EMPTY >



<!ENTITY % blocDeTexte "partie | titreChapitre | titreAnnexe |
                        titre2 | titre3 | titre4 | titre5 |
                        paragraphe | tableau | remarque |
                        figure | listing | listingRTF |
                        listingPseudoCode |
                        codeUneLigne | aerationVerticale |
                        fichier | liste | listeANumero |
                        ligneCodeAvecCommentaire |
                        commentaireLigneDeCode | index |
                        titreCode | listingAvecTitre |
                        sousTitreCommentaire |
                        exemplePourSousTitreDeCommentaire
                    " >

<!ENTITY % titre.attributs "id        ID   #REQUIRED
                            numero   CDATA #IMPLIED
                            indexWords CDATA #IMPLIED
                            ">

<!-- définition des éléments associés -->
<!-- ~~~~~~~~~~~~~~~~~~~~~~~~~~~~~~~~~ -->

<!ELEMENT partie (%fragmentDeTexte;)* >
<!ATTLIST partie %titre.attributs; >

<!ELEMENT titreChapitre (%fragmentDeTexte;)* >
<!ATTLIST titreChapitre %titre.attributs; >

<!ELEMENT titreAnnexe (%fragmentDeTexte;)* >
<!ATTLIST titreAnnexe %titre.attributs; >
```

```
<!ELEMENT titre2 (%fragmentDeTexteAvecNoteBP;)* >
<!ATTLIST titre2 %titre.attributs; >

<!ELEMENT titre3 (%fragmentDeTexteAvecNoteBP;)* >
<!ATTLIST titre3 %titre.attributs; >

<!ELEMENT titre4 (%fragmentDeTexteAvecNoteBP;)* >
<!ATTLIST titre4 %titre.attributs; >

<!ELEMENT titre5 (%fragmentDeTexteAvecNoteBP;)* >
<!ATTLIST titre5 %titre.attributs; >

<!ELEMENT paragraphe (%fragmentDeTexteAvecNoteBP; | index)* >

<!ELEMENT noteBP (%fragmentDeTexte;)* >

<!ELEMENT remarque (%fragmentDeTexteAvecNoteBP; | index)* >
<!ATTLIST remarque      id       ID    #REQUIRED
                        titre    CDATA #REQUIRED
>

<!ELEMENT figure EMPTY >
<!ATTLIST figure        id       ID    #REQUIRED
                        dir      CDATA #IMPLIED
                        file     CDATA #REQUIRED
                        legende  CDATA #REQUIRED
>

<!ELEMENT listing (%elementDeListing;)* >
<!ELEMENT listingRTF (%elementDeListing;)* >
<!ELEMENT listingAvecTitre (%elementDeListing;)* >
<!ELEMENT listingPseudoCode (%elementDeListing;)* >

<!ELEMENT codeUneLigne (#PCDATA) >

<!ELEMENT fichier  EMPTY >
<!ATTLIST fichier  nom CDATA #REQUIRED >

<!ELEMENT ligneCodeAvecCommentaire  (#PCDATA) >

<!ELEMENT commentaireLigneDeCode  (%fragmentDeTexteAvecNoteBP;)* >

<!ELEMENT titreCode  (#PCDATA) >

<!ELEMENT sousTitreCommentaire  (#PCDATA) >

<!ELEMENT exemplePourSousTitreDeCommentaire  (#PCDATA) >

<!ELEMENT listeANumero ( item | liste2 )+ >
<!ELEMENT liste  ( item | liste2 )+ >
```

```
        <!ELEMENT liste2   ( item )+ >
        <!ELEMENT item   (%fragmentDeTexteAvecNoteBP;)* >
        <!ATTLIST item   no CDATA #IMPLIED >

        <!ELEMENT tableau   ( legende?, titresColonnes, lignes+ ) >
        <!ATTLIST tableau   id       ID    #IMPLIED >

        <!ELEMENT tableauSansTitresColonnes   ( legende?, lignes+ ) >
        <!ATTLIST tableauSansTitresColonnes   id       ID    #IMPLIED >

        <!ELEMENT titresColonnes   ( cellule | nouvelleCellule )* >
        <!ELEMENT lignes           ( cellule | nouvelleCellule |
                                            nouvelleLigne )* >
        <!ELEMENT legende   (%fragmentDeTexte;)* >
        <!ELEMENT cellule   (%fragmentDeTexteAvecNoteBP; | celbr)* >
        <!ELEMENT nouvelleCellule   EMPTY >
        <!ELEMENT nouvelleLigne     EMPTY >
        <!ELEMENT celbr             EMPTY >



<!-- =================================================================== -->



<!-- ========================= -->
<!--   Qu'est-ce qu'un livre ?  -->
<!-- ========================= -->

<!ELEMENT livre ( partie | chapitre )* >
<!ELEMENT chapitre (%blocDeTexte;)* >

<!-- ================== -->
<!--        fin         -->
<!-- ================== -->
<!-- ] -->
```

Transformation XSLT

Il y a en gros trois sortes de modèles de transformation à mettre au point :

- Ceux qui sont spécifiquement dédiés à la traduction RTF d'un élément XML reflétant un style Word ; par exemple, la traduction en RTF de l'élément <codeDansTexte>.

- Ceux qui sont liés à la présence de caractères spéciaux en RTF, qu'il s'agit de détecter et d'envelopper de telle sorte qu'ils redeviennent non significatifs ; par exemple, le backslash "\" ou les accolades "{}".

- Ceux qui réalisent un traitement indépendant du langage cible, comme par exemple certains traitements purement algorithmiques intervenant dans la création des entrées d'index.

L'ensemble de ces règles et modèles nommés n'est pas tout à fait complet, car il ne donne que la génération du corps de document RTF proprement dit ; celle du prologue RTF est assurée par une règle unique et spécifique.

Prologue

Un document RTF est constitué d'un prologue et d'un corps de document ; lorsqu'il est généré par Word, le prologue est un texte assez volumineux de 35000 caractères environ ; c'est la règle XSLT de traitement de la racine du document XML qui est chargée de générer ce prologue :

```
<?xml version="1.0" encoding="UTF-16"?>
<xsl:stylesheet
    xmlns:xsl = "http://www.w3.org/1999/XSL/Transform"
    xmlns:saxon="http://icl.com/saxon"
    extension-element-prefixes="saxon"
    version   = "1.0">


    <xsl:strip-space elements="*"/>
    <xsl:output  method='text' encoding='ISO-8859-1' />

<xsl:template match='/'>
    <xsl:text>
    <xsl:text>{\rtf1\ansi\ansicpg1252\uc1 \deff0\deflang1036\deflangfe1036
       {\fonttbl{\f0\froman\fcharset0\fprq2{\*\panose 02020603050405020304}Times New
       Roman;}{\f1\fswiss\fcharset0\fprq2{\*\panose 020b0604020202020204}Arial;}
{\f2\fmodern\fcharset0\fprq1{\*\panose 02070309020205020404}Courier New;}{\f3\
  froman\fcharset2\fprq2{\*\panose 05050102010706020507}Symbol;}{\f4\froman\
  fcharset0\fprq2{\*\panose 02020603050405020304}Times;}
{\f14\fnil\fcharset2\fprq2{\*\panose 05000000000000000000}Wingdings;}{\f28\fswiss\
  fcharset0\fprq2{\*\panose 020b0506020202030204}Arial Narrow;}

... etc ...

{\field{\*\fldinst {\b  SECTIONPAGES  \\* MERGEFORMAT }}}{\fldrslt {\b\lang1024\
  langfe1024\noproof 5}}}{\par }}{\*\pnseclvl1\pnucrm\pnstart1\pnindent720\pnhang
  {\pntxta .}}{\*\pnseclvl2\pnucltr\pnstart1\pnindent720\pnhang{\pntxta .}}{\*\
  pnseclvl3\pndec\pnstart1\pnindent720\pnhang{\pntxta .}}{\*\pnseclvl4\pnlcltr\
  pnstart1\pnindent720\pnhang{\pntxta )}}
{\*\pnseclvl5\pndec\pnstart1\pnindent720\pnhang{\pntxtb (}{\pntxta )}}{\*\pnseclvl6\
  pnlcltr\pnstart1\pnindent720\pnhang{\pntxtb (}{\pntxta )}}{\*\pnseclvl7\pnlcrm\
  pnstart1\pnindent720\pnhang{\pntxtb (}{\pntxta )}}{\*\pnseclvl8\pnlcltr\pnstart1\
  pnindent720\pnhang{\pntxtb (}{\pntxta )}}{\*\pnseclvl9\pnlcrm\pnstart1\
  pnindent720\pnhang{\pntxtb (}{\pntxta )}}
</xsl:text>
```

```
</xsl:text>
    <xsl:call-template name="instancier-sautDeLigne"/>
    <xsl:apply-templates/>
    }

</xsl:template>
```

Note

D'une manière générale, le code RTF généré par Word, et repris tel quel dans les règles de transformation XSLT mises au point, est d'une grande verbosité (ou complexité ?), si on le compare à des fichiers RTF obtenus par d'autres moyens. Le but étant de pouvoir ouvrir le document obtenu sous Word, il ne m'a pas semblé utile de chercher à simplifier quoi que ce soit.

Règles pour la transcription RTF d'un style

Les règles les plus simples sont celles associées à des éléments qui ne sont ni la cible de renvois, ni associés à des entrées d'index. Par exemple :

```
    <!--
    ==== subtil ======
    -->

<xsl:template match='subtil'>
    <xsl:text>{\cs59\i </xsl:text>
    <xsl:apply-templates mode='noTrim'/>
    <xsl:text>}</xsl:text>
</xsl:template>

    <!--
    ==== italiques ======
    -->

<xsl:template match='italiques'>
    <xsl:text>{\i </xsl:text>
    <xsl:apply-templates mode='noTrim'/>
    <xsl:text>}</xsl:text>
</xsl:template>

    <!--
    ==== pseudoCode ======
    -->

<xsl:template match='pseudoCode' mode='listing'>
    <xsl:text>{\cs78\i </xsl:text>
    <xsl:apply-templates mode='listing'/>
    <xsl:text>}</xsl:text>
</xsl:template>

    <!--
```

```
==== titreOeuvre ======
-->

<xsl:template match='titreOeuvre'>
    <xsl:text>{\cs62\i </xsl:text>
    <xsl:apply-templates mode='noTrim'/>
    <xsl:text>}</xsl:text>
</xsl:template>

    <!--
    ==== très important ===
    -->

<xsl:template match='tresImportant'>
    <xsl:text>{\cs60\b </xsl:text>
    <xsl:apply-templates mode='noTrim'/>
    <xsl:text>}</xsl:text>
</xsl:template>
```

Les règles pour la transformation d'éléments qui peuvent être la cible de renvois sont un peu plus compliquées, à cause des instructions RTF \bkmkstart et \bkmkend à générer.

```
    <!--
    ==== remarque ========================================
    -->

<xsl:template match='remarque'>
    <xsl:text>
\pard\plain \s40\qj \li1418\ri0\sb160\widctlpar\tx1418\aspalpha\aspnum\faauto\
  adjustright\rin0\lin1418\itap0 \b\f28\fs18\lang3084\langfe1036\cgrid\langnp3084\
  langfenp1036 {
{\*\bkmkstart </xsl:text>
    <xsl:value-of select="translate( @id, '.-_', '')"/>
    <xsl:text>}</xsl:text>
    <xsl:call-template name="instancier-sautDeLigne"/>
    <xsl:value-of select="@titre"/>
    <xsl:call-template name="instancier-sautDeLigne"/>
    <xsl:text>{\*\bkmkend </xsl:text>
    <xsl:value-of select="translate( @id, '.-_', '')"/>
    <xsl:text>}
\par }
\pard\plain \s39\qj \li1418\ri0\sb40\widctlpar
\tx1418\aspalpha\aspnum\faauto\adjustright\rin0\lin1418\itap0 \fs18\lang3084\
  langfe1036\cgrid\langnp3084\langfenp1036{</xsl:text>
    <xsl:apply-templates/>
    <xsl:call-template name="instancier-sautDeLigne"/>
    <xsl:text>\par }</xsl:text>
    <xsl:call-template name="instancier-sautDeLigne"/>

</xsl:template>
```

L'appel à la fonction `translate`, ci-dessus, a lieu dans toutes les règles définissant des signets (bookmark) RTF, car RTF n'accepte pas certains caractères dans les signets, alors qu'ils sont autorisés en XML pour former un identifiant. Par sécurité, les occurrences éventuelles de l'un des 3 caractères '.-_' pouvant intervenir dans un identifiant XML sont supprimées du signet RTF.

La catégorie suivante est celle des règles associées à des éléments qui peuvent être la cible de renvois, et contenir des directives d'entrées d'index :

```
<!--
==== titre niveau 2 ========================================
-->

<xsl:template match='titre2'>
    <xsl:text>
\pard\plain \s2\ql \li0\ri0\sb500\keep\keepn\widctlpar\aspalpha\aspnum\faauto\
  outlinelevel1\adjustright\rin0\lin0\itap0 \b\f1\fs28\lang1024\langfe1024\cgrid\
  noproof\langnp1036\langfenp1036
{
{\*\bkmkstart </xsl:text>
    <xsl:value-of select="translate( @id, '.-_', '')"/>
    <xsl:text>}</xsl:text>
    <xsl:call-template name="instancier-sautDeLigne"/>
    <xsl:apply-templates/>
    <xsl:call-template name="instancier-sautDeLigne"/>
    <xsl:text>{\*\bkmkend </xsl:text>
    <xsl:value-of select="translate( @id, '.-_', '')"/>
    <xsl:text>}</xsl:text>
    <xsl:call-template name="instancier-sautDeLigne"/>
    <xsl:if test="@indexWords">
        <xsl:call-template name="instancier-XEntries">
            <xsl:with-param name="listOfNumbers" select="@indexWords"/>
            <xsl:with-param name="stringToSplit" select="normalize-space(.)"/>
        </xsl:call-template>
    </xsl:if>
    <xsl:call-template name="instancier-sautDeLigne"/>
    <xsl:text>\par }</xsl:text>
    <xsl:call-template name="instancier-sautDeLigne"/>

</xsl:template>
```

Le modèle nommé `instancier-XEntries` permet de générer les entrées d'index. Par exemple, avec le titre suivant :

```
<!--
************************************************************************
-->
<titre4 id="importSemantiqueinter.titre.14.Decoupe" indexWords="1,4,5"> Intérêt
  de l'instruction xsl:import</titre4>
```

on aura les entrées d'index suivantes :

```
{\xe \v{Intérêt de l'instruction xsl:import}}
{\xe \v{instruction xsl:import (Intérêt de l')}}
{\xe \v{xsl:import (Intérêt de l'instruction )}}
```

En effet, l'attribut `indexWords` donne les numéros de mots du titre qui doivent se trouver placés en premier dans chaque entrée d'index. Seuls les caractères *apostrophe* et *espace* sont séparateurs de mots, `xsl:import` est donc considéré comme un seul mot.

Règles pour rendre inoffensifs certains caractères en RTF

Ces règles concernent surtout la façon de rendre un texte non balisé, pouvant contenir des caractères anodins en XML, mais significatifs en RTF.

```
<!--
==== text  =======================================
-->


<xsl:template match='text()'>
    <xsl:call-template name="instancier-texteAvec-escape-accolades">
        <xsl:with-param name="texte" select="normalize-space(.)" />
    </xsl:call-template>
</xsl:template>

    <!--->
    =================================================
    <!--->

<xsl:template match='text()' mode='noTrim'>
    <xsl:call-template name="instancier-texteAvec-escape-accolades">
        <xsl:with-param name="texte" select="." />
    </xsl:call-template>
</xsl:template>


    <!--->
    =================================================
    <!--->

<xsl:template match='text()' mode='listing'>
    <xsl:call-template name="instancier-texteAvec-RTFpar-et-escape-accolades">
        <xsl:with-param name="texte" select="translate(.,'«»','&lt;>')" />
    </xsl:call-template>
</xsl:template>


    <!--->
    =================================================
    <!--->
```

```
<xsl:template match='text()' mode='listingRTF'>
    <xsl:call-template
    name="instancier-texteAvec-RTFpar-et-escape-accolades-et-backslash">

        <xsl:with-param name="texte" select="translate(.,'«»','&lt;>')" />
    </xsl:call-template>
</xsl:template>


    <!--
    =================================================
    <!--

<xsl:template name="instancier-texteAvec-escape-accolades">
    <xsl:param name="texte" />

    <xsl:variable name="codeSource2">
        <xsl:call-template name="instancier-texteAvec-escape-accolades-gauches">
            <xsl:with-param name="codeSource" select="$texte" />
        </xsl:call-template>
    </xsl:variable>

    <xsl:variable name="codeSource3">
        <xsl:call-template name="instancier-texteAvec-escape-accolades-droites">
            <xsl:with-param name="codeSource" select="$codeSource2" />
        </xsl:call-template>
    </xsl:variable>

    <xsl:copy-of select="$codeSource3"/>
</xsl:template>


    <!--
    =================================================
    <!--

<xsl:template name='instancier-texteAvec-RTFpar-et-escape-accolades'>
    <xsl:param name="texte" />

    <xsl:variable name="codeSource1">
        <xsl:call-template name="instancier-texteAvec-RTFpar">
            <xsl:with-param name="codeSource" select="$texte" />
        </xsl:call-template>
    </xsl:variable>


    <xsl:variable name="codeSource3">
        <xsl:call-template name="instancier-texteAvec-escape-accolades">
            <xsl:with-param name="texte" select="$codeSource1" />
        </xsl:call-template>
    </xsl:variable>
```

```
    <xsl:copy-of select="$codeSource3"/>
</xsl:template>


    <!--->
    ==================================================
    <!--->

<xsl:template
name='instancier-texteAvec-RTFpar-et-escape-accolades-et-backslash'>

    <xsl:param name="texte" />

    <xsl:variable name="codeSource3">
        <xsl:call-template name="instancier-texteAvec-escape-backslash">
            <xsl:with-param name="codeSource" select="$texte" />
        </xsl:call-template>
    </xsl:variable>

    <xsl:variable name="codeSource1">
        <xsl:call-template
        name="instancier-texteAvec-RTFpar-et-escape-accolades">

            <xsl:with-param name="texte" select="$codeSource3" />
        </xsl:call-template>
    </xsl:variable>

    <xsl:copy-of select="$codeSource1"/>
</xsl:template>


    <!--->
    ==================================================
    <!--->


<xsl:template name="instancier-texteAvec-RTFpar">
    <xsl:param name="codeSource" />
    <xsl:choose>
        <xsl:when test="contains( $codeSource, '&#xa;' )">
            <xsl:value-of select="substring-before( $codeSource, '&#xa;' )" />
            <xsl:call-template name="instancier-sautDeLigne"/>
            <xsl:text>\par </xsl:text>
            <xsl:call-template name="instancier-texteAvec-RTFpar">
                <xsl:with-param name="codeSource"
                                select="substring-after($codeSource,'&#xa;')"/>
            </xsl:call-template>
        </xsl:when>

        <xsl:otherwise>
```

```
                    <xsl:value-of select="$codeSource" />
                </xsl:otherwise>
            </xsl:choose>
        </xsl:template>


    <!--
    =================================================
    <!--

<xsl:template name="instancier-texteAvec-escape-backslash">
    <xsl:param name="codeSource" />
    <xsl:choose>
        <xsl:when test="contains( $codeSource, '\' )">
            <xsl:value-of select="substring-before( $codeSource, '\' )" />
            <xsl:text>\\</xsl:text>
            <xsl:call-template name="instancier-texteAvec-escape-backslash">
                <xsl:with-param name="codeSource"
                                select="substring-after($codeSource, '\' )" />
            </xsl:call-template>
        </xsl:when>

        <xsl:otherwise>
            <xsl:value-of select="$codeSource"/>
        </xsl:otherwise>
    </xsl:choose>
</xsl:template>


    <!--
    =================================================
    <!--

<xsl:template name="instancier-texteAvec-escape-accolades-gauches">
    <xsl:param name="codeSource" />
    <xsl:choose>
        <xsl:when test="contains( $codeSource, '{' )">
            <xsl:value-of select="substring-before( $codeSource, '{' )" />
            <xsl:text>\{</xsl:text>
            <xsl:call-template
            name="instancier-texteAvec-escape-accolades-gauches">
                <xsl:with-param name="codeSource"
                                select="substring-after($codeSource, '{' )" />
            </xsl:call-template>
        </xsl:when>

        <xsl:otherwise>
            <xsl:value-of select="$codeSource"/>
        </xsl:otherwise>
    </xsl:choose>
</xsl:template>
```

```
<!-->
===================================================
<!-->

<xsl:template name="instancier-texteAvec-escape-accolades-droites">
    <xsl:param name="codeSource" />
    <xsl:choose>

        <xsl:when test="contains( $codeSource, '}' )">
            <xsl:value-of select="substring-before( $codeSource, '}' )" />
            <xsl:text>\}</xsl:text>
            <xsl:call-template
            name="instancier-texteAvec-escape-accolades-droites">
                <xsl:with-param name="codeSource"
                                select="substring-after($codeSource,'}')"/>
            </xsl:call-template>
        </xsl:when>

        <xsl:otherwise>
            <xsl:value-of select="$codeSource"/>
        </xsl:otherwise>
    </xsl:choose>
</xsl:template>

    <!-->
    ===================================================
    <!-->

<xsl:template name="instancier-sautDeLigne">
    <xsl:text>
</xsl:text>
</xsl:template>
```

On notera que certains modèles nommés sont récursifs (`instancier-texteAvec-escape-accolades-droites` par exemple), mais tous sont sur le modèle d'une récursion terminale.

Entrées d'index

La génération des entrées d'index est la partie la plus complexe de la transformation, mais la difficulté est algorithmique, et indépendante du choix du langage cible RTF. Il s'agit, à partir d'une chaîne de caractères et d'une liste de numéros de mots, de produire diverses permutations de mots dans la chaîne de caractères initiale.

Par exemple, avec la chaîne « détection de conflits dus à l'instruction xsl:import » et la liste de numéros de mots « 1,3,7,8 », il faut produire les permutations (les séparateurs de mots sont l'*apostrophe* et l'*espace*) :

- détection de conflits dus à l'instruction xsl:import

- conflits dus à l'instruction xsl:import (Détection de)

- instruction xsl:import (Détection de conflits dus à l')

- xsl:import (Détection de conflits dus à l'instruction)

L'ensemble de ces entrées est produit par le modèle nommé instancier-XEntries, qui lui-même appelle le modèle instancier-XEntry n fois, une fois par numéro de mot. Chacun de ces appels produit une permutation, qui est habillée de code RTF par le modèle instancier-indexEntry.

```
<xsl:template name="instancier-XEntry">
    <xsl:param name="blankNumber"/>
    <xsl:param name="stringToSplit"/>

    <xsl:variable name="before_after">
        <xsl:call-template name="instancier-stringSplits">
            <xsl:with-param name="blankNumber" select="$blankNumber"/>
            <xsl:with-param name="stringToSplit" select="$stringToSplit"/>
        </xsl:call-template>
    </xsl:variable>

    <xsl:variable name="wordsBefore">
        <xsl:value-of select="$before_after//before" />
    </xsl:variable>

    <xsl:variable name="wordsBefore-paren">

        <xsl:choose>
            <xsl:when test="normalize-space($wordsBefore)">
                (<xsl:value-of select="$wordsBefore" />)
            </xsl:when>

            <xsl:otherwise>
            </xsl:otherwise>
        </xsl:choose>

    </xsl:variable>

    <xsl:variable name="wordsAfter">
        <xsl:value-of select="$before_after//after" />
    </xsl:variable>

    <xsl:variable name="theEntry">
        <xsl:value-of select="$wordsAfter"/><xsl:text> </xsl:text>
        <xsl:value-of select="$wordsBefore-paren"/>
    </xsl:variable>

    <xsl:call-template name="instancier-indexEntry">
        <xsl:with-param name="entry" select="$theEntry"/>
    </xsl:call-template>

</xsl:template>
```

```
<!--->
==================================================
<!--->

<xsl:template name="instancier-XEntries">
    <xsl:param name="listOfNumbers"/>
    <xsl:param name="stringToSplit"/>

    <xsl:choose>
        <xsl:when test="contains($listOfNumbers, ',')">

            <xsl:variable name="aNumber">
                <xsl:value-of select="substring-before( $listOfNumbers, ',')"/>
            </xsl:variable>

            <xsl:call-template name="instancier-XEntry">
                <xsl:with-param name="blankNumber" select="$aNumber - 1"/>
                <xsl:with-param name="stringToSplit" select="$stringToSplit"/>
            </xsl:call-template>
            <xsl:call-template name="instancier-XEntries">
                <xsl:with-param name="listOfNumbers"
                                select="substring-after($listOfNumbers, ',')"/>
                <xsl:with-param name="stringToSplit" select="$stringToSplit"/>
            </xsl:call-template>

        </xsl:when>

        <xsl:otherwise>

            <xsl:if test="$listOfNumbers">

                <xsl:choose>
                    <xsl:when test="number($listOfNumbers) = 1">
                        <xsl:call-template name="instancier-indexEntry">
                            <xsl:with-param name="entry"
                                            select="$stringToSplit"/>
                        </xsl:call-template>
                    </xsl:when>

                    <xsl:otherwise>
                        <xsl:call-template name="instancier-XEntry">
                            <xsl:with-param name="blankNumber"
                                            select="number($listOfNumbers)-1"/>
                            <xsl:with-param name="stringToSplit"
                                            select="$stringToSplit"/>
                        </xsl:call-template>
                    </xsl:otherwise>
                </xsl:choose>
```

```
                </xsl:if>

            </xsl:otherwise>
        </xsl:choose>

</xsl:template>


    <!--  -->
    ==================================================
    <!--  -->

<xsl:template name="instancier-indexEntry">
    <xsl:param name="entry"/>
    <xsl:text>{\xe \v{</xsl:text>
    <xsl:value-of select="normalize-space($entry)"/>
    <xsl:text>}}</xsl:text>
</xsl:template>

    <!--  -->
    ==================================================
    <!--  -->

<xsl:template match='index'>

    <xsl:variable name="wordNumbers">
        <xsl:value-of select="@indexWords"/>
    </xsl:variable>

    <xsl:variable name="entries">
        <xsl:value-of select="."/>
    </xsl:variable>


    <xsl:choose>

        <!-- cas où il y a une liste de numéros de mots -->
        <xsl:when test="normalize-space($wordNumbers)">


            <xsl:call-template name="instancier-XEntries">
                <xsl:with-param name="listOfNumbers" select="$wordNumbers"/>
                <xsl:with-param name="stringToSplit"
                                select="normalize-space($entries)"/>
            </xsl:call-template>
        </xsl:when>

        <!-- cas où il n'y a pas de liste de numéros de mots :  -->
        <!-- le contenu constitue l'entrée d'index             -->
        <xsl:otherwise>
            <xsl:variable name="theEntry">
                <xsl:apply-templates/>
            </xsl:variable>
```

```
            <xsl:call-template name="instancier-indexEntry">
                <xsl:with-param name="entry"
                                select="normalize-space($theEntry)"/>
            </xsl:call-template>
        </xsl:otherwise>

    </xsl:choose>

</xsl:template>
```

Etant donné une chaîne S composée de mots séparés par des apostrophes ou des espaces, et un nombre i fourni en donnée, le modèle nommé instancier-stringSplits a pour but de produire 3 morceaux de chaînes de caractères : la sous-chaîne de S située avant le ième séparateur, le séparateur, et la sous- chaîne de S située après le ième séparateur.

Cette fonction repose sur une définition récursive de la notion « *d'avant et d'après le ième séparateur* ». Si on appelle S la chaîne donnée, et t la chaîne S privée de son premier mot, on peut dire que (conformément à ce qui est montré par la figure A-1) :

- ce qu'il y a après le i ème séparateur dans S, c'est ce qu'il y a après le i-1 ème séparateur dans t ;

- ce qu'il y a avant le i ème séparateur dans S, c'est ce qu'il y a avant le i-1 ème séparateur dans t, concaténé au premier mot de S.

Cette définition vaut pour i supérieur à 1 ; lorsque i est égal à 1, c'est un cas trivial, puisque les fonctions XSLT prédéfinies substring-before() et substring-after() donnent directement le résultat cherché.

On notera que la récursion, ici, n'est pas terminale, à cause de la concaténation à effectuer à partir du résultat obtenu récursivement. Il serait possible de la rendre terminale, mais ce n'est pas du tout une nécessité, car la profondeur de récursion est égale au nombre d'entrées à générer pour une même phrase, qui n'est jamais très grand (presque toujours inférieur à 5).

Figure A-1

Découpage d'une chaîne en 3 morceaux.

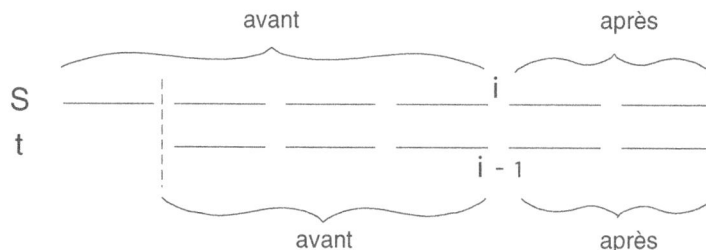

Voici le modèle nommé instancier-stringSplits :

```
<xsl:template  name="instancier-stringSplits">
    <xsl:param name="blankNumber"/>
    <xsl:param name="stringToSplit"/>
```

```xslt
<xsl:choose>

    <!-- = -->
    <!-- = -->
    <xsl:when test="$blankNumber = 1">

        <xsl:variable name="result">
            <xsl:call-template
            name="stringSplits-beforeAndAfter-firstSeparator">

                <xsl:with-param name="stringToSplit"
                                select="$stringToSplit"/>

            </xsl:call-template>
        </xsl:variable>

        <xsl:copy-of select="$result" />

    </xsl:when>

    <!-- = -->
    <!-- = -->
    <xsl:when test="$blankNumber = 0">

        <xsl:variable name="result">
            <split>
                <before/>
                <after>
                    <xsl:value-of select="$stringToSplit" />
                </after>
            </split>
        </xsl:variable>

        <xsl:copy-of select="$result" />

    </xsl:when>

    <!-- = -->
    <!-- = -->
    <xsl:otherwise>

        <!-- = -->
        <xsl:variable name="before_after">
            <xsl:call-template
            name="stringSplits-beforeAndAfter-firstSeparator">

                <xsl:with-param name="stringToSplit"
                                select="$stringToSplit"/>

            </xsl:call-template>
        </xsl:variable>

        <!-- = -->
```

```
                        <xsl:variable name="before">
                            <xsl:value-of select="$before_after//before" />
                        </xsl:variable>

                        <!-- = -->
                        <xsl:variable name="separator">
                            <xsl:value-of select="$before_after//separator" />
                        </xsl:variable>

                        <!-- = -->
                        <xsl:variable name="after">
                            <xsl:value-of select="$before_after//after" />
                        </xsl:variable>

                        <!-- = -->
                        <xsl:variable name="recursive_before_after">
                            <xsl:call-template name="instancier-stringSplits">
                                <xsl:with-param name="blankNumber"
                                                select="number($blankNumber)-1"/>
                                <xsl:with-param name="stringToSplit" select="$after"/>
                            </xsl:call-template>
                        </xsl:variable>

                        <!-- = -->
                        <xsl:variable name="result">
                            <split>
                                <before>
                                    <xsl:value-of select="concat( $before,
                                                    $recursive_before_after//before)"/>
                                </before>
                                <after>
                                    <xsl:value-of select="$recursive_before_after//after"/>
                                </after>
                            </split>
                        </xsl:variable>

                        <!-- = -->
                        <xsl:copy-of select="$result" />

                    </xsl:otherwise>

                </xsl:choose>

            </xsl:template>
```

Feuille de style complète

La feuille de style complète, ainsi que la DTD, est disponible sur le site internet des éditions Eyrolles : *www.editions-eyrolles.com* (taper *Drix* dans le formulaire de recherche reapide).

B

Les instruction ménagères

Les instructions XSLT que nous appelons *ménagères* sont des instruction qui servent à régler quelques paramètres pour la lecture de la source XML ou l'écriture du document résultat.

Cela concerne les instructions `xsl:stylesheet`, `xsl:namespace-alias`, `xsl:output`, `xsl:decimal-format`, `xsl:preserve-space`, et `xsl:strip-space`.

Instruction xsl:stylesheet

Syntaxe

xsl:stylesheet

```
<xsl:stylesheet
    version="1.0"
/>
```

ou

xsl:transform

```
<xsl:transform
    version="1.0"
/>
```

L'élément `xsl:stylesheet` est la racine d'un document XSLT. `xsl:transform` est un synonyme de `xsl:stylesheet`. L'attribut `version` est obligatoirement égal à 1.0, du moins tant que la version 2.0 ne sera pas officiellement disponible.

> **Note**
>
> La version 1.1 ne sera jamais officiellement disponible.

Variantes syntaxiques

xsl:stylesheet

```
<xsl:stylesheet
    version="1.0"
    extension-element-prefixes="... ... ..."
    exclude-result-prefixes="... ... ..."
/>
```

La valeur de ces deux attributs facultatifs est fournie sous la forme d'une liste de préfixes séparés par des espaces blancs.

Attribut extension-element-prefixes

Cet attribut permet au processeur XSLT de distinguer des éléments XML littéraux à instancier tels quels et des éléments XML qui se trouveraient être en réalité de nouvelles instructions XSLT proposées comme extensions par tel ou tel processeur particulier. Les préfixes à fournir doivent bien sûr faire partie des préfixes déclarés avec les domaines nominaux dans l'instruction xsl:stylesheet elle-même.

Par exemple, l'extension <saxon:entity-ref name="nbsp"/> permet d'émettre dans le fichier de sortie la référence à l'entité nbsp propre à HTML. Pour l'utiliser, il faut donc déclarer le domaine nominal de Saxon, puis le préfixe correspondant (saxon, en l'occurrence) dans la liste des extension-element-prefixes. Ci-dessous un exemple, qui reprend l'exemple vu à la section _Réalisation avec recherche par expression XPath_, page 473 :

Saison.xsl

```xml
<?xml version="1.0" encoding="UTF-16"?>
<xsl:stylesheet
    xmlns:xsl="http://www.w3.org/1999/XSL/Transform"
    xmlns:saxon="http://icl.com/saxon"
    extension-element-prefixes="saxon"
    version="1.0">

    <xsl:output  method='html' encoding='ISO-8859-1' />

    <xsl:template match="/">
        <html>
            <head>
                <title>Programme Saison
                <xsl:value-of
                select="/Saison/Période"/></title>
            </head>
            <body bgcolor="white" text="black">
                <xsl:apply-templates/>
            </body>
        </html>
    </xsl:template>
```

```
<xsl:template match="Saison">
    <xsl:apply-templates select="Manifestations"/>
    <H3>Adresses :</H3>
    <xsl:apply-templates select="Adresse"/>
</xsl:template>

<xsl:template match="Concert|Théâtre">
    <H3><xsl:value-of select="local-name(.)"/> </H3>
    <p><saxon:entity-ref name="nbsp"/>
       <saxon:entity-ref name="nbsp"/>
       <saxon:entity-ref name="nbsp"/>
       <saxon:entity-ref name="nbsp"/>
       Date : <xsl:value-of select="Date"/> <br/>
       <saxon:entity-ref name="nbsp"/>
       <saxon:entity-ref name="nbsp"/>
       <saxon:entity-ref name="nbsp"/>
       <saxon:entity-ref name="nbsp"/>
       Lieu : <a href="#{generate-id(
                         /Saison/Adresse/Lieu
                         [ . = current()/Lieu ])}">
              <xsl:value-of select="Lieu"/>
              </a>
    </p>
</xsl:template>

<xsl:template match="Adresse">
    <p><a name="#{generate-id(./Lieu)}">
    <xsl:value-of select="Lieu"/></a><br/>
    <xsl:value-of select="./child::text()[2]"/>
    </p>
</xsl:template>

<xsl:template match="text()"/>


</xsl:stylesheet>
```

Et voici ce que cela donne :

Saison.html

```
<html>
    <head>
       <meta http-equiv="Content-Type" content="text/html; charset=ISO-8859-1">

       <title>Programme Saison  Automne 1999 </title>
    </head>
```

```
    <body bgcolor="white" text="black">
       <H3>Concert</H3>
       <p>    
              Date : Samedi 9 octobre 1999  20H30  <br>
                  
              Lieu : <a href="#d0e56">Chapelle des Ursules</a></p>
       <H3>Th&eacute;&acirc;tre</H3>
       <p>    
              Date : Mardi 19 novembre 1999  21H  <br>
                  
              Lieu : <a href="#d0e62">Salle des Cordeliers</a></p>
       <H3>Th&eacute;&acirc;tre</H3>
       <p>    
              Date : Mercredi 20 novembre 1999  21H30  <br>
                  
              Lieu : <a href="#d0e62">Salle des Cordeliers</a></p>
       <H3>Adresses :</H3>
       <p><a name="#d0e56">Chapelle des Ursules</a><br>
              9, rue des Ursules - 49000 Angers

       </p>
       <p><a name="#d0e62">Salle des Cordeliers</a><br>
              1, rue des Pr&eacute;voyants de l'avenir - 49000 Angers

       </p>
    </body>
 </html>
```

Attribut exclude-result-prefixes

Cet attribut demande au processeur de ne pas émettre de déclaration de domaine nominal pour les domaines nominaux référencés par les préfixes fournis comme valeur de cet attribut.

Comme le processeur XSLT est obligé de générer un document XML correct, il passera outre votre demande, si le domaine nominal que vous voulez exclure du résultat est en fait utile. Mais si le domaine nominal visé est effectivement inutile dans le document généré, votre demande sera prise en compte. Le processeur XSLT ne peut pas deviner tout seul si un domaine nominal est vraiment inutile, parce que XML autorise d'utiliser les domaines nominaux même sur des valeurs d'attribut :

```
<truc bidule="machin:chose">
```

Il n'est pas interdit d'avoir une valeur d'attribut qui soit `"machin:chose"` ; dans cette chaîne de caractères, `"machin"` est-il un préfixe, ou simplement le début d'une valeur ou il y a un `":"` au milieu ? Si en plus il se trouve que `machin` est réellement un préfixe déclaré pour un certain domaine nominal, le processeur XSLT ne peut plus s'y retrouver pour savoir si ce domaine nominal est utile ou non. Donc les processeurs XSLT n'ont pas à décider eux-mêmes ; c'est à vous de dire lesquels exclure.

Instruction xsl:namespace-alias

Syntaxe

xsl:namespace-alias

```
<xsl:namespace-alias
    stylesheet-prefix="..."
    result-prefix="..."
/>
```

L'instruction xsl:namespace-alias doit apparaître comme instruction de premier niveau.

Sémantique

L'instruction xsl:namespace-alias permet de spécifier qu'un élément littéral XML, présent dans la feuille de style XSLT, et associé à un domaine nominal *N1*, sera instancié dans le document résultat comme étant associé à un autre domaine nominal *N2*. Comme d'habitude, les domaines nominaux concernés sont désignés par les préfixes qui les identifient, ce qui rend les choses un peu troublantes, car on peut croire qu'il s'agit seulement de changer de préfixe (sans changer de domaine nominal), alors qu'il s'agit bel et bien de changer de domaine nominal (et accessoirement de préfixe, mais comme vous le savez, un préfixe n'a aucune importance en lui même).

Le préfixe du domaine nominal *N1* est indiqué par l'attribut stylesheet-prefix, et le préfixe du domaine nominal *N2* par l'attribut result-prefix, de sorte que l'instruction xsl:namespace-alias permettant de passer du domaine http://machin (préfixe mm:) au domaine http://truc (préfixe tt:) aura l'allure suivante :

```
<xsl:namespace-alias
    stylesheet-prefix="mm"
    result-prefix="tt"/>
```

Ceci ne veut pas du tout dire que les éléments littéraux de préfixe mm: apparaîtront dans le document résultat avec le préfixe tt:, mais que les éléments littéraux de domaine nominal http://machin apparaîtront dans le document résultat associés au domaine nominal http://truc.

Concrètement :

Concert.xml

```
<?xml version="1.0" encoding="UTF-16" standalone="yes"?>

<Concert>

    <Date>Jeudi 17 janvier 2002, 20H30</Date>
    <Lieu>Chapelle des Ursules</Lieu>

    <Interprètes>
        <Interprète>
```

```
            <Nom> Jonathan Dunford </Nom>
            <Instrument>Basse de viole</Instrument>
        </Interprète>

        <Interprète>
            <Nom> Sylvia Abramowicz </Nom>
            <Instrument>Basse de viole</Instrument>
        </Interprète>
    </Interprètes>

</Concert>
```

Concert.xsl

```xml
<?xml version="1.0" encoding="UTF-16"?>
<xsl:stylesheet

    xmlns:xsl="http://www.w3.org/1999/XSL/Transform"
    xmlns:mm="http://machin"
    xmlns:tt="http://truc"
    version="1.0">

    <xsl:output  method='xml' encoding='ISO-8859-1' indent='yes' />

    <xsl:namespace-alias stylesheet-prefix="mm" result-prefix="tt"/>

    <xsl:template match="Interprètes">
        <mm:Musiciens>
        <xsl:copy-of select="Interprète"/>
        </mm:Musiciens>
    </xsl:template>

    <xsl:template match="text()"></xsl:template>

</xsl:stylesheet>
```

Résultat

```xml
<?xml version="1.0" encoding="ISO-8859-1"?>
<mm:Musiciens xmlns:mm="http://truc" xmlns:tt="http://truc">
   <Interprète>

       <Nom> Jonathan Dunford </Nom>

       <Instrument>Basse de viole</Instrument>

   </Interprète>
   <Interprète>

       <Nom> Sylvia Abramowicz </Nom>

       <Instrument>Basse de viole</Instrument>
```

```
    </Interprète>
</mm:Musiciens>
```

Tout cela est assez admirable (plus admirable qu'imitable, d'ailleurs), mais à quoi cela peut-il bien servir ?

La principale utilité est de pouvoir écrire une feuille de style XSLT qui génère comme résultat une autre feuille de style XSLT. On se reportera à la section *Pattern n° 15 – Génération d'une feuille de style par une autre feuille de style*, page 507 pour en voir un exemple.

En effet, si l'on a des instructions XSLT à émettre dans le résultat en tant qu'éléments littéraux, il faut trouver un moyen pour que le processeur XSLT ne les prenne pas pour lui, en tant qu'instructions à exécuter. La solution est de déclarer ces instructions dans un domaine nominal autre que celui d'XSLT, et de demander à ce que dans le document résultat, ces éléments apparaissent dans le domaine nominal XSLT.

Instruction xsl:fallback

Syntaxe

xsl:fallback

```
<xsl:fallback>
    <!-- modèle de transformation -->
</xsl:fallback>
```

L'instruction xsl:xsl:fallback ne doit pas apparaître comme instruction de premier niveau.

Instruction XSLT typique

Une instruction XSLT utilisant l'instruction xsl:fallback aura souvent la forme :

```
<xsl:xxx>
    <!-- modèle de transformation propre à xsl:xxx -->
    <xsl:fallback>
        <!-- modèle de transformation propre à xsl:fallback -->
    </xsl:fallback>
</xsl:xxx>
```

L'effet de cette instruction est le suivant : si xsl:xxx est une instruction connue du processeur XSLT, l'instruction xsl:fallback (et ce qu'elle contient) est ignorée. Si xsl:xxx est une instruction inconnue du processeur XSLT, l'instruction xsl:fallback qu'elle contient est instanciée.

Cela sert dans le cas où on lance un processeur XSLT 1.0 sur un source XSLT d'une version ultérieure, contenant éventuellement des instructions qui n'existaient pas encore dans la 1.0, ou bien dans le cas où l'on utilise des instructions hors norme (des extensions fournies par tel ou tel processeur) dans un programme source qui est susceptible d'être traité par différents processeurs.

Instruction xsl:preserve-space

Instruction xsl:strip-space

Syntaxe

xsl:preserve-space

```
<xsl:preserve-space elements="... ... ..."/>
```

xsl:strip-space

```
<xsl:strip-space elements="... ... ..."/>
```

Les instructions `xsl:preserve-space` et `xsl:strip-space` doivent apparaître comme instructions de premier niveau.

Sémantique

L'instruction `<xsl:strip-space>` sert à éliminer les nœuds `text` ne contenant que des espaces blancs de l'arbre XML construit par le processeur XSLT. Voir la section *Exemple*, page 170, et la section *Réalisation avec recherche par expression XPath*, page 473.

L'instruction `<xsl:preserve-space>` permet de contredire localement l'instruction `<xsl:strip-space>`. Généralement, on ne l'emploie pas seule, car son effet est l'effet par défaut.

Par exemple, pour activer la suppression des nœuds `text` blancs comme neige, sauf pour ceux qui sont des enfants de `<truc>` ou `<bidule>`, on écrira :

```
<xsl:strip-space elements="*"/>
<xsl:preserve-space elements="truc bidule"/>
```

Instruction xsl:output

Syntaxe

xsl:output

```
<xsl:output
    method = "..."  <!-- "xml" | "html" | "text" | name -->
    version = "..."
    encoding = "..."
    omit-xml-declaration = "..." <!-- "yes" | "no" -->
    standalone = "..." <!-- "yes" | "no" -->
    doctype-public = "..." <!-- string -->
    doctype-system = "..." <!-- string -->
    cdata-section-elements = "... ... ..."
    indent = "..." <!-- "yes" | "no" -->
    media-type = "..." <!-- string -->
/>
```

Tous les attributs sont facultatifs.

L'instruction `xsl:output` doit apparaître comme instruction de premier niveau.

Sémantique

L'instruction `xsl:output` permet aux auteurs de feuilles de style de spécifier la manière dont ils souhaitent produire l'arbre résultat. Le processeur doit faire pour le mieux, sans être obligé toutefois de suivre à lettre toutes les directives fournies par les différents attributs.

Les attributs principaux sont `method`, `encoding` et `indent`. Notamment l'attribut `method` est celui qui est le plus lourd de conséquence sur l'aspect du document résultat.

L'attribut `method` identifie la méthode générale qui doit être utilisée pour produire l'arbre résultat. Sa valeur doit être un nom qualifié. S'il n'est pas préfixé, alors il identifie l'une des trois suivantes : `xml`, `html` ou `text`. Si le nom qualifié est préfixé, alors c'est une méthode non standard fournie par un processeur particulier.

En l'absence d'attribut `method`, le processeur tente de reconnaître la nature du fichier source ; s'il reconnaît de l'HTML, la méthode par défaut sera `'html'` ; sinon elle sera `'xml'`.

Les autres attributs sont :

- `version` : spécifie la version de la méthode de sortie (par exemple « 1.0 »).

- `indent` : demande ou non (`'yes'` ou `'no'`) une indentation du fichier de sortie.

- `encoding` : spécifie le système d'encodage des caractères du fichier de sortie.

- `media-type` : spécifie le type MIME du fichier de sortie.

- `doctype-system` : spécifie l'identifiant système qui doit être utilisé dans la déclaration de DTD.

- `doctype-public` : spécifie l'identifiant public qui doit être utilisé dans la déclaration de DTD.

- `omit-xml-declaration` : demande ou non (`'yes'` ou `'no'`) une déclaration XML en début de fichier.

- `standalone` : spécifie la valeur (`'yes'` ou `'no'`) de la déclaration standalone=« ... »

- `cdata-section-elements` : spécifie une liste de noms d'éléments dont les fils de type `text` doivent être produits en tant que section CDATA dans l'arbre résultat.

La signification précise de ces attributs en fonction de la méthode choisie (`text`, `xml` ou `html`) est très longue et sans grand intérêt d'un point de vue général. On se reportera au standard XSLT pour tel ou tel détail.

Instruction xsl:decimal-format

Syntaxe

xsl:decimal-format

```
<xsl:decimal-format

    name = "..."
    decimal-separator = "..." <!-- char -->
    grouping-separator = "..." <!-- char -->
    infinity = "..." <!-- string -->
    minus-sign = "..." <!-- char -->
    NaN = "..." <!-- string -->
    percent = "..." <!-- char -->
    per-mille = "..." <!-- char -->
    zero-digit = "..." <!-- char -->
    digit = "..." <!-- char -->
    pattern-separator = "..." <!-- char -->
/>
```

Tous les attributs sont facultatifs.

L'instruction `xsl:decimal-format` doit apparaître comme instruction de premier niveau.

Sémantique

Cette instruction s'utilise exclusivement avec la fonction `format-number()`. Elle n'a rien à voir avec l'instruction `xsl:number`, ni avec la façon dont les conversions de String en nombre sont effectuées. Il s'agit uniquement ici de format de sortie pour un nombre déjà calculé par ailleurs.

L'attribut `name` permet de déclarer un format nommé, qui pourra être ensuite référencé dans un appel à la fonction `format-number()`, en tant que troisième argument. Si l'attribut `name` est omis, l'instruction `xsl:decimal-format` spécifie un format par défaut, qui pourra ensuite être référencé en appelant la fonction `format-number()` avec seulement deux arguments.

Mis à part l'attribut `name`, les autres attributs correspondent aux couples de méthodes `get`/`set` de la classe Java `DecimalFormatSymbols` du JDK 1.1 (une paire par attribut).

Certains de ces attributs permettent de contrôler aussi bien l'interprétation des caractères du motif de format que de spécifier ceux qui peuvent apparaître dans le résultat de formatage du nombre :

- `decimal-separator` indique le caractère utilisé pour marquer un point décimal ; la valeur par défaut est le caractère point '.'.

- `grouping-separator` indique le caractère utilisé comme séparateur de groupes (par exemple milliers) ; la valeur par défaut est la virgule ','.

- `percent` indique le caractère utilisé pour le signe pourcent ; la valeur par défaut est le caractère pourcent '%'.

- `per-mille` indique le caractère utilisé pour le signe pour-mille ; la valeur par défaut est le caractère Unicode pour-mille (#x2030).

- `zero-digit` indique le caractère utilisé pour le chiffre zéro ; la valeur par défaut est le chiffre zéro '0'.

D'autres contrôlent l'interprétation des caractères dans le motif de format :

- `digit` indique le caractère utilisé pour un chiffre dans le motif de format ; la valeur par défaut est le caractère dièse '#'.

- `pattern-separator` indique le caractère utilisé dans un motif, pour séparer les sous-motifs représentant des nombres positifs des sous motifs représentant des nombres négatifs ; la valeur par défaut est le caractère point-virgule ';'.

Enfin ceux-ci indiquent les caractères ou les chaînes de caractères pouvant apparaître dans le résultat de formatage d'un nombre :

- `infinity` indique la chaîne de caractères utilisée pour représenter l'infini ; la valeur par défaut est la chaîne de caractères `Infinity`.

- `NaN` indique la chaîne de caractères utilisée pour représenter la valeur de `NaN` (Not a Number) ; la valeur par défaut est la chaîne de caractères `NaN`.

- `minus-sign` indique le caractère utilisé comme signe moins par défaut ; la valeur par défaut est le caractère moins (-, #x2D).

Exemple

Concert.xml

```xml
<?xml version="1.0" encoding="UTF-16" standalone="yes"?>

<Concert>

    <Entête> "Les Concerts d'Anacréon" </Entête>
    <Date>Jeudi 17 janvier 2002, 20H30</Date>
    <Lieu>Chapelle des Ursules</Lieu>

    <Ensemble> "A deux violes esgales" </Ensemble>

    <Compositeurs>
        <Compositeur>M. Marais</Compositeur>
        <Compositeur>D. Castello</Compositeur>
        <Compositeur>F. Rognoni</Compositeur>
    </Compositeurs>
```

```
        <Tarif>
            <plein> 15.0 </plein>
            <réductions>
                <jeune>40</jeune>
                <groupe>30</groupe>
            </réductions>
        </Tarif>


</Concert>
```

Concert.xsl

```xml
<?xml version="1.0" encoding="UTF-16"?>
<xsl:stylesheet xmlns:xsl="http://www.w3.org/1999/XSL/Transform" version="1.0">

    <xsl:output  method='html' encoding='ISO-8859-1' />

    <xsl:template match="/">
        <html>
            <head>
                <title><xsl:value-of select="/Concert/Entête"/></title>
            </head>
            <body bgcolor="white" text="black">
                <xsl:apply-templates/>
            </body>
        </html>
    </xsl:template>

    <xsl:template match="Date">
        <H1 align="center"> Concert du <xsl:value-of select="."/> </H1>
        <H4 align="center"> <xsl:value-of select="/Concert/Lieu"/> </H4>
        <H3 align="center"> <xsl:value-of select="/Concert/TitreConcert"/></H3>
    </xsl:template>

    <xsl:template match="Lieu">
    </xsl:template>

    <xsl:template match="Ensemble">
        <H2 align="center"> Ensemble <xsl:value-of select="."/></H2>
    </xsl:template>

    <xsl:decimal-format
        name="prix"
        decimal-separator=","
        grouping-separator="." />

    <xsl:template match="Tarif">
        <xsl:variable name="plein" select="./plein"/>
        <xsl:variable name="reducJeune" select="./réductions/jeune"/>
        <xsl:variable name="reducGroupe" select="./réductions/groupe"/>
```

```
        <xsl:variable
            name="jeune"
            select="$plein - ( $plein * $reducJeune div 100 ) "/>

        <xsl:variable
            name="groupe"
            select="$plein - ( $plein * $reducGroupe div 100 ) "/>

        <P>Tarifs : <br/>
        <xsl:value-of select="format-number(
                    $plein, '##,00', 'prix' )"/> Euros <br/>

        <xsl:value-of select="format-number(
                    $jeune, '##,00', 'prix' )"/> Euros (jeunes),<br/>

        <xsl:value-of select="format-number(
                    $groupe, '##,00', 'prix' )"/> Euros (groupes).
        </P>
    </xsl:template>


</xsl:stylesheet>
```

Résultat

```
<html>
   <head>
      <meta http-equiv="Content-Type" content="text/html; charset=ISO-8859-1">

      <title> "Les Concerts d'Anacr&eacute;on" </title>
   </head>
   <body bgcolor="white" text="black">

       "Les Concerts d&#8217;Anacr&eacute;on"

    <H1 align="center"> Concert du Jeudi 17 janvier 2002, 20H30</H1>
    <H4 align="center">Chapelle des Ursules</H4>
    <H3 align="center"></H3>

    <H2 align="center"> Ensemble  "A deux violes esgales" </H2>

        M. Marais
        D. Castello
        F. Rognoni

    <P>Tarifs : <br>15,00 Euros <br>9,00 Euros (jeunes),<br>10,50 Euros (groupes).
    </P>
   </body>
</html>
```

C

Extensions et évolutions

Extensions

Les extensions sont des ajouts à la *W3C Recommendation XSLT 1.0*, le seul standard actuellement existant (en février 2002). Ces ajouts concernent la définition et l'implémentation

- de nouvelles fonctions XPath ou XSLT ;
- ou de nouvelles instructions XSLT ;
- ou de nouveaux attributs pour des instructions XSLT existantes.

Historiquement, ces extensions ont été d'abord proposées et implémentées par les concepteurs de processeurs XSLT, puis une initiative de « standardisation » est ensuite apparue pour tenter d'harmoniser les extensions les plus communes, et même pour proposer aux fournisseurs de processeurs des extensions originales. Cette initiative a pris le nom d'EXSLT, et ses travaux sont disponibles sur le site *www.exslt.org*. Citons aussi la XSLTSL (XSLT Standard Library, *xsltsl.sourceforge.net*) qui est une une bibliothèque de modèles nommés « 100% pur XSLT » : ce ne sont donc pas à proprement parler des extensions, mais certains de ces modèles nommés peuvent parfois recouper certaines fonctions proposées par EXSLT.

Les extensions sont généralement des réponses à la pression des utilisateurs et de la concurrence entre fournisseurs de processeurs. Certaines comblent des lacunes du standard W3C XSLT 1.0, d'autres ne comblent aucune lacune proprement dite mais ouvrent des perspectives nouvelles de traitement, et d'autres enfin sont des extensions de confort, qui simplifient beaucoup la programmation, ou qui améliorent les performances par rapport à une solution « 100% pur XSLT ».

Dans la catégorie des extensions comblant des lacunes, on peut citer en tout premier lieu la fonction de conversion d'un RTF en node-set. On peut dire qu'une telle fonction est de loin la plus nécessaire de toutes les extensions ; mais comme nous en avons déjà beaucoup parlé (voir *Temporary Source Tree*, page 192 et *Opérations sur un RTF (XSLT 1.0)*, page 209), il ne sera pas utile d'y revenir ici dans le détail.

Une autre lacune très gênante de XSLT 1.0 est l'impossibilité d'écrire une feuille de style qui produise en résultat plusieurs documents. C'est pourtant un besoin évident, notamment en HTML, si l'on veut par exemple produire un résultat découpé en plusieurs pages différentes, ne serait-ce que pour générer des <frame> et des <frameset>, ou un ensemble de pages qui se référencent mutuellement (voir par exemple le pattern *Pattern n° 20 – Génération de documents multiples*, page 563).

Enfin une dernière lacune est la faiblesse des possibilités de traitement de dates. XSTL 2.0 devrait rétablir la situation, mais en attendant, on trouvera dans la XSLT Standard Library (*http://xsltsl.sourceforge.net*) beaucoup de choses intéressantes dans le domaine du traitement des dates, même s'il est impossible de couvrir tous les besoins uniquement avec une bibliothèque de modèles nommés : le type date n'existant pas en tant que tel dans XSLT 1.0, il est par exemple impossible de faire un tri chronologique sur des dates avec l'instruction <xsl:sort>.

Dans la catégorie des extensions ouvrant des perspectives de traitement, citons tout d'abord la fonction (réclamée par beaucoup d'utilisateurs) d'évaluation dynamique d'une expression XPath donnée sous forme d'une String. Un contexte souvent invoqué pour justifier son utilisation est celui de la réalisation de mises en pages pilotées par un document XML auxiliaire, spécifiant disposition et contenu dans un format convenu, et comportant entre autres des expressions XPath à interpréter dynamiquement (voir *Pattern n° 19 – Construction dynamique de l'agencement d'un tableau HTML*, page 540).

Une autre extension, un peu dans le même ordre d'idée, est un attribut nouveau pour l'instruction <xsl:call-template> (voir aussi *Pattern n° 19 – Construction dynamique de l'agencement d'un tableau HTML*, page 540), qui indique que l'attribut name est fourni sous la forme d'un descripteur de valeur différée d'attribut (chose normalement interdite) : le nom du modèle à appeler est ainsi calculé à l'exécution, ce qui évite éventuellement un <xsl:choose> avec de nombreux cas possibles (un cas par modèle à appeler).

Il faut citer aussi les possibilités de connexion à une base de données relationnelle, au travers d'instructions nouvelles, qui permettent donc à une feuille de style de recevoir une requête, de la répercuter sur une base de données, d'obtenir une réponse, et de la renvoyer décorée en HTML (par exemple).

Et pour finir, il y a l'instruction (généralement nommée <xx:script>) qui permet d'implémenter ses propres extensions en Java, Javascript, etc., ce qui permet en particulier d'installer sur un processeur (qui fournit cette extension xx:script) une extension propre à un autre processeur, pourvu qu'on ait les sources Java ou Javascript de l'extension.

Enfin, dans la catégorie des extensions de confort, on trouve beaucoup de choses différentes. Par exemple des instructions permettant de retrouver la programmation habituelle avec les bonnes vieilles affections ou la boucle while. On trouve aussi des fonctions redondantes avec les possibilités natives de XSLT 1.0, mais qui apportent un gain de performance ou de simplicité appréciable (par exemple une fonction qui renvoie l'intersection de deux node-sets, ou bien une instruction qui permet de faire des regroupements sans avoir à les programmer dans le détail).

Toutes ces extensions sont bien sûr dépendantes du processeur utilisé : certaines extensions ne sont pas supportées par certains processeurs, et lorsqu'une même extension est supportée par plusieurs processeurs, les dénominations sont généralement différentes (`nodeset()`, `node-set()`, `nodeSet()`, etc.), et les domaines nominaux à déclarer pour préfixer ces extensions sont à coup sûr différents. Sauf si ...

... Sauf si c'est une extension disponible sur EXSLT, et que le processeur utilisé la fournit. Auquel cas, la dénomination et le domaine nominal sont définis par EXSLT, et non par le fournisseur du processeur, ce qui garantit la portabilité. Autrement, si l'on veut une feuille de style utilisant des extensions et compatible avec un ensemble de processeurs, il n'y a guère d'autre solution que de maintenir différentes versions de cette feuille de style, ce qui n'est pas une situation très enviable, il faut bien l'avouer.

Pour une liste précise et à jour des extensions disponibles avec chaque processeur, il faut se reporter à sa documentation ; par exemple : *http://saxon.sourceforge.net/* ou *http://xml.apache.org/xalan-j/*.

Evolutions : XSLT 2.0 et XPath 2.0

Si les extensions sont le fait des concepteurs de processeurs XSLT, les évolutions, elles, sont dues aux travaux du *XSL Working Group* du W3C, dont le but est de les proposer, puis de les stabiliser sous la forme d'une *Final Recommendation*.

La seule recommandation finale pour XSLT, à la date d'écriture de ce livre (février 2002), est celle du 16 novembre 1999 : c'est le standard XSLT 1.0. Bien sûr, dès le début des extensions ont commencé à apparaître, certaines fort pertinentes, et un groupe de travail s'est constitué pour prendre en compte le mieux possible certaines de ces extensions, et faire évoluer XSLT en 1.1. Mais les changements apportés ou proposés par la dernière version du Working Draft XSLT 1.1 (24 août 2001) étaient trop importants pour que cette évolution puisse passer pour mineure. Aussi cette version a-t-elle été abandonnée en tant que telle, et les propositions qu'elle avançait ont été incorporées au chantier de la version 2.0 du langage. Deux Working Drafts (XSLT 2.0 et XPath 2.0) sont parus le 20 décembre 2001, qui ouvrent de nouvelles perspectives sur ces langages. Bien sûr, rien n'est encore joué, et des évolutions importantes dans un sens ou dans l'autre peuvent être encore possibles d'ici la parution d'une *Final Recommendation*. On peut tout de même tenter une brève synthèse de ces évolutions.

Perspectives pour XSLT 2.0

Une première évolution, qu'on peut penser relativement peu sujette à être remise en cause, concerne la rédaction de la spécification du langage. La version XSLT 1.0 était un peu spartiate par bien des côtés, et beaucoup trop concise sur certains points, ce qui rendait la lecture assez ardue. D'autre part, certains termes, comme *template*, étaient trop chargés de sens différents suivant les contextes. Un effort a donc été fait, pour repenser la rédaction, la compléter, la rendre plus facile à lire et à comprendre, et pour proposer de nouveaux termes (par exemple *content constructor*, et non plus *template*) pour désigner un modèle de transformation. A noter que dans ce livre, cet effort à été anticipé, puisque nous avions choisi ce terme de *modèle de transformation* bien avant que ne paraisse le WD XSLT 2.0.

Les autres évolutions concernent le langage proprement dit ; certaines sont mineures, d'autres sont majeures. Nous listerons certaines des évolutions majeures, pour donner une idée de la direction que va prendre XSLT.

Mal famés, les RTF (Result Tree Fragment, voir *Temporary Source Tree*, page 192) ont été répudiés, et comme XSLT 1.1 le proposait, un Temporary Source Tree accroché à une variable est vu comme un objet de type node-set. Donc tout ce qui a été expliqué dans la section référencée ci-dessus est maintenu.

Les programmes XSLT pourront créer plusieurs documents résultats, avec la nouvelle instruction `<xsl:result-document>`, qui fonctionne d'une façon largement inspirée de ce que proposait `<xsl:document>` de XSLT 1.1.

Une instruction `<xsl:for-each-group>`, allant de pair avec une nouvelle fonction `current-group()`, a été introduite pour faciliter les regroupements (voir *Pattern n° 14 – Regroupements*, page 474.

Il sera possible d'écrire non plus des modèles nommés, mais de véritables fonctions, que l'on pourra appeler dans des expressions XPath sans être obligé d'utiliser le tank `<xsl:call-template>`. Pour cela, les instructions `<xsl:function>` et `<xsl:result>` ont été proposées.

On peut donc résumer tout ceci est disant que globalement, il sera à l'avenir moins ardu de programmer en XSLT, notamment grâce à l'introduction de la notion de fonction, et de celle de regroupement.

Perspectives pour XPath 2.0

En ce qui concerne XPath, il s'agit plus d'une révolution que d'une simple évolution. En effet, un nouveau langage, XQuery 1.0, a été défini, et sa définition repose sur XPath 2.0. Ce qui veut dire que les groupes de travail XSL et XML Query ont joint leurs forces pour définir de façon commune le langage XPath 2.0. Autant dire que XPath prend une nouvelle orientation, afin de convenir à la fois aux besoins de XSLT et de XQuery.

Pour comprendre cette évolution, il faut savoir que XQuery est un langage XML de requêtes sous forme d'expressions ; ces expressions obéissent à une grammaire qui est un sur-ensemble de XPath 2.0. D'une certaine manière, on peut dire que les langages XSLT et XQuery sont à la fois complémentaires et redondants suivant la façon dont on les analyse. Complémentaires parce que le domaine d'XSLT est plutôt celui de la transformation que celui de la requête ; redondants parce que XSLT et XQuery fournissent tous les deux le moyen d'exprimer des recherches dans un document XML arbitrairement complexe, mais à nouveau complémentaires, même dans ce domaine, parce que XQuery est clairement plus simple à utiliser que XSLT pour exprimer des requêtes complexes, et surtout est conçu pour favoriser une optimisation très poussée de ces requêtes, de la même façon que SQL a été à l'origine d'optimisations très fines des moteurs de bases de données relationnelles.

Les évolutions d'XPath portent d'abord sur le modèle de données utilisé : désormais, XPath repose sur les types simples définis par les Schémas XML (*www.w3.org/TR/xmlschema-2*) ; d'autre part, XPath offre maintenant la notion de *séquence*, qui est une liste ordonnée de valeurs, et qui vient donc en complément de la notion d'arbre, qui était jusqu'à présent la seule structure de données utilisable.

XPath 2.0 introduit de plus des extensions aux constructions existantes, et des opérateurs nouveaux. Par exemple, la notion d'étape de localisation a été étendue à celle d'étape généralisée, qui peut faire intervenir une expression XPath, ce qui permet d'écrire des choses comme :

```
partie/(chapitre|annexe)/paragraphe
```

ou comme

```
document("truc.xml")/key("...", "...")
```

Des expressions nouvelles apparaissent, notamment l'expression `for/return` (qui retourne une séquence de valeurs), l'expression `if` (qui retourne une valeur parmi deux possibles, suivant une condition), et l'assertion booléenne quantifiée `some/every/satifies`.

Exemples :

Expression for/return

```
for $a in distinct-values(//author)
    return (
                $a,
                for $b in //book[$b/author = $a] return $b/title
            )
```

Expression if

```
if (@pseudonyme)
    then @pseudonyme
    else @nom
```

Assertion quantifiée

```
some $emp in //employee satisfies
    ($emp/bonus > 0.25 * $emp/salary)
```

Enfin de nouveaux opérateurs sont proposés, == pour tester l'identité de deux nœuds, et <<
pour tester l'ordre d'apparition de deux nœuds au sein d'un même document. Exemples :

Exemples :

Test d'identité

```
//book[@isbn = '12345'] == //author[@name='dudule']/book[1]
```

Test d'antériorité (ordre de lecture du document)

```
//book[@isbn = '12345'] << //book[@isbn = '54321']
```

On voit donc que XPath change complètement de statut : avant c'était un humble servi-
teur de XSLT, désormais il est le socle sur lequel sera bâti le langage XQuery (et dans
une moindre mesure XSLT). Et comme il est probable qu'à l'avenir il ne sera plus suffisant de connaître uniquement XSLT, car certaines applications devront utiliser conjointe-
ment XSLT et XQuery pour être vraiment performantes, on peut penser que l'importance
de XPath ne fera que croître.

D

Référence des instructions XSLT

Notations

Les mots en *italique* sont des symboles terminaux (c'est-à-dire non définis dans les règles syntaxiques).

Les accolades { } font partie de la syntaxe décrivant certains attributs. Elles dénotent la possibilité d'utiliser des AVT (Attribute Value Template), ou descripteur de valeur différée d'attribut. Là où il n'y a pas d'accolades, c'est que l'emploi de descripteur de valeur différée d'attribut est interdit.

Certaines notations propres aux DTD sont reprises ici :

- X* signifie que X peut apparaître 0, 1 ou plusieurs fois ;
- X? signifie que X peut apparaître 0 ou 1 fois ;
- X+ signifie que X peut apparaître 1 ou plusieurs fois ;
- X | Y signifie que X peut apparaître ou que Y peut apparaître ;
- "X" signifie que X doit apparaître littéralement.

Symboles terminaux

qname

Le symbole *qname* veut dire *Qualified Name*. Un nom qualifié est un nom XML avec ou sans préfixe, comme par exemple truc ou fo:block.

ncname

Le symbole *ncname* veut dire *Non Colonized Name*. C'est un nom XML sans préfixe.

qname-but-not-ncname

Le symbole *qname-but-not-ncname* est un nom XML obligatoirement préfixé.

prefix

Un *prefix* est un *ncname* qui sert de préfixe dans un *qname*.

uri-reference

Le symbole *uri-reference* veut dire Unique Resource Identifier. C'est une généralisation de la notion d'URL, qui pour l'instant n'est pas encore vraiment stabilisée. On peut donc considérer que URI et URL sont synonymes.

pattern

Le symbole *pattern* veut dire ici *motif*.

expression

Une *expression* veut dire une expression XPath quelconque.

node-set-expression

Une *node-set-expression* est une expression XPath qui renvoie un node-set.

boolean-expression

Une *boolean-expression* est une expression XPath qui renvoie une valeur booléenne.

number-expression

Une *number-expression* est une expression XPath qui renvoie nombre.

string-expression

Une *string-expression* est une expression XPath qui renvoie une String.

nmtoken

Un *nmtoken* (Name Token) est une suite de caractères valides pour former un nom XML.

nametest-tokens

Un *nametest-tokens* est une suite de *nametest* séparés par des espaces blancs. Un *nametest* est un déterminant, intervenant dans une étape de localisationXPath. Un *nametest* peut être un *qname*, ou une étoile, ou une étoile préfixée (par exemple `"fo:*"`).

ncname-tokens

Un *ncname-tokens* est une suite de *ncname* séparés par des espaces blancs.

Règles syntaxiques

Instruction xsl:apply-imports

```
<xsl:apply-imports />
```

Instruction xsl:apply-templates

```
<xsl:apply-templates
    select = node-set-expression
    mode = qname>
    <!-- Contenu : (xsl:sort | xsl:with-param)* -->
</xsl:apply-templates>
```

Instruction xsl:attribute

```
<xsl:attribute
    name = { qname }
    namespace = { uri-reference }>
    <!-- Contenu : modèle de transformation -->
</xsl:attribute>
```

Instruction de premier niveau xsl:attribute-set

```
<xsl:attribute-set
    name = qname
    use-attribute-sets = qnames>
    <!-- Contenu : xsl:attribute*-->
</xsl:attribute-set>
```

Instruction xsl:call-template

```
<xsl:call-template
    name = qname>
    <!-- Contenu : xsl:with-param*-->
</xsl:call-template>
```

Instruction xsl:choose

```
<xsl:choose>
    <!-- Contenu : (xsl:when+, xsl:otherwise?) -->
</xsl:choose>
```

Instruction xsl:comment

```
<xsl:comment>
    <!-- Contenu : modèle de transformation -->
</xsl:comment>
```

Instruction xsl:copy

```
<xsl:copy
    use-attribute-sets = qnames>
    <!-- Contenu : modèle de transformation -->
</xsl:copy>
```

Instruction xsl:copy-of

```
<xsl:copy-of
    select = expression />
```

Instruction de premier niveau xsl:decimal-format

```
<xsl:decimal-format
    name = qname
    decimal-separator = char
    grouping-separator = char
    infinity = string
    minus-sign = char
    NaN = string
    percent = char
    per-mille = char
    zero-digit = char
    digit = char
    pattern-separator = char />
```

Instruction xsl:element

```
<xsl:element
    name = { qname }
    namespace = { uri-reference }
    use-attribute-sets = qnames>
    <!-- Contenu : modèle de transformation -->
</xsl:element>
```

Instruction xsl:fallback

```
<xsl:fallback>
    <!-- Contenu : modèle de transformation -->
</xsl:fallback>
```

Instruction xsl:for-each

```
<xsl:for-each
    select = node-set-expression>
    <!-- Contenu : (xsl:sort*, modèle de transformation) -->
</xsl:for-each>
```

Instruction xsl:if

```
<xsl:if
    test = boolean-expression>
    <!-- Contenu : modèle de transformation -->
</xsl:if>
```

Instruction de premier niveau xsl:import

```
<xsl:import
    href = uri-reference />
```

Instruction de premier niveau xsl:include

```
<xsl:include
    href = uri-reference />
```

Instruction de premier niveau xsl:key

```
<xsl:key
    name = qname
    match = pattern
    use = expression />
```

Instruction xsl:message

```
<xsl:message
    terminate = "yes" | "no">
    <!-- Contenu : modèle de transformation -->
</xsl:message>
```

Instruction de premier niveau xsl:namespace-alias

```
<xsl:namespace-alias
    stylesheet-prefix = prefix | "#default"
    result-prefix = prefix | "#default" />
```

Instruction xsl:number

```
<xsl:number
    level = "single" | "multiple" | "any"
    count = pattern
    from = pattern
    value = number-expression
    format = { string }
    lang = { nmtoken }
    letter-value = { "alphabetic" | "traditional" }
    grouping-separator = { char }
    grouping-size = { number } />
```

Partie d'instruction xsl:otherwise

```
<xsl:otherwise>
    <!-- Contenu : modèle de transformation -->
</xsl:otherwise>
```

Instruction de premier niveau xsl:output

```
<xsl:output
    method = "xml" | "html" | "text" | qname-but-not-ncname
    version = nmtoken
    encoding = string
    omit-xml-declaration = "yes" | "no"
    standalone = "yes" | "no"
    doctype-public = string
    doctype-system = string
    cdata-section-elements = qnames
```

```
    indent = "yes" | "no"
    media-type = string />
```

Instruction de premier niveau ou partie d'instruction xsl:param

```
<xsl:param
    name = qname
    select = expression>
    <!-- Contenu : modèle de transformation -->
</xsl:param>
```

Instruction de premier niveau xsl:preserve-space

```
<xsl:preserve-space
    elements = nametest-tokens />
```

Instruction xsl:processing-instruction

```
<xsl:processing-instruction
    name = { ncname }>
    <!-- Contenu : modèle de transformation -->
</xsl:processing-instruction>
```

Partie d'instruction xsl:sort

```
<xsl:sort
    select = string-expression
    lang = { nmtoken }
    data-type = { "text" | "number" | qname-but-not-ncname}
    order = { "ascending" | "descending" }
    case-order = { "upper-first" | "lower-first" } />
```

Instruction de premier niveau xsl:strip-space

```
<xsl:strip-space
    elements = nametest-tokens />
```

Racine du document XSLT xsl:stylesheet

```
<xsl:stylesheet
    id = id
    extension-element-prefixes = ncname-tokens
    exclude-result-prefixes = ncname-tokens
    version = number>
    <!-- Contenu : (xsl:import*, Instructions de premier niveau) -->
</xsl:stylesheet>
```

Instruction de premier niveau xsl:template

```
<xsl:template
    match = pattern
    name = qname
    priority = number
    mode = qname>
    <!-- Contenu : (xsl:param*, modèle de transformation) -->
</xsl:template>
```

Instruction xsl:text

```
<xsl:text
    disable-output-escaping = "yes" | "no">
    <!-- Contenu : #PCDATA -->
</xsl:text>
```

Racine du document XSLT xsl:transform

```
<xsl:transform
    id = id
    extension-element-prefixes = ncname-tokens
    exclude-result-prefixes = ncname-tokens
    version = number>
    <!-- Contenu : (xsl:import*, top-level-elements) -->
</xsl:transform>
```

Instruction xsl:value-of

```
<xsl:value-of
    select = string-expression
    disable-output-escaping = "yes" | "no" />
```

Instruction de premier niveau ou instruction xsl:variable

```
<xsl:variable
    name = qname
    select = expression>
    <!-- Contenu : modèle de transformation -->
</xsl:variable>
```

Partie d'instruction xsl:when

```
<xsl:when
    test = boolean-expression>
    <!-- Contenu : modèle de transformation -->
</xsl:when>
```

Partie d'instruction xsl:with-param

```
<xsl:with-param
    name = qname
    select = expression>
    <!-- Contenu : modèle de transformation -->
</xsl:with-param>
```

Référence des fonctions prédéfinies

Fonctions XPath

Note

Cette annexe est une adaptation de la traduction française de la Recommandation XPath 1.0 du 16 novembre 1999, réalisée par Jean-Jacques Thomasson et Yves Bazin. Elle est disponible à l'adresse *http://xmlfr.org/w3c/ TR/xpath*. Les modifications consistent essentiellement en une homogénéisation de vocabulaire, de locutions et de tournures avec le reste du livre. Quelques remarques en marge du texte ont été ajoutées çà et là, pour éclairer la compréhension.

Cette section décrit les fonctions que les implémentations de XPath doivent toujours inclure dans leurs bibliothèques de fonctions utilisées pour l'interprétation des expressions.

Chaque fonction de la bibliothèque est spécifiée en utilisant une fonction prototype, qui donne le type retourné, le nom de la fonction et le type des arguments. Si un type d'argument est suivi d'un point d'interrogation, cela signifie que cet argument est optionnel ; sinon, l'argument est requis.

Fonctions de manipulation de node-sets

number last()

La fonction **last** retourne un nombre égal au nombre total de nœuds mémorisé dans le contexte d'évaluation de l'expression (voir *Contexte d'évaluation d'un prédicat*, page 57).

number position()

La fonction **position** retourne un nombre égal à l'indice de proximité mémorisé dans le contexte d'évaluation de l'expression (voir *Contexte d'évaluation d'un prédicat*, page 57).

number count(*node-set*)

La fonction **count** retourne le nombre de nœuds du node-set passé en argument.

node-set id(*object*)

La fonction **id** sélectionne les éléments par leur identifiant unique. Quand l'argument de la fonction **id** est du type « node-set », alors le résultat est l'ensemble des résultats de l'application de la fonction **id** à la valeur textuelle (string-value) de chacun des nœuds du node-set passé en argument. Quand l'argument de la fonction **id** est d'un autre type, celui-là est converti en une chaîne de caractères comme par un appel à la fonction **string**. La chaîne de caractères est transformée en une série d'unités lexicales séparées par des espaces blancs. Le résultat est un node-set contenant les éléments du même document que le nœud contexte et qui ont un identifiant unique égal à l'une quelconque des unités lexicales de la série.

- id("truc") sélectionne l'élément qui a comme identifiant unique truc ;
- id("truc")/child::para[position()=5] sélectionne le cinquième enfant para de l'élément qui a comme identifiant unique truc.

string local-name(*node-set* ?)

La fonction **local-name** retourne la partie locale du nom du nœud du node-set passé en argument qui est le premier dans l'ordre de lecture du document. Si le node-set passé en argument est vide ou que le premier nœud n'a pas de nom, la fonction retourne une chaîne de caractères vide. Si l'argument est omis, la valeur par défaut utilisée par la fonction est un node-set réduit au seul nœud contexte.

string namespace-uri(*node-set* ?)

La fonction **namespace-uri** retourne l'URI correspondant au domaine nominal du nœud du node-set passé en argument qui est le premier dans l'ordre de lecture du document. Si le node-set passé en argument est vide, ou si le premier nœud n'a pas de nom, ou n'a pas de domaine nominal, une chaîne vide est retournée. Si l'argument est omis, c'est comme si on avait transmis un node-set ne contenant que le nœud contexte.

Note

La chaîne retournée par la fonction `namespace-uri` est vide sauf pour les nœuds de type `element` et `attribute`.

string name(*node-set* ?)

La fonction **name** retourne une chaîne contenant un nom qualifié représentant le nom du nœud du node-set passé en argument qui est le premier dans l'ordre de lecture du document.

Ce nom qualifié tient compte de la déclaration du domaine nominal en vigueur sur le nœud en question.

Généralement, le nom retourné est le même que le nom qualifié apparaissant dans le source XML. Mais il peut y a voir des cas où le nom retourné n'emploie pas le même préfixe que dans le source XML ; même dans ce cas, il reste encore certain que le domaine nominal associé à ce préfixe est le même que celui déclaré pour le nœud considéré dans le source XML. Si le source XML utilise plusieurs préfixes pour le même domaine nominal, la fonction `name()` peut très bien normaliser la situation en n'en n'utilisant qu'un seul.

Si le node-set passé en argument est vide ou que le premier nœud n'a pas de nom, une chaîne vide est retournée. Si l'argument est omis, c'est comme si on avait transmis un node-set ne contenant que le nœud contexte.

> **Note**
>
> La chaîne retournée par la fonction `name` est identique à celle retournée par la fonction `local-name`, excepté pour les nœuds de type `element` et `attribute`.

Fonctions manipulant des chaînes de caractères

string string(*object* ?)

La fonction **string** convertit un objet en chaîne de caractères selon les règles indiquées ci-dessous.

Un node-set est converti en chaîne de caractères en retournant la valeur textuelle du premier nœud du node-set dans l'ordre de lecture du document. Si le node-set est vide, une chaîne vide est retournée.

Un nombre est converti en chaîne comme suit :

- NaN est converti en la chaîne de caractères `NaN` ;
- le zéro positif est converti en la chaîne `0` (caractère zéro) ;
- le zéro négatif est converti en la chaîne `0` (caractère zéro) ;
- l'infini positif est converti en la chaîne `Infinity` ;
- l'infini négatif est converti en la chaîne `-Infinity` ;
- si le nombre est un entier, il est représenté sous forme décimale comme un nombre (Number) sans point décimal et sans chiffre après la virgule, précédé d'un signe moins (-) si le nombre est négatif ;
- sinon, le nombre est représenté sous la forme d'un Nombre (Number) ayant toujours au moins un chiffre avant et après le point décimal, précédé du signe moins (-) si le nombre est négatif ; si le nombre est inférieur à 1 en valeur absolue, il n'y a qu'un seul 0 avant le point décimal. Enfin, au delà du premier chiffre requis après le point décimal, il doit y avoir le nombre de chiffres nécessaire et suffisant pour différencier sans ambiguïté le nombre de toutes les autres valeurs numériques du standard IEEE 754.

La valeur booléenne `false` est convertie en la chaîne de caractères `false`. La valeur booléenne `true` est convertie en la chaîne de caractères `true`.

Tout objet d'un type différent des quatre types de base est converti en chaîne de caractères selon une règle propre au type en question.

Si l'argument est omis, c'est comme si on avait transmis un node-set ne contenant que le nœud contexte.

> **Note**
>
> La fonction `string()` n'est pas faite pour formater des nombres en chaînes de caractères pour les besoins d'affichage ou de présentation aux utilisateurs. La fonction `format-number` et l'élément `xsl:number` de XSLT sont là pour ça.

string concat(*string* , *string* , *string* *)

La fonction **concat** retourne le résultat de la concaténation des arguments.

boolean starts-with(*string* , *string*)

La fonction **starts-with** retourne la valeur booléenne `true` si la première chaîne de caractères passée en argument commence par la chaîne de caractères passée en deuxième argument ; sinon, cette fonction retourne la valeur `false`.

boolean contains(*string* , *string*)

La fonction **contains** retourne `true` si la première chaîne de caractères passée en argument contient la chaîne de caractères passée en deuxième argument ; sinon, retourne la valeur `false`.

string substring-before(*string* , *string*)

La fonction **substring-before(s1,s2)** retourne la sous-chaîne de s1 qui précède la première occurrence de s2 dans s1, ou une chaîne vide si s1 ne contient pas s2. Par exemple, `substring-before("1999/04/01","/")` retourne 1999.

string substring-after(*string* , *string*)

La fonction **substring-after(s1,s2)** retourne la sous-chaîne de s1 qui suit la première occurrence de s2 dans s1, ou une chaîne vide si le s1 ne contient pas s2. Par exemple, `substring-after("1999/04/01","/")` retourne 04/01, et `substring-after("1999/04/01","19")` retourne 99/04/01.

string substring(*string* , *number* , *number* ?)

La fonction **substring(str, indexDébut, lg)** retourne la sous-chaîne de `str` commençant à la position `indexDébut` et de longueur `lg`. Par exemple, `substring("12345",2,3)` retourne "234". Si le troisième argument n'est pas spécifié, la fonction retourne la sous-chaîne allant de la position de départ spécifiée par `indexDébut` jusqu'à la fin de `str`. Par exemple, `substring("12345",2)` retourne "2345".

Plus précisément, chaque caractère de la chaîne a une position numérique : celle du premier caractère est 1, celle du deuxième est 2, etc.

> **Note**
>
> Ceci diffère de Java et ECMAScript, dans lesquels les méthodes String.substring considèrent que la position du premier caractère est 0.

La sous-chaîne retournée contient les caractères dont la position est supérieure ou égale à la valeur arrondie de indexDébut et (si le troisième argument lg est spécifié) inférieure à la somme des valeurs arrondies de indexDébut et lg ; les comparaisons et l'addition utilisées ci-dessus doivent suivre les règles du standard IEEE 754 ; l'arrondi est calculé comme par un appel à la fonction **round**.

Les exemples suivants illustrent différents cas de figures courants :

- substring("12345", 1.5, 2.6) retourne "234" ;

- substring("12345", 0, 3) retourne "12" ;

- substring("12345", 0 div 0, 3) retourne "" ;

- substring("12345", 1, 0 div 0) retourne "" ;

- substring("12345", -42, 1 div 0) retourne "12345" ;

- substring("12345", -1 div 0, 1 div 0) retourne "".

number string-length(*string* ?)

La fonction **string-length** retourne le nombre de caractères de la chaîne. Si l'argument est omis, la valeur retournée est égale à la longueur de la valeur textuelle du nœud contexte.

string normalize-space(*string* ?)

La fonction **normalize-space** retourne la chaîne de caractères passée en argument après y avoir normalisé les espaces blancs : suppression des espaces blancs en début et fin et remplacement des séquences d'espaces blancs successifs par un seul caractère blanc. Si l'argument est omis, la fonction retourne la chaîne obtenue en ayant utilisé comme argument la valeur textuelle du nœud contexte.

string translate(*string* , *string* , *string*)

La fonction **translate** retourne la première chaîne de caractères passée en argument dans laquelle les occurrences des caractères de la deuxième chaîne sont remplacées par les caractères correspondant aux mêmes positions de la troisième chaîne. Par exemple, translate("bar","abc","ABC") retourne la chaîne BAr . Si l'un des caractères du deuxième argument n'a pas de position correspondante dans le troisième (parce que le deuxième argument est plus long que le troisième), alors les occurrences de ce caractère sont supprimées du premier argument. Par exemple, translate("--aaa--","abc-",

"ABC") retourne "AAA". Si un caractère apparaît plus d'une fois dans la deuxième chaîne, alors c'est la première occurrence de ce caractère qui détermine la règle de transformation. Si la chaîne passée en troisième argument est plus longue que la deuxième, alors, les caractères en trop sont ignorés.

Note

La fonction **translate** n'est pas suffisante pour les changements de casse dans toutes les langues. Une future version de XPath fournira des fonctions additionnelles à cette fin.

Fonctions Booléennes

boolean boolean(*object*)

La fonction **boolean** convertit ses arguments en booléens selon les règles suivantes :

- un nombre est vrai (true) si et seulement s'il n'est ni un zéro positif ou négatif, ni un NaN ;

- un node-set est vrai (true) si et seulement s'il n'est pas vide ;

- une chaîne de caractères est vraie (true) si et seulement si sa longueur n'est pas nulle ;

Un objet d'un type autre que les quatre types de base est converti selon des règles spécifiques à chaque type.

boolean not(*boolean*)

La fonction **not** retourne la négation logique de la valeur du booléen passé en argument : vrai (true) si l'argument est faux et vice-versa.

boolean true()

La fonction **true()** retourne true.

boolean false()

La fonction **false()** retourne false.

boolean lang(*string*)

La fonction **lang** retourne true si et seulement si la langue associée au nœud contexte correspond à la langue passée en argument de la fonction, ou en est une variante locale.

La langue du nœud contexte est déterminée par la valeur de l'attribut xml:lang du nœud contexte, ou, si celui-ci n'a pas cet attribut, par la valeur de l'attribut xml:lang du plus proche ancêtre du nœud contexte ayant cet attribut. Si aucun n'est trouvé, la fonction **lang** retourne la valeur false. Si un tel attribut existe, alors la fonction **lang** retourne la valeur true si la valeur de l'attribut est égale à celle passée en argument (les différences de casse étant ignorées), ou s'il existe un certain suffixe commençant par - de sorte que la valeur de l'attribut soit égale à l'argument si on ignore ce suffixe et la casse. Par exemple, lang("en") retourne la valeur true si le nœud contexte est l'un des quatre éléments \<para\> suivants :

- \<para xml:lang="en"/\> ;

- \<div xml:lang="en"\>\<para/\>\</div\> ;

- \<para xml:lang="EN"/\> ;

- \<para xml:lang="en-us"/\>.

Fonctions numériques

number number(*object* ?)

La fonction **number** convertit en nombre son argument passé selon les règles indiquées ci-dessous.

- Une chaîne de caractères qui est composée d'espaces blancs (optionnels) suivis du signe moins (-) suivi d'un nombre (Number) suivi d'espaces blancs est convertie en un nombre le plus proche possible (selon la règle d'arrondi au plus proche de l'IEEE 754) du nombre IEEE 754 le plus proche possible de la valeur mathématique exacte représentée par la chaîne ; toute autre chaîne est convertie en NaN.

- Les booléens vrais (true) sont convertis en 1 ; les booléens faux (false) sont convertis en 0.

- Un node-set est d'abord converti en chaîne de caractères comme par l'effet d'un appel à la fonction **string** et cette chaîne est ensuite considérée comme argument de la fonction **number**.

- Un objet de type différent des quatre types de base est converti en un nombre selon des règles dépendantes du type de l'objet.

Si l'argument est omis, la valeur retournée par défaut est celle qui aurait été obtenue en considérant un node-set contenant le seul nœud contexte.

> **Note**
>
> La fonction **number** ne doit pas être utilisée pour convertir des données numériques se trouvant dans un élément d'un document XML sauf si l'élément en question est d'un type permettant de représenter des données numériques dans un format neutre (qui serait typiquement transformé dans un format spécifique pour être présentées à un utilisateur). De plus, la fonction **number** ne peut être utilisée que si le format neutre utilisé par l'élément est cohérent avec la syntaxe XPath définie pour les nombres (Number).

number sum(*node-set*)

La fonction **sum** retourne la somme, pour tous les nœuds du node-set passé en argument, des résultats de la conversion en nombre des valeurs textuelles (string-values) de chacun de ces nœuds.

number floor(*number*)

La fonction **floor** retourne le plus grand (du côté de l'infini positif) nombre entier inférieur à l'argument.

number ceiling(*number*)

La fonction **ceiling** retourne le plus petit (du côté de l'infini négatif) nombre entier qui ne soit pas inférieur à l'argument.

number round(*number*)

La fonction arrondi (**round**) retourne le nombre entier le plus proche de l'argument. S'il y a deux nombres possibles, alors celui des deux qui est le plus proche de l'infini positif est retourné. Si l'argument est NaN, alors NaN est retourné. Si l'argument est l'infini positif, alors l'infini positif est retourné. Si l'argument est l'infini négatif, alors l'infini négatif est retourné. Si l'argument est le zéro positif, alors le zéro positif est retourné. Si l'argument est le zéro négatif, alors le zéro négatif est retourné. Si l'argument est inférieur à zéro, mais plus supérieur ou égal à -0.5, alors le zéro négatif est retourné.

Note

Pour les deux derniers cas, le résultat de l'appel de la fonction **round** ne donne pas le même résultat qu'en additionnant 0.5 au résultat de la fonction **floor** .

Fonctions XSLT

Fonctions de manipulation de node-sets

node-set document(*object* , *node-set* ?)

La fonction document() permet d'accéder aux documents XML autres que le document source principal.

Lorsque la fonction document() a exactement un argument et que cet argument est un node-set alors, le résultat est l'union, pour chaque nœud du node-set reçu en argument, du résultat de l'exécution de la fonction document() avec comme premier argument la valeur textuelle du nœud, et comme deuxième argument un node-set dont l'unique élément est le nœud lui-même. Lorsque la fonction document() a deux arguments et que le premier argument est un node-set, alors le résultat est la réunion, pour chaque nœud du node-set reçu en argument, du résultat de l'exécution de la fonction document() avec comme premier argument la valeur textuelle du nœud et, comme deuxième argument, le deuxième argument passé à la fonction document().

Si le premier argument de la fonction document n'est pas un node-set alors il sera converti en une chaîne de caractères comme par appel à la fonction string(). Cette chaîne de caractères est traitée comme une référence à un URI ; la ressource identifiée par l'URI est extraite. Les données résultant de la fonction d'extraction sont analysées comme un document XML et un arbre est construit en concordance avec le modèle de données (voir *Modèle arborescent d'un document XML vu par XPath*, page 30). Si l'extraction de la ressource se solde par une erreur, alors le processeur XSLT peut signaler l'erreur ; s'il ne le fait pas, il doit retourner un node-set vide. Le genre d'erreur pouvant se produire à l'extraction, serait que le processeur XSLT ne connaisse pas la syntaxe utilisée pour l'URI. Un processeur XSLT n'est pas censé connaître toutes les syntaxes particulières d'URI. Les syntaxes d'URI acceptées par un processeur XSLT doivent être clairement indiquées dans sa documentation.

En marge de ce texte

Un identificateur de fragment est un identificateur qui désigne une partie d'une ressource. Par ex., pour l'URL *http://www.truc.org/index.html#ici*, l'identificateur de fragment est `ici`.

Si la référence à l'URI ne contient pas d'identificateur de fragment, alors la fonction retourne le node-set contenant uniquement le nœud racine du document. Si la référence à l'URI contient un identificateur de fragment, alors la fonction retourne un node-set contenant les nœuds de l'arbre identifiés par l'identificateur de fragment de la référence à l'URI. La sémantique de l'identificateur de fragment dépend du type de média (type MIME) du résultat de l'extraction de l'URI. Si lors du traitement de l'identificateur de fragment, une erreur se produit, le processeur XSLT peut signaler cette erreur, ou bien retourner un ensemble vide de nœuds. Exemples d'erreurs possibles :

- L'identificateur du fragment fait référence à quelque chose qui ne peut être représenté par un node-set XSLT (comme une sous-chaîne de caractères à l'intérieur d'un nœud texte).

- Le processeur XSLT ne connaît pas la façon de traiter les identificateurs de fragment pour le type MIME du résultat de la récupération. Un processeur XSLT n'est pas supposé pouvoir traiter tous les types MIME particuliers. La documentation de chaque processeur XSLT doit indiquer quels sont les types MIME acceptés pour le traitement des identificateurs de fragments.

Les données résultant de l'action d'extraction sont analysées comme tout autre document XML sans tenir compte du type MIME du résultat de l'extraction ; si le type MIME principal est `text`, alors il est analysé comme si le type MIME était text/xml ; autrement, il est analysé comme si le type MIME était application/xml.

Note

Puisqu'il n'y a pas de type MIME principal `xml`, les données avec un type MIME autre que `text/xml` ou `application/xml` peuvent très bien être quand même des données XML.

La référence à l'URI peut être relative. L'URI de base (voir Remarque ci-dessous) du nœud qui apparaît le premier dans le document et qui appartient au node-set du deuxième argument est utilisé comme URI de base pour résoudre les URI relatifs et les transformer en URI absolus. Lorsque le deuxième argument est omis, il est par défaut égal à l'élément

XSLT (le nœud de l'arbre XML du programme XSLT) qui contient l'expression où figure l'appel à la fonction document(). Notez qu'une référence à un URI de taille nulle est une référence au document dont l'URI qui lui est relatif est en cours de résolution ; ainsi document('') fait référence au nœud racine de la feuille de style elle-même ; l'arbre XML de la feuille de style est exactement le même que celui qu'on obtiendrait en prenant cette feuille de style comme document source initial.

URI de base (remarque en marge de ce texte)

A chaque nœud est associé un URI qu'on appelle son URI de base, qui est utilisé pour résoudre des valeurs d'attributs qui représentent des URI relatifs (c'est-à-dire pour déterminer l'URI absolu connaissant l'URI relatif), suivant un principe identique à celui de la construction d'un chemin absolu désignant un fichier, connaissant un chemin relatif et un répertoire de base qui sert de référence pour l'évaluation du chemin relatif). Si un élément ou une processing-instruction apparaît dans une entité externe, alors son URI de base est l'URI de l'entité externe ; autrement, l'URI de base est l'URI de base du document. L'URI de base du nœud racine de l'arbre XML est l'URI de l'entité document. L'URI de base d'un nœud text, d'un nœud comment, d'un nœud attribute ou d'un nœud name-space est l'URI de base de son nœud parent.

Prenons par exemple l'instruction <xsl:include href="..."/> d'une certaine feuille de style que l'on suppose écrite d'un seul tenant (pas d'entité externe). L'URI de base de cette instruction est donc l'URI de base de la feuille de style elle-même, qui n'est autre que le répertoire qui la contient. Si donc l'URI indiqué dans l'attribut href est un URI relatif, il sera alors résolu par rapport à ce répertoire.

Deux documents sont considérés comme n'en faisant qu'un s'ils sont identifiés par le même URI. L'URI utilisé pour la comparaison est l'URI absolu pour lequel chaque URI relatif a été résolu et ne contient aucun identificateur de fragment. Les nœuds racine de deux documents identifiés par le même URI sont considérés comme indiscernables. Ainsi, l'expression suivante est toujours vraie :

```
generate-id(document("truc.xml"))=generate-id(document("truc.xml"))
```

Avec la fonction document(), s'ouvre la possibilité qu'un node-set puisse contenir des nœuds provenant de plusieurs documents différents. Dans un tel node-set, l'ordre de lecture du document applicable à deux nœuds provenant du même document est l'ordre normal de lecture du document défini par XPath. L'ordre de lecture du document applicable à deux nœuds provenant de deux documents différents est déterminé par l'implémentation. La seule contrainte est que l'implémentation doit être cohérente avec elle-même : un même ensemble de documents doit toujours produire le même ordre.

node-set key(*string* , *object*)

La fonction key() joue le même rôle pour les clés que celui de la fonction id() pour les IDs. Le premier argument spécifie le nom de la clé. La valeur de cet argument doit être un QName (nom qualifié). Lorsque le type du deuxième argument de la fonction key() est un node-set, alors le résultat est la réunion des résultats de l'application de la fonction key() à la valeur de la chaîne de caractères de chacun des nœuds du node-set reçu en deuxième argument par la fonction. Si le type du deuxième argument de la fonction key() n'est pas le type node-set, alors l'argument est converti en une chaîne de caractères comme par appel à la fonction `string()` ; elle retourne un node-set contenant des nœuds du même document que celui auquel appartient le nœud contexte. Ces nœuds sont ceux qui ont une valeur pour cette clé nommée, et pour lesquels cette valeur est égale à cette chaîne de caractères.

Etant donné, par exemple, la déclaration suivante :

```
<xsl:key name="idkey" match="div" use="@id"/>
```

l'expression `key("idkey",@ref)` retourne le même ensemble de nœuds que `id(@ref)`, à condition que le seul attribut *ID* déclaré dans le document source XML soit :

```
<!ATTLIST div id ID #IMPLIED>
```

et que l'attribut `ref` du nœud courant ne contienne pas d'espace blanc.

Considérons un document décrivant une bibliothèque de fonctions et utilisant un élément prototype pour définir les fonctions :

```
<prototype name="key" return-type="node-set"><br>
<arg type="string"/><br>
<arg type="object"/><br>
</prototype>
```

ainsi qu'un élément `function` pour faire référence aux noms des fonctions :

```
<function>key</function>
```

La feuille de style peut alors générer des hyperliens entre les références et les définitions comme suit :

```
<xsl:key name="func" match="prototype" use="@name"/>

<xsl:template match="function"><br>
<b>
    <a href="#{generate-id(key('func',.))}">
        <xsl:apply-templates/>
    </a>
</b>
</xsl:template>

<xsl:template match="prototype">
<p>
    <a name="{generate-id()}">
    <b> Function:  </b>
    ...
    </a>
</p>
</xsl:template>
```

La fonction `key()` peut être utilisée pour récupérer une clé à partir d'un document autre que le document contenant le nœud contexte. Supposons par exemple que nous ayons un document contenant des références bibliographiques sous la forme `<bibref>XSLT</bibref>`, et qu'il y ait un document XML séparé `bib.xml` contenant la base de données bibliographiques, avec des entrées de la forme :

```
<entry name="XSLT">...</entry>
```

Alors, pour la transformation des éléments `bibref` la feuille de style peut contenir ce qui suit :

```
<xsl:key name="bib" match="entry" use="@name"/>

<xsl:template match="bibref">
    <xsl:variable name="name" select="."/>
    <xsl:for-each select="document('bib.xml')">
        <xsl:apply-templates select="key('bib',$name)"/>
    </xsl:for-each>
</xsl:template>
```

string **generate-id(** *node-set* **)**

La fonction `generate-id()` retourne une chaîne de caractères qui identifie d'une manière unique le nœud dans le node-set reçu en argument, qui est le premier nœud dans l'ordre de lecture du document. L'identificateur unique doit être composé de caractères ASCII alphanumériques et doit commencer par un caractére alphabétique. C'est donc un nom XML syntaxiquement correct. Une implémentation est libre de générer un identificateur de la façon qui lui est la plus appropriée, à condition que plusieurs générations successives pour un même nœud donnent toujours le même identificateur, et que deux nœuds distincts donnent toujours des identificateurs distincts. Une implémentation n'est pas obligée de générer les mêmes identificateurs chaque fois qu'un document subi une transformation. Rien ne garanti qu'un identificateur généré sera nécessairement distinct de tous les IDs uniques spécifiés dans le document source. Si le node-set reçu en argument est vide, la fonction retourne la chaîne de caractères vide. Si l'argument est omis, le nœud contexte est pris par défaut comme argument.

> **Note**
>
> La suite de cette section consacrée à la fonction `generate-id()` ne fait plus partie de la traduction.

Cette fonction a été largement commentée, notamment dans le chapitre sur les Patterns de transformation. Une application inattendue est celle qui consiste à contourner certaines interdictions syntaxiques dans les motifs associés à une règle de transformation. On sait qu'un motif est une expression XPath bridée (voir *Syntaxe et contrainte pour un motif XSLT*, page 98). Un jour, sur la liste de discussion XSLT de mulberrytech (*xsl-list@lists.mulberrytech.com* dont l'archive est consultable sur *www.biglist.com/lists/xsl-list/archives*), quelqu'un a demandé comment écrire un motif qui concorde avec le premier nœud texte descendant d'un élément quelconque, disons <item> (faire éventuellement une recherche sur *Google* avec « [xsl] Selecting first descendant text node »). Il reçut trois réponses, une erronée et deux correctes. La réponse erronée était celle-ci : `match="(item//text())[1]"`. Ce motif est incorrect parce qu'il est interdit de regrouper certains éléments d'un motif avec des parenthèses. Par contre, c'est une expression XPath correcte, et qui exprime bien l'idée souhaitée.

L'une des deux réponses correctes, envoyée par Michael Kay, était celle-ci :

```
text()[ generate-id() = generate-id( ( ancestor::item//text() )[1] ) ]
```

L'idée est ici de contourner l'interdiction en plaçant à l'intérieur du prédicat les choses interdites, car un motif n'impose aucune contrainte particulière aux éventuels prédicats utilisés. Donc, ici, on va dire que le motif doit concorder avec n'importe quel texte, pourvu que...

Le « pourvu que ... » reprend tout simplement l'expression XPath de la fausse bonne réponse (item//text())[1], en l'aménageant un peu. En effet, on peut dire, comme La Palice, que tout texte convient, pourvu qu'il soit le premier descendant d'un <item>, puisque c'était précisément cela la question. Comme on a un test d'identité à effectuer (ce texte est-il le même que tel autre ?), la fonction generate-id() est donc mise à contribution. Etant donné un nœud texte T, la question devient : ce nœud texte est-il le même que celui représenté par l'expression (ancestor::item//text())[1] évaluée avec T comme nœud contexte ? Cette expression représente le premier nœud texte descendant d'un élément item qui est un ancêtre de T. Donc finalement, le motif se lit : tout nœud texte T, pourvu qu'il soit le même que le premier nœud texte descendant d'un élément item qui est un ancêtre de T.

Inutile de dire qu'une telle recherche de concordance peut être assez coûteuse en temps de calcul ; c'est pourquoi la conclusion de Michael Kay fut qu'il était probablement préférable de repenser le problème pour éviter d'avoir une règle avec un motif aussi étrange.

string unparsed-entity-uri(*string*)

La fonction unparsed-entity-uri() retourne l'URI de l'entité (non analysée par un parseur XML) dont le nom est spécifié par la string fournie en argument, et déclarée dans la DTD du document dont le nœud contexte est issu. Si une telle entité n'existe pas, alors la fonction retourne une chaîne de caractères vide.

node-set current()

La fonction current() retourne un node-set ayant pour seul élément le nœud courant. Pour une expression dont l'évaluation ne dépend pas d'une autre expression, le nœud courant se confond toujours avec le nœud contexte. Ainsi,

```
<xsl:value-of select="current()"/>
```

a la même signification que :

```
<xsl:value-of select="."/>
```

Cependant dans des crochets (i.e. dans un prédicat), le nœud courant est habituellement différent du nœud contexte. Par exemple,

```
<xsl:apply-templates select="//glossary/item[@name=current()/@ref]"/>
```

va traiter tous les éléments item qui ont un élément glossary parent et qui ont un attribut name dont la valeur est égale à la valeur de l'attribut ref du nœud courant. Ceci est différent de

```
<xsl:apply-templates select="//glossary/item[@name=./@ref]"/>
```

qui signifie la même chose que :

```
<xsl:apply-templates select="//glossary/item[@name=@ref]"/>
```

permettant de traiter tous les éléments item ayant un élément glossary parent et ayant un attribut name et un attribut ref qui se trouvent avoir la même valeur.

L'utilisation de la fonction current() dans un motif est une erreur.

Formatage de nombres

string format-number(*number* , *string* , *string*)

La fonction format-number() convertit un nombre en une chaîne de caractères. Le premier argument est le nombre à convertir ; le deuxième est un motif spécifiant le format de conversion ; le troisième argument représente le format décimal (en son absence, il y a un format décimal par défaut). La chaîne de caractères constituant le motif de conversion doit respecter la syntaxe spécifiée par la classe DecimalFormat du JDK 1.1 (Kit de développement Java de Sun Microsystems). Le motif de spécification de format est une chaîne localisée (i.e. susceptible de subir des variations propres à la langue et aux coutumes culturelles du pays de l'utilisateur) : le format décimal détermine quels sont les caractères ayant une signification particulière dans le motif (à l'exception du guillemet qui n'est pas localisé). Le motif de format ne doit pas contenir le symbole de la devise monétaire (#x00A4) ; le support de cette caractéristique a été ajouté après la livraison initiale du JDK 1.1. Le nom du format décimal doit être un QName (nom qualifié). La feuille de style doit contenir une déclaration du format décimal avec ce nom qualifié, sinon c'est une erreur.

Note

Les implémentations ne doivent pas forcément utiliser l'implémentation du JDK 1.1, ni être forcément réalisées en Java.

Note

Rien n'empêche les feuilles de style d'utiliser d'autres moyens disponibles dans XPath pour contrôler l'arrondi des nombres.

Fonctions diverses

object system-property(*string*)

L'argument de cette fonction doit être une chaîne de caractères représentant un QName (nom qualifié). Le QName est évalué en utilisant la déclaration de domaine nominal en vigueur pour l'expression en cours. La fonction `system-property()` retourne un objet représentant la valeur de la propriété système identifiée par le nom. Si une telle propriété système n'existe pas alors la chaîne de caractères vide est retournée.

Les implémentations doivent fournir les propriétés système suivantes qui sont toutes dans le domaine nominal XSLT :

- `xsl:version`. C'est un nombre qui indique la version de XSLT supportée par le processeur ; Cette valeur est 1.0 pour les processeurs XSLT implémentant la version de XSLT spécifiée dans ce document.

- `xsl:vendor`. C'est une chaîne de caractères identifiant le fabriquant du processeur XSLT.

- `xsl:vendor-url`. C'est une chaîne de caractères qui contient une URL identifiant le fabricant du processeur XSLT ; typiquement, cette URL est la page d'accueil (home page) du site Web du fabriquant.

booléen element-available(*chaîne de caractères*)

La chaîne de caractères passée en argument doit être un nom qualifié (QName), qui est évalué d'après les domaines nominaux en vigueur pour l'expression en cours. La fonction `element-available()` retourne la valeur vrai si et seulement si le nom obtenu est le nom d'une instruction. Si le nom obtenu est dans le domaine nominal de XSLT, alors il référence un élément défini par XSLT. Sinon, il référence une extension. Si le domaine nominal du nom est nul, la fonction `element-available()` retourne la valeur faux.

booléen function-available(*chaîne de caractères*)

La chaîne de caractères passée en argument doit être un nom qualifié (QName), qui est évalué d'après les domaines nominaux en vigueur pour l'expression en cours. La fonction `function-available()` retourne la valeur vrai si et seulement si le nom obtenu est le nom d'une fonction de la bibliothèque.

Si le nom obtenu est dans le domaine nominal nul, alors il référence une fonction prédéfinie par XPath/XSLT ; sinon, il référence une extension.

F

Glossaire

Axe de localisation. En anglais *Axis*. Point de départ d'une étape de localisation. Etant donné un nœud contexte, donne les nœuds qui partagent entre eux une même relation de parenté vis-à-vis de ce nœud contexte (parent, enfant, frère, descendant, etc.). Un axe de localisation peut être direct ou rétrograde, suivant qu'il contient de nœuds qui sont situés après ou avant le nœud contexte, lorsqu'on suit l'ordre de lecture du document.

Axis. Voir *Axe de localisation*.

Attribute Value Template. Voir *Descripteur de valeur différée d'attribut*.

Base URI. Voir *URI de base*.

Chemin de localisation. En anglais *Location Path*. Variante restrictive d'expression XPath capable de sélectionner un node-set constitué de nœuds prélevés dans un document source XML et possédant tous une même propriété exprimée par le chemin de localisation sous la forme d'une suite d'étapes de localisation.

Context Node. Voir *Nœud contexte*.

Current Node. Voir *Nœud courant*.

Descripteur de valeur différée d'attribut. En anglais *Attribute Value Template (AVT)*. C'est une forme syntaxique spéciale décrivant une valeur d'attribut sous la forme d'une expression XPath entre accolades.

Vis à vis de cette propriété, on peut classer les attributs en trois catégories : ceux dont les valeurs sont toujours évaluées statiquement (ou littéralement), ceux dont les valeurs sont toujours interprétées dynamiquement, et ceux dont les valeurs acceptées sont en principe littérales, mais qui admettent exceptionnellement que la valeur fournie soit interprétée dynamiquement, à condition qu'elle prenne la forme d'un descripteur de valeur différée d'attribut.

Déterminant. En anglais *Node Test*. Premier filtre qui détermine les nœuds intéressants d'un axe de localisation, dans l'expression d'une étape de localisation.

Domaine nominal. En anglais *Namespace*. Un vocabulaire de noms XML à qui l'on donne un nom qui prend généralement la forme d'une URL. On trouve parfois la traduction *espace de noms*.

Distribution sélective. En anglais *Push processing*. Traitement partiel d'un élément suivi d'une remise de ses constituants dans la pile des éléments à traiter. En XSLT, l'instruction `<xsl:apply-templates>` est typique de cette catégorie de traitement.

Elément source littéral. En anglais *Litteral Result Element*. Elément XML en dehors du domaine nominal de XSLT (et des extensions éventuellement utilisées) ; le contenu d'un tel élément XML est un modèle de transformation, littéral ou non. Un élément source littéral peut constituer en lui-même un modèle de transformation, littéral ou non.

Etape de localisation. En anglais *Step Location*. Variante restrictive d'expression XPath qui fournit une étape dans la construction d'un chemin de localisation. Une étape filtre les nœuds sélectionnés par l'étape précédente.

Espace blanc. En anglais *Whitespace*. Caractère d'espacement (espace, tabulation, saut de ligne, retour chariot).

Extraction individuelle. En anglais *Pull processing*. Traitement qui consiste à extraire une information connaissant l'endroit où elle se trouve. En XSLT, l'instruction `<xsl:value-of>` est typique de cette catégorie.

Grouping. Voir *Regroupement*.

Indice de proximité. En anglais *Proximity position*. Numéro d'ordre d'un nœud au sein d'un axe de localisation relatif à un nœud contexte. Pour un axe direct, les indices de proximité augmentent quand on s'éloigne du nœud contexte en suivant l'ordre de lecture du document, alors que pour un axe rétrograde, les indices de proximité augmentent quand on s'éloigne du nœud contexte dans l'ordre inverse de lecture du document.

Lexème. En anglais *token*. Plus petite suite de caractères reconnue comme formant quelque chose digne d'intérêt par un analyseur. Dans le contexte d'XSLT, la notion de lexème intervient pour la fonction d'extension Xalan ou Saxon `tokenize()`, qui décode la chaîne de caractères fournie, comme une suite de lexèmes séparés (par défaut) par des espaces blancs.

Litteral Result Element. Voir *Elément Source Littéral*.

Location Path. Voir *Chemin de localisation* .

Modèle de transformation. En anglais *template*. C'est le fragment de document XML associé à une instruction, qui décrit le contenu de cette instruction.

Modèle de transformation littéral. C'est un modèle de transformation qui ne contient que du texte, ou des éléments XML en dehors du domaine nominal de XSLT (et des extensions éventuellement utilisées) ; un tel élément XML est un *élément source littéral* (*Litteral Result Element*).

Modèle nommé. En anglais *named template*. A la même forme qu'une règle de transformation, mais possède un attribut `name` (à la place de l'attribut `match`) qui permet de l'appeler explicitement.

Motif. En anglais *pattern*. Variante restrictive d'expression XPath utilisée principalement pour spécifier (par le truchement de son attribut `match`) sur quels nœuds telle règle de transformation doit s'appliquer.

Named template. Voir *Modèle nommé*.

Namespace. Voir *Domaine nominal*.

Node-set. Type prédéfini de XPath, qui représente un ensemble de nœuds au sens mathématique du terme (pas d'ordre, pas de doublon). Pas d'équivalent français dans ce livre, car Node-set est un nom de type, considéré comme un nom propre.

Node Test. Voir *Déterminant*.

Nœud contexte. En anglais *Context Node*. Nœud par rapport auquel on évalue une expression XPath.

Nœud courant. En anglais *Current Node*. Nœud en cours de traitement.

Pattern. Voir *Motif*. Dans ce livre, le mot *pattern* est aussi utilisé au sens de *pattern design* (mise en évidence d'un type de problème et d'une façon de raisonner ou d'organiser son programme pour le résoudre de façon générique).

Pattern Matching. Voir *Recherche de concordance de motif*.

Prédicat. En anglais *Predicat*. Expression XPath quelconque, qui, lorsqu'elle est appliquée à un node-set et convertie en booléen, fournit un critère d'acceptation ou de rejet pour constituer un nouveau node-set moins peuplé.

Predicat. Voir *Prédicat*.

Prefix. Voir *Préfixe*.

Préfixe. En anglais *Prefix*. Abréviation d'un domaine nominal placée devant un nom d'élément ou d'attribut XML.

Proximity position. Voir *Indice de proximité*.

Pull processing. Voir *Extraction individuelle*.

Push processing. Voir *Distribution sélective*.

Recherche de concordance de motif. En anglais *Pattern Matching*. Processus de recherche d'une règle dont le motif (voir ce mot) concorde avec le nœud en cours de traitement.

Règle de transformation. En anglais *template rule*. Définit une transformation élémentaire. Une règle de transformation est sélectionnée si son attribut `match` contient un motif qui concorde avec le nœud en cours de traitement.

Règle nommée. Pas de terme anglais consacré. Construction hybride, à la fois modèle nommé (possède un attribut `name`) et règle de transformation (possède un attribut `match`).

Regroupement. En anglais *Grouping*. Traitement au cours duquel des éléments éparpillés çà et là dans le document source XML sont regroupés dans le document résultat en fonction d'une propriété commune. Ce genre de traitement est célèbre pour être coriace à programmer en XSLT 1.0 ; mais pour calmer la foule en colère, le groupe de travail XSLT 2.0 du W3C a proposé une nouvelle instruction qui devrait simplifier considérablement la programmation.

Step Location. Voir *Etape de localisation*.

Template. Voir *Modèle de transformation*.

Template rule. Voir *Règle de transformation*.

Temporary Source Tree. Abréviation TST. Arbre XML qui résulte de l'instanciation d'un modèle de transformation propre à une déclaration de variable. Cet arbre peut constituer une source XML secondaire, car on peut l'explorer avec une expression XPath, soit directement (XSLT 1.1 ou 2.0), soit après conversion en node-set à l'aide d'une fonction de conversion fournie en tant qu'extension par le processeur utilisé (XSLT 1.0).

Ce terme n'est pas officiel. Il est dérivé de la proposition de Michael Kay, *Temporary Tree*, et reprise dans le premier Working Draft XSLT 2.0 du W3C.

Token. Voir *lexème*.

URI (Uniform Resource Identifier). Terme générique, qui désigne à la fois les URL (Uniform Resource Locator) et les URN (Uniform Resource Name). Dans ce livre, on peut dire que URI et URL sont équivalents.

URI de base. En anglais *Base URI*. URI par rapport auquel on détermine un URI relatif.

Whitespace. Voir *Espace blanc*.

G

Bibliographie et ressources en ligne

Livres

Il y a essentiellement deux livres que je pourrais recommander :

- Michael Kay, *XSLT Programmers Reference* 2nd Edition, 2001, Wrox Press.
- Jeni Tennison, *XSLT and XPath On the Edge*, 2001, Hungry Minds.

Le livre de Michael Kay est un ouvrage de référence extrêmement complet sur le langage, écrit par l'auteur de Saxon, l'un des processeurs XSLT les plus connus. C'est donc une vision de l'intérieur que nous apporte Michael Kay. Il offre la particularité d'être structuré comme un dictionnaire, ce qui est clairement un avantage pour l'utilisation courante du développeur averti, mais un inconvénient pour le débutant qui cherche à comprendre.

Celui de Jeni Tennison est à réserver aux utilisateurs confirmés, dans la mesure où les langages XSLT et XPath sont censés être connus du lecteur, au moins dans les grandes lignes. Le livre explore un grand nombre de problèmes, et commente les diverses solutions envisageables.

Ressources Internet

En dehors de ces deux livres, on trouve beaucoup de ressources sur Internet. En premier lieu, le W3C (XSLT du producteur au consommateur) :

- *www.w3.org/Style/XSL* : le point de départ pour tous les documents du W3C concernant XPath et XSLT ; beaucoup de liens intéressants.

Des sites d'extensions ou de composants XSLT réutilisables :

* *http://xsltsl.sourceforge.net* : XSLT Standard Library ;

* *www.exslt.org* : le site d'EXSLT, une initiative pour proposer et favoriser des extensions « standardisées ».

Des sites d'archives de discussions concernant XPath ou XSLT :

* *www.biglist.com/lists/xsl-list/archives* : l'archive de la liste de discussion la plus active sur XSLT ;

* *http://lists.w3.org/Archives/Public/xsl-editors/* : l'archive des discussions publiques sur l'évolution de XSLT ;

* *http://lists.w3.org/Archives/Public/www-xpath-comments/* : l'archive des discussions publiques sur l'évolution de XPath ;

* *http://www.dpawson.co.uk/xsl/xslfaq.html* : la « Foire Aux Questions » XSLT, maintenue par D. Pawson.

Des sites de documentation ou d'information sur XML et XSL :

* *www.xmlsoftware.com/xslt*, et *www.xml.com/* : deux sites qui recensent des produits XSLT ou XML ;

* *http://msdn.microsoft.com/xml* : le site Microsoft dédié à XML et XSL (et téléchargement de MSXML).

* *http://www.mulberrytech.com/* : un site très actif pour XSL. On y trouvera (entre autres) des aide-mémoire XML et XSLT/XPath (en PDF) très bien faits.

* *http://xmlfr.org/* : un site en français consacré à XML et donc à XSL (entre autres).

* *http://xml.coverpages.org/sgml-xml.html* : le site de Robin Cover, une compilation de tout ce qui concerne XML et SGML.

Des sites de téléchargement de produits XSL :

* *http://saxon.sourceforge.net/* : le site de téléchargement de Saxon, le processeur XSLT de Michael Kay.

* *http://xml.apache.org/xalan-j/* : le site de téléchargement de Xalan, le processeur XSLT d'Apache.

* *www.jclark.com/xml/xt.html* : le site de Xt (le processeur XSLT de James Clark), le plus ancien mais toujours le plus rapide.

Index